Gezeiten und Wellen

Andreas Malcherek

Gezeiten und Wellen

In Küsteningenieurwesen und Ozeanographie

2. Auflage

Andreas Malcherek
München, Deutschland

ISBN 978-3-658-19302-7   ISBN 978-3-658-19303-4   (eBook)
https://doi.org/10.1007/978-3-658-19303-4

Die Deutsche Nationalbibliothek verzeichnet diese Publikation in der Deutschen Nationalbibliografie; detaillierte bibliografische Daten sind im Internet über http://dnb.d-nb.de abrufbar.

Springer Vieweg

Lektorat: Dr. Daniel Fröhlich

Gedruckt auf säurefreiem und chlorfrei gebleichtem Papier

Springer Vieweg ist ein Imprint der eingetragenen Gesellschaft Springer Fachmedien Wiesbaden GmbH und ist ein Teil von Springer Nature
Die Anschrift der Gesellschaft ist: Abraham-Lincoln-Str. 46, 65189 Wiesbaden, Germany

Vorwort

Es verwunderte mich zunächst, als Springer-Vieweg 2016 mit der Bitte an mich herantrat, eine 2. Auflage der „Gezeiten und Wellen" herauszubringen. Dem Wunsch kam ich gerne nach. Wenn man als Autor dann auf sein in Stein gemeißeltes Werk schaut, dann stellt man mit Erschrecken fest, wie viele Fehler sich eingeschlichen haben und was man hätte anders machen können. Acht Jahre später sind aber auch für mich acht Jahre mehr Erfahrung in Forschung und Lehre auf diesem Gebiet, und die möchte ich gerne einbringen.

Die einzige öffentliche Kritik zur ersten Auflage bestand in dem knappen Kommentar „Harte Fakten zum Thema", was ich sofort nachvollziehen kann. Ziel der ersten Auflage war es, dem Küsteningenieur das Wissen an die Hand zu geben, das er aus Lehrgebieten Strömungsmechanik, Physik und Ozeanographie benötigt. Und das auf 300 Seiten unterzubringen zu wollen, führt zur Darstellung von harten Fakten, von Verkürzungen und trotzdem vielen Vereinfachungen. Und trotz dem ich die 2. Auflage hier nun erheblich erweitert habe, könnte man noch viel verständlicher und tiefer einsteigen was das Buch zu einem solchen Spezialgebiet allerdings noch dicker macht.

In diesem Sinne wurde in der vorliegenden 2. Auflage das Thema Gezeiten stark erweitert. Hier führte die Beschränkung auf das Zielgebiet Küsteningenieurwesen zu besonders großen Vereinfachungen. Daher wurden aus aus einem nun drei Kapitel, die auch den auf diesem Gebiet höheren Ansprüchen der Ozeanographie genügen sollten. Ferner wurde der Darstellung der strömungsmechanischen Grundlagen viel mehr Raum gegeben, auch wenn diese immer noch mehr Raum benötigen könnte. Und als letzte Änderung möchte ich den Wechsel von Excel auf MATLAB ansprechen: Mit diesem viel leistungsfähigerem Werkzeugkasten lassen sich viel komplexere mathematische Modelle für jedermann berechenbar machen.

Ich möchte auch die 2. Auflage des Buchs meinem Vater Horst Malcherek (1932–1998) in Liebe und Dankbarkeit widmen.

Aus Gründen der besseren Lesbarkeit verwenden wir in diesem Buch überwiegend das generische Maskulinum. Dies impliziert immer beide Formen, schließt also die weibliche Form mit ein.

Die Ozeane sind en vogue, die Küsten waren es immer schon. Damit bekommen die Wissenschaften, die sich mit diesen Lebensräumen beschäftigen, also Ozeanographie und Küsteningenieurwesen, immer mehr Aufmerksamkeit und Bedeutung. Die Gründe hierfür sind allerdings bei beiden Lebensräumen sehr unterschiedlich.

Mit dem großen Wachstum der Menschheit ist ein immer größerer Hunger nach Rohstoffen verbunden. Diese Nachfrage steigt aber nicht nur mit der Zahl der Menschen, die auf diesem Planeten leben, sondern auch mit deren Wohlstand, der viele Entwicklungsländer in Südamerika und Asien zu Schwellenländern bzw. zu Industrieländern heranwachsen ließ. Mehr Wohlstand von immer mehr Menschen bedeutet aber auch eine umso größere Nachfrage nach Autos, Kraftstoff, die diese antreibt, Smartphones, proteinreichere Nahrung, Trinkwasser und Energie. Die alten Kontinente Amerika, Asien, Australien und Europa bieten hier nur noch begrenzte Möglichkeiten, die zumeist zur Rohstoffgewinnung längst erschlossen oder zumindest in Planung sind. Um den wachsenden Bedarf also zu stillen, müssen neue Quellen her. Hier bieten sich das zum großen Teil noch unerschlossene Afrika oder aber eben die Ozeane, die Arktis und die Antarktis an. Somit investieren einige Staaten wie z. B. China intensiv in Afrika oder versuchen zum Teil aggressiv die Claims in den Ozeanen und der Arktis abzustecken. Auch Deutschland ist hier keinesfalls untätig und fördert entsprechende Großforschungseinrichtungen, wie das Alfred-Wegener-Institut für Polarforschung in Bremerhaven, MARUM in Bremen oder Geomar in Kiel, um Rohstoffvorkommen zu explorieren, aber auch Gefahren für diese Naturräume zu erforschen. Somit geht die maritime Ressourcennutzung heute weit über die Fischerei hinaus.

Die Küsten standen dagegen schon immer im Fokus menschlicher Aufmerksamkeit. Fast die Hälfte der Menschheit hat es hierher gezogen, wenn man einen Küstenstreifen von ca. 100 km Breite betrachtet [60]. Der Grund für diese Bevölkerungsdichte lag ursprünglich in der Möglichkeit, terrestrische und aquatische Ressourcen gleichzeitig nutzen zu können, also sowohl Fischfang als auch Jagd und Landwirtschaft zu betreiben. Sehr bald kam die Möglichkeit der Schifffahrt für den Handel und die Kriegsführung hinzu. Diese Vorteile des Wirtschaftsraums Küste haben sich in verschiedenen Sektoren bis heute fortentwickelt. Zur Schifffahrt gehören auch die Hafenwirtschaft, der Schiffbau und die maritime Logistik. An der Küste haben sich Zweige der erzeugenden und verarbeitenden Industrie angesiedelt, deren Rohstoffe direkt durch die Seeschifffahrt angeliefert werden. Schließlich soll nicht unerwähnt bleiben, dass die Küsten, wie die Berge, ein Ort unserer Sehnsucht sind und daher auch ein hohes touristisches Potential besitzen.

Die Küste ist aber nicht nur Wirtschafts-, sondern auch ein Naturraum, in dem drei Sphären aufeinandertreffen: Die Atmosphäre mit sehr kurzfristigen Wettererscheinungen und langfristigen Klimaschwankungen wirkt auf die ebenfalls sehr dynamische marine Hydrosphäre mit Seegang, Gezeitenbewegungen, Sturmfluten und langfristigen Schwankungen des Meeresspiegels und der Meeresströmungen. Diese stehen dem Festland gegenüber, welches im Vergleich zu seinen Kontrahenten sehr undynamisch ist.

Die Versicherungen fürchten die Küste als den am stärksten gefährdeten Lebensraum auf der Erde: Sie liegt oft an den Grenzen von tektonischen Platten, womit Erdbeben, Vulkanausbrüche und Tsunamis verbunden sind. Meteorologische Extremereignisse wie Sturmfluten und Hurrikane treffen die Küsten, wodurch diese direkt von den Folgen des Klimawandels durch den Meeresspiegelanstieg betroffen sind.

Für viele Bereiche der Erde wird gerade im Zusammenhang mit dem Klimawandel von entscheidender Bedeutung sein, zu beurteilen, ob eine Küste bei dem zu erwartenden Meeresspiegelanstieg noch zu halten ist oder ob und in welchem Umfang diese und das betroffene Hinterland aufgegeben werden muss. Für einige Inselstaaten, deren Land sich nur wenige Meter über dem derzeitigen Meeresspiegel erhebt, wird es aber keine andere Lösung geben, als ihr Land aufzugeben. So kaufen Bewohner der Malediven schon jetzt Grundstücke in anderen Staaten, und das pazifische Tuvalu möchte sogar als souveräner Staat Asyl in anderen Ländern beantragen.

Strömungen in Ozeanen und Küstengewässern

Wir wollen uns in diesem Buch mit den Strömungen in Ozeanen und Küstengewässern beschäftigen, werden dieses gewaltige Thema aber nicht vollständig abhandeln können.

Ozeane und Küstengewässer gehören zur großen Klasse der Oberflächengewässer (im Unterschied zu Grundwasserleitern). Als **Oberflächengewässer** bezeichnet man den von Wasser eingenommenen Raum zwischen einer Sohle und dem Wasserspiegel, der das Gewässer von der Atmosphäre trennt. Ausdehnung und Form eines Oberflächengewässers sind damit wesentlich durch die Gestalt der Sohle und das darüber befindliche Wasservolumen geprägt.

Küstengewässer sind eine Klasse der Oberflächengewässer. Ihr entscheidendes und gemeinsames Merkmal ist das Vorhandensein einer landseitigen Berandung, der Küstenlinie. Die seeseitige Abgrenzung des Küstengewässers zum Meer oder Ozean ist nicht so eindeutig, da die Übergänge fließend sind. Aber auch hier kann das Vorhandensein der Küste als Abgrenzungsmerkmal des Küstengewässers gelten: Das Küstengewässer geht dort in die offene See über, wo das Vorhandenensein der terrestrischen Berandung keinen wesentlichen Einfluss auf das Strömungsgeschehen hat. Durch die Nähe des Landes

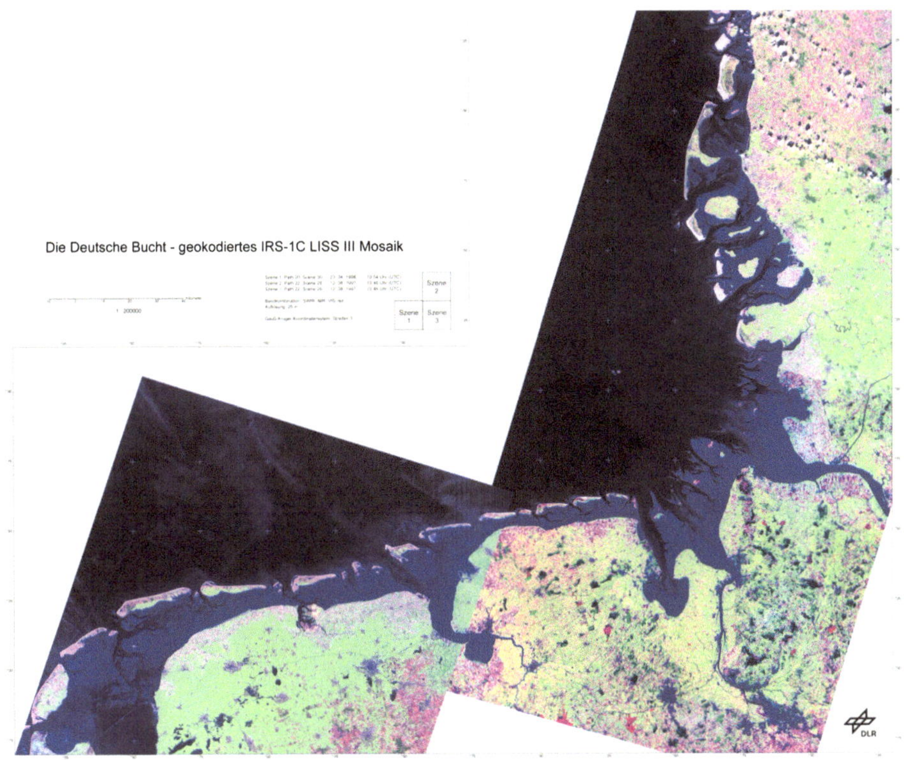

Abb. 1 Die deutsche Bucht als Satellitenbild. Von Westen kommend, beginnt das Bild bei den vor der niederländischen Küste liegenden westfriesischen Inseln und zeigt dann die ostfriesischen Inseln, deren Länge fortwährend abnimmt. Diese Inseln sind Düneninseln, die durch äolischen Transport über den davor gelagerten Wattflächen entstanden sind. Als Buchten sind der Dollart an der Ems und der Jadebusen zu erkennen. Als Ästuare münden Ems, Weser und Elbe in die Nordsee. Die nordfriesischen Inseln zeugen von Küstenverlusten an einer Küstenlinie, die einstmals über Sylt, Amrum und die Halbinsel Eiderstedt lief.

können Küstengewässer im Gegensatz zu Meeren und Ozeanen nicht allzu tief sein (Abb. 1 und 2).

An der Nordsee ist die Küstenlinie nicht immer mit Wasser benetzt, vor ihr liegen großflächige Wattgebiete, die während jeder Tide periodisch trockenfallen bzw. mit Seewasser überspült werden. Form und Ausdehnung des reinen Gewässerkörpers können daher erheblich schwanken. An der Ostseeküste sind dagegen tideabhängige Wasserstandsschwankungen nicht zu verzeichnen.

Die EU-Wasserrahmenrichtlinie bezeichnet die Küstengewässer als **Übergangsgewässer**. Dieser Begriff suggeriert, dass auch die Prozesse und Phänomene in Küstengewässern irgendwie entweder schon im Fluss oder im Meer in Reinform auftreten. Denken wir aber nur an die Brandungszone mit den vielfältigen Formen des

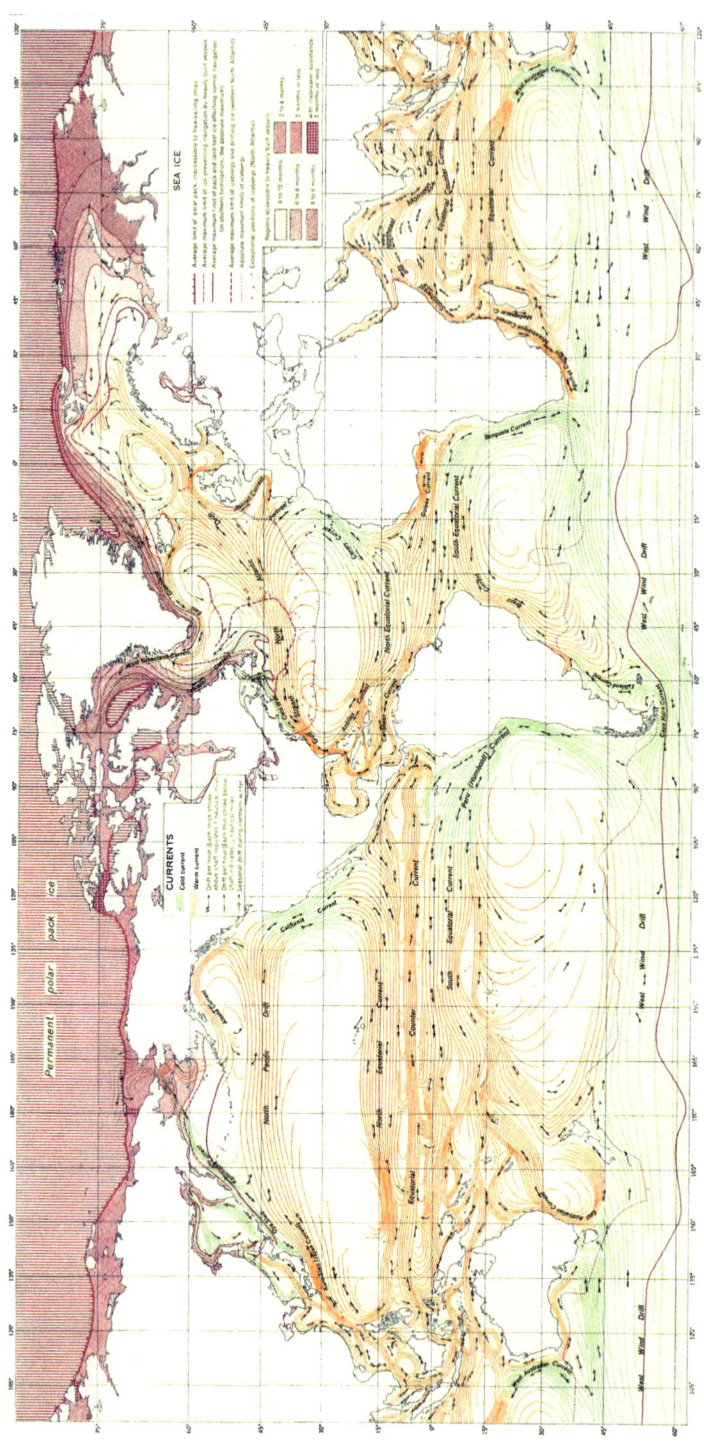

Abb. 2 Die thermohalinen Zirkulationen in den Weltmeeren (US Army). Zu erkennen ist der Golfstrom, der warmes Wasser aus der Karibik nach Europa transportiert.

Wellenbrechens, so sieht man, dass das Küstengewässer ein eigenständiger Naturraum ist, der als solcher auch bezeichnet werden sollte.

Wir wollen uns nun einen Überblick darüber verschaffen, mit welchen Arten von Strömungen wir es in diesen Gewässern zu tun haben.

Auf der globalen Ebene werden die Strömungen in der Atmosphäre und in den Ozeanen durch das Ungleichgewicht der Sonneneinstrahlung angetrieben. Am Äquator ist die Sonneneinstrahlung pro Fläche größer als an den Polen, wodurch sich die Luft und die Wassermassen dort mehr erwärmen. Da sowohl die Dichte der Luft als auch die des Wassers von der Temperatur abhängig sind, werden Strömungen induziert, die bestrebt sind, die Dichteunterschiede wieder auszugleichen. In den Ozeanen ist die Wasserdichte aber auch vom Salzgehalt abhängig, weswegen man hier von thermohalinen Zirkulationen spricht. Wir werden uns in diesem Buch zwar mit Dichteströmungen auseinandersetzen, aber nicht die hiermit verbundenen ozeanographischen Phänomene eingehend behandeln.

Die atmosphärischen, globalen Windsysteme zum Ausgleich der Temperaturunterschiede treiben an der Wasseroberfläche auch Ozeanströmungen an. Winde und Stürme lassen aber auch Seegang entstehen, der die oberflächennahen Schichten der Ozeane durchmischt und an den Küsten zu Seegangsbelastungen führt. Mit diesem Themenkreis werden wir uns intensiv beschäftigen.

Schließlich werden die Ozeane durch Gezeitenkräfte zu Bewegungen angeregt, die natürlich ein zentrales Thema dieses Buches sind. **Tide- oder Gezeitenströmungen** entstehen durch die Gravitationswirkung von Sonne und Mond auf die Ozeane. An vielen Orten an der Küste erklären Schautafeln wie die in Abb. 3 die Entstehung von Ebbe und Flut folgendermaßen: Danach gibt es auf der Erde zwei Flutberge – einer, der durch die Anziehungskraft des Mondes und einer, der durch die Zentrifugalkraft der Rotation von Erde und Mond um einen gemeinsamen Schwerpunkt entsteht. Durch die tägliche Rotation der Erde um ihre Achse entstehen an jedem Punkt auf der Erdoberfläche zweimal am Tag Ebbe und Flut.

Nehmen wir einmal an, die Erde drehe sich tatsächlich unter zwei Flutbergen. Sie sei zudem – bis auf eine kleine Insel am Äquator – vollständig mit Wasser bedeckt. Auf dieser kleinen Insel leben wir. Könnten wir in dem uns umgebenden Ozean schwimmen gehen? Sicherlich nicht. Wenn die Erde unter diesen beiden Flutbergen rotiert, die ja zum Mond bzw. in die ihm entgegengesetzte Richtung ausgerichtet sind, dann haben diese Flutberge von unserer Insel aus beobachtet eine sehr hohe Bewegungs-, d. h., Strömungsgeschwindigkeit. Jeder Flutberg rauscht von einem festen Punkt der Erdoberfläche

Abb. 3 Das Volksmärchen von den zwei Flutbergen zur Entstehung von Ebbe und Flut

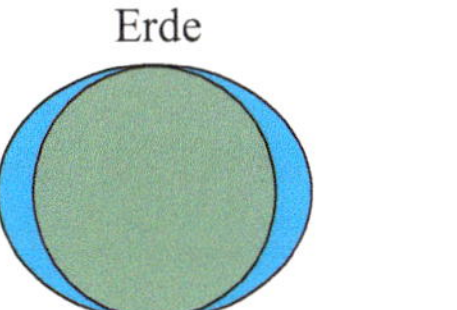

aus gesehen genau einmal am Tag um die Erde. Seine Bewegungsgeschwindigkeit u ist also u $= U_E/24$ h, wobei $U_E \simeq 40000$ km der Erdumfang ist. Das Wasser des Flutberges strömt unsere kleine Insel also etwa mit 1600 km/h an. Baden ist extrem gefährlich, ja sogar die Insel selbst ist in ihrem Bestand gefährdet.

In Küstengewässern kommt eine weitere Strömungsart hinzu: Im Bereich von Flussmündungen dringt Flusswasser in das Küstengewässer ein. **Flussströmungen** sind quasistationär, d. h., ihre mittlere Strömungsgeschwindigkeit ändert sich nur sehr langsam in Abhängigkeit von den kontinentalen hydrologischen Bedingungen. Die mittlere Strömung wird aber immer von turbulenten Fluktuationen überlagert. Da das Flusswasser nach einigen Transformationen dem Niederschlag entstammt, ist es im Gegensatz zum Meerwasser nicht salzhaltig.

Als zweite periodische Bewegungsart werden **Wellen und Seegang** in den Kap. 10 bis 13 behandelt. Hierdurch sind die Strömungen der Küstengewässer und Ozeane direkt mit denen der Atmosphäre gekoppelt.

Schließlich können in Küstengewässern noch zwei Arten von Extremereignissen in jährlichem Rhythmus auftreten. Extreme Niederschlagsereignisse sowie das Abtauen des Schnees im Frühjahr führen zu **Hochwasserwellen** in den Flüssen, die große Feststoffmengen in die Küstengewässer transportieren. Von der Meeresseite sind **Sturmfluten** mit gravierenden Gefahren für Menschen und Kulturgüter verbunden und verursachen oftmals erhebliche morphologische Veränderungen.

Die drei Strömungsarten wirken an den verschiedenen Küsten der Erde in unterschiedlicher Stärke. So sind die hydrodynamischen Verhältnisse an der deutschen Ostseeküste durch die Seegangsverhältnisse und den Windstau dominiert, da keine wesentlichen Zuflüsse vorhanden sind und die Tide nicht nennenswert in die Ostsee eindringt. An der deutschen Nordseeküste wirken alle drei Strömungsarten, wobei die Gezeiten vielerorts dominierend sind.

Hydromechanik der Ozeane und Küstengewässer

Um diese verschiedenen Strömungen in den Ozeanen und Küstengewässern zu verstehen und möglichst auch beherrschbar zu machen, werden wir uns der Hydromechanik bedienen, die die großen Erfolgskonzepte der Mechanik auf inkompressible Flüssigkeiten anwendet, zu denen auch das Meerwasser oder die Luft der Atmosphäre gehören.

Das erste und grundlegende dieser Erfolgskonzepte ist das der Kraft. **Kräfte** bewirken Beschleunigungen, d. h. Geschwindigkeitsänderungen, wodurch alle Bewegungen in den Küstengewässern angeregt werden. In Kap. 1 beginnen wir daher mit der wichtigsten Kraft, der Gravitationskraft. Kräfte sind, wenn sie nicht ausgeglichen sind, die Ursache von Bewegung. Den Zusammenhang zwischen Bewegung, Masse und Kraft hat Isaac Newton 1687 in seiner berühmten Bewegungsgleichung formuliert und damit die moderne Mechanik begründet.

Die Newton'schen Bewegungsgesetze sehen für ein Inertialsystem sehr einfach aus. Schwierig werden diese Gesetze erst dann, wenn unser Bezugssystem ein Nichtinertialsystem, wie die sich bewegende Erde, ist. Durch den Übergang auf ein solches System kommen fälschlicherweise als Scheinkräfte bezeichnete Zentrifugal- und Corioliskräfte ins Spiel, die die Wassermassen in den Weltmeeren genauso umher schleudern, wir wir es während einer Karussellfahrt erleben, und aus ihrer eigentlichen Bewegungsrichtung ablenken. Sie werden uns in Kap. 2 beschäftigen. Zusammen mit der Gravitationskraft bilden sie die Gezeitenkräfte, die Ebbe und Flut entstehen lassen.

Im Unterschied zur klassischen Newton'schen Mechanik haben wir es in der Strömungsmechanik immer mit offenen Systemen zu tun, in denen sich die Masse durch Zu- oder Abflüsse, also allgemein durch Strömungen verändern kann. Daher benötigt die Strömungsmechanik immer auch eine Massenbilanzbeziehung. Die Newton'sche Bewegungsgleichung verändert sich bei Systemen mit veränderlicher Masse zu einer Impulsbilanz, welche uns in einer sehr einfachen Form in Kap. 5 zu dem Modell der Schwerewellen führt. Mit diesem lassen sich viele Phänomene der durch die Gezeitenkräfte induzierten Strömungen als Wellenphänomene deuten, aber viele Phänomene lassen sich mit dieser einfachen Modellvorstellung auch nicht erklären. Damit möchte ich hier den Modellcharakter der physikalischen Theorien hervorheben: Eine solche Theorie hat nur dann einen praktischen Nutzen, wenn sie berechenbar ist und dafür muss man oft Vereinfachungen in Kauf nehmen, die die Theorie dann unvollständig, ungenau oder gar falsch werden lassen. Glücklicherweise haben wir aber gerade in puncto Berechenbarkeit große Fortschritte erzielt, die noch gesondert angesprochen werden sollen.

Eine echte Verbesserung der Theorie der Schwerewellen im Sinne einer Generalisierung bieten die Saint-Venant-Gleichungen, die in Kap. 6 behandelt werden. Sie erfassen in der Impulsbilanz wesentlich mehr Phänomene, wie die Flüssigkeitsreibung und den Impulstransport, enthalten aber alle Phänomene, die auch die Wellentheorie beinhaltet. Die Saint-Venant-Gleichungen haben aber keine einfachen analytischen Lösungen, sodass frühere Lehrbücher sich eher auf die Wellentheorie beschränkten.

Heute bieten sich durch die Omnipräsenz von Computern und den Möglichkeiten, die mathematische Softwaresysteme, wie MATLAB oder MATHEMATICA bieten, ganz neue Möglichkeiten. Mit nur wenig Kenntnissen in der numerischen Mathematik kann man dieses Gleichungssystem lösen und damit berechenbar machen. Das vorliegende Buch will vor allem an dieser Stelle zum wissenschaftlichen Fortschritt beitragen und die Leserschaft ermutigen, mit solchen Werkzeugen in neue Erkenntnissphären zu dringen, die uns früher verschlossen waren.

Während die Saint-Venant-Gleichungen eine Strömung nur eindimensional (d. h. auf einer Linie) erfassen, bilden die Navier-Stokes- und Reynolds-Gleichungen Strömungen auch dreidimensional, also raumauflösend ab. Ihre wichtigste Anwendung fanden diese Gleichungssysteme zunächst in der Grenzschichttheorie, die den Übergang von einer festen Wand zu einer freien Strömung untersucht. Das, was sich hier eher als technisches Problem verstehen lässt, wurde schon früh auch auf Fließgewässer angewendet, denn hier ist die gesamte Wassersäule vom festen Boden ausgehend eine einzige Grenzschicht.

Auch diese Grenzschichtgleichung kann man heute sehr einfach numerisch lösen, sodass wir uns das vertikale Profil der Gezeitenströmung (Kap. 7), den Einfluss des Windes auf die Strömungen in Ozeanen und Küstengewässern (Kap. 9) und die Wechselwirkung von Wellen und Meeresboden (Kap. 11) erschließen können.

Mit den Navier-Stokes- und Reynolds-Gleichungen den dazugehörigen Turbulenzmodellen, die durch die Atmosphäre geprägten Randbedingungen an der Wasseroberfläche und die durch die Sedimentologie und Geologie geprägten Randbedingungen am Boden ist die reine Hydrodynamik, so wie sie in der theoretischen Ozeanographie benötigt wird, abgeschlossen. Die dazugehörigen dreidimensionalen Modelle sind zwar auf Supercomputern lösbar, aber leider (noch) nicht auf PCs mit einem von mathematischer Software vorgegebenen numerischen Verfahren. Hier beginnt dann die numerische Strömungsmechanik mit ihren eigenen Methoden und Verfahren (siehe z. B. [70]).

Hydromechanik und Mathematik

Die Mathematik bietet als exakte Sprache durch ihr hierarchisches System von Axiomen, Definitionen und Regeln die Möglichkeit, komplexe Zusammenhänge nahezu beliebig kurz und prägnant zu beschreiben. Hierdurch bekommt die Mathematik ihre enorme Bedeutung nicht nur in Naturwissenschaft und Technik, sondern auch in vielen Bereichen der Gesellschaftswissenschaften.

Die beliebig große Speicherfähigkeit von Symbolen macht leider auch die Schwierigkeit des Umgangs mit Mathematik aus, schließlich muss man immer noch in der Lage sein, diese formale Sprache zu entschlüsseln und sich etwas unter ihren Symbolen vorstellen zu können.

Die Gesetze der Hydromechanik werden durch partielle Differentialgleichungen beschrieben; Objekte aus dem Fundus der mathematischen Sprache, mit denen man sich erfahrungsgemäß nur sehr langsam anfreunden kann. Warum man solche komplexen Gebilde braucht, sei an einem Gang durch den Zoo der mathematischen Objekte demonstriert.

Ganz unten stehen dort die Zahlen. Egal ob es sich dabei um natürliche, ganze, reelle oder komplexe Zahlen handelt – mit einer einzelnen Zahl (auch als physikalische Größe mit einer Einheit ausgestattet) kann man recht wenig anfangen.

Interessanter werden da schon Funktionen, die z. B. von der Zeit abhängen: Als Zeitreihen können sie den Wasserstand oder die Strömungsgeschwindigkeit an einem Messort beschreiben. Was hinter ihnen für Gesetzmäßigkeiten stecken, kann man z. B. durch die Methoden der Zeitreihenanalyse aufdecken. Da Küstengewässer sich aber über einen bestimmten Raum erstrecken, sind die zu betrachtenden Funktionen von den Raumkoordinaten und der Zeit abhängig. So werden physikalische Größen wie der Druck oder die Temperatur über einen Bereich eines Küstengewässers durch Funktionen mehrerer Variablen beschrieben. Noch komplizierter wird es, wenn wir auch die Strömungsgeschwindigkeit mathematisch beschreiben wollen, sie hat als Vektor drei Komponenten. Ihre räumlichen und zeitlichen Variationen werden durch eine vektorwertige Funktion mehrerer Variablen beschrieben.

Stellen wir uns nun einmal vor, dass wir die vektorwertige Funktion der Strömungsgeschwindigkeit an jedem Ort und zu jeder Zeit in der Nordsee kennen. Diese sehr komplizierte Funktion würde natürlich nicht die Strömungsgeschwindigkeit in der Karibik beschreiben, da sie ja für die Nordsee gilt. Deshalb sind wir an den allgemeinen Gesetzmäßigkeiten hinter der Geschwindigkeitsfunktion der Nordsee interessiert und das aus zweierlei Gründen: Zum einen wollen wir mit diesen allgemeinen Gesetzmäßigkeiten Lösungen auch für andere Gewässer gewinnen, und zum anderen gibt es nicht einmal für die Nordsee eine solche Geschwindigkeitsfunktion.

Funktionen sind wiederum Lösungen von Differentialgleichungen, also werden die physikalischen Gesetze der Hydromechanik durch Differentialgleichungen mathematisch beschrieben. Vektorwertige Funktionen, d. h. eigentlich nur mehrere Funktionen, sind Lösungen von Differentialgleichungssystemen. Sind die Funktionen noch von mehreren Variablen abhängig, dann landen wir bei partiellen Differentialgleichungssystemen.

Durch eines passives Lesen wird man ihren Inhalt und ihre Funktionsweise nicht durchdringen, hier hilft nur beständiges Üben. Dabei seien in zunehmendem Schwierigkeitsgrad die folgenden Schritte empfohlen:

1. Vorgebene Lösungen in die Differentialgleichung einsetzen und bestätigen,
2. Verhalten von Lösungen studieren,
3. Vereinfachungen und Spezialfälle analysieren,
4. Herleiten der Differentialgleichung,
5. eigene analytische bzw. numerische Lösungen konstruieren.

Der Aufwand lohnt sich, da Differentialgleichungen auch in anderen Disziplinen der Ingenieur- und Naturwissenschaften benötigt werden.

Neben dem Umgang mit harten Differentialgleichungen sollte man aber auch gute Abschätzungen mit Stift und Papier gewinnen können. Im Zeitalter der numerischen Simulation komplexer Natursysteme könnte man dazu verleitet werden, nur noch die physikalischen Grundgesetze und entsprechende numerische Lösungsverfahren zu lehren. Dies kann und darf nicht das alleinige Bildungsziel der Natur- und Ingenieurwissenschaften sein. Vielmehr muss man immer noch in der Lage sein, gute Abschätzungen mit Stift und Papier zu gewinnen, um sich die Kritikfähigkeit nicht nur gegenüber fehlerhaften Computersimulationen zu bewahren. Ferner fördert der spielerische schnelle Umgang mit Stift und Papier die Kreativität.

Digitalisierung als Bildungsauftrag

Die Herausgabe eines neuen Buches ist immer mit der kritischen Frage verbunden: „Gibt es das nicht schon?" Tatsächlich gibt es sowohl zur Hydromechanik der Küstengewässer und zur Ozeanographie schon eine Unmenge von zumeist englischsprachigen Werken.

Jede wissenschaftliche Disziplin muss aber auch auf die Veränderungen in ihrer Umgebung reagieren, wodurch gewisse Lehrinhalte plötzlich unwichtig werden und andere an Bedeutung gewinnen. Die vielleicht wichtigste immer noch stattfindende gesellschaftliche Veränderung ist die Demokratisierung von Computerleistung und dazugehöriger Software.

Dabei nehmen mathematischen Softwaresysteme, wie MATLAB oder Mathematica, heute die Rolle des Taschenrechners in den 70er-Jahren des letzten Jahrhunderts ein. Während dieser seinerzeit nur einfache Rechenoperationen ausführen konnte, stellen diese Programmsysteme heute numerische Lösungsverfahren für gewöhnliche und Grundtypen von partiellen Differentialgleichungen zur Verfügung, ohne dass der Anwender tief greifende numerische Kenntnisse haben muss. Damit kann das Thema viel tiefer erschlossen werden. Der Vorwand, dass der Anwender hierdurch keine numerische Mathematik erlerne, ist genauso unsinnig, wie die früheren Argumente gegen die Einführung des Taschenrechners in den Schulunterricht, denn Sie haben gerade ein Lehrbuch zur Hydromechanik im Küsteningenieurwesen und in der Ozeanographie und kein Lehrbuch der numerischen Mathematik in Ihrer Hand. So fehlen in vielen Gebieten der Physik Lehrbücher, die die Möglichkeiten solcher mathematischer Programmsysteme aufgreifen und eine neue Fachdidaktik zu den entsprechenden Lehrgebieten entwickeln. Hier möchte ich mit diesem Buch einen Beitrag zur Digitalisierung von Forschung und Lehre leisten.

Diese Zielsetzung verfolge ich über dieses Buch hinaus. Im Internet findet man auf YouTube® meinen Kanal „Hydromechanik und Wasserbau". Hier werden alle Vorlesungen hochgeladen, die ich zu dem Thema des Buches und darüber hinaus halte. Hier findet man auch einen Kursus zu MATLAB oder den allgemeinen Grundlagen der Strömungsmechanik.

Natur- und Ingenieurwissenschaften

Auf den ersten Blick scheint das Verhältnis von Natur- und Ingenieurwissenschaften sehr einfach zu sein: Die Naturwissenschaften widmen sich der reinen Erkenntnis der Natur, die Ingenieurwissenschaften wenden diese Erkenntnisse zum Wohle der Menschheit an.

Menschen haben allerdings schon immer ihre Lebensräume verändert, wenn sich die technischen Möglichkeiten boten. So wurden die Flussmündungen wie die Flüsse in ihrem Lauf begradigt, ja fast kanalisiert, dann Schritt für Schritt vertieft, um eine Schiffbarkeit bis weit ins Landesinnere zu gewährleisten. Zum Hochwasserschutz wurden die

Küsten mit Deichen verbaut, die nichts mehr mit dem ursprünglichen amphibischen Lebensraum zwischen Land und Meer zu tun haben.

Zu den Zeiten dieser Umgestaltungen waren die Naturwissenschaften keinesfalls in der Lage, die Folgen dieser Eingriffe auch nur ansatzweise zu überblicken. So stehen wir heute vor einem weltweiten Verlust von Stränden, da das dynamische Gleichgewicht aus Sedimenteinspeisung aus den Flüssen durch Dämme einerseits und einem variabel-reaktiven Strandprofil durch Deiche andererseits zerstört wurde. Und die Flussmündungen drohen bei weiteren Vertiefungen zu verschlicken, womit sie wegen der großen Sauerstoffzehrung ökologisch verarmt, wenn nicht tot sind. Bei der Ems ist dies schon der Fall und man sucht verzweifelt nach Möglichkeiten, den Patienten wiederzubeleben.

Dies bedeutet keinesfalls, dass diese Entwicklungen zu verdammen sind, sie waren zu den entsprechenden Zeiten das Handlungsparadigma, welches Wirtschaft, Gesellschaft und Politik den Ingenieuren vorgaben. Diese Paradigmen sind aber einer fortwährenden Entwicklung unterworfen: So müssen die Träger geplanter Vertiefungen nachweisen, dass es damit nicht zum ökologischen Kollaps der Flussmündung kommt, und dass ein geplanter Offshorewindpark den Richtlinien des Vogelschutzes entspricht.

Nicht selten widersprechen sich die Zielsetzungen der hier angesprochenen unterschiedlichen gesellschaftlichen Interessengruppen. Im Rahmen des integrierten Küstenzonenmanagements soll es hier zu einer Berücksichtigung aller Interessen bzw. einem Ausgleich kommen.

Alle damit verbundenen Tätigkeiten finden an der Küste in einem der dynamischsten geomorphologischen Systeme statt. Jede Bautätigkeit in Küstengewässern ist damit nicht als Umformung eines statischen Systems in ein anderes, sondern als Absetzen eines Ereignisses in einem offenen Raum zu verstehen. Küsteningenieure verändern diese Systeme nicht nur kurz-, sondern auch mittel- und langfristig, und das oftmals anders, als sie es anfänglich erwarteten.

Diese Tatsache soll sie allerdings nicht zur Tatenlosigkeit erziehen, sie soll lediglich in die Planungen mit einbezogen werden. Damit ist letztlich auch ein Bildungsziel verbunden: die verantwortliche Ingenieurpraxis in einer dynamischen Umwelt.

Die Anziehung der Massen 1

In der Physik wird die Masse mit zwei grundlegenden Phänomenen verbunden. Das eine ist die Trägheit: Umso mehr Masse ein Körper hat, desto schwerer ist es, seinen aktuellen Bewegungszustand zu verändern, ihn also entweder zu beschleunigen oder zu bremsen. Das zweite Phänomen ist die gegenseitige Anziehung aller Körper. In unserem Alltagsleben empfinden wir nur die Anziehung durch die sehr schwere Erde, weswegen man diese Eigenschaft auch als Schwere bezeichnet. Massen haben also so etwas wie einen Willen, sich miteinander zu vereinen.

Mit den Phänomenen, die die Erdanziehung verursacht, begann die die Erfolgsgeschichte der Physik, wie wir sie heute verstehen. Diese wurde in der Astronomie begonnen, denn die Anwendung der Newton'schen Gravitationsgesetze konnte die Bewegung der Planeten sehr gut erklären. Daher wollen wir die Physik der Gezeiten und Wellen damit beginnen, uns mit dieser Eigenschaft einmal intensiv zu beschäftigen.

1.1 Die Gravitationskraft und das Gravitationspotential

Jede Bewegungsänderung, also somit auch jede Beschleunigung, wird durch eine Kraft verursacht, die proportional zur Beschleunigung und zur beschleunigten Masse ist. Kraft ist also Masse mal Beschleunigung. Somit verspürt eine Masse m durch die Erdbeschleunigung $g = 9{,}81$ m/s^2 die Kraft

$$F = mg.$$

Diese Kraft weist immer in Richtung des Gravitationszentrums der Erde, sie hat an jedem Ort auf der Erdoberfläche also eine andere Richtung. Um diesen vektoriellen Sachverhalt in der Gleichung zu berücksichtigen, wollen wir die Erdbeschleunigung zu einem Vektor $\vec{g}$ machen:

$$\vec{F} = m\vec{g}.$$

© Springer Fachmedien Wiesbaden GmbH, ein Teil von Springer Nature 2018
A. Malcherek, *Gezeiten und Wellen*, https://doi.org/10.1007/978-3-658-19303-4_1

Abb. 1.1 Lage eines
erdfesten
Koordinatensystems mit
vertikaler z- und
Süd-Nord-Achse y

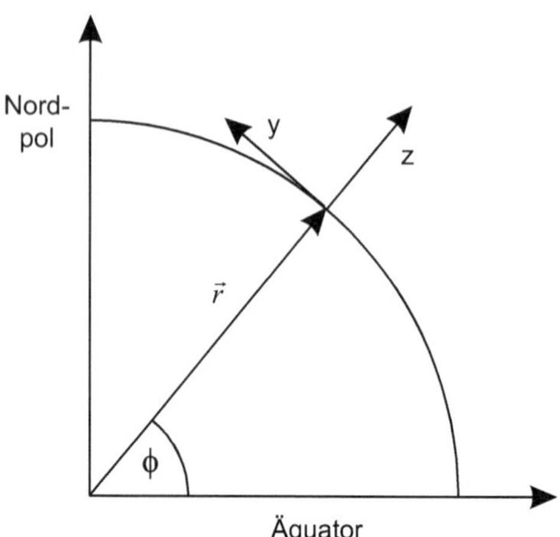

In unserem anthropogenen Weltbild denken wir uns die Erdoberfläche zumeist als Ebene, in die man ein kartesisches Koordinatensystem legen kann, dessen x-Richtung wie in einer Karte von Ost nach West, dessen y-Richtung von Süden nach Norden und dessen z-Richtung vom Erdmittelpunkt in den Himmel weist (Abb. 1.1). Dann hat die Erdbeschleunigungskraft die vektorielle Darstellung:

$$\vec{F} = m\vec{g} = m \begin{pmatrix} 0 \\ 0 \\ -g \end{pmatrix}.$$

Das Potential der Erdbeschleunigung

Das Rechnen mit Vektoren ist oftmals sehr lästig, da man jede Komponente einzeln bearbeiten muss. Diese Arbeit kann dann erleichtert werden, wenn zu einer vektorwertigen physikalischen Größe ein Potential ϕ existiert. Dieses stellt die vektorwertige Größe in der Form

$$\vec{g} = -\text{grad}\ \phi \quad \text{mit} \quad \phi = gz$$

dar. Somit kann die Erdanziehungskraft auch in der Form

$$\vec{F} = -m\,\text{grad}\ \phi$$

dargestellt werden.

Der freie Fall einer Masse m im Gravitationsfeld der Erde kann nun als Bestreben gedeutet werden, sich von einem hohen Potential gz_2 zu einem niedrigeren Potential gz_1 zu bewegen.

Der negative Gradient des Potentials $(-\,\text{grad}\ \phi)$ beschreibt also das Bestreben der schweren Masse, lieber an Orten niedrigen Potentials zu existieren.

1.2   Das Newton'sche Gravitationsgesetz

Tatsächlich ist es keine eigentümliche Eigenschaft der Erde, alle Massen an sich zu ziehen. Isaac Newton[1] entdeckte, dass sich alle Massen, wie groß oder klein sie auch immer sind, gegenseitig anziehen. In der 1872 erschienenen Übersetzung von Jakob Philipp Wolfers der Mathematische Principien der Naturlehre von 1687 heißt es:

„XII: Von den anziehenden Kräften sphärischer Körper

Zusatz 1. Wenn mehrere Kugeln derselben Art, welche in allem einander ähnlich sind, sich wechselseitig anziehen; so verhalten sich die beschleunigenden Anziehungen, welche je eine auf die andere in gleichen und beliebigen Abständen der Mittelpunkte ausübt, wie die anziehenden Kugeln.

Zusatz 2. In beliebigen ungleichen Abständen verhalten sie sich direct wie die anziehenden Kugeln, und indirect wie die Quadrate der Abstände.

Zusatz 3. Die bewegenden Anziehungen aber, oder die Gewichte der einzelnen Kugeln gegen die anderen verhalten sich in gleichen Abständen der Mittelpunkte, wie die anziehenden und angezogenen Kugeln zusammengenommen, d. h. wie ihre Produkte.

Zusatz 4. In ungleichen Abständen verhalten sie sich direct wie diese Produkte, und indirect wie die Quadrate der Abstände ihrer Mittelpunkte."

Quantitativ wird die Anziehungskraft zwischen zwei Punktmasse m_1 und m_2 heute durch das nach Newton benannte Gravitationsgesetz

$$F = \gamma \frac{m_1 m_2}{r^2}$$

mit der universellen Gravitationskonstante

$$\gamma = 6{,}67 \cdot 10^{-11}\,\mathrm{N\,m^2/kg^2}$$

beschrieben.

Die Anziehungskraft wird durch drei verschiedene physikalische Entitäten bestimmt, die jede für sich etwas über die Philosophie der Natur erzählen:

- Die Anziehungskraft wird qualitativ gleichberechtigt durch die beteiligten **Massen** m_1 und m_2 bestimmt. Diese Gleichberechtigung ist allerdings nur qualitativ: Die Kombination vom Newton'schen Bewegungsgesetz und vom Newton'schen Gravitationsgesetz bestätigt, dass der kleine Apfel den wesentlichen Teil des Weges zur Erde zurücklegt, während sich die träge Erde kaum von der Stelle bewegt. Politisch gesehen manifestiert das Gravitationsgesetz eine Plutokratie: Der, der viel hat, herrscht über den, der etwas weniger hat.

---

[1] Das gesamte Werk Isaac Newtons wird im Newton Project im XML-Format im Internet unter www. newtonproject.sussex.ac.uk veröffentlicht. Hier gibt es Links zu den zugehörigen Bildern in der besten Qualität. Ziel dieses Projekts ist es, die Quellen für die Entwicklung der Denkweise Newtons, seiner Ideen oder der Nomenklatur der Weltöffentlichkeit zur Verfügung zu stellen.

- Die zweite Entität ist der **Abstand** r zwischen den Massen. Die Art und Weise, wie er in das Gravitationsgesetz eingeht, gibt einen Hinweis darauf, wie sich zwei Massen mitteilen, dass sie vorhanden sind und ihre gegenseitige Bewegungen nun nach den zwischen ihnen wirkenden Gravitationskräften ausrichten: Der reziprok-quadratisch eingehende Abstand weist nämlich auf ein Abstrahlungsgesetz hin. So nimmt die Intensität der von einer Punktquelle ausgehenden Lichtstrahlung, aber auch der Teilchenstrahlung oder der akustischen Lautstärke, mit dem Abstand quadratisch ab, weil die die Quelle umhüllende Kugelfläche πr^2 mit dem Abstand quadratisch wächst. Immer weniger Intensität verteilt sich also auf immer mehr Fläche.

  Sind es also Elementarteilchen, sogenannte Gravitonen, die die Massen abstrahlen, um mit den anderen Körpern über die zwischen ihnen wirkenden Gravitationskräfte zu kommunizieren? Es gibt einige Beobachtungen, die der Gravitonenhypothese widersprechen. So ist die Übertragung von Elementarteilchen mit einer gewissen Dauer verbunden, auch wenn diese sich mit Lichtgeschwindigkeit bewegen. Dies führt zu einem gewissen Zeitversatz in der Kommunikation der Gravitationskraft, der in der Astronomie nicht bestätigt werden kann.

  Mit seiner allgemeinen Relativitätstheorie konnte Albert Einstein zeigen, dass es eine besondere Geometrie des Raumes gibt, die die Gravitationskraft zwischen den Massen kommuniziert. In ihr krümmt jede Masse den Raum so, dass sich die anderen Massen in ihm entsprechend dem Gravitationsgesetz bewegen.

- Die **universelle Gravitationskonstante** γ ist eine von etwa 20 Naturkonstanten, die nicht weiter ableitbar sind. Zu ihnen gehören die Masse des Elektrons oder die Feinstrukturkonstante. Das Besondere dieses Satzes von Naturkonstanten ist die Einstellung ihrer Werte: Nur diese Kombination ermöglicht eine Welt, so wie wir sie kennen. Hätte auch nur eine dieser Naturkonstanten einen anderen Wert, so würden sich vielleicht keine stabilen Atome oder Sterne bilden, der Kosmos hätte eine vollkommen andere Struktur, die Welt wäre nicht so, wie sie ist. Die Fragen, warum diese Naturkonstanten so sinnvoll aufeinander eingestellt sind, ob man hier überhaupt von sinnvoll sprechen kann und ob es Parallelwelten mit anderen Einstellungen gibt, gehören in das Reich der Kosmologie und Naturphilosophie.

Versuchen wir nun, nach diesen ausschweifenden Reflexionen zum eigentlichen Thema zurückzukehren.

1.2.1 Vektorielle Darstellung des Gravitationsgesetzes

In seiner bisherigen Form drückt das Gravitationsgesetz noch nicht den Sachverhalt aus, dass die Kraft ein Vektor mit Betrag und Richtung ist. Es lautet in vektorieller Form:

$$\vec{F} = -\gamma \frac{m_1 m_2}{r^3} \vec{r}.$$

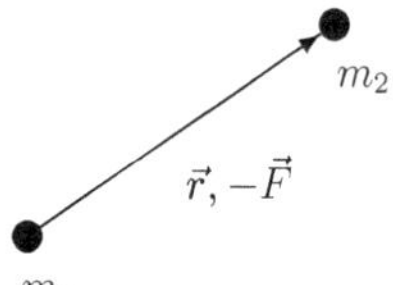

Abb. 1.2 Der Ortsvektor $\vec{r}$ und die Anziehungskraft $\vec{F}$ zwischen zwei Massen m_1 und m_2

Die Vektorschreibweise enthält im Nenner nun ein Potenzgesetz 3. Ordnung, welches mit dem darauf folgenden Abstandsvektor $\vec{r}$ wieder zum quadratischen Abstandsgesetz wird.

Weist der Ortsvektor $\vec{r}$ vom Körper der Masse m_1 zu dem der Masse m_2, dann ist $\vec{F}$ die Anziehungskraft der Masse m_1 auf die Masse m_2 (Abb. 1.2).

Natürlich liegt der Koordinatenursprung nicht immer im Gravitationszentrum der Erde. Für den beliebigen Fall gilt:

$$\vec{F} = -\gamma m m_E \frac{\vec{r} - \vec{r_E}}{|\vec{r} - \vec{r_E}|^3}.$$

Darin ist $\vec{r_E}$ der Ort des Erdgravitationszentrums und $\vec{r}$ der Ort, an dem man die Gravitationskraft der Erde bestimmen möchte.

1.2.2 Die Erdbeschleunigung

Das von einem Körper der Masse m_1 induzierte Gravitationsfeld $\vec{g}$ lässt sich durch seine Kraftwirkung auf einen Testkörper der Masse m_2 ausmessen. Man definiert also das vom Testkörper unabhängige Gravitationsfeld $\vec{g}$ als:

$$\vec{g} = \frac{\vec{F}}{m_2} = -\gamma \frac{m_1}{r^3} \vec{r},$$

wobei $\vec{r}$ nun vom Ort der Masse m_1 auf einen beliebigen Testort weist. Spezifizieren wir dies für einen Körper, der sich auf der Erdoberfläche befindet. Es lässt sich zeigen, dass eine Kugel mit homogener Massenverteilung außen so wirkt, als wäre die gesamte Masse $M_E = 5{,}977 \cdot 10^{24}\,\text{kg}$ in ihrem Mittelpunkt vereinigt. Damit wird der Abstand des Massenschwerpunkts zu einem Körper auf der Erdoberfläche gleich dem mittleren Erdradius $R_E = 6371{,}04\,\text{km}$ (Tab. 1.1). Die Gravitationsbeschleunigung ist dann

$$g = \gamma \frac{M_E}{R_E^2},$$

sie bekommt den rechnerischen Wert $g = 9{,}8217\,\text{m/s}^2$. Die Erdbeschleunigung ist also keine Konstante, sondern vom Abstand R_E vom Erdmittelpunkt abhängig.

Tab. 1.1 Astronomische Konstanten des Sonne-Erde-Mond-Systems

Größe	Wert
Erdradius R_E	6 371 040 m
Mondradius R_M	1 738 000 m
Exzentrität e der Mondbahn	0,0549
Exzentrität e der Sonnenbahn	0,016713
Große Halbachse R_{max} der Mondbahn	384 401 km
Große Halbachse R_{max} der Sonnenbahn	149,5985 Mio. km
Masse der Erde	$5{,}977 \cdot 10^{24}$ kg
Masse des Monds	$7{,}349 \cdot 10^{22}$ kg
Masse der Sonne	$1{,}989 \cdot 10^{30}$ kg

Übung 1

Wie groß ist die Gravitationsbeschleunigung g in 10 km Höhe über der Erdoberfläche?

Auch auf der Erdoberfläche ist der Abstand zum Erdmittelpunkt nicht konstant, sondern nimmt von den Polen zum Äquator hin zu. Ferner treten im Untergrund der Erde große Dichteunregelmäßigkeiten auf, wodurch man von Ort zu Ort sehr unterschiedliche Erdbeschleunigungen erhält, die man als Schwereanomalien bezeichnet. Wir müssen uns also auch noch mit dem Gravitationsfeld einer unregelmäßig verteilten Masse beschäftigen.

Übung 2

Wie groß sind die Schwankungen der Gravitationsbeschleunigung auf der Erdoberfläche laut Abb. 1.10?

1.3 Sonne, Erde und Mond

Die Gesetze der Gravitation wurden nach ihrer Entdeckung zunächst einmal auf die schon bekannten Keplerschen Gesetze des Sonnensystems angewendet. Wenn Gravitations- und Newton'sches Bewegungsgesetz die Keplerschen Gesetze erklären oder hervorbringen können, dann sind die manchmal sehr komplizierten alten Gesetze lediglich Spezialfälle von neuen, strukturell aber viel einfacheren Gesetzen.

Schon 1543 stellte Nikolaus Kopernikus in seinem Hauptwerk „De revolutionibus orbium coelestium" die These auf, dass sich die Erde auf einer Kreisbahn um die Sonne bewege und sich dabei um ihre eigene Achse drehe. Schauen wir uns also zunächst einmal die Bewegung auf einer Kreisbahn genauer an.

1.3.1 Die Kinematik der Kreisbewegung

Wir wollen also die Bewegung eines Körpers beschreiben, welcher sich auf einer ebenen Kreisbahn bewegt, die in Abb. 1.3 zu sehen ist. Bei einer solchen Kreisbewegung um den Koordinatenursprung ändert sich der Abstand, also der Radius R, nicht, wohl aber der Winkel α des Ortsvektors $\vec{r}(t)$ bezüglich der x-Achse. Die beiden Koordinaten des Ortsvektors lassen sich durch

$$x(t) = R\cos\alpha(t) \quad \text{und} \quad y(t) = R\sin\alpha(t)$$

beschreiben. Die Zeitabhängigkeit des Ortswinkels α kann man durch die Einführung einer Winkelgeschwindigkeit ω beschreiben, die den pro Zeit zurückgelegten Winkel angibt:

$$\omega = \frac{\Delta\alpha}{\Delta t}.$$

Oftmals kennt man die Dauer T einer vollständigen Umdrehung. Da diese dem Winkel 2π im Bogenmaß entspricht, kann man die Winkelgeschwindigkeit auch als

$$\omega = \frac{2\pi}{T}$$

berechnen.

Übung 3

Wie groß ist die Winkelgeschwindigkeit der Erde auf ihrem Weg um die Sonne?

Nach einer Umdrehung hat das Teilchen den Weg $2\pi R$ zurückgelegt. Seine Geschwindigkeit ist somit betragsmäßig:

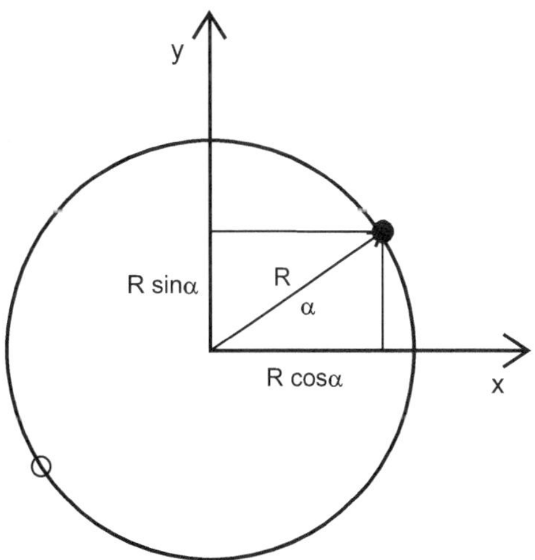

Abb. 1.3 Bei einer ebenen Kreisbewegung kann die Position eines Körpers durch $x = R\cos\alpha$ und $y = R\sin\alpha$ beschrieben werden

$$|v| = \frac{2\pi R}{T} = \omega R.$$

Mit der Winkelgeschwindigkeit sind die Ortskoordinaten des sich auf der Kreisbahn bewegenden Körpers:

$$x(t) = R\cos(\omega t) \quad \text{und} \quad y(t) = R\sin(\omega t).$$

Wenn sich die x- und die y-Koordinate des Körpers fortwährend ändern, dann hat dieser natürlich auch entsprechende Geschwindigkeiten, die als Ableitungen des Ortsvektors nach der Zeit definiert sind:

$$v_x(t) = -R\omega\sin(\omega t) \quad \text{und} \quad v_y(t) = R\omega\cos(\omega t).$$

Die Geschwindigkeit des Körpers ist auf der Kreisbahn nicht konstant, sondern unterliegt einer periodischen Beschleunigung, deren Wert man durch nochmalige Ableitung nach der Zeit enthält:

$$a_x(t) = -R\omega^2\cos(\omega t) \quad \text{und} \quad a_y(t) = -R\omega^2\sin(\omega t).$$

Da die Winkelgeschwindigkeit über den Radius mit der Geschwindigkeit zusammenhängt, können die Beschleunigungen auch als

$$a_x(t) = -\frac{v^2}{R}\cos(\omega t) \quad \text{und} \quad a_y(t) = -\frac{v^2}{R}\sin(\omega t)$$

beschrieben werden. Der Vorfaktor $\frac{v^2}{R}$ heißt Zentrifugalbeschleunigung.

Die ebene, gleichförmige Rotation ist also in Polarkoordinaten eine recht einfache Bewegung, bei der sich der Positionswinkel α gleichförmig ändert, währen der Radius R als Abstand vom Rotationszentrum gleich bleibt:

$$\alpha(t) = \omega t \quad \text{bei} \quad R = const.$$

Überträgt man die Bewegung in kartesische Koordinaten, dann kommen zwei periodisch beschleunigte, ineinander verschränkte Bewegungen zum Vorschein.

Ganz offensichtlich ist die Beschreibung dieser Bewegung in Polarkoordinaten viel einfacher, denn

1. es ändert sich mit dem Winkel nur eine Koordinate,
2. die Bewegung ist bezüglich der Winkelgeschwindigkeit unbeschleunigt.

In kartesischen Koordinaten ändern sich x- und y-Koordinate der Teilchenposition fortwährend, zudem ist die Bewegung beschleunigt. Tatsächlich denkt die Natur aber in kartesischen Koordinaten. Es handelt sich um eine (periodisch) beschleunigte Bewegung, auch wenn die Bewegung in Polarkoordinaten unbeschleunigt ist.

1.3.2 Das Newton'sche Bewegungsgesetz

Neben dem Gravitationsgesetz bestand Newtons [77] herausragende Leistung vor allem in der Aufstellung des Bewegungsgesetzes eines Körpers der Masse M. Es besagt bekanntlich, dass dessen Beschleunigung $\frac{d\vec{v}}{dt}$ gleich der Summe der angreifenden Kräfte ist:

$$M\frac{d\vec{v}}{dt} = \sum_i \vec{F}_i$$

Für die Himmelskörper sind die angreifenden Kräfte die Gravitationskräfte der jeweils anderen Körper.

1.3.3 Die Bewegung der Erde um die Sonne

Dies sei nun für die Bewegung der gegenüber der Sonne sehr kleinen Erde demonstriert. Dazu bezeichnen wir mit u die Geschwindigkeit der Erde in x-Richtung und mit v ihre y-Komponente. Die vektorielle Gravitationskraft lässt sich dann in ihre beiden Komponenten zerlegen und man bekommt die Bewegungsgleichungen der Erde als:

$$M_E\frac{du}{dt} = -\gamma\frac{M_S M_E}{R^3}(x_E - x_S), \qquad M_E\frac{dv}{dt} = -\gamma\frac{M_S M_E}{R^3}(x_E - x_S),$$

$$\frac{dx_E}{dt} = u, \qquad \frac{dy_E}{dt} = v.$$

Allein für die zweidimensionale Bewegung der Erde um die Sonne, oder allgemeiner eines Planeten um das Zentralgestirn, haben wir vier gewöhnliche Differentialgleichungen zu lösen.

Wir wollen ein solches numerisches Lösungsverfahren tatsächlich einmal konstruieren, um die Besonderheiten der Planetenbewegungen und die ihnen zugrunde liegenden Newton'schen Bewegungsgleichungen mit dem Gravitationsgesetz noch tiefer zu verstehen. In MATLAB lautet das Programm:

```
function sonne_erde

ME=5.977e24;
MS=1.989e30;
gamma=6.67e-11;
T=365.2422*86400;
omega=2*pi/T;
RE=(gamma*MS/omega^2)^(1/3);

x0=RE;
y0=0;
v0=2*pi*RE/T;
u0=0;
```

```
[T,Y] = ode23(@kopernicus,[0 10*365.25*86400],[x0 y0 u0 v0]);

plot(Y(:,1),Y(:,2))

    function dydt = kopernicus(t,f)
        x=f(1);
        y=f(2);
        u=f(3);
        v=f(4);
        dxdt=u;
        dydt=v;
        R=sqrt(x^2+y^2);
        FR=-gamma*MS/R^3;
        dudt=FR*x;
        dvdt=FR*y;
        dydt = [dxdt;dydt;dudt;dvdt];
    end
end
```

Es enthält eine interne Funktion mit dem Namen kopernicus, in dem die rechten Seiten unserer vier zu lösenden Differentialgleichungen als dxdt, dydt, dudt und dvdt berechnet werden. Diese Funktion wird an den Löser ode23 übergeben, der die vier Differentialgleichungen dann bei gegebenen Anfangsbedingungen über den Zeitraum von 0 bis 10 Jahren löst.

Um die in dem Programm gewählten Anfangsbedingungen zu verstehen, wollen wir die Bewegung der Erde um die Sonne durch eine ideale Kreisbahn approximieren. Damit ein Körper eine solche auch tatsächlich einhält, muss die auf ihn wirkende Gravitationsbeschleunigung betragsmäßig gleich der Zentrifugalbeschleunigung sein:

$$R_S \omega^2 = \gamma \frac{M_S}{R_S^2}.$$

Die Winkelgeschwindigkeit der Erde um die Sonne berechnet sich aus der Dauer des sogenannten siderischen Jahres als:

$$\omega_h = \frac{2\pi}{T_h} = 1{,}991063 \cdot 10^{-7} \text{ rad/s} \quad \text{mit} \quad T_h = 365{,}2422 \text{ d.}$$

Dabei versteht man unter einem siderischem (oder tropischem) Jahr den (mittleren) Zeitraum zwischen zwei aufeinanderfolgenden Durchgängen der Sonne durch den Frühlingspunkt (365,2422 MSD). Dieser Zeitraum bzw. die dazugehörige Winkelgeschwindigkeit wird in der Astronomie mit dem Buchstaben h indiziert. In der Gezeitentheorie benutzt man hier allerdings leider den Index Sa, was sich aus dem Begriff *Sun annular* ableitet.

Übung 4

Wie groß ist dementsprechend der mittlere Erdbahnradius?

Übung 5

Wie groß ist die so berechnete Bahngeschwindigkeit der Erde?

Das Ergebnis ist eine Kreisbahn, die das Papier nicht lohnt, hier dargestellt zu werden. Wenn Sie die Anfangsgeschwindigkeit der Erde etwa um 10 % größer oder kleiner ansetzen, werden die Kreise immer größer bzw. immer kleiner. Zudem wird die Bahn elliptisch. Wenn Sie die Anfangsgeschwindigkeit aber zu groß oder zu klein ansetzen, verlässt die Erde das Sonnensystem oder stürzt in die Sonne hinein. Es ist also Zufall, dass die Erde bei ihrer Entstehung genau die richtige Masse und Geschwindigkeit am richtigen Ort hat, sodass wir heute nahezu eine Kreisbahn um die Sonne beschreiben.

Lassen Sie das Programm die Erdbewegung über 1000 Jahre simulieren, dann verlässt die Erde das Gravitationsfeld der Sonne immer weiter. Die Ursache für dieses fehlerhafte Verhalten liegt im numerischen Lösungsverfahren, welches nie so genau sein kann, dass es nach einem, wie auch immer kleinen Zeitschritt den nächsten Punkt auf der Kreisbahn exakt trifft. Dadurch wandert die Erde mit jedem numerischen Zeitschritt immer ein ein Stückchen weiter nach außen. Dieses fehlerhafte Verhalten lässt sich schnell beheben, wenn man die Fehlertoleranz des Lösers auf einen kleineren Wert setzt.

1.3.4 Die Bewegungen des Erde-Mond-Systems

Während man beim Erde-Sonne-System die Bewegung der Sonne wegen ihrer großen trägen Masse als starr gegenüber der Erde annehmen kann, ist dies beim Erde-Mond-System nicht mehr der Fall. Nun haben wir für die ebene Bewegungen der zwei Körper folgende acht Differentialgleichungen zu lösen:

$$\frac{du(1)}{dt} = -\gamma \frac{M(2)}{R^3}\left(x(1) - x(2)\right), \qquad \frac{dv(1)}{dt} = -\gamma \frac{M(2)}{R^3}\left(y(1) - y(2)\right),$$

$$\frac{du(2)}{dt} = -\gamma \frac{M(1)}{R^3}\left(x(2) - x(1)\right), \qquad \frac{dv(2)}{dt} = -\gamma \frac{M(1)}{R^3}\left(y(2) - y(1)\right),$$

$$\frac{dx(1)}{dt} = u(1), \qquad \frac{dy(1)}{dt} = v(1),$$

$$\frac{dx(2)}{dt} = u(2), \qquad \frac{dy(2)}{dt} = v(2).$$

Dabei kann die jeweils erste Komponente für die Erde und die zweite Komponente für den Mond stehen, wobei die Reihenfolge beliebig ist. Die Gleichungen wurden also für ein allgemeines Zwei-Körper-Gravitationssystem aufgeschrieben.

Das folgende MATLAB-Programm löst dieses System:

```
function mond_erde

ME=5.977e24;
MM=7.349e22;
M=[MM ME];
gamma=6.67e-11;
RM=363300e3;
T=2*pi/sqrt(gamma*ME/RM^3);

N=2; % Anzahl der Körper
x0=[RM 0];
y0=[0 0];
u0=[0 0];
v0=[2*pi*RM/T -12.9];

[T,Y] = ode23t(@gravitation,[0 40*86400],[x0 y0 u0 v0]);

plot(Y(:,1),Y(:,3))
hold on
plot(Y(:,2),Y(:,4))


    ...


end
```

Auch hier müssen die Anfangsbedingungen wieder aus den astronomisch beobachtbaren Gegebenheiten ermittelt werden. Und wieder wird die Bewegung auf das feste Koordinatensystem der Gestirne bezogen. Somit bezeichnet man als siderischen (oder tropischen) Monat s den (mittleren) Zeitraum zwischen zwei aufeinanderfolgenden Durchgängen des Mondes durch den Frühlingspunkt (27,321582 MSD). Damit ist die Winkelgeschwindigkeit des siderischen Monats durch

$$\omega_s = \frac{2\pi}{T_s} = 2{,}661707 \cdot 10^{-6}\,\text{rad/s} \quad \text{mit} \quad T_s = 27,321582\,\text{MSD}$$

gegeben.

Übung 6

Berechnen Sie hieraus den mittleren Mondbahnradius und die Bahngeschwindigkeit des Mondes um die Erde.

Es fehlt noch die Funktion gravitation, die erst im folgenden Abschnitt wegen größerer Allgemeinheit programmiert wird.

Wenn Sie das Programm starten, sehen Sie die Bahnlinie des Mondes als großen und die Bahnlinie des Erdschwerpunktes als winzig kleinen Kreis. Gibt man nur dessen Bewegung aus, erkennt man, dass sich der Erdmittelpunkt mit einen Radius von etwa 4400 km um einen gemeinsamen Schwerpunkt bewegt. Das Rotationszentrum des Erde-Mond-Systems

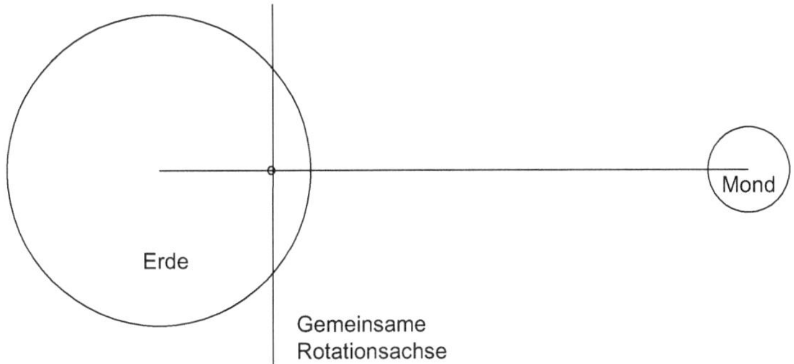

Abb. 1.4 Lage der gemeinsamen Rotationsachse von Erde und Mond. Der Abstand von Erde und Mond ist nicht maßstabsgerecht

liegt also 4400 km vom Erdmittelpunkt entfernt in der Erdkruste – etwa 1700 km unter der Erdoberfläche. Dieses Rotationszentrum entspricht in etwa dem Massenschwerpunkt von Erde und Mond, der sich im Abstand

$$R_{EM} = R_M \frac{M_M}{M_E + M_M}$$

vom Erdmittelpunkt befindet.

Die Rotation des Mondes um die Erde führt also zu einer Rotation des Erdmittelpunktes um den 4400 km entfernten gemeinsamen Schwerpunkt (Abb. 1.4).

1.3.5 Die Bewegung des Erde-Mond-Systems um die Sonne

Kommen wir nun zu der gemeinsamen Bewegung von Sonne, Erde und Mond, also einem Dreikörperproblem. Die Bewegungsgleichungen lauten nun:

$$\frac{d}{dt}\begin{pmatrix} u_1 \\ u_2 \\ u_3 \end{pmatrix} = -\gamma \begin{pmatrix} \frac{M_2}{R_{12}} + \frac{M_3}{R_{13}} & -\frac{M_2}{R_{12}} & -\frac{M_3}{R_{13}} \\ -\frac{M_1}{R_{21}} & \frac{M_1}{R_{21}} + \frac{M_3}{R_{23}} & -\frac{M_3}{R_{23}} \\ -\frac{M_1}{R_{31}} & -\frac{M_2}{R_{32}} & \frac{M_1}{R_{31}} + \frac{M_2}{R_{32}} \end{pmatrix} \begin{pmatrix} x_1 \\ x_2 \\ x_3 \end{pmatrix}.$$

Dabei ist es auch hier egal, welcher Index dabei welchen der drei Himmelskörper darstellt.

Übung 7
Schreiben Sie die erste Gleichung dieses Gleichungssystems aus und zeigen Sie, dass diese dessen Bewegung im Schwerefeld der anderen beiden Körper beschreibt.

Übung 8
Wie lautet das System der Bewegungsgleichungen für die y-Geschwindigkeiten v?

Das folgende MATLAB-Programm löst die nun schon 12 gewöhnlichen Differentialgleichungen:

```matlab
function SonneErdeMond

MS=1.989e30;
ME=5.977e24;
MM=7.349e22;
M=[MM ME MS];
gamma=6.67e-11;
RM=363300e3;
RS=1.495985e11;

TM=2*pi/sqrt(gamma*ME/RM^3);
TS=2*pi/sqrt(gamma*MS/RS^3);
N=3; % Anzahl der Körper
x0=[RM+RS RS 0];
y0=[0 0 0];
u0=[0 0 0];
v0=[2*pi*RS/TS+2*pi*RM/TM 2*pi*RS/TS 0];

options = odeset('RelTol',1e-5);
[TM,Y] = ode23t(@gravitation,[0 28*86400],[x0 y0 u0 v0],options);
%plot(Y(:,1)-Y(:,2),Y(:,4)-Y(:,5))
plot(Y(:,1),Y(:,4))
hold on
plot(Y(:,2),Y(:,5))

    function dydt = gravitation(t,f)
        x=f(1:N);
        y=f(N+1:2*N);
        u=f(2*N+1:3*N);
        v=f(3*N+1:4*N);
        dxdt=u;
        dydt=v;

        R=zeros(N,N);
        for i =1:N
            for j=1:N
                R(i,j)=sqrt((x(i)-x(j))^2+(y(i)-y(j))^2);
            end
        end

        for i=1:N
            A(i,i)=0;
            for j=1:N
```

```
            if i ~= j
                A(i,j)=gamma*M(j)/R(i,j)^3;;
                A(i,i)=A(i,i)-A(i,j);
            end
        end
    end

    dudt=A*x;
    dvdt=A*y;
    dydt = [dxdt;dydt;dudt;dvdt];
    end
end
```

Unser Programm ist nun so allgemein, dass man weitere Planeten unseres Sonnensystems leicht hinzufügen kann. Zunächst muss dazu die Anzahl der Körper N entsprechend erhöht werden. Schwierig ist dann die richtige, d. h. stabile Wahl von Anfangsbedingungen. Wie vorher ist es empfehlenswert, die Planeten erst einmal entsprechend ihren Radien auf die positive x-Achse zu legen und ihnen dann die entsprechenden Bahngeschwindigkeiten in y-Richtung zu geben (Abb. 1.5).

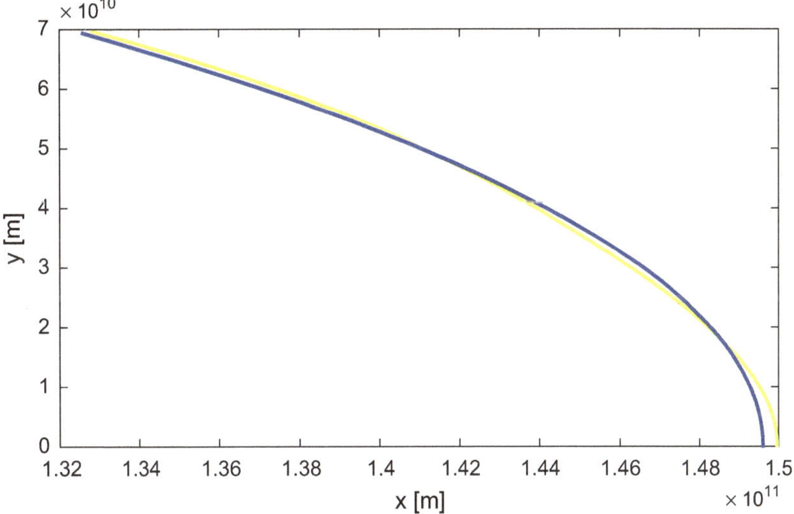

Abb. 1.5 Bei der Betrachtung der gemeinsamen Bewegung von Erde *(blau)* und Mond *(gelb)* um die Sonne, erscheint die Rotation des Mondes eher wie ein Taumeln um die Erde. Man beachte, dass die Maßstäbe von x- und y-Achse sehr verschieden sind

1.3.6   Einige Hilfsbeziehungen

Wir wollen nun die Verhältnisse für einen Satelliten im Sonne-Erde-Mond-System darstellen und dabei den Potentialbegriff vertiefen. Dazu benötigen wir einige Hilfsbeziehungen.

Zunächst einmal sei ein beliebiger Ortsvektor mit

$$\vec{r} = \begin{pmatrix} x \\ y \\ z \end{pmatrix}$$

bezeichnet. Der Abstandsvektor zu einem beliebigen anderen Ort $\vec{r}'$ ist dann:

$$\vec{r} - \vec{r}' = \begin{pmatrix} x - x' \\ y - y' \\ z - z' \end{pmatrix}$$

und somit:

$$|\vec{r} - \vec{r}'| = \sqrt{(x - x')^2 + (y - y')^2 + (z - z')^2}.$$

Man kann mit dieser Hilfsbeziehung leicht nachrechnen, dass der Gradient des reziproken Abstands

$$\nabla \frac{1}{|\vec{r} - \vec{r}'|} = -\frac{\vec{r} - \vec{r}'}{|\vec{r} - \vec{r}'|^3}$$

ist. Dabei beziehen sich die drei Ableitungen auf die ungestrichenen Größen, also x, y und z.

Schließlich benötigen wir noch den Laplace-Operator des reziproken Abstands:

$$\Delta \frac{1}{|\vec{r} - \vec{r}'|} = -4\pi \delta(\vec{r} - \vec{r}').$$

Darin ist δ die Dirac'sche Deltadistribution. Sie ist eins, wenn $\vec{r} = \vec{r}'$, ansonsten ist sie null. Keine Angst, wir werden nicht wirklich mit ihr rechnen müssen. Wenn man diese Distribution mit irgendeiner Funktion multipliziert und dann räumlich integriert, dann bekommt man den Funktionswert an der Stelle, auf die die Distribution sich bezieht:

$$\int_{\Omega} f(\vec{r}) \delta(\vec{r} - \vec{r}') d\Omega = f(\vec{r}').$$

Man kann sich das ja irgendwie auch vorstellen, denn der Integrand ist nur an der Stelle $\vec{r}'$ ungleich null.

1.3.7 Das Gravitationspotential von Sonne, Erde und Mond

Nach den vorgestellten Hilfsbeziehungen lässt sich das Gravitationspotential der Erde nun recht einfach darstellen:

$$\vec{F} = -\gamma m m_E \frac{\vec{r} - \vec{r}_E}{|\vec{r} - \vec{r}_E|^3} = \gamma m m_E \nabla \frac{1}{|\vec{r} - \vec{r}_E|}.$$

Damit lässt sich das Gravitationspotential der Erde schnell ablesen:

$$\phi = -\gamma \frac{m_E}{|\vec{r} - \vec{r}_E|}.$$

Nach dieser Vorarbeit ist die Verallgemeinerung auf beliebige Himmelskörper sehr einfach: Wir brauchen lediglich deren Gravitationspotentiale addieren. Für das System aus Sonne, Erde und Mond ergibt sich die Darstellung:

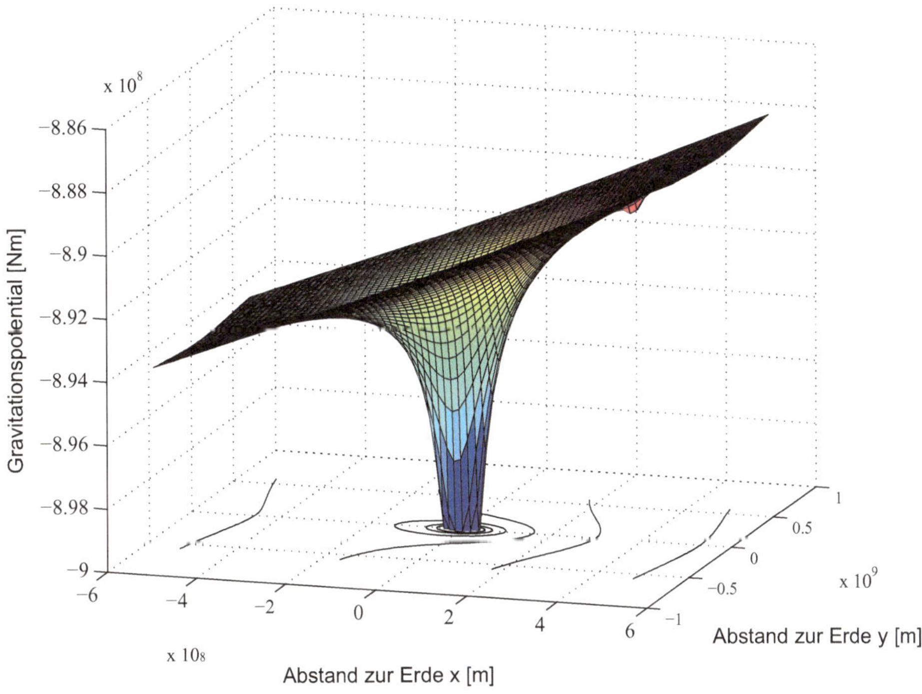

Abb. 1.6 Das gemeinsame, von Sonne, Erde und Mond erzeugte Gravitationspotential in Erdnähe. Die Erde erzeugt hier einen sehr tiefen Topf, während der Mond rechts daneben nur durch eine kleine Einmuldung zu erkennen ist. Der Einfluss der Sonne zeigt sich durch die mittlere Neigung der Potentialfläche nach links

$$\phi(\vec{r}) = -\gamma \left(\frac{m_E}{|\vec{r} - \vec{r}_E|} + \frac{m_S}{|\vec{r} - \vec{r}_S|} + \frac{m_M}{|\vec{r} - \vec{r}_M|} \right).$$

Dieses Potential ist in der Abb. 1.6 für eine bestimmte Konstellation dargestellt. Was für eine Bewegung irgendein Körper in diesem System vollzieht, kann man sich sehr einfach vorstellen, indem man eine Kugel der entsprechenden Masse an irgendeinen Ort legt. Sie wird entweder zur Sonne, zur Erde oder zum Mond rollen.

Dieses Beispiel belegt sehr anschaulich, dass das Potential so etwas wie den Willen einer Masse darstellt. Diese will sich in Richtung des abnehmenden Potentials bewegen.

1.4   Die Bewegung auf einer Ellipse

Mit unserem einfachen Modell des Sonne-Erde-Mond-Systems konnten wir das Erde-Mond-System nur deshalb auf eine Kreisbahn um die Sonne zwingen, weil wir die Anfangsbedingungen für die Geschwindigkeit und die Lage exakt passend gewählt haben. In der gleichen Weise sind wir für die Bewegung des Erde-Mond-Systems um den gemeinsamen Schwerpunkt vorgegangen. Dass diese Anfangsbedingungen exakt zur Entstehung des Sonnensystems vorgelegen haben, ist natürlich äußerst unwahrscheinlich. Viel mehr Möglichkeiten, eine fortdauernde Rotation eines Himmelkörpers um einen viel größeren zu gewährleisten, bietet die Bewegung auf Ellipsen. Zwar waren schon Kopernikus Abweichungen von der Kreisbahn bekannt, aber erst Johannes Kepler hat die elliptische Bewegung der Planeten vollständig erkannt und 1609 in seinem 1. Gesetz beschrieben:

Die Planeten bewegen sich auf Ellipsen, in deren einem Fokus die Sonne liegt.

Kann man dieses 1. Kepler'sche Gesetz tatsächlich als Naturgesetz bezeichnen? Ich glaube nicht, denn tatsächlich reicht die Newton'sche Mechanik zur Beschreibung der Bewegung auf einer Ellipse vollkommen aus. Und dass sich die Planeten auf Ellipsen statt auf Kreisbahnen bewegen, ist dem stochastischen Umstand geschuldet, dass es viel mehr Ellipsen als Kreise gibt.

1.4.1   Die Geometrie der Ellipse

Eine Ellipse ist eine geometrische Form, deren Punkte jeweils den gleichen Abstand zu zwei Brennpunkten haben. Im einfachsten Fall gibt man zunächst zwei Brennpunkte im Abstand $2eR_{max}$ vor. Für alle Punkte der Ellipse gilt dann (siehe Abb. 1.7):

$$r + r' = 2R_{max}.$$

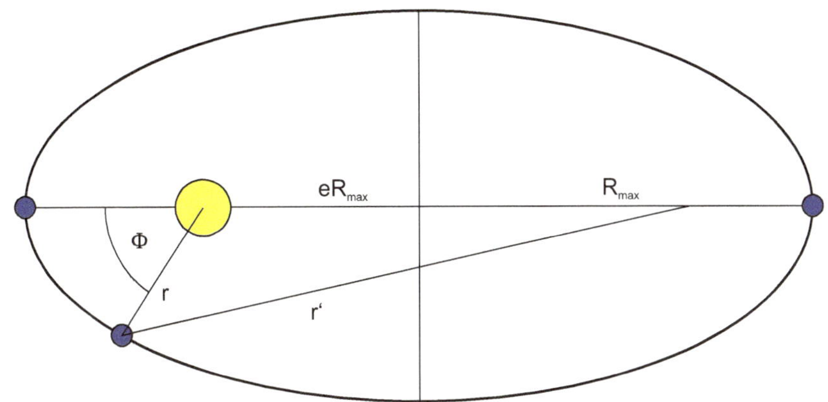

Abb. 1.7   Zur Geometrie der elliptischen Bewegung

Im Unterschied zum Kreis, der einzig durch den Radius beschrieben wird, wird eine Ellipse durch zwei Parameter beschrieben. Es gibt also unendlich viel mehr Möglichkeiten, Ellipsen anstelle von Kreisen zu konstruieren. Wir wollen die Ellipse durch ihren großen Halbmesser R_{max} und ihre Exzentrität e charakterisieren, die den Abstand der beiden Foki durch $e R_{max}$ beschreibt. Der sonnennächste Punkt heißt Perihel, an ihm ist der Abstand zur Erde

$$r = R_{max}\,(1 - e)\,.$$

Der größte Abstand zur Sonne ist:

$$r = R_{max}\,(1 + e)\,.$$

In kartesischen Koordinaten, deren Ursprung im Zentrum der Ellipse liegt, erfüllen die Punkte (x, y) einer Ellipse die Gleichung:

$$\sqrt{(x - e R_{max})^2 + y^2} + \sqrt{(x + e R_{max})^2 + y^2} = 2 R_{max}\,.$$

Um von der reinen Geometrie zur Mechanik des Sonnensystems zu gelangen, verschieben wir nun den Koordinatenursprung in die Sonne, also in einen Fokus der Ellipse:

$$\sqrt{x^2 + y^2} + \sqrt{(x + 2 e R_{max})^2 + y^2} = 2 R_{max}\,.$$

Setzen wir hier Polarkoordinaten

$$x = r \cos \Phi \quad \text{und} \quad y = r \sin \Phi$$

ein,

$$r + \sqrt{(r \cos \Phi + 2 e R_{max})^2 + r^2 \sin^2 \Phi} = 2 R_{max}\,,$$

dann bekommt man nach kluger Quadratur und vielem Kürzen für den Abstand zwischen
Sonne und Erde:

$$r = R_{max} \frac{1 - e^2}{1 + e \cos \Phi}.$$

Dieser ändert sich also im Laufe des Jahres mit dem als wahre Anomalie bezeichneten
Winkel Φ. Nehmen wir nun der Einfachheit halber an, dass die Erde zur Zeit $t = 0$ im Perihel
stand, dann bekommt der Abstand zwischen Sonne und Erde die einfache Form:

$$r = R_{max} \frac{1 - e^2}{1 + e \cos(\Omega t)}.$$

Übung 9

Bestimmen Sie den kleinsten und den größten Abstand der Erde von der Sonne.

Übung 10

Bestimmen Sie den kleinsten und den größten Abstand des Mondes von der Erde.

1.4.2 Die Kinematik der nichtgeradlinigen Bewegung

Weder die Bewegung auf einer Kreisbahn noch die auf einer Ellipse sind geradlinige Bewegungen. Nichtgeradlinige Bewegungen haben eine besondere Kinematik, die wir kurz
untersuchen wollen.

Dazu betrachten wir einen Körper, welcher die in Abb. 1.8 gezeigte Bahn beschreibt. Wir
wollen mit s eine krummlinige Koordinate bezeichnen, die sich an die Kurve anschmiegt.
Die skalare Geschwindigkeit des Teilchens ist somit:

$$v = \frac{ds}{dt} = R \frac{d\phi}{dt}.$$

Die zweite Identität gilt zunächst einmal für eine Bewegung auf einem Kreis mit dem Radius
R. Diese Identität ist durch das Konzept des Krümmungsradius verallgemeinerungsfähig:

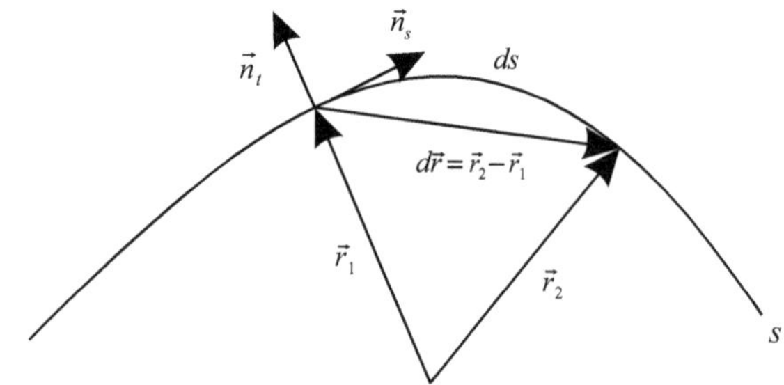

Abb. 1.8 Bewegung auf
einer nichtgeradlinigen
Bahn. In einem sehr kleinen
Zeitabschnitt ändert sich der
Ortsvektor nur sehr wenig.
Man sieht dann, dass
$ds = |d\vec{r}|$ ist

Dazu nehmen wir an, dass die Kurve einer beliebigen krummlinigen Bewegung an jeder Stelle durch einen Krümmungsradius beschrieben werden kann, der sich somit also entlang der Trajektorie des Körpers ändert. Dann gilt diese Identität lokal auch für eine beliebig gekrümmte Kurve.

Die vektorielle Geschwindigkeit kann man durch den Betrag der Geschwindigkeit v und den Einheitsvektor in Bewegungsrichtung $\vec{n}_s$ darstellen. Ferner wird sie durch die zeitliche Änderung des Ortsvektors $\vec{r}$ des Teilchens gemessen:

$$\vec{v} = \vec{n}_s v = \frac{d\vec{r}}{dt} = \frac{d\vec{r}}{ds}\frac{ds}{dt} = \vec{n}_s R \frac{d\phi}{dt}.$$

Damit ist $\frac{d\vec{r}}{ds} = \vec{n}_s$, was man auch der Zeichnung in Abb. 1.8 entnehmen kann. In der letzten Identität wurde wieder der lokale Krümmungsradius verwendet.

Die Beschleunigung $\vec{a}$ bekommt zur erwartbaren tangentialen Richtung noch eine normale Komponente hinzu, was man vielleicht nicht gleich erwartet hätte. Und da die Beschleunigung die Grundlage der Dynamik ist, hat dieser Sachverhalt eine wichtige Bedeutung:

$$\vec{a} = \frac{d v \vec{n}_s}{dt} = v \frac{d\vec{n}_s}{ds} + \frac{dv}{dt}\vec{n}_s = -v\frac{v}{R}\vec{n}_t + \frac{dv}{dt}\vec{n}_s = -\frac{v^2}{R}\vec{n}_t + a\vec{n}_s.$$

Hier wurde der Zusammenhang

$$\frac{d\vec{n}_s}{ds} = -\frac{v}{R}\vec{n}_t$$

verwendet, der die Änderung des Einheitsvektors der Bewegungsrichtung durch die Zentrifugalbeschleunigung beschreibt.

Die Beschleunigung hat also eine tangentiale und eine normale Komponente. Letztere ist beim genaueren Hinsehen tatsächlich vonnöten: Die normale Komponente drückt (oder zieht) das Teilchen aus seiner geradlinigen Bahn.

Der Körper erfährt in unserem Fall also eine Beschleunigung in negativer normaler Richtung. Diese durch die Geometrie der Kurve eingeprägte Kraft muss in den Bewegungsgleichungen berücksichtigt werden.

1.4.3   Das Kepler'sche Abstandsgesetz

Keplers 2. Gesetz behauptet, dass der Radiusvektor in gleichen Zeiten gleiche Flächen überschreitet. Dies lässt sich mit dem Newton'schen Bewegungsgesetz im Gravitationsfeld recht leicht beweisen. Legen wir dazu die Sonne in den Ursprung des Koordinatensystems, dann lautet dieses:

$$M_E \frac{d^2\vec{R}}{dt^2} = -\gamma \frac{M_S M_E}{R^3}\vec{R}.$$

Diese Gleichung wird vektoriell mit dem Radiusvektor multipliziert,

$$M_E \vec{R} \times \frac{d^2 \vec{R}}{dt^2} = 0 \Rightarrow \vec{R} \times \frac{d\vec{R}}{dt} = \vec{R} \times \vec{n}_s R \frac{d\Phi}{dt} := c = const,$$

wodurch die Gravitation und prinzipiell jede radiale Kraft wegfällt. Wenn nun der Planet auf seiner Bahn eine Bogenlänge $d\vec{s}$ zurücklegt, dann überstreicht sein Ortsvektor eine Dreiecksfläche der Größe

$$dA = \frac{1}{2}|\vec{r} \times d\vec{s}| = \frac{1}{2}|\vec{r} \times \vec{n}_s r d\Phi|.$$

Die in jedem Zeitintervall Δt überstrichene Fläche

$$A = \int\limits_{t}^{t+\Delta t} \frac{1}{2}\left|\vec{r} \times \vec{n}_s r \frac{d\Phi}{dt}\right| dt$$

ist also konstant.

Somit muss sich ein Planet in Sonnennähe schneller als in Sonnenferne bewegen, damit sein Ortsvektor in gleichen Zeiten gleiche Flächen überschreitet. Die Bahngeschwindigkeit v_s und somit die Kreisgeschwindigkeit ω sind auf einer Ellipse nicht mehr konstant. Wenn wir also im Folgenden von der Kreisgeschwindigkeit der Erde um die Sonne oder des Mondes um den Erde-Mond-Schwerpunkt sprechen, soll jeweils der Mittelwert der Kreisgeschwindigkeit bei einem Umlauf gemeint sein. Die Exzentritäten der Erdbahn um die Sonne und der Mondbahn um den Erde-Mond-Schwerpunkt sind zudem so klein, dass wir mit Kreisbewegungen arbeiten werden. Wir sollten die Tatsächlichkeiten aber im Hinterkopf behalten (Abb. 1.9).

1.4.4 Die Bewegungen der elliptischen Bahn

Neben der Abstandsänderung durch die Bewegung auf einer Ellipse gibt es weitere Periodizitäten, die mit der Bewegung der Ellipse selbst zu tun haben.

Abb. 1.9 Der erdnächste Punkt der Mondbahn rotiert alle 8,85 Jahre einmal um das Firmament

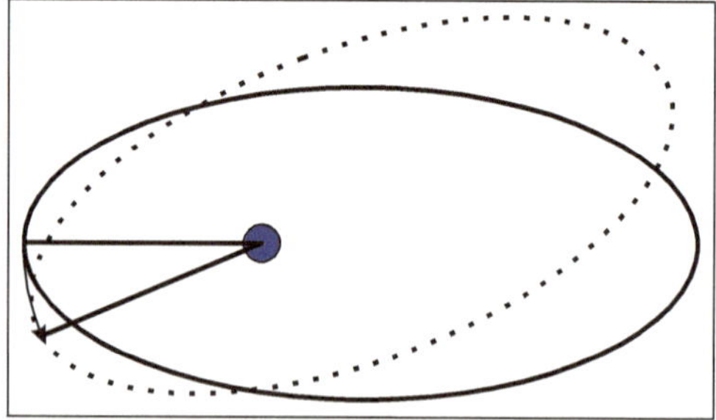

Diese rotiert nämlich selbst; das Mondperigäum rotiert dabei einmal in 8,85 Jahren am Firmament. Man bezeichnet die damit verbundene Periode mit dem Buchstaben p.

Das Sonnenperigäum tut dies nebenbei bemerkt alle 20 940 Jahre. Dieses Signal wird mit der Kombination p1 bezeichnet.

Diese Mondbahn ist, wie schon erwähnt, gegenüber der Ekliptik geneigt. Man bezeichnet die Schnittpunkte der Mondbahnellipse mit der Ekliptik als Knoten; im aufsteigenden Knoten wechselt der Mond von der südlichen zur nördlichen Breite, im absteigenden Knoten in umgekehrter Richtung. Auch diese Knoten und damit die Achse der Ellipse führen eine Rotationsbewegung mit einer Periode von 18,613 Jahren aus, man bezeichnet diesen Zeitraum als Nodalzyklus, abgekürzt N. Die gesamte Mondbewegung kann nach der Theorie der Mondbewegung von Brown (zitiert nach [39]) in Form einer trigonometrischen Reihe dargestellt werden.

Wir wollen an dieser Stelle die erdnahe Astronomie mit dem Eindruck verlassen, dass man die Bewegungen von Sonne und Mond wohl verstehen und prognostizieren kann, die Sache aber so kompliziert ist, dass wir sie den Spezialisten überlassen.

1.4.5 MATLAB-Programme

Die folgenden beiden Programme verwenden die elliptischen Zusammenhänge zur Berechnung des Abstands zur Sonne (Tab. 1.2):

```
function RS=distance2sun(t)
T=t./86400;
% Zeit T in Tagen bezogen auf 1990 [d]
% Abstandsberechnung Erde-Sonne
% ekliptische Länge der Sonne bezogen auf 1990
epsilon_g=279.403303;
% ekliptische Länge des Perigäums
omega_g=282.768422;
% numerische Exzentrizität der Sonnenellipse
e_S=0.016713;
```

Tab. 1.2 Zusammenstellung der fundamentalen Grundfrequenzen

Name	Periode	ω (rad/s)	Entsprechung
T1	1,03505 MSD	$7,026 \cdot 10^{-5}$	Mittlerer Mondtag (Bezug Mittagslinie)
s	27,321582 MSD	$2,662 \cdot 10^{-6}$	Tropischer Monat (Bezug Frühlingspunkt), Mm
h	365,2422 MSD	$1,991 \cdot 10^{-7}$	Tropisches Jahr (Bezug Frühlingspunkt), Sa
p	8,85 Jahre	$2,250 \cdot 10^{-8}$	Rotation des Perigäums (Mondbahn)
N	18,61 Jahre	$1,070 \cdot 10^{-8}$	Rotation des aufsteigenden Mondbahnknotens
p1	20 940 Jahre	$9,527 \cdot 10^{-12}$	Rotation des Perigäums (Erdbahn)

```matlab
% Länge der großen Halbachse [m]");
r_0=1.495985e11;
% Berechnung der mittleren Anomalie der Sonne [°];
mM_S=360/365.2422*T+epsilon_g-omega_g;
% wahre Anomalie der Sonne [°];
Upsilon_S=mM_S+360/pi*e_S*sin(mM_S*pi/180);
% geozentrische Länge der Sonne [rad];
%("zeitabhängige Abstand zwischen Erde und Sonne [m]")
RS=r_0*(1-e_S^2)./(1+e_S*cos(Upsilon_S*pi/180));
```

und zur Berechnung des Abstandes zum Mond:

```matlab
function RM=distance2moon(T)
% Tage bezogen auf 1990
T=T/86400;
% Sonnenbewegung beeinflusst auch Mond:
% ekliptische Länge der Sonne bezogen auf 1990
epsilon_g=279.403303;
% ekliptische Länge des Perigäums
omega_g=282.768422;
% numerische Exzentrizität der Sonnenellipse
e_S=0.016713;
% Länge der großen Halbachse [m];
r_0=1.495985e11;
% Berechnung der mittleren Anomalie der Sonne [°];
mM_S=360/365.2422*T+epsilon_g-omega_g;
% wahre Anomalie der Sonne [°];
Upsilon_S=mM_S+360/pi*e_S*sin(mM_S*pi/180);
Lambda_S=Upsilon_S+omega_g;

% Abstandsberechnung Erde-Mond -
% mittlere Länge am Perigäum [°]
P_0=36.340410;
% mittlere Länge des Mondes [°];
l_0=31.351648;
% große Halbachse der Mondellipse [m]");
a=384.401e6;
% numerische Exzentrizität der Mondellipse
e_M=0.0549;
% wahre heliozentrische Länge des Mondes [°];
l=13.176396*T+l_0;
%("Berechnung der mittleren Anomalie des Mondes [°];
mM_M=l-0.1114041*T-P_0;
Cc=l-Lambda_S;
%("Korrektur für die Evektion");
E_Upsilon=1.2739*sin((2*Cc-mM_M)*pi/180);
% ("Korrektur für die jährliche Ungleichheit");
A_e=0.1858*sin(mM_S*pi/180);
% ("Korrekturterm");
A_3=0.37*sin(mM_S*pi/180);
```

```
% ("wahre Anomalie des Mondes");
amM_M=mM_M+E_Upsilon-A_e-A_3;
% ("Korrektur für die equation of center");
E_c=6.2886*sin(amM_M*pi/180);
%("zeitabhängige Abstand zwischen Erde und Mond [m]")
RM=a*(1-e_M^2)./(1+e_M*cos((amM_M+E_c)*pi/180));
```

1.5   Die Gravitation verteilter Massen

Bei der Analyse des Gravitationspotentials eines Mehrkörpersystems sind wir stillschweigend davon ausgegangen, dass die gesamte Masse m_E der Erde am Ort $\vec{r}_E$ konzentriert ist. Dies ist natürlich nicht ganz richtig, denn in diesem Fall wäre die Dichte an diesem Ort natürlich sehr hoch. Wir wollen nun also auf den Fall verteilter Massen übergehen. Dazu summieren wir einfach die Potentiale von vielen winzig kleinen Massen an ihren jeweiligen Positionen auf:

$$\phi(\vec{r}) = -\gamma \sum_i \frac{m_i}{|\vec{r} - \vec{r}_i|}.$$

Jede dieser Massen hat eine Dichte ϱ_i und belegt das Volumen Ω_i:

$$\phi(\vec{r}) = -\gamma \sum_i \frac{\varrho_i}{|\vec{r} - \vec{r}_i|} \Omega_i.$$

Lassen wir nun diese Betrachtung immer feiner werden, indem wir über immer mehr, kleiner werdende Teilvolumina Ω' aufsummieren. Dann geht diese Summe in das Volumenintegral über:

$$\phi(\vec{r}) = -\gamma \int_{\Omega'} \frac{\varrho'}{|\vec{r} - \vec{r}'|} d\Omega'.$$

Mit unseren Hilfsformeln bekommen wir nun auch sehr schnell Ausdrücke für die Gravitationskraft einer verteilten Masse auf eine Masse m

$$\vec{F} = -\gamma m \int_{\Omega'} \frac{\varrho(\vec{r}')}{\|\vec{r} - \vec{r}'\|^3} \left(\vec{r} - \vec{r}'\right) d\Omega'$$

und die wirkende Gravitationsbeschleunigung:

$$\vec{g} = \gamma \int_{\Omega'} \frac{\varrho(\vec{r}')}{\|\vec{r} - \vec{r}'\|^3} \left(\vec{r} - \vec{r}'\right) d\Omega'.$$

Um den richtigen Wert der Erdbeschleunigung an jedem Ort der Erde und im erdnahen Raum für die Satellitennavigation zu ermitteln, muss man nur die Verteilung der Dichte im Inneren des Erdkörpers kennen. Die ist allerdings nicht genau bekannt. Was wir aber kennen, ist die Verteilung der Erdbeschleunigung über die Oberfläche der Erde, schließlich kann man die heutzutage mit jedem besseren Smartphone ermitteln.

Übung 11
Machen Sie sich einmal schlau: Wie funktioniert die Messung der Erdbeschleunigung in einem Smartphone?

Wenn wir also ein Modell zur Dichteverteilung des Erdkörpers haben, dann muss ein solches Modell auch die Verteilung der Gravitationsbeschleunigung über die Erdoberfläche vorhersagen können.

1.5.1 Die Poisson-Gleichung für das Gravitationspotential

Um etwas über Strömungen im Inneren der Sterne oder im flüssigen Kern der Planeten zu erfahren, reicht die Gravitationsbeschleunigung auf der Oberfläche eines Himmelskörpers natürlich nicht aus: Wir müssen diese an jeder Stelle kennen, den sie beschleunigt die Massen. Sie lautet:

$$\Delta \phi = 4\pi\gamma\varrho \quad \Rightarrow \quad \vec{g} = -\nabla\phi.$$

Man bezeichnet diese Differentialgleichung für das Gravitationspotential auch als Poisson-Gleichung. Sie kann in einfachen Fällen analytisch und bei komplexeren Problemen mit leistungsfähigen numerischen Methoden wie der Finite-Elemente-Methode gelöst werden. Voraussetzung ist hier aber wieder, dass man die Dichteverteilung im Inneren des Himmelskörpers kennt. Und diese ist das Ergebnis von Massenbewegungen, mit denen wir uns im kommenden Kapitel beschäftigen wollen.

Der Beweis dieser Gleichung ist nach unseren Vorarbeiten relativ einfach:

$$\Delta \phi = -\gamma \Delta \int_{\Omega'} \frac{\varrho'}{|\vec{r}-\vec{r}'|} d\Omega' = -\gamma \int_{\Omega'} \Delta \frac{\varrho'}{|\vec{r}-\vec{r}'|} d\Omega' = 4\pi\gamma \int_{\Omega'} \varrho'\delta(\vec{r}-\vec{r}') d\Omega' = 4\pi\gamma\varrho.$$

Dabei kann der Laplace-Operator in die Integration gezogen werden, weil ersterer sich auf ungestrichene und letzterer sich auf gestrichene Größen bezieht (Abb. 1.10).

1.5.2 Das Schwarze Loch

Ließe man allen schweren Massen dieser Welt ihren Willen, so würden sie zu einem Klumpen verschmelzen, welcher mit einer so großen Masse und damit auch Massenanziehung ausgestattet wäre, dass er nicht einmal mehr Licht freigeben würde: Der freie Wille der Massen endet in einem Schwarzen Loch. Glücklicherweise gibt es aber noch andere physikalische Prozesse, die ihren Willen ebenfalls durchsetzen wollen. Und wenn zwei Willen gleich stark sind und keiner die Oberhand bekommt, entsteht ein Gleichgewicht. So kommt

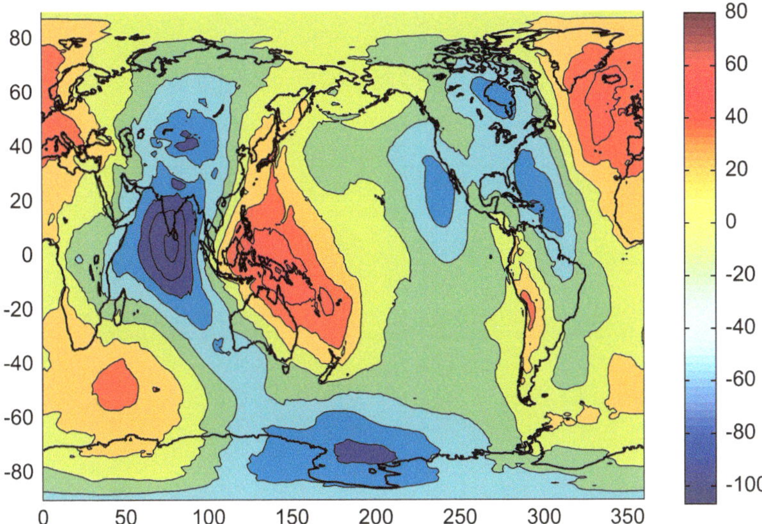

Abb. 1.10 Das Geoid der Erde entsteht aus der Umkehrung der Beziehung zwischen Gravitationsbeschleunigung und Erdmasse. Man berechnet den zu der lokal wirksamen Gravitationsbeschleu-
nigung g gehörigen Erdradius und zieht dessen Mittelwert hiervon ab: $\Delta R_E = \sqrt{\gamma M_E / g} - \overline{R_E}$.
Dargestellt ist diese Abweichung in Metern aus MATLAB-Daten

eine Welt diesseits des Schwarzen Lochs zustande, in der eine Vielzahl von physikalischen
Entitäten ihren Willen gegeneinander ausspielt.

1.6 Zusammenfassung

Das Newton'sche Bewegungsgesetz kann in Kombination mit der Gravitationskraft die Bewegung der Planeten des Sonnensystems vollständig erklären und so auf ein einziges Grund-
gesetz zurückführen. Das Gravitationsgesetz erklärt zudem das Zustandekommen der Erdbeschleunigung und ihre Variation über die Erdkugel. Damit hat Newton 1687 die Grundlage
der klassischen Mechanik, so wie sie heute noch gültig ist, gelegt.

In der Strömungsmechanik ist das Newton'sche Bewegungsgesetz so aber nicht anwendbar, da man hier eine Einzelmasse M nur schwer selektieren kann. Daher muss das Bewegungsgesetz hier leicht verändert werden. Ferner ist das Newton'sche Bewegungsgesetz
nur in einem Inertialsystem gültig. Wir leben allerdings auf der Erdoberfläche in einem
Nichtinertialsystem. Die Konsequenzen werden wir im folgenden Kapitel studieren.

Als menschliches Individuum leben wir an irgendeinem Ort einer rotierenden Erdoberfläche. Versucht man in Gedanken, die Bewegung mit der Erde nachzuvollziehen, dann wird einem schwindelig. Neben dem Taumeln um den gemeinsamen Erde-Mond-Schwerpunkt kommt die Rotation um die Sonne und schließlich noch die tägliche Umdrehung der Erde um ihre eigene Achse hinzu. Das Leben auf der Erde findet also auf einem hochkomplexen Karussell statt, an dessen Bewegung sich alle Individuen längst gewöhnt haben. Nur die Meere schwappen in ihren Becken hin und her und künden uns davon, dass wir auf einem Karussell leben.

2.1 Siderischer und solarer Tag

Nachdem wir im letzten Kapitel die Bewegungen von Sonne, Erde und Mond analysiert und simuliert haben, fehlt noch die wichtigste Bewegung: die Rotation der Erde um ihre Achse. Physiker würden diese Rotation als Spin bezeichnen, wenn man die Erde als ein Teilchen versteht.

Diese Eigenrotation ist uns als Tageszyklus bekannt, sie lässt die Sonne im Osten aufgehen und im Westen wieder untergehen. Ein Tag dauert dabei bekanntlich 24 h oder 86 400 s. Man bezeichnet diese zeitliche Dauer auch als *mean solar day*, abgekürzt MSD. Die auf der Erde wahrgenommene Länge des Tages, man sollte besser des Sonnentages sagen, wird allerdings durch drei Bewegungen bestimmt: die Rotation der Erde um ihre Achse, die Rotation des Erde-Mond-Systems und die Rotation des Erde-Mond-Systems um die Sonne (Abb. 2.1).

© Springer Fachmedien Wiesbaden GmbH, ein Teil von Springer Nature 2018

A. Malcherek, *Gezeiten und Wellen*, https://doi.org/10.1007/978-3-658-19303-4_2

Abb. 2.1 Im Karussell „Krake" kann man die Beschleunigungen auf der Erde durch Vergrößerung der Winkelgeschwindigkeiten spürbar machen. Jede Gondel bewegt sich wie die Erde um ihre eigene Achse. Je 4 Gondeln bewegen sich wie wie das Erde-Mond-System um einen gemeinsamen Schwerpunkt und das gesamte System dreht sich um die Sonne

Schauen wir uns dazu einmal die Abb. 2.2 an. Die Länge eines Sonnentages wird durch die Zeit bestimmt, in der die Sonne jeweils die Mittagslinie durchschreitet. In der Abb. 2.2 sind dies die Positionen A und A$'$.

Man kann die Erdrotation aber auch auf einen Fixstern beziehen, dann wäre eine Umdrehung durch die Positionen B und B$'$ gekennzeichnet. Dieser Sternentag ist 3 min 56,56 s kürzer als der Sonnentag. Man bezeichnet ihn auch als siderischen Tag T, er misst die zwischen zwei Meridiandurchgängen eines Fixsternes verstreichende Zeit.

Die Winkelgeschwindigkeit des siderischen Tags ist somit $7{,}29 \cdot 10^{-5}$ rad/s, wir bezeichnen sie im Folgenden mit ω:

$$\omega = \frac{2\pi}{86\,164\,\text{s}} = 7{,}29 \cdot 10^{-5}\ \text{rad/s} := \omega_{K1}$$

Dem siderischen Tag kommt eine sehr grundlegende physikalische Bedeutung zu. Das Newton'sche Bewegungsgesetz, nach dem jede Änderung eines Geschwindigkeitsvektors (oder genauer: jede Impulsänderung) aus einer Kraftwirkung resultiert, gilt nämlich nur in einem Inertialsystem, d. h. einem System, welches sich selbst nicht beschleunigend bewegt. Jedes an der Erdkugel anhaftende Koordinatensystem ist damit kein Inertialsystem, da sich die Koordinatenachsen mit der Erde drehen und somit eine beschleunigte Bewegung vollziehen.

Gehen wir also zunächst einmal auf die Suche, was dann überhaupt ein für uns relevantes Inertialsystem sein kann. Wenn sich etwas im Laufe eines Menschenlebens nur wenig bis

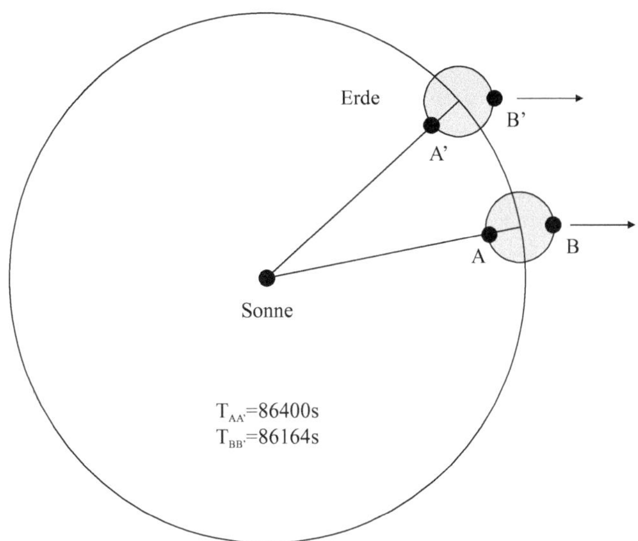

Abb. 2.2 Zum Unterschied zwischen siderischem und Sonnentag

gar nicht ändert, dann sind es die Positionen der Fixsterne. Nur wenn wir die Bewegungen auf unserer Erde auf ein an den Fixstern geheftetes Koordinatensystem beziehen, befinden wir uns in fast so etwas wie einem Inertialsystem. Der siderische Tag beschreibt also die Rotation der Erde nicht in einem geo- oder heliozentrischen, sondern in einem absoluten Inertialsystem.

Da die Rotationsgeschwindigkeit des siderischen Tags die auf ein Inertialsystem bezogene ist, ist sie als Signal auch in den Gezeiten erkennbar. Man bezeichnet ihren Anteil am Gesamtsignal als K_1-Gezeit. Dabei steht der Index 1 dafür, dass dieses Signal einmal am Tag an- und abschwillt.

2.2 Eigenrotationsanteile

Die Rotation der Erde um die Sonne macht den siderischen Tag kürzer als den solaren Tag. Einen ähnlichen Zusammenhang gibt es auch für den siderischen Monat, dessen Winkelgeschwindigkeit man mit s bezeichnet. Die Periode, nach der wir den Mond wieder im gleichen Sternbild sehen, wird durch die Bewegung des Erde-Mond-Systems um die Sonne unterstützt. Ohne diese Rotation um die Sonne würde es etwas länger dauern, bis wir den Mond wieder am gleichen Sternenort sehen.

Wir wollen einmal den Zusammenhang zwischen der Länge des siderischen Jahrs h und dem siderischen Monat s aufstellen. Im Verlauf eines siderischen Monats hat sich das

Erde-Mond-System auf seiner Bahn um die Sonne ein Stückchen weiterbewegt. Da beide Bewegungen den gleichen Drehsinn haben, unterstützen sie sich gegenseitig. Die gesamte Rotation des Erde-Mond-Systems im Verlauf eines siderischen Monats besteht also aus dem Anteil der Rotation um die Sonne und einem Eigenrotationsanteil des Erde-Mond-Systems, dessen Winkelgeschwindigkeit ich mit em bezeichnen will. Somit gilt:

$$s = em + h \text{ bzw. } em = s - h.$$

Würde die Rotation um die Sonne nicht die Rotation des Erde-Mond-Systems am Fixsternhimmel unterstützen, dann wäre die Eigenrotationsdauer des Erde-Mond-Systems:

$$\frac{2\pi}{T_{em}} = \frac{2\pi}{2\,360\,584,7\,s} - \frac{2\pi}{365,2422\,d} \Rightarrow T_{em} = 29,53\,d.$$

Kommen wir nun zum siderischen Tag, also der zeitlichen Dauer, nachdem wir ein Gestirn wieder an derselben Position relativ zur Erde sehen. Diese Rotation setzt sich aus

- der Rotation der Erde um die Sonne,
- der Eigenrotation des Erde-Mond-Systems und
- der Eigenrotation der Erde

zusammen, wobei ich die Winkelgeschwindigkeit der letzten in der Gezeitentheorie mit e bezeichnen will. Somit gilt:

$$T = e + em + h = e + s \text{ bzw. } e = T - s.$$

Ohne die Hilfe des Erde-Mond-Systems und ohne Rotation um die Sonne wäre die Erdumdrehung also wesentlich langsamer:

$$\frac{2\pi}{T_E} = \frac{2\pi}{86\,164\,s} - \frac{2\pi}{2\,360\,584,7\,s} \Rightarrow T_E = 89\,428,23\,s = 24,84\,h.$$

Schließlich sei der noch der mittlere Mondtag T1 als Zeitraum zwischen zwei aufeinanderfolgenden Durchgängen des Mondes durch denselben Meridian (1,035050 MSD) definiert:

$$T1 = T - em = T - s + h.$$

Der Mondtag ist also wieder ein geozentrischer Begriff.

In der Analyse der Gezeiten findet man noch ein anderes mit dem Mond verbundenes Signal, welches als O_1-Gezeit bezeichnet wird. Diese Zeit wird dadurch bestimmt, dass die Erde mit ihrer Eigenrotation e der Rotation des Erde-Mond-Systems em hinterher eilen muss:

$$O_1 = e - em = T - s - (s - h) = T - 2\,s + h.$$

Dieses hat demnach also eine Periode von 25 h 49 min.

2.3 Die absolute Bewegung im Erde-Sonne-Mond-System

Wir wollen nun also einmal unsere eigene Bahnlinie (und damit auch die eines jeden anderen Teilchens auf der Erdoberfläche) beschreiben. Dann werden wir vielleicht verstehen, warum uns manchmal Drehschwindel plagt. Der Koordinatenursprung soll an einen Fixstern geheftet sein. Und hier bietet sich natürlich unsere Sonne an. Ferner wollen wir der Einfachheit halber von einer ebenen Bewegung des gesamten Systems ausgehen, in dem wir am Äquator leben (Abb. 2.3).

Um die Sonne als Fixpunkt rotiert der Schwerpunkt des Erde-Mond-Systems mit einer jährlichen Periode:

$$x_{EM}(t) = R_S \cos \omega_h t \quad \text{und} \quad y_{EM}(t) = R_S \sin \omega_h t.$$

Der Mittelpunkt der Erde rotiert nun wiederum mit der Rotationsgeschwindigkeit em des Erde-Mond-Systems um dessen Rotationsschwerpunkt:

$$x_E(t) = x_{EM}(t) + R_{EM} \cos (\omega_s - \omega_h) t \quad \text{und} \quad y_E(t) = y_{EM}(t) + R_{EM} \sin (\omega_s - \omega_h) t.$$

Darin sei mit R_{EM} der Abstand des Erdmittelpunkts vom Erde-Mond-Rotationszentrum bezeichnet.

Und schließlich wird die Bewegung eines Körpers am Äquator infolge der Eigenrotation der Erde durch

$$x(t) = x_E(t) + R_E \cos (\omega_T - \omega_s) t \quad \text{und} \quad y(t) = y_{EM}(t) + R_E \sin (\omega_T - \omega_s) t$$

beschrieben. Insgesamt haben wir also:

$$x(t) = R_S \cos \omega_h t + R_{EM} \cos (\omega_s - \omega_h) t + R_E \cos (\omega_T - \omega_s) t$$

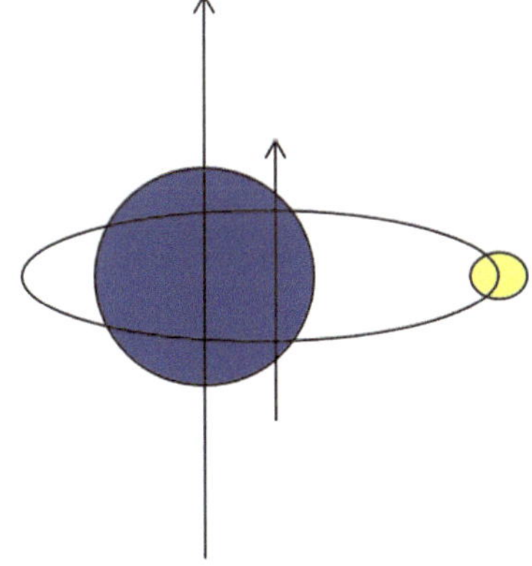

Abb. 2.3 Zur Entstehung der O_1-Gezeit: Die Eigenrotation der Erde (*langer Vektor*) muss der Rotation des Erde-Mond-Systems (*kurzer Vektor*) nacheilen, damit der Mond wieder von der Erde aus an der selben Position gesichtet werden soll

und

$$y(t) = R_S \sin \omega_h t + R_{EM} \sin (\omega_s - \omega_h)\, t + R_E \sin (\omega_T - \omega_s)\, t.$$

In Abb. 2.4 ist eine solche (also unsere!) Trajektorie einmal über ein Jahr dargestellt. Der Abstand von der Sonne wurde dabei auf ein Tausendstel reduziert, damit man alle Bewegungsformen im Bild erkennen kann. Zunächst einmal rotiert der am Äquator auf der Erdoberfläche befindliche Beobachter einmal um die Sonne. Dabei führt er 12 schlingernde Bewegungen aus, die durch die Rotation des Erde-Mond-Ssytems entstehen. Letztendlich kommen noch 365 Rotationen um die Erdachse hinzu.

Betrachten wir dazu einmal die Beschleunigung

$$a_x(t) = -R_S \omega_h^2 \cos \omega_h t - R_{EM}\,(\omega_s - \omega_h)^2 \cos (\omega_s - \omega_h)\, t - R_E\,(\omega_T - \omega_s)^2 \cos (\omega_T - \omega_s)\, t$$

und setzen in diese die Zahlenwerte für die Vorfaktoren ein:

$$a_x(t) = -0{,}0059 \,\mathrm{m/s^2} \cos \omega_h t - 2{,}67 \cdot 10^{-5} \,\mathrm{m/s^2} \cos (\omega_s - \omega_h)\, t - 0{,}0315 \,\mathrm{m/s^2} \cos (\omega_T - \omega_s)\, t.$$

Die durch die tägliche Rotation erfahrene Beschleunigung ist als um etwa das sechsfache größer als die durch die Rotation um die Sonne erfahrene Beschleunigung. Die Bewegung

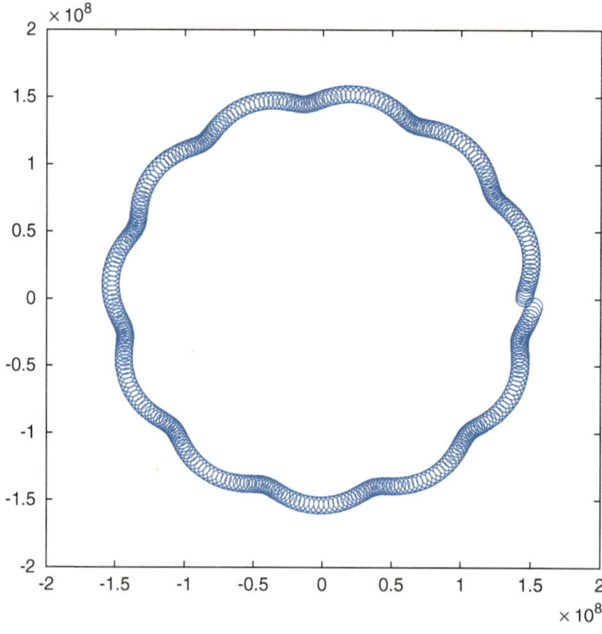

Abb. 2.4 Bahn eines am Äquator lebenden Beobachters um die Sonne. Der Erde-Sonne-Abstand ist in dieser Abbildung auf ein Tausendstel reduziert

des Erde-Mond-Systems um den gemeinsamen Schwerpunkt ist als Beschleunigung vernachlässigbar. Somit wollen wir uns im Folgenden nur noch mit den Schwindelgefühlen beschäftigen, die durch die Eigenrotation der Erde mit der Kreisgeschwindigkeit $\omega_T - \omega_S$ ausgelöst werden.

Was passiert also mit einem (Wasser-)Körper, der durch irgendeine Kraft auf der Erde beschleunigt wird und gleichzeitig der beschleunigten Bewegung der Erde unterliegt?

2.4 Rotierende Bezugssysteme

Jede Beschreibung eines physikalischen Systems beginnt mit der Wahl eines Referenzsystems. Prinzipiell kann ein solches recht beliebig sein, es muss nur so beschaffen sein, dass es jeden Ort und jeden Zeitpunkt durch eine Adresse, also z. B. die auf einen Raumpunkt bezogenen kartesischen Koordinaten x, y, z und die auf einen Anfangszeitpunkt bezogene Zeit t, beschreiben kann.

Will man aber die Dynamik von Körpern in einem Koordinatensystem beschreiben, dann gibt es solche die besser als andere geeignet sind: Die Newton'schen Bewegungsgleichungen sind, wie schon erwähnt, nur in einem Inertialsystem gültig. Unsere Erdoberfläche ist als rotierendes und somit beschleunigtes Referenzsystem kein Inertialsystem – und dennoch unsere natürliche Referenz. Deshalb ist es eines der vordringlichsten Aufgaben, eine Dynamik auch für ein, insbesondere rotierendes, Nichtinertialsystem zu entwickeln.

Erreicht wird dies durch die Einführung von sogenannten Scheinkräften: Diese gibt es im Inertialsystem nicht, aber sie ermöglichen es, in einem Nichtinertialsystem wie in einem Inertialsystem zu rechnen. Zentrifugal- und Corioliskraft sind die Scheinkräfte, die aus einem rotierenden Bezugssystem ein scheinbares Inertialsystem machen. Entdeckt wurde die Corioliskraft von Euler, und Laplace berücksichtigte sie darauf in seinen Tidetheorien. Mit ihrer Benennung schmückt sich der Mathematiker und Physiker Gaspard Gustave de Coriolis, der 1792 in Paris geboren wurde. Er wuchs in Nancy auf, weil sein Vater als Offizier nach der Revolution 1789 aus Paris fliehen musste. Als Jahrgangsbester studierte Coriolis dann an der École Polytechnique, während sein Vater nach dem Abbruch der Offizierslaufbahn ein Industrieunternehmen gründete. Der väterliche und der Einfluss der eigenen Ausbildung mögen vielleicht dazu geführt haben, dass Coriolis 1829 ein Buch zum Thema „Du calcul de l'effet des machines" veröffentlicht hat. Hierdurch bekannt, wurde er 1832 zum Professor an der École des Ponts et Chaussées in Paris berufen, wo er 1835 einen Aufsatz zu diesem Thema veröffentlichte.

Die folgende mathematische Betrachtung lässt sich am einfachsten gedanklich nachvollziehen, wenn wir auf einen Tisch eine mit der Winkelgeschwindigkeit $\vec{\omega}$ rotierende Kreisplatte stellen, auf der sich eine schwindelfreie Schnecke geradlinig vom Zentrum zum äußeren Rand bewegt.

Zur Beschreibung der Schneckenbewegung zeichnen wir auf die Platte ein Koordinatensystem. Dieses Koordinatensystem ist sicher kein Inertialsystem, da es rotiert. Wir wollen nun die Schnecke durch einen Vektor $\vec{A}$ ersetzen. Da sich die Schnecke auf der Platte bewegt, weist der Vektor im rotierenden Koordinatensystem eine zeitliche Änderung auf, wir bezeichnen sie naheliegend mit $d_r\vec{A}/dt$. Zu dieser Änderung kommt im Koordinatensystem des absoluten Beobachters noch die Rotation des Vektors $\vec{A}$ mit der Platte hinzu, wir bezeichnen sie mit $d_a\vec{A}/dt$. Zwischen diesen beiden Änderungsgeschwindigkeiten besteht die Beziehung

$$\frac{d_a\vec{A}}{dt} = \frac{d_r\vec{A}}{dt} + \vec{\omega} \times \vec{A},$$

die man sich an zwei Sonderfällen plausibilisieren kann: Ruht $\vec{A}$ im rotierenden Bezugssystem, dann ist seine absolute Bewegung offenbar eine Rotation mit der Geschwindigkeit $\vec{\omega} \times \vec{A}$, ruht $\vec{A}$ im absoluten Bezugsystem, dann muss man im rotierenden eine der Eigenrotation entgegengesetzte Bewegung $-\vec{\omega} \times \vec{A}$ feststellen.

Stellen wir uns unter dem Vektor $\vec{A} = \vec{r}$ nun also den Ortsvektor bezüglich des Plattenmittelpunkts der Schnecke vor. Dann ist $\frac{d_a\vec{A}}{dt}$ die Geschwindigkeit der Schnecke für den äußeren Beobachter (der Index a stünde dann für anthropozentrisch oder absolut) und $\frac{d_r\vec{A}}{dt}$ wäre die Eigenbewegung der Schnecke in diesem Koordinatensystem (Index r), also die Geschwindigkeit $\vec{u}_r$. Somit gilt:

$$\vec{u}_a = \vec{u}_r + \vec{\omega} \times \vec{r}.$$

Wir wollen nun danach fragen, ob die Schnecke im absoluten, also im Inertialsystem irgendwelche Beschleunigungen erfährt. Dazu müssen wir die zeitliche Änderung der Absolutgeschwindigkeit im Absolutsystem untersuchen:

$$\frac{d_a\vec{u}_a}{dt} = \frac{d_a\vec{u}_r}{dt} + \frac{d_a}{dt}\left(\vec{\omega} \times \vec{r}\right) = \dots$$

Setzen wir nun für den Beliebigkeitsvektor $\vec{A}$ die Absolutgeschwindigkeit $\vec{u}_a$ ein. Das Ziel der folgenden kleinen Umformung besteht darin, die absolute Beschleunigung $d_a\vec{u}_a/dt$ vollständig durch Größen des rotierenden Systems auszudrücken, den Index a also durch den Index r zu ersetzen:

$$\dots = \frac{d_r\vec{u}_r}{dt} + \vec{\omega} \times \vec{u}_r + \underbrace{\frac{d_r}{dt}\left(\vec{\omega} \times \vec{r}\right)}_{= \vec{\omega} \times \frac{d_r\vec{r}}{dt} = \vec{\omega} \times \vec{u}_r} + \vec{\omega} \times \left(\vec{\omega} \times \vec{r}\right)$$

$$= \frac{d_r\vec{u}_r}{dt} + 2\vec{\omega} \times \vec{u}_r + \vec{\omega} \times \left(\vec{\omega} \times \vec{r}\right).$$

In der 2. Zeile wurde die Änderung im Absolutsystem auf das mitrotierende System transformiert. Da die Winkelgeschwindigkeit der Rotation konstant ist, ist der 3. Term in der 2. Zeile null.

Für eine Punktmasse im Gravitationsfeld $\vec{g}$ lautet das Newton'sche Trägheitsgesetz:

$$\frac{d_a \vec{u}_a}{dt} = -\vec{g}.$$

Natürlich werden Sie schon die Analogien zwischen der rotierenden Platte und der Erdkugel bemerkt haben. Und trotz unseres wesentlich größeren Gehirns ist es auch für uns schwierig, in einem auf den Fixsternhimmel bezogenen Inertialsystem zu rechnen, da sich hier jede uns gewohnte Ortskoordinate ständig ändern würde. Wir leben also in einem rotierenden Bezugssystem, d. h., wir erleben das Newton'sche Trägheitsgesetz in der Form

$$\frac{d_r \vec{u}_r}{dt} = -\vec{g} - 2\vec{\omega} \times \vec{u}_r - \vec{\omega} \times (\vec{\omega} \times \vec{r}).$$

Bei der Analyse der Wirkung der beiden Zusatzterme wollen wir mit dem hinteren beginnen.

2.4.1 Die Wirkung der Zentrifugal- auf die Erdbeschleunigung

Der Term $-\vec{\omega} \times (\vec{\omega} \times \vec{r})$ stellt die Zentrifugalbeschleunigung dar. Es mag zunächst einmal merkwürdig erscheinen, dass es sich bei ihr, wenn sie auf eine Masse bezogen ist, um eine Scheinkraft handelt, denn genau sie macht bei einer Karussellfahrt ja so viel Spaß. Schneiden wir uns also gedanklich einmal während einer solchen Fahrt frei. Würden zu irgendeinem Zeitpunkt während der Fahrt keine Kräfte mehr auf uns wirken, so würden wir uns mit der augenblicklichen Geschwindigkeit geradeaus bewegen, im schlimmsten Fall des plötzlichen Freischneidens also in die Balustrade geschleudert werden. Glücklicherweise ist in unserem Rücken aber ein elastisches Polster, welches die Bewegungen des Karussells auf unseren Körper überträgt und somit fortwährend lenkende Kräfte auf uns ausübt. Von außen gesehen reicht also die Newton'sche Bewegungsgleichung mit der elastischen Kraft des Polsters aus, unsere Bewegung zu beschreiben. Tatsächlich leben wir aber nicht über dem Karussell in einem absoluten Bezugssystem, sondern im Bezugssystem unseres Körpers. Wir spüren die Kraft, die uns in eine geradlinige Bewegung zwingen will, als Zentrifugalkraft, unsere Organe werden durch diese Kraft in der elastischen Lagerung der umgebenden Gewebe nach außen geschleudert. Diese Gewebe melden diesen von der Normalität abweichenden Zustand an das Gehirn.

Ist also die Bezeichnung Scheinkraft für die Zentrifugalkraft richtig gewählt? Nein, eigentlich nicht, denn wir können sie ja spüren. Sie ist ein Produkt der trockenen Physik, die uns Laien sagen möchte, dass eine solche Kraft in einem Inertialsystem gar nicht existiert. Ein neuer Name, wie z. B. „Nichtinertialkraft" wäre dringend geboten, aber dieser Name ist zugegebenermaßen auch nicht schön.

Die Richtung der Zentrifugalkraft weist also in jeder Kurve nach außen, will den Körper in die geradlinige Bewegung zwingen. Können wir das auch in der Formel erkennen? Zunächst einmal steht $\vec{\omega} \times \vec{r}$ senkrecht auf dem Ortsvektor $\vec{r}$ und dem Rotationsvektor $\vec{\omega}$, weist also in Richtung der Bewegung des Bezugspunktes. Dementsprechend steht nun $\vec{\omega} \times (\vec{\omega} \times \vec{r})$ senkrecht auf $\vec{\omega} \times \vec{r}$ und $\vec{\omega}$, weist also senkrecht zur Rotationsachse hin, während $-\vec{\omega} \times (\vec{\omega} \times \vec{r})$ also dann senkrecht von der Rotationsachse weg orientiert sein muss (Abb. 2.5).

Ihr Betrag $\omega^2 r$ hat den maximalen Wert 0,034 m/s². Sie wirkt schwerkraftmindernd und wird mit der Gravitationsbeschleunigung g_0 der Erde zu einer effektiven Schwerebeschleunigung g zusammengezogen.

Am Nordpol wirkt keine Zentrifugalbeschleunigung, da der Winkel zwischen Rotationsgeschwindigkeit und Ortsvektor null ist. Die Erdbeschleunigung würde theoretisch hier allein aus der wirkenden Massenanziehung resultieren und ist $g_0 = 9,8321$ m/s². Am Äquator würde sich der Übergewichtige beim Blick auf die Waage geschmeichelt fühlen, denn hier wird die Gravitation durch die Zentrifugalbeschleunigung $g = g_0 - \omega^2 r = 9,7861$ m/s².

Die Zentrifugalbeschleunigung hat die Erdkugel zu einem Ellipsoid verformt, deren äquatorialer Halbradius etwas größer als der polare Halbradius ist. Dieser Effekt ist in das Geoid in Abb. 1.10 schon eingerechnet, sodass dort nur die geologisch bedingten Abweichungen dargestellt sind (Abb. 2.6).

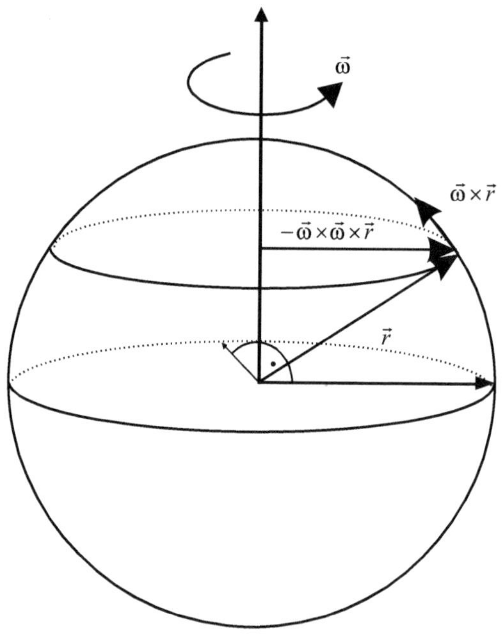

Abb. 2.5 Die Zentrifugalbeschleunigung wirkt immer senkrecht zur Rotationsachse nach außen

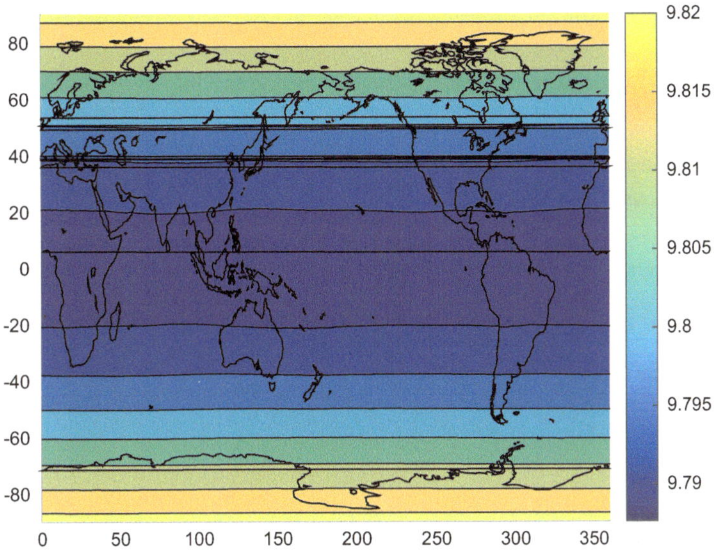

Abb. 2.6 Wenn man die reine Erdanziehung mit der Zentrifugalbeschleunigung der Erdrotation vereinigt, ergibt sich die in dieser Karte dargestellte Erdbeschleunigung g

2.4.2 Die Periode des tropischen Monats

Mit der Zentrifugalkraft sind wir nun auch in der Lage, die Dauer des siderischen oder tropischen Monats, also die Umlaufdauer des Mondes bezogen auf den Frühlingspunkt zu bestimmen. Dazu fixieren wir einfach ein Koordinatensystem im Schwerpunkt des Erde-Mond-Systems. Wenn dieses nun mit dem Systems mitrotiert, ist dieses Koordinatensystem kein Inertialsystem, womit die Zentrifugalkraft berücksichtigt werden muss.

Damit uns der Mond auch in diesem Koordinatensystem langfristig nicht entfleucht, also seinen (mittleren) Bahnradius nicht ändert, muss in diesem System die Summe aus radial nach außen wirkender Zentrifugal- und der radial nach innen wirkenden Gravitationskraft null sein. Oder:

$$M_M \omega_s^2 R_M = \gamma \frac{M_E M_M}{R_M^2}.$$

Zahlenmäßig kommt hier

$$\omega_s = \sqrt{\gamma \frac{M_E}{R_M^3}} = 2{,}662 \cdot 10^{-6}\,\mathrm{s}^{-1}$$

heraus. Damit rotiert das Erde-Mond-System in einem absoluten, also siderischen Bezugssystem einmal in 27,32 Tagen um seinen gemeinsamen Schwerpunkt. Das dazugehörige Signal wird mit dem Buchstaben s symbolisiert.

Eine gleiche Überlegung können Sie selbst für die Rotation der Erde um die Sonne aufstellen. Man bekommt so die Länge des tropischen Jahres heraus, es wird mit dem Buchstaben h symbolisiert.

2.4.3 Die Corioliskraft

Der noch fehlende Term $2\vec{\omega} \times \vec{u}_r$ stellt die auf die Masse bezogene Corioliskraft dar. Ihre Wirkung lässt sich intuitiv durch folgendes Gedankenexperiment erfassen:

Würde man vom Nordpol aus auf die Erde herabblicken, so könnte man feststellen, dass sie sich entgegen dem Uhrzeigersinn dreht. Schleudern wir mit übermenschlicher Kraft einen Stein vom Nordpol aus, so bewegt er sich nach dem 1. Newton'schen Gesetz in der Polebene geradlinig, wohingegen sich die Erde unter ihm wegdreht. Hatten wir ein festes Ziel im Auge, so wäre der Stein rechts am Ziel vorbeigegangen. In einem erdfesten Koordinatensystem müssen wir diesen Corioliseffekt als Scheinkraft berücksichtigen, ansonsten würde der Stein in einem mathematischen Modell entgegen aller Erfahrung sein Ziel treffen.

Wir wollen uns von nun an nicht mehr darum sorgen, dass unsere geozentrischen Koordinatensysteme keine Inertialsysteme sind und befreien uns von dem diskriminierenden Index r.

Bezieht man die Zentrifugalbeschleunigung in die Gravitationskraft mit ein, dann wird das Bewegungsgesetz in einem erdfesten Nichtinertialsystem zu:

$$\frac{d\vec{u}}{dt} = \vec{f} \quad \text{mit} \quad \vec{f} = -\vec{g} - 2\vec{\omega} \times \vec{u}.$$

Wegen ihres geringen Betrages braucht die Corioliskraft einen gewissen Raum, um sich zu entfalten. Sie ist verantwortlich für die großräumigen Rotationen der Wassermassen in den Ozeanen bzw. der Luft in der Atmosphäre. Um Phänomene wie die geostrophischen Strömungen, die Ekman-Spirale oder kreisförmige Trägheitsströmungen zu analysieren, muss man die Corioliskraft als äußere Kraft $\vec{f}$ in den entsprechenden Bewegungsgleichungen berücksichtigen.

Analyse in kartesischen Koordinaten

In unserer mathematischen Ausbildung haben wir fast immer nur trainiert, in kartesischen x,y,z-Koordinaten zu denken. Somit wollen wir bei diesen bleiben und heften ihren Ursprung an irgendeinen passenden Punkt auf der Erdoberfläche (Abb. 1.1). In diesem liege die

- x-Achse in West-Ost-Richtung,
- y-Achse in Süd-Nord-Richtung und die
- z-Achse in vertikaler Richtung in den Himmel weisend.

Die Gravitationsbeschleunigung, die in unseren Breiten den Wert $g = 9,81\,\text{m/s}^2$ annimmt, hat dann die Form:

$$f_z = -g \quad \text{bzw.} \quad \vec{f} = -\vec{g} = \begin{pmatrix} 0 \\ 0 \\ -g \end{pmatrix}.$$

Für den Coriolisterm ergibt sich so unter Vernachlässigung vertikaler Geschwindigkeiten sowie der Vertikalkomponente gegenüber der Gravitationsbeschleunigung g

$$2\vec{\omega} \times \vec{u}_r = 2 \begin{pmatrix} \omega_y w - \omega_z v \\ \omega_z u - \omega_x w \\ \omega_x v - \omega_y u \end{pmatrix} \simeq 2 \begin{pmatrix} -\omega_z v \\ \omega_z u \\ 0 \end{pmatrix} = 2 \begin{pmatrix} -\omega v \sin\phi \\ \omega u \sin\phi \\ 0 \end{pmatrix},$$

wobei ϕ die geographische Breite ist. Daher berücksichtigt man den Einfluss der Coriolisbeschleunigung meistens nur in den horizontalen Kräften. Bei den Vertikalkräften kann man die Corioliskraft gegenüber der Gravitationskraft vernachlässigen. Damit erfährt jede Masse auf der Erdkugel die Beschleunigung:

$$\frac{d\vec{u}}{dt} = \vec{f} \quad \text{mit} \quad \vec{f} = -\vec{g} - 2\vec{\omega} \times \vec{u} \simeq \begin{pmatrix} 2\omega v \sin\phi \\ -2\omega u \sin\phi \\ -g \end{pmatrix}.$$

Wird das Untersuchungsgewässer allerdings zu groß, so lässt sich die sphärische Gestalt der Erdoberfläche nicht mehr ohne große Verzerrungen auf eine horizontale Grundfläche projizieren. Dann sollte man auf sphärische Koordinaten umsteigen und u. U. auch Schwankungen der Gravitationsbeschleunigung durch Schwereanomalien berücksichtigen.

Übung 12

Eine Billardkugel bewegt sich auf einem in Süd-Nord-Richtung orientierten Tisch mit der Geschwindigkeit $u = 20\,\text{cm/s}$ nach Norden. Berechnen Sie die Ablenkung der Kugel durch doppelte zeitliche Integration der Beschleunigungsgleichung:

$$\ddot{y} = f_y.$$

Um wie viel Zentimeter wird die Billardkugel nach 1 m abgelenkt? Der Billardtisch befindet sich auf 54° nördlicher Breite.

2.5 Die Kraftbilanz einer Masse auf der Erdoberfläche

Wir wollen abschließend die Kräfte zusammentragen, die in einem erdfesten Koordinatensystem auf eine Masse M auf der Erdoberfläche wirken. Zunächst einmal wird die Masse zum Erdmittelpunkt gezogen:

$$M\frac{d\vec{v}_a}{dt} = -\gamma\frac{MM_E}{R_E^2}\vec{n}_E.$$

Wir nehmen also eine kugelförmige Erde an, vom Erdmittelpunkt nach außen weist ein Normaleneinheitsvektor $\vec{n}_E$.

Bisher würde sich die Masse in Richtung Erdmittelpunkt bewegen, wenn sie nicht durch den Erdboden daran gehindert wird. Die Kraft des Erdbodens auf die Masse M der Grundfläche M_A wollen wir durch einen Druck p_B beschreiben:

$$M\frac{d\vec{v}_a}{dt} = p_B A_M \vec{n}_E - \gamma\frac{MM_E}{R_E^2}\vec{n}_E.$$

Hier nehmen wir also einen (bezogen auf das Schwerefeld) horizontalen Boden an.

Nun streiten sich aber auch noch die Sonne und der Mond um diese Masse M, die sie durch ihre Gravitationskraft gerne in Besitz nehmen würden (Abb. 2.7):

$$M\frac{d\vec{v}_a}{dt} = p_B A_M \vec{n}_E - \gamma\frac{MM_E}{R_E^2}\vec{n}_E - \gamma\frac{MM_M}{d_M^3}\vec{d}_M + \gamma\frac{MM_S}{d_S^3}\vec{d}_S.$$

Die Erdanziehungskraft gewinnt diesen Wettstreit, sie ist die stärkste Kraft. Zunächst einmal taucht in (fast) allen Termen die Masse M selbst auf. Da sie eine Grundfläche A_M hat, kann sie durch Dichte und Höhe in der Form $M = \varrho A_M h$ berechnet werden. Wir teilen also durch M, womit alle Kräfte zu Kraftdichten werden.

Nun wollen wir aber in ein mitbewegtes Koordinatensystem übergehen und müssen zunächst einmal die Zentrifugalkraft der Erdrotation um die eigene Achse auf die Masse M berücksichtigen:

$$\frac{d\vec{v}}{dt} = \frac{p_B}{\varrho h}\vec{n}_E - \gamma\frac{M_E}{R_E^2}\vec{n}_E - \gamma\frac{M_M}{d_M^3}\vec{d}_M + \gamma\frac{M_S}{d_S^3}\vec{d}_S - (\vec{\omega}_T - \vec{\omega}_s) \times \left((\vec{\omega}_T - \vec{\omega}_s) \times \vec{R}_E\right).$$

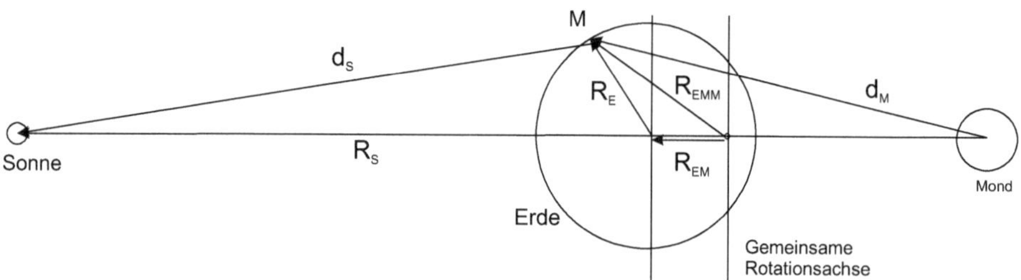

Abb. 2.7 Abstandsbezeichnungen in der Kraftbilanz auf eine Masse M auf der Erdoberfläche. Vereinfachend wurden die Rotationsachsen von Sonne, Erde und Mond als nicht zueinander geneigt angenommen. Der Abstandvektor $\vec{d}_S$ und der Radiusvektor $\vec{R}_S$ weisen von der Erde zur Sonne

Den Index r für das Relativsystem haben wir hier weggelassen. $\vec{R}_E$ ist der Ortsvektor vom Erdmittelpunkt zur Masse M auf der Erdoberfläche. Allerdings haben wir die Zentrifugalkraft der monatlichen Rotation von Erde und Mond um ihren gemeinsamen Schwerpunkt berücksichtigt:

$$\frac{d\vec{v}}{dt} = \frac{p_B}{\varrho h}\vec{n}_E - \gamma \frac{M_E}{R_E^2}\vec{n}_E - \gamma \frac{M_M}{d_M^3}\vec{d}_M + \gamma \frac{M_S}{d_S^3}\vec{d}_S - (\vec{\omega}_T - \vec{\omega}_s) \times \left((\vec{\omega}_T - \vec{\omega}_s) \times \vec{R}_E\right)$$

$$- (\vec{\omega}_s - \vec{\omega}_h) \times \left((\vec{\omega}_s - \vec{\omega}_h) \times \vec{R}_{EEM}\right).$$

Darin ist $\vec{R}_{EEM}$ der Vektor von der Rotationsachse der Erde-Mond-Bewegung zum Ort $\vec{R}_E$ der Masse M an der Erdoberfläche. Schließlich fehlt noch die Zentrifugalbeschleunigung der Bewegung des Erde-Mond-Systems um die Sonne:

$$\frac{d\vec{v}}{dt} = \frac{p_B}{\varrho h}\vec{n}_E - \gamma \frac{M_E}{R_E^2}\vec{n}_E - \gamma \frac{M_M}{d_M^3}\vec{d}_M + \gamma \frac{M_S}{d_S^3}\vec{d}_S - (\vec{\omega}_T - \vec{\omega}_s) \times \left((\vec{\omega}_T - \vec{\omega}_s) \times \vec{R}_E\right)$$

$$- (\vec{\omega}_s - \vec{\omega}_h) \times \left((\vec{\omega}_s - \vec{\omega}_h) \times \vec{R}_{EEM}\right) + \vec{\omega}_h \times \left(\vec{\omega}_h \times \vec{d}_S\right).$$

Diese Bewegungsgleichung gilt es im Folgenden auszuwerten. In ihr gibt es zeitlich konstante und variable Terme. So hatten wir die Erdanziehung und die Zentrifugalkraft der Erde schon zu einer effektiven, aber örtlich veränderlichen Gravitationsbeschleunigung g zusammengefasst:

$$\frac{d\vec{v}}{dt} = \frac{p_B}{\varrho h}\vec{n}_E - g\vec{n}_E$$

$$-\gamma \frac{M_M}{d_M^3}\vec{d}_M - (\vec{\omega}_s - \vec{\omega}_h) \times \left((\vec{\omega}_s - \vec{\omega}_h) \times \vec{R}_{EEM}\right)$$

$$+\gamma \frac{M_S}{d_S^3}\vec{d}_S + \vec{\omega}_h \times \left(\vec{\omega}_h \times \vec{d}_S\right)$$

Auf eine Wassermasse M wirken auf dem Karussell Erde 3 Gruppen von Kräften:

1. Gravitations- und Druckkräfte. Würde die Erde unbeschleunigt im Weltall ruhen, dann würde sich in den Weltmeeren eine hydrostatische Druckverteilung einstellen.
2. Gravitations- und Zentrifugalbeschleunigung der Bewegung um den Erde-Mond-Schwerpunkt.
3. Gravitations- und Zentrifugalbeschleunigung der Bewegung um die Sonne.

Um diese Bewegungsgleichung berechenbar zu machen, müssen wir zunächst einmal alle Größen auf der rechten Seite in ihrer Zeitabhängigkeit beschreiben. Die Problematik sei an wenigen Größen erläutert:

- Der Abstand eines Orts auf der Erde zur Sonne d_S ist wegen der Elliptizität der Erdbahn zeitabhängig, der Ortsvektor $\vec{d}_S$ rotiert zunächst einmal in der Ekliptik und auch durch die Erdrotation, deren Rotationsachse zudem gegenüber der Ekliptik um 23° gekippt ist.
- Der Ortsvektor vom Erde-Mond-Schwerpunkt zum Erdmittelpunkt rotiert einmal im Verlauf eines Monats. Zudem ist die Drehachse gegenüber der Ekliptik um ca. 6° gekippt.
- Alle Winkelgeschwindigkeiten sind in geringfügigem Maße wegen der elliptischen Bewegungen zeitabhängig.

Um die Ursache und das Wesen der Gezeiten zu verstehen, müssen wir also grundlegende Vereinfachungen einführen.

Die in den letzten beiden Zeilen stehenden Termgruppen fasst man jeweils zu den Gezeitenbeschleunigungen von Sonne und Mond zusammen. Dies wollen wir im folgenden Kapitel machen.

Das Teekesselchen „Beschleunigung"

Eigentlich verstehen wir unter einer Beschleunigung a eine Änderung der Geschwindigkeit, also $a = \frac{dv}{dt}$. Der umgangssprachliche Begriff ist also der Kinematik, also der Lehre von der reinen Bewegung, zuzuordnen. Nun bezeichnen wir aber auch die Erdbeschleunigung g als Beschleunigung. Tatsächlich entsteht sie aber aus der Gravitationskraft der Erde, die man durch die Bezugsmasse teilt. Die Gravitationsbeschleunigung ist also eigentlich eine Gravitationskraftdichte. Nur im Fall des freien Falls wird die Gravitationskraftdichte der Erde zu einer echten kinematischen Beschleunigung, $\frac{dv}{dt} = g$. Wenn aber ein Körper auf einer Fläche ruht $M\frac{dv}{dt} = Mg - pA$, dann wirkt immer noch die Gravitationskraftdichte der Erde auf ihn, die wir dann fälschlicherweise als Erdbeschleunigung bezeichnen, obwohl sie zu keinerlei Beschleunigung führt.

Der Begriff der Beschleunigung ist in der ja so exakten Physik ein Teekesselchen für die echte Beschleunigung einerseits und die Kraftdichte andererseits. Dieser Fehlbezeichnung müssen wir uns bewusst werden, wenn wir im Folgenden von der Gravitationsbeschleunigung, der Zentrifugalbeschleunigung, der Coriolisbeschleunigung und der Gezeitenbeschleunigung sprechen. In Wirklichkeit sind alle diese Größen Kraftdichten.

2.6   Zusammenfassung

Bringen wir gedanklich einmal ein horizontales Koordinatensystem an unserem aktuellen Standort an, dessen x-Achse in West-Ost- und dessen y-Achse in Süd-Nord-Richtung weist. Ein solches egozentrisches Koordinatensystem ist kein Inertialsystem, denn es ist schräg zur Rotationsachse der Erde ausgerichtet, die selbst um den Schwerpunkt des Erde-Mond-Systems taumelt, welches schließlich um die Sonne rotiert.

Die einfachen Newton'schen Bewegungsgesetze gelten allerdings nur in einem unbeschleunigten Inertialsystem. Da das egozentrische System damit eine beschleunigte Bewegung ausführt, werden in diesem System Kräfte spürbar, die man als Zentrifugal- und Corioliskräfte bezeichnet. Diese Kräfte sind keineswegs Scheinkräfte, sondern wirklich spürbar.

Nach dem Sternenhimmel berichtet wohl kaum ein anderes Naturphänomen wie das Kommen und Gehen des Wassers an den Küsten so augenfällig darüber, dass die Erde unter dem Einfluss von Sonne und Mond steht.

Die Geschichte der Erforschung der gezeitenerzeugenden Kräfte lässt die wissenschaftliche Gemeinschaft nach D. E. Cartwright in einem sprunghaften und erfolgsorientierten Lichte erscheinen: „*The fact is, that when a scientific problem does not yield to currently available tools, scientists tend to turn to other subjects which, if not easier, at least have the attraction of novelity. The tides have been an old subject for a long time*" [10]. Die Gezeitenphänomene waren also auf der einen Seite zu alltäglich, und kein Wissenschaftler konnte hier die Lorbeeren einer Neuentdeckung gewinnen. Auf der anderen Seite gab und gibt es auch kein wissenschaftliches Werkzeug, welches ihren Entstehungsmechanismus einfach erklären kann.

Das Grundproblem besteht darin, die in halbtägigem Rhythmus wiederkehrenden Gezeiten mit der ganztägigen Rotation der Erde unter dem Einfluss von Sonne und Mond in Einklang zu bringen. Dennoch wurde das Phänomen Tide schon immer dem Mond zugeordnet. Dies liegt vor allem an dem sogenannten Spring-Nipp-Zyklus, der sich über einen halben Monat erstreckt. In frühen arabischen Dokumenten wurden dies auf die Erwärmung und Ausdehnung des Wassers in den Meeren durch die Zu- und Abnahme des Mondlichtes zurückgeführt. Aber auch hier bestand das Grundproblem, einen halbmonatlichen mit einem monatlichen Effekt zu erklären.

Der Babylonier Seleucus machte die tägliche Bewegung des Mondes durch die Erdatmosphäre und die damit verbundenen Druckschwankungen für die Gezeitenvariation des Wasserstandes verantwortlich.

© Springer Fachmedien Wiesbaden GmbH, ein Teil von Springer Nature 2018
A. Malcherek, *Gezeiten und Wellen*, https://doi.org/10.1007/978-3-658-19303-4_3

Galileo Galilei (1564 bis 1642) führte allerdings die tägliche Rotation der Erde auf ihrer Bahn um die Sonne als Gezeitenursache an: Wie in einem Karussell (z. B. die „Krake") ist die Schleuderbewegung des Wassers auf der sonnenabgewandten Seite wesentlich größer als auf der sonnenzugewandten. Hierdurch entstünden die Tidewellen. René Descartes (1596 bis 1650) versuchte das zweimalige Auftreten der Tidephasen pro Tag durch die Theorie des Äthers zu erklären, der den Weltenraum ausfüllt und unterhalb des Mondes, aber auch auf der gegenüberliegenden Seite, zusammengedrückt und dichter ist.

Die richtige Erklärung gab Isaac Newton in seinem 1687 veröffentlichten Hauptwerk „Philosophae Naturalis Principia Mathematica". Hiernach sind es die Gravitationskräfte von Mond und Sonne, die auf die Hydrosphäre wirken. Diese werden nahezu durch die Zentrifugalkräfte der gemeinsamen Rotationsbewegung ausgeglichen. Aber nur nahezu. Die nicht ausgeglichenen Kraftanteile bezeichnet man als gezeitenerzeugende Kräfte.

Die die Gezeiten antreibenden Strömungen werden durch Kräfte verursacht, die wir erst erkennen, wenn wir die bisherigen Schwerpunktbetrachtungen verlassen und die Gravitations- und Fliehkräfte über die Erdkugel aufgelöst betrachten. Dann werden betragsmäßig kleine Unterschiede über die Erdkugel sichtbar, die über lange Zeiträume betrachtet in den Ozeanen Gezeitenströmungen induzieren, die an die flachen Küsten kommend so verstärkt werden, dass sie als Ebbe und Flut erkennbar werden.

3.1 Gezeitenkraft der Sonne

Versuchen wir nun, die Gezeitenkraft für die Sonne auch quantitativ zu erfassen. Nach den Ergebnissen des letzten Kapitels ist sie die Summe aus der Zentrifugalbeschleunigung der Erde um die Sonne und der Massenanziehungskraft der Sonne M_S. Dabei braucht die Wassermasse M in der Gleichung nicht betrachtet werden, denn sie kürzte sich in allen Termen heraus:

$$\vec{a}_{TS} = \gamma \frac{M_S}{d_S^3} \vec{d}_S + \vec{\omega}_h \times \left(\vec{\omega}_h \times \vec{d}_S \right).$$

Von der Zentrifugalbeschleunigung wissen wir, dass sie immer in Richtung des Radiusvektors orientiert ist und dass ihr Betrag mit dem Abstand von der Rotationsachse und mit dem Quadrat der Winkelgeschwindigkeit steigt. Nach Abb. 3.1 bedeutet dies:

$$\vec{a}_{TS} = \gamma \frac{M_S}{d_S^2} \frac{\vec{d}_S}{d_S} - \omega_h^2 \vec{R}_S \left(1 - \frac{R_E}{R_S} \cos\theta \right).$$

Man beachte, dass bei der Auftragung der Vektoren $\vec{R}_S$ und $\vec{d}_S$ von der Erde zur Sonne die Massenanziehung durch die Sonne ein positives Vorzeichen und die Zentrifugalkraft ein negatives Vorzeichen bekommt. Die Winkelgeschwindigkeit der Erdbewegung um die Sonne berechnet sich aus der Gleichheit von Gravitations- und Fliehkraft im Erdmittelpunkt

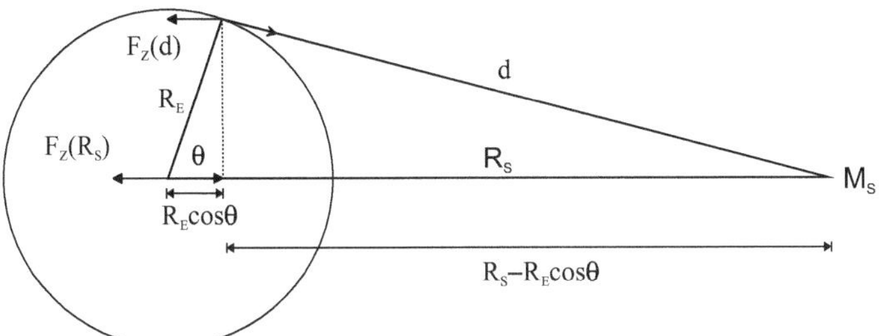

Abb. 3.1 Zur Berechnung des Radiusvektors für die Zentrifugalkraft, die durch die Rotation der Erde um die Sonne entsteht

$$\omega_h^2 = \gamma \frac{M_S}{R_S^3},$$

womit

$$\vec{a}_{TS} = \gamma \frac{M_S}{R_S^2} \left(\frac{R_S^2}{d_S^2} \frac{\vec{d}_S}{d_S} - \frac{\vec{R}_S}{R_S} \left(1 - \frac{R_E}{R_S} \cos\theta \right) \right)$$

folgt. Während die in der Klammer stehenden Ausdrücke dem Betrag nach etwa eins oder kleiner sind, gibt der Vorfaktor vor der Klammer die Größenordnung der Sonnengezeit an. Sie ist mit $\gamma \frac{M_S}{R_S^2} = 1{,}78 \cdot 10^{-8}\,\text{m/s}^2$ sehr klein.

Ebenfalls kann man aus Abb. 3.1 mit dem Kosinussatz die Beziehung

$$d_S^2 = R_S^2 - 2R_S R_E \cos\theta + R_E^2$$

erschließen.

3.1.1 Polardiagramm der Gezeitenbeschleunigung der Sonne

Wir wollen die Gezeitenbeschleunigung auf einem Großkreis der Erde betrachten, der in der Ebene der Sonne liegt. In dieser Ebene schreiben sich die beiden Ortsvektoren als:

$$\vec{R}_S = R_S \begin{pmatrix} 1 \\ 0 \end{pmatrix}$$

und

$$\vec{d}_S = \begin{pmatrix} R_S - R_E \cos\theta \\ -R_E \sin\theta \end{pmatrix}.$$

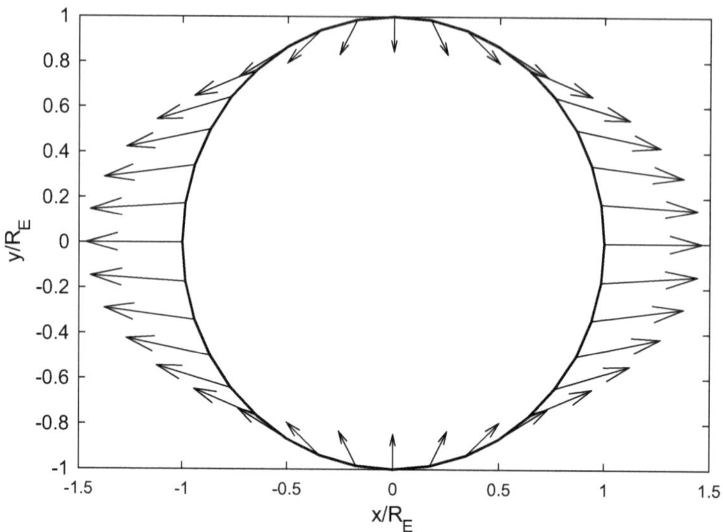

Abb. 3.2 Verteilung der spezifischen Gezeitenkraft der Sonne über den Erdkreis

Damit sind wir nun in der Lage, die spezifische Gezeitenkraft über den Erdkreis in Abhängigkeit vom Zenitwinkel θ zu plotten. Um die Bezeichnung dieses Winkels zu verstehen, denke man sich ein Strichmännchen auf der Erdkugel am Bezugspunkt. Dieses sieht das Gestirn M unter dem Winkel θ vom vertikal über ihm liegenden Punkt des Himmels, dem Zenit. Das Ergebnis ist in Abb. 3.2 dargestellt. Auf der sonnenzugewandten Seite werden alle Körper durch die verminderte Zentrifugalbeschleunigung zur Sonne hin beschleunigt, weil dadurch die Gravitationsbeschleunigung größer ist. Auf der sonnenabgewandten Seite ist die Zentrifugalbeschleunigung größer als die Gravitationsbeschleunigung. Ferner weisen die Vektoren der Gezeitenkraft immer zum Himmelsäquator und niemals zu den Polen hin.

Da sich die Erde nun durch ihre Eigenrotation unter diesem Krafteinfluss bewegt, kommt es zweimal am Tag zu einem solchen Gezeitenkraftmaximum. Die Frequenz lässt sich als das Doppelte der Differenz der Änderung der Rektaszension der Sonne Ω_S und der Rotationsgeschwindigkeit der Erde ω bestimmen. Sie wird nach ihrer Erzeugerin mit dem Buchstaben S für Sonne bezeichnet. Ein Index gibt ferner an, wie oft dieses Maximum pro Tag auftritt, in diesem Fall also zweimal, weshalb man das Signal als S_2-Gezeit bezeichnet. Die S_2-Gezeit ist also die durch die Entwicklung des Gezeitenpotentials der Sonne entstehende halbtägige Tide. Ihre Winkelgeschwindigkeit ω_{S2} ist $4\pi/86\,400\,s = 1,45 \cdot 10^{-4}\,\text{rad/s}$.

Da man in den realen Gezeiten allerdings verschiedene Signale mit unterschiedlichen Frequenzen findet, wird eine solche Gezeit als **Partialtide** bezeichnet.

Horizontal- und Vertikalkomponente der Gezeitenbeschleunigung
Wir wollen nochmal einen Blick auf Abb. 3.2 werfen und jeden Vektor gedanklich in eine Normal- und eine Tangentialkomponente zerlegen. Die Normalkomponente liegt senkrecht

zur Erdoberfläche, weist also von dort nach „oben", was man in einem erdfesten Koordinatensystem als Vertikale bezeichnet. In vertikaler Richtung wirkt aber schon die Gravitationsbeschleunigung, die um viele Größenordnungen größer ist als die Gezeitenkraft. Wir können daher die Vertikalkomponente der spezifischen Gezeitenkraft in geophysikalischen Berechnungen getrost vernachlässigen.

Schauen wir uns nun die Horizontalkomponente an. Sie ist in der Erde-Sonne-Ebene null und auch senkrecht dazu verschwindet sie. Am größten wird sie in den mittleren Breiten. Um die Horizontalkomponente der Gezeitenbeschleunigung rechnerisch zu bestimmen, müssen wir den Vektor der Gezeitenbeschleunigung einfach mit einem Einheitsvektor in horizontaler Richtung multiplizieren. Dieser lautet

$$\vec{n}_H = \begin{pmatrix} -\sin\theta \\ \cos\theta \end{pmatrix},$$

womit die Horizontalkomponente die Form

$$\vec{a}_{TS}\vec{n}_H = \gamma \frac{M_S \sin\theta}{d_S^2}\left(-\frac{R_S}{d_S} + \frac{d_S^2}{R_S^2}\left(1 - \frac{R_E}{R_S}\cos\theta\right)\right)$$

bekommt (Abb. 3.3).

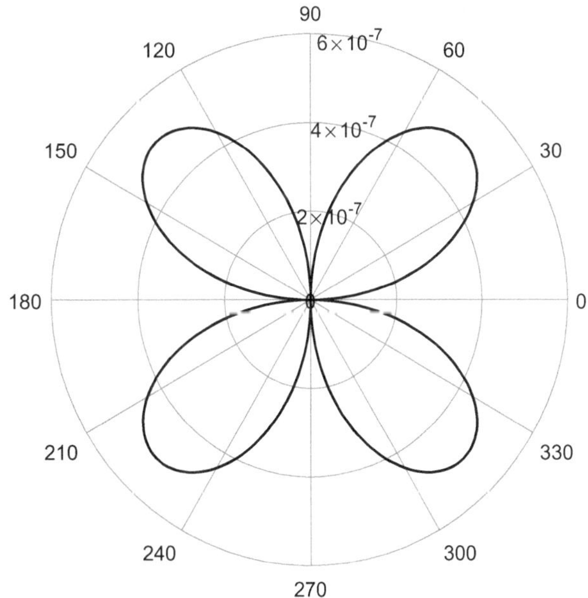

Abb. 3.3 Das Polardiagramm der Horizontalkomponente der Gezeitenbeschleunigung der Sonne zeigt Maxima im Bereich von etwa $5 \cdot 10^{-7}$ m/s^2 in den mittleren Breiten

Die bisherigen Betrachtungen beziehen die Rotation der Erde um die eigene Achse sowie die Neigung der Erdachse gegenüber der Ekliptik aber noch nicht ein. Um diese Effekte zu berücksichtigen, sind einige Vorarbeiten erforderlich.

3.1.2 Das nautische Dreieck

Dazu benötigen wir zuerst eine Konstruktion aus der sphärischen Trigonometrie, die in der Seefahrt Anwendung findet. Will man auf den Ozeanen auf dem kürzesten Weg von einem Punkt A zu einem Punkt B gelangen, so muss man diese durch einen Großkreis verbinden, d. h. ein Kreis, dessen Mittelpunkt im Kugelzentrum liegt. Verbindet man die beiden Punkte noch durch Großkreise mit dem Nordpol (wodurch die geographischen Längen der Orte als Schnittpunkte dieser Großkreise mit dem Äquator definiert werden), dann erhält man das nautische Dreieck (Abb. 3.4).

Für dieses gelten die Gesetze der sphärischen Trigonometrie, die sich wohlgemerkt von der bekannten ebenen Trigonometrie sehr unterscheiden. Genau wie dort sollen die Eckpunkte des Dreiecks mit A, B und C bezeichnet werden, und α, β und γ bezeichnen die Winkel, mit denen sich die Tangenten an die Großkreise an den Ecken öffnen. Anders als in der ebenen Trigonometrie bezeichnen a, b und c nicht die Seitenlängen, sondern die Winkel, mit denen sich die entsprechenden Eckpunkte zum Kugelmittelpunkt öffnen. Kennt man also den Winkel c, dann berechnet sich der Abstand zwischen den Punkten A und B als Bogenlänge $R\,c$.

Nach dem Seitenkosinussatz der sphärischen Trigonometrie berechnet sich der Winkel c dann als:

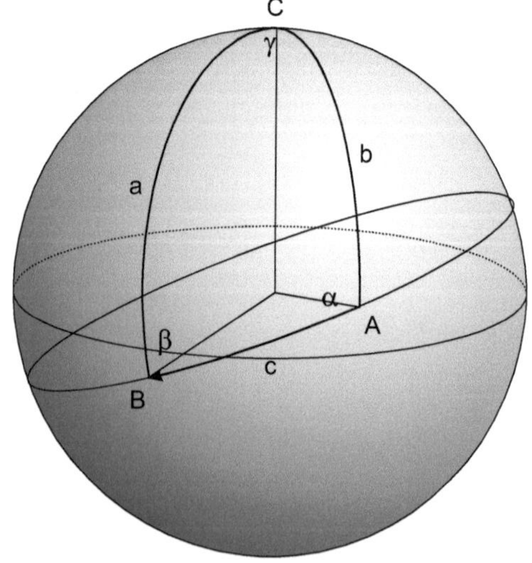

Abb. 3.4 Das nautische Dreieck verbindet den Anfangspunkt A einer Seereise durch einen Großkreis mit dem Zielpunkt B. Anfangs- und Endpunkt werden nun noch mit dem Nordpol C verbunden. Mit dem Seitenkosinussatz kann man nun die Länge der Reise und mit dem Winkelkosinussatz die einzuschlagende Richtung bestimmen

$$\cos c = \cos a \cos b + \sin a \sin b \cos \gamma.$$

Die nautische Anwendung ist recht einfach, wenn man die geographischen Längen λ_A und λ_B und Breiten ϕ_A und ϕ_B des Ausgangs- und des Zielortes kennt. Dann lassen sich a und b aus den geographischen Breiten als $a = 90° - \phi_A$ und $b = 90° - \phi_B$ berechnen. Der fehlende Winkel γ ist die Längengraddifferenz zwischen Anfangs- und Zielort, $\gamma = \lambda_B - \lambda_A$.

Übung 13

Berechnen Sie die Länge des Seeweges zwischen Bremerhaven ($\lambda_A = 8°$O, $\phi_A = 53,6°$N) und New York ($\lambda_B = 74°$W, $\phi_B = 41°$N).

Mit dem Winkelkosinussatz

$$\cos \alpha = \sin \gamma \sin \beta \cos a - \cos \gamma \cos \beta$$

und dem Sinussatz

$$\frac{\sin \alpha}{\sin a} = \frac{\sin \beta}{\sin b} = \frac{\sin \gamma}{\sin c}$$

kann man nun auch die Richtung bestimmen, in die das Schiff starten muss (Abb. 3.5).

Übung 14

Helfen Sie dem Nautiker: Wie macht man das? Wie rechnet man den Winkel α in eine Kompassrichtung um? Welchen Kompasskurs muss das Schiff aus Bremerhaven in Richtung New York nehmen?

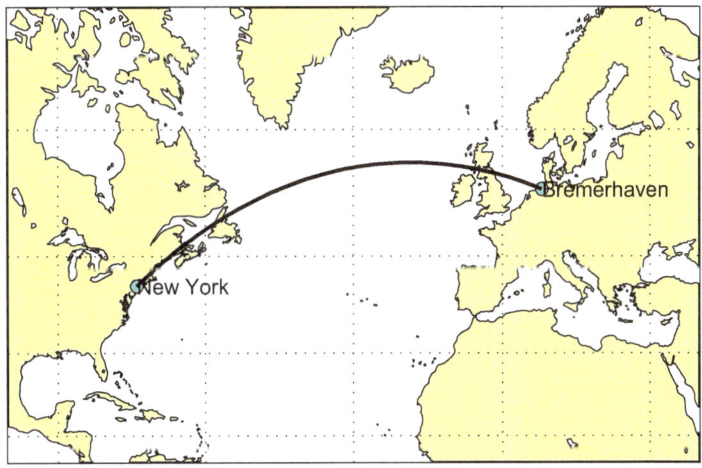

Abb. 3.5 Obwohl New York südlicher als Bremerhaven liegt, führt der Großkreisbogen, d. h. die kürzeste Verbindung, zunächst nach Norden. (Darstellung mit der Mapping Toolbox aus MATLAB)

3.1.3 Die Position eines Gestirns am Himmel

Zur Bestimmung der gezeitenerzeugenden Kräfte müssen die (scheinbaren) Bewegungen von Sonne und Mond berechenbar gemacht werden. Dazu benötigt man zur Beschreibung der Positionsänderungen ein Koordinatensystem der Himmelssphäre, welches aus zwei Winkeln besteht. Da sich die Rotationsachse der Erde im Rahmen eines Menschenlebens nicht wesentlich verschiebt, bietet sich der Schnittkreis der Erdäquatorebene mit der Himmelssphäre als Großkreis an, auf den die beiden Winkel bezogen werden. Das so konstruierte Bezugssystem bezeichnet man daher als **äquatoriales Koordinatensystem.**

Die Deklination

Die **Deklination** δ misst den Winkel zwischen der Äquatorkreisebene und dem Gestirn. Definitionsgemäß ist die Deklination eines Gestirns nördlich des Äquators positiv und südlich des Äquators negativ.

Die Deklination der Sonne schwankt dabei zwischen 23,5° am 21. Juni und −23,5° am 22. Dezember. Die Bahn der Sonne am Firmament wird als Ekliptik bezeichnet. Die folgende einfache MATLAB-Funktion wird uns die Berechnung der Deklination der Sonne in allen weiteren Programmen abnehmen (Abb. 3.6 und 3.7):

```
function f=deltaS(t)
f=23.5*pi/180*cos(phase_Sa(t));
```

Darin wird die Phase der Sonne durch

```
function f=phase_Sa(t)
Omega_Sa=1.991963e-007;
f=-Omega_Sa*t;
```

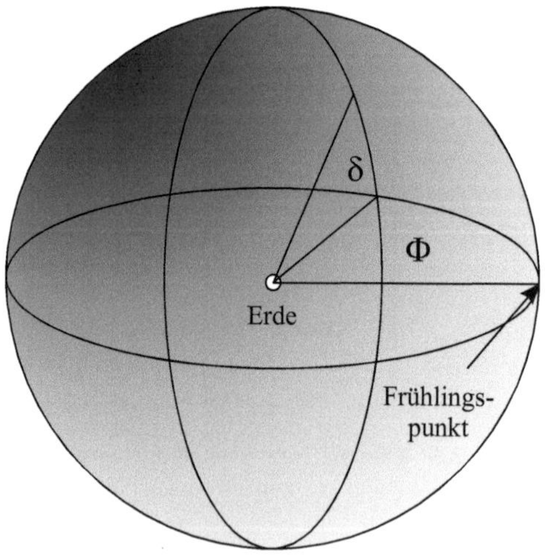

Abb. 3.6 Äquatoriales Koordinatensystem mit Rektaszension und Deklination

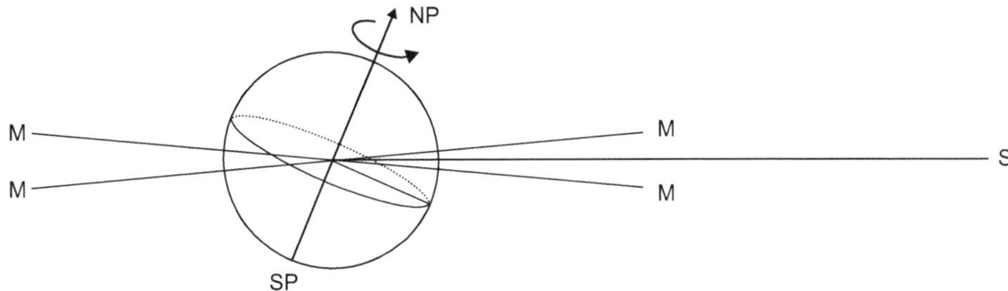

Abb. 3.7 Situation zur Sommersonnenwende auf der Nordhalbkugel: Die Sonne steht 23,5° über dem Äquator; der Mond taumelt um etwa 5° darüber oder darunter

modelliert. Diese Funktionen haben einen trivialen Zeitbezug; für $t = 0$ befindet sich die Sonne direkt über dem Äquator. Im Bedarfsfall sollte sich der Benutzer selbst passende Zeitbezüge durch die Wahl einer entsprechenden Phase wählen.

Die Deklination des Mondes schwankt gegenüber der Deklination der Sonne um $\pm 5°9'$, sie ist also $\delta_S + \pm 5°9'$. Die dazugehörige MATLAB-Funktion lautet also:

```
function f=deltaM(t)
f=deltaS(t)+5.9*pi/180*cos(phase_Mm(t));
```

mit der Phase:

```
function f=phase_Mm(t)
Omega_M=2.661707e-6;
f=-Omega_M*t;
```

Somit werden auch hier nur Zeitbezüge realisiert, die noch vereinfachender annehmen, dass sich Sonne und Mond zur Zeit $t = 0$ in der Erdäquatorebene befanden.

Die Rektaszension

Den Nullpunkt des Äquatorkreises bezeichnet man als Frühlingspunkt, er liegt derzeit am Rande des Sternzeichens Wassermann. Die **Rektaszension** Φ (engl. *right ascension*) eines Gestirns beschreibt nun den Winkel zwischen Frühlingspunkt und Gestirn auf dem Himmelsäquator.

Die Fixsterne zeichnen sich dadurch aus, dass sie eine feste Deklination und Rektaszension (zumindest im Verlauf eines Menschenlebens) haben. Die Himmelskoordinaten von Sonne, Mond und Planeten ändern sich aber fortwährend.

Der Mond umkreist einmal in 27,32166 Tagen das Gestirnsfirmament, man bezeichnet diesen, auf die Fixsterne bezogenen Zeitraum als siderischen Monat. Dabei ändert er nicht nur die Rektaszension, sondern auch die Deklination fortwährend. Für die Rektaszension des Mondes gilt

$$\Phi_M := \Omega_M t = \frac{2\pi}{27{,}32\,\text{d}} t = \frac{2\pi}{2\,360\,591\,\text{s}} t,$$

wobei die Zeit $t = 0$ jeweils auf den Durchgang des Gestirns durch den Frühlingspunkt bezogen ist.

Die Sonne umkreist das Firmament einmal im Jahr, genauer in 365,25 Tagen. Somit gilt für die Rektaszension der Sonne:

$$\Phi_S := \Omega_S t = \frac{2\pi}{365,25\,\mathrm{d}}t = \frac{2\pi}{31\,557\,600\,\mathrm{s}}t.$$

Beide Gleichungen nehmen an, dass sowohl die Sonne als auch der Mond sich zur Zeit $t = 0$ im Frühlingspunkt befanden. Zur Berechnung des Gezeitenpotentials zu einem aktuellen Datum sind die tatächlichen Startpositionen der Gestirne aus astronomischen Tabellenwerken zu entnehmen und durch entsprechende Phasenverschiebungen zu berücksichtigen.

3.1.4 Die Änderung des Zenitwinkels eines Gestirns

Der Seitenkosinussatz kann auch dazu angewendet werden, den Zenitwinkel θ im gezeitenerzeugenden Potential genauer zu bestimmen. Ist der Beobachtungsort dem Gestirn zugewandt, dann setzt sich der Zenitwinkel subtraktiv aus geographischer Breite ϕ und Deklination zusammen, ist er vom Gestirn abgewandt, dann muss das Doppelte des Polwinkels $\frac{\pi}{2} - \phi$ noch hinzugefügt werden (siehe Abb. 3.8). Der Zenitwinkel schwankt also periodisch zwischen den Werten $\theta = \phi - \delta$ und $\theta = \pi - \phi - \delta$.

Befindet sich unser Bezugspunkt auf der geographischen Länge λ, dann bekommt man die geographische Länge des Gestirns unter Einbeziehung der Erdrotation ω und der Rotationsgeschwindigkeit des Gestirns Ω am Firmament als $\lambda + \Omega t - \omega t$. Da die Polwinkel sich als $\cos(90° - \phi) = \sin(\phi)$ und entsprechend für δ und den Sinus umrechnen lassen, bekommt man:

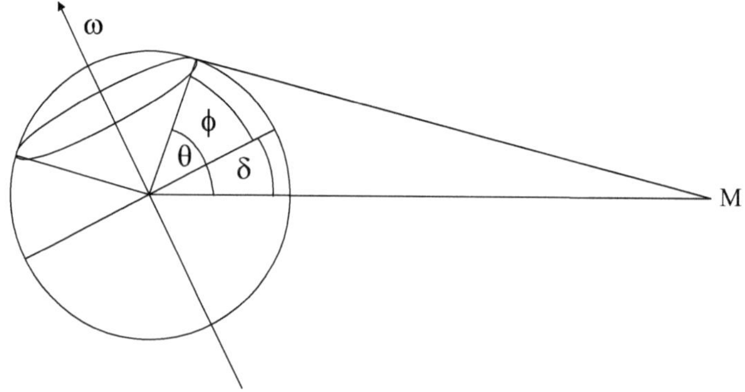

Abb. 3.8 Die tägliche Änderung des Zenitwinkels θ eines Gestirns in Abhängigkeit von geographischer Breite ϕ und Deklination δ

$$\cos\theta = \sin\phi \sin\delta + \cos\phi \cos\delta \cos(\lambda + \Omega t - \omega t) \tag{3.1}$$

dargestellt, wobei $\Omega t = \Phi$ die Rektaszension des Gestirns und λ die geographische Länge des Beobachtungsorts sind.

Übung 15

In einem Himmelsatlas sind Deklination und Rektaszension eines Gestirns mit $15°$ und $275°$ angegeben. Wie weit steigt das Gestirn in Kassel (geographische Breite $51°$, geographische Länge $9°30'$) höchstens über den Horizont?

3.1.5 Die globale Verteilung der Gezeitenbeschleunigung der Sonne

Mit dem Zenitwinkel θ der Sonne und ihrem horizontalen Gezeitenpotential haben wir nun alles zusammen, um ihre Veränderung über den Globus graphisch darzustellen. Jeder Ort auf demselben wird durch seine geographische Länge λ und Breite ϕ repräsentiert. Dabei ist die folgende Gleichungskette zu programmieren:

1. Der Zenitwinkel der Sonne

$$\cos\theta = \sin\phi \sin\delta_S(t) + \cos\phi \cos\delta_S(t) \cos(\lambda + \Omega_h t - \omega_{K1} t)$$

   muss mit der über das Jahr schwankenden Deklination δ_M, dem Umlauf der Erde um die Sonne Ω_h und der Eigenrotation der Erde als siderischer Tag ω_{K1} bestückt werden.

2. Der Abstand eines Orts auf der Erde zur Sonne

$$d_S^2 = R_S^2 - 2R_S R_E \cos\theta + R_E^2$$

   kann den jahreszeitlich schwankenden Erdabstand R_S enthalten, der durch die Bewegung auf einer Ellipse entsteht.

3. Schließlich benötigen wir gleich noch einen Normaleneinheitsvektor, der in Richtung Sonne weist:

$$\vec{n}_S = \begin{pmatrix} \cos\delta_S(t)\cos(\omega_{K1} - \omega_h)t \\ \cos\delta_S(t)\sin(\omega_{K1} - \omega_h)t \\ \sin\delta_S(t) \end{pmatrix}.$$

4. Von der Gezeitenbeschleunigung der Sonne

$$\vec{a}_{TS} = \gamma M_S \left(\frac{1}{d_S^2}\frac{\vec{R}_S - \vec{R}_E}{d_S} - \frac{1}{R_S^2}\frac{\vec{R}_S}{R_S}\left(1 - \frac{R_E}{R_S}\cos\theta\right)\right)$$

sind aber nur die horizontalen Komponenten der Gezeitenbeschleunigung gezeitenwirksam, denn die vertikale Komponente verschwindet gegenüber der Erdanziehung. Diese beiden Komponenten erhält man durch die Multiplikation mit einem Normaleneinheitsvektor in Richtung der Längengrade $\vec{n}_\lambda$

$$\vec{n}_\lambda = \begin{pmatrix} -\sin\lambda \\ \cos\lambda \\ 0 \end{pmatrix} \tag{3.2}$$

bzw. durch die Multiplikation mit einem Normaleneinheitsvektor in Richtung der Breitengrade $\vec{n}_\phi$:

$$\vec{n}_\phi = \begin{pmatrix} -\sin\phi\cos\lambda \\ -\sin\phi\sin\lambda \\ \cos\phi \end{pmatrix}. \tag{3.3}$$

Vereinfacht wird die Rechnung durch die Tatsache, dass diese beiden Einheitsvektoren senkrecht auf $\vec{R}_E$ stehen,

$$\vec{a}_{TS}\vec{n}_\lambda = \gamma M_S \left(\frac{1}{d_S^3} - \frac{1}{R_S^3}\left(1 - \frac{R_E}{R_S}\cos\theta \right) \right) \vec{R}_S\vec{n}_\lambda$$

und genauso für $\vec{a}_{TS}\vec{n}_\phi$. Mit

$$\vec{R}_S\vec{n}_\lambda = R_S \begin{pmatrix} \cos\delta_S(t)\cos(\omega_{K1}-\omega_h)\,t \\ \cos\delta_S(t)\sin(\omega_{K1}-\omega_h)\,t \\ \sin\delta_S(t) \end{pmatrix} \begin{pmatrix} -\sin\lambda \\ \cos\lambda \\ 0 \end{pmatrix}$$

$$= -R_S\cos\delta_S(t)\sin(\lambda - \omega_{K1}t + \omega_h t)$$

und

$$\vec{n}_S\vec{n}_\phi = \begin{pmatrix} -\sin\phi\cos\lambda \\ -\sin\phi\sin\lambda \\ \cos\phi \end{pmatrix} \begin{pmatrix} \cos\delta_S(t)\cos(\omega_{K1}-\omega_h)\,t \\ \cos\delta_S(t)\sin(\omega_{K1}-\omega_h)\,t \\ \sin\delta_S(t) \end{pmatrix}$$

$$= -\sin\phi\cos\delta_S(t)\cos(\lambda - \omega_{K1}t + \omega_h t) + \cos\phi\sin\delta_S(t)$$

kann man nun die horizontale Komponente graphisch darstellen.

Die Abb. 3.9 stellt die Gezeitenbeschleunigungsvektoren der Sonne graphisch dar. Man erkennt ein durch die Anziehungskraft der Sonne verursachtes Maximum bei Hawaii, während das durch die Zentrifugalbeschleunigung verursachte Maximum etwas neben der westafrikanischen Küste zu erkennen ist. Unter dieser Gezeitenkraft bewegt sich die Erdoberfläche in ihrer täglichen Rotation. Schauen wir uns nun die Änderung der Gezeitenbeschleunigung auf dem Äquator an, dann werden pro Tag dort zwei Maxima durchlaufen, mit denen die Wassermassen kontinuierlich beschleunigt werden. Hierdurch entstehen die halbtägigen

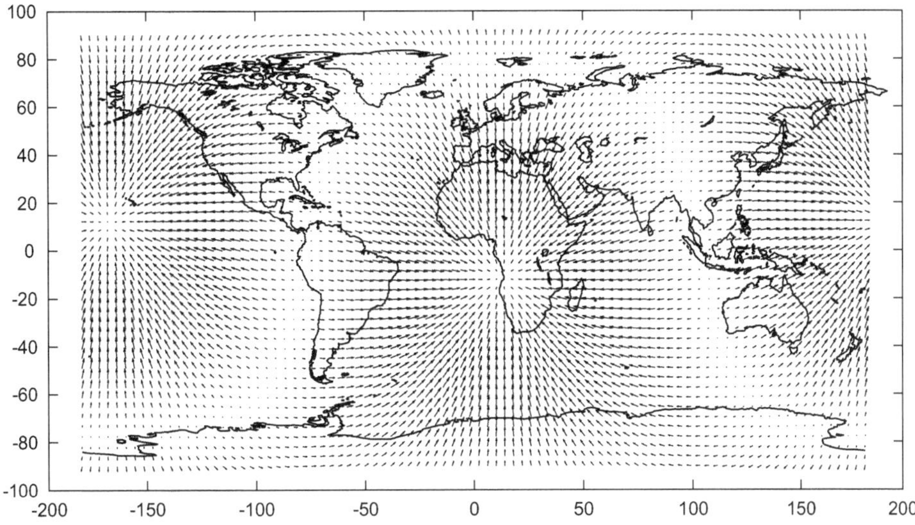

Abb. 3.9 Vektoren der Gezeitenbeschleunigung der Sonne

Gezeiten, also Schwingungen des Wasserstands, die sich zweimal am Tag wiederholen. Das dazugehörige Gezeitensignal bezeichnet man als S_2-Gezeit.

Die beiden genannten Gezeitenpole sind dadurch gekennzeichnet, dass die Vektoren in Breiten- und in Längsrichtung in sie hineinweisen. Dies, so werden wir später sehen, ist bei den Gezeitenbeschleunigungen des Mondes anders.

Ganztägige und halbtägige Gezeiten

In Abb. 3.10 ist der Betrag der Horizontalkomponente der Gezeitenbeschleunigung der Sonne dargestellt.

Bewegen wir uns in dieser Abbildung auf einem Kreis auf der geographischen Breite von Island um die Erde. Hier steigt die Gezeitenbeschleunigung nur einmal am Tag an, wodurch ganztägige Gezeiten entstehen. Wenn wir uns dagegen auf der geographischen Breite von Berlin bewegen, so erkennt man ein zweimaliges Ansteigen und Abfallen des Gezeitensignals. Zu den Polen hin weist die Anregung durch die Sonne also einen ganztägigen, zum Äquator hin einen halbtägigen Rhythmus auf. Am Äquator kann es sogar ein viermaliges Ansteigen und Abfallen des Signals im Verlauf eines Tages geben. Das dazugehörige Gezeitensignal bezeichnet man auch als S_4-Gezeit.

Das tatsächliche Ansteigen und Abfallen des Wasserstands an verschiedenen Orten der Erde folgt allerdings nicht dieser einfachen Regel. Es ergibt sich durch die komplexe Überlagerung von globalen und Gezeitenströmungen in den sehr unregelmäßig geformten Weltmeeren eine sehr komplexe Situation, wo die Gezeiten eher ganz- und eher halbtägig sind (Abb. 3.11 und 3.12).

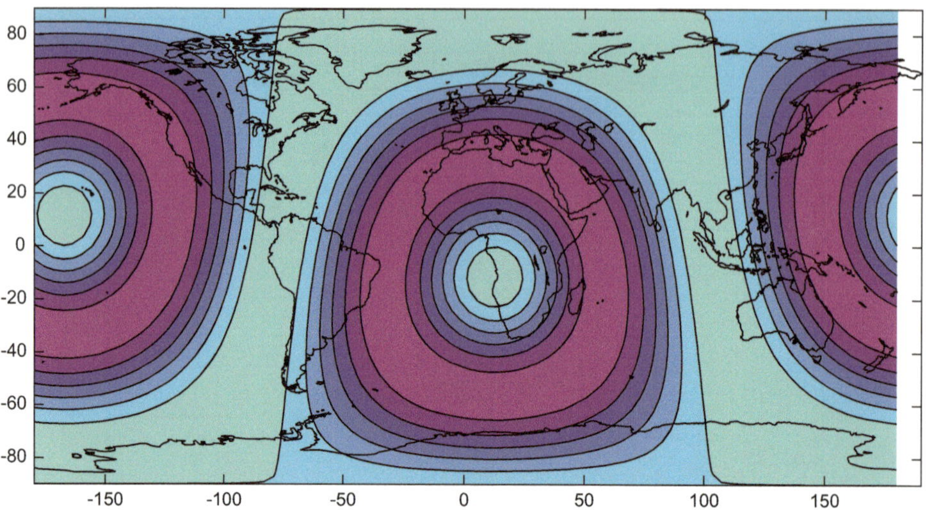

Abb. 3.10 Betrag der Gezeitenbeschleunigung der Sonne. Können Sie aus dem Stand der Sonne etwas über die Jahreszeit aussagen?

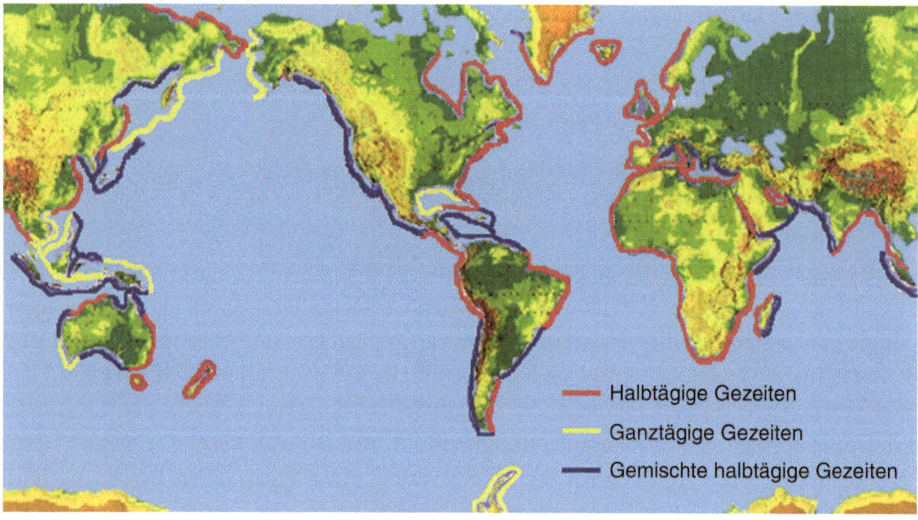

Abb. 3.11 Verteilung von ganztägigen (engl. *diurnal*) und halbtägigen (engl. *semidiurnal*) Gezeiten an den Küsten der Erde. Bereitgestellt von der National Oceanic and Atmospheric Administration (*NOAA*). An den Atlantikküsten Europas und Afrikas gibt es ausschließlich halbtägige Gezeiten. Ganztägige Gezeiten findet man an den Küsten Ostasiens, Südwestaustraliens, in der Antarktis und im Golf von Mexiko

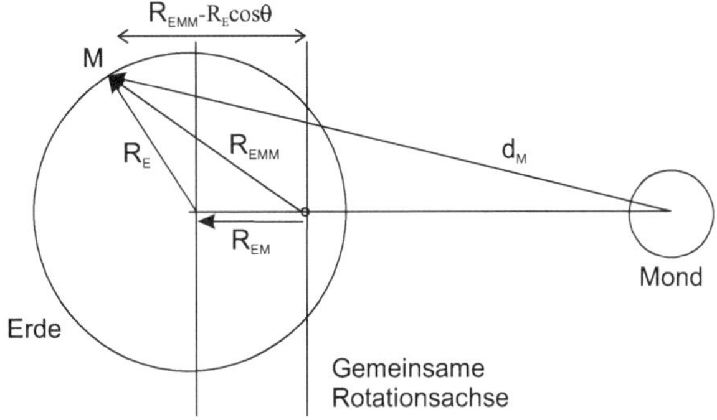

Abb. 3.12 Zur Umformung des Terms, der mit der Rotation des Erde-Mond-Systems verbundenen Zentrifugalbeschleunigung

3.2 Die Gezeitenkräfte des Mondes

Die Beschreibung der Gezeitenkräfte für das Sonne-Erde-System ist deshalb besonders einfach, weil der Schwerpunkt dieses Systems praktisch exakt mit dem Massenschwerpunkt der Sonne übereinstimmt.

Beim Erde-Mond-System ist die Beschreibung der Gezeitenkräfte wesentlich schwieriger, denn Erde und Mond sind vergleichbar schwer und so liegt der gemeinsame Schwerpunkt ihrer Bewegung nicht im Erdmittelpunkt. Weder fallen die Rotationszentren der täglichen Erdumdrehung und des Erde-Mond-Systems zusammen, noch sind die Rotationsachsen dieser beiden Bewegungen parallel zueinander.

Nach unseren Überlegungen zum Karussell Sonne-Erde-Mond-System ist die Gezeitenbeschleunigung des Mondes durch den Ausdruck

$$\vec{a}_{TM} = -\gamma \frac{M_M}{d_M^2} \frac{\vec{d}_M}{d_M} - (\vec{\omega}_s - \vec{\omega}_h) \times \left((\vec{\omega}_s - \vec{\omega}_h) \times \vec{R}_{EEM} \right)$$

bestimmt, den wir nun berechenbar machen wollen. Zunächst kann der Abstand d_M wieder durch den Kosinussatz mit dem Zenitwinkel des Mondes θ verbunden werden:

$$d_M^2 = R_M^2 - 2 R_E R_M \cos\theta + R_E^2.$$

Im nächsten Schritt wollen wir das doppelte Vektorprodukt in der Zentrifugalkraft entfernen. Diese ist proportional zum Quadrat der Rotationsgeschwindigkeit und zum Abstand von der Rotationsachse. Diesen Abstand können wir als $R_E \cos\theta - R_{EEM}$ berechnen, er ist allerdings auf der mondzugewandten Seite der Erde jenseits des gemeinsamen Schwerpunkts positiv und auf der abgewandten Seite negativ. Die Zentrifugalkraft weist senkrecht von der Rotationsachse $(\vec{\omega}_s - \vec{\omega}_h)$ ausgehend zu unserem Bezugsort. Ihre Richtung wollen wir durch den noch zu bestimmenden Einheitsvektor $\vec{n}_{sh}$ darstellen:

$$\vec{a}_{TM} = -\gamma \frac{M_M}{d_M^2} \frac{\vec{d}_M}{d_M} + (\omega_s - \omega_h)^2 \, |R_E \cos\theta - R_{EEM}| \, \vec{n}_{sh}.$$

Ähnlich wie bei der Sonne können wir auch hier zunächst einmal einen Blick auf die Größenordnung der Gezeitenbeschleunigung des Mondes werfen. Da Zentrifugal- und Gravitationsbeschleunigung etwa gleich groß sind und der mittlere Abstand der Orte auf der Erde gleich dem Abstand des Erdmittelpunkts zum Mond ist, hat die Gezeitenbeschleunigung nun die Größenordnung $\gamma \frac{M_M}{R_M^2} = 3{,}3 \cdot 10^{-5}$ m/s^2. Sie ist also ca. 1800-mal größer als die Gezeitenbeschleunigung der Sonne. Demnach sollte die Sonne im Vergleich zum Mond keinen Einfluss auf das Gezeitengeschehen haben. Tatsächlich ist der Einfluss der Sonne auf die Gezeiten kleiner als die des Mondes, er liegt aber etwa in derselben Größenordnung. Somit wird die reine Größe der Gezeitenbeschleunigungen das beobachtete Gezeitengeschehen nicht alleine erklären können.

Polardiagramm der Gezeitenbeschleunigung des Mondes

Nun können wir wieder eine Graphik erstellen, die die Gezeitenkraft des Mondes auf einem Großkreis darstellt, der den Zenitwinkel unseres Trabanten überstreicht. Der Gravitationsvektor, der nach Abb. 2.7 vom Mond zur Erde weisen soll, ist

$$\vec{d}_M = \begin{pmatrix} -R_M + R_E \cos\theta \\ R_E \sin\theta \end{pmatrix}.$$

Somit schreibt sich die Gravitationsbeschleunigung des Mondes auf dem in der Mondebene gelegenen Großkreis:

$$\vec{a}_{TM} = -\gamma \frac{M_M}{d_M^3} \begin{pmatrix} -R_M + R_E \cos\theta \\ R_E \sin\theta \end{pmatrix} + (\omega_s - \omega_h)^2 \left(R_E \cos\theta - R_{EEM} \right) \begin{pmatrix} 1 \\ 0 \end{pmatrix}.$$

Man bestätige durch Ausprobieren selbst, dass sich dabei für die Zentrifugalbeschleunigung immer die richtige Richtung ergibt.

Die Abb. 3.13 zeigt als Ergebnis zunächst einmal oben die Massenanziehung durch den Mond. Da die diesem zugewandte Seite im Verhältnis dem Mond kaum näher ist, als die abgewandte Seite, erscheint die Gravitationskraft des Mondes fast überall gleich zu sein. Ganz anders sieht das für die Zentrifugalkraft des Erde-Mond-Systems in der Mitte aus. Dort, wo sie verschwindet, liegt die Rotationsachse des Erde-Mond-Systems. Auf der mondabgewandten Seite ist die Zentrifugalkraft viel größer als auf der mondzugewandten Seite. Daraus resultiert eine im Vergleich zur Sonne etwas andere Verteilung der Gezeitenbeschleunigung des Mondes über einen Großkreis der Erde. Zwar treten wieder zwei Maxima auf, von denen eines zum Mond hin und eines auf der gegenüberliegenden Seite liegt, aber das erste liegt größer als das zweitgenannte.

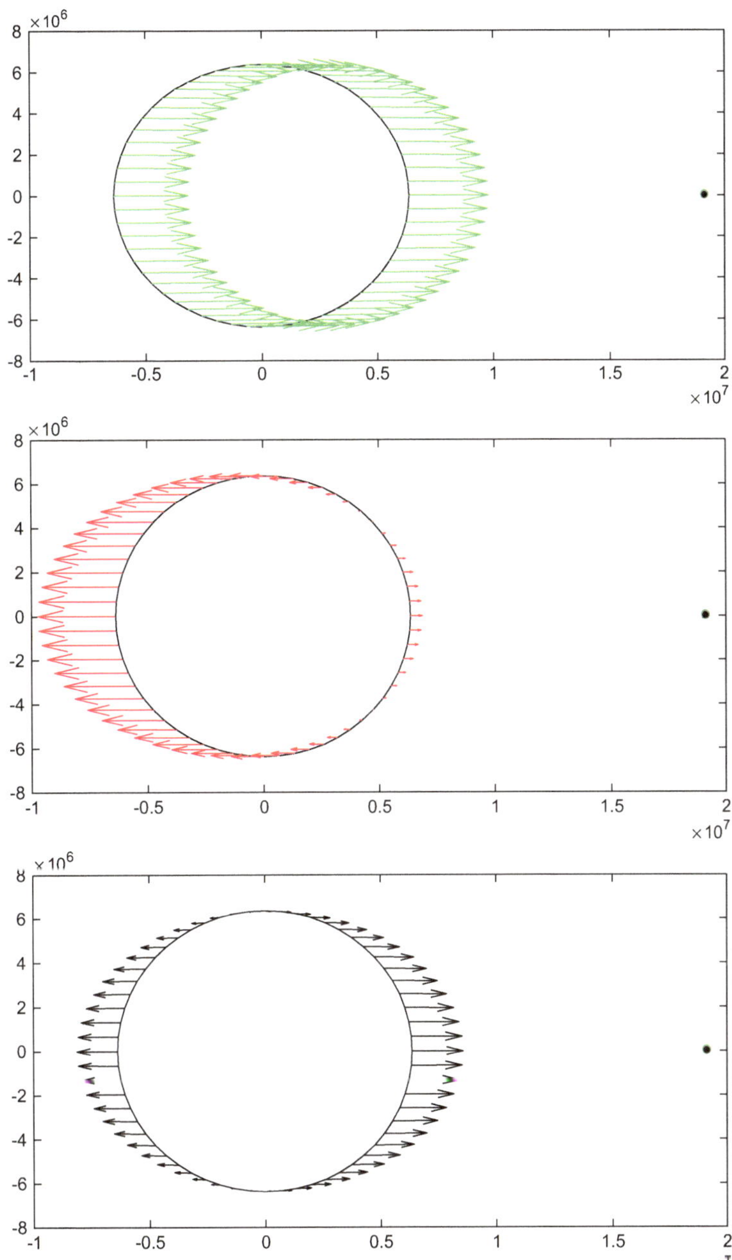

Abb. 3.13 Verteilung der Gravitationsbeschleunigung (*grün, zum Mond hin*), der Zentrifugalbeschleunigung (*rot*) und der sich ergebenden Gezeitenbeschleunigung (*schwarz*) des Mondes über den in Mondrichtung gelegenen Erdkreis. Die Mondrichtung ist durch einen Punkt gekennzeichnet

3.2.1 Verteilung der Mondgezeitenbeschleunigung über den Globus

Zur Darstellung der Gezeitenbeschleunigung des Mondes über den Erdglobus müssen wir
wieder eine Gleichungskette in einem entsprechenden Berechnungsprogramm abarbeiten:

1. Sie beginnt mit dem Zenitwinkel θ des Mondes

$$\cos\theta = \sin\phi \sin\delta_M + \cos\phi \cos\delta_M \cos(\lambda + \omega_s t - \omega_{K1} t),$$

   mit dem man dann den Abstand jedes Orts auf der Erde zum Mond d_M bestimmen kann.
2. Nun benötigen wir aber auch den Vektor vom Mond zu einem Ort auf der Erde $\vec{d}_M$. Dieser
   setzt sich aus dem Radiusvektor eines Orts auf der Erde in Polarkoordinaten und dem
   Erde-Mond-Vektor als $\vec{d}_M = \vec{R}_E - \vec{R}_M$ zusammen. Mit

$$\vec{R}_E = R_E \begin{pmatrix} \cos\phi \cos\lambda \\ \cos\phi \sin\lambda \\ \sin\phi \end{pmatrix}$$

   und

$$\vec{R}_M = R_M \begin{pmatrix} \cos\delta_M(t) \cos(\omega_{K1} - \omega_s) t \\ \cos\delta_M(t) \sin(\omega_{K1} - \omega_s) t \\ \sin\delta_M(t) \end{pmatrix}$$

   folgt:

$$\vec{d}_M = \vec{R}_E - \vec{R}_M = R_E \begin{pmatrix} \cos\phi \cos\lambda \\ \cos\phi \sin\lambda \\ \sin\phi \end{pmatrix} - R_M \begin{pmatrix} \cos\delta_M(t) \cos(\omega_{K1} - \omega_s) t \\ \cos\delta_M(t) \sin(\omega_{K1} - \omega_s) t \\ \sin\delta_M(t) \end{pmatrix}.$$

3. Schließlich benötigen wir noch für die Zentrifugalbeschleunigung im Erde-Mond-System
   den Einheitsvektor $\vec{n}_{sh}$, der senkrecht auf der Rotationsachse des Systems steht:

$$\vec{n}_{sh} = - \begin{pmatrix} \cos\delta_M(t) \cos(\omega_{K1} - \omega_s) t \\ \cos\delta_M(t) \sin(\omega_{K1} - \omega_s) t \\ \sin\delta_M(t) \end{pmatrix}.$$

4. Damit ergibt sich die gezeitenerzeugende Beschleunigung des Mondes als:

$$\vec{a}_{TM} = -\gamma \frac{M_M}{d_M^3} \left(R_E \begin{pmatrix} \cos\phi \cos\lambda \\ \cos\phi \sin\lambda \\ \sin\phi \end{pmatrix} - R_M \begin{pmatrix} \cos\delta_M(t) \cos(\omega_{K1} - \omega_s) t \\ \cos\delta_M(t) \sin(\omega_{K1} - \omega_s) t \\ \sin\delta_M(t) \end{pmatrix} \right)$$

$$+ (\omega_s - \omega_h)^2 (R_E \cos\theta - R_{EEM}) \begin{pmatrix} \cos\delta_M(t) \cos(\omega_{K1} - \omega_s) t \\ \cos\delta_M(t) \sin(\omega_{K1} - \omega_s) t \\ \sin\delta_M(t) \end{pmatrix}.$$

5. Auch hier sind nur die Horizontalkomponenten wichtig, die wir wie bei der Sonne durch Multiplikation mit den entsprechenden Normaleneinheitsvektoren (3.3) und (3.2) gewinnen können.

Etwas vereinfacht wird die Rechnung durch die Tatsache, dass diese beiden Vektoren senkrecht zum radialen Vektor $\vec{R}_E$ stehen, das jeweilige Skalarprodukt also null ist:

$$a_{TM\phi} = \vec{a}_{TM}\vec{n}_\phi = \left(\gamma \frac{M_M}{d_M^3} R_M + (\omega_s - \omega_h)^2 (R_E \cos\theta - R_{EEM}) \right) \vec{n}_{sh}\vec{n}_\phi$$

mit

$$\vec{n}_{sh}\vec{n}_\phi = (-\sin\phi \cos\delta_M(t) \cos(\lambda + (\omega_s - \omega_{K1})t) + \sin\delta_M(t)\cos\phi).$$

Für die laterale Komponente der Gezeitenbeschleunigung des Mondes ergibt sich so nach kurzer Rechnung:

$$a_{TM\lambda} = \vec{a}_{TM}\vec{n}_\lambda = \left(\gamma \frac{M_M}{d_M^3} R_M + (\omega_s - \omega_h)^2 (R_E \cos\theta - R_{EEM}) \right) \vec{n}_{sh}\vec{n}_\lambda.$$

In der graphischen Darstellung der horizontalen, auf der Erdoberfläche wirkenden Gezeitenbeschleunigungen in Abb. 3.14 erkennt man zwei Pole, zu denen die Wassermassen hin beschleunigt werden: Der eine Pol liegt über dem Pazifik, der andere Pol über Ostafrika. In beiden Polen werden die Wassermassen in Breitenrichtung zum Äquator hin beschleunigt. In Längsrichtung sind die beiden Pole repulsiv, die Beschleunigungen weisen von den Polstellen weg.

Der Atlantische Ozean hat mit seiner Nord-Süd-Orientierung im Wesentlichen eine Ausdehnung in Breitenrichtung. Seine Wassermassen werden also zweimal am Tag in Richtung Äquator beschleunigt. Steht der Mond dabei über dem Atlantischen Ozean, dann ist diese Beschleunigung größer, als wenn er auf der gegenüberliegenden Seite steht. Der Atlantische Ozean wird so wie das Wasser in einer riesigen Badewanne in eine wellenartige Bewegung versetzt. Erreichen diese Wellen dann den Ärmelkanal, dann breiten sie sich durch diesen in die Nordsee aus. Die ursprüngliche Welle läuft aber weiter im Atlantik, wo dann ein zweiter Anteil oberhalb von Schottland in die Nordsee dringt.

3.2.2 Das MATLAB-Programm

Aus Gründen der besseren Lesbarkeit verwenden wir in diesem Buch überwiegend das generische Maskulinum. Dies impliziert immer beide Formen, schließt also die weibliche Form mit ein.

Der eine oder andere Leser möchte sicherlich die dargestellte Graphik nachvollziehen können oder verbessern wollen. Daher hier das dazugehörige MATLAB-Programm:

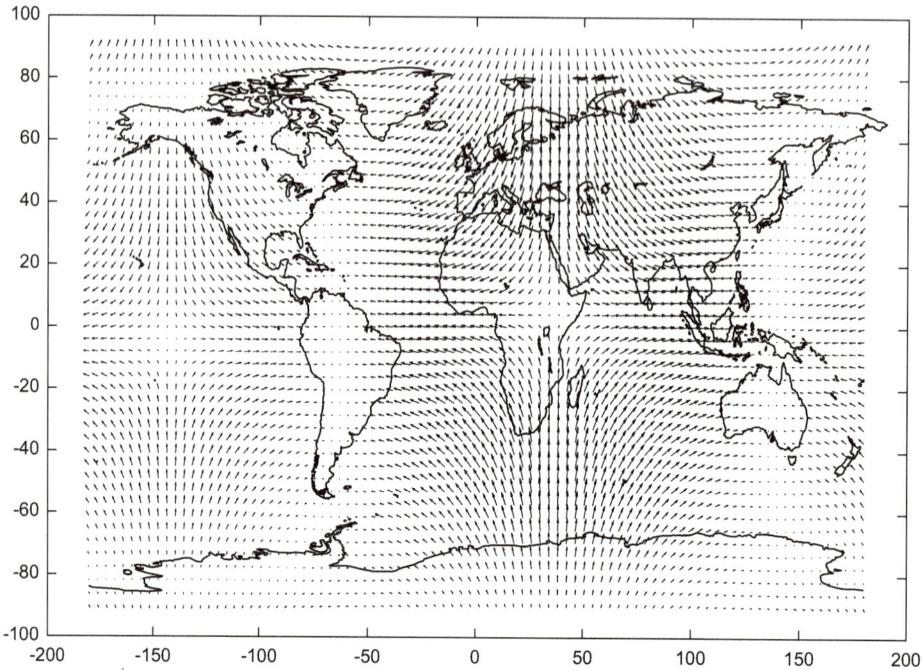

Abb. 3.14 Vektordarstellung der auf der Erdoberfläche horizontal wirkenden Gezeitenbeschleunigungen des Mondes. Zu dem dargestellten Zeitpunkt sind zwei Pole zu erkennen, von denen einer im Pazifik und der andere über Ostafrika liegt

```
\% [1.] Gravitationskonstante
gamma = 6.67e-11;
\% [2.] Erdradius
RE= 6371040.;
RM=384401e3;
\% [3.] Mondmasse
MM=7.349e22;
ME=5.977e24;
REEM=RM*MM/(ME+MM);
omegash=2.662e-6-1.991e-7;


\% [4.] Erzeugung von Länge und Breite
cells_per_degree=0.5;
lambda=-pi:2*pi/(180*cells_per_degree-1):pi;
phi=-pi/2:pi/(90*cells_per_degree-1):pi/2;
[lambda,phi]=meshgrid(lambda,phi);
\% [2.] Transformation in kartesische Koordinaten für Grafik
[x,y,z] = sph2cart(lambda,phi,1);

geoidrefvec = [cells_per_degree 0 0];
```

```
load coast;

for t=0:3600:3*24*3600
    RM = distance2moon(t);
    costheta=sin(phi).*sin(deltaM(t))...
        +cos(phi)*cos(deltaM(t)).*cos(lambda...
        +phase_Mm(t)-phase_K1(t));
    dM=sqrt(RM^2-2*RM.*RE.*costheta+RE^2);

    p=-cos(deltaM(t))*sin(phi).*cos(lambda+phase_Mm(t)-phase_K1(t)
        );
    q=sin(deltaM(t)).*cos(phi);
    atMphi=(gamma*MM./dM.^3*RM+omegash^2*(RE.*costheta-REEM)).*(p+
        q);
    atMlambda=(gamma*MM./dM.^3*RM+omegash^2*(RE.*costheta-REEM))
        ...
        *cos(deltaM(t)).*sin(lambda+phase_Mm(t)-phase_K1(t));

    quiver(lambda/pi*180,phi/pi*180,atMlambda,atMphi,'Color',[0 0
        0])
    hold on;
    plot(long,lat,'Color',[0 0 0],'LineWidth',1);

    pause(1.5)
    hold off
end
```

Die einzelnen Partialtiden werden durch kurze functions dargestellt, damit man sie einfach mit Anfangsphasen bestücken kann. Das Beispiel für die K_1-Gezeit lautet:

```
function f=phase_K1(t)
omega_K1=7.29e-5;
f=omega_K1*t;
```

Folgende function bestimmt die Deklination des Mondes im Verlaufe des Monats:

```
function f=deltaM(t)
f=5.9*pi/180*cos(phase_Mm(t));
```

3.2.3   Die Dominanz der M_2-Gezeit

Die graphische Darstellung des Gezeitensignals des Mondes belegt, dass alle Massen auf der Erde zweimal in etwa 25 h in dieselbe Richtung beschleunigt werden. Dieses Signal hat also die Frequenz

$$M_2 = 2\,K_1 - 2\,s = 2\,T - 2\,s + 2\,h = 2\,T1,$$

man bezeichnet es als halbtägige lunare Gezeit. Der Betrag dieses Signals ist größer als das der solaren halbtägigen Gezeit S_2, weswegen man ursprünglich nur den Mond als Verursacher der Gezeiten verdächtigt hatte.

Leider erkennt man in unseren vielen Formeln aber die doppelte Periode nicht eindeutig, obwohl sie in den Darstellungen zu sehen ist. Um diese Periodenverdopplung auch analytisch darzustellen, hat man das Gezeitensignal in eine Reihe entwickelt. Hier hat man allerdings nicht die Gezeitenbeschleunigung, sondern das Gezeitenpotential als Ausgangspunkt gewählt, dem wir uns nun zuwenden wollen.

3.3   Die Theorie des Gezeitenpotentials

In den meisten Lehrbüchern (z. B. [2, 15, 27, 39]) und Internetportalen findet man eine etwas andere Theorie zur Entstehung der Gezeitenkräfte, die auf dem Ansatz des Potentials beruht. Unter einem Potential versteht man in der Physik eine skalare Funktion, deren Gradient eine Vektorfunktion ist, mit der man ein Kraftfeld darstellen kann. Ein solches Potential existiert für alle konservativen Kräfte; wir hatten es ja für die Gravitationskraft schon kennengelernt. Der Vorteil von Potentialen liegt darin, dass man anstelle von Vektoren mit skalaren Funktionen rechnen muss. Die Gezeitenkraft wird daher zumeist mit der Potentialtheorie entwickelt. Ich denke aber, dass sie der in diesem Buch dargestellten Theorie unterlegen ist und mit ihr insbesondere die prinzipiellen Unterschiede von Sonnen- und Mondgezeiten nicht zu erklären sind.

3.3.1   Das Gezeitenpotential der Sonne

Die Gravitationskraft lässt sich, wie in Abschn. 1.1 gezeigt, durch ein Potential darstellen. Das Gravitationspotential der Sonne ist dabei am Ort $\vec{d}$ durch die Funktion ϕ_G

$$\phi_G(d) = -\gamma \frac{M_S}{d}$$

bestimmt.

Im Unterschied zur Gravitationskraft ist die Zentrifugalkraft aber keine konservative Kraft. Somit gibt es kein Potential, welches die Zentrifugalkraft darstellen kann. Nun entstehen die Gezeitenkräfte aber aus der Summe von Gravitations- und Zentrifugalkraft, womit die Anwendung der Potentialtheorie an dieser Stelle also eigentlich unsinnig ist.

Mit einem Trick kann man sie aber trotzdem zur Anwendung bringen. Da sich die Erde nun gleichförmig rotierend um die Sonne bewegt, sind die Gravitationsbeschleunigung und die Zentrifugalbeschleunigung in ihrem Schwerpunkt exakt gleich. Damit dies der Fall ist, muss im Erdschwerpunkt für das Potential der Zentrifugalbeschleunigung rein zahlenmäßig

$$\phi_Z(R_S) = -\phi_G(R_S) = \gamma\frac{M_S}{R_S} \quad \text{bzw.} \quad \phi_Z(R_S) + \phi_G(R_S) = 0$$

gelten. An allen anderen Punkten wird diese Summe nicht null sein. An einem Ort auf der Erdoberfläche, den wir durch seinen Abstand d zur Sonne definieren wollen, ergibt diese Bilanz das Potential der gezeitenerzeugenden Beschleunigung:

$$\phi_{tide}(d) = \phi_Z(d) + \phi_G(d).$$

Darin berechnet sich die Zentrifugalkraft aus der Verkürzung des Abstands des Bezugsorts auf der Erdoberfläche zur Sonne:

$$\phi_Z(d) = \gamma\frac{M_S}{R_S - R_E\cos\theta}.$$

Der Ortsabstand zur Sonne d kann wieder als Funktion des Zenitwinkels θ umgeformt werden:

$$d = \sqrt{R_S^2 - 2R_S R_E\cos\theta + R_E^2}.$$

Damit ist das gesamte Gezeitenpotential der Sonne:

$$\phi_{tide}(d) = \gamma M_S\left(\frac{1}{R_S - R_E\cos\theta} - \frac{1}{\sqrt{R_S^2 - 2R_S R_E\cos\theta + R_E^2}}\right).$$

Diese Darstellung zeigt allerdings noch nicht genau auf, warum die Gezeitenwasserstände eine halbtägige Periode aufweisen. Dies wird deutlich, wenn man eine Entwicklung des Gezeitenpotentials vornimmt, die die halbtägige Periodizität der Gezeiten auch analytisch deutlich herausarbeitet.

3.3.2 Die Entwicklung des Gezeitenpotentials

Dabei sucht man Terme, die sehr klein gegenüber anderen sind und vernachlässigt diese. Hier bietet sich eine Entwicklung nach dem reziproken Gestirnsabstand R an, da die Sonne im Vergleich zu den irdischen Abmessungen in Abb. 3.15 sehr weit entfernt ist.

Beginnen wir mit der Zentrifugalkraft. Für sie folgt mithilfe der Neumann-Reihe näherungsweise:

$$\phi_Z(d) = \gamma\frac{M_S}{R_S - R_E\cos\theta} \simeq \gamma M_S\left(\frac{1}{R_S} + \frac{R_E\cos\theta}{R_S^2}\right).$$

Somit gilt für das Gesamtpotential der Tidebeschleunigung:

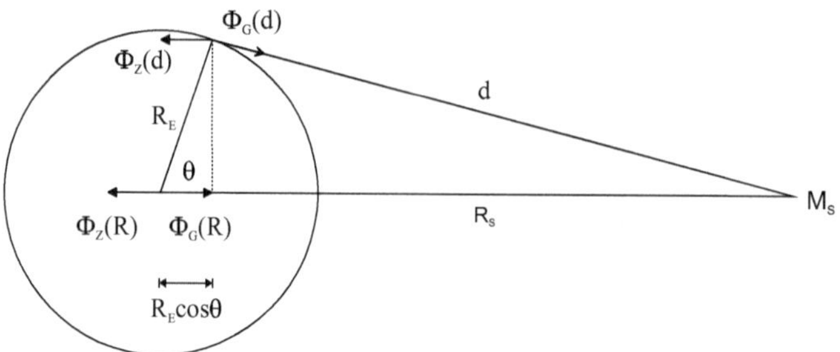

Abb. 3.15 Im Schwerpunkt der Erde heben sich Gravitations- und (*das nichtexistierende*) Zentrifugalkraftpotential gegenseitig auf. An jedem anderen Punkt an der Erdoberfläche kann dies jedoch nicht der Fall sein, da Gravitationskraft und Zentrifugalkraft nicht auf einer Linie liegen. Zudem sind sie betragsmäßig nicht gleich. Damit ist die Summe der Kräfte nicht null, ihre Resultierende ist die gezeitenerzeugende Kraft

$$\phi_{tide}(d) = \gamma M \left(\frac{1}{R_S} + \frac{R_E \cos\theta}{R_S^2} - \frac{1}{\sqrt{R_S^2 - 2R_S R_E \cos\theta + R_E^2}} \right).$$

Im Tidepotential steht als letzter Term der Kehrwert des lokalen Abstandes d, der sich auch als

$$\frac{1}{d} = \frac{1}{R_S\sqrt{1 - 2\frac{R_E}{R_S}\cos\theta + \frac{R_E^2}{R_S^2}}}$$

darstellen lässt. Da das Verhältnis von Erdradius R_E zu Sonnenabstand R_S sehr klein ist, sollte man den Ausdruck ebenfalls in einer Potenzreihe entwickeln können. Zur Abkürzung setzen wir $u = \frac{R_E}{R_S}$ und $x = \cos\theta$ und entwickeln um $x = 0$:

$$\frac{1}{\sqrt{1 - 2xu + u^2}} = \frac{1}{\sqrt{1 + u^2}} + \frac{xu}{\left(\sqrt{1 + u^2}\right)^3} + \frac{3}{2}\frac{x^2 u^2}{\left(\sqrt{1 + u^2}\right)^5} + \dots$$

Nun werden die Wurzeln in den Nennern um $u = 0$ entwickelt:

$$\frac{1}{\sqrt{1 - 2xu + u^2}} = 1 + ux + \frac{1}{2}u^2\left(3x^2 - 1\right) + \dots$$

Nach der Rücksubstitution bekommt man für den Kehrwert des Gestirnsabstandes

$$\frac{1}{d} = \frac{1}{R_S}\left(1 + \cos\theta\frac{R_E}{R_S} + \frac{1}{2}\left(3\cos^2\theta - 1\right)\frac{R_E^2}{R_S^2} + \dots\right)$$

und für das Gezeitenpotential bleibt damit:

Abb. 3.16 Die Funktion $\left(3\cos^2\theta - 1\right)$ als Polardiagramm

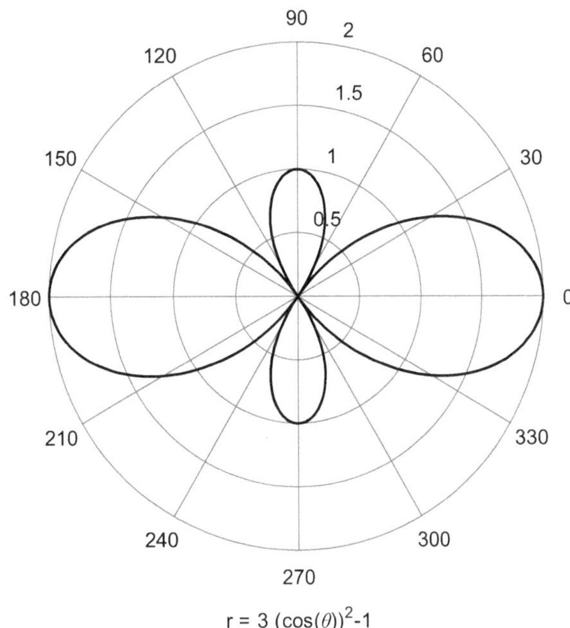

$$\phi_{tide} \simeq -\frac{1}{2}\frac{\gamma M R_E^2}{R_S^3}\left(3\cos^2\theta - 1\right).$$

In Abb. 3.16 ist die Funktion als Polardiagramm dargestellt. Man kann einen solchen Plot in MATLAB einfach durch den Befehl

```
ezpolar('3*(cos(theta))^2-1')
```

erzeugen, der die gewünschte Funktion einfach als String enthält. Die Funktion hat insgesamt vier Maxima, von denen zwei sich gegenüberliegende Maxima den Wert 2 annehmen und die anderen beiden, sich ebenfalls gegenüber liegenden Maxima, den Wert 1 annehmen. Bezogen auf die dominierenden Maxima nimmt das Gezeitenpotential der Sonne also auf dem der Sonne zugewandten und auf dem der Sonne abgewandten Längengrad ein Maximum an.

Tatsächlich kann also die Potentialtheorie das zweimalige Auftreten der Gezeiten erklären. Sieht sie aber auch einen Unterschied zwischen dem Einfluss von Sonne und Mond?

Darstellung mit Legendre-Polynomen

Wer mit orthogonalen mathematischen Funktionensystemen vertraut ist, dem wird aufgefallen sein, dass die dargestellten drei Terme in der Reihenentwicklung des inversen Gestirnsabstands $1/d$ die Legendre-Polynome $P_0(\cos\theta) = 1$, $P_1(\cos\theta) = \cos\theta$ und $P_2(\cos\theta) = \left(3\cos^2\theta - 1\right)/2$ enthalten. Die Vermutung liegt also nahe, dass sich das

Gezeitenpotential als Reihe von Legendre-Polynomen darstellen lässt, was auch tatsächlich so ist:

$$\phi_{tide} = \frac{\gamma M}{R} \sum_{l=2}^{\infty} \left(\frac{R_E}{R}\right)^l P_l(\cos\theta).$$

Man beachte, dass die Reihe erst bei $l = 2$ beginnt, da beim Gezeitenpotential die ersten beiden Terme abgezogen werden.

In die Legendre-Polynome muss man nun den Kosinus des Zenitwinkels einsetzen. Dabei lassen sich die einzelnen Winkel funktionell mit dem Additionstheorem für die sphärischen harmonischen Funktionen voneinander trennen:

$$\phi_{tide} = \frac{\gamma M}{R} \sum_{l=2}^{\infty} \left(\frac{R_E}{R}\right)^l \frac{1}{2l+1} \sum_{m=0}^{l} \overline{P}_l^m(\sin\phi)\,\overline{P}_l^m(\sin\delta) \cos m(\lambda + \Omega t - \omega t).$$

Darin sind $\overline{P}_l^m$ die normierten assoziierten Legendre-Polynome:

$$\overline{P}_l^m(x) = (-1)^m \sqrt{\frac{2(l-m)!}{(l+m)!}} \left(1 - x^2\right)^{m/2} \frac{d^m P_l(x)}{dx^m}.$$

Wir wollen diese Reihe so darstellen, dass in ihr nur die Geokoordinaten Länge und Breite herausgearbeitet werden. Dazu wird der Kosinus mit seinem Additionstheorem zerlegt und man bekommt:

$$\phi_{tide} = \frac{\gamma M}{R} \sum_{l=2}^{\infty} \left(\frac{R_E}{R}\right)^l \frac{1}{2l+1} \sum_{m=0}^{l} \overline{P}_l^m(\sin\phi)\,(c_{lm} \cos m\lambda + s_{lm} \sin m\lambda)$$

mit

$$c_{lm} = \overline{P}_l^m(\sin\delta) \cos m(\Omega t - \omega t) \quad \text{und}$$

$$s_{lm} = -\overline{P}_l^m(\sin\delta) \sin m(\Omega t - \omega t)$$

Nun enthalten die Koeffizienten c_{lm} und s_{lm} die gesamte zeitliche Variabilität des Gezeitenpotentials und die Gestirnsinformationen.

Aus dieser Darstellung lassen sich folgende Aussagen ableiten:

- Der Grad l bestimmt die Wichtigkeit der einzelnen Summanden, da mit ihm das Verhältnis von Erdradius zu Gestirnsabstand potenziert wird.
- In der Ozeanographie und im Küsteningenieurwesen ist nur der 1. Grad $l=2$ wichtig, womit mit $m \leq 2$ konstante, ganztägige und halbtägige Gezeitenanteile entstehen. Höhere

Grade im Gezeitenpotential produzieren zu geringfügige Kräfte, die nicht in der Lage sind, die Wassermassen der Ozeane zu beschleunigen.

- Für $l = 3$ entstehen zudem dritteltägige, für $l = 4$ auch vierteltätgige Gezeitenanteile.
- Zur Bestimmung der Bahn eines sich im Orbit reibungslos bewegenden Satellits müssen allerdings auch höhere Grade im Gezeitenpotential berücksichtigt werden. Dies hat eine erhebliche Bedeutung in der Satellitennavigation.

3.3.3   Das Gezeitenpotential des Mondes

Die Anwendung der Potentialtheorie auf die Mondgezeiten ist noch schwieriger, denn eigentlich müsste man die Gleichheit von Gravitations- und nichtexistierendem Zentrifugalpotential im gemeinsamen Schwerpunkt des Erde-Mond-Systems ansetzen (siehe Abb. 3.17).

Diese weitere Schwierigkeit wird zumeist einfach umgangen und der formal gleiche Ansatz wie für die Sonne gemacht. Man kommt so zu dem entsprechenden Endergebnis:

$$\phi_{tide} \simeq -\frac{1}{2}\frac{\gamma M_M R_E^2}{R_M^3}\left(3\cos^2\theta - 1\right)$$

Unabhängig von der Tatsache, dass die Potentialtheorie die Existenz eines Potentials für Zentrifugalkräfte annimmt, stimmt diese Theorie beim Mond auch deshalb nicht, weil die Rotation um einen gemeinsamen Schwerpunkt, der nicht im Erdmittelpunkt liegt, nicht berücksichtigt ist.

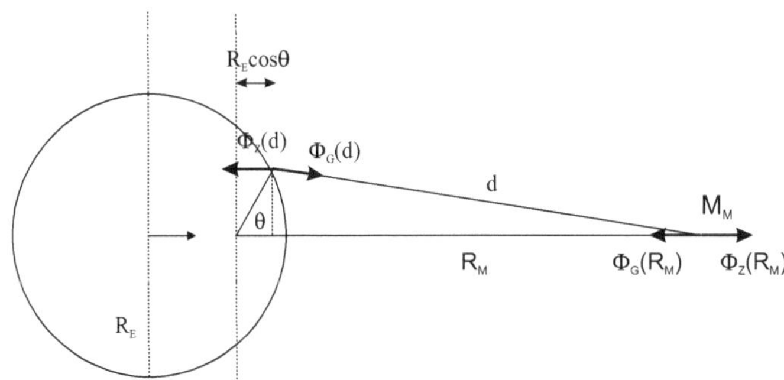

Abb. 3.17 Im Schwerpunkt des Erde-Mond-Systems heben sich Gravitations- und Fliehkraft gegenseitig auf. An jedem anderen Punkt an der Erdoberfläche kann dies jedoch nicht der Fall sein, da Gravitationskraft und Zentrifugalkraft nicht auf einer Linie liegen. Zudem sind sie betragsmäßig nicht gleich. Damit ist die Summe der Kräfte nicht null, ihre Resultierende ist die gezeitenerzeugende Kraft

3.3.4 Die Gezeitenbeschleunigung

Für die Berechnung der auf die Wassermassen der Ozeane wirkenden Kräfte benötigt man nicht das Gezeitenpotential, sondern die daraus resultierenden Beschleunigungen, welche durch den negativen Gradienten des Potentials definiert sind. In sphärischen Koordinaten lautet dieser:

$$a_R = -\frac{\partial \phi_{tide}}{\partial R_E},$$

$$a_\phi = -\frac{1}{R_E}\frac{\partial \phi_{tide}}{\partial \phi},$$

$$a_\lambda = -\frac{1}{R_E \cos\phi}\frac{\partial \phi_{tide}}{\partial \lambda}.$$

Dabei muss bei der Bestimmung der radialen Komponente formal nach dem Erdradius R_E abgeleitet werden, da dieser die Radialkoordinate darstellt und der Buchstabe R für den Gestirnsabstand herhalten muss. Die radiale Beschleunigung wirkt auf der dem Gestirn zugewandten Erdseite schwerkraftmindernd und hat im vertikalen Kräftespiel der Erde lediglich den Einfluss einer geringen Störung, da die Gravitationsbeschleunigung des Mondes einen Maximalwert von $1{,}07 \cdot 10^{-6}$ m/s^2 annimmt und somit von der dominanten Erdgravitation in den Schatten gedrängt wird.

Anders sieht dies allerdings im horizontalen Messen der Kräfte aus. Auch hier liegen die Gezeitenbeschleunigungen betragsmäßig in der Größenordnung von $1 \cdot 10^{-6}$ m/s^2. Diese – wenn auch sehr winzige – Beschleunigung muss sich jedoch nur mit der Coriolisbeschleunigung messen, die bei einer Strömungsgeschwindigkeit von 1 m/s einen Maximalwert von $1{,}46 \cdot 10^{-4}$ m/s^2 annimmt und bei entsprechend kleineren Strömungsgeschwindigkeiten mit der Gravitationsbeschleunigung von Sonne und Mond vergleichbar wird.

3.3.5 Die Gezeitenkonstante G

Man kann sich ein wenig Schreib- und Rechenarbeit ersparen, wenn man den Erdradius R_E, die Sonnen- bzw. Mondmasse M und den Sonnen- bzw. Mondabstand R zu einer Konstanten, der sogenannten Gezeitenkonstante G (in [m^2/s^2]), eines Gestirns zusammenfasst:

$$G := \frac{3}{4}\frac{\gamma M R_E^2}{R^3}.$$

Sie gibt an, welchen quantitativen Einfluss ein Gestirn auf die Erde hat. Sie ist für den Mond $G_L = 2{,}621$ m^2/s^2 und für die Sonne $G_S = 1{,}207$ m^2/s^2, für alle übrigen Gestirne ist sie vernachlässigbar.

Obwohl die Masse der Sonne 27 Mio. mal größer als die des Mondes ist, hat dieser einen stärkeren gezeitenerzeugenden Einfluss als die Sonne. Dies liegt daran, dass die Sonne 350-mal weiter entfernt ist als der Mond. Daher ist das Gravitationsfeld der Sonne 178-mal stärker als das des Mondes.

Der Vorfaktor 3/4 erscheint zunächst nur eine kleine Übung des elementaren Bruchrechnens zu sein, denn nun schreibt sich das Gezeitenpotential als:

$$\phi_{tide} \simeq \frac{2}{3} G \left(3\cos^2\theta - 1\right) = 2G \left(\cos^2\theta - \frac{1}{3}\right).$$

Seine Bedeutung aber wird später klarer.

Bei Voll- und Neumond addieren sich die Wirkungen von Sonne und Mond, es entstehen **Springtiden,** bei denen nicht nur das Hochwasser besonders hoch aufläuft, sondern auch das Niedrigwasser besonders niedrig abläuft. Der Tidehub ist also stark erhöht. Bei zunehmendem oder abnehmenden Halbmond (Quadraturen) wirken Sonnen- und Mondkräfte gegeneinander. Es kommt zu **Nipptiden** mit einem sehr niedrigem Tidehub. Das Verhältnis der Gezeitenkonstanten von Sonne und Mond ist 0,47:1, daher ist das Verhältnis der Anregungen bei Spring- und Nipptide (1 + 0,46)/(1 − 0,46) = 2,7.

3.4 Zusammenfassung

Die Rotation eines Planeten oder Trabanten um ein Zentralkörper kann man durch ein Gleichgewicht von Gravitations- und Zentrifugalkraft erklären. Dieses Gleichgewicht gilt aber nur im Schwerpunkt der Bewegung, während die Summe beider Kräfte an anderen Orten nicht ausgeglichen ist. Ihr Residuum bezeichnet man als Gezeitenkräfte bzw. Gezeitenbeschleunigungen. Die Gezeitenströmungen werden durch die Horizontalkomponenten der Gezeitenbeschleunigung induziert, denn die Vertikalkomponente verschwindet im Vergleich zur Gravitationsbeschleunigung der Erde. In beiden Fällen entstehen zwei Pole der Gezeitenbeschleunigung, deren einer dem jeweiligen Gestirn zu- und deren anderer dem Gestirn abgewandt ist. Diese Pole haben bei Sonne und Mond aber eine unterschiedliche Bedeutung: Während die Vektoren der Sonnengezeit den Polen von allen Seiten entgegen streben, weist beim Mond nur die Nord-Süd-Komponente in Richtung der Gezeitenpole.

Eine zentrale Aufgabe des Küsteningenieurwesens ist die Vorhersage des Tidewasserstands. Wattwanderer an der deutschen Nordseeküste müssen sich auf diese Angaben verlassen können, um nicht von der einlaufenden Flut lebensgefährlich überrascht zu werden. Seeschiffe mit sehr großen Tiefgängen können manche Häfen nur bei Tidehochwasser anlaufen und planen ihre Fahrt schon frühzeitig nach den zu erwartenden Tideverhältnissen. Sturmfluten erreichen ihre Scheitelwasserstände zumeist dann, wenn auch die Tide ihren Hochwasserstand annimmt. Die Bevölkerung in den tiefer gelegenen Küstengebieten muss dann entsprechend gewarnt werden.

Um den Gezeitenwasserstand in einem Küstengewässer zu prognostizieren, gibt es verschiedene Möglichkeiten: Zunächst kann man die hydrodynamischen Gleichungen in einem numerischen Modell der Weltmeere unter Berücksichtigung der gezeitenerzeugenden Kräfte lösen. Diese Methode ist allerdings sehr aufwendig. Sich auf die Simulation der heimatlichen Meere und Küstengewässer zu beschränken, reicht allerdings nicht, da man ein solches Modell wieder mit dem Tidewasserstand an den Modellrändern speisen muss.

Die andere Möglichkeit besteht in der Zeitreihenanalyse, die den Tidewasserstand aus den vorangegangenen Pegelaufzeichnungen vorausberechnet. Dabei hilft die Tatsache, dass nicht nur die Gezeitenkräfte periodisch mit den Frequenzen der Partialtiden oszillieren, sondern auch das Wasserstandssignal.

4.1 Pegelmessungen von Wasserständen

Der Wasserstand ist die augenscheinlichste quantifizierbare Kenngröße eines Gewässers. Er betrifft uns Menschen in vielerlei Hinsicht: Zu hohe Wasserstände sind mit Überschwem-

© Springer Fachmedien Wiesbaden GmbH, ein Teil von Springer Nature 2018

A. Malcherek, *Gezeiten und Wellen*, https://doi.org/10.1007/978-3-658-19303-4_4

Abb. 4.1   Pegelmarken an der Deichtreppe wiegen uns in Sicherheit, dass der Deich nun höher als zur Sturmflut 1962 ist

mungen verbunden, zu niedrige Wasserstände sind mit einem geringen Wasserdargebot verbunden, sodass Felder nicht mehr bewässert werden können oder Trinkwasser nicht mehr in ausreichender Menge zur Verfügung steht (Abb. 4.1).

Jeder wasserbauliche Eingriff in ein Gewässer benötigt zudem quantitative Aussagen zunächst einmal zum Verhalten des Wasserstands, um Deiche für den Hochwasser- oder Sturmflutschutz sicher zu dimensionieren. Nach einem Schadensfall durch eine Sturmflut war man natürlich an der Marke interessiert, bis zu der dieses Schadenshochwasser angestiegen ist, um die neue Deichhöhe hieran anzupassen. So findet man auch heute an vielen Häusern Hochwassermarken, neben denen das Jahr angetragen ist, in welchem das Hochwasser diesen Pegel erreichte.

Zur Wasserstandsmessung an heutigen Pegeln (Abb. 4.2) kommen zwei Messverfahren zum Einsatz.

4.1.1   Schwimmer- und Radarpegel

Bei schneller variierenden Wasserständen, wie sie dann an Flüssen beim Durchzug von Hochwasserwellen oder in Küstengewässern durch das Wechselspiel von den Gezeiten auftreten, mussten Pegelaufzeichnungen schon frühzeitig mechanisch automatisiert werden.

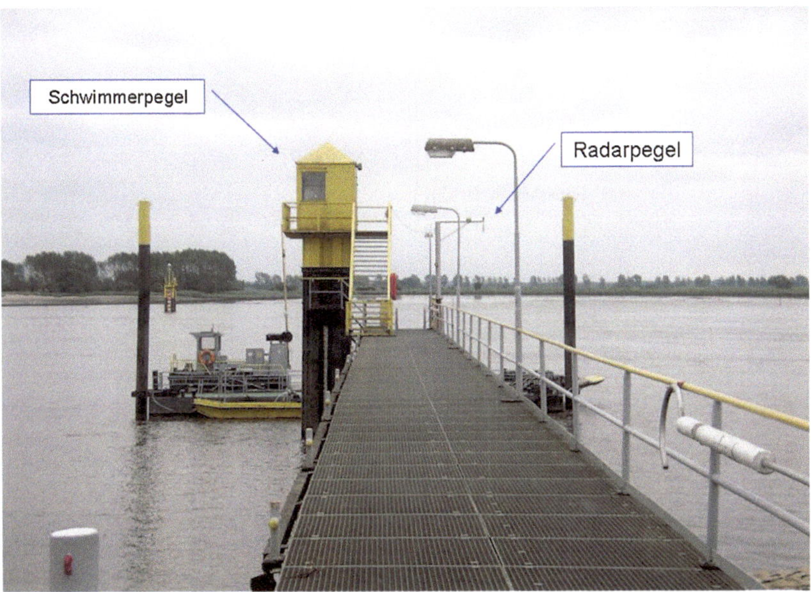

Abb. 4.2   Am Pegel Elsfleth werden die Daten des klassischen Schwimmerpegel mit dem modernen Radarpegel verglichen

Beim Schwimmerpegel wird die vertikale Auslenkung eines Schwimmers in einem Pegelschacht (Abb. 4.3) gemessen, welcher durch ein Zulaufrohr mit dem Gewässer verbunden ist. Dabei wird der Wasserstand im Schacht vom Schwimmer auf das Schwimmerseil und von dort über ein Übersetzungsgetriebe auf den Schreibarm des Pegels umgelenkt. Die Bewegung des Schreibarms wurde auf eine Trommel mit dem aufgespannten Pegelbogen übertragen. Eine mechanische Uhr transportierte die Trommel (zumeist mit einer Umdrehung pro Tag[1]) weiter. Nach einer Woche wurden die Pegelbögen dann gewechselt.

Heutzutage werden die mechanischen Schreibpegel durch digitale Pegel ersetzt, die eine elektronische Datenübertragung ermöglichen. Ein Schwimmerpegel wird dadurch digitalisiert, dass man den Schwimmer mit einem Lochband befestigt, welches durch ein Gegengewicht über das Rad eines Winkelcodierers gespannt ist. Auf diese Weise wird jede Änderung des Wasserstands auf den Winkelcodierer übertragen und in einen binären Zahlencode übersetzt.

---

[1] Die Aufzeichnungen von Tidesignalen in Küstengewässern überlagerten sich dabei nicht, da eine Tide im Mittel 12 h und 25 min beträgt. Bei zwei Tiden pro Tag haben die Kurven von einem Tag zum anderen einen Versatz von ca. 50 min.

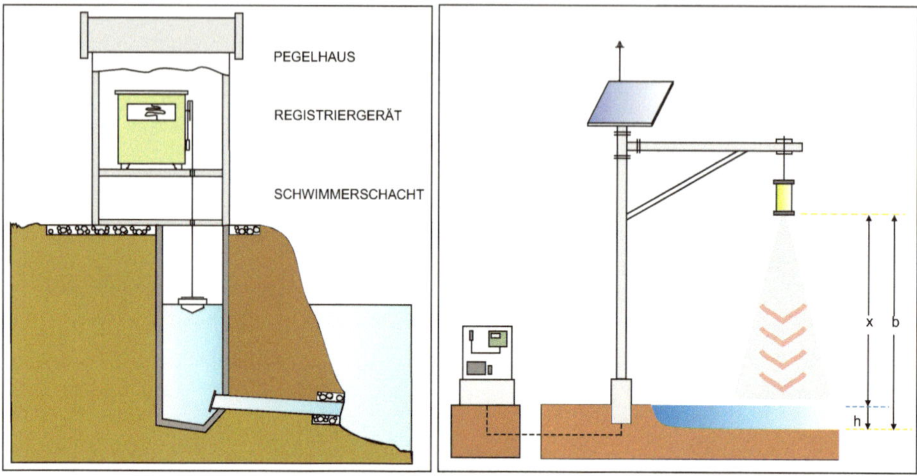

Abb. 4.3 Prinzip des Schwimmerpegels (*links*) und des Radarpegels (*rechts*): Aus der Laufzeit des Radarpulses wird der Abstand x bestimmt. Die Wassertiefe h ist dann die Differenz zwischen Bodenabstand b des Senders und der Laufstrecke x (nach Wasser- und Schifffahrtsamt Bremen)

Beim Radarpegel erfolgt die Wasserstandsmessung berührungslos aus der Luft. Bei diesem Messprinzip sendet ein Sender gepulste hochfrequente Radarsignale in Richtung Wasserspiegel aus. Die ausgesendeten Pulspakete werden an der Wasseroberfläche reflektiert und vom Sensor registriert. Die Wasserspiegellage x wird hierbei aus der Laufzeit zwischen dem Versenden und dem Empfangen des Signals berechnet.

Beträgt die Abtastrate z. B. 44 Hz, dann misst der Sensor pro Sekunde 44 Werte; dies entspricht einer Anzahl von 2640 Messwerten pro Minute. Tatsächlich wird aber je nach Verwendungszweck nur ein Bruchteil der Daten benötigt, weshalb diese jeweils über einen bestimmten Zeitraum, zumeist 1 min, (Minutenwerte) gemittelt werden. Die Mittelwertbildung erfolgt durch arithmetische Mittlung der Messwerte.

Radarpegel messen den Wasserstand einschließlich sämtlicher dynamischer Effekte aus Wind- und Wellenschlag, da eine mechanische Dämpfung wie beim Schwimmerpegel fehlt.

Übung 16

Mit dieser Übung sollen Sie das Messprinzip des Radarpegels detaillierter durchdringen. Der Radarpegel befinde sich 3 m über dem Wasserspiegel. Unter der Annahme, dass sich die Radarsignale in Luft genau mit Lichtgeschwindigkeit $c = 300\,000\,\text{km/s}$ ausbreiten:

a) Berechnen Sie die Laufzeit des Signals vom Sender zum Empfänger.
b) Kann man die Laufzeit mit einer Uhr messen?

c) Überlagert sich das gesendete Signal bei der Abtastfrequenz von 44 Hz mit dem folgenden Signal?

d) Wissen Sie mit welchem physikalischen Prinzip man die Laufzeit ohne direkte Zeitmessung bestimmen kann?

4.1.2 Nomenklatur

Die Lage des Wasserspiegels wird uns im Verlauf dieses Buches immer wieder beschäftigen. Wenn wir ein erdfestes Koordinatensystem verwenden und die vertikale Richtung mit der z-Koordinate identifizieren, dann soll die Lage der Wasseroberfläche mit z_S bezeichnet werden, wobei S für Spiegel oder Surface steht.

In einem natürlichen Gewässer ist die Lage des Wasserspiegels immer veränderlich, d. h. von der Zeit abhängig:

$$z_S = z_S(t).$$

Zudem ist der Wasserspiegel im Verlauf eines Flusses ebenfalls nicht konstant, womit dieser auch von den horizontalen Koordinaten x und y abhängig ist:

$$z_S = z_S(x, y, t).$$

In Abb. 4.4 sind neben der Lage des Wasserspiegels auch der Boden z_B, die Wassertiefe h und der unerodierbare Horizont z_R dargestellt. Letzterer ist vor allem für morphologische Analysen wichtig und wird zumeist durch pleistozäne Sedimente gebildet (Abb. 4.5).

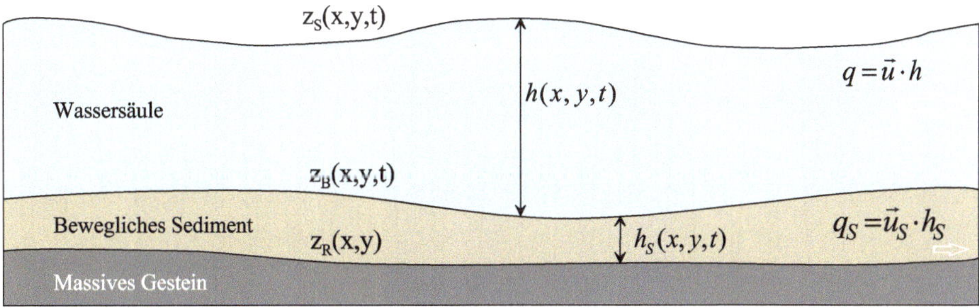

Abb. 4.4 Bezeichnungen für die Vertikalstruktur über die Wassertiefe h vom Boden z_B bis zur Wasseroberfläche z_S. Darunter wird die bewegliche Sedimentschicht mit h_S bezeichnet und der unbewegliche Bodenhorizont mit z_R

Abb. 4.5 Tidehoch- und -niedrigwasser an der Weser in Bremen

4.2 Die Partialtidenanalyse

In Küstengewässern zeigt der Wasserstand eine starke Periodizität, die durch die Gezeitenkräfte von Mond und Sonne entstehen. Eine solche Wasserstandszeitreihe ist in Abb. 4.6 für den Wasserstand am Pegel Elsfleth an der Weser dargestellt.

Die ganz offensichtlich harmonisch schwankenden Daten können durch eine endliche harmonische Reihe der Form

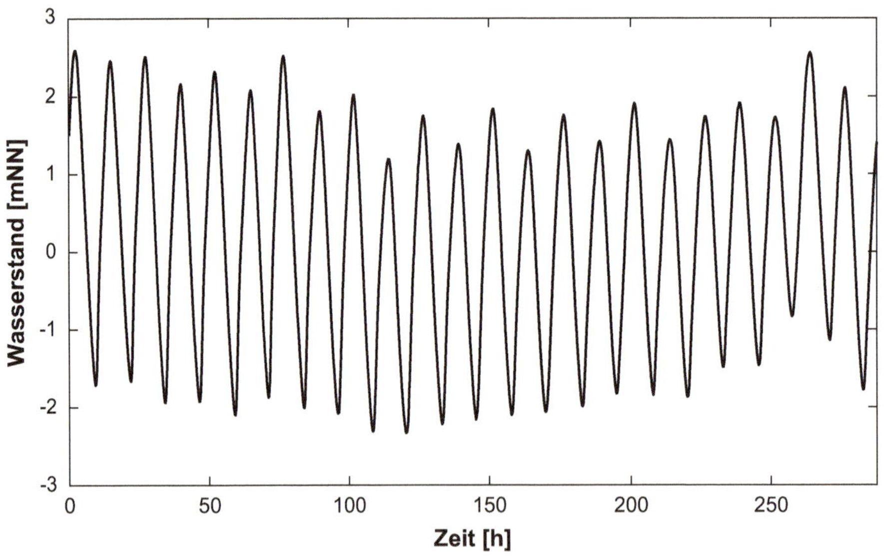

Abb. 4.6 Wasserstandszeitreihe am Pegel Elsfleth (Datenquelle: Wasser- und Schifffahrtsamt Bremen). Diese gewässerkundliche Erfassung des Wasserstands erfolgt z. B. im Bereich der Tideweser und ihrer Nebenflüsse an 25 Pegeln

$$z_S(t) = \overline{z}_S + \sum_{k=1}^{N_{tide}} A_k \cos(\omega_k t + \phi_k)$$

approximiert werden. Man bekommt als Ergebnis eine Liste von Kreisfrequenzen ω_k, die dazugehörigen Amplituden A_k und Phasenverschiebungen ϕ_k.

Dabei wird aber sofort deutlich, dass die Wasserstandszeitreihen an gezeitenbeeinflussten Küsten wie der deutschen Nordseeküste durch die harmonisch schwankenden Kräfte von einer ganzen Reihe von Signalen geprägt werden, deren Winkelgeschwindigkeiten ω_k vorgegeben sind. Die Phasen ϕ_k nivellieren die Anteile der einzelnen Partialtiden auf ein gegebenes Bezugsdatum $t = 0$, welches geeignet zu wählen ist (etwa der 1. Januar 0:00 Uhr des betrachteten Jahres).

Dabei ist die größte Amplitude mit der M_2-Gezeit (Kreisfrequenz $\omega_{M2} = 4\pi/89\,433\,\mathrm{s} = 1,40\cdot 10^{-4}\,\mathrm{rad/s}$) verbunden. Das zweitgrößte Signal ist die S_2-Gezeit (Kreisfrequenz $\omega_{S2} = 1,455 \cdot 10^{-4}\,\mathrm{rad/s}$). Darauf folgen die schon diskutierten K_1- und die O_1-Gezeit.

Die beschriebene Vorgehensweise ist pragmatisch und recht erfolgreich, aber physikalisch nicht begründbar. Tatsächlich entstehen die vielen Partialtiden dadurch, dass die Gezeitenbeschleunigungen von Mond und Sonne u.a. durch die periodisch variierenden Gestirnsabstände d_M und d_S geteilt werden. Entwickelt man eine solche Division etwa in eine Neumann-Reihe, dann entstehen unendlich viele Terme und damit unendlich viele Partialtiden.

4.3   Der Partialtidenzoo

Neben diesen beiden Signalen enthält die Zeitreihe des Gezeitenwasserstands also viele weitere periodische Anteile, die man als Partialtiden bezeichnet. Sie werden nach einer Nomenklatur benannt, die auf A.P. Doodson zurückgeht, der sich auf die Vorarbeiten von William Thomson (auch Lord Kelvin genannt, 1824 bis 1907) und Georg Howard Darwin (ein Sohn des berühmten Biologen, 1845 bis 1912) stützte. In deren Arbeiten wurde die Tide als von fiktiven Satelliten erzeugt vorgestellt, die die Erde als Scheinwesen in der äquatorialen Ebene mit einer bestimmten Winkelgeschwindigkeit umkreisen. Diese Satelliten wurden mit K, L, M, N und O bezeichnet. Später wurde diesen noch ein Index beigefügt, der die tägliche Wiederkehr dieser Partialtide angibt. Die Frequenz der Partialtiden mit langen Periodendauern wird hingegen in anderer Weise gekennzeichnet (z.B. mit f, mf, sa).

Tab. 4.1 Hauptkomponenten der Gezeiten. Umrechnung: $T_1 = T - s + h$

Abkürzung	Zusammensetzung	Charakter	Kreisfrequenz ω (rad/s)
K_1	$T_1 + s$	Tägliche Gezeit	$7{,}29212 \cdot 10^{-5}$
O_1	$T_1 - s$	Tägliche Gezeit	$6{,}75977 \cdot 10^{-5}$
P_1	$T_1 + s - 2\,h$	Tägliche Gezeit	$7{,}25229 \cdot 10^{-5}$
Q_1	$T_1 - 2\,s + p$	Tägliche Gezeit	$6{,}49584 \cdot 10^{-5}$
M_2	$2T_1$	Halbtägige Gezeit	$1{,}40512 \cdot 10^{-4}$
N_2	$2T_1 - s + p$	Halbtägige Gezeit	$1{,}37879 \cdot 10^{-4}$
L_2	$2T_1 + s - p$	Halbtägige Gezeit	$1{,}43158 \cdot 10^{-4}$
S_2	$2T_1 + 2\,s + 2\,h$	Halbtägige Gezeit	$1{,}45444 \cdot 10^{-4}$
K_2	$2T_1 + 2\,s$	Halbtägige Gezeit	$1{,}45842 \cdot 10^{-4}$
S_{sa}	$2\,h$	Halbjährliche Gezeit	$3{,}98213 \cdot 10^{-7}$
M_m	$s - p$	Monatliche Gezeit	$2{,}63920 \cdot 10^{-6}$
M_f	$2\,s$	Halbmonatliche Gezeit	$5{,}32341 \cdot 10^{-6}$
S_a	h	Jährliche Gezeit	$1{,}99097 \cdot 10^{-7}$
ν_2	$2T_1 - s + 2\,h - p$	Halbtägige Gezeit	$1{,}38233 \cdot 10^{-4}$

4.3.1 Hauptfrequenzen der Gezeiten

Die wichtigsten Partialtiden, die sogenannten Hauptfrequenzen, sind neben der M_2- und der S_2-Gezeit die im Folgenden vorgestellten. Ihre Zusammensetzung aus den astronomischen Grundfrequenzen stellt die Tab. 4.1 dar.

- M_m- und M_f-Gezeit
  Die M_m-Gezeit *(Moon monthly)* beschreibt die monatliche Änderung der Deklination $\delta(t)$ des Mondes, die zwischen $\pm 5°9'$ relativ zur Ekliptik schwankt. Die Länge des siderischen Monates beträgt 27,32166 Tage, also ist die Kreisfrequenz der $M_m\,\omega = 2\pi/2\,360\,590\,\text{s} = 2{,}6617 \cdot 10^{-6}\,\text{rad/s}$. Da auch die Deklination im gezeitenerzeugenden Potential unter dem Quadrat steht, entsteht auch zur M_m-Gezeit ein Periodendoppel, die M_f-Gezeit *(Moon fortnight)*. Sie hat die Kreisfrequenz $\omega = 4\pi/2\,360\,590\,\text{s} = 5{,}3234 \cdot 10^{-6}\,\text{rad/s}$.
- S_a- und S_{sa}-Gezeit
  Die Deklination der Sonne verursacht unsere Jahreszeiten, sie schwankt gegenüber der Ekliptik im Laufe eines Jahres (365,25 Tage) um $\pm 23°27'$ (Wendekreis des Krebses bzw. des Steinbocks). Diese Bewegung hat eine Kreisfrequenz von $\omega = 1{,}99102 \cdot 10^{-7}\,\text{rad/s}$ und wird als S_a-Gezeit *(sun annual)* bezeichnet. Ihr Periodendoppel $\omega = 3{,}98204 \cdot 10^{-7}\,\text{rad/s}$ wird als S_{sa}-Gezeit *(sun semi-annual)* bezeichnet. Beide Tiden sind sehr schwer zu analysieren, da langjährige Beobachtungen benötigt werden.

4.3.2   Flachwasserfrequenzen der Gezeiten

Neben den astronomischen Einflüssen, welche die Hauptfrequenzen der Gezeiten bestimmen, treten insbesondere in den Flachwassergebieten der Schelfmeere und küstennahen Meeresbereiche zusätzliche Signalkomponenten auf, die Linearkombinationen der Hauptfrequenzen sind. Ihre Entstehung wird den nichtlinearen dynamischen Prozessen zugeschrieben, welche die Bewegung des Wassers beeinflussen.

Auch diese Gezeiten werden durch eine Kombination aus Ziffern und Buchstaben abgekürzt. Führende Ziffern (z. B. 2) weisen auf eine Frequenzvervielfachung (z. B. Verdopplung) gegenüber der Hauptkomponente hin. Die nachfolgenden Großbuchstaben (zwei oder mehr) geben die Zusammensetzung der Tide aus den Hauptkomponenten an. Der nachlaufende Index 1, 2, 3 usw. bezeichnet wie schon bei den Hauptkomponenten die (ungefähre) tägliche Eintrittshäufigkeit (tägliche, halbtägige usw. Wiederkehr). Die Frequenz der zusammengesetzten Tide ergibt sich dabei als Summe oder Differenz der Frequenzen der Hauptkomponenten.

Die Tab. 4.2 gibt eine Zusammenstellung verschiedener wichtiger Flachwasserkomponenten der Gezeiten und ihren Zusammenhang mit den Hauptkomponenten der Gezeiten an.

Tab. 4.2   Flachwasserkomponenten der Gezeiten

Abkürzung	Zusammensetzung	Charakter
MP_1	$M_2 - P_1$	Ganztägige Gezeit
SO_1	$S_2 - O_1$	Ganztägige Gezeit
MNS_2	$M_2 + N_2 - S_2$	Halbtägige Gezeit
$2MS_2$	$2M_2 - S_2$	Halbtägige Gezeit
MSN_2	$M_2 + S_2 - N_2$	Halbtägige Gezeit
$2SM_2$	$2S_2 - M_2$	Halbtägige Gezeit
MO_3	$M_2 + O_1$	Dritteltägige Gezeit
MK_3	$M_2 + K_1$	Dritteltägige Gezeit
MN_4	$M_2 + N_2$	Vierteltägige Gezeit
M_4	$2M_2$	Vierteltägige Gezeit
MS_4	$M_2 + S_2$	Vierteltägige Gezeit
MK_4	$M_2 + K_2$	Vierteltägige Gezeit
S_4	$S_2 + S_2$	Vierteltägige Gezeit
M_6	$3M_2$	Sechsteltägige Gezeit
$2MS_6$	$2M_2 + S_2$	Sechsteltägige Gezeit
M_8	$4M_2$	Achteltägige Gezeit

4.3.3   Die Least-Square-Approximation

Bevor wir uns der Vorhersage des Gezeitenwasserstands zuwenden, soll ein Blick auf die Least-Square-Approximation mit harmonischen Funktionen geworfen werden. Nutzer von Curve-Fitting-Tools können den folgenden Abschnitt überschlagen.

Die Amplituden A_k und die Phasen ϕ_k der einzelnen Partialtiden werden nun so bestimmt, dass für die gegebenen Pegelmessungen h_i zu den Zeitpunkten t_i die Summe aller Abweichungen

$$r^2 = \sum_i \left(h_i - \overline{h} - \sum_{k=1}^{N_{tide}} A_k \cos(\omega_k t_i + \phi_k) \right)^2$$

minimal wird. Man bezeichnet r dabei auch als Residuum. Dieses wird minimal, wenn die Bedingungen

$$\frac{\partial r^2}{\partial A_k} = 0 \quad \text{und} \quad \frac{\partial r^2}{\partial \phi_k} = 0$$

erfüllt sind. Die dabei entstehenden Ausdrücke enthalten allerdings Produkte der gesuchten Variablen A_k und ϕ_k und sind als Gleichungssystem nur mit erhöhtem Aufwand zu lösen.

Mithilfe des trigonometrischen Additionstheorems $\cos(\alpha + \beta) = \cos\alpha\cos\beta - \sin\alpha\sin\beta$ lassen sich aber neue Variablen x_k und y_k für zusammengehörige Amplituden und Phasen in der Form

$$z_{S,i} - \overline{z}_S - \sum_{k=1}^{N_{tide}} \underbrace{A_k \cos(\phi_k)}_{x_k} \cos(\omega_k t_i) \underbrace{-A_k \sin(\phi_k)}_{y_k} \sin(\omega_k t_i)$$

einführen. Das Residuum r bekommt nun die Darstellung

$$r^2 = \sum_i \left(h_i - \overline{h} - \sum_{k=1}^{N_{tide}} (x_k \cos\omega_k t_i + y_k \sin\omega_k t_i) \right)^2$$

und wird dort minimal, wo die Ableitungen

$$\frac{\partial r^2}{\partial x_k} = 0 \quad \text{und} \quad \frac{\partial r^2}{\partial y_k} = 0 \quad k = 1, \ldots, N_{tide}$$

null sind. Bestimmt man diese Ableitungen, so entstehen $2N_{tide}$ lineare Gleichungen für die Unbekannten x_k und y_k. Somit bleibt ein wohldefiniertes lineares Gleichungssystem zu lösen, welches schließlich Amplitude und Phase für jede eingehende Partialtide liefert.

Der Algorithmus benötigt zum Berechnen der Kennwerte von N_{tide} Partialtiden lediglich doppelt so viele, also $2N_{tide}$ Pegelmessungen als Stützstellen in der Zeitreihe. Damit die verschiedenen langfristigen astronomischen Frequenzen erkannt werden, sollte der analysierte Zeitraum natürlich wesentlich länger sein.

Im Internet findet man heute einige Programme sowohl in MATLAB als auch als Applets in anderen Programmiersprachen, die uns für gegebene Pegeldaten diese Analyse interaktiv durchführen.

4.3.4   Das diskrete Partialtidenspektrum

Die Tab. 4.3 stellt das aus der Partialtidenanalyse für den Pegel Helgoland gewonnene Spektrum dar. Die höchsten Werte nimmt darin die Gruppe der halbtägigen Tiden ein. Die niedrigsten Perioden entstammen den achteltägigen Partialtidesignalen.

Am langfristigen Ende steht die ganzjährige S_a-Partialtide mit einer Amplitude von fast 20 cm. Diese jährlichen Effekte verursachen die elliptische Bahn der Erde um die Sonne und die Neigung der Erdachse. Eine Partialtidenanalyse kann daher nicht für einen kürzerfristigen Zeitraum gemacht werden.

Übung 17
Berechnen Sie die Kreisfrequenzen ω und daraus die Perioden T der ν2- und der MSN2-Gezeit.

4.3.5   Die Partialtidensynthese

Somit gestaltet sich die Vorhersage der Gezeitenwasserstände sehr einfach: Für einen gegebenen Pegel bestimmt man also zunächst die Vorfaktoren A_k und ϕ_k aus vorangegangenen Pegelmessungen und führt die Funktion $h(t)$ dann in der Zeit beliebig weit in die Zukunft. Der zukünftige Wasserstand lässt sich dann z. B. mit einem Tabellenkalkulationsprogramm in Abhängigkeit von der Zeit (z. B. in der ersten Spalte) bestimmen. Dabei kann man jeweils eine weitere Spalte für die einzelnen Partialtidensignale $A_k \cos (\omega_k t_i + \phi_k)$ reservieren und diese dann in einer letzten Spalte zum Gesamtsignal aufsummieren.

Die Partialtidensynthese ist mit einer solchen Software ein einfaches Unterfangen. Dies war allerdings nicht immer so, da vor dem IT-Zeitalter solche Hilfsmittel noch nicht zur Verfügung standen. So wurde die Partialtidensynthese noch bis 1966 am Bundesamt für Seeschifffahrt und Hydrographie mit einer mechanischen Gezeitenrechenmaschine durchgeführt, wobei 62 Partialtiden addiert wurden.

Die astronomischen Korrektionen
In der Praxis muss jedoch die soeben eingeführte Wasserstandsvorhersagemethode etwas modifiziert werden. Dies hat folgenden Grund: Wir werden noch lernen, dass neben der Bewegung des einzelnen gezeitenerzeugenden Gestirns am Firmament auch der Abstand

Tab. 4.3 Partialtidenspektrum am Pegel Helgoland (1986)

Signal	ω (°/h)	T (d)	ω (rad/s)	A (cm)
M2	28,984104239700	0,517525050143	0,000140518903	110,44
S2	30,000000000000	0,500000000000	0,000145444104	29,49
SA	0,041066677500	365,259643904721	0,000000199097	18,97
N2	28,439729536300	0,527431176195	0,000137879700	18,34
SSA	0,082137279100	182,621096831536	0,000000398213	11,86
MUE2	27,968208479300	0,536323233256	0,000135593701	10,26
k2	30,082137279100	0,498634783188	0,000145842317	9,01
SW 2MN2	29,528478943000	0,507984174497	0,000143158106	8,94
O1	13,943035600100	1,075805902690	0,000067597744	8,56
MM	0,544374703300	27,554550035242	0,000002639203	7,54
SW M4	57,968208479300	0,258762525072	0,000281037805	7,03
MF	1,098033039500	13,660791124127	0,000005323414	6,73
MSF	1,015895760300	14,765294419154	0,000004925202	6,27
K1	15,041068639600	0,997269566373	0,000072921159	6,22
NUE2	28,512583182700	0,526083515614	0,000138232904	6,09
LAM2	29,455625296700	0,509240589833	0,000142804901	4,95
SW MS4	58,984104239700	0,254305803120	0,000285963007	4,21
SW 02	27,886071200200	0,537902951345	0,000135195488	3,79
SW 2SM2	31,015895760300	0,483622982097	0,000150369306	3,13
Q1	13,398660896800	1,119514861637	0,000064958541	2,90
P1	14,958931360400	1,002745426034	0,000072522946	2,90
SW MN4	57,423833776000	0,261215579206	0,000278398602	2,74
EPS2	27,423833776000	0,546969476351	0,000132954498	2,26
SW MSN2	30,544374703300	0,491088789530	0,000148083307	2,26
SW M6	86,952312719000	0,172508350048	0,000421556708	2,09
M1	14,492052119800	1,035050100290	0,000070259451	1,62

desselben langfristige Periodizitäten aufweist. Dadurch werden die Amplituden der einzelnen Partialtiden langfristig periodisch. Gleiches gilt auch für die Phasen.

Wählt man nun als Basiskomponenten der Fourier-Analyse einen gewissen Satz an sogenannten **Stammtiden** aus dem großen Repertoire an Partialtiden, dann muss die Zeitabhängigkeit der Amplituden und der Phasen noch irgendwie in den Stammtiden aufgelöst werden. Dies geschieht durch die Substitutionen

$$A_k = j_k H_k \quad \text{und} \quad \phi_k = (V_0 + v)_k - g_k,$$

womit die harmonische Wasserstandsvorhersagezeitreihe

$$h(t) = \overline{h} + \sum_{k=1}^{N_{tide}} j_k H_k \cos\left(\omega_k t_i + (V_0 + v)_k - g_k\right)$$

lautet. Die eigentliche Amplitude einer Partialtide k ist nun H_k, während j_k eine sogenannte astronomische Korrektion ist, die aus den langfristigen Schwankungen des gezeitenerzeugenden Potentials resultiert. V_0 ist nun der Phasenwinkel für einen festgesetzten Bezugszeitpunkt, üblicherweise der erste Tag des aktuellen Jahres, 00:00 Uhr UTC (Universal Time Coordinated). Entsprechend korrigiert v_k die langfristigen Effekte in der Phase.

Die Daten für die astronomischen Korrektionen werden vom Bundesamt für Seeschifffahrt und Hydrographie ermittelt und sind in Tafelwerken für die Pegel der deutschen Nordseeküste tabelliert [8]. Die Werte j_k liegen in der Regel um den Wert 1,0 herum. Bei der M_2-Tide beträgt die Abweichung z. B. maximal 4 % der Amplitude.

Übung 18
Nehmen wir einmal an, dass an einem Pegel ($\overline{h} = 4{,}0$ m) nur die M_2-Partialtide einen wirklichen Einfluss habe. Für diese seien $j = 1$, $H = 1{,}3$ m und $v = g = 0$. Am 01.01.2006 00:14 UTC werde Pegelwert 1,43 mNN gemessen. Bestimmen Sie den Phasenwinkel V_0 bezogen auf den Beginn des Jahres.

4.4   Charakteristika des Gezeitensignals

Durch das regelmäßige Zusammenspiel verschiedener Partialtiden kommt es zu einigen Charakteristika in den Wasserstandszeitreihen, die man immer wieder beobachten kann (Abb. 4.7).

4.4.1   Spring-Nipp-Zyklus

Bei Neumond steht der Mond von der Erde aus gesehen in Richtung Sonne und wird daher von hinten angestrahlt. Dann addieren sich aber auch die Kräfte von Sonne und Mond und es treten besonders hohe Hoch- und besonders niedrige Niedrigwasser auf. Der Tidehub ist also sehr groß, man bezeichnet diese Tiden als Springtiden. Bei Vollmond wird der Mond voll von der Sonne angestrahlt, von der Erde aus gesehen liegen Sonne und Mond auf gegenüberliegenden Seiten. In dieser Konstellation heben sich die Gezeitenwirkungen der beiden Himmelskörper gegenseitig teilweise auf, was mit sehr kleinen Tidehüben verbunden ist, deren Tiden man als Nipptiden bezeichnet.

Mathematisch lässt sich dieser als Spring-Nipp-Zyklus bezeichnete Wechsel von Spring zu Nipptiden und umgekehrt sehr einfach nachvollziehen. Dazu kombinieren wir die dominante M_2-Gezeit einmal mit der etwa gleichlangen S_2-Gezeit.

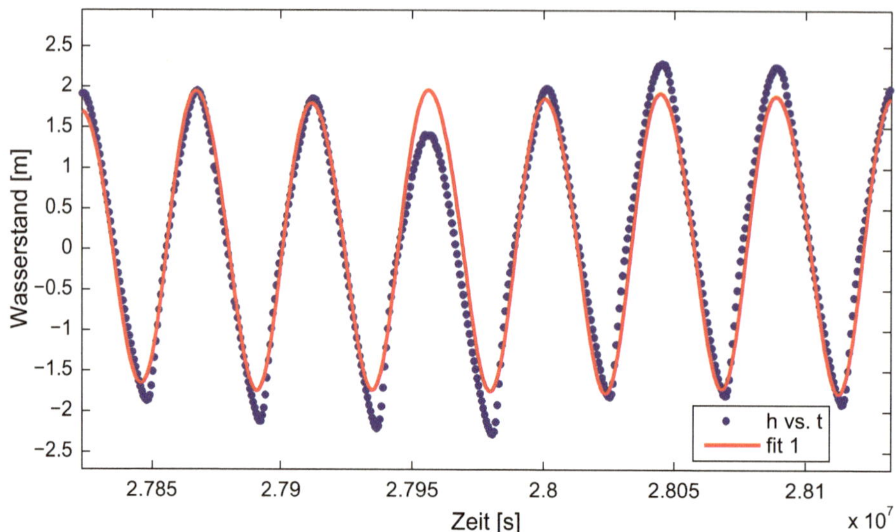

Abb. 4.7 Der Vergleich eines Teils der Originalzeitreihe des Wasserstands am Pegel Elsfleth mit dem aus der Analyse von 15 Partialtiden synthetisch gewonnenen Wasserstand zeigt zum Teil erhebliche Abweichungen

Die Kombination der fast gleich langen S_2- und M_2-Gezeit verursacht laut Abb. 4.8 eine Schwebung in der Amplitude der dominanten M_2-Gezeit. Bei dieser wird die Amplitude rhythmisch mehr oder weniger verstärkt. Man bezeichnet dieses pulsierende Variieren einer Grundamplitude in der Schwingungstechnik auch als Modulation.

Um die Länge dieser Schwebung zu bestimmen, wollen wir diese Überlagerung zweier Schwingungen mathematisch analysieren. Liegt dazu die Wasseroberfläche $z_S(t)$ im zeitlichen Mittel bei 0 mNN, dann gilt:

$$z_S(t) = A_1 \sin \omega_1 t + A_2 \sin \omega_2 t = (A_1 - A_2) \sin \omega_1 t + A_2(\sin \omega_1 t + \sin \omega_2 t).$$

Nun wird das trigonometrische Additionstheorem für den Sinus angewendet:

$$\ldots = (A_1 - A_2) \sin \omega_1 t + \underbrace{2A_2 \cos \left(\frac{\omega_1 - \omega_2}{2} t \right)}_{\text{modulierte Amplitude}} \sin \left(\frac{\omega_1 + \omega_2}{2} t \right).$$

Da $(\omega_1 + \omega_2)/2$ ebenfalls wieder eine halbtägige Tide ist, wird diese also mit der Kreisfrequenz $(\omega_1 - \omega_2)/2 = 5 \cdot 10^{-6}$ rad/s moduliert. Dies entspricht einer Periode von ca. 14,5 Tagen, den man als Spring-Nipp-Zyklus bezeichnet.

An der deutschen Nordseeküste kommen Spring- und Nipptiden nicht exakt mit dem Meridiandurchgang des Neu- oder des Vollmondes, da unsere Gezeiten im Atlantik erzeugt werden und erst zu uns wandern müssen.

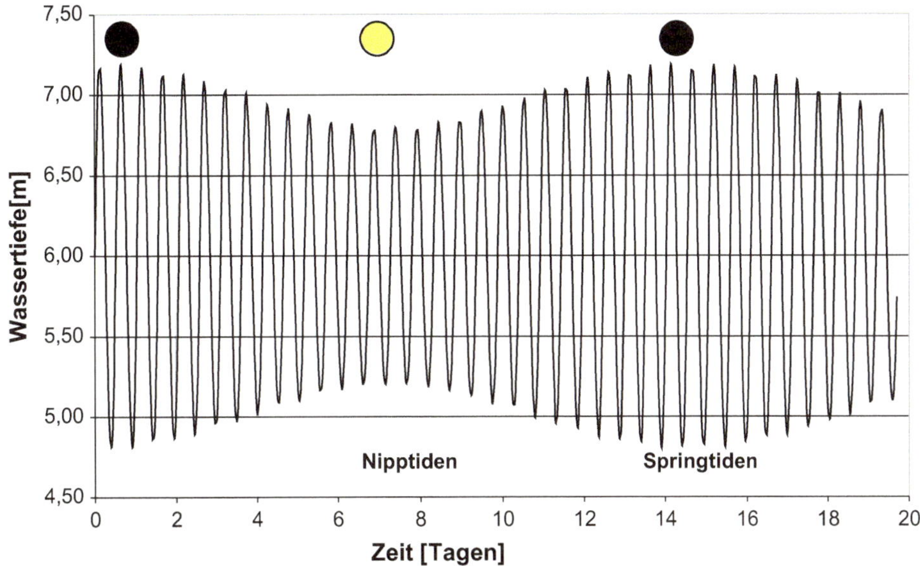

Abb. 4.8 Ein aus S_2- ($A = 20\,cm$) und M_2- ($A = 1\,m$) Anteilen zusammengesetztes Gezeitensignal zeigt die Nipp-Springtiden-Modulation der Gezeiten. Der Vollmond ist als gelbe, der Neumond als schwarze Scheibe dargestellt

4.4.2 Die tägliche Ungleiche

Wenn man sich einmal jedes einzelne Hochwasser in Abb. 4.6 hintereinander anschaut, dann kommt hinter einem etwas niedrigeren immer ein etwas höheres Hochwasser. Da es zwei Hochwasser pro Tag gibt, gibt es so etwas wie eine tägliche Ungleiche: Ein Hochwasser ist höher, ein Hochwasser niedriger. Nummerieren wir die Hochwasser mit 1, 2, 1, 2, 1, ... durch, dann fällt allerdings auf, dass die Periodizität wechselt: War anfänglich immer die 1 das höhere Hochwasser, so ist es nach einigen Tiden die 2, die das höhere Hochwasser ist.

Wir wollen dieses Phänomen im Rahmen der Partialtidenanalyse verstehen. Betrachten wir dazu den Fall, dass die Tide sich an einem Ort nur aus einem ganztägigen und einem halbtägigen Signal zusammensetzt. Beginnen wir mit der nichtkanonischen M_1- und der M_2-Gezeit. Erstere hat hier genau die doppelte Periode von zweiterer. Damit wird der dominanten halbtägigen Gezeit genau zu jedem zweiten Tidehochwasser noch etwas hinzugefügt und zu jedem zweiten Tidehochwasser etwas abgezogen. Gleiches gilt für das Tideniedrigwasser, wodurch die sogenannte tägliche Ungleiche der Tide entsteht, die in Abb. 4.9 dargestellt ist.

Tatsächlich ist aber die K_1-Tide mit einem physikalischen Signal verbunden. Sie hat nicht exakt die doppelte Periode wie die dominante M_2-Gezeit. Daher verschiebt sich der Effekt der täglichen Ungleiche mit der Zeit. Dies kann man in Abb. 4.10 sehr deutlich sehen, wenn man etwa die Lage jedes zweiten Tideniedrigwassers mit dem Auge auf der Zeitachse verfolgt.

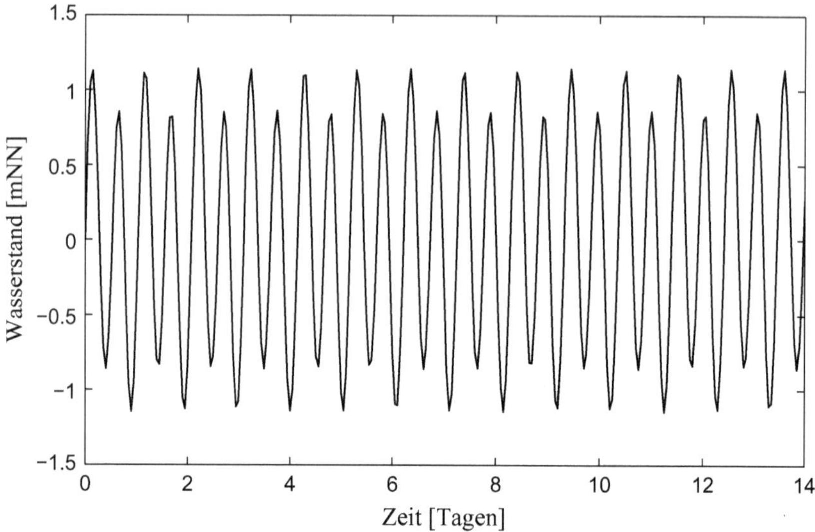

Abb. 4.9 Ein aus M_1- (A = 20 cm) und M_2- (A = 1 m) Anteilen zusammengesetztes Gezeiten-signal. Die sich einstellende tägliche Ungleiche wiederholt sich Tag für Tag exakt gleich

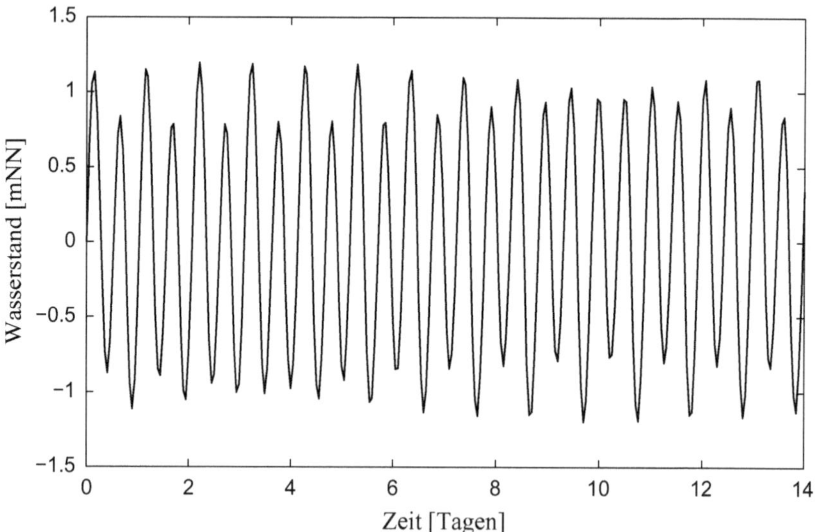

Abb. 4.10 Ein aus K_1- (A = 20 cm) und M_2- (A = 1 m) Anteilen zusammengesetztes Gezeiten-signal. Die tägliche Ungleiche ist unregelmäßig

4.4.3 Ganztägige und halbtägige Gezeiten

An der deutschen Nordseeküste haben wir es immer mit halbtägigen Gezeiten zu tun, also pro Tag können wir mit einem zweimaligen Eintreten eines Hochwassers rechnen. In anderen Regionen der Erde treten aber auch ganztägige und gemischte Gezeiten auf (siehe Karte in Abb. 3.11).

Die Partialtidenanalyse gibt uns für dieses Phänomen eine Möglichkeit der Quantifizierung in die Hand. Mit den Amplituden der Partialtiden S_2, M_2, K_1 und O_1 wird die Formzahl der Gezeiten F als

$$F = \frac{K_1 + O_1}{M_2 + S_2}$$

definiert. Sie gibt einen quantitativen Eindruck über die Ganz- oder Halbtägigkeit der Gezeitenkurve. Es gilt folgende Einteilung:

F = 0,00–0,25 : halbtägige Gezeitenform,

F = 0,25–1,50 : gemischte, überwiegend halbtägige Gezeitenform,

F = 1,50–3,00 : gemischte, überwiegend ganztägige Gezeitenform,

F > 3,00 : ganztägige Gezeitenform.

Bei der halbtägigen Gezeitenform treten zwei Hoch- und Niedrigwasser pro Tag von annähernd gleicher Größe auf. Dies ist auch noch bei der gemischten, überwiegend halbtägigen Gezeitenform der Fall, allerdings sind die Höhen stark voneinander verschieden. Beim Übergang zur gemischten, überwiegend ganztägigen Gezeitenform treten gelegentlich nur noch ein Hochwasser sowie starke Ungleichheiten bezüglich der Höhe auf. Bei der ganztägigen Gezeitenform tritt fast immer nur noch ein Hochwasser pro Tag auf. An den Küsten in der Deutschen Bucht herrschen halbtägige Gezeitenformen vor.

4.4.4 Die Asymmetrie der Tide

In Abb. 4.11 ist nun die Überlagerung der dominanten M_2- mit der halb so kurzen M_4-Gezeit dargestellt. Hier wird die Phasenverschiebung zwischen den beiden ein wesentliches Charakteristikum des von ihnen erzeugten Gesamtsignals.

Betrachten wir zunächst den Fall, dass die M_4-Gezeit der M_2-Gezeit um 90° hinterherhinkt. Das Tideniedrigwasser wird dann bauchig und gestreckt, das Tidehochwasser wird steiler, dafür in seiner Dauer kürzer. Der umgekehrte Fall tritt ein, wenn die M_4-Gezeit der M_2-Gezeit um 270° hinterherhinkt.

Bei einer Verschiebung von 180° wird der Tidestieg steil, der Tidefall flach und kann dabei sogar einen Buckel ausbilden. Die kurzperiodischeren Partialtiden führen also zu einer Asymmetrisierung des harmonischen Gezeitensignals.

Im Folgenden müssen wir uns der Aufgabe stellen, die Entstehung von Flachwassertiden genauer zu analysieren, und dabei ein Augenmerk darauf legen, ob es Gesetzmäßigkeiten

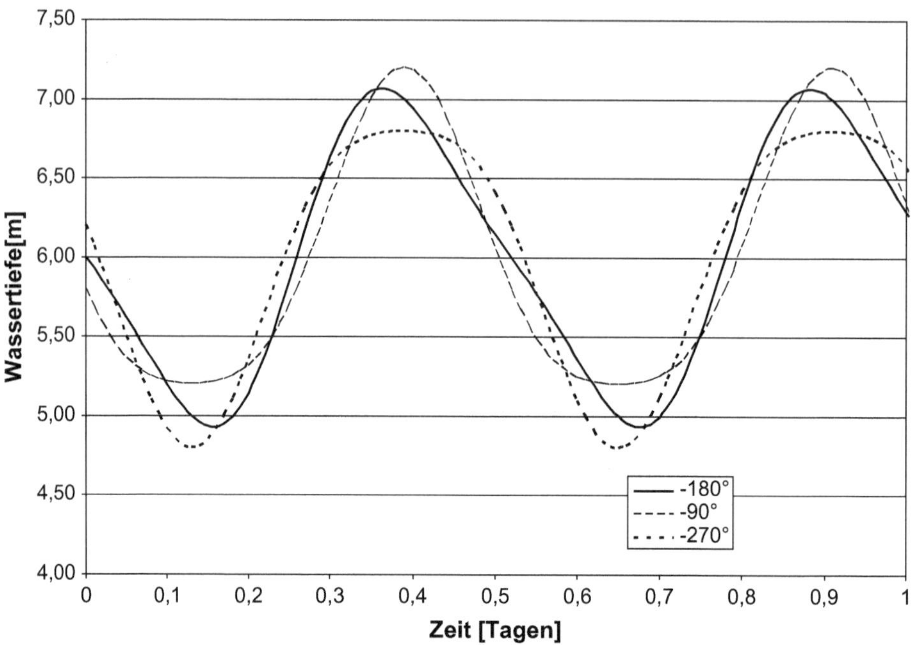

Abb. 4.11 Ein aus M_2- (A = 1 m) und M_4- (A = 20 cm) Anteilen zusammengesetztes Gezeiten-signal bei verschiedenen Phasenverschiebungen der M_4-Gezeit

für die Phasenverschiebung zwischen der M_2- und der M_4-Gezeit gibt.

Übung 19

Von einem Pegel sind folgende Partialtideamplituden und Phasen bekannt:

Partialtide	Amplitude (m)	Phase (rad)
M_2	1,000	0,30
K_1	0,300	0,04
S_2	0,100	1,20
O_1	0,002	2,00

Synthetisieren Sie mithilfe eines Tabellenkalkulationsprogrammes die so entstehende Gesamttide und stellen Sie diese graphisch über einen einwöchigen Zeitraum dar. Wie groß ist der Formfaktor F?

Übung 20

Berechnen Sie die Schwebungsdauer des aus M_2 und N_2 zusammengesetzten Tidesignals.

4.5 Zusammenfassung

In diesem Kapitel haben wir die grundlegende Methode kennengelernt, die Gezeiten an einem bestimmten Ort zu prognostizieren, sofern dort an einem Pegel hinreichend lange Aufzeichnungen des Gezeitenwasserstands vorhanden sind. Diese Zeitreihe wird durch eine harmonische Summe vorgegebener Frequenzen approximiert und dann in die Zukunft verlängert. Diese vorgegebenen Frequenzen entstammen den einzelnen astronomischen Grundfrequenzen der gezeitenerzeugenden Kräfte sowie gewissen Linearkombinationen derselben. Man bezeichnet diese als Partialtiden.

Die Verlässlichkeit des dargestellten Verfahrens beschränkt sich auf die Eintrittszeiten der Extremwasserstände. Der tatsächliche Wasserstand wird auch durch die meteorologischen und hydrologischen Bedingungen (Oberwasser in einem Ästuar) oder aus der Nordsee kommende Fernwellen beeinflusst (Abb. 4.7).

Die Analyse der Gezeitenwasserstände hat ein Signal offenbart, welches aus verschiedenen Frequenzen zusammengesetzt ist, die man als Partialtiden bezeichnet. Woher kommen aber die Wassermassen, die dieses Auf und Ab bewirken?

Die Ursache für die Gezeiten sind Bewegungen von großräumigen Wasserwellen, die an den jeweiligen Pegeln vorbeiziehen. Erreicht das Wellental einen Pegel, dann ist dies mit einem Tideniedrigwasser berbunden, zieht der Wellenberg vorbei, dann herrscht Tidehochwasser.

Diese wellenartigen Bewegungen der Gezeiten sind in den Abb. 5.1 und 5.2 zu erkennen. Sie zeigen verschiedene synoptische (griech. überblickend, d. h. flächenhaft zu einem festen Zeitpunkt) Informationen des Nordseemodells der Bundesanstalt für Wasserbau. Farbig ist der Wasserstand, d. h. die Lage der freien Oberfläche z_S, dargestellt. Die Vektoren weisen in die Richtung der Strömungsgeschwindigkeit, ihre Länge ist ein Maß für den Betrag der Geschwindigkeit. Ferner wird die Lage des Bodens z_B durch schwarze Isolinien angedeutet.

Ein solches Computermodell hat den Vorteil, dass man die zeitliche Veränderung der Ergebnisse Schritt für Schritt nachvollziehen kann. In der Animation würde man dann die Bewegung der Wasseroberfläche erkennen, die hier auf dem Papier nur für zwei Zeitpunkte wiedergegeben ist.

In der Abb. 5.1 sieht man aus dem Ärmelkanal kommend ein Tidehochwasser (in rot). Folgen wir der Küste des Kontinents, dann erkennt man vor den westfriesischen Inseln (in sehr hellem blau, fast noch grün) ein Tideniedrigwasser, welchem in der Deutschen Bucht vor der Mündung von Weser und Elbe ein weiteres Tidehochwasser folgt. Der Küste Englands von Schottland zum Ärmelkanal folgend sehen wir eine zweite Tidewelle in die Nordsee Richtung Süden einlaufen. Ihr Niedrigwasser wird etwas später auf das aus dem Ärmelkanal kommende Hochwasser treffen, wodurch dieses erheblich geschwächt wird.

In Abb. 5.2 sind die Tideverhältnisse 4 h später dargestellt. Das Tideniedrigwasser der westfriesischen Inseln ist nun in die Deutsche Bucht eingelaufen und hat sich dort aufgesteilt, d. h. weiter erniedrigt. Dies liegt einerseits an dem bündelnden Effekt, den die

© Springer Fachmedien Wiesbaden GmbH, ein Teil von Springer Nature 2018

A. Malcherek, *Gezeiten und Wellen*, https://doi.org/10.1007/978-3-658-19303-4_5

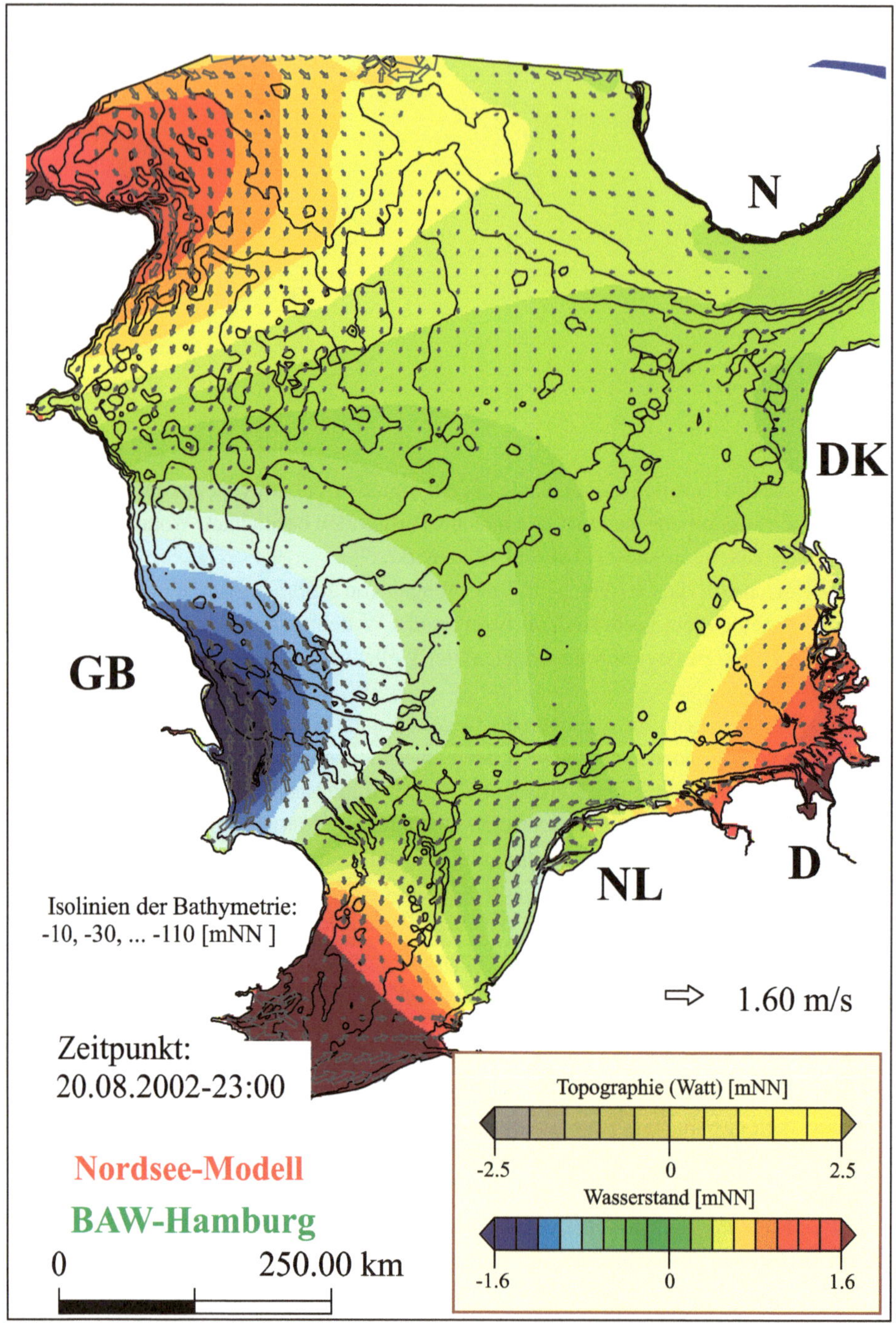

Abb. 5.1 Synoptische Darstellungen des Wasserstands in der Nordsee am 20.08.2002 23:00.
(Quelle: Bundesanstalt für Wasserbau)

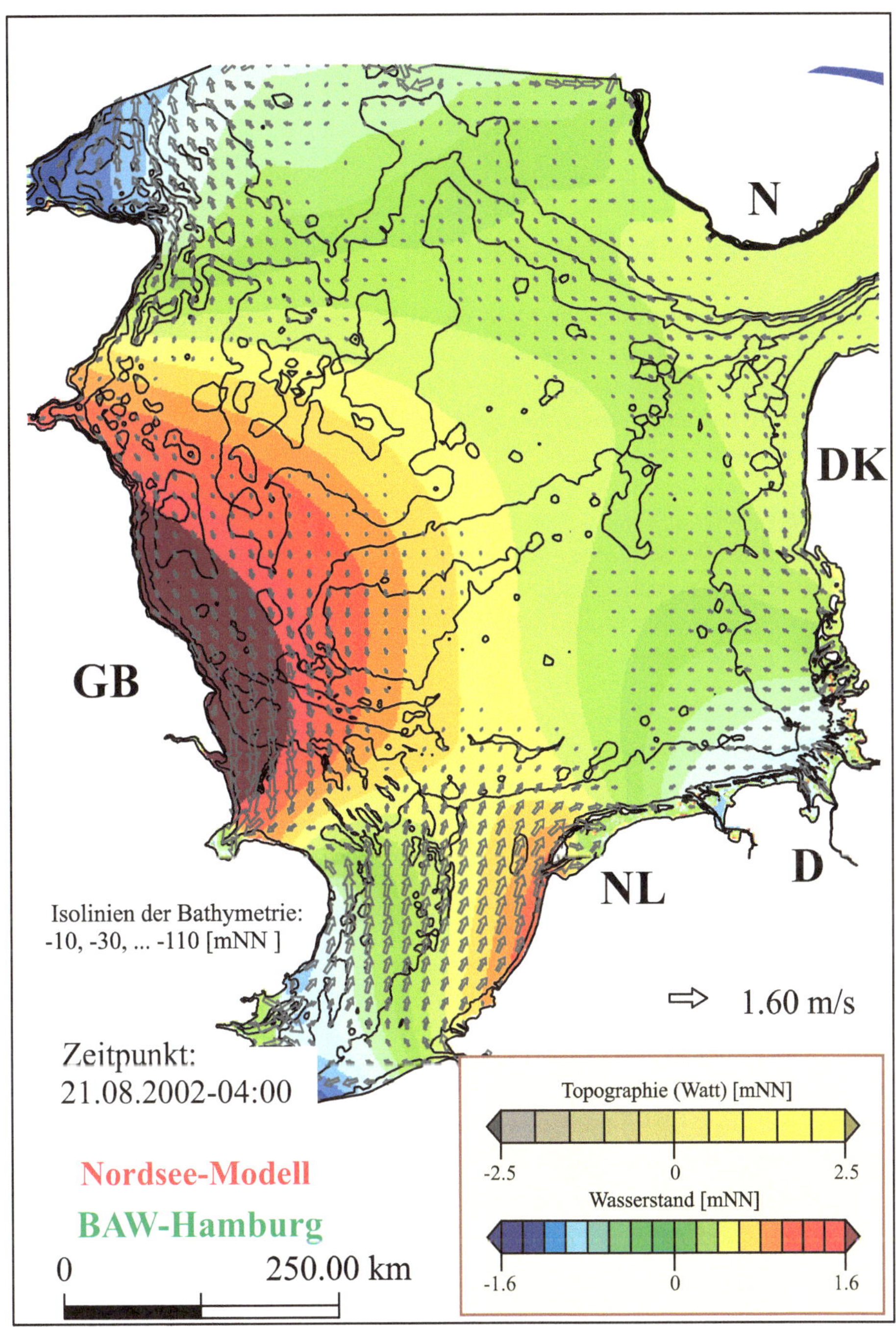

Abb. 5.2 Darstellungen des Wasserstands in der Nordsee am 21.08.2002 04:00. (Quelle: Bundesanstalt für Wasserbau)

Rechtwinkligkeit der Deutschen Bucht auf die Wassermassen hat, andererseits führt die
Reflektion der Tidewelle zu ihrem Aufsteilen. Mit diesem Effekt werden wir uns in der
Ästuartheorie noch befassen.

5.1   Die Wasserhaushaltsgleichung

Die Hydromechanik untersucht die Mechanik des Wassers, sie ist somit eine Grundlagenwis-
senschaft für das Küsteningenieurwesen und die Ozeanographie. Und auch für die Mechanik
des Wassers muss man zunächst einmal die Menge des an den Prozessen beteiligten Wassers
kennen. Die Bilanzierungsgleichung des Wassers bezeichnet man in der Hydrologie auch
als Wasserhaushaltsgleichung.

Um sie aufzustellen, müssen wir zunächst einmal den Haushalt eingrenzen, für den wir
den Wassergehalt bilanzieren wollen. Beginnen wir mit den Weltozeanen und bezeichnen die
dort gespeicherte Wassermenge mit M. In Zeiten eines ausgeglichenen Klimas können wir
davon ausgehen, dass die weltweiten Niederschläge und die Verdunstungen ausgeglichen
sind und sich die Wassermasse in den Weltozeanen nicht ändert. Die globale Wasserhaushaltsgleichung lautet dann:

$$\frac{dM}{dt} = 0 \Rightarrow M = const.$$

Diese grundlegende Gleichung wird in Zeiten des Klimawandels sicher nicht gültig sein,
wenn sich aber ein neues Gleichgewicht eingestellt hat, können wir schließlich wieder von
der Konstanz der Wassermasse in den Weltozeanen ausgehen.

Für einige Binnenmeere der Erde ist diese Bilanz allerdings nicht richtig, sie verdunsten
allmählich und verlieren dadurch zunehmend Wasser. Die Ursache für ihr Verschwinden ist
aber zumeist nicht die Verdunstung, sondern das Versiegen der Zuflüsse. Ihre Wasserhaushaltsgleichung sieht dann ganz anders aus:

$$\frac{dM}{dt} = \dot{m}_V.$$

Mit $\dot{m}_V$ sei dabei die Verdunstungsrate bezeichnet, also die Wassermasse, die das Binnenmeer pro Zeit verliert, Die Einheit der Verdunstungsrate ist kg/s, ihr Vorzeichen ist
negativ.

Die Verdunstungsrate hängt mit der relativen Luftfeuchte der über dem Binnenmeer
liegenden Luft zusammen, welche selbst wieder eine Funktion der Temperatur ist, die sich
im Tages- und Jahresrhythmus verändert. Gehen wir einfach aber einmal von einer im
langfristigen Mittel konstanten Verdunstungsrate aus, dann lässt sich die Wassermasse im
Binnenmeer als

$$M(t) = M_0 + \dot{m}_V t$$

bestimmen. Da $\dot{m}_V$ ein negatives Vorzeichen hat, nimmt die Wassermasse somit kontinuierlich ab.

Idealerweise füllen aber Niederschläge und Zuflüsse die Meere wieder mit Wasser, sodass die allgemeine Wasserhaushaltsgleichung der Ozeane

$$\frac{dM}{dt} = \dot{m}_N + \dot{m}_{zu} + \dot{m}_V$$

lautet. Darin sind natürlich mit $\dot{m}_N$ und $\dot{m}_{zu}$ die Niederschlagsrate und die pro Zeit aus den Flüssen zufließenden Wassermengen bezeichnet.

Ganz allgemein kann man die Massenbilanz eines Systems in der Strömungsmechanik durch eine Gleichung der Form

$$\frac{dM}{dt} = \sum_i \dot{m}_i$$

beschreiben, wobei die einzelnen Massenflüsse die verschiedenen beteiligten Massenaustauschprozesse modellieren.

5.1.1 Dichte und Volumen

In der Hydrodynamik wird die Dichte ϱ von Wasser meistens als konstant angenommen, $\varrho = 1000\,\text{kg/m}^3$. Dann kann mit $M = \varrho V$ jede Massenbilanz in eine Volumenbilanz umgeformt werden, indem die Bilanzgleichung einfach durch die konstante Dichte von Wasser geteilt wird:

$$\frac{dV}{dt} = \sum_i Q_i$$

Mit Q_i werden nun die Volumenflüsse in m^3/s bezeichnet, die einem System durch die verschiedenen hydrologischen Prozesse zu- oder abgeführt werden.

Tatsächlich ist die Dichte des Wassers aber temperaturabhängig. Und wenn wir zudem von Meerwasser sprechen, dann handelt es sich hier um eine Salzwasserlösung, deren Dichte natürlich auch vom Salzgehalt abhängig ist.

Diese Dichteinflüsse müssen realitätsnahen Simulationen der Strömungen in der Ozeanographie und im Küsteningenieurwesen natürlich mit berücksichtigt werden. Für unsere Zwecke des grundlegenden Verständnisses können wir die Dichte zunächst einmal als konstant annehmen.

5.1.2 Massenflüsse und Strömungsgeschwindigkeit

Die Wechselwirkungen zwischen dem Ozean als Ganzes und der Atmosphäre sind für globale klimatologische Analysen grundlegend. In der Praxis benötigen wir aber Aussagen zu den Wassermengen in viel kleineren Systemen: Wasserstände und ihre Änderungen sind natürlich mit Massenbilanzen verbunden und diese Wasserstände weisen viel kleinskaligere Variationen auf. Betrachten wir nun also ein einzelnes Ozeanbecken, welches über eine Kontaktfläche A Wasser mit einem anderen Ozeanbecken austauschen kann. Alle anderen massenverändernden Prozesse vernachlässigen wir nun.

Um den Volumenfluss Q durch eine solche Fläche A zu berechnen, wollen wir diese zunächst einmal als rechteckig und senkrecht zur Geschwindigkeit v stehend annehmen. Dann fließt in der Zeit Δt das Volumen $V = v\Delta t A$ (siehe Abb. 5.3). Der Massenfluss pro Zeit ist somit:

$$\dot{m} = \varrho Q = \varrho v A$$

Dass dies auch bezüglich der Einheiten korrekt ist, bestätige der Leser selbst. Er ist natürlich umso größer, desto größer die Dichte der Flüssigkeit, desto größer die Fläche A und desto größer die Durchflussgeschwindigkeit v ist.

In einem Ozeanbecken mit N offenen Grenzen gilt somit für die Massenänderung:

$$\frac{dM}{dt} = \dot{m} = \sum_{i=1}^{N} \dot{m}_i = \sum_{i=1}^{N} \varrho v_i A_i \,.$$

Abb. 5.3 Durch die Fläche $\Delta y \Delta z$ fließt in der Zeit Δt das Volumen $v\Delta t \Delta y \Delta z$ und somit die Masse $v\varrho\,\Delta t \Delta y \Delta z = v\varrho\,\Delta t A$

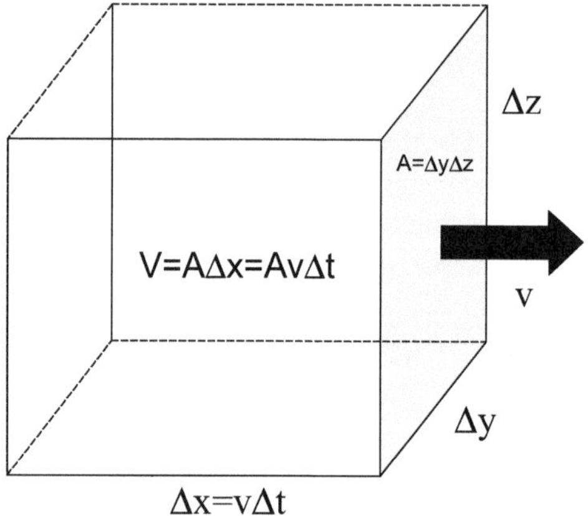

5.1.3 Verallgemeinerung für beliebige Berandungsflächen

Nun liegt aber die Berandungsfläche A unseres Ozeanbeckens nicht notwendig senkrecht zur Strömungsgeschwindigkeit, die selbst ein Vektor $\vec{v}$ im dreidimensionalen Raum ist.

Um diesen allgemeineren Fall ebenfalls zu berücksichtigen, bestücken wir die Fläche A mit ihrem Normaleneinheitsvektor $\vec{n}$. Bevor wir den Massenfluss tatsächlich berechnen, wollen wir mit einem Blick auf die Abb. 5.4 (bzw. Abb. 5.5) verstehen, wie Massenfluss und Normaleneinheitsvektor zusammenhängen. Da der Normaleneinheitsvektor aus dem Kontrollvolumen hinaus weist, stellt das linke Bild eine Einstrom-, das mittlere Bild eine Ausstromsituation dar. Im Fall des linken Bildes sollte die Masse im Kontrollvolumen also zunehmen, im mittleren Bild sollte sie abnehmen. Im rechten Bild ist kein Massenstrom durch die Fläche zu verzeichnen.

Mithilfe des Normaleneinheitsvektor bekommt der Massenfluss die Form:

$$\dot{m} = -\varrho\,\vec{v}\vec{n}\,A.$$

Das negative Vorzeichen verwirrt zunächst einmal, es ist aber tatsächlich erforderlich, damit es zu einer

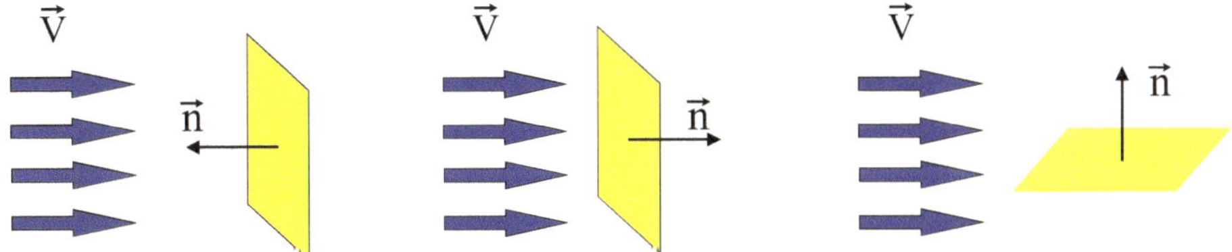

Abb. 5.4 Die Orientierung von Geschwindigkeitsfeld und Normaleneinheitsvektor entscheidet über die Art des Durchflusses: Im *linken* Fall fließt das Fluid in das Betrachungsvolumen hinein, in der *Mitte* fließt es heraus. Im *rechten* Fall fließt durch die Grenzfläche kein Fluid

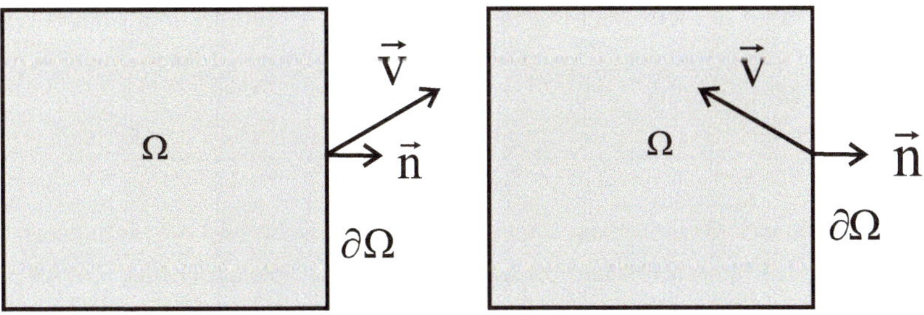

Abb. 5.5 Der Winkel zwischen Flächennormalen- und Geschwindigkeitsvektor entscheidet, ob es sich um eine Einstrom- oder Ausstromsituation handelt. *Links* $\vec{v}\vec{n} > 0$, *rechts* $\vec{v}\vec{n} < 0$

- Einstromsituation kommt, wenn $\vec{v}\vec{n}$ kleiner null und zu
- Ausstromsituation kommt, wenn $\vec{v}\vec{n}$ größer null

ist. Das Skalarprodukt aus Geschwindigkeits- und Normaleneinheitsvektor berücksichtigt sogar den Spezialfall, bei dem die Fläche parallel zur Strömung ausgerichtet ist, und somit sie kein Massenfluss durchdringt.

Mit dieser allgemeineren Formulierung für den Massenfluss schreibt sich die Massenbilanz in einem Kontrollvolumen als

$$\frac{dM}{dt} = -\sum_i \varrho_i \vec{v}_i \vec{n}_i A_i,$$

wobei mit dem Index i über alle offenen Flächen summiert wird. Dabei müssen wir wohlgemerkt in dieser Formulierung nicht mehr zwischen Ein- und Austrittsflächen unterscheiden.

Übung 21

Eine ebene Fläche im dreidimensionalen Raum sei durch die drei Eckpunkte $(x_1, y_1, z_1) = (0, -1, 1)$, $(x_2, y_2, z_2) = (0, 1, 1)$, $(x_3, y_3, z_3) = (0, 0, 2)$ definiert. Diese Fläche wird von Wasser durchströmt, dessen Geschwindigkeitsfeld durch $u(x,y,z) = 0.5\,\mathrm{m/s}$, $v(x,y,z) = -1\,\mathrm{m/s}$, $w(x,y,z) = 2.5\,\mathrm{m/s}$ gegeben ist.

1. Um was für eine Fläche handelt es sich?
2. Wie groß ist der Flächeninhalt der Fläche?
3. Bestimmen Sie einen Normaleneinheitsvektor auf dieser Fläche.
4. Wie groß ist der Massenfluss pro Zeit durch diese Fläche?

5.1.4   Beliebig geformte Berandungsflächen

Will man die Überlegung auch auf beliebig geformte, nicht notwendig ebene Flächen erweitern, dann muss die Bilanzierung für unendlich viele infinitesimal kleine Teilflächen durchgeführt werden, was der Flächenintegration gleichkommt. Durch eine solche Fläche fließt dann der Massenstrom

$$\dot{m} = -\int_A \varrho\vec{v}\vec{n}\,dA. \tag{5.1}$$

Wir wollen unser Ozeanbecken nun gedanklich verlassen und es durch einen beliebig geformten Kontrollraum Ω ersetzen, dessen Rand mit $\partial\Omega$ bezeichnet wird. Dieser Kontrollraum kann weiterhin das Ozeanbecken sein, kann aber auch ein Teil einer Flussmündung, ein Gebiet mit einer bestimmten Wassertiefe oder ein finites Volumen sein, durch welche man große Gebiete in numerischen Simulationsmodellen diskretisiert. Die Massenbilanz ist dort:

$$\frac{dM}{dt} = -\int_{\partial\Omega} \varrho\,\vec{v}\vec{n}\,dA.$$

Der soeben aufgestellte Erhaltungssatz gilt für jedes in einer Strömung liegende Gebiet Ω. Somit bietet er auch die Möglichkeit, den Betrachtungsbereich so an die Problemstellung anzupassen, dass diese möglichst einfach zu lösen ist. Daher bezeichnet man Ω in der Hydrodynamik und in der Kontinuumsmechanik auch als **Kontrollvolumen** oder **Kontrollraum.**

Alle Geschwindigkeiten sind dabei jeweils auf der Grenzfläche zu nehmen. Für solche Berechnungen benötigt man also idealerweise die Geschwindigkeitsfelder im Kontinuumsbild und greift die Werte für die Geschwindigkeit auf der offenen Grenzfläche A ab.

Übung 22

Eine ebene Fläche im dreidimensionalen Raum sei durch die vier Eckpunkte $(x_1, y_1, z_1) = (0,-1,1)$, $(x_2, y_2, z_2) = (0,1,1)$, $(x_3, y_3, z_3) = (0,-1,2)$, $(x_4, y_4, z_4) = (0,1,2)$ definiert. Diese Fläche wird von Wasser durchströmt, dessen dimensionsloses Geschwindigkeitsfeld durch u(x,y,z) = 0,5 z, v(x,y,z) = 0, w(x,y,z) = 0 gegeben ist.

1. Um was für eine Fläche handelt es sich?
2. Wie groß ist der Flächeninhalt der Fläche?
3. Bestimmen Sie einen Normaleneinheitsvektor auf dieser Fläche.
4. Wie groß ist der Massenfluss pro Zeit durch diese Fläche?

Anwendung des Gauß'schen Integralsatzes

Der Gauß'sche Integralsatz formt ein Integral über ein Kontrollvolumen Ω in ein Integral über den Rand des Kontrollvolumens um. Es gibt diesen Satz einerseits für skalare Funktionen und andererseits für Vektorfunktionen als Integrand. In diesem Fall lautet er:

$$\int_{\partial\Omega} \vec{v}\vec{n}\,dA = \int_{\Omega} \operatorname{div}\vec{v}\,d\Omega.$$

Wenden wir den Satz in dieser Form auf die Massenbilanz an, dann erhält man:

$$\frac{dM}{dt} = -\int_{\Omega} \operatorname{div}(\varrho\vec{v})\,d\Omega. \tag{5.2}$$

Somit können wir die Massenbilanz entweder auf der Basis eines Oberflächen- oder eines Volumenintegrals formulieren. Welche Formulierung dabei günstiger ist, hängt vom einzelnen Anwendungsfall ab.

5.2   Die Massenbilanz für eine Wassersäule

Um eine Bestimmungsgleichung für den Wasserstand aufzustellen, muss man sich zunächst fragen, wann und warum sich dieser eigentlich in einem Küstengewässer ändert. Dazu betrachten wir ganz grundsätzlich eine Wassersäule der Grundfläche $A = \Delta x \Delta y$, die sich vom Boden z_B bis zur Wasseroberfläche z_S erstreckt. Befindet sich diese Wassersäule am Ort (x, y), dann ist die Wassertiefe in dieser Säule

$$h(x, y, t) := z_S(x, y, t) - z_B(x, y).$$

In dieser Säule ändert sich der Wasserspiegel immer dann, wenn die Bilanz der Zuströme in und der Abflüsse aus dieser Säule unausgewogen ist, wenn also entweder mehr zuströmt als abfließt oder umgekehrt.

Bilanzieren wir also, was in diese Wassersäule ein- und ausfließt und betrachten dazu die Abb. 5.6. Unsere Bilanzwassersäule, die man in der Strömungsmechanik auch als Kontrollvolumen bezeichnet, hat vier laterale Flächen, durch die Wasser zu- oder abfließen kann. Bezeichnen wir die Volumenströme, d. h., die Kubikmeter, die pro Zeit durch eine solche Fläche fließen, mit Q_i (in [m^3/s]), dann können wir die Änderung des Volumens $V = Ah$ der Betrachtungswassersäule folgendermaßen beschreiben:

$$\frac{\partial V}{\partial t} = \sum_{i=1}^{4} Q_i.$$

Die Vorzeichen der durch die einzelnen Kantenflächen durchgehenden Volumenströme Q_i muss also so gewählt sein, dass positive Ströme dem Kontrollvolumen zugeführt werden und negative Ströme Wasser heraustragen.

Den Volumendurchfluss Q_i kann man durch den sogenannten spezifischen Durchfluss q_i als Volumendurchfluss pro Breitenmeter darstellen. Ist l_i also die Länge einer Kante des Prismas, dann ist:

$$Q_i = q_i l_i.$$

Ersetzt man dieses in der Bilanzgleichung und teilt durch die Grundfläche $A = V/h$, dann folgt:

$$\frac{\partial h}{\partial t} = \frac{\sum\limits_{i} q_i l_i}{A}.$$

Die durchflussbezogene Geschwindigkeit
Der spezifische Durchfluss ist natürlich mit der Strömungsgeschwindigkeit verknüpft, denn umso größer diese ist, desto mehr fließt durch einen gegebenen Querschnitt. Da der Durchfluss pro Breite über die gesamte Wassertiefe h verteilt ist, ist es naheliegend, die durchflussbezogene Geschwindigkeit als $v = q/h$ oder vektoriell

$$\vec{q} = \begin{pmatrix} uh \\ vh \end{pmatrix}$$

mit einer x-Komponente u und einer y-Komponente v zu definieren. Tatsächlich ist die so definierte Geschwindigkeit der Mittelwert der wirklichen, dreidimensionalen Geschwindigkeit über die Wassertiefe.

Um die Richtungsinformation der vektoriellen spezifischen Durchflüsse richtig zu bilanzieren, werden die Normaleneinheitsvektoren $\vec{n}_i$ auf den einzelnen Kanten zu Hilfe genommen, die senkrecht auf der Kante stehen und aus dem Kontrollvolumen hinausweisen. Damit ist das Skalarprodukt $\vec{q}_i \vec{n}_i$ auf einer Kante i positiv, wenn der Fluss das Kontrollvolumen verlässt, und negativ, wenn er in dieses eindringt. Für die zeitliche Entwicklung der Wassertiefe gilt damit:

$$\frac{\partial h}{\partial t} = -\frac{\sum\limits_i \vec{q}_i \vec{n}_i l_i}{A}.$$

Diese Gleichung bildet die Grundlage einer wichtigen numerischen Verfahrensklasse, der Methode der finiten Volumen. Bei dieser wird die Grundfläche des Modellgebiets, also z. B. die Deutsche Bucht, in einzelne Polygone (z. B. Dreiecke) zerlegt. Die Wassersäule über diesen Polygonen stellt dann die finiten Volumina dar. Zur Berechnung der Wasserstandsänderungen benötigt man die spezifischen Durchflüsse $\vec{q}_i$ auf den Kanten, die mithilfe der Impulsgleichungen bestimmt werden.

Wie in der Abb. 5.6 ebenfalls angedeutet, ist ein Kontrollvolumen viel zu ungenau, um die zeitliche Entwicklung der Wassertiefe an einem bestimmten Punkt zu bestimmen, denn man weiß nicht, ob der Wasserstand über das gesamte Kontrollvolumen gleichmäßig oder

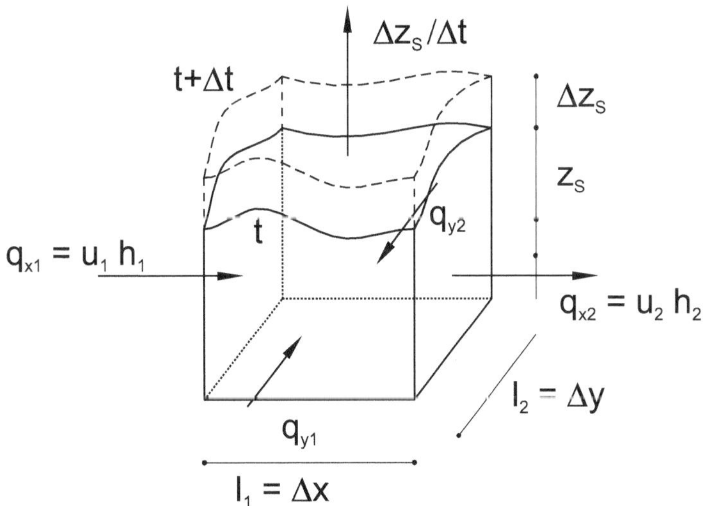

Abb. 5.6 Massenbilanz an einem Kontrollvolumen der Wassersäule

nur in bestimmten Zonen ansteigt. Die Information wird also umso genauer, desto kleiner man das Kontrollvolumen wählt.

Wir wollen also den Grenzübergang $A \rightarrow 0$ wagen. Dazu nehmen wir an, dass die Grundfläche A ein achsenparalleles Rechteck ist, $A = \Delta x \Delta y$. Für eine zur y-Achse parallele Kante ist der Normaleneinheitsvektor dann in bzw. entgegengesetzt zur x-Richtung orientiert, auf dieser Kante ist $\vec{q}\vec{n}_i = q_x$ und die Länge der Kante ist $l_i = \Delta y$. Die rechte Seite wird dann zu dem, was man als Divergenz im Zweidimensionalen bezeichnet:

$$\operatorname{div}\vec{q} := \lim_{A \to 0} \sum_i \frac{\vec{q}_i \vec{n}_i l_i}{A}.$$

So bekommt man als Ergebnis für die Dynamik der Wassertiefe

$$\frac{\partial h}{\partial t} + \operatorname{div}(\vec{v}h) = 0.$$

Eine Änderung der Wassertiefe wird also immer dann erfolgen, wenn der Durchfluss an einem Punkt nicht ausgewogen ist.

5.2.1 Die Divergenz in kartesischen Koordinaten

Um die Divergenz in kartesischen Koordinaten zu bestimmen, lege man ein rechteckiges Kontrollvolumen mit den Kantenlängen Δx und Δy parallel zu den Koordinatenachsen. Die Divergenz ist dann:

$$\operatorname{div}\vec{q} := \lim_{A \to 0} \sum_i \frac{\vec{q}_{S_i} \vec{n}_i l_i}{A} = \lim_{\Delta x \Delta y \to 0} \left(\frac{\Delta q_x \Delta y}{\Delta x \Delta y} + \frac{\Delta q_y \Delta x}{\Delta x \Delta y} \right)$$

$$= \lim_{\Delta x \Delta y \to 0} \left(\frac{\Delta q_x}{\Delta x} + \frac{\Delta q_y}{\Delta y} \right) = \frac{\partial q_x}{\partial x} + \frac{\partial q_y}{\partial y},$$

womit die Kontinuitätsgleichung die bekannte Form

$$\frac{\partial h}{\partial t} + \frac{\partial uh}{\partial x} + \frac{\partial vh}{\partial y} = 0 \tag{5.3}$$

bekommt.

Übung 23

Zeigen Sie durch die Anwendung der Produktregel, dass die Gl. 5.3 tatsächlich die Änderung des Wasserspiegels durch Divergenzen und Konvergenzen und durch Advektion vorhersagt.

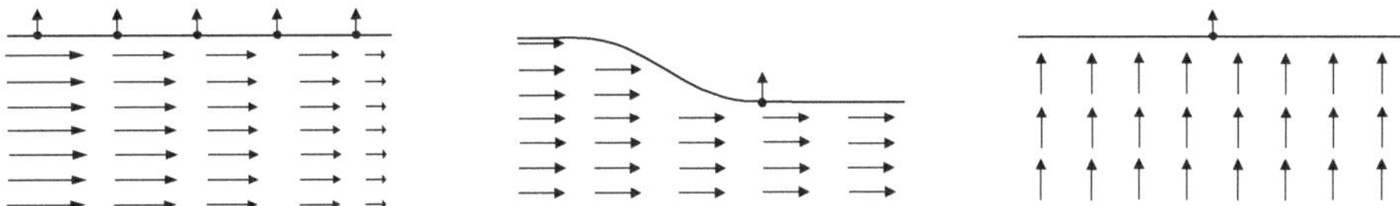

Abb. 5.7 Bewegungsformen der freien Oberfläche. *Links:* Aufstau durch Geschwindigkeitsabnahme; *Mitte:* Propagation von Oberflächengradienten; *rechts:* Vertikale Strömungen

5.2.2   Mechanismen der Wasserspiegelveränderung

Die infinitesimalisierte Massenbilanz enthält die Ableitungen des Produkts der Strömungsgeschwindigkeiten u bzw. v und der Wassertiefe h. Nach der Produktregel kann man diesen Term in zwei Terme aufspalten,

$$\frac{\partial h}{\partial t} + u\frac{\partial h}{\partial x} + v\frac{\partial h}{\partial y} + h\frac{\partial u}{\partial x} + h\frac{\partial v}{\partial y} = 0,$$

die wir nun mithilfe von Abb. 5.7 interpretieren wollen.

Wasserspiegeländerungen durch Divergenzen und Konvergenzen

Im linken Bild ist eine Situation skizziert, in der die Geschwindigkeit in Strömungsrichtung abnimmt. Die vorderen Geschwindigkeitsteilchen bremsen also zunehmend die von hinten aufrückenden. Wäre dies beim Marsch einer Kolonne der Fall, so würden die hinteren seitwärts ausweichen müssen. Wasserteilchen haben aber auch die Möglichkeit, nach oben auszuweichen, wodurch sich die Wassertiefe erhöht. Solche Zonen bezeichnet man als Konvergenzzonen. Sie sind durch abnehmende Strömungsgeschwindigkeiten in Bewegungsrichtung charakterisiert:

$$\text{Konvergenzzonen:}\quad \frac{\partial u}{\partial x}, \frac{\partial v}{\partial y} < 0 \quad \text{oder} \quad -\frac{\partial u}{\partial x}, -\frac{\partial v}{\partial y} > 0.$$

Umgekehrtes passiert natürlich, wenn die Bewegungsgeschwindigkeit in Strömungsrichtung zunimmt; der Wasserspiegel sinkt ab. Man bezeichnet einen solchen Bereich auch als Divergenzzone. Er ist durch eine zunehmende Geschwindigkeit in Laufrichtung gekennzeichnet:

$$\text{Divergenzzonen:}\quad \frac{\partial u}{\partial x}, \frac{\partial v}{\partial y} > 0 \quad \text{oder} \quad -\frac{\partial u}{\partial x}, -\frac{\partial v}{\partial y} < 0.$$

Wir wollen diesen Prozess mathematisch beschreiben, d. h., wir müssen die bisher sprachlich formulierten Zusammenhänge in mathematische Symbolik umsetzen. Dabei übersetzen wir:

- die zeitliche Änderung des Wasserstands durch $\dfrac{\partial h}{\partial t}$,

- die räumliche Änderung der Strömungsgeschwindigkeit in Strömungsrichtung durch $\dfrac{\partial u}{\partial x}$ oder $\dfrac{\partial v}{\partial y}$.

Der Begriff „Änderung" muss jeweils noch dahingehend konkretisiert werden, ob es sich um eine Zu- oder eine Abnahme handelt. Dabei ist eine Ableitung immer positiv, wenn es sich um eine Zunahme in Koordinatenrichtung handelt. In einer Konvergenzzone steigt der Wasserstand, die Strömungsgeschwindigkeit nimmt in Koordinatenrichtung aber ab. Somit gilt:

$$\frac{\partial h}{\partial t} \simeq -\frac{\partial u}{\partial x}, \; -\frac{\partial v}{\partial y}.$$

Übung 24
Identifizieren Sie in der Abb. 5.1 eine Divergenzzone, in der der Wasserstand abnehmen und in der Abb. 5.2 eine Konvergenzzone, in der der Wasserstand zunehmen wird.

Wasserspiegeländerung durch Propagation

Die zweite Möglichkeit der Wasserspiegellagenveränderung besteht darin, dass die Strömung einfach eine andere Wasserspiegellage an den Beobachtungsort herantransportiert. Hierzu bedarf es zunächst einmal einer räumlichen Änderung des Wasserspiegels, d. h., $\frac{\partial h}{\partial x}$ oder $\frac{\partial h}{\partial x}$ müssen (bei ebener Sohle) ungleich null sein. Ferner muss die Geschwindigkeit entgegengesetzt zum Wasserspiegelgradient ausgerichtet sein, damit es zu einer Erhöhung des Wasserstandes kommt. Es ergibt sich damit die folgende Proportionalität:

$$\frac{\partial h}{\partial t} \simeq -u\frac{\partial h}{\partial x}, \; -v\frac{\partial h}{\partial y}.$$

Beide Zusammenhänge sind bisher nur Proportionalitäten, also keine Gleichungen, mit denen man die Wasserspiegeländerung tatsächlich berechnen kann.

Vertikalgeschwindigkeit unter Tidewellen

Die dritte Ursache einer Auf- oder Abbewegung des Wasserstandes besteht in dem Vorhandensein von Vertikalgeschwindigkeiten. Ich möchte in diesem Abschnitt zeigen, dass dieser Mechanismus für das Zustandekommen von Gezeitenbewegungen des Wasserstands nicht verantwortlich ist. Um dies zu bestätigen, gehen wir einmal davon aus, dass einzig die Vertikalgeschwindigkeit w die Bewegung der Wasseroberfläche bewirkt. Sie kann also als

$$w \simeq \frac{dz_S(t)}{dt} = \frac{dh(t)}{dt}$$

abgeschätzt werden. Nehmen wir nun an, dass die Wasserstandsänderungen nur von der dominanten M_2-Gezeit der Winkelgeschwindigkeit ω erzeugt werden. Dann ist

$$w \simeq A\omega \cos \omega t \leq A\omega$$

und mit einer angenommenen Amplitude von $1\,\mathrm{m}$ ergibt sich somit eine Vertikalgeschwindigkeit von unter $A\omega = 1{,}40 \cdot 10^{-4}\,\mathrm{rad/s} \cdot 1\,\mathrm{m} = 1{,}40 \cdot 10^{-4}\,\mathrm{m/s} = 0{,}14\,\mathrm{mm/s}$. Partialtiden mit größeren Winkelgeschwindigkeiten ergeben demnach auch größere Vertikalgeschwindigkeiten; sie haben in der Regel aber auch kleinere Amplituden, sodass sie ebenfalls sehr klein sind. Man kann die Vertikalgeschwindigkeit unter Tidewellen im Vergleich zu den Horizontalgeschwindigkeiten also prinzipiell vernachlässigen.

Übung 25
Schätzen Sie die maximale Vertikalgeschwindigkeit unter einer O_1-Gezeit von einer Amplitude von $12\,\mathrm{cm}$ ab.

5.3 Die Impulsbilanz

Nach der Massenbilanz ist die Impulsbilanz die zweite grundlegende Quelle der Erkenntnis in der Strömungsmechanik. Dabei unterscheidet sich diese grundlegend von der Bewegungsgleichung einer Masse M in der klassischen Mechanik

$$M\frac{d\vec{v}}{dt} = \sum_i \vec{F}_i,$$

denn in der Strömungsmechanik betrachtet man nicht mehr einzelne Punktmassen, sondern die Masse in einem System bzw. Kontrollvolumen. Für dieses haben wir die Massenbilanz schon aufgestellt. Die veränderliche Systemmasse wird aber noch nicht in der Impulsbilanz berücksichtigt. Dies geschieht durch

$$\frac{d\vec{I}}{dt} = \sum_i \vec{F}_i,$$

wobei $\vec{I} = M\vec{v}$ der im System gespeicherte Impuls ist.

Und genauso wie die Massenbilanz tritt die Impulsbilanz in sehr unterschiedlichen Formen auf, die sich je nach betrachtetem Kontrollvolumen, nach zugrunde liegenden Koordinatensystemen und den berücksichtigten Kräften sehr unterscheiden. Um grundlegend in der Strömungsmechanik wissenschaftlich arbeiten zu können, sollte man lernen, Massen- und Impulsbilanzen selbstständig aufzustellen. Dabei ist das Grundrezept immer dasselbe:

1. Wie berechnet sich der Impuls $\vec{I}$ in einem Kontrollvolumen? Auch hier kann man

   - integrale Formulierungen für beliebige Kontrollvolumina,
   - die Wassersäule als Kontrollvolumen, was zu den Saint-Venant-Gleichungen führt,
   - einen Flussabschnitt, was zu den 1-D-Gleichungen führt,
   - einen unendlich kleinen Punkt, was zu den Navier-Stokes- oder Reynolds-Gleichungen führt,

   betrachten.
2. Beschreibe die auf das Kontrollvolumen wirkenden Kräfte.
3. Berücksichtige die Impulsströme, die mit den in das Kontrollvolumen ein- oder ausflie-ßenden Massen verbunden sind.

5.3.1 Die Gravitationskraft

Auf jedes physikalische System auf der Erde wirkt zunächst einmal die Gravitationskraft $\vec{F} = M\vec{g}$. Betrachten wir nun ein System, welches aus einem Volumen Ω besteht, in dem die Dichte ϱ variieren kann. Die Masse dieses Systems erhält man durch Integration über das Volumen

$$M = \int_\Omega \varrho \, d\Omega.$$

Damit bekommt die Impulsbilanz für dieses Volumen die Form:

$$\frac{d\vec{I}}{dt} = \int_\Omega \varrho \vec{g} \, d\Omega = M\vec{g}.$$

Wenn diese Impulsbilanz vollständig wäre, dann würde jeder Körper, jedes Oberflächen-gewässer, jedes beliebige System Ω fortwährend im Gravitationsfeld $\vec{g}$ fallen.

Nun stürzen die Wassermassen der Ozeane aber nicht zum Erdmittelpunkt. Also muss es eine zweite Kraft geben, die den See davor schützt, bis zum Erdmittelpunkt zu fallen (Abb. 5.8).

5.3.2 Druckkräfte

Dies müssen Kräfte sein, die am Gewässerboden auf die Wassermassen wirken. Wir wollen sie durch den physikalischen Begriffs des Drucks p als Kraft pro Fläche beschreiben.

Diese mit dem Druck p verbundene Kraft ergibt sich vektoriell als:

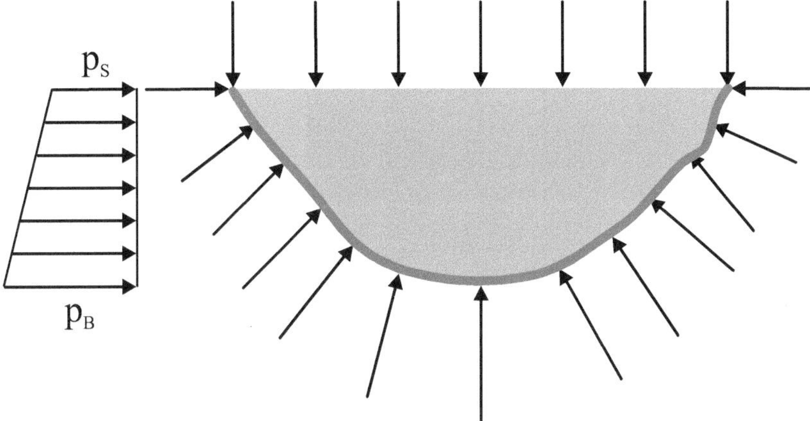

Abb. 5.8 An den Wasserkörper eines Gewässers greifen an der Wasseroberfläche der Luftdruck und am Boden der hydrostatische Druck an. Die Summe aus den Druckkräften und der Gewichtskraft des Seewassers ist null, das Gewässer ruht

$$\vec{F}_p = -\int_{\partial\Omega} p\vec{n}\,dA.$$

Darin stellt $\partial\Omega$ zunächst einmal die gesamte Berandung des Gewässerabschnitts dar, und $\vec{n}$ ist der nach außen weisende Normaleneinheitsvektor. Da der Druck aber in den betrachteten Gewässerabschnitt hinein wirkt, steht vor dem Integral ein Minuszeichen, welches die Richtung des Normaleneinheitsvektors umkehrt.

Der gesamte Gewässerrand ist deshalb zu betrachten, weil an der Gewässeroberfläche natürlich noch der Luftdruck herrscht. Somit ist die Impulsbilanz unseres Meeres:

$$\frac{d\vec{I}}{dt} = \int_{\Omega} \varrho\vec{g}\,d\Omega - \int_{\partial\Omega} p\vec{n}\,dA.$$

Der Ozean fällt also nicht in Richtung Erdmittelpunkt, weil die Flächenkräfte des Bodens ihn stützen. Diese Flächenkräfte des Bodens, die wir hier als einen Druck auf den Wasserkörper beschreiben, verändern die innere Struktur des gesamten darüber liegenden Wasserkörpers. Dieser wird am freien Fallen gehindert und nun durch seine eigene Schwerkraft auf der einen Seite und der Flächenkraft des Bodens auf der anderen Seite zusammengedrückt. So entsteht überall im Wasserkörper ein Druck p. Die Reaktion auf diese beklemmende Situation beschreibt die Mathematik durch den Gauß'schen Integralsatz: Er überführt ein Oberflächenintegral in ein Volumenintegral, physikalisch ausgedrückt eine Kraftwirkung auf den Rand eines Gebiets auf die Reaktion im Gebiet. Mit diesem mächtigen Satz können Druck und Gravitation nun unter ein gemeinsames Integral geschrieben werden:

$$\frac{d\vec{I}}{dt} = \int\limits_{\Omega} (\varrho\vec{g} - \mathrm{grad}\, p)\, d\Omega.$$

Diese Schreibweise ist deshalb vorteilhaft, weil auf der rechten Seite nun nicht mehr ein Oberflächen- und ein Volumenintegral auftauchen, sondern nur noch ein Volumenintegral, wodurch eine einheitliche Integration der rechten Seite möglich wird.

5.3.3 Der hydrostatische Druck

Die erste und einfachste Anwendung der Impulsbilanz in der Strömungsmechanik besteht immer in dem Spezialfall, dass das Wasser vollständig ruht. Wir wollen also zunächst einmal ein ruhendes Meer betrachten. Von der Impulsbilanz bleibt dann:

$$0 = \int\limits_{\Omega} (\varrho\vec{g} - \mathrm{grad}\, p)\, d\Omega.$$

Das Integral wird dann null, wenn der zu integrierende Ausdruck null ist; in Vektoren geschrieben lautet er:

$$\varrho\vec{g} = \varrho \begin{pmatrix} 0 \\ 0 \\ -g \end{pmatrix} = \mathrm{grad}\, p = \begin{pmatrix} \frac{\partial p}{\partial x} \\ \frac{\partial p}{\partial y} \\ \frac{\partial p}{\partial z} \end{pmatrix}.$$

In der letzten Gleichung wurde vorausgesetzt, dass die z-Achse entgegengesetzt zur Gravitationsrichtung orientiert ist. Integriert man diese letzte Gleichung zwischen der Wasseroberfläche z_S und irgendeiner Position in der Wassersäule z, dann bekommt man mit

$$-\int\limits_{z}^{z_S} \varrho g\, dz = \varrho g\, (z - z_S) = \int\limits_{z}^{z_S} \frac{\partial p}{\partial z}\, dz = p_S - p(z)$$

das Gesetz des hydrostatischen Drucks

$$p(z) = p_S + \varrho g\, (z_S - z).$$

Da das Meer ruht und die Geschwindigkeiten somit null sind, wäre die Hydrodynamik eines solchen Gewässers mit dem Druck vollständig bestimmt.

5.3.4 Die hydrostatische Druckapproximation

Wir wollen nun die Situation analysieren, dass die Wasserfläche nicht horizontal ausgerichtet, sondern sich in irgendeiner Form in der Horizontalen ändert, also $z_S = z_S(x, y)$ zu beachten ist. Wir nehmen ferner an, dass sich der Druck genauso wie im hydrostatischen Fall verhält. Man kann zeigen, dass diese Annahme bei gleichförmig stationärem Abfluss richtig ist, es aber umso mehr Abweichungen von dieser Annahme gibt, desto ungleichförmiger und instationärer das Strömungsgeschehen wird. Der Gradient ist dann:

$$\operatorname{grad} p = \begin{pmatrix} \frac{\partial p}{\partial x} \\ \frac{\partial p}{\partial y} \\ \frac{\partial p}{\partial z} \end{pmatrix} = \varrho g \begin{pmatrix} \frac{\partial z_S}{\partial x} \\ \frac{\partial z_S}{\partial y} \\ -1 \end{pmatrix} \Rightarrow \varrho \vec{g} - \operatorname{grad} p = \varrho g \begin{pmatrix} -\frac{\partial z_S}{\partial x} \\ -\frac{\partial z_S}{\partial y} \\ 0 \end{pmatrix}.$$

In der Impulsbilanz können wir Gravitation und Druck als

$$\frac{d\vec{I}}{dt} = \int_\Omega \varrho g \begin{pmatrix} -\frac{\partial z_S}{\partial x} \\ -\frac{\partial z_S}{\partial y} \\ 0 \end{pmatrix} d\Omega$$

darstellen.

Immer wenn also die Wasseroberfläche in irgendeine Richtung geneigt ist, dann wirkt auf den Wasserkörper eine Horizontalkraft in genau diese Richtung. Bei einer gleichförmigen Neigung kann $\frac{\partial z_S}{\partial x}$ nun aus dem Integral gezogen werden, womit ein Volumenintegral über der Dichte verbleibt, was nichts anderes als die Masse M des betrachteten Wasserkörpers ist. In der Horizontalen wird die Impulsbilanz zu:

$$\frac{\partial I_x}{\partial t} = -Mg\frac{\partial z_S}{\partial x} \quad \text{bzw.} \quad \frac{\partial I_y}{\partial t} = -Mg\frac{\partial z_S}{\partial y}.$$

Man beachte, dass die Zeitableitung als partielle Ableitung geschrieben wurde, weil sie nun in der Gleichung nicht mehr alleine steht, sondern weitere Ableitungen aufgetaucht sind.

In Analogie zur Bewegung auf der schiefen Ebene wird die rechte Seite manchmal auch als Hangabtriebskraft der Gerinneströmung bezeichnet. Tatsächlich gibt es zu dieser aber einen grundlegenden Unterschied: In Freispiegelgewässern ist einzig die Neigung der Wasseroberfläche für eine Bewegung verantwortlich, nicht aber die Neigung der Sohle.

5.3.5   Betrachtung für eine Wassersäule

Wir wollen uns an eine erste wichtige Lösung der Impulsbilanz heranwagen und uns auf die horizontalen Komponenten der Impulsbilanz beschränken, sie reichen zum Verständnis des Phänomens Schwerewellen vollkommen aus. In diesem Fall fällt zunächst einmal die Schwerkraft weg.

Eine Wassersäule der Grundfläche A und der repräsentativen Höhe h trägt die Wassermasse $M = \varrho A h$ und somit den Impuls

$$\vec{I} = \varrho A h \vec{v}$$

in sich. Das Problem des Begriffes „repräsentativ" besteht in der Größe der Betrachtungs-grundfläche A. Umfasst sie weite Meeresoberflächen, dann ist der Wasserstand dort natürlich sehr unterschiedlich. Also sollte die Grundfläche A möglichst klein sein und idealerweise gegen null gehen, denn dann hat die Wassertiefe h einen wohldefinierten Wert.

Im Rest dieses Kapitels wollen wir uns auf tiefengemittelte horizontale Betrachtungen beschränken und lassen den Mittlungsbalken über der Geschwindigkeit nun weg. Somit wird eine Impulsänderung in der Wassersäule

$$\frac{\partial \vec{I}}{\partial t} = \varrho A \frac{\partial \vec{v} h}{\partial t} = -\varrho g A h \operatorname{grad} z_S$$

entweder durch eine Änderung der Geschwindigkeit oder der Wassertiefe bemerkbar sein. In den letzten beiden Teilen der Gleichungskette wurde davon ausgegangen, dass auch die Wasserspiegelgradienten über eine hinreichend kleine Wassersäule konstant sind; sie wurden also vor das Integral gezogen. Schließlich hat die Wassersäule das Volumen Ah.

Es folgt unsere Impulsbilanz für dieses Kapitel:

$$\frac{d(\vec{v} h)}{dt} = -g h \operatorname{grad} z_S.$$

Das Minuszeichen führt dazu, dass eine Kraft in die Richtung der fallenden Wasserober-fläche wirkt.

Das System aus Massenbilanz und den beiden Impulsgleichungen in x- und y-Richtung ist nun in dem Sinne vollständig, als dass wir drei Gleichungen für die drei Unbekann-ten $\vec{v}$ und h zur Verfügung haben, die wir nun lösen wollen. Allerdings sind diese drei Differentialgleichungen ineinander verschränkt, weil die Lage der Wasseroberfläche z_S in den Impulsgleichungen benötigt, selbst aber durch die Massenbilanz bestimmt wird. Und umgekehrt benötigt man in der Massenbilanz die Geschwindigkeiten, die durch die Impuls-bilanzen bestimmt werden. Man benötigt also sehr aufwendige iterative Lösungsverfahren.

5.4 Die Wellengleichung

Glücklicherweise lässt sich dieses gekoppelte Differentialgleichungssystem aber noch ent-koppeln, wodurch wir eine eigene Differentialgleichung für die Wasseroberfläche erhalten. Wenn wir im Folgenden weitere physikalische Prozesse berücksichtigen, ist diese einfache Entkopplung dann aber nicht mehr möglich.

Dazu leiten wir die Massenbilanz einmal nach der Zeit ab, um sie dann mit den Impuls-gleichungen verbinden zu können:

$$\frac{\partial^2 z_S}{\partial t^2} + \operatorname{div}\left(\frac{\partial \vec{v}h}{\partial t}\right) = 0.$$

Dabei wurde die Wassertiefe h in der Zeitableitung durch die Wasseroberfläche z_S ersetzt. Dies ist deswegen nicht falsch, weil der Boden z_B keinen (oder nur sehr geringen) zeitlichen Änderungen unterworfen ist.

Damit steht unter der Divergenz genau die linke Seite der Impulsgleichung, die wir nun also hier substituieren können:

$$\frac{\partial^2 z_S}{\partial t^2} - \operatorname{div}\left(gh\,\operatorname{grad} z_S\right) = 0.$$

Diese Gleichung ist die Grundgleichung der Theorie der Oberflächenwellen unter dem Einfluss der Erdschwere. Man muss sie numerisch lösen, kann sie aber auch unter gewissen Vereinfachungen analytisch lösen. Dies wollen wir zunächst einmal tun.

5.4.1 Die Theorie der Flachwasserwellen

Dazu betrachten wir ein kanalartiges, eindimensionales Gewässer, welches sich nur in x-Richtung erstreckt:

$$\frac{\partial^2 z_S}{\partial t^2} - \frac{\partial}{\partial x}\left(gh\frac{\partial z_S}{\partial x}\right) = 0.$$

Der zweite Term dieser Gleichung enthält mit dem Produkt der Wassertiefe und der Neigung der freien Oberfläche einen nichtlinearen Term, der mathematisch große Schwierigkeiten bereitet. Bei der Anwendung der Produktregel entsteht aus ihm das Produkt der Ableitungen von Wasserstand h und der freien Oberfläche z_S, also das Produkt zweier kleiner Ausdrücke,

$$\frac{\partial}{\partial x}\left(gh\frac{\partial z_S}{\partial x}\right) = g\frac{\partial h}{\partial x}\frac{\partial z_S}{\partial x} + gh\frac{\partial^2 z_S}{\partial x^2} \simeq gh\frac{\partial^2 z_S}{\partial x^2},$$

welches deshalb vernachlässigt wird:

$$\frac{\partial^2 z_S}{\partial t^2} - gh\frac{\partial^2 z_S}{\partial x^2} = 0.$$

Diese Gleichung bezeichnet man in der mathematischen Physik auch als Wellengleichung. Warum dies so ist, wollen wir in einem Exkurs untersuchen.

5.4.2 Wellenfunktion und Wellengleichung

Eine Welle ist eine sich im Raum fortbewegende harmonische Funktion. Sie besitzt also eine räumliche und eine zeitliche Abhängigkeit, die durch die mathematische Funktion (Abb. 5.9)

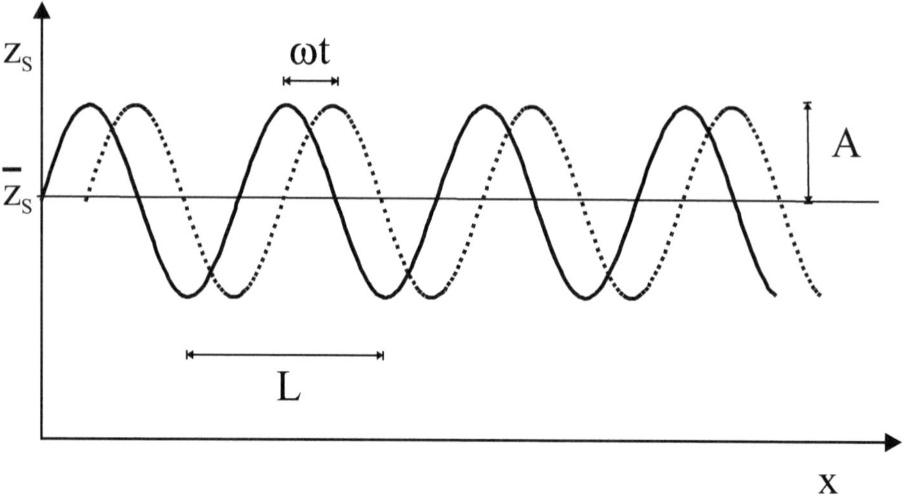

Abb. 5.9 Grundbegriffe zur Wellenfunktion: Amplitude A, Wellenlänge L, Phasenverschiebung ωt

$$z_S(x, t) = \overline{z_S} + A \sin\left(kx - \omega t\right) \tag{5.4}$$

dargestellt werden kann. Dabei benennen wir die Welle mit z_S, da wir im Folgenden wellenförmige Bewegungen der Wasseroberfläche z_S betrachten werden.

Zu jedem festgehaltenen Zeitpunkt, also etwa $t = 0$, handelt es sich um eine Sinusfunktion, die mit der Amplitude A um den mittleren Wert $\overline{z_S}$ pendelt. Ihre Wellenlänge ist

$$L = \frac{2\pi}{k},$$

was man schnell dadurch bestätigen kann, dass dieser Zusammenhang sich nach der sogenannten Wellenzahl k auflösen und in die Sinusfunktion einsetzen lässt:

$$z_S(x) = \overline{z_S} + A \sin\left(\frac{2\pi}{L}x\right).$$

Somit beschreibt die Wellenzahl k die Anzahl der Wellen auf der Länge 2π.

Umgekehrt ist eine Welle an einem festen Ort (etwa x = 0) eine Schwingung

$$z_S(t) = \overline{z_S} + A \sin\left(-\omega t\right),$$

deren Periode durch

$$T = \frac{2\pi}{\omega}$$

gegeben ist. Eine Welle bewegt sich also in einer Periode T um eine Wellenlänge L voran. Die hiermit verbundene Geschwindigkeit bezeichnet man als Phasengeschwindigkeit c:

$$c := \frac{L}{T}.$$

Halten wir uns vor Augen, dass die Funktion $\sin(kx - \phi)$ gegenüber der Funktion $\sin(kx)$ einfach um den Betrag ϕ auf der x-Achse nach rechts verschoben ist, dann sieht man leicht ein, dass die Zeit t in $\sin(kx - \omega t)$ dieselbe einfach zunehmend nach rechts verschiebt.

Die Wellenfunktion erfüllt zudem unsere soeben hergeleitete Differentialgleichung

$$\frac{\partial^2 z_S}{\partial t^2} - c^2 \frac{\partial^2 z_S}{\partial x^2} = 0, \tag{5.5}$$

die man deshalb auch als Wellengleichung bezeichnet. Anstelle der Lage der Wasseroberfläche z_S können in anderen Bereichen der angewandten mathematischen Physik hier andere schwingungsfähige Größen stehen. Bei den elektromagnetischen Wellen sind dies die elektrische und die magnetische Feldstärke und bei elastischen Wellen die Verschiebung. Ansonsten ist die Form der Wellengleichung aber immer gleich: Sie besagt, dass die Beschleunigung der Wasseroberfläche proportional zur 2. Ableitung nach den Raumkoordinaten ist.

Setzt man die Wellenfunktion in die Wellengleichung ein, dann bekommt man mit der sogenannten Dispersionsbeziehung eine zweite Beziehung für die Phasengeschwindigkeit:

$$\omega^2 - c^2 k^2 = 0 \quad \text{bzw.} \quad c = \frac{\omega}{k}. \tag{5.6}$$

Somit ist c die Phasengeschwindigkeit der Welle, also die Geschwindigkeit, mit der sich z. B. der Wellenberg oder das Wellental in positiver x-Richtung fortbewegt.

Übung 26
Setzen Sie die Funktion (5.4) in die Gl. 5.5 ein und beweisen Sie, dass damit die Dispersionsbeziehung (5.6) gilt.

5.4.3 Die Ausbreitungsgeschwindigkeit von Flachwasserwellen

Aus dem Vergleich der Wellengleichung für Flachwasserwellen mit ihrer Grundform der mathematischen Physik bekommt man die Dispersionsbeziehung:

$$c = \sqrt{gh}.$$

Flachwasserwellen laufen also umso schneller, je tiefer das Wasser ist. So hat eine Tidewelle in 10 m tiefem Wasser eine Fortpflanzungsgeschwindigkeit von etwa 10 m/s. Dies bedeutet, dass die Eintrittszeitendifferenz des Tidehochwassers an zwei 1 km voneinander entfernten Orten etwa 1 min 40 s ist. Dies bedeutet aber nicht, dass die Strömungsgeschwindigkeit des Wassers 10 m/s ist.

Tab. 5.1 Position verschiedener Weserpegel und Eintrittszeiten von Hoch- und Niedrigwasser bezogen auf den Pegel Bremerhaven Alter Leuchtturm

Pegel	Breite	Länge	HW (min)	NW (min)
Nordenham	53°28′	8°29′	+20	+19
Brake	53°19′	8°29′	+47	+67
Elsfleth	53°16′	8°29′	+60	+86

Kann man nun die genannte Formel dazu verwenden, Eintrittszeiten von Tidehoch- oder Niedrigwasser an der Küste aus der Propagation (d. h. Fortbewegung von Wellen) der Tidewelle zu berechnen? Leider ist dies in der Praxis nicht so leicht möglich: Im Gezeitenkalender des Bundesamts für Seeschifffahrt und Hydrographie werden die Eintrittszeiten von Tidehoch- und Tideniedrigwasser jeweils für das folgende Kalenderjahr veröffentlicht. Dabei werden die Eintrittszeiten täglich für bestimmte Bezugsorte angegeben. Der Leser kann sich dann selbst für andere Orte durch die angegebenen Zeitdifferenzen die entsprechenden Eintrittszeiten bestimmen (Tab. 5.1).

Wir wollen die im Gezeitenkalender gemachten Angaben mithilfe der Phasengeschwindigkeitsformel für Tidewellen analysieren. Die Pegel Nordenham und Elsfleth liegen relativ genau auf der Nord-Süd-Achse und haben einen Abstand von 12 arcmin, was 12 sm (1 sm = 1852 m) bzw. 22,2 km entspricht. Für das Hochwasser ist die Eintrittszeitendifferenz 40 min, woraus sich eine Wassertiefe von $h = 8{,}74$ m bestimmen lässt.

Bei Niedrigwasser ist die Eintrittszeitendifferenz zwischen diesen beiden Pegeln 67 min und somit die Wassertiefe nur $h = 3{,}11$ m. Das Hochwasser hat also eine größere Propagationsgeschwindigkeit als das Niedrigwasser, da es sich über einer größeren Wassertiefe ausbreitet.

Tatsächlich stimmen die so bestimmten Werte aber nicht mit der Realität überein. Die mittlere Wassertiefe liegt zwischen den zwei genannten Pegeln bei etwa 10 m. Die Ursache dieser Fehlkalkulation liegt darin, dass im Ästuar der Weser sich die einlaufende Tidewelle mit einer reflektierte Welle überlagert wird. Wir kommen hierauf aber noch zurück.

Übung 27

Bestimmen Sie die für die Ausbreitung der Tidewellen relevanten theoretischen Wassertiefen für das Hoch- und das Niedrigwasser in der Weser zwischen Brake und Elsfleth.

5.4.4 Die Länge von Tidewellen

Aus der Dispersionsbeziehung folgt für die Wellenlänge L einer Tidewelle:

$$\omega^2 - ghk^2 = 0 \quad \Rightarrow \quad L = \frac{2\pi}{k} = \sqrt{gh}\,\frac{2\pi}{\omega} = \sqrt{gh}\,T.$$

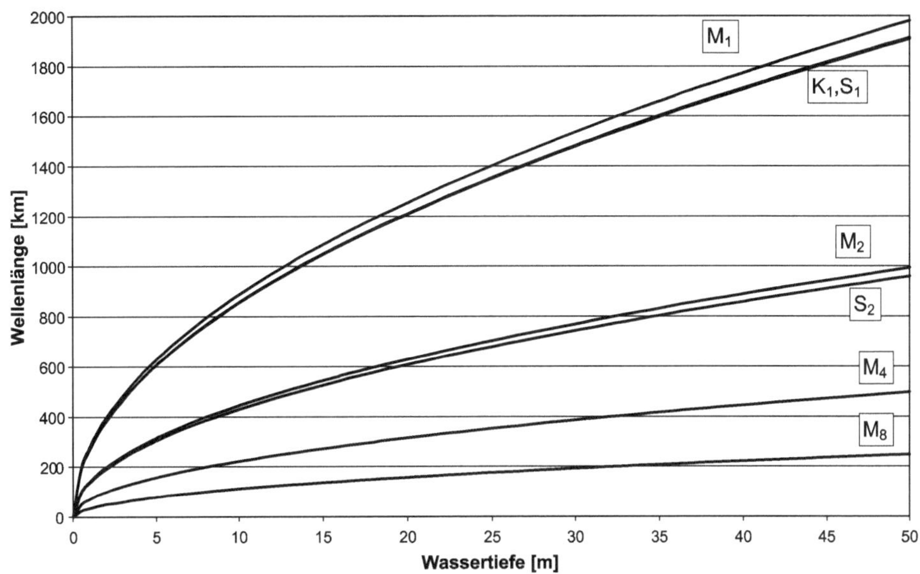

Abb. 5.10 Die Wellenlänge einiger Partialtiden in Abhängigkeit von der Wassertiefe

Sie steigt also mit der Quadratwurzel der Wassertiefe. Dieser Zusammenhang ist in Abb. 5.10 für die wichtigsten Partialtiden dargestellt. Man sieht, dass Tidewellen tatsächlich wesentlich länger als das Wasser tief sind und man sie somit als ideale Flachwasserwellen bezeichnen kann.

Die Ergebnisse der Flachwassertheorie der Tidewellen für die Ausbreitungsgeschwindigkeit und Wellenlänge wurden unter der Annahme einer einzigen Ausbreitungsrichtung und homogener Verhältnisse transversal zu dieser gemacht. Reale Küstengewässer sind natürlich geometrisch viel komplexer strukturiert. Wir wollen am Beispiel der Nordsee untersuchen, ob die Ergebnisse dennoch zutreffend sind und sich der theoretische Aufwand gelohnt hat.

Der Abb. 5.1 kann man entnehmen, dass sich die aus dem Ärmelkanal kommende Tidewelle von diesem bis in die Deutsche Bucht erstreckt. Es ist nun schwierig abzuschätzen, welchen Weg über welche Wassertiefen die Welle dabei genau nimmt. Das ist allerdings auch nicht erforderlich: Der Hauptanteil der Tideamplitude ist die M_2-Partialtide, die bei 30 und 40 m Wassertiefe eine Länge von 700 bis 900 km hat. Dies entspricht in etwa der genannten Entfernung auf dem Seeweg vom Ärmelkanal nach Cuxhaven, womit sich die dargestellte Theorie bewahrheitet.

Übung 28

Schätzen Sie die Wellenlänge der M_2-Tidewelle in den großen Oezanbecken (Atlantik, Pazifik) ab. Nehmen Sie dazu vereinfacht eine Wassertiefe von 1000 m an. In welchem Verhältnis steht diese Wellenlänge zur Ausdehnung der Ozeanbecken?

5.4.5 Die Strömungsgeschwindigkeit unter Tidewellen

Nach dem Gezeitenwasserstand interessiert man sich in vielen Anwendungen auch für die mit der Tidewelle verbundene tiefengemittelte Strömungsgeschwindigkeit u. Setzt man die Lösung für die freie Oberfläche in die Impulsgleichung ein, dann bekommt die Impulsgleichung die folgende Form

$$\frac{\partial uh}{\partial t} = -gh\frac{\partial z_S}{\partial x} = -ghkA\cos(kx - \omega t)$$
$$= -g(\overline{h} + A\sin(kx - \omega t))kA\cos(kx - \omega t).$$

Im letzten Teil der Gleichung wurde auch die Variabilität des Wasserstandes über den Tidezyklus berücksichtigt. Der erste Teil der Gleichung verlangt nach einer Integration über die Zeit:

$$uh = \frac{Agk}{2\omega}\sin(kx - \omega t)(2\overline{h} + A\sin(kx - \omega t)).$$

Nach der Division durch die zeitabhängige Wassertiefe erhält man schließlich den folgenden Ausdruck für die Strömungsgeschwindigkeit unter einer Gezeitenwelle:

$$u(x, t) = \frac{A}{2}\sqrt{\frac{g}{h}}\sin(kx - \omega t)\frac{2\overline{h} + A\sin(kx - \omega t)}{\overline{h} + A\sin(kx - \omega t)}. \tag{5.7}$$

Dabei haben wir wieder die Dispersionsbeziehung $k \simeq \omega/\sqrt{g\overline{h}}$ verwendet.

Der zeitliche Verlauf von Wasserstand und Strömungsgeschwindigkeit ist in Abb. 5.11 dargestellt. Man sieht, dass Wasserstand und Strömungsgeschwindigkeit in Phase sind, d. h., bei Hoch- und Niedrigwasser treten jeweils die größten Strömungsgeschwindigkeiten auf.

Als weiteres Phänomen ist die Überhöhung der Strömungsgeschwindigkeiten bei Niedrigwasser im Vergleich zu den Strömungsgeschwindigkeiten bei Hochwasser zu erkennen. Dieses ist eine Konsequenz der Volumenkontinuität. Da bei Hochwasser dieselben Wassermengen wie bei Niedrigwasser transportiert werden müssen, muss die Strömungsgeschwindigkeit beim Niedrigwasser größer sein als beim Hochwasser. Damit ist das Phänomen umso markanter, je größer das Verhältnis der Tideamplitude A zur mittleren Wassertiefe $\overline{h}$ ist. In der Abbildung wurde dieses Verhältnis deshalb unrealistisch überhöht.

Wir wollen schauen, ob das Phänomen der Gleichphasigkeit von Wasserstand und Strömungsgeschwindigkeit auch in der Nordsee, dargestellt durch das Nordseemodell der Bundesanstalt für Wasserbau, zu beobachten ist.

Hierzu sind in den Abb. 5.1 und 5.2 auch die Strömungsgeschwindigkeiten als Vektoren dargestellt. Konzentriert man seine Aufmerksamkeit dabei auf die an der ostenglischen Küste von Norden einlaufende Tidewelle, so erkennt man im Tideniedrigwasserbereich (Abb. 5.1) nach Norden, d. h. entgegengesetzt zur Laufrichtung der Gezeitenwelle, gerichtete Strömungsgeschwindigkeiten. Im Tidehochwasserbereich, der vor England in Abb. 5.2 zu sehen

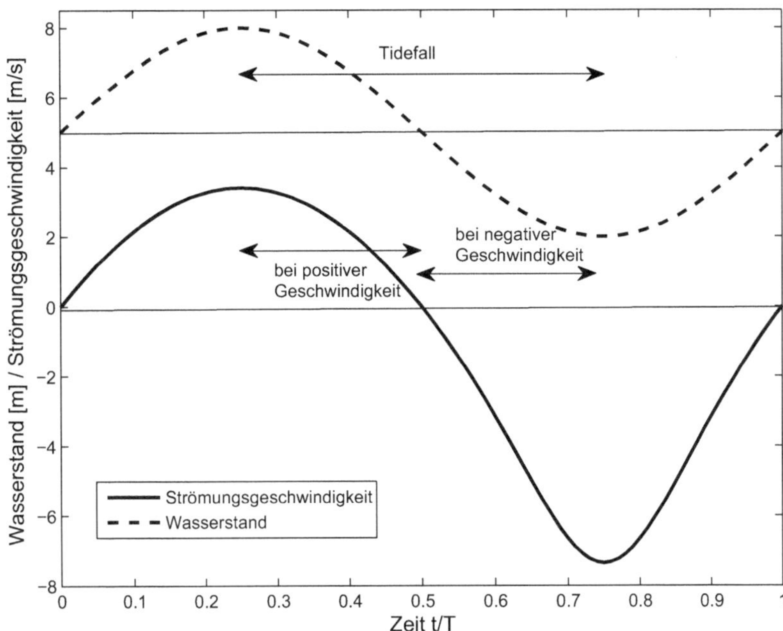

Abb. 5.11 Wasserstand und Strömungsgeschwindigkeit nach der Schwerewellentheorie unter einer Amplitude von 3 m über einer mittleren Wassertiefe von 5 m

ist, ist die Strömungsgeschwindigkeit in Laufrichtung der Gezeitenwelle, d. h. nach Süden, gerichtet. Die Flachwassertheorie der Gezeitenwellen kann deren Ausbreitungsgeschehen also qualitativ richtig prognostizieren.

Es sei hier allerdings angemerkt, dass spätere Verallgemeinerungen der Impulstheorie die Erkenntnis bringen werden, dass der Wasserstand und die Strömungsgeschwindigkeit eigentlich nicht in Phase sind. Als Ursache hierfür kann man den bisher nicht berücksichtigten Impulsfluss identifizieren.

5.4.6 Tidefall und Tidestieg

Wir wollen die mit dieser Wellenlösung verbunden Füll- und Entleerungsprozesse unter Tidewellen einmal genauer analysieren, denn hier treten noch einige Details auf, die erklärungsbedürftig sind.

Der **Tidestieg,** d. h. die Zeit zwischen dem Tideniedrig- und dem Tidehochwasser, weist eine Änderung des Vorzeichens der Strömungsgeschwindigkeit auf, obwohl der Wasserstand kontinuierlich steigt. Damit müssen zwei verschiedene Prozesse für das Ansteigen des Wasserstandes verantwortlich sein. Man versteht sie, wenn die tiefengemittelte

Kontinuitätsgleichung bei konstanter Breite mithilfe der Produktregel in der Form

$$\frac{\partial h}{\partial t} = -h\frac{\partial u}{\partial x} - u\frac{\partial h}{\partial x}$$

geschrieben wird. Der erste Term der linken Seite erhöht den Wasserstand dann, wenn eine örtliche Verminderung der Strömungsgeschwindigkeit vorliegt, wenn also in ein Kontrollvolumen mehr ein- als ausfließt. Er wirkt erst in der zweiten Hälfte des Tidestiegs, da hier die Strömungsgeschwindigkeit in Wellenausbreitungsrichtung weist und auch in diese Richtung abnimmt. In der ersten Hälfte des Tidestiegs steigt der Wasserstand, obwohl das Wasser entgegengesetzt zur Ausbreitungsrichtung fließt. Hier ist der zweite Term für den Tidestieg verantwortlich, da er die stromaufwärts liegenden höheren Wasserstände advektiv zum Betrachtungsort transportiert.

Die erste Hälfte des **Tidefalls** ist dann wieder durch das Herantransportieren des Wellentals geprägt, die zweite Hälfte durch eine tatsächliche Verminderung des Wasservolumens.

5.5   Die Entstehung von Flachwassertiden

Die im letzten Abschnitt berechnete Strömungsgeschwindigkeit u unter einer Gezeitenwelle kann man auch in eine Reihe entwickeln:

$$u(x,t) = A\sqrt{\frac{g}{h}}\left(\sin(kx - \omega t) - \frac{A}{4h}(1 - \cos(2kx - 2\omega t)) + ...\right).$$

Die Geschwindigkeit unter einer Gezeitenwelle enthält also ein Signal, welches die doppelte Frequenz des Ausgangsignals des Wasserstands besitzt. Löst man mit dieser Geschwindigkeit nun wieder die Kontinuitätsgleichung, dann bekommt auch der Wasserstand einen Anteil mit dieser doppelten Frequenz.

Diesen Prozess bezeichnet man ganz allgemein als **Periodenverdopplung.** Dabei ist das Signal der doppelten Frequenzen umso größer, je größer der Vorfaktor $\frac{A}{4h}$ ist, d. h., je flacher das Wasser gegenüber der Gezeitenamplitude ist. Daher bezeichnet man die durch Periodenverdopplung entstehenden zusätzlichen Tiden auch als Flachwassertiden, um sie von den astronomischen Tiden zu unterscheiden. Und ganz analog entsteht zur S_2-Gezeit die S_4-Gezeit.

Ist unsere Ausgangswelle die M_2-Gezeit, dann entsteht hieraus durch Periodenverdopplung die sogenannte M_4-Gezeit.

Die Periodenverdopplung hat ihre Ursache in Nichtlinearitäten in der das dynamische Verhalten bestimmenden Differentialgleichung. Nichtlinearitäten sind dabei ganz allgemein Terme, die ein Produkt der gesuchten Lösungsfunktionen h, u und v oder ein Produkt mit deren Ableitungen enthält. Sind diese periodisch, dann bekommen Produkte dieser periodischen Funktionen nach den trigonometrischen Additionstheoremen Anteile mit doppelten Frequenzen.

Die vollständigen Gesetze der tiefenintegrierten Strömung enthalten aber noch weitere nichtlinearen Terme in der Impulsgleichung, die Periodenverdopplungen produzieren. Diese sind die advektiven Terme und die Sohlschubspannung.

Bricht man die Reihenentwicklung nicht nach dem ersten Term ab, so bleiben weitere Vielfache der Grundfrequenz im Geschwindigkeitssignal erhalten und prägen sich auch im Wasserstandssignal ein. So entstehen aus der M_2- die M_6- und aus der S_2- die S_6-Partialtiden.

5.6   Partialtidenverhältnisse in der Deutschen Bucht

Wendet man die Partialtidenanalyse auf die an einem Pegel gewonnenen Wasserstandsmessdaten an, dann bekommt man die Amplituden und Phasenverschiebungen der Partialtiden an diesem einen Ort. Ein wesentlich aussagekräftigeres Bild erhält man, wenn man die Partialtidenanalyse auf die Ergebnisse eines numerischen Simulationsmodells, etwa der Deutschen Bucht, anwendet. Da ein solches Modell die Wasserstandsentwicklung an jedem Berechnungsknoten und damit flächenhaft über das gesamte Modellgebiet kennt, kann man nach der Partialtidenanalyse aller Knotenwasserstandszeitreihen ein flächenhaftes Bild von den Amplituden und Phasenverschiebungen der Partialtiden bekommen.

So sind die Abb. 5.12 bis 5.15 aus dem Nordseemodell der Bundesanstalt für Wasserbau [88] entstanden. Sie zeigen die Amplitude der einzelnen Partialtiden farbig. So hat die K_1-Gezeit z. B. im Bereich von Helgoland eine Amplitude von etwa 10 cm.

Ein Vergleich der jeweiligen Farblegenden zeigt, dass die M_2-Gezeit dabei die größte Amplitude besitzt. Ihr folgen der Reihe nach die S_2-, dann die K_1- und die O_1- und schließlich die M_4- und M_6-Gezeit. Des Weiteren zeigen die Abbildungen auch, dass die Gezeiten eine Flachwassererscheinung sind: So steigt die Amplitude am küstenfernen linken oberen Bildrand der Abb. 5.13 von 0,4 m in Küstennähe auf über 1,6 m an. Die Ursache für diesen Effekt werden wir im Kap. 12 analysieren.

In den Abbildungen enthalten sind neben den Amplituden auch die Phasen der Partialtiden (bezogen auf einen einheitlichen Zeitpunkt), deren Bedeutung sich erst mit der Betrachtung der Tide als Welle erschließt. Wir wollen das Lesen dieser wichtigen Angabe üben.

Da ein Großkreis der Erde von 360° einem Zeitraum von 24 h entspricht, stellen die im Abstand von 7,5° dargestellten Phasenisolinien Zeitdifferenzen von 30 min dar. Schauen wir uns nun die 0°-Isolinie der K_1-Gezeit an, die die Insel Juist touchiert, und stellen uns vor, dass sie den Maximalwert dieser Gezeit repräsentiert. Dann nimmt die K_1-Gezeit diesen Maximalwert 30 min später am Strand von Langeroog und eine Stunde später an der Ostspitze von Wangerooge an. Je größer der Abstand der Phasenisolinien also ist, umso schneller läuft die einzelne Partialtidenwelle.

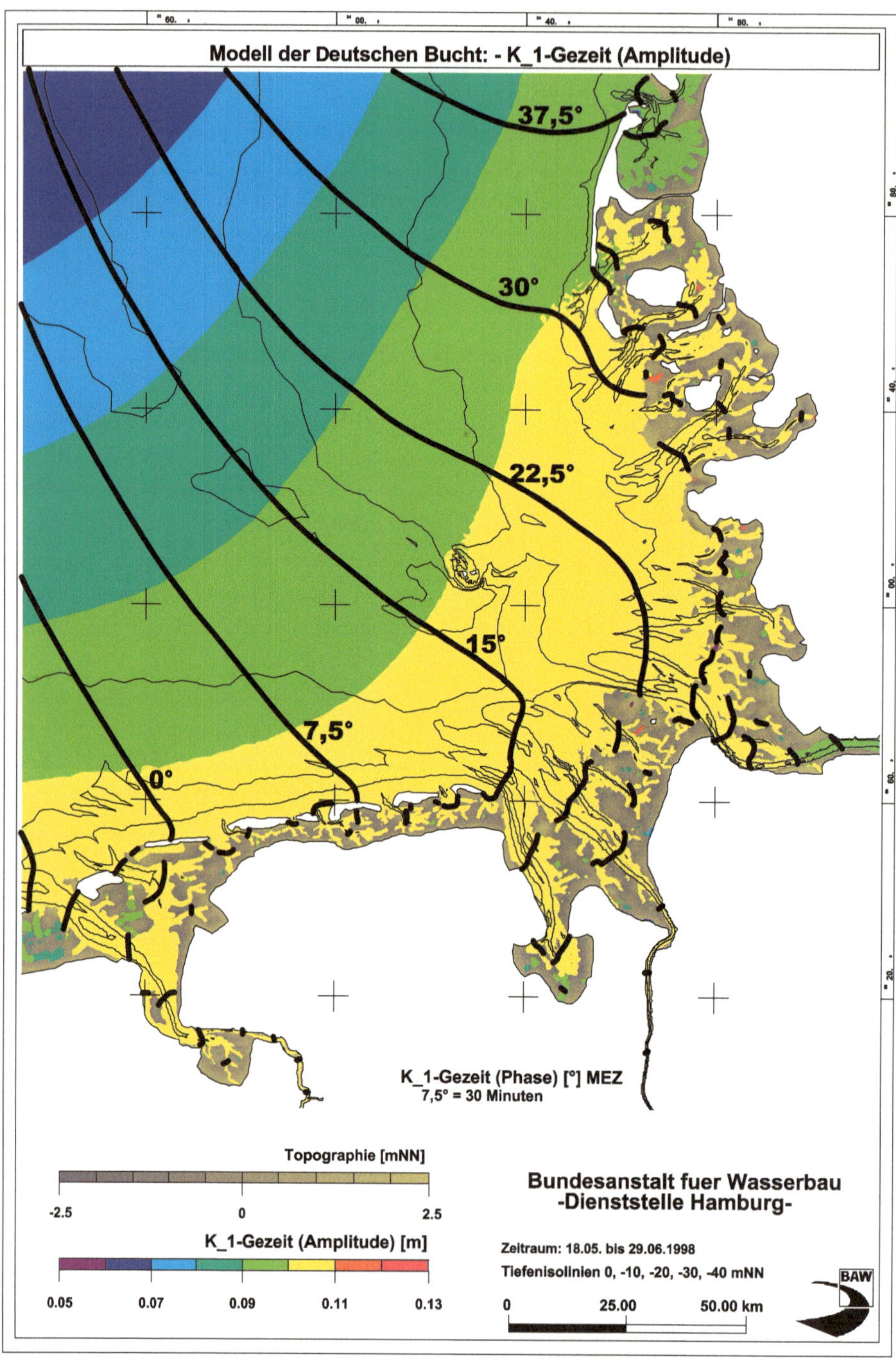

Abb. 5.12   Amplitude und Phase der K_1-Gezeit nach dem Nordseemodell [88]. (Quelle: BAW)

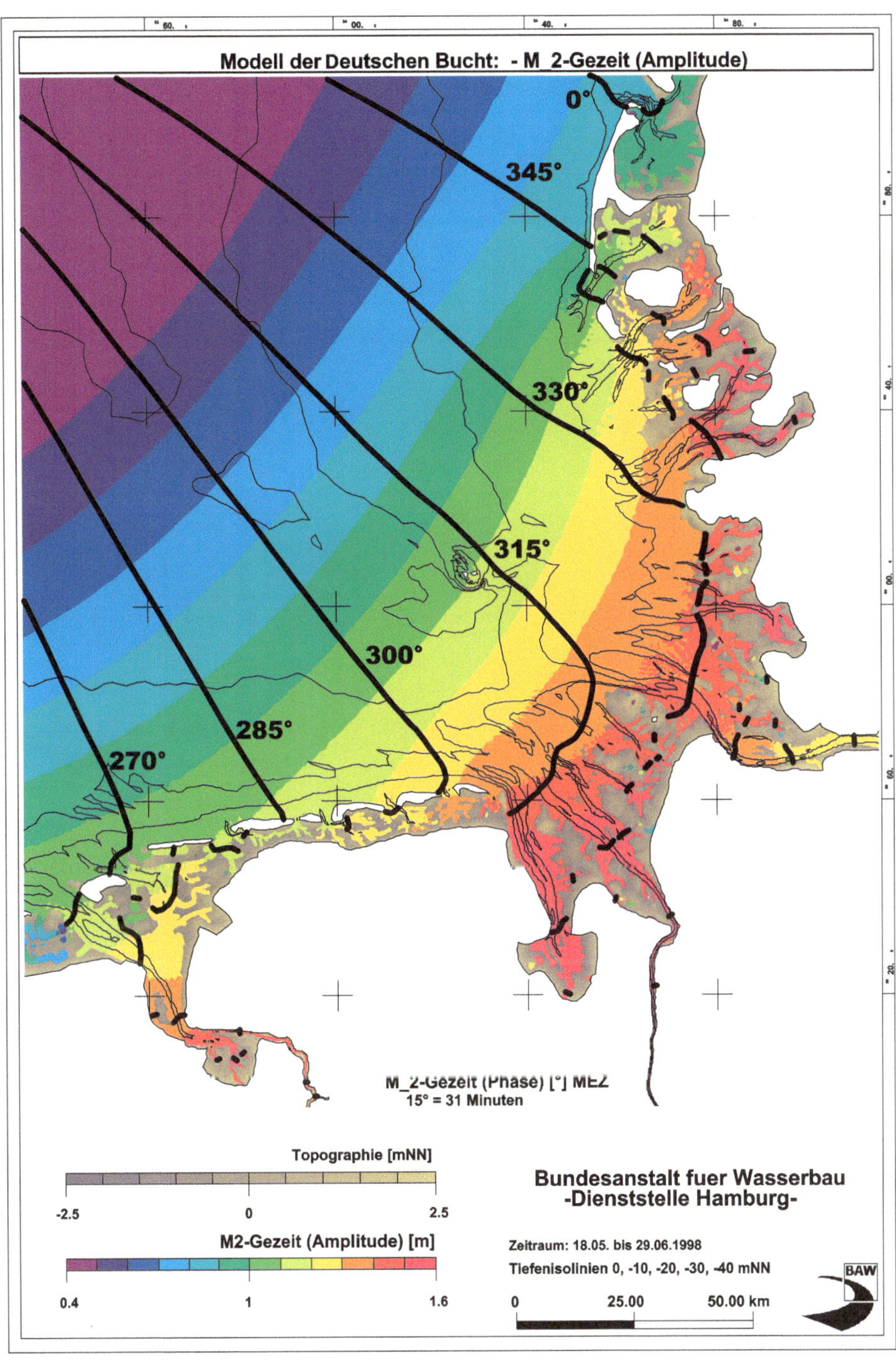

Abb. 5.13   Amplitude und Phase der M_2-Gezeit nach dem Nordseemodell [88]. (Quelle: BAW)

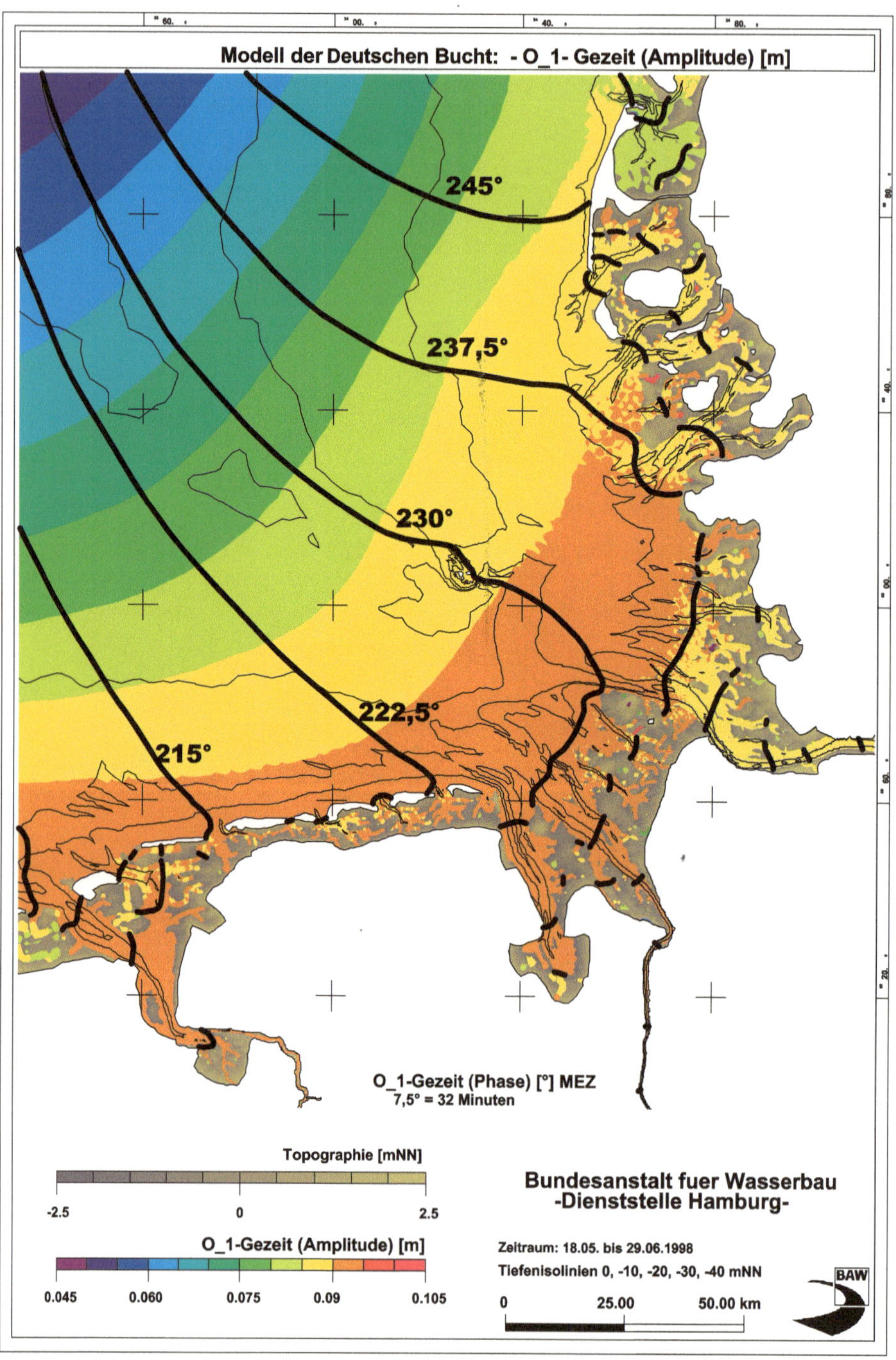

Abb. 5.14   Amplitude und Phase der O_1-Gezeit nach dem Nordseemodell [88]. (Quelle: BAW)

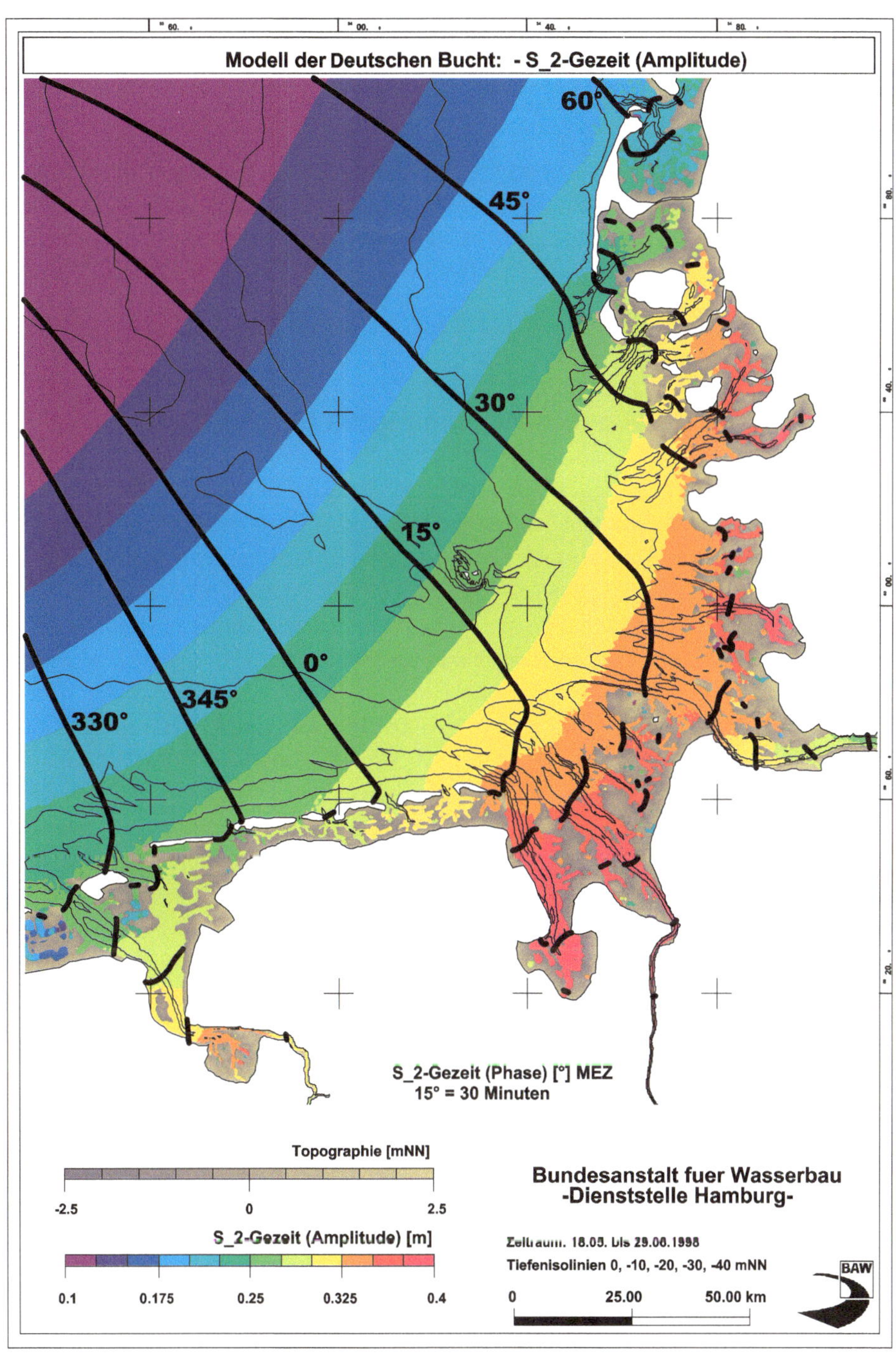

Abb. 5.15 Amplitude und Phase der S_2-Gezeit nach dem Nordseemodell [88]. (Quelle: BAW)

Damit entnimmt man der Abb. 5.12 aber auch, dass die K_1-Tidewelle im flachen, küstennahen Wasser schneller als im tiefen Wasser zu sein scheint. Dies steht allerdings im offensichtlichen Widerspruch zu den Ergebnissen des Abschn. 5.4.3, in dem wir herausgefunden haben, dass die Tidewelle im tiefen Wasser schneller als im flachen Wasser ist. Dieser Widerspruch kann durch die korrekte Berücksichtigung der Ausbreitungsrichtung aufgelöst werden: Tatsächlich breitet sich die K_1-Welle im tiefen Wasser mit der Geschwindigkeit $\sqrt{gh}$ aus und läuft von dort aus senkrecht zur Küste in die flacheren Gewässer ein. Das Tidesignal breitet sich hier also nicht parallel zu Küste aus (Abb. 5.14 und 5.15).

5.7   Von der Gezeitenbeschleunigung zur Gezeitenwelle

Die periodisch anschwellenden und abnehmenden, durch die Bewegungen von Sonne, Erde und Mond induzierten Gezeitenbeschleunigungen sind mit Kräften verbunden, die auf die Atmosphäre, die Ozeane und die feste Erde wirken. In der Atmosphäre verursachen sie periodische Druckschwankungen, die man als **atmosphärische Gezeiten** bezeichnet. Die feste Erde reagiert auf die Gezeitenkräfte mit winzigen, elastischen Verformungen, die man als **Erdgezeiten** bezeichnet. In den Ozeanen werden Strömungen und Wasserstandsänderungen induziert, die mit den Phänomenen Ebbe und Flut an den Küsten verbunden sind. Das Zustandekommen und die Eigenschaften dieser **Ozeangezeiten** sollen uns nun ganz grundlegend beschäftigen. Die Grundgleichungen der Strömungsmechanik werden dazu um die astronomischen Gezeitenbeschleunigungen erweitert.

Mit diesen Gleichungen wären wir nun in der Lage, die Entstehung von Tidewellen auch mathematisch erfassen. Kann eine solche Theorie die realen Verhältnisse in den Ozeanen tatsächlich reproduzieren? Die Antwort lautet ja, man muss in einem numerischen Simulationsmodell (in Kugelkoordinaten) die Topographie der gesamten Weltmeere abbilden und darin die gezeitenerzeugenden Kräfte möglichst vollständig berücksichtigen. Es zeigt sich dann, dass die im Vergleich zu den anderen geophysikalischen Kräften sehr geringen gezeitenerzeugenden Kräfte tatsächlich in der Lage sind, die in den Meeren befindlichen Wassermassen zum Schwingen zu bringen.

Die Laplace'schen Gezeitengleichungen

In der Einleitung wurde etwas suggestiv behauptet, dass die Abb. 5.1 und 5.2 die Strömungsgeschwindigkeiten in der Nordsee darstellen. Dies gilt es ein wenig zu konkretisieren. Tatsächlich ist die Geschwindigkeit z. B. am Boden wesentlich kleiner als in der Mitte der Wassersäule oder an der Wasseroberfläche. Sie kann sogar dort durch die Wirkung des Windes in eine andere Richtung weisen als in den tieferen Schichten. Die in den Abbildungen dargestellten Geschwindigkeiten sind – genauer gesagt – nur die Mittelwerte der Strömungsgeschwindigkeiten über die vertikale Wassersäule zwischen dem Boden und der aktuellen Wasseroberfläche.

In vielen praktischen Anwendungen reicht es, das Tiefenmittel der Geschwindigkeit zu kennen, und wir wollen ihre West-Ost-Komponente mit u und ihre Süd-Nord-Komponente mit v bezeichnen. Ein mathematisches Modell, welches nur diese tiefengemittelten Geschwindigkeiten bestimmen kann, bezeichnet man daher auch als tiefengemitteltes Modell.

Die Abbildungen zeigen die Wasserstände und die Vektoren der Strömungsgeschwindigkeiten in der als Ebene aufgespannten Nordsee zu verschiedenen Zeitpunkten. Die hydrodynamischen Größen sind also Funktionen der West-Ost-Richtung x, der Nord-Süd-Richtung y und der Zeit t. Ein hydrodynamisch-numerisches Modell der Nordsee muss also Lösungen für

- die tiefengemittelte Ost-West-Geschwindigkeit $u(x, y, t)$,
- die tiefengemittelte Süd-Nord-Geschwindigkeit $v(x, y, t)$ und
- die Wassertiefe $h(x, y, t)$ oder die Lage der Wasseroberfläche $z_S(x, y, t)$

produzieren.

Wellengleichung mit Gezeitenkräften

Wir wollen nun in der schon hergeleiteten Wellengleichung auch die Gezeitenkräfte in einer allgemeinen Form berücksichtigen. Dazu bekommt die Impulsbilanz für die Wassersäule zunächst einmal die Form:

$$\frac{d\vec{u}h}{dt} = -gh\,\mathrm{grad}\,z_S + h\vec{a}_T.$$

Damit bekommen wir das auch als Laplace'sche Gezeitengleichungen bezeichnete System:

$$\frac{\partial\vec{u}h}{\partial t} = gh\,\mathrm{grad}\,z_S \mid h\vec{a}_T \tag{5.8}$$

$$\frac{\partial h}{\partial t} + \mathrm{div}\,(\vec{u}h) = 0.$$

Beide Gleichungen enthalten wieder Wasserstand und Strömungsgeschwindigkeit. Wie in der Theorie der Schwerewellen können wir die eine reine Gleichung für den Wasserstand dadurch gewinnen, dass wir die Kontinuitätsgleichung nach der Zeit ableiten und in den Divergenzterm die Impulsgleichung einsetzen:

$$\frac{\partial^2 z_S}{\partial t^2} = \mathrm{div}\,(gh\,\mathrm{grad}\,z_S - h\vec{a}_T).$$

Auch hier haben wir wieder angenommen, dass sich die Wassertiefe h genau dann ändert, wenn sich auch die Wasserspiegellage z_S verändert.

Gezeitenwellen in sphärischen Koordinaten

Die Gezeitenwellengleichung lautet in sphärische Koordinaten umgeschrieben:

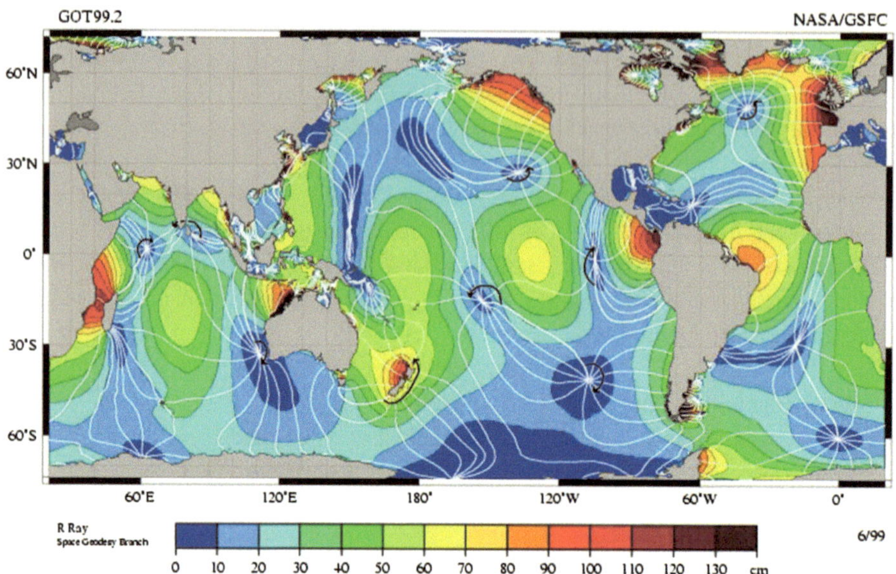

Abb. 5.16 Amplitude der M_2-Gezeit nach Satellitenbeobachtungen der NASA. Die weißen Linien beschreiben Eintrittszeitdifferenzen von jeweils 1 h. Diese Linien laufen an den sogenannten Amphidromien zusammen, wo auch die Laufrichtung der Gezeitenwelle durch einen runden Pfeil dargestellt ist

$$\frac{\partial^2 z_S}{\partial t^2} - \frac{gh}{r^2 \cos\phi}\left[\frac{\partial}{\partial\phi}\left(\cos\phi\frac{\partial z_S}{\partial\phi}\right) + \frac{1}{\cos\phi}\frac{\partial^2 z_S}{\partial\lambda^2}\right] = -\frac{h}{r}\frac{\partial a_{T\phi}}{\partial\phi} - \frac{h}{r\cos\lambda}\frac{\partial a_{T\lambda}}{\partial\lambda}.$$

Die Lösung dieser Gleichung erfordert Anfangsbedingungen für die Wasseroberfläche. Hier kann man ganz einfach annehmen, dass diese anfänglich über die ganze Erdkugel bei $z_S = 0$ liegt. So würde man mit gezeitenfreien Weltmeeren starten und die Entwicklung der Gezeitenwellen ab initio mitverfolgen können. Eine solche Simulation würde allerdings viel zu lange dauern, da die gezeitenerzeugende Kraft so gering ist, und die heutigen Gezeitenwellen das Ergebnis eines sehr langen Prozesses sind (Abb. 5.16).

Das Eigenwertproblem

Eine Alternative besteht darin, die Harmonizität der Gezeitenwellen gleich vorauszusetzen und den Ansatz

$$z_S(\lambda, \phi, t) = \sum_k A_k(\lambda, \phi)e^{i\omega_k t}$$

zu machen, wobei ω_k die Kreisfrequenzen sind, nach denen sich das Gezeitenpotential entwickeln lässt. Hat dieses die Darstellung

$$-\frac{h}{r}\frac{\partial a_T}{\partial\phi} - \frac{h}{r\cos\lambda}\frac{\partial a_T}{\partial\lambda} = \sum_k B_k(\lambda, \phi)e^{i\omega_k t},$$

dann kann man die Wellengleichung in die einzelnen Partialtidenanteile zerlegen

$$-\omega_k^2 A_k - \frac{gh}{r^2 \cos\lambda}\left[\frac{\partial}{\partial\phi}\left(\cos\lambda\frac{\partial A_k}{\partial\phi}\right) + \frac{\partial}{\partial\lambda}\left(\frac{1}{\cos\lambda}\frac{\partial A_k}{\partial\lambda}\right)\right] = B_k(\lambda,\phi)e^{i\omega_k t}.$$

womit man je eine Bestimmungsgleichung für die Amplituden der einzelnen Partialtiden bekommt.

Alle diese Rechnungen sind analytisch extrem kompliziert und können daher hier nur skizziert werden. Das Ergebnis eines solchen Eigenwertmodells sollte dann natürlich für die M_2-Gezeit die Abb. 5.16 sein.

5.8 Zusammenfassung

Die Gezeiten entstehen durch die Propagation einer langen Welle kleiner Amplitude in flachem Wasser. Ihre zeitlichen Variationen von Wasserstand und Geschwindigkeit setzen sich aus der Linearkombination der einzelnen Partialtiden zusammen, die jeweils als Flachwasserwellen beschreibbar sind.

Tidewellen werden durch die gezeitenerzeugenden Kräfte auf den Weltmeeren angeregt. Ihre Amplitude ist in den tiefen Ozeanen sehr gering, die hohen Tidehübe entstehen erst, wenn die Wellen die flachen Küstengewässer erreichen. Ebbe und Flut bzw. Hoch- und Niedrigwasser sind daher ein Prozess, der in Küstengewässern markant ist und sie von anderen Gewässern unterscheidet.

Die Ausbreitungsgeschwindigkeit der Tidewellen entspricht der Wurzel aus dem Produkt von Gravitationsbeschleunigung und Wassertiefe, sie breiten sich also umso schneller aus, je tiefer das Wasser ist.

Die Länge der Gezeitenwellen hängt von der Wassertiefe und ihrer Frequenz ab; sie kann mehrere hundert Kilometer umfassen.

Der Begriff Ästuar entstammt dem lateinischen Wort *aestuare,* was soviel wie „kochen"
im Sinne von „schäumen" oder „brodeln" bedeutet. Johannes Polenis 1717 erschienenes
Werk „De Motu aquae mixto" [90] soll hauptsächlich von Ästuaren handeln, die er in der
Einleitung folgendermaßen beschreibt:

In diesem Buch, in dem ich als das ergiebigste Beispiel für mein Thema die Ästuare von Venedig beschrieb, habe ich manches über die sorgsame Arbeit der Menschen, über Fischbecken,
die Kräfte von Maschinen, über Küstenbefestigung und anderes eingeflochten, wobei ich vor
allem bestrebt war, die Gemischte Bewegung des Wassers von Ästuaren, Strömen und Kanälen
nach besten Kräften zu erklären. Denn mir schien ohne weiteres, dass auf diese Weise klar
werden würde, wie erstens der Schmutz, der das Wasser verunreinigt, sich aus der Gemischten
Bewegung heraus auf dem Grund der Ästuare bald leichter, bald unter größeren Schwierigkeiten ablagern kann, wie zweitens die Bewegung des Wassers über den vorhandenen Grund
von Ästuaren sich von der Gemischten Bewegung in Zuläufen aus dem offenen Meer und
in Kanälen unterscheidet, außerdem welches Verhältnis zwischen besseren und schlechteren
Ästuaren besteht. Und da zu beweisen wichtig ist, dass alle mit Ebbe und Flut zurücklaufenden
Flüsse in Gemischter Bewegung ins Meer strömen, und dass sie den Kies nicht gut aufhalten
können, den das die Küste umspülende Wasser in die venetischen Ästuare hineinspült, bin ich
auch dieser Fragestellung forschend nachgegangen und habe die Gelegenheit genutzt, anhand
aus der Gemischten Bewegung gewonnener Gründe zu beweisen, dass die Behauptung, die
Breite einer Flussmündung habe gering zu sein, sehr oft nicht zutrifft, so sehr man sie auch
gewöhnlich als eine gesicherte und feststehende Tatsache betrachtet. Ich habe auch das Thema
von Wehren, die man in Flussmündungen und den Zuflüssen von Ästuaren vom offenen Meer
her und an anderen Orten nach Belieben anbringen und entfernen kann, behandelt und sorgfäl-
tig dargestellt, mit welchen Baumaßnahmen man Ströme und Ästuare inwiefern unterstützen
kann. Dadurch kam ich zu der Überzeugung, darlegen zu müssen, dass man ohne die Kenntnis
der Gemischten Bewegung nicht festlegen kann, ob man Flüsse zu recht von den Ästuaren
weggeleitet hat oder nicht, und deshalb habe ich einige Hinweise zur Ableitung von Flüssen
angefügt; um dadurch präziser zu dieser höchst wichtigen, und allseitig sehr kontrovers ge-
führten Diskussion beitragen zu können. Außerdem habe ich, wie es die von uns behandelte

© Springer Fachmedien Wiesbaden GmbH, ein Teil von Springer Nature 2018

135

A. Malcherek, *Gezeiten und Wellen,* https://doi.org/10.1007/978-3-658-19303-4_6

Lehre erfordert, auch die Frage untersucht, warum die Menschen oft falsche Urteile gegen diese Lehre vorbringen, und die Ansicht verteidigt, dass praktische Erfahrung der theoretischen Lehre keineswegs vorzuziehen ist. Die Zusammenfassung versuchte ich zu gestalten, indem ich darin erklärte, was die Kraft der von uns behandelten Bewegungsweise von Wasser und was ihre Anwendung ausrichten kann und dass unsere Ausführungen auch auf andere Gegenden zutreffen können, die entweder rückströmende Flüsse oder den venetischen Ästuaren ähnliche Wasserbecken aufweisen, oder andere Orte, auf die sich die von uns entfaltete Lehre von der Gemischten Bewegung von Wasser anwenden lässt. Dies also ist der Plan des Werkes, das ich auszuführen mir vorgenommen habe; für das ich nichts Besseres tun zu können glaubte als es euch, hochbedeutende Herren, durch meine Widmung als Gabe darzubringen.

Poleni beschreibt in diesem Werk erstmalig, wie man ungleichförmige Geschwindigkeitsverteilungen, also gemischte Bewegungen, behandelt: Man integriert sie über den Querschnitt, womit aus der Ausflussformel von Torricelli [65, 105] die Formel von Poleni entsteht. Diese Theorie wendet Poleni dann im Küsteningenieurwesen auf alles, was ihn an Fragestellungen in die Hände fällt, an. Damit ist Poleni einer der ersten wirklichen Küsteningenieure, die im Unterschied zu den nach Erkenntnissen strebenden Naturwissenschaftlern versuchen, diese für die Zwecke des Menschen zu nutzen. Die Gestaltung der Küste zum Nutzen und zum Schutz des Menschen ist dabei die Aufgabe des Küsteningenieurwesens. Die Fragestellungen, die Poleni damals angesprochen hat, also Fischfang, Energieproduktion und vor allem die Verschlickung und der Küstenschutz durch Gezeitenwehre, sind heute genauso aktuell wie damals.

Im Laufe der Zeit hat sich die Bedeutung des Begriffs Ästuar gewandelt. Während Poleni damit die Kanäle in der Lagune von Venedig bezeichnet, versteht man heute unter einem Ästuar den trichterförmigen, durch die Tide beeinflussten Mündungsbereich eines Flusses. Die Elbe- und Wesermündung haben also die typische Ästuargestalt, die in Abb. 6.1 gut zu erkennen ist. Diese sehr genaue Definition einer geomorphologischen Struktur wurde leider noch weiter verwässert. So wurden dann auch nichttrichterförmige Flussmündungen als Ästuare bezeichnet, womit an der deutschen Nordseeküste nicht nur Elbe und Weser zur Familie der Ästuare gehörten, sondern auch die Ems adoptiert wurde. Zudem ist das Merkmal der Tidebeeinflussung mittlerweile nicht mehr notwendig, wenn man das Eindringen des salzigen Meerwassers in die Flussmündung als weiteres Ästuarmerkmal zulässt [66]. Hierdurch werden die Unterwarnow und Untertrave an der Ostsee ebenfalls zu Ästuaren. Und um den Begriff noch weiter aufzuweichen, wird auch noch die Jade in die Familie aufgenommen, womit das Merkmal fällt, Teil eines Flusses zu sein.

Ungeachtet der Begriffsdefinition soll im Folgenden nur die Tidedynamik in Ästuaren behandelt werden, so wie sie an der deutschen Nordseeküste die Systeme Ems, Jade, Weser, Elbe und Eider mit ihren Nebenflüssen prägt.

Die Tidedynamik ist sicherlich der wichtigste, aber nur einer von vielen physikalischen Prozessen, die das System Ästuar prägen. Zusammen mit den durch tiden Wind induzierten Wellen transportieren die resultierenden Strömungen Salz, Feststoffe und Wärme (Abb. 6.1). Das salzige Meerwasser vermischt sich in der sogenannten Brackwasserzone mit dem frischen Flusswasser. Die mit dem Flusswasser eingetragenen fluvialen Sedimente mischen

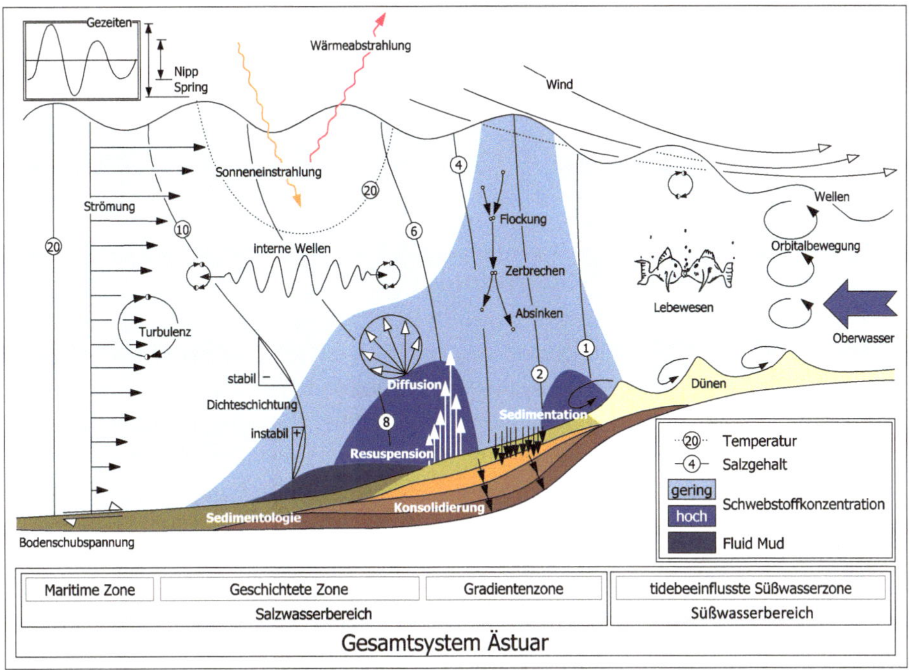

Abb. 6.1 Physikalische Prozesse im Ästuar (von G. Lang [57]): Links ist der tiefere seeseitige Rand mit seinem periodisch variierenden Gezeitenwasserstand und einem von der Wasseroberfläche zum Boden abnehmenden Geschwindigkeitsprofil dargestellt. Ferner erkennt man Isohalinen, also Linien gleicher Salinität, die von 20 ‰ am seeseitigen bis auf 1 ‰ in Flussrichtung abnehmen, weil hier das frische Flusswasser immer mehr Einfluss bekommt. Die verschiedenen Farben zeigen dann den Schwebstoffgehalt im Ästuar mit einer markanten Trübungszone auf. Am Boden sind Sohlstrukturen angedeutet, die die Rauheit der Sohle verändern, sowie sedimentologische Prozesse, wie die Sedimentation aus der Wassersäule, die nachfolgende Konsolidierung und die Resuspension von Schwebstoffen zurück in die Wassersäule bei großen Strömungsgeschwindigkeiten. An der Wasseroberfläche facht der Wind Wellen an, die als Seegang für eine weitere Durchmischung des Systems sorgen. Durch Sonnenein- und Wärmeabstrahlung wird die Thermik des Systems geprägt. Am fluvialen Rand ist schließlich der Frischwasserzufluss als Oberwasser dargestellt

sich mit Sedimenten marinen Ursprungs. Temperatur, Salz- und Feststoffgehalt beeinflussen die Dichte des Wassers, wodurch sich in einem rückgekoppelten Prozess auch die Strömungen verändern.

All diesen Prozessen im Ästuar ist in der Vergangenheit ein besonderes fachwissenschaftliches Interesse entgegengebracht worden, weil diese als Seewasserstraßen zu den weit im Binnenland liegenden Hafenstädten wie Hamburg und Bremen genutzt werden. Daher ist man insbesondere an einer Bilanzierung des Feststofftransports in einem Ästuar interessiert, da positive Bilanzen in einem als Seewasserstraße genutzten Ästuar immer mit erheblichen Baggerungskosten verbunden sind.

Um die Strömungen und Transportprozesse in Ästuaren zu beschreiben, wollen wir wieder zunächst einmal ein geeignetes physikalisches Modell aus Massen- und Impulsbilanz aufstellen. Dann werden wir für dieses ein numerisches Lösungsverfahren entwickeln, welches sich in MATLAB relativ einfach programmieren lässt.

6.1   Die Saint-Venant-Gleichungen

Im Unterschied zu Meeren und Ozeanen hat ein Fließgewässer einen linienartigen Verlauf. Wenn wir hier ein Stück als Kontrollvolumen herausschneiden, dann gibt es einen Ein- und einen Ausstromrand. In einem Ästuar mit Gezeiten gibt es aber Hin- und Rückströmungen, der Eintrittsrand wird periodisch dann zum Austrittsrand und umgekehrt. Wir wollen also die Bilanzgleichungen für Masse und Impuls für ein in einem Ästuar liegenden Teilstück zwischen den Querschnitten 1 und 2 aufstellen. Damit die sich ergebende Theorie gute Ergebnisse hervorbringt, müssen wir nun auch die viskose Reibungskraft und die Impulsflüsse berücksichtigen.

6.1.1   Die Massenbilanz in einem Fließgewässerquerschnitt

Wir beginnen also zunächst mit der Massenbilanz, die für einen Gewässerabschnitt mit einem Einstrom und einem Ausstrom

$$\frac{dM}{dt} = \dot{m}_{ein} - \dot{m}_{aus}$$

lautet. Die Dichte kann man als konstant annehmen und aus der Gleichung heraus kürzen:

$$\frac{\partial V}{\partial t} = Q^{ein} - Q^{aus}.$$

Da das Volumen des Flussabschnitts dann $V = A\Delta x$ ist (Abb. 6.2), und die betrachtete Flussabschnittslänge Δx sich ja zeitlich nicht ändert, bekommt man:

$$\frac{\partial A}{\partial t} + \frac{Q^{aus} - Q^{ein}}{\Delta x} = 0.$$

Die eingangs verwendete Annahme des gleichförmigen Querschnitts A über den Flussabschnitt Δx ist dann richtig, wenn Δx sehr klein ist oder, noch besser, gegen null geht. Man gewinnt so die eindimensionale Kontinuitätsgleichung:

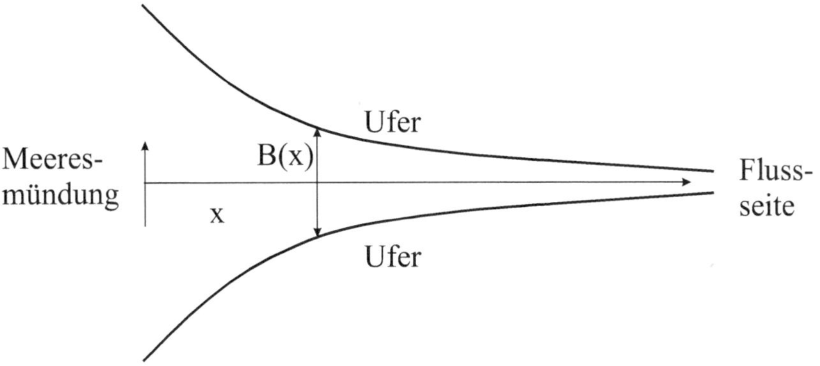

Abb. 6.2 Lage des Koordinatensystems in einem Ästuar

$$\frac{\partial A}{\partial t} + \frac{\partial Q}{\partial x} = 0.$$

Sie prognostiziert immer dann eine Änderung des durchflossenen Querschnitts, wenn die Abflüsse unausgewogen sind. Wenn wir für den Durchfluss $Q = vA$ ersetzen,

$$\frac{\partial A}{\partial t} + A\frac{\partial v}{\partial x} + v\frac{\partial A}{\partial x} = 0,$$

dann erkennt man sogar die Reaktion der Geschwindigkeit auf Querschnittsänderungen. Bei einer stationären Strömung muss sich die Geschwindigkeit dem Querschnitt anpassen.

6.1.2 Die Impulsbilanz in einem Fließgewässerquerschnitt

Unsere bisherige Impulsbilanz enthielt nur die Gravitationskraft auf die Wassermasse im Kontrollvolumen sowie den Druck auf dessen Ränder:

$$\frac{d\vec{I}}{dt} - \int_{\Omega} \varrho\vec{g}d\Omega - \int_{\partial\Omega} p\vec{n}dA.$$

Was noch fehlt, ist eine Kraft, die die Bewegung wieder bremst, sodass es nicht fortwährend zu Beschleunigungen kommt. Ferner haben wir die Tatsache noch nicht berücksichtigt, dass mit den Massenflüssen auch Impulsflüsse verbunden sind.

Impulsflüsse

Wenn Masse über den Rand in ein Kontrollvolumen zufließt, hat sie immer auch eine Geschwindigkeit und damit einen Impuls, den sie in das Kontrollvolumen einträgt. Dieser mit den Massenveränderungen einhergehende Impulstransport $\dot{m}\vec{v}$ muss als Impulsstrom in der Impulsbilanz natürlich ebenso berücksichtigt werden. Dazu multiplizieren wir den Massenstrom $\dot{m}$ in seiner integralen Formulierung nach Gl. 5.1 einfach mit der Geschwindigkeit und bekommen einen Impulsfluss. Die so vervollständigte Impulsbilanz lautet somit:

$$\frac{d\vec{I}}{dt} = \int\limits_{\Omega} \varrho\vec{g}d\Omega - \int\limits_{\partial\Omega} p\vec{n}dA - \underbrace{\int\limits_{\partial\Omega} \varrho\,(\vec{v}\vec{n})\,\vec{v}dA}_{\text{Impulsfluss}}\,.$$

Der Impuls eines beliebigen Kontrollvolumens ändert sich aufgrund von Gravitationskräften auf seine schwere Masse sowie aufgrund von Druck auf den Rand des Kontrollvolumens.

Das Gesetz von Weisbach

Isaac Newton führte 1687 den Begriff der Viskosität einer Flüssigkeit in die Physik ein und machte sie für den Reibungsverlust in einer Strömung verantwortlich. Allerdings stimmten die Größenordnungen des Widerstands in einer Leitung nie so richtig, denn die Viskosität von Wasser ist sehr klein und kaum in der Lage, eine Flussströmung so zu bremsen, dass die antreibende Hangabtriebskraft und die Reibungskraft sich die Waage halten.

Daher beschrieb man den Strömungswiderstand von Leitungen wie Rohren und Gerinnen mit empirischen Gesetzen. Schon Chezy und du Buat [17] erkannten, dass dieser Flüssigkeitswiderstand proportional zum Quadrat der Geschwindigkeit sein muss; wir schreiben diese Proportionalität in der Form $-v|v|$, damit die Reibungskraft gegen die Geschwindigkeitsrichtung wirkt. Ferner ist sie proportional zum Verhältnis von benetztem Umfang U zum durchflossenen Querschnitt A. Ein umso größeres Verhältnis des Querschnitts also die feste Wand berührt, desto größer ist der Widerstand. Heute verwenden wir zumeist das Gesetz von Weisbach [109] aus dem Jahr 1855, welches die viskose Reibungskraft in Rohren und Gerinne auf die einfache Form

$$\vec{F}_R = -\lambda M \frac{1}{d_{hyd}} \frac{\vec{v}|\vec{v}|}{2} \quad \text{mit} \quad d_{hyd} = \frac{4A}{U}$$

bringt. Darin ist auf der rechten Seite h die Wassertiefe in dem Gerinne, $\vec{v}$ die mittlere Strömungsgeschwindigkeit über den Querschnitt und λ ein Verlustbeiwert.

Erst am Ende des 19. Jahrhunderts erkannten Boussinesq [6] und Reynolds [91], dass die Viskosität mit der Turbulenz verbunden und die innere Reibung so sehr erhöht ist, dass eine Strömung in dem Maße gebremst wird, wie man es beobachtet. Es folgte die Grenzschichttheorie, die dann im Gesetz von Colebrook-White [14] für den Widerstandsbeiwert

$$\frac{1}{\sqrt{\lambda}} = -2\log\left(\frac{2{,}51}{Re\sqrt{\lambda}} + \frac{k_s}{3{,}71 d_{hyd}}\right)$$

mündete. Die Formel benötigt eine iterative Berechnung, da der gesuchte Verlustbeiwert λ auf beiden Seiten der Gleichung steht. Die folgende MATLAB-Funktion leistet dieses:

```matlab
function lambda=colebrook_white(Re,ks_by_dhyd)
lambda=0*Re; % Initialisierung
Re=abs(Re);
for i=1:length(Re)
if Re(i) == 0;
    lambda(i)=0;
elseif Re(i) < 2000
    Re(i)=max(1,Re(i));
    lambda(i)=64/Re(i);
elseif Re(i) >= 2000 & Re(i) < 4000
        lambda_l = 64/Re(i);
        lambda_t = 0.0055*(1+(20000.*ks_by_dhyd+1e6/Re(i))^(1/3));
        lambda(i)=lambda_l+(lambda_t-lambda_l)/(4000-2000)...
          *(Re(i)-2000);
else
    lambda0=0.0055.*(1+(20000.*ks_by_dhyd+1e6/Re(i))^(1/3));
    lambda(i)=(-2*log10(2.51/(Re(i)*sqrt(lambda0))...
      +ks_by_dhyd/3.71))^(-2);
    while abs(lambda(i)-lambda0) > 1e-6
    lambda0=lambda(i);
    lambda(i)=(-2*log10(2.51/(Re(i)*sqrt(lambda0))...
      +ks_by_dhyd/3.71))^(-2);
    end
end
end
```

Am wichtigsten ist es zunächst einmal, einen genauen Blick auf die Schnittstelle der Funktion zu werfen. Sie enthält einen mit ks_by_dhyd bezeichneten Übergabeparameter, also schon den Quotienten der Rauheit k_s und dem hydraulischen Durchmesser d_{hyd}. Will man die Funktion in einem MATLAB-Programm verwenden, so kann man sie mit

```matlab
lambda=colebrook_white(Re,ks/dhyd);
```

aufrufen, d. h. also im Aufruf die Rauheit durch den hydraulischen Durchmesser teilen.

Somit lautet die Impulsbilanz in der hydrostatischen Druckapproximation mit dem Weisbach-Reibungsgesetz:

$$\frac{\partial \vec{I}}{\partial t} = -Mg\,\mathrm{grad}\,z_S - \int_{\partial\Omega} \varrho\,(\vec{v}\vec{n})\,\vec{v}\,dA - \lambda M \frac{1}{4h}\frac{\vec{v}|\vec{v}|}{2}.$$

Das Gesetz von Weisbach wurde schon 1855 aufgestellt, und es hat bis in die 30er-Jahre des letzten Jahrhunderts gedauert [80], bis man den Zusammenhang zwischen dem Gesetz von Weisbach und der viskosen Reibung herstellen konnte.

Impulsflüsse in Fließgewässern

Betrachten wir nun den Impulsfluss in und aus einem solchen Ästuarabschnitt. Der oberstromige Beginn des Gerinneabschnitts werde durch den Index 1, das unterstromige Ende

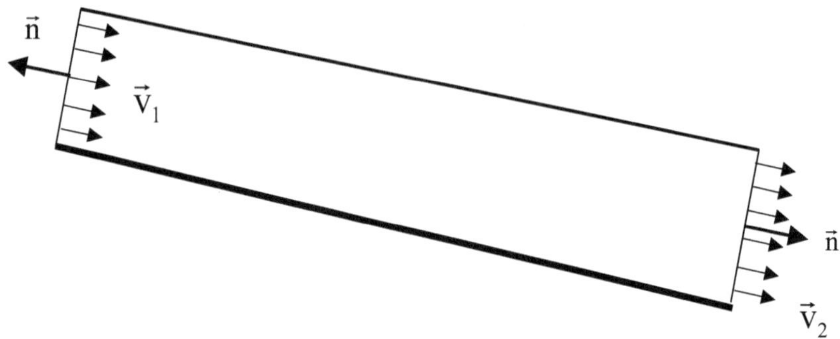

Abb. 6.3 Normaleneinheitsvektor und Geschwindigkeitsvektor stehen auf einem Einstromrand antiparallel, auf einem Ausstromrand parallel zueinander

durch den Index 2 bezeichnet. Der Gerinneabschnitt habe die Länge L und den mittleren Querschnitt A. Die darin gespeicherte Wassermasse ist somit $M = \varrho A L$. Wir gehen dabei von einer im Eintrittsquerschnitt A_1 gleichförmigen Geschwindigkeit $\vec{v}_1$ aus und einer im Austrittsquerschnitt A_2 ebenfalls gleichförmigen Geschwindigkeit $\vec{v}_2$ aus. Aus der Abb. 6.3 kann man nun erkennen, dass im Eintrittsquerschnitt

$$-\vec{v}_1\vec{n}_1 = v_1$$

und im Austrittsquerschnitt

$$-\vec{v}_2\vec{n}_2 = -v_2$$

ist. Nehmen wir nun an, dass über die Sohle kein Massenaustausch mit dem Grundwasser und über die Wasseroberfläche kein Massenaustausch mit der Atmosphäre erfolgt, dann ist der Impulsflussterm nur über den Ein- und den Austrittsquerschnitt zu integrieren:

$$\frac{\partial I}{\partial t} = -Mg\frac{\partial z_S}{\partial x} + \varrho A_1 v_1^2 - \varrho A_2 v_2^2 - \lambda M \frac{1}{4h}\frac{v|v|}{2}. \tag{6.1}$$

Damit können wir die Impulsbilanz in einem Ästuarabschnitt abschließen; mehr kommt nicht. Nach dieser ändert sich der Impuls in einem Gewässerabschnitt immer dann, wenn die Summe der angreifenden Kräfte (Gewichtskraft und Reibungskraft) sowie die ein- und austretenden Impulsströme unausgeglichen sind.

Der Plan besteht nun darin, den Flussabschnitt der Länge L immer kleiner werden zu lassen, damit wir die Impulsbilanz für einen Fluss Schritt für Schritt mit infinitesimaler Schrittweite ausführen können und so die maximale Genauigkeit in der Berechnung erhalten. Da die im Flussabschnitt gespeicherte Masse $M = \varrho A L$ und der Impuls $I = \varrho L A v$ ist, teilen wir die Gleichung durch die konstante Dichte ϱ und die Länge L:

$$\frac{dvA}{dt} = -\frac{V}{L}g\frac{\partial z_S}{\partial x} - \frac{v_2^2 A_2 - v_1^2 A_1}{L} - \lambda\frac{U}{8}|v|v.$$

Die negativen Vorzeichen sind deshalb hinzugekommen, weil ein Differenzenquotient immer mit in Koordinatenrichtung vorne liegenden Wert 2 minus dem hinteren Wert 1 gebildet werden muss. Lassen wir nun L gegen null gehen, dann werden aus den beiden Differenzenquotienten Differentialquotienten und, da nun eine Ortsableitung auftaucht, muss die Zeitableitung als partielle Ableitung geschrieben werden:

$$\frac{\partial vA}{\partial t} + \frac{\partial v^2 A}{\partial x} = -Ag\frac{\partial z_S}{\partial x} - \frac{\lambda}{8}U|v|v.$$

Wenn man auf die ersten beiden Terme die Produktregel anwendet, dann tauchen die Terme der Kontinuitätsgleichung

$$\frac{\partial A}{\partial t} + \frac{\partial vA}{\partial x} = 0$$

auf, die zusammen null sind. Die Impulsgleichung reduziert sich so zu:

$$\frac{\partial v}{\partial t} + v\frac{\partial v}{\partial x} = -g\frac{\partial z_S}{\partial x} - \frac{\lambda}{8}\frac{U}{A}|v|v.$$

Mit diesen beiden Gleichungen hat man ein vollständiges System von Differentialgleichungen, die jede Veränderung des durchflossenen Querschnitts A und der Geschwindigkeit v modellieren.

Auch dieses Differentialgleichungssystem ist hyperbolisch und bedarf der besonderen numerischen Verfahren, um es stabil zu lösen. Man kann der Impulsgleichung aber einen weiteren Term hinzufügen, der den Ausgleich von Impuls in der Flusslängsrichtung durch turbulente Diffusion und Dispersion beschreibt:

$$\frac{\partial v}{\partial t} + v\frac{\partial v}{\partial x} = -g\frac{\partial z_S}{\partial x} - \frac{\lambda}{8}\frac{U}{A}|v|v + \underbrace{\frac{\partial}{\partial x}\left(v_t\frac{\partial v}{\partial x}\right)}_{\text{Längsdispersion}}.$$

Man kann diese Impulsdispersion sogar exakt physikalisch ableiten, wenn man die hydromechanische Theorie von der dreidimensionalen Strömung bis zur eindimensionalen Fließgewässerströmung herunterbricht [67]. Der Zusatzterm gibt dem Gleichungssystem nun aber einen parabolischen Charakter, womit ein sehr effizienter Gleichungslöser aus MATLAB anwendbar wird, mit dem wir nun ein Simulationsverfahren für eindimensionale instationäre Strömungen in kanalartigen Gerinnen mit Rechteckquerschnitt, aber variabler Breite entwickeln können.

Die Gezeitenbeschleunigungen

Nun fehlen in unserem Gleichungssystem nur noch die Gezeitenbeschleunigungen. Trotz der enormen Mühe, die wir uns bei ihrer Analyse gemacht haben, werden wir sie hier, wie in fast allen Programmsystemen des Küsteningenieurwesens, nicht berücksichtigen. Sie sind zum einen sehr aufwendig zu programmieren, und zum anderen haben sie nur großflächig

einen Einfluss. Natürlich müssen sie in einem Modell eines Küstengewässers aber irgendwie
eingebaut werden: Dies wird in den Randbedingungen geschehen. Vom Meer kommend läuft
das Gezeitensignal in das Küstengewässer ein und wird daher am Rand als Partialtidenreihe
eingegeben.

6.1.3 Die Kornrauheit

Um unser Modell zu schließen, benötigen wir noch eine Aussage über die Rauheit k_s. Nikuradse hat sie für mit Sand beklebte Rohre bestimmt. Man bezeichnet diese Rauheit dann auch
als Kornrauheit. Diese ist in irgendeiner Form proportional zum Korndurchmesser d. Da natürliche Sohlen sich aus einem Ensemble von verschiedenartigen Teilchen zusammensetzen,
sollte man hier eine die Verteilung charakterisierende Größe heranziehen.

Die verschiedenen Ansätze zur Berechnung der Kornrauheit sind in Tab. 6.1
wiedergegeben. Dabei gibt der Korndurchmesser d_k die Weite eines Siebes an, welches
k % des Materials hindurchlässt.

Die vorgestellten Ansätze sind empirisch gewonnen. Dort hat man das Material direkt
in der Hand und kann die entsprechenden Verteilungsparameter durch eine Siebanalyse bestimmen. In numerischen Simulationsmodellen werden – wenn überhaupt – kaum so viele
Sedimentfraktionen berechnet, dass man einen Parameter, wie den d_{90}-Wert, hinreichend
scharf bestimmen kann. Grundsätzlich lässt sich hier aber aus den simulierten Sedimentfraktionen der Mittelwert d_m bestimmen, sodass wir uns nur noch einen Zusammenhang
von diesem zur äquivalenten Kornrauheit k_s^g wünschen. Bezieht man sich nun nur auf die
neueren Ansätze, so sollte dieser

$$k_s^g = 3{,}5 d_m$$

Tab. 6.1 Ansätze für die Kornrauheit. (Erweitert aus [16])

Autoren	Ansatz	Bemerkung
Einstein (1942) [18]	$k_s^g = d_{65}$	
Garbrecht (1961) [26]	$k_s^g = d_{90}$	
Engelund und Hansen (1966) [20]	$k_s^g = 2d_{65}$	
Hey (1979) [35]	$k_s^g = 3{,}5d_{84}$	
Kamphuis (1974) [45]	$k_s^g = 2d_{50}$	
van Rijn (1993) [92]	$k_s^g = 3d_{90}$	
Dittrich (1998) [16]	$k_s^g = 3{,}5d_m$	Für mittleren Kies
Dittrich (1998) [16]	$k_s^g = 3{,}5d_{84}$	Für Grobkies
Sendzik (2003) [97]	$k_s^g = 2{,}2\ldots 2{,}9d_m$	Auswertung Günter-Versuche

lauten und für die numerische Simulation von Kornrauheiten unter Berücksichtigung des fraktionierten Sedimenttransports hinreichend sein.

Neben der Kornrauheit hat noch die Formrauheit einen Einfluss auf die Gesamtrauheit. Sie entsteht durch die Ausbildung von Riffeln und Dünen [69] an der Sohle.

6.1.4 Lösung der Saint-Venant'schen Gleichungen in MATLAB

Zur numerischen Lösung der Saint-Venant'schen Gleichungen in MATLAB kann man sich der mächtigen Funktion pdepe bedienen, welches eindimensionale, zeitabhängige parabolisch-elliptische Probleme in der Form

$$c \frac{\partial u}{\partial t} = x^{-m} \frac{\partial}{\partial x} \left(x^m f \right) + s \tag{6.2}$$

löst. Darin können die Funktionen c, f und s von x, t, u und $\frac{\partial u}{\partial x}$ abhängig sein. Wie genau diese Abhängigkeit aussieht, hat der Benutzer so zu programmieren, dass das zu lösende Differentialgleichungssystem erzeugt wird.

In unserem Fall handelt es sich um ein parabolisches Differentialgleichungssystem, solange der Dispersionskoeffizient v_t nicht zu klein wird. Leider haben wir es mit zwei partiellen Differentialgleichungen zu tun, die simultan gelöst werden sollen. Das macht den Einstieg in die Benutzung der pdepe-Funktion an dieser Stelle nicht leicht.

Das Verfahren mit der pdepe-Funktion (6.2) sieht aber prinzipiell genauso wie zur Lösung einer Differentialgleichung aus, nur dass alle Angaben als Vektor mit zwei Komponenten definiert werden müssen. Die erste Komponente stellt die erste Differentialgleichung, im folgenden die Impulsgleichung und die zweite Komponente, die zweite Differentialgleichung, dar, welche im folgenden die Kontinuitätsgleichung ist.

Da in einer Gerinneströmung auch Wechselsprünge auftreten können, die einen Sprung in den Funktionswerten beinhalten, sind die Gleichungen nicht leicht stabil zu lösen. Ein recht stabiles Verfahren ergibt sich für die Belegung

$$c_v = 1 \quad \text{und} \quad c_A = 1,$$

$$f_v = v_t \frac{\partial v}{\partial x} - v^2 - g z_S \quad \text{und} \quad f_A = -vA,$$

$$s_v = -\lambda \frac{U}{4A} \frac{v|v|}{2} \quad \text{und} \quad s_A = 0.$$

Übung 29

Weisen Sie bitte nach, dass diese Belegung die Saint-Venant-Gleichungen abbildet.

Wir wollen ein MATLAB-Skript zur Lösung dieser beiden Differentialgleichungen entwickeln. Im ersten Teil wird dazu das Gitter mit seinen N Knoten konstruiert, der anfängliche Abfluss Q, der Zeitschritt dt und die Anzahl der Zeitschritte ndt vorgegeben.

Durch eine Schleife über alle Knoten werden nun auf jedem Knoten die Breite des Gerinnes, der Korndurchmesser und die äquivalente Rauheit vorbelegt. Dann werden Normal- und Grenzwassertiefe berechnet. Am Einstromrand sollen im Folgenden unterschiedliche Wasserstände vorgegeben werden. Dazu ist der dortige Wasserstand *hleft* als Linearkombination von Normal- und Grenzwassertiefe dargestellt:

```matlab
function estuary1D

xanf=0;
xend=80e3;
xmesh=xanf:(xend-xanf)/100:xend;
dzbdx=0.7e-4;
zb=(xmesh-xanf)*dzbdx;
zbpp=griddedInterpolant(xmesh,zb);

% Konstruktion der Breitenstruktur mit Trichterform
B=300*exp(-0.00001*xmesh); % Breitenänderung
bpp=griddedInterpolant(xmesh,B);

g = 9.81;
% Zeitdiskretisierung
dt=300;             % Zeitschritt
ndt=12*24*10;       % Anzahl der Zeitschritte

h_av=3.;            % mittlere Tiefe des Ästuars bei xanf
Qf=-30; % spez. Frischwasserzufluss bei xend (positiv angesetzt)
ks = 0.003;

% Anfangswerte
A = h_av*bpp(xmesh);
vel = Qf/h_av./bpp(xmesh);
```

Nun folgt die Zeitschleife:

```matlab
for i = 1:ndt
    disp(['Time step: ' num2str(i)]);
    t = (i-1)*dt:dt/2:i*dt;
    velpp = griddedInterpolant(xmesh,vel);
    App= griddedInterpolant(xmesh,A);
    sol = pdepe(0,@stvenant,@init,@bc,xmesh,t);
    [vel,~] = pdeval(0,xmesh,sol(size(sol,1),:,1),xmesh);
    [A,~] = pdeval(0,xmesh,sol(size(sol,1),:,2),xmesh);
    h=A./bpp(xmesh);
    % ++++ Plots ++++
end
```

Hier wird zunächst einmal auf dem Bildschirm ausgegeben, wo wir mit unserer Simulation stehen. Dann folgt die Konstruktion von Interpolatoren velpp und App, die es uns ermöglichen, an jedem benötigten Punkt im Simulationsgebiet auf den aktuellen Querschnitt oder die Geschwindigkeit zurückzugreifen. Dann wird der Löser pdepe aufgerufen und die neuen Lösungen für die Geschwindigkeit und den Querschnitt extrahiert. Schließlich können in der Zeitschleife noch eigene Graphiken programmiert werden, die animiert während der Simulation am Bildschirm laufen.

Die Differentialgleichungen werden durch die Funktion stvenant nun spezifiziert. In einer weiteren Funktion init erhält das Programm zu jedem neuen Zeitschritt die Ergebnisse des letzten Zeitschritts als Anfangsbedingungen:

```
function [c,f,s] = stvenant(x,~,u,DuDx)
    v = u(1);
    A = u(2);
    h=A/bpp(x);
    zS=h+zbpp(x);
    c = [1;1];
    ustar=g*abs(DuDx(2));
    nut = 1e-6+12*ustar*h;
    dhyd = hydraulic_diameter(h,bpp(x),0);
    lambda = colebrook_white(Q/A*dhyd/1.e-6,ks/dhyd);
    f = [nut*DuDx(1)-v^2-g*zS;-v*A];
    s = [-lambda/dhyd/2*v*abs(v);0];
end
% ----------------------------------------------------------------
function u0 = init(x)
    u0 = [velpp(x);App(x)];
end
```

6.1.5 Randbedingungen

Der simulierte Gewässerabschnitt ist links und rechts begrenzt. Natürlich kann das Computermodell hier nicht „von alleine" wissen, wie viel Frischwasser von rechts in das Ästuar eindringt. Wenn dann vielleicht noch der Wasserstand am Rand durch entsprechende Bauwerke (Wehre, Schütze) auf einen bestimmten Wert gezwungen wird, dann muss auch dies in irgendeiner Form dem Programm mitgeteilt werden.

Im pdepe-Löser werden Randbedingungen in der Form

$$p + qf = 0$$

vorgegeben. Dabei bestimmt sich f aus der Grundform der zu lösenden Differentialgleichung.

In dem zu modellierenden Ästuar soll die mittlere Strömung wie in Abb. 6.9 von rechts nach links laufen; links ist somit der seeseitige Rand. Am flussseitigen rechten Rand ist zumeist der Frischwasserzufluss Q_f bekannt, den wir hier als Randbedingung für die Geschwindigkeit verwenden können. Er ist in unserem Koordinatensystem negativ, denn er fließt vom Fluss in Richtung Meer. Wollen wir also am rechten flussseitigen Rand den Zufluss *Qf* zuführen, so geht dies über die Belegung:

```
pr(2) = ur(1)*ur(2); qr(2) = 0;
```

wobei pr und qr die Parameter p und q am rechten Rand sind. Da in unserem Programm die Massenbilanz jeweils die zweite Gleichung ist, haben die beidem Parameter zudem die Komponentennummer 2 bekommen.

Am linken seeseitigen Rand ist etwa aus einer Partialtidenanalyse eine Zeitreihe als harmonische Funktion vorgegeben. Wir können hier also die Massenbilanz in der Form

```
AM2=0.75;              % Amplitude M2
AM4=0.1;
AK1=0.1;
w_M2=1.4e-4;
w_M4=2*1.4e-4;
w_K1=7.29212e-5;
hl=h_av+AM2*sin(w_M2*t)+AM4*sin(w_M4*t)+AK1*sin(w_K1*t);

pl(2) = ul(2)-hl*bpp(xl);
ql(2) = 0
```

füttern.

Für die Impulsbilanz lautet die Randbedingung:

$$p + q\left(v_t\frac{\partial v}{\partial v} - v^2 - gz_S\right) = 0.$$

Wollen wir nun also auch den Wasserstand am Einstromrand vorbelegen, so müssen wir die Randbedingung für die Impulsbilanz so zurechtbiegen, dass der gewünschte Wasserstand angenommen wird. Für die Massenbilanz resultiert daraus die Vorgabe der Geschwindigkeit in der Form

$$A_l = h_l B_l,$$

wenn der Querschnitt dort rechteckförmig angenommen wird.

An einem Ausstromrand ist die Wahl einer in x-Richtung konstanten Geschwindigkeit

$$v_t\frac{\partial v}{\partial x} = 0$$

zumeist eine sinnvolle Annahme. Sie wird durch die Belegung

$$pr(1) = \frac{Q^2}{A} + gA(h + z_B); qr(1) = 1$$

realisiert.

Beachtet man nun noch, dass im MATLAB-Vektor u die erste Komponente die Geschwindigkeit und die zweite Komponente der durchflossene Querschnitt ist, dann werden Sie sicher erkennen, dass die MATLAB-function bc (wie engl. *boundary conditions*) die Randbedingungen spezifiziert:

```
function [pl,ql,pr,qr] = bc(xl,ul,xr,ur,t)
    AM2=0.75;              % Amplitude M2
    AK1=0.1;
    w_M2=1.4e-4;
    w_K1=7.29212e-5;
    hl=h_av+AM2*sin(w_M2*t)+AK1*sin(w_K1*t);

    pl = [ul(1)^2+g*(hl+zbpp(xl)); ul(2)-hl*bpp(xl)];
    ql = [1;0];
    pr = [ur(1)-Qf/ur(2);Qf];
    qr = [0;1];
end
```

Wenn Sie nun alle dargestellten Programmteile nacheinander zusammenfügen, dann sollte das vollständige Modell fertig sein.

Anwendungen dieses Modells auf Gerinneströmungen und im Flusswasserbau finden sich in [72].

6.1.6 Strömungsgeschwindigkeiten im Ästuar

Unsere bisherigen Untersuchungen zum Verhältnis von Wasserstands- und Geschwindigkeitsverlauf unter Schwerewellen an einem festen Ort erbrachte eine Phasengleichheit der beiden Kurven: Wenn der Wasserstand einen Scheitelwert erreicht, dann nimmt auch die Strömungsgeschwindigkeit ihr Maximum oder ihr Minimum an.

Dabei mussten wir aber einige wichtige Effekte wie den Impulsfluss, die turbulente Viskosität und die Sohlreibung vernachlässigen. Das nun entwickelte Programm ermöglicht es uns, alle diese Effekte im Rahmen einer eindimensionalen Approximation zu berücksichtigen.

Die Abb. 6.4 lässt nun eine Phasenverschiebung von 45° zwischen der Wasserstands- und der Geschwindigkeitskurve erkennen: Der Wasserstand erreicht also erst dann sein Hochwasser, wenn die Flutstromgeschwindigkeit schon wieder am Abfallen ist. Diese Phasenverschiebung ist vor allem auf die Berücksichtigung des nichtlinearen Impulsflusses zurückzuführen.

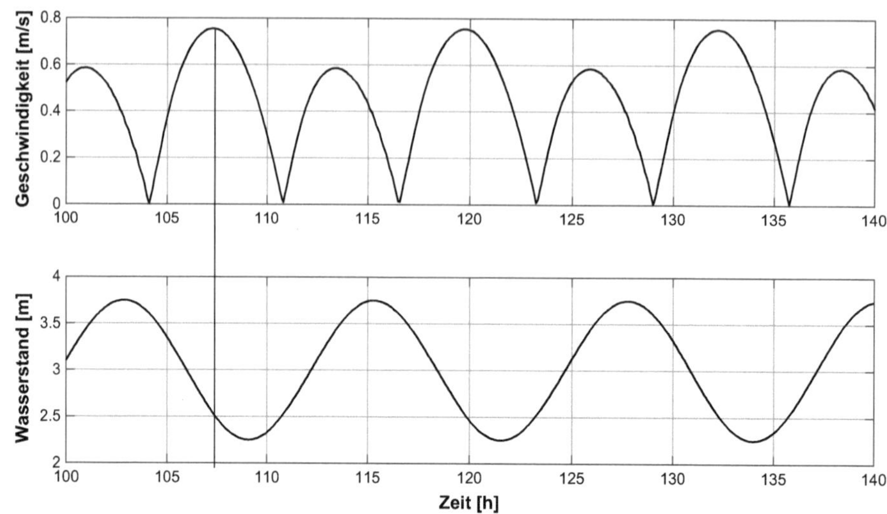

Abb. 6.4 Zeitlicher Verlauf von Wasserstand und Strömungsgeschwindigkeit in der Mitte eines Modellästuars

6.2   Tidekennwerte und ihre Analyse

In der Praxis des Küsteningenieurwesens interessiert man sich oftmals nicht für die täglichen Schwankungen von Wasserstand und Strömungsgeschwindigkeit, sondern man ist vielmehr an Kennwerten interessiert, die die Strömungssituationen gewässerkundlich charakterisieren. So ist man im Deichbau zunächst einmal an den höchsten auftretenden Wasserständen bei Tidehochwasser interessiert, während für Standsicherheitsanalysen von Bauwerken am Gewässer vor allem die niedrigsten Wasserstände entscheidend sind.

Wir wollen diese höchsten und niedrigsten Wasserstände einmal mit unserem Programm bestimmen, sie werden als maximales Tidehochwasser und minimales Tideniedrigwasser bezeichnet. Zunächst initialisieren wir sie vor der Zeitschleife auf einen unrealistisch hohen bzw. niedrigen Wert:

```
thw=-9999999*ones(size(xmesh));
tnw= 9999999*ones(size(xmesh));
```

Nach einer gewissen Einschwingdauer (hier die halbe Simulationszeit) berechnen wir nun in der Zeitschleife jeweils den höchsten Wasserstand als Maximum des bisher höchsten und des aktuellen Wasserstands:

```
h=A./bpp(xmesh);
if i > ndt/2
    thw=max(thw,h);
    tnw=min(tnw,h);
end
```

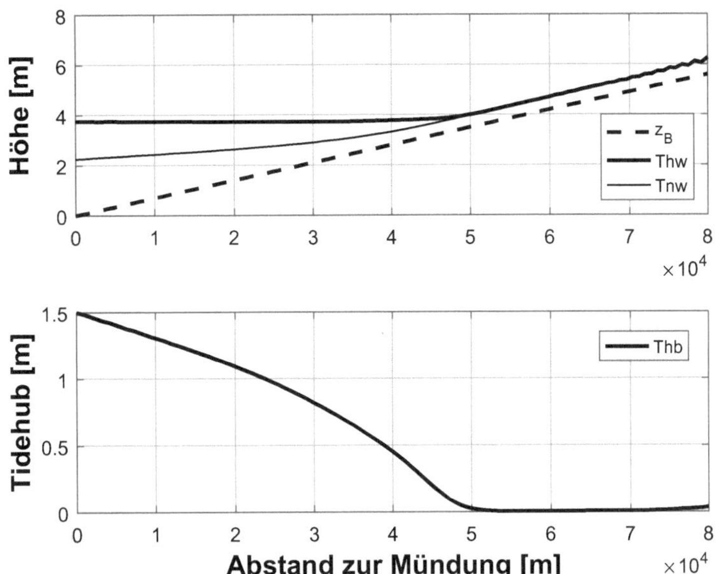

Abb. 6.5 *Oben*: Verlauf von Tidehoch- und Tideniedrigwasser in einem Modellästuar. Die Differenz ist der Tidehub (Thb, *unten*)

Nach dem Ende der Zeitschleife können wir das Ergebnis wieder graphisch darstellen und kommen so zu dem gewünschten Verlauf der Kennwerte über das Ästuar (Abb. 6.5). Schließlich ist es dann auch recht einfach, den Tidehub als die Differenz von Tidehoch- und Tideniedrigwasser zu bestimmen.

Wenn dabei das Tideniedrigwasser und das Tidehochwasser sich einfach als horizontale Linien vom Meer in das Ästuar fortsetzen würden, dann wäre in diesem Fall der Tidehub über das gesamte Ästuar konstant. Saloman [94] hat dies als synchrones Ästuar bezeichnet. Ich halte diese Bezeichnung allerdings für irreführend, da es sich hier um den räumlichen Verlauf und nicht um den zeitlichen Verlauf des Tidehubs handelt. Tatsächlich zeigt sich aber in unserem Fall eine Abnahme des Tidehubs. Hier spricht man von einem hyposynchronen Ästuar. Bei hypersynchronen Ästuaren nimmt dagegen der Tidehub in das Ästuar hin zu. Dies wird mit einem Überwiegen der Trichterförmigkeit gegenüber der Dämpfung erklärt.

Die DIN 4049 kennt noch weitere Kennwerte, um das Gezeitenverhalten in einem Küstengewässer durch charakteristische Tidekennwerte gewässerkundlich zu beschreiben, die man aus der Langzeitbeobachtung gewinnen kann (Abb. 6.6).

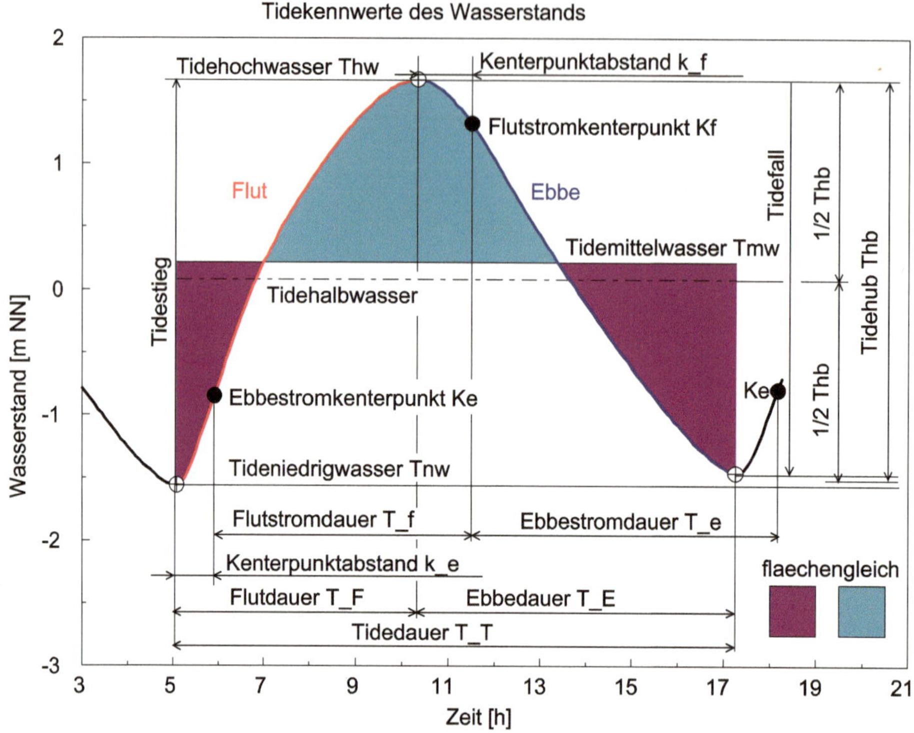

Abb. 6.6 Tidekennwerte des Wasserstandes. (Quelle: Bundesanstalt für Wasserbau)

6.2.1 Tidekennwerte des Wasserstandes

Die Hauptkennwerte des Wasserstandes sind zunächst einmal die Extremwasserstände Tidehochwasser (Thw) und Tideniedrigwasser (Tnw). Die Differenz dieser beiden Kennwerte bezeichnet man als Tidehub (Thb), ihr arithmetisches Mittel als Tidehalbwasser. Als Tidemittelwasser (Tmw) wird das Integralmittel der Tidekurve bezeichnet, die Auftragung des Tidemittelwassers als waagerechte Linie trennt also zwei Flächen gleichen Inhalts.

Der Tidehub ist wegen seiner Schlüsselrolle in der Beschreibung des Strömungsklimas ein Klassifizierungsmerkmal für Übergangs- und Küstengewässer. So bezeichnet man solche Gewässer mit einem Tidehub

- kleiner als 2 m als **mikrotidal,**
- zwischen 2 und 4 m als **mesotidal** und
- größer als 4 m als **makrotidal.**

An der deutschen Nordseeküste hat man es mit mesotidalen, an der Ostseeküste mit mikrotidalen Verhältnissen zu tun.

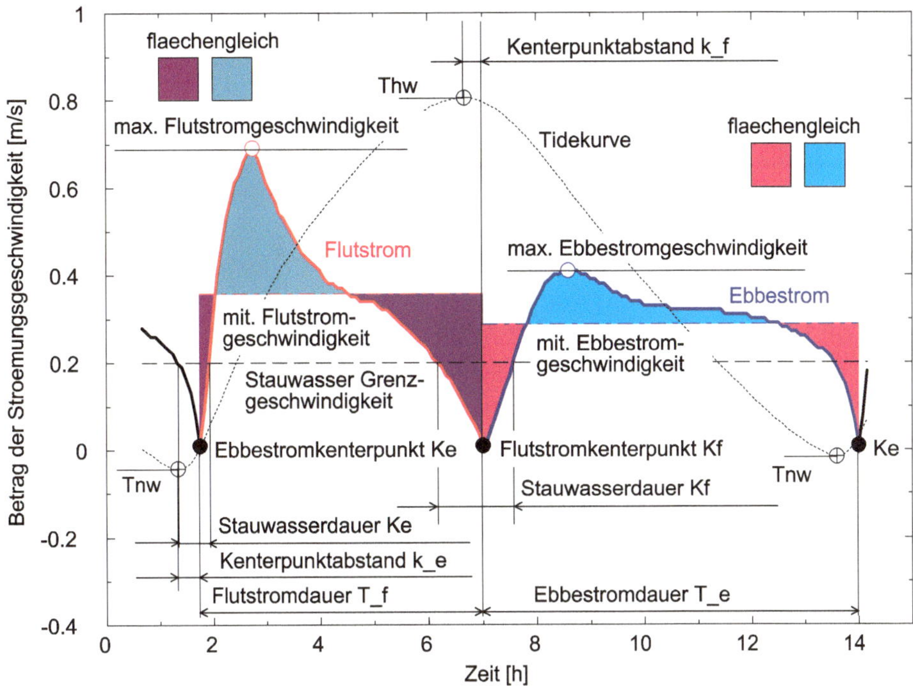

Abb. 6.7 Tidekennwerte der Strömungsgeschwindigkeit. (Quelle: Bundesanstalt für Wasserbau)

Auf der Zeitebene ist die Tidedauer die Zeit zwischen zwei Tideniedrigwasserereignissen, die Flutdauer die Zeit zwischen Tideniedrig- und Tidehochwassereintritt, die Ebbedauer die Zeit zwischen Tidehoch- und Tideniedrigwassereintritt (Abb. 6.7).

6.2.2 Tidekennwerte der Strömungsgeschwindigkeit

Bei der Strömungsgeschwindigkeit sind zunächst einmal die Eintrittszeiten ihrer Nullpunkte charakteristisch: Der **Ebbestromkenterpunkt** bezeichnet dabei das zeitliche Ende der seewärts gerichteten Strömung, der **Flutstromkenterpunkt** das zeitliche Ende der stromaufwärts gerichteten Strömung. Zeiten sehr geringer Strömung bezeichnet man als **Stauwasser,** ihre zeitlichen Ausdehnungen sind die entsprechenden Stauwasserdauern. Die Bundesanstalt für Wasserbau bezieht die Stauwasserdauern auf Geschwindigkeiten unter 10 cm/s.

Die Zeit von der Ebbestrom- zur Flutstromkenterung wird als **Flutstromdauer,** die Zeit von der Flutstrom- zur Ebbestromkenterung als **Ebbestromdauer** bezeichnet.

Die Extremwerte der Strömungsgeschwindigkeit sind die maximale Flutstrom- und die maximale Ebbestromgeschwindigkeit. Davon zu unterscheiden sind die mittleren Flut- und

Ebbestromgeschwindigkeiten, die die jeweiligen Integralmittel über die Flutstrom- bzw. Ebbestromdauer bezeichnen.

Wir hatten schon festgestellt, dass die Extremwerte des Wasserstandes bei einer reinen Tidewelle zeitgleich mit den Extremwerten der Strömungsgeschwindigkeiten eingenommen werden. Haben in einem Ästuar mit reflektierendem Wehr einlaufende und reflektierte Welle dieselbe Amplitude, dann werden die Extremwerte des Wasserstands zu den Kenterpunktzeiten angenommen. Man kann nun die als **Kenterpunktabstand** Ebbe (Flut) bezeichnete Differenz zwischen dem Eintreten des Tideniedrigwassers (Tidehochwassers) und Ebbestromkenterpunkt (Flutstromkenterpunkt) als Maß für die Dämpfung der reflektierten Welle nehmen: Ist der Kenterpunktabstand an einem Ort null, dann ist die reflektierte Welle so groß wie die einlaufende Welle. Liegt der Kenterpunktabstand bei etwa 3 h, dann ist keine reflektierte Welle vorhanden, diese ist also vollständig gedämpft.

6.2.3   Zeitliche Schwankungen der Tidekennwerte

Die genannten Tidekennwerte variieren in einem Ästuar sowohl von Ort zu Ort als auch von Tide zu Tide. Die zeitlichen Variationen bei festem Ort sind dabei im Wesentlichen astronomischen und meteorologischen Ursprungs. Diese zeitlichen Variationen der Tidekennwerte werden nach DIN 4049 durch weitere Kennwerte erfasst. So wird der überhaupt bekannte höchste Wert (Abk. HH, Bsp.: HHTnw) nur selten im Rahmen einer numerischen Simulation auftreten und muss den entsprechenden hydrologischen Jahrbüchern entnommen werden. Für einen beliebigen Betrachtungs- oder Simulationszeitraum unterscheidet man den höchsten auftretenden Wert (Abk. H, Bsp.: HTnw), die arithmetischen Mittelwerte (Abk. m, Bsp.: mTnw), den niedrigsten (Abk. N, Bsp.: NTnw) und den niedrigsten überhaupt aufgetretenen Wert (Abk. NN, Bsp.: NNTnw).

6.2.4   Tidekennwertanalyse

Um diese sowohl räumlichen als auch zeitlichen Variationen der Tidekennwerte vollständig zu erfassen, bietet sich die dreidimensionale oder die tiefenintegrierte numerische Simulation des entsprechenden Ästuars an. Der Simulationszeitraum sollte mehrere Tiden – im Idealfall einen vollständigen Nipp-Spring-Zyklus – umfassen.

Als Ergebnis erhält man Wasserstand und Strömungsgeschwindigkeiten auf jedem Knoten des Berechnungsgitters als Funktion der Zeit. In der numerischen Tidekennwertanalyse werden diese zeitabhängigen Funktionen zur Bestimmung der einzelnen Tidekennwerte analysiert. So wird eine Wasserstandszeitreihe zunächst auf lokale Minima untersucht, man erhält so die verschiedenen Tideniedrigwasser, kann von diesen das arithmetische Mittel und so das mittlere Tideniedrigwasser (mTnw) bilden. In derselben Weise wird mit den Tidedauern, den Tidehochwassern etc. fortgefahren. Die Ergebnisse lassen sich flächenhaft darstellen, womit synoptische Tidekennwertdarstellungen entstehen.

6.3   Die Eindringtiefe von Tidewellen in Ästuaren

Wir wollen nun analysieren, wie tief eine Tidewelle in ein Ästuar dringt. Diese Eindringtiefe entscheidet über die räumliche Ausdehnung des Ästuars, bevor dieses zu einem reinen Fluss wird (Abb. 6.8).

Abb. 6.8   Am Burchardkai in Hamburg: Im Konkurrenzkampf zwischen den großen Container-reedereien werden die Transportkosten pro Container durch immer größere Schiffe gesenkt. Deren zunehmender Tiefgang erfordert Vertiefungen der zu den Häfen Hamburg und Bremen führenden Ästuare von Elbe und Weser, die von der Wasser- und Schifffahrtsverwaltung als „Anpassungen" bezeichnet werden

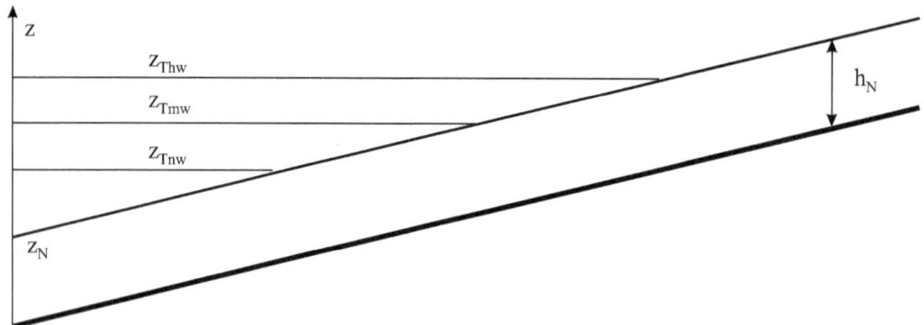

Abb. 6.9 Charakteristische Wasserstände im Bereich einer Flussmündung: Auf der Flussseite herrscht Normalwassertiefe, während von der Meeresseite die Gezeit mit der Tidehoch-, Tidemittel- und der Tideniedrigwasserlinie eindringt

6.3.1 Geometrische Überlegung

In einer einfachen geometrischen Überlegung betrachten wir in Abb. 6.9 eine Flussmündung, die mit der Sohlneigung

$$J_B = \frac{\partial z_B}{\partial x}$$

zum Meer hin abfällt. Der Abfluss Q des Flusses führt bei der gegebenen Sohlneigung und den Rauheitsverhältnissen im Fluss zu einer gewissen Normalwassertiefe h_N, die als parallele Linie über der Sohle abzutragen ist.

Von der Meerseite dringt eine harmonische Gezeitenwelle nahezu ungedämpft in das Ästuar ein. Somit bilden die Tdiehochwasser- und die Tideniedrigwasserspiegel horizontale Linien. Die Binnenausdehnung des Ästuars, die Ästuarlänge L kann man nun durch den Schnittpunkt der Tidehochwasserlinie $z > Thw$ mit dem Normalwasserspiegel z_N abschätzen:

$$L = \frac{z_{Thw} - z_N}{J_B} = \frac{z_{Thw} - z_B - h_N}{J_B}.$$

In Abb. 6.10 sind nun die Verhältnisse nach einer Vertiefung des gesamten Ästuars dargestellt. Durch das Ausbaggern der Sohle bis in den Flussbereich senkt sich natürlich auch der Normalwasserspiegel um den entsprechenden Betrag ab. Damit kann die Tidewelle wesentlich tiefer in das Ästuar eindringen.

6.3.2 Die Weserkorrektion durch Franzius

Damit die Tidewelle mit der Flut überhaupt bis zu ihrem geometrisch möglichen Ende gelangen kann, muss sie natürlich hinreichend schnell sein, dass nicht schon die eintretende Ebbe ihr das Wasser wieder entzieht. Wir hatten ja gesehen, dass diese mit der Phasengeschwindigkeit (Abb. 6.11)

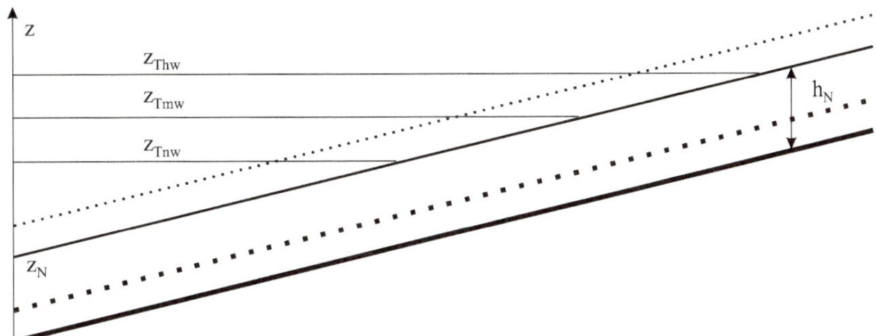

Abb. 6.10 Wasserstandsverhältnisse in einem vertieften Ästuar: Die Gezeitenwelle dringt nun tiefer in das Ästuar ein

Abb. 6.11 Karte von Jade, Weser und Elbe von Franzius

$$c = \sqrt{gh}$$

propagiert. Wenn also das Ästuar zu flach ist, dann kann es u. U. so sein, dass die Tidewelle die durch die horizontale Tidehochwasserlinie definierte Gezeitengrenze gar nicht erreicht.

Dies war in der Weser am Anfang des 19. Jahrhunderts tatsächlich der Fall. Zunehmende Versandungen haben hier eine Schiffbarkeit bis Bremen unmöglich gemacht. Daher schlug der Wasserbaumeister Ludwig Franzius 1888 [23] folgenden Plan vor:

> Je ungehinderter sich die Flutwelle an jedem Punkte entwickeln kann, eine desto größere Wassermenge strömt bei Flut nach oben und vergrößert sowohl bei dieser als auch rückströmend bei der tiefer abfallenden Ebbe die Stromkraft. Deren Größe ist nach mechanischen Gesetzen $=$ $\frac{Mv^2}{2}$, d.h. gleich dem halben Punkt aus Wassermasse mal dem Quadrat der Geschwindigkeit, und bedeutet die Fähigkeit, ein Bett bis zu einem bestimmten Umfange auszubilden und von Sinkstoffen frei zu halten. Da in der Weser die Wassermengen und Geschwindigkeiten an

gewissen Stellen mehr als verdoppelt werden, so ergiebt sich in solchen Fällen ein um reichlich das Achtfache vergrößerte Stromkraft[1].

Schon an dieser Stelle übersieht Franzius ein entscheidendes Problem seiner Korrektion: Nur mit der Ebbe können Sedimente aus dem Ästuar gewaschen werden. Mit der Flut können Schwebstoffe dagegen auch in das Ästuar eingetragen werden und dort zu vermehrten Sedimentationen führen. Und leider hat sich später herausgestellt, dass die Flut hier manchmal stärker zu sein scheint als die Ebbe.

Trotzdem möchte Franzius den Gezeitenhub bis Bremen erhöhen, um die Räumkraft des Flusses zu vergrößern, die so aber gar nicht wissenschaftlich nachzuweisen war. Die Ursache für den geringen Tidehub in Bremen sieht er in verwilderten Zwischenabschnitten:

> Die ungünstigen Erscheinungen treffen fast sämtlich in der Strecke von Brake bis Vegesack zusammen, während selbst nach der erheblichen Schwächung der Flut bis Vegesack von dort nach oben hin wieder bessere Verhältnisse eintreten. Es befindet sich aber auf der Strecke Brake-Farge, insbesondere unterhalb Elsfleth, die geringsten mittleren Tiefen unter dem Niedrigwasserspiegel und die größten Verwilderungen des ganzen Flussgebiets. Es sind nämlich die Strecke von Elsfleth bis Vegesack durch Korrektionswerke und zwar vorzugsweise durch Buhnen stark eingeengt, während unterhalb Elsfleth der Strom in ein völlig wildes, viel zu breites und fast ununterbrochen gespaltenes Bett kommt[2].

Franzius will also die Untiefen und Stromspaltungen in der Weser beseitigen. Erstere führen dazu, dass die Gezeitenwelle wegen ihrer geringeren Phasengeschwindigkeit nicht so tief eindringen kann, während zweitere den hydraulischen Radius verkleinern.

Wir wollen diese einmal in unserem Modell mit den Saint-Venant-Gleichungen untersuchen. Die Abb. 6.12 und 6.13 zeigen dazu den Verlauf der Tidekennwerte des Wasserstands vor und nach einer hypothetischen Korrektion. Tatsächlich erreichte man so größere Tidehübe über den gesamten Verlauf der Weser. Während das Tidehochwasser vor dem Ausbau in das Ästuar hinein bis zum Normalwasserspiegel des Flusses abnahm, ist es nun nahezu horizontal. Umgekehrt stieg das Tideniedrigwasser in das Ästuar hin zum Normalwasserspiegel an. Nach dem Ausbau ist es ebenfalls fast horizontal ausgerichtet.

In Abb. 6.14 sind dann die Zeitreihen der Geschwindigkeiten und Wasserstände 1 km stromauf der Mündung vor und nach dem Ausbau dargestellt. Zunächst einmal waren die Geschwindigkeiten vor dem Ausbau stark ebbestromlastig: Bei viel geringerem Tidehub hatte der Frischwasserabfluss einen wesentlich größeren Einfluss. Damit fließt das Wasser länger und intensiver in Richtung Meer, also in Ebbestromrichtung. Die Flut war dagegen kurz und schwach.

Nach dem Ausbau vergrößerte sich der Tidehub, womit zu jeder Flut mehr Wasser in das Ästuar und zu jeder Ebbe mehr Wasser aus dem Ästuar getragen werden musste. Der Abtransport des Frischwassers aus dem Fluss wird dabei zur hydrologischen Nebenbeschäftigung.

---

[1] a. a. O. S. 42.
[2] a. a. O. S. 41 f.

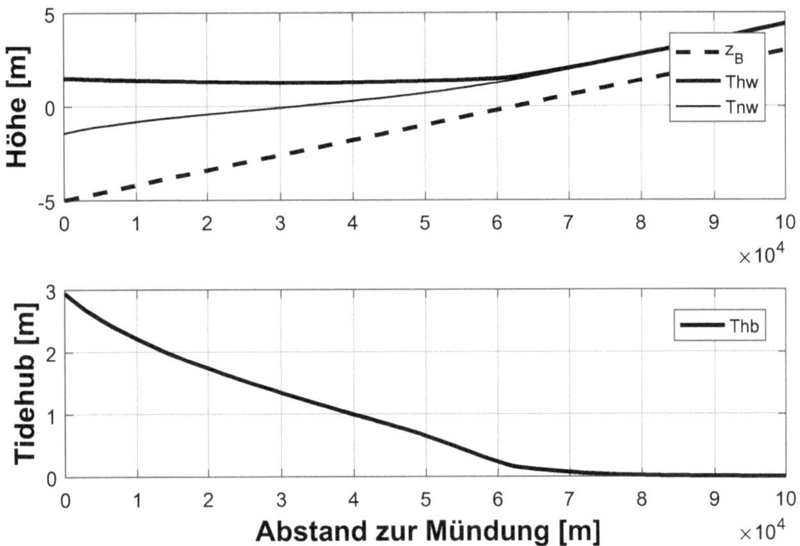

Abb. 6.12 Darstellung von Tidehoch- und Tideniedrigwasser in einem Ästuar, welches die Verhältnisse vor den Ausbaumaßnahmen repräsentiert. Die Verwilderung wurde durch eine große Rauheit von $k_s = 0{,}3$ m modelliert, die Wassertiefe in der Mündung bei Bremerhaven als 5 m bezogen auf NN angenommen. Die Tidewelle erreicht Bremen, wird aber linear abgeschwächt, weil das Tideniedrigwasser ansteigt

Die maximalen Ebbe- und Flutstromgeschwindigkeiten sind nahezu gleich, die Ebbestromdauer aber durch das Frischwasser ist immer noch länger als die Flutstromdauer.

Wie sieht es nun mit der Selbsträumkraft des Ästuars aus? Werden mit dem Flusswasser eingetragene Sedimente tatsächlich durch die neue Situation selbstständig in Richtung Nordsee getragen? Durch die Erhöhung der maximalen Geschwindigkeiten werden mehr oder manche Sedimente vielleicht überhaupt erst aus dem Bodengefüge gelöst. Die längere Ebbephase sollte also mehr Sedimente austragen, als durch die Flut eingetragen werden. Tatsächlich ist die Situation aber auf des Messers Schneide: War früher noch die Ebbe wirklich dominant, sind nun Ebbe und Flut in ihrer Kraft vergleichbar geworden. Es ist also zu prüfen, ob sich dieser Trend bei weiteren Vertiefungen nicht sogar in eine Flutstromdominanz umkehrt und so marine Sedimente in das System eingetragen werden.

Der untere Teil der Abb. 6.14 deutet aber auf mehr Ungemach hin: Während an unserem Kontrollpunkt vor der Vertiefung noch wenig Salinität zu verzeichnen war, wird das Wasser hier nach dem Ausbau immer wieder salzig. Um die Ausbaumaßnahmen also umfassend zu bewerten, müssen wir uns auch mit dem Transport der Salinität aus dem Meer in die Flussmündungen beschäftigen.

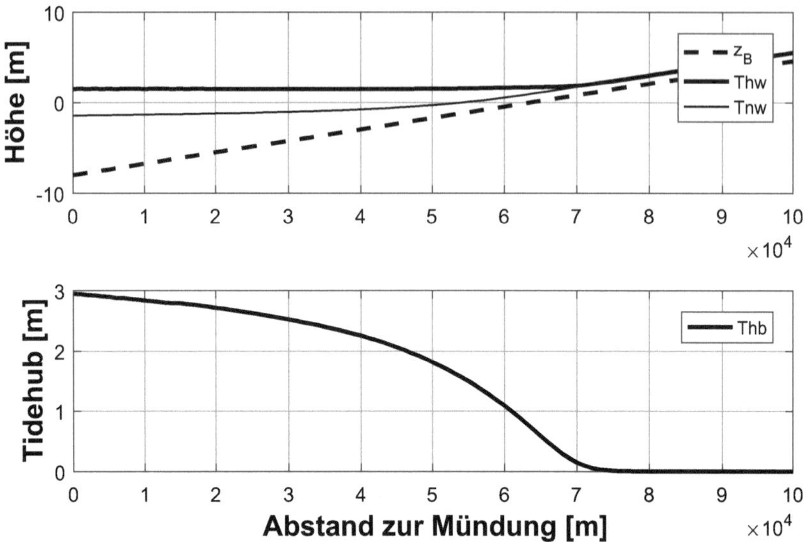

Abb. 6.13 Darstellung von Tidehoch- und Tideniedrigwasser nach Ausbaumaßnahmen. Durch die Kanalisierung wollen wir eine auf $k_s = 0{,}03$ m reduzierte Rauheit annehmen. Die Wassertiefe in der Mündung bei Bremerhaven betrug dann etwa 8 m bezogen auf NN. Die Tidewelle erreicht Bremen, ihr Tidehub fällt aber wesentlich später ab

6.3.3 Die Vertiefungen der Ästuare

Nach Franzius haben zunehmende Abladetiefen der Schiffe zu immer weiteren Vertiefungen der Tideästuare Ems, Weser und Elbe an der deutschen Nordseeküste geführt. Beispielhaft ist hierzu die Historie der Vertiefungen der Weser in Abb. 6.15 dargestellt.

Alle diese Vertiefungen führen zu einer geringeren Dämpfung der von der See einschwingende Tidewelle, weil diese mit größerer Phasengeschwindigkeit stromaufwärts in das Ästuar propagieren konnte. Daraus rührt eine **Zunahme des Tidehubs.** Die **Absenkung des Tideniedrigwassers** ist dabei weitaus größer als die Erhöhung des Tidehochwassers, weil die ausbaubedingte relative Änderung bei Niedrigwasser wesentlich mehr Gewicht bekommt als bei Hochwasser.

Diese ausbaubedingten Änderungen sind in Abb. 6.16 am Beispiel der Unterweser für die sich nach einer Ausbaustufe neu einstellenden Tidehoch- und Niedrigwasserlinien dargestellt. Verfolgt man dabei zunächst die Thw- und die Tnw-Linien von 1884/1888, so ist eine in das Ästuar leicht ansteigende Tidehochwasserlinie zu erkennen, die erst oberhalb von Oslebshausen stark aufsteilt. Zu dieser Zeit stieg jedoch das Niedrigwasser noch steiler als die Hochwasserlinie in das Ästuar hinein an. Der Tidehub wurde oberhalb von Elsfleth so stark gedämpft, dass an der Wilhelm-Kaisen-Brücke in Bremen ein Tidehub von nicht einmal 30 cm zu verzeichnen war.

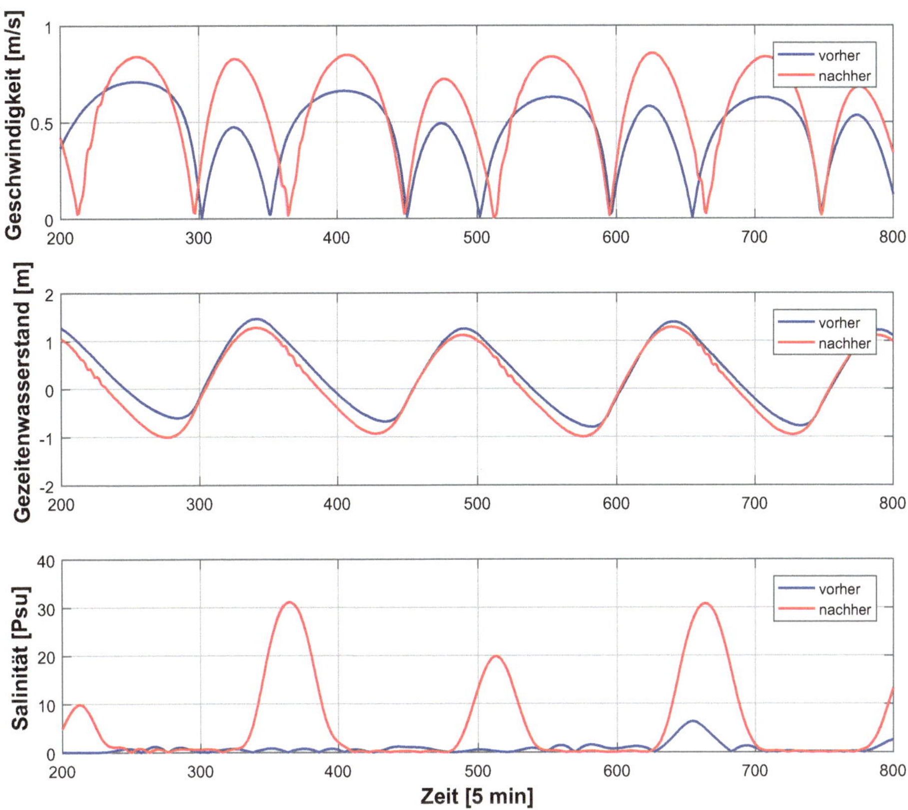

Abb. 6.14 Darstellung der Geschwindigkeits-, Wasserstands- und Salinitätszeitreihen vor und nach einem Ausbau 10 km hinter der Mündung

Im Laufe der verschiedenen Vertiefungen hat sich vor allem die Tideniedrigwasserlinie fast vollständig der Horizontalen angeglichen, sodass sich heute der tideaufsteilende Effekt der Trichterförmigkeit und die Dämpfung der Tidewelle fast vollständig ausgleichen. Es ist daher zu erwarten, dass zukünftige Vertiefungen die Wasserstände des Systems nicht mehr so stark beeinflussen, da es in der Vergangenheit schon zu erheblichen Veränderungen gekommen ist.

Die im Vergleich zur Erhöhung des Tidehochwassers weitaus größere Absenkung des Tideniedrigwassers bedingt auch eine **Absenkung des Tidemittelwassers.** Hiermit ist in der Regel auch eine Absenkung des Grundwasserspiegels in den angrenzenden Flächen verbunden, wodurch die Standsicherheit von Spundwänden und anderen Uferkonstruktionen beeinträchtigt werden kann.

Die **Veränderung der Strömungsgeschwindigkeit** ist durch zwei gegenläufige Prozesse bestimmt:

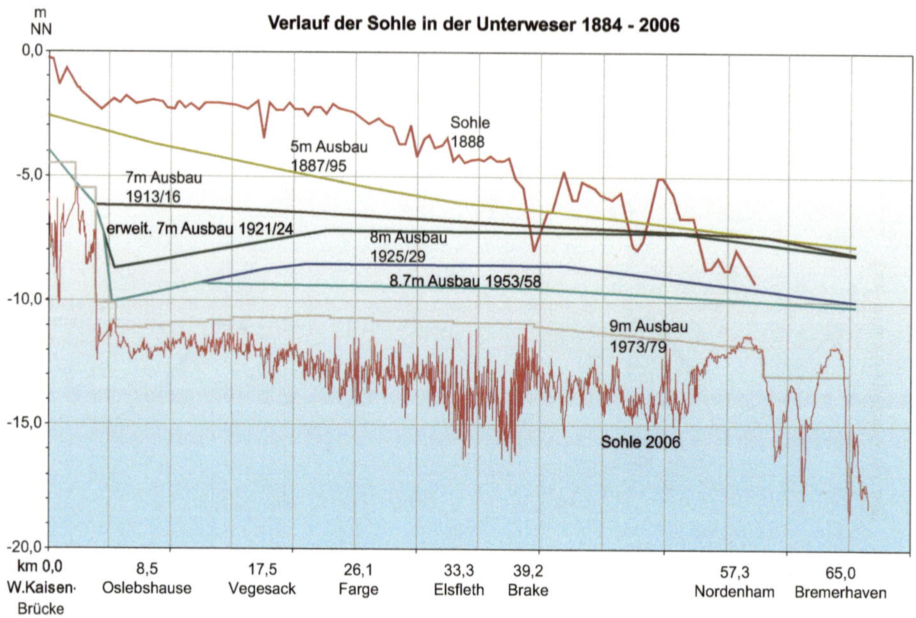

Abb. 6.15 Historie der Vertiefungen in der Unterweser zwischen 1888 und 2006. (Quelle: Wasser- und Schifffahrtsamt Bremen)

- Zum einen wird der durchflossene Querschnitt durch die Vertiefung aufgeweitet. Dies hat eine Abnahme der Strömungsgeschwindigkeit am Ort der Vertiefung zur Folge.
- Zum anderen bedingt die Zunahme des Tidehubs eine Erhöhung des Tidevolumens, welches durch den vertieften Querschnitt bei Ebbe ab- und bei Flut zufließen muss. Dies ist mit einer Erhöhung der Strömungsgeschwindigkeit verbunden.

Die Prognose der zu erwartenden Änderung der Strömungsgeschwindigkeit bei einer Vertiefung kann deshalb nur mit einer mehrdimensionalen Simulation geschehen.

Eine gesondert zu betrachtende Situation liegt in den breiten Ästuarmündungen vor, in denen von der Hauptrinne Nebenarme abzweigen, die große angrenzende Wattflächen be- und entwässern. Durch die Vertiefung der Hauptrinne wird deren Bedeutung für die Wasserführung gestärkt, sie wird im Verhältnis zu den Nebenrinnen und Flachwasserbereichen hydraulisch glatter, da die Wirkung der Sohlrauheit sich aufgrund der größeren Tiefe reduziert. Über den Gesamtquerschnitt betrachtet werden die Strömungsgeschwindigkeiten in der Hauptrinne gestärkt und in den Nebenrinnen geschwächt. Durch die größeren Wassertiefen vergrößert sich zudem die Tidewellengeschwindigkeit in der Hauptrinne, wodurch die angrenzenden Wattflächen nicht mehr durch die Nebenarme, sondern direkt durch die Hauptrinne be- und entwässert werden. Die geringere Wasserführung in den Nebenarmen

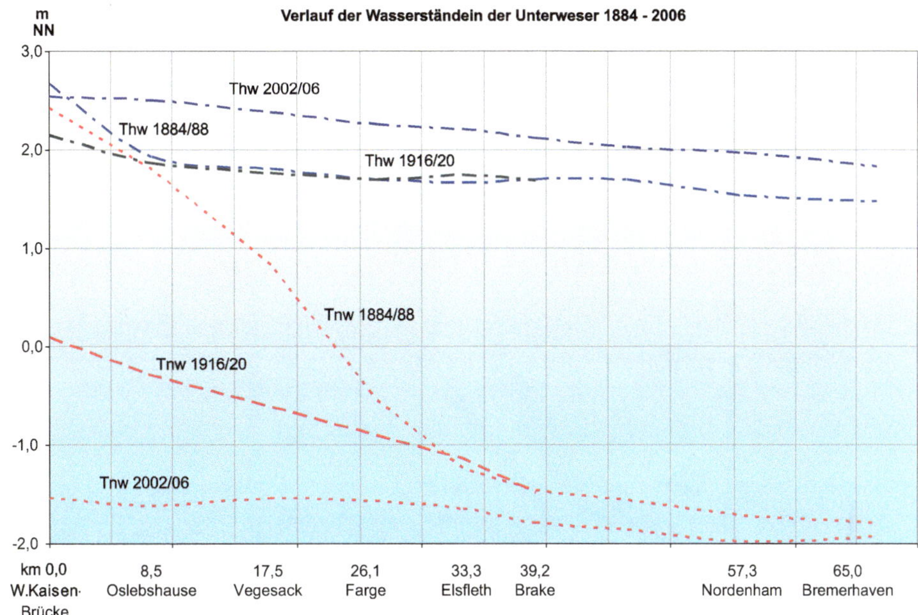

Abb. 6.16   Historie der Wasserstände in der Unterweser zwischen 1884 und 2006. (Quelle: Wasser- und Schifffahrtsamt Bremen)

führt in der Folge zu einer Verschlickung oder Versandung derselben, wodurch sie sich zurückentwickeln oder sogar absterben.

6.3.4   Verbreiterungen

Bei schmaleren Nebenflüssen der großen Tideästuare, wie z. B. der Hunte, wurden immer wieder auch Verbreiterungen durchgeführt, deren schifffahrtliche Notwendigkeit die Abb. 6.17 sehr eindrücklich zeigt.

Im Gegensatz zu Vertiefungen ändern Verbreiterungen das Laufzeitverhalten der Tidewelle nicht. Durch die sogenannte laterale Dispersion, d. h. die Ausbildung eines Grenzschichtprofils an den lateralen Begrenzungen des Gewässers, erniedrigt sich allerdings auch hier die Energiedissipation des Systems, da relativ gesehen weniger Strömung im Gesamtquerschnitt durch die laterale Reibung gebremst wird.

Für alles weitere sind zwei Grenzfälle zu unterscheiden, die im Folgenden dargestellt sind.

Abb. 6.17 Schiffsüberführung auf der Hunte. (Quelle: Wasser- und Schifffahrtsamt Bremen)

Verbreiterung im Unterlauf

Findet die Verbreiterung im Unterlauf, d. h. im Bereich der Ästuarmündung statt, erhöht sich durch die geringere Rauheit der Tidehub. Die Effekte sind dabei dieselben wie bei der Vertiefung, d. h., das Tideniedrigwasser senkt sich weiter ab als das Tidehochwasser ansteigt.

Verbreiterung im Oberlauf

Eine Verbreiterung im Oberlauf des Ästuars, d. h. an dessen flussseitigem Ende, führt zu einer Erhöhung des Tideprismas im gesamten Ästuarverlauf. Dabei bezeichnet man als **Tideprisma** das Wasservolumen, welches zwischen Tideniedrig- und Tidehochwasser oberhalb eines bestimmten Ästuarquerschnitts aufgefüllt werden muss. Das Tideprisma ist also eine ästuarspezifische Funktion, die von der Mündung zur Tidegrenze (z. B. dem Tidewehr) kontinuierlich bis auf null abfällt.

Mit der Verbreiterung im Oberlauf muss das zusätzliche Tidevolumen durch alle Querschnitte des Ästuars hindurchgeführt werden. Dies führt zu einem entsprechenden Anstieg der Strömungsgeschwindigkeit im gesamten Unterlauf. Da auf der anderen Seite die Rauheit des Systems mit der Strömungsgeschwindigkeit quadratisch ansteigt, wird nicht das gesamte zusätzlich erforderliche Wasservolumen durch die Querschnitte transportiert, wodurch der Tidehub reduziert wird.

Verbreiterungen im Oberlauf eines Ästuars können damit als Ausgleichsmaßnahmen gegen vertiefungsbedingte Absenkungen des Tideniedrigwassers in Betracht gezogen werden.

6.4 Tidewehre

Schon sehr bald nachdem die Weser zwischen 1887 und 1895 auf 5 m vertieft wurde, reichte dies nicht mehr aus, die Schiffe wurden immer größer. Im nächsten Schritt sollte die Weser dann zwischen Bremen und Bremerhaven auf 8,5 m vertieft werden. Die Nachbarländer Oldenburg und Preußen stimmten dem 1906 unter der Bedingung zu, dass in Bremen-Hastedt ein Wehr errichtet wird. Wie die Abb. 6.18 zeigt, ist dies auch tatsächlich notwendig, denn sonst würde die Tidewelle nahezu ungemindert bis nach Bremen durchdringen.

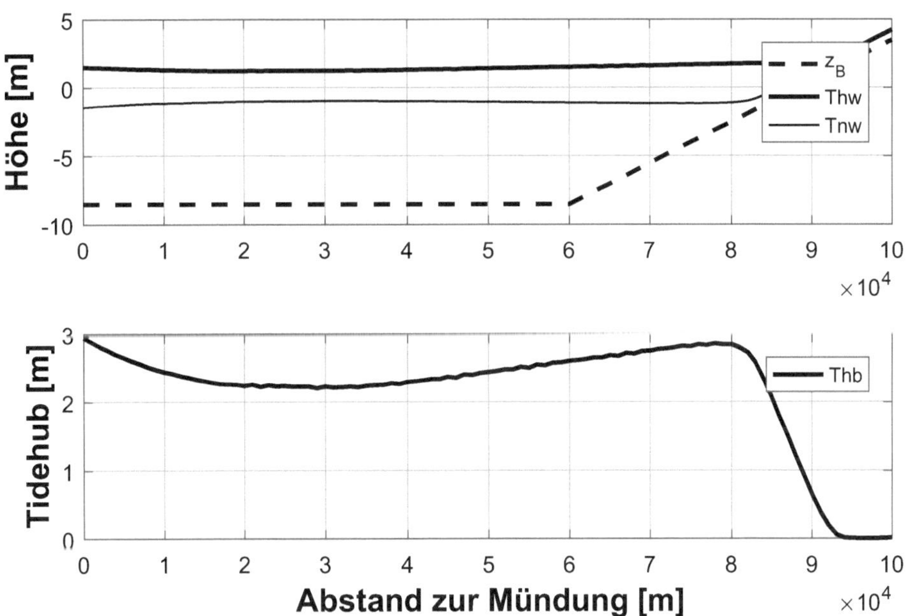

Abb. 6.18 Kennwerte des Wasserstands in einem Weser-ähnlichen Ästuar, welches auf 8,5 m vertieft wurde

Abb. 6.19 Das Weserwehr in Bremen-Hemelingen mit seinen fünf Wehrfeldern

So wurde von 1906 bis 1911 das Weserwehr in Bremen gebaut.

Später wurde dieses Wehr erneuert und nach Bremen-Hemelingen verlegt. In Abb. 6.19 sieht man das neue Weserwehr, welches aus insgesamt fünf Wehrfeldern besteht. Als Wehrverschlüsse werden Fischbauchklappen verwendet, deren Höhe so gewählt wird, dass sich im Oberwasser ein Normalstau von NN + 4,3 m einstellt (Abb. 6.20). Da das mittlere Tideniedrig- und das mittlere Tidehochwasser im Unterlauf niedriger als der Normalstau im Oberwasser liegen, findet ein fortwährender Strom vom Fluss in das Ästuar statt. Die Tide wird somit am Wehr vollständig gekehrt.

Eine ähnliche Entwicklung haben auch die anderen deutschen Tideästuare genommen. Zur fortwährenden Sicherung der Konkurrenzfähigkeit des noch weiter im Binnenland liegenden Hamburger Hafens und der Meyer Werft bei Papenburg bei zunehmenden Tiefgängen der Seeschiffe wurden auch die Elbe und die Ems in der Vergangenheit immer weiter vertieft.

Um das übermäßige Eindringen der Tide in das Binnenland mit

- einer weiterreichenden Versalzung der Böden,
- größeren durch Sturmfluten bedrohten Flächen und
- einer Absenkung der Flusssohle und damit verbunden des Grundwasserspiegels

zu verhindern, war man genötigt, das mit den Vertiefungen verbundene Eindringen der Tide in das Binnenland auch hier durch **Tidewehre** zu begrenzen. 1899 wurde ein Sperrwerk in Herbum an der Ems, 1957 bis 1960 wurde das Tidewehr der Elbe in Geesthacht gebaut.

Dies hat allerdings erhebliche Konsequenzen für die Tidedynamik im Ästuar, da wesentliche Charakteristika nun verändert sind.

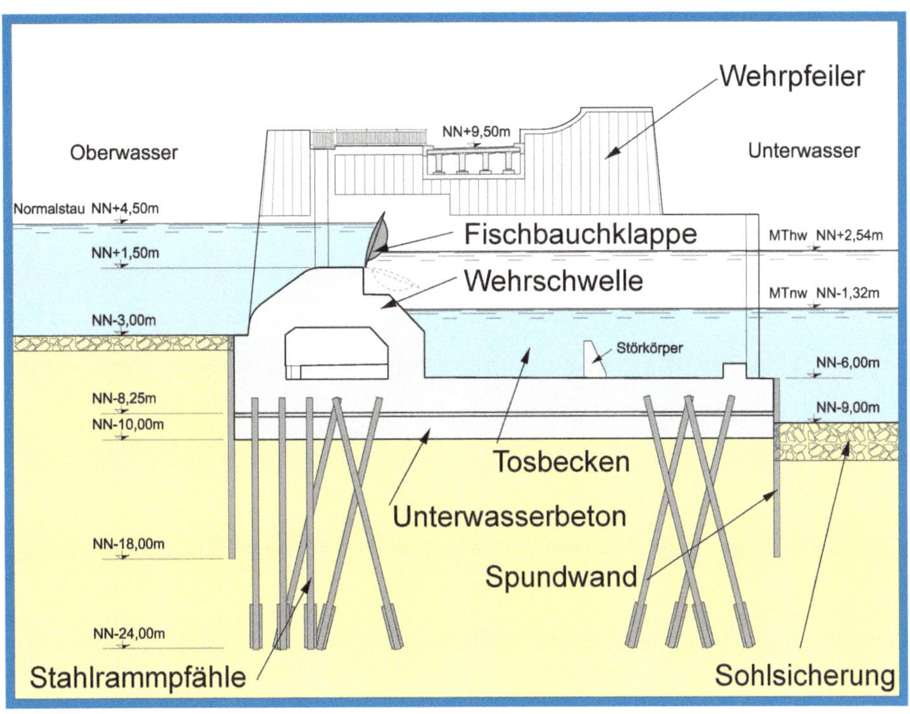

Abb. 6.20 Querschnitt des Weserwehrs in Bremen-Hemelingen. (Quelle: Wasser- und Schifffahrt-samt Bremen)

6.4.1 Veränderung der Tidedynamik durch Wehre

Wir wollen nun mit den Saint-Venant-Gleichungen untersuchen, wie sich ein Wehr auf die Tidedynamik im Ästuar auswirkt. Die Abb. 6.21 vergleicht dazu die Zeitreihen des Wasserstands und des Geschwindigkeitsbetrags an km 30 des Weser-ähnlichen Ästuars. Zunächst einmal hat sich der Tidehub noch einmal stark erhöht, obwohl die Weser nicht weiter vertieft wurde. Merkwürdigerweise haben sich die Geschwindigkeitsbeträge dagegen erniedrigt, was eigentlich nicht sein sollte: Mit einer Erhöhung des Tidehubs muss ja zur Ebbephase mehr Wasser in das Ästuar gebracht und zur Flutphase mehr Wasser ausgetragen werden. Dieses Phänomen soll im folgenden Abschnitt genauer beleuchtet werden.

Ferner hat sich die Asymmetrie der Tide stark erhöht: Die Flutphase ist noch kürzer, erreicht dafür aber größere maximale Flutstromgeschwindigkeiten. Die Ebbephase ist länger geworden, die maximale Ebbestromgeschwindigkeit dafür kleiner.

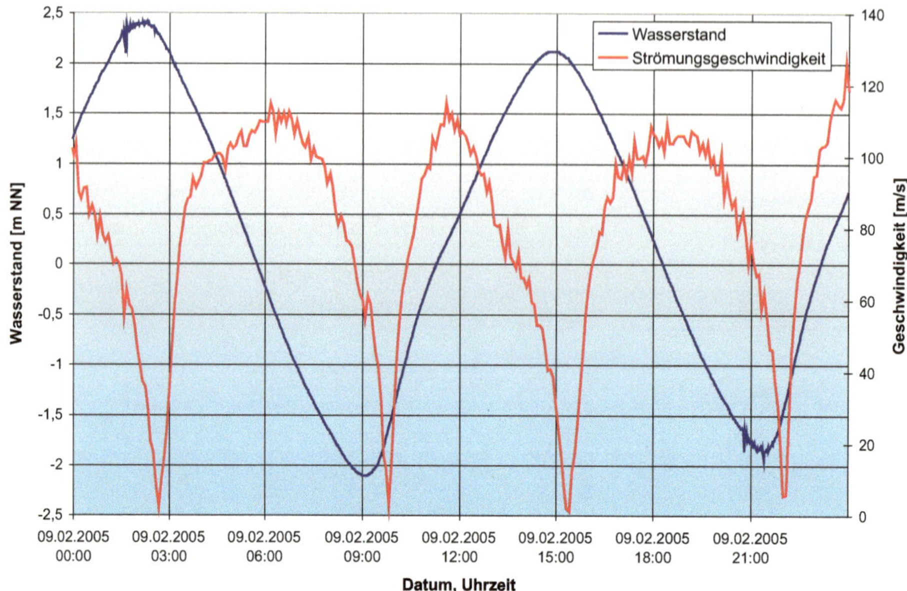

Abb. 6.21 Wasserstand (*blau*), Strömungsgeschwindigkeit (*rot*) und -richtung (*magenta*) am Weserpegel Elsfleth. (Wasserstraßen- und Schifffahrtsamt Bremen)

6.4.2 Die Reflektion der Tidewelle

Ursache des atypischen Verhaltens von Tidehub uns Strömungsgeschwindigkeit ist die Reflexion der Tidewelle. Ganz allgemein werden Wellen reflektiert, wenn sie gegen ein un-
durchdringliches Hindernis, etwa eine Kaimauer oder ein freiliegendes Riff, laufen. An
dieser Begrenzung muss die Normalgeschwindigkeit der Wellenbewegung null sein.

An einem Wehr nimmt die Strömungsgeschwindigkeit den Wert der Abflussgeschwin-
digkeit des Oberwassers an. Um im Folgenden die Reflexion der Tidewelle an Tidewehren
zu verstehen, wollen wir der Einfachheit halber davon ausgehen, dass der Oberwasserabfluss
so gering ist, dass er vernachlässigt werden kann.

Die Strömungsgeschwindigkeit unter Tidewellen ist nach Gl. (5.7) sinusförmig von Ort
und Zeit abhängig. In ihr gibt es also keinen besonderen Ort x, an dem die Strömungsgeschwindigkeit dauerhaft null ist. An einem Wehr (ohne Abfluss) ist dies aber genau der Fall:
Die auf die Bewandung treffende, senkrechte Geschwindigkeitskomponente ist null.

Um das Verhalten der Welle an einem solchen Hindernis zu beschreiben, müssen wir
die Reflexion der Welle an der Begrenzung berücksichtigen, d. h. eine einlaufende und eine
zurücklaufende reflektierte Welle überlagern.

Dazu nehmen wir nun – weil es einfacher ist – das Wehr am Ort $x = 0$ an, die Welle laufe
aus der negativen x-Richtung ein. Man kann leicht bestätigen, dass die folgende Gleichung
für die Bewegung der freien Oberfläche

$$z_S(x,t) = \overline{z_S} + \underbrace{A\sin(kx - \omega t)}_{\text{einlaufende Welle}} + \underbrace{A\sin(-kx - \omega t)}_{\text{reflektierte Welle}} = \overline{z_S} - 2A\cos kx \sin \omega t$$

ebenfalls eine Lösung der Wellengleichung ist. Die so beschriebene Welle besteht aus zwei Komponenten, dabei läuft eine genau in entgegengesetzter Richtung (dargestellt durch die Wellenzahl $-k$) als die uns bisher vertraute.

Im hinteren Teil der Gleichungskette wurde nur das Additionstheorem für den Sinus angewendet, wir werden diese Form später benötigen.

Die tiefengemittelte Strömungsgeschwindigkeit ist für die beiden überlagerten Wellen nach der Impulsgleichung:

$$u(x,t) = A\sqrt{\frac{g}{h}}\sin(kx - \omega t) - A\sqrt{\frac{g}{h}}\sin(-kx - \omega t) = 2A\sqrt{\frac{g}{h}}\sin kx \cos \omega t.$$

Tatsächlich sind die Orbitalgeschwindigkeiten am Hindernisort $x = 0$ nun null, das Wehr wird also nicht durchströmt.

Durch die Überlagerung von einlaufender und reflektierter Welle entstehen aber eine Reihe von weiteren Besonderheiten:

1. **Verdopplung der Amplituden** Die lokalen Amplituden von Wasserstand und Geschwindigkeit werden nun mit dem Abstand vom Reflektionspunkt moduliert, wobei an manchen Stellen doppelt so große Amplituden auftreten. So hat der Wasserstand direkt am Wehr nun die doppelte Amplitude $2A$ und damit auch den doppelten Tidehub. Dies ist natürlich beim Bau des Wehres bei den unterstrom liegenden Dämmen zu berücksichtigen. Die Verdopplung des Tidehubs tritt ferner bei $x = -\pi/k$ und allen Vielfachen auf, ist also von der Wellenzahl k der Gezeitenwellen abhängig.

2. **Wasserstandsknoten** Ferner entstehen als Knoten bezeichnete Orte, an denen der Wasserstand keine Tidevariation mehr aufweist. Diese Knoten sind allerdings sehr tückisch, da an ihnen die Geschwindigkeiten Maximalwerte erreichen.

3. **Geschwindigkeitsknoten** Umgekehrtes gilt für die Geschwindigkeitsknoten, an denen die Tidegeschwindigkeit null ist, der Wasserstand aber seine größten Variationen aufweist. Dabei ist die Geschwindigkeit in dieser Modellvorstellung am Wehr null und steigt dann erst langsam an. Durch den Bau eines Wehres wird somit eine Zone vor diesem erzeugt, in der es große Wasserstandsänderungen bei kleinen Geschwindigkeiten gibt.

4. **90°-Phasenverschiebung zwischen Wasserstand und Geschwindigkeit** Schließlich sind an einem festen Ort die zeitlichen Variationen von Wasserstand und Geschwindigkeit nicht mehr phasengleich, sondern genau gegenphasig, jeweils eine Größe nimmt ihren Maximalwert dann an, wenn die andere ihren Nulldurchgang hat. Genau dieses Verhalten zeigt auch der Weserpegel Elsfleth in Abb. 6.22.

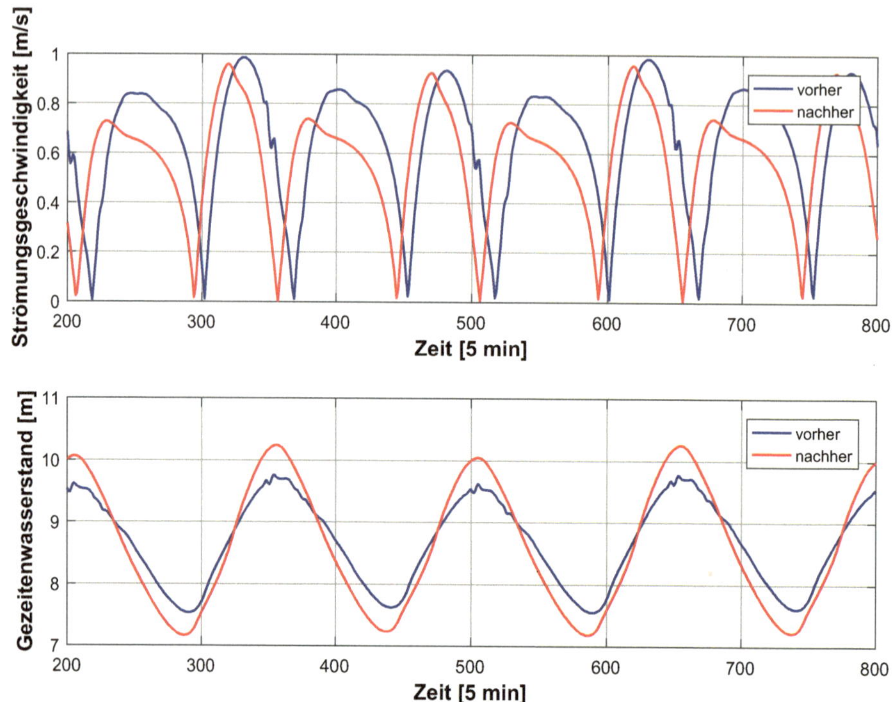

Abb. 6.22 Wasserstand und Betrag der Strömungsgeschwindigkeit an km 30 des Weser-ähnlichen Ästuars mit und ohne Wehr bei km 65

Alle genannten Phänomene sind von der Wellenzahl k abhängig, also für jede Partialtide einzeln zu betrachten. Dies bedeutet z. B., dass an einem Geschwindigkeitsknoten der M_2-Gezeit die K_1-Gezeit immer noch eine Geschwindigkeitskomponente haben kann, in einem realen Ästuar dort also kein dauerhaftes Stillwasser auftritt.

Die mit der Reflektion der Gezeitenwellen verbundenen Effekte sind in Abb. 6.23 sehr deutlich zu erkennen. Dort sind die Amplituden der Partialtiden M_2, M_4, M_6 und M_8 an den Weserpegeln aus der Deutschen Bucht kommend bis nach Bremen aufgetragen. Der Verlauf des dominanten M_2-Signals hat allerdings nichts mit der Reflektion der Tide zu tun und wird später erklärt.

Für die Flachwassertiden erkennt man aber Knoten, an denen die Amplitude durch die Interferenz mit der reflektierten Welle stark abnimmt. Tatsächlich ist der erste Knoten der M_8-Tide bei einer Wassertiefe von 10 m ca. 19,5 km vom Wehr (Farge) entfernt. Der zu diesem Ort nächstgelegene Pegel Vegesack zeigt hier ein deutliches lokales Minimum der Amplitutde. Für die M_4-Tide liegt der erste Wasserstandsknoten 39,1 km unterhalb des Wehres, der nächste Pegel ist dann Farge.

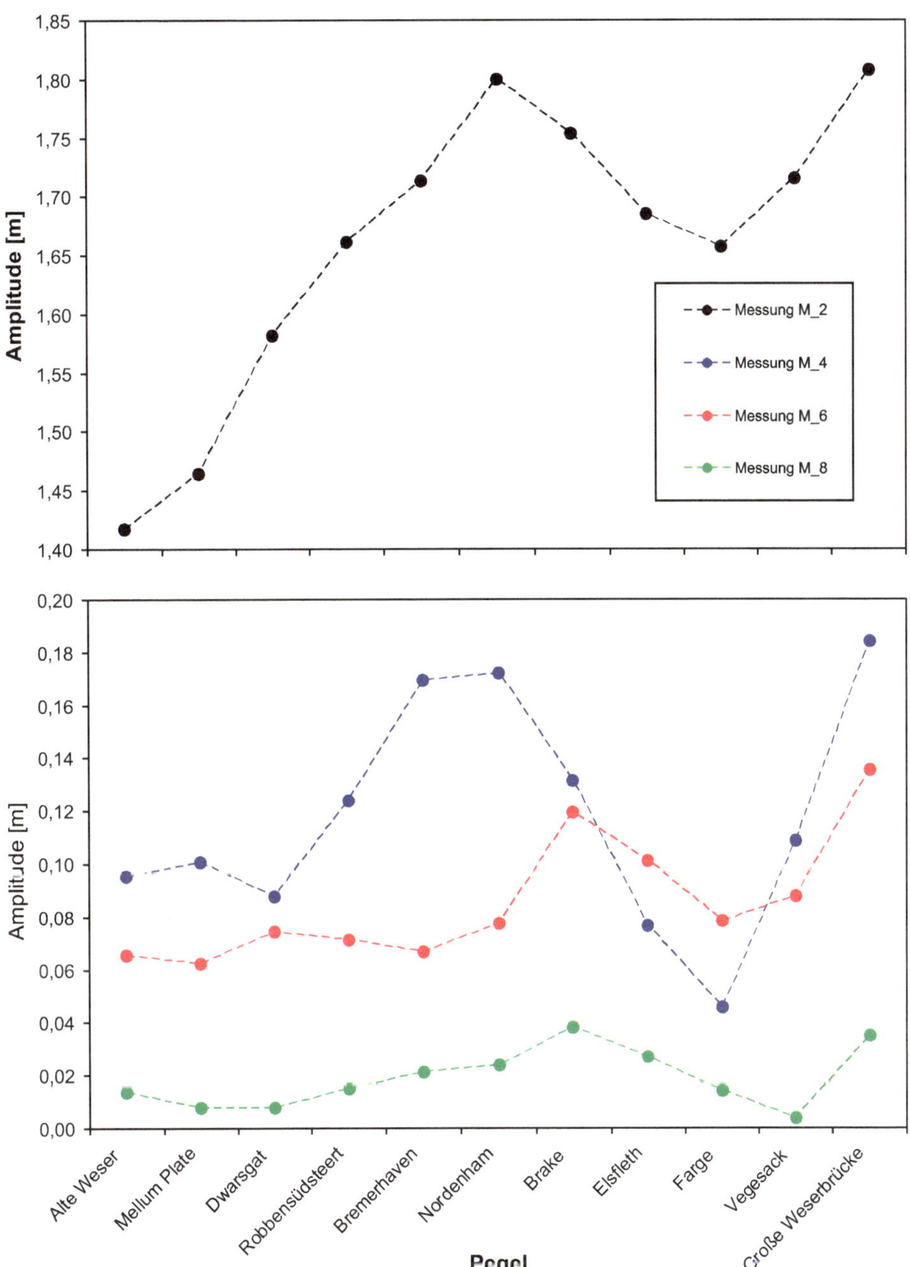

Abb. 6.23 Die Amplituden der aus Messungen gewonnenen Partialtiden in der Weser (x-Achse nicht maßstäblich)

Übung 30

Beweisen Sie, dass der durch Reflektion entstehende erste Wasserstandsknoten der M_8-Gezeit bei einer Wassertiefe von 10 m 26,7 km vom Wehr entfernt ist.

Lösung: Die M_8-Gezeit hat eine Periode von 10 800 s. In 10 m tiefem Wasser ist ihre Wellenlänge 106,97 km und die Wellenzahl also $5,87 \cdot 10^{-5}$/m. Der erste Wasserstandsknoten liegt somit in der angegebenen Entfernung.

6.5   Zusammenfassung

Die Tidedynamik in einem Ästuar wird durch die Topographie (Morphologie) sowie der von der See einschwingenden Tidewelle mit ihren meteorologisch induzierten Veränderungen und dem Oberwasserzufluss beeinflusst. Dabei verlängert sich die Tidehochwasserlinie vom Meer ausgehend nahezu horizontal in die Flussmündung hinein, während das Tideniedrigwasser allmählich ansteigt. Am flussseitigen Ende des Ästuars wird schließlich die nur durch das Frischwasser geprägte Normalwassertiefe angenommen.

In einem durch ein Wehr begrenzten Ästuar ist neben der Dämpfung der Tideenergie und damit verbunden des Tidehubs noch die Überlagerung von einlaufender und reflektierter Welle zu berücksichtigen.

Aufgrund ihres periodischen Charakters lässt sich das zeitliche Verhalten der Tide durch Tidekennwerte repräsentieren, die allerdings örtlich variieren. Von diesen Tidekennwerten haben wir die des Wasserstandes und der Geschwindigkeit besprochen. Aber auch die Tidekennwerte sind zeitlichen Schwankungen unterworfen, die neben langfristigen Tendenzen und meteorologischen Einflüssen vor allem aus der Tatsache resultieren, dass das Tidesignal nicht aus einer einzigen Periode, sondern aus einem diskreten Spektrum von Perioden aufgebaut ist.

Neben den starken zeitlichen Variationen durch die Gezeiten sind die Strömungen in Küstengewässern nicht gleichförmig, sondern auch räumlichen Variationen unterworfen: So ist die ufernahe Geschwindigkeit kleiner als die in der Gewässermitte gemessene. Dies liegt daran, dass Strömungen von festen Berandungen immer abgebremst werden. Eine solche Berandung stellt natürlich auch der Boden dar, den man unter jedem Vertikalschnitt durch den Fluss findet. Ist dieser Boden unbeweglich, dann sollte auch die Strömungsgeschwindigkeit über dem Boden auf null zurückgehen. Und da die Wasseroberfläche am weitesten von einer bremsenden Berandung entfernt ist, erwarten wir hier die größten Geschwindigkeiten.

Wir wollen uns in diesem Kapitel also der Vertikalstruktur der Gezeitenströmungen zuwenden. Dabei werden wir uns zunächst allerdings auf stationäre Strömungen beschränken. Die so gewonnenen Ergebnisse spiegeln die beobachteten Vertikalstrukturen in der Flut- und in der Ebbestromphase recht gut wider. Lediglich in der Kenterungsphase treten andere Verhältnisse auf, die mit dem instationären Verhalten der Gezeitenwellen zusammenhängen.

7.1   Impulsbilanz für viskose Flüssigkeiten

Das vertikale Geschwindigkeitsprofil in einem Fließ- oder Küstengewässer wird entscheidend durch die Viskosität des Wassers bestimmt: Am Boden haftet das Wasser an demselbigen, die Geschwindigkeit ist dort also null, wenn die anstehenden Sedimente sich nicht selbst auch bewegen. In einer gewissen Entfernung über dem Boden wird sich eine durch den

© Springer Fachmedien Wiesbaden GmbH, ein Teil von Springer Nature 2018   173
A. Malcherek, *Gezeiten und Wellen*, https://doi.org/10.1007/978-3-658-19303-4_7

Abb. 7.1 Grundprinzip zur Bestimmung der Viskosität einer Flüssigkeit

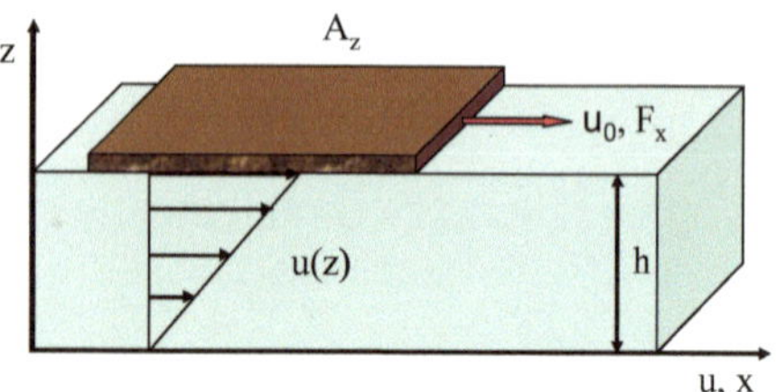

Boden nicht mehr gestörte Geschwindigkeit einstellen. Dazwischen steigt die Geschwindigkeit von null auf diesen Wert an und man kann sich leicht vorstellen, dass dies umso schneller geht, je weniger zähflüssig das Wasser ist. Doch was versteht man eigentlich unter der Zähflüssigkeit oder Viskosität einer Flüssigkeit?

7.1.1 Die Viskosität Newton'scher Flüssigkeiten

Zur Einführung der Viskosität betrachten wir das in Abb. 7.1 dargestellte Experiment. Darin wird eine schwimmende ebene Platte auf einer Testflüssigkeit der Höhe h mit der konstanten Geschwindigkeit u_0 entlanggezogen. Gemessen wird dabei die Kraft F_x, die zur Aufrechterhaltung dieser Bewegung erforderlich ist. Alle Experimente zeigen, dass sie umso größer ist, je größer die Zuggeschwindigkeit und die Grundfläche der Platte A_z und desto kleiner die Wassertiefe sind. Es gilt also

$$F_x \simeq \frac{u_0 A_z}{h}$$

und mit der Einführung der sogenannten dynamischen Viskosität μ als Proportionalitätskonstante das Newton'sche Zähigkeitsgesetz

$$F_x = \mu \frac{u_0 A_z}{h}.$$

Die Einheit der dynamischen Viskosität ist somit kg/(m s). Die Viskosität kann auch dichtebezogen angegeben werden, dann bezeichnet man mit

$$\nu = \mu/\varrho$$

die kinematische Viskosität des Fluids. Sie hat für Wasser den Standardwert

$$\nu = 1 \cdot 10^{-6}\ \mathrm{m}^2.$$

Neben dem grundsätzlichen Aufbau ist in der Abb. 7.1 auch schon ein Geschwindigkeitsprofil eingezeichnet, welches vom Boden des Gefäßes linear bis zur Platte ansteigt. Dieses Geschwindigkeitsprofil kann also durch die Gleichung

$$u(z) = \frac{z}{h} u_0$$

beschrieben werden.

Die Form des Geschwindigkeitsprofils ist natürlich nur eine Annahme, die aber umso besser ist, je kleiner der Abstand zwischen der Boden- und der sich bewegenden Platte h ist. Ist diese Bedingung erfüllt, dann spricht man von einer Couette-Strömung.

Bezeichnen wir die Änderung der Geschwindigkeit zwischen oberer und unterer Platte mit Δu und den Abstand der Platten mit Δz, dann weist die neue Darstellung des Zähigkeitsgesetzes den Weg zu seiner Verallgemeinerung:

$$F_x = \mu A_z \frac{\Delta u}{\Delta z}.$$

Diese Form legt die Vermutung nahe, dass es bei der Bestimmung der viskosen Kraft zwischen den beiden Platten natürlich nur auf die Relativgeschwindigkeit Δu der beiden Platten zueinander ankommt. Und der Differenzenquotient legt nahe, die Kraft für beliebig kleine Plattenabstände, d. h. im Limes gegen null für eine Fläche zu betrachten:

$$F_x = \mu A_z \frac{\partial u}{\partial z}.$$

In einer horizontalen Fläche wirkt also immer dann eine in x-Richtung wirkende Kraft, wenn das Geschwindigkeitsfeld eine Änderung, d. h. eine Scherung aufweist. In einem Fluid erzeugt ein Geschwindigkeitsgradient also immer eine Reibungskraft, deren Überwindung Arbeit erforderlich macht.

Sowohl die viskosen Eigenschaften von Wasser als auch von Luft lassen sich durch dieses Newton'sche Spannungsgesetz beschreiben, die Standardwerte für die Dichte und die Viskosität sind dazu in Tab. 7.1 angegeben.

Danach liegt das Produkt aus Dichte und kinematischer Viskosität in der Größenordnung 0,001 Pa s, ist also recht klein. Daher meinte man bis 1895, diese Kräfte nicht berücksichtigen zu müssen, und beschränkte sich auf eine reibungsfreie Beschreibung der Hydromechanik. Erst das Verständnis für die Rolle turbulenter Geschwindigkeitsfluktuationen gab dann den viskosen Spannungen eine neue fundamentale Wichtigkeit. Wir wollen deshalb die Kraftwirkung der inneren Spannungen bestimmen, damit wir diese in den Bewegungsgleichungen berücksichtigen können.

Tab. 7.1 Hydromechanische Eigenschaften von Wasser und Luft bei 20 °C

Medium	Dichte ϱ (kg/m^3)	Kinemat. Viskosität ν (m^2/s)	Dynam. Viskosität $\varrho\nu$ (mPa s)
Wasser	1000	$1 \cdot 10^{-6}$	1,0
Luft (20 °C)	1,21	$1 \cdot 10^{-5}$	0,01228

7.1.2　Beliebige Strömungsrichtungen

Natürlich könnte man das Fluid in der Abb. 7.2 auch in die y-Richtung durch eine seitlich
angebrachte Platte scheren. In diesem Fall wäre

$$F_x = \mu A_y \frac{\partial u}{\partial y}.$$

In Verallgemeinerung dessen sollte also immer dann eine Reibungskraft in x-Richtung zu
überwinden sein, wenn die Geschwindigkeit u eine Scherung erfährt:

$$F_x = \mu \left(A_x \frac{\partial u}{\partial x} + A_y \frac{\partial u}{\partial y} + A_z \frac{\partial u}{\partial z} \right).$$

In einem beliebig gearteten dreidimensionalen Geschwindigkeitsfeld (u, v, w) können nun
natürlich auch Scherungen der anderen beiden Geschwindigkeitskomponenten auftreten,
die mit viskosen Reibungskräften in die y- und z-Richtung verbunden sind:

$$F_y = \mu \left(A_x \frac{\partial v}{\partial x} + A_y \frac{\partial v}{\partial y} + A_z \frac{\partial v}{\partial z} \right),$$

$$F_z = \mu \left(A_x \frac{\partial w}{\partial x} + A_y \frac{\partial w}{\partial y} + A_z \frac{\partial w}{\partial z} \right).$$

Wir wollen versuchen, die drei Bestimmungsgleichungen für die viskosen Reibungskräfte in beliebigen Geschwindigkeitsfeldern etwas kompakter zu schreiben und führen den
Gradienten eines Vektors formal als

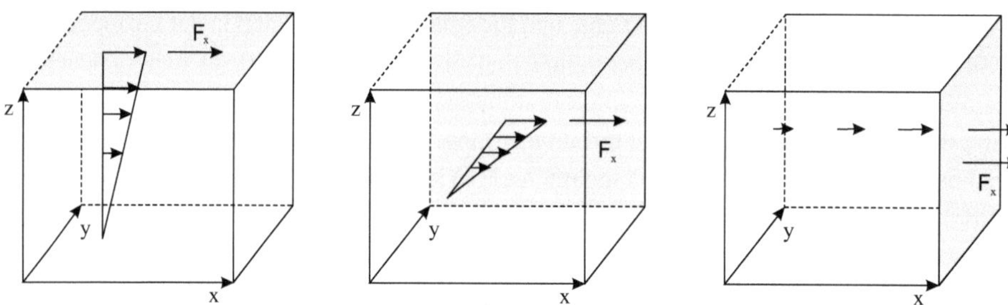

Abb. 7.2 Die x-Komponente der viskosen Reibungskraft kann durch drei unterschiedliche
Scherungen induziert werden

$$\operatorname{grad} \vec{v} = \begin{pmatrix} \dfrac{\partial u}{\partial x} & \dfrac{\partial u}{\partial y} & \dfrac{\partial u}{\partial z} \\[2ex] \dfrac{\partial v}{\partial x} & \dfrac{\partial v}{\partial y} & \dfrac{\partial v}{\partial z} \\[2ex] \dfrac{\partial w}{\partial x} & \dfrac{\partial w}{\partial y} & \dfrac{\partial w}{\partial z} \end{pmatrix}$$

ein. Diese Matrix enthält also in der ersten Zeile den Gradienten der Geschwindigkeit u, in der zweiten Zeile den Gradienten von v und in der dritten Zeile den von u. Die Matrix sieht also auf den ersten Blick erschreckender aus, als sie tatsächlich ist.

Der Tensor der inneren Spannungen

Das Produkt des Tensors der Geschwindigkeitsgradienten und der Viskosität

$$\tau = \varrho v \begin{pmatrix} \dfrac{\partial u}{\partial x} & \dfrac{\partial u}{\partial y} & \dfrac{\partial u}{\partial z} \\[2ex] \dfrac{\partial v}{\partial x} & \dfrac{\partial v}{\partial y} & \dfrac{\partial v}{\partial z} \\[2ex] \dfrac{\partial w}{\partial x} & \dfrac{\partial w}{\partial y} & \dfrac{\partial w}{\partial z} \end{pmatrix}$$

ergibt einen neuen Tensor, den Tensor der viskosen Spannungen τ. Er beschreibt so etwas, wie die Kraft pro Fläche, die bei einem Geschwindigkeitsgradienten überwunden werden muss, damit der Geschwindigkeitsgradient aufrecht erhalten werden kann.

Ganz offensichtlich können wir also alle drei Komponenten der viskosen Kraft durch den sehr kompakten Ausdruck

$$\vec{F} = \mu \, (\operatorname{grad} \vec{v}) \, \vec{A} = \tau \vec{\mathbf{A}}.$$

darstellen, wenn $\vec{A}$ aus den drei Komponenten (A_x, A_y, A_z) besteht.

Haben wir es nur mit einer, beliebig im Raum orientierten Fläche A mit Normaleneinheitsvektor $\vec{n}$ zu tun, dann ist die Reibungskraft in dieser Fläche:

$$\vec{F} = \mu \, (\operatorname{grad} \vec{v}) \, \vec{n} A.$$

Diese Reibungskraft muss natürlich als weitere Kraft auf allen Berandungsflächen $\partial \Omega$ in der Impulsgleichung berücksichtigt werden:

$$\vec{F} = \int_{\partial \Omega} (\mu \operatorname{grad} \vec{v}) \, \vec{n} \, dA.$$

Auch hier lässt sich das Oberflächen- in ein Volumenintegral umformen, wenn man den Green-Gauß'schen Integralsatz anwendet:

$$\vec{F} = \int\limits_{\Omega} (\mathrm{div}\ \mu\ \mathrm{grad}\ \vec{v})\, d\Omega. \tag{7.1}$$

Im Folgenden werden wir das Kontrollvolumen Ω auf einen Punkt in der Wassersäule reduzieren, indem wir ein quaderförmiges Kontrollvolumen $\Delta x \Delta y \Delta z$ betrachten und dann die Kantenlängen gegen null gehen lassen. Dies hat den Vorteil, dass für a an irgendeiner Stelle des kontinuierlichen Verkleinerungsprozesses der Integrand über das Kontrollvolumen als konstant angesehen werden kann. Die Integration wird dann zu einer Multiplikation mit dem Volumen:

$$\vec{F} = \Delta x \Delta y \Delta z\, \mathrm{div}\ \mu\ \mathrm{grad}\ \vec{v}.$$

Wir können den Vektor der viskosen Reibungskräfte schließlich noch in seine drei Raumrichtungen zerlegen; man bekommt dann die Darstellung:

$$\vec{F} = \Delta x \Delta y \Delta z \begin{pmatrix} \dfrac{\partial}{\partial x}\left(\mu\dfrac{\partial u}{\partial x}\right) + \dfrac{\partial}{\partial y}\left(\mu\dfrac{\partial u}{\partial y}\right) + \dfrac{\partial}{\partial z}\left(\mu\dfrac{\partial u}{\partial z}\right) \\[4mm] \dfrac{\partial}{\partial x}\left(\mu\dfrac{\partial v}{\partial x}\right) + \dfrac{\partial}{\partial y}\left(\mu\dfrac{\partial v}{\partial y}\right) + \dfrac{\partial}{\partial z}\left(\mu\dfrac{\partial v}{\partial z}\right) \\[4mm] \dfrac{\partial}{\partial x}\left(\mu\dfrac{\partial w}{\partial x}\right) + \dfrac{\partial}{\partial y}\left(\mu\dfrac{\partial w}{\partial y}\right) + \dfrac{\partial}{\partial z}\left(\mu\dfrac{\partial w}{\partial z}\right) \end{pmatrix}.$$

Wenn ein Strömungsfeld also lediglich eine x-Komponente u beinhaltet, dann gibt es auch lediglich viskose Kräfte in x-Richtung, entsprechendes gilt für die anderen drei Raumrichtungen.

7.1.3 Impulsbilanz mit viskoser Reibung

Nach diesen Prolegomena können wir die Impulsbilanz unter Berücksichtigung der viskosen Reibung ausformulieren. Wenn wir dabei die Oberflächenintegrale beibehalten, die die Flüsse durch und die Kräfte auf den Rand unseres Kontrollvolumens beschreiben, dann lautet die Impulsbilanz:

$$\frac{\partial \vec{I}}{\partial t} = \int\limits_{\Omega} \varrho \vec{g}\, d\Omega - \int\limits_{\partial\Omega} p\vec{n}\, dA - \int\limits_{\partial\Omega} \varrho\,(\vec{v}\vec{n})\,\vec{v}\, dA + \int\limits_{\partial\Omega} \mu\,(\mathrm{grad}\ \vec{v})\,\vec{n}\, dA.$$

Hier wird nun also die Reibungskraft nach Weisbach durch die viel genauere viskose Reibungskraft ersetzt. Allerdings hat diese genauere Form den Nachteil, dass man für ihre Berechnung den Geschwindigkeitsgradienten am Gewässerrand kennen muss.

Wenn man die Randintegrale durch entsprechende Integralsätze auf Volumenintegrale umformt, dann lautet die Impulsbilanz:

$$\frac{\partial \vec{I}}{\partial t} = \int\limits_{\Omega} \left(\varrho \vec{g} - \operatorname{grad} p + \operatorname{div} \mu \operatorname{grad} \vec{v} \right) d\Omega - \int\limits_{\partial\Omega} \varrho \left(\vec{v}\vec{n} \right) \vec{v} dA.$$

In der Ozeanographie wären in dieser Impulsbilanz natürlich auch noch die Gezeitenkräfte zu berücksichtigen. Dies würde die Gleichung aber sehr lang und unhandlich machen, dass wir uns dies hier ersparen wollen.

Darstellung in Indexnotation

In der Indexnotation lassen sich viele Umformungen, die vor allem Tensoren beinhalten, sehr elegant durchführen. Für sie gelten zwei Regeln:

1. Taucht ein Index in einem Term nur einmal auf, dann stellt er alle Komponenten des Vektors dar:

   - So wird jeder Vektor $\vec{v}$ nun also zu einer Indexgröße v_i, denn der Index i läuft von 1 bis 3, also $v_1 = u$, $v_2 = v$ und $v_3 = w$.
   - Da auch der Gradient einer skalaren Größe ein Vektor ist, geht er in

   $$\operatorname{grad} p = \frac{\partial p}{\partial x_i}$$

   über.

2. Taucht ein Index in einem Term zweimal auf, dann wird über diesen Index summiert (Einstein'sche Summationskonvention):

   - Das Skalarprodukt von zwei Vektoren besteht aus der Summe der Produkte der Vektorkomponenten. Es lautet in dieser Schreibweise:

   $$\vec{v}\vec{n} = v_j n_j.$$

   - Die Divergenz eines Vektors, die ja eine Summenbildung enthält, wird nun zu:

   $$\operatorname{div} \vec{v} = \frac{\partial v_j}{\partial x_j}.$$

Mit diesen beiden Regeln werden die Impulsgleichungen zu:

$$\frac{\partial I_i}{\partial t} = \int\limits_{\Omega} \left(\varrho g_i - \frac{\partial p}{\partial x_i} + \frac{\partial}{\partial x_j} \left(\mu \frac{\partial v_i}{\partial x_j} \right) \right) d\Omega - \int\limits_{\partial \Omega} \varrho \left(v_j n_j \right) v_i dA.$$

7.2　Die Navier-Stokes-Gleichungen

Die bisherigen Formen der Massen- und der Impulsbilanz beziehen sich immer auf ein Kontrollvolumen Ω, welches z. B. die gesamte Wassersäule in einem gewissen Gewässerabschnitt umfasst. Lässt man das Kontrollvolumen immer kleiner werden, sodass es auf einen unendlich kleinen Punkt zusammen schrumpft, dann gehen die Bilanzgleichungen in die Navier-Stokes-Gleichungen über. Um diesen Grenzübergang zum infinitesimalen Punkt zu bewerkstelligen, schreiben wir den im Kontrollvolumen gespeicherten Impuls als $I_i = \int\limits_{\Omega} \varrho v_i d\Omega$ und wenden auf die Oberflächenintegrale den Gauß'schen Integralsatz an, der diese in Volumenintegrale überführt:

$$\frac{\partial}{\partial t} \int\limits_{\Omega} \varrho v_i d\Omega = \int\limits_{\Omega} \left(\varrho g_i - \frac{\partial p}{\partial x_i} \right) d\Omega - \int\limits_{\Omega} \frac{\partial}{\partial x_j} \left(\varrho v_i v_j \right) d\Omega + \int\limits_{\Omega} \frac{\partial}{\partial x_j} \left(\mu \frac{\partial v_i}{\partial x_j} \right) d\Omega.$$

Es tauchen in dieser Form also nur noch Integrale über den gesamten Kontrollraum Ω auf. Lassen wir dieses nun so lange schrumpfen, bis das zu Integrierende nahezu konstant in dem klein gewordenen Kontrollraum ist, dann kann dieses vor das Integral gezogen werden und das Volumenintegral dann heraus gekürzt werden:

$$\frac{\partial \varrho v_i}{\partial t} = \varrho g_i - \frac{\partial p}{\partial x_i} + \frac{\partial}{\partial x_j} \left(\mu \frac{\partial v_i}{\partial x_j} - \varrho v_i v_j \right).$$

Manchmal stört die Tatsache, dass unter der Zeitableitung das Produkt von Dichte und Geschwindigkeit steht. Man wendet also die Produktregel an, wodurch einige Terme geteilt werden. Mit der punktuellen Massenbilanz (10.1), die sich in Indexnotation

$$\frac{\partial \varrho}{\partial t} = \frac{\partial \varrho v_j}{\partial x_j}$$

schreibt, fallen aber zwei Terme wieder weg. Es bleibt als andere Form der Navier-Stokes-Gleichungen:

$$\frac{\partial v_i}{\partial t} = g_i - \frac{1}{\varrho} \frac{\partial p}{\partial x_i} + \frac{1}{\varrho} \frac{\partial}{\partial x_j} \left(\mu \frac{\partial v_i}{\partial x_j} \right) - v_j \frac{\partial v_i}{\partial x_j}. \tag{7.2}$$

Alle bisherigen Untersuchungen belegen, dass diese Gleichungen die Strömungen von reinem Wasser sehr genau beschreiben. Dazu benötigt man ein hinreichend gutes numerisches

Modell zur Lösung der Gleichungen, ein räumliches Berechnungsgitter, welches das Strömungsgebiet hinreichend genau auflöst und sehr kurze Zeitschritte beim Voranschreiten des Verfahrens, sodass alle Veränderlichkeiten erfasst werden. Da alle Strömungen in den Ozeanen und den Küstengewässern turbulent sind, würde man so an einem festen Ort eine fluktuierende Geschwindigkeit berechnen, wie sie etwa in Abb. 7.7 dargestellt ist.

7.3   Die Differentialgleichung des vertikalen Geschwindigkeitsprofils

Um uns der Komplexität natürlicher Küstengewässer zunächst einmal zu entziehen, werden wir unsere Untersuchungen noch einmal auf ein geradliniges Gewässer beschränken, welches durch einen Gradienten der Wasseroberfläche angetrieben wird. Wir wollen ferner annehmen, dass das Gewässer sehr breit ist, sodass in den meisten Bereichen nur die Sohle und nicht die lateralen Ränder einen Einfluss auf das Strömungsgeschehen haben.

Die sehr mächtigen Navier-Stokes-Gleichungen vereinfachen sich dann erheblich, denn es ergeben sich folgende Vereinfachungen (Abb. 7.3):

1. Der Geschwindigkeitsvektor hat nur eine Komponente u in x-Richtung, sodass von den drei Impulsgleichungen nur noch eine übrig bleibt.
2. Der Tensor $u_i u_j$ hat dann nur noch einen einzigen Term u^2, der nicht null ist.
3. Die konstante Dichte kann aus den meisten Termen herausgekürzt werden, sie erscheint nun im Druckterm:

$$\frac{\partial u}{\partial t} = -\frac{1}{\varrho}\frac{\partial p}{\partial x} - \frac{\partial u^2}{\partial x} + \frac{\partial}{\partial x}\left(\nu\frac{\partial u}{\partial x}\right) + \frac{\partial}{\partial y}\left(\nu\frac{\partial u}{\partial y}\right) + \frac{\partial}{\partial z}\left(\nu\frac{\partial u}{\partial z}\right).$$

Wenn wir schließlich in Strömungsrichtung x und in Breitenrichtung y homogene Bedingungen annehmen, dann bleibt die Differentialgleichung des vertikalen Geschwindigkeitsprofils:

Abb. 7.3   Unter einer räumlich veränderlichen Wassersäule wirkt in jedem Kontrollvolumen ein durch den Wasserspiegelgradienten induzierter Druckgradient

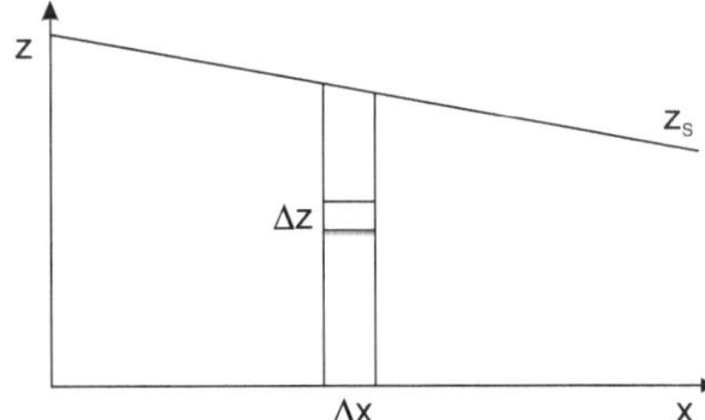

$$\frac{\partial u}{\partial t} = -\frac{1}{\varrho}\frac{\partial p}{\partial x} + \underbrace{\frac{\partial}{\partial z}\left(\nu\frac{\partial u}{\partial z}\right)}_{=\tau_{zx}/\varrho}. \tag{7.3}$$

Dies ist eine zeitabhängige zweidimensionale partielle Differentialgleichung 2. Ordnung. Letzteres, weil die höchste Ableitung die Ordnung 2 hat. Die Zweidimensionalität bezieht sich auf die zwei Raumrichtungen x und z, die eine vertikale Ebene aufspannen.

Für Gezeitenströmungen können wir die hydrostatische Druckapproximation wieder als gültig annehmen. Dann bekommt unsere Gleichung die Form:

$$0 = -g\frac{\partial z_S}{\partial x} + \underbrace{\frac{\partial}{\partial x}\left(\nu\frac{\partial u}{\partial x}\right)}_{=\tau_{zx}/\varrho}.$$

Schließlich wurde hier auch die Zeitableitung weggelassen, weil wir die mit einer Periode von über 12 h behafteten Gezeitenströmungen als quasi stationär ansehen können (Abb. 7.4).

7.3.1   Das vertikale Schubspannungsprofil

Für den das Geschwindigkeitsprofil antreibenden Term, hat sich in der Literatur eine etwas andere Schreibweise durchgesetzt, die auf der sogenannten Schubspannungsgeschwindigkeit u_* basiert. Diese wird durch

$$u_*^2 = -gh\frac{\partial z_S}{\partial x}$$

definiert. Die Differentialgleichung

$$0 = \frac{\varrho u_*^2}{h} + \frac{\partial \tau_{zx}}{\partial z}$$

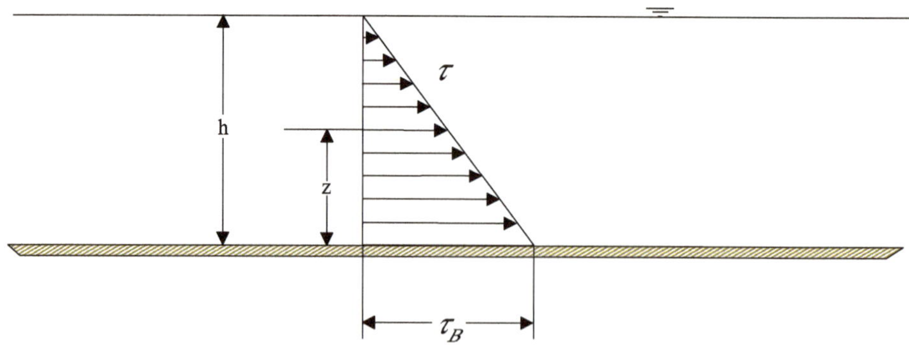

Abb. 7.4 Das vertikale Profil der turbulenten Schubspannung in einem Fließgewässer

kann nun direkt durch Integration gelöst werden, womit für das vertikale Scherspannungs-profil die Form

$$\tau_{xz}(z) = \varrho u_*^2 \left(1 - \frac{z}{h}\right)$$ (7.4)

gewonnen wurde. Die Integrationskonstante wurde dabei so gewählt, dass die Schubspannung an der Wasseroberfläche null ist. Dies ist dann richtig, wenn dort kein Wind weht.

Die viskose Scherspannung nimmt vom Boden ausgehend linear zur freien Oberfläche hin ab. Nach dieser Herleitung resultiert die konstante Steigung des Scherspannungsprofils also daraus, dass die mit der Wassertiefe linear zunehmende Hangabtriebskraft durch eine gegenläufig wirkende Scherspannung abgefangen werden muss.

Für $z = 0$ befinden wir uns, wie schon bemerkt, am Boden des Gewässers. Somit wird τ_{zx} hier zur Sohlschubspannung

$$\tau_B = \varrho u_*^2.$$

Die Sohlschubspannung berechnet sich also aus dem Produkt der Wasserdichte und u_*^2, weswegen u_* auch als Sohlschubspannungsgeschwindigkeit bezeichnet wird.

Die Sohlschubspannung ist eine der wichtigsten Größen in der Strömungsmechanik aller Gewässer. Sie stellt die Belastung der Sohle dar und entscheidet also darüber, ob diese stabil ist, oder ob sich die Sedimente am Boden bewegen.

7.3.2   Das laminare Geschwindigkeitsprofil

Nachdem wir eine Lösung für das Vertikalprofil der viskosen Spannung gewonnen haben, ist der Weg zum Geschwindigkeitsprofil ganz offensichtlich ein leichter, denn es gilt die Gleichungskette:

$$\tau_{zx} = \varrho \nu \frac{\partial u}{\partial z} = \varrho u_*^2 \left(1 - \frac{z}{h}\right).$$

Die Geschwindigkeitsableitung kann nun zweckmäßigerweise von der Sohle bei z=0 bis zu einer Höhe z integriert werden:

$$\int_0^z \frac{\partial u}{\partial z} dz = u(z) - u(0) = \int_0^z \frac{u_*^2}{\nu} \left(1 - \frac{z}{h}\right) dz = \frac{u_*^2}{\nu} \left(z - \frac{1}{2}\frac{z^2}{h}\right).$$

Direkt an der Sohle muss die Strömungsgeschwindigkeit null sein, man bezeichnet dies auch als Stokes'sche Wandhaftbedingung. Damit bekommen wir das Geschwindigkeitsprofil

$$u(z) = \frac{u_*^2 h}{\nu} \left(\frac{z}{h} - \frac{1}{2}\frac{z^2}{h^2}\right)$$

als Lösung unseres Problems.

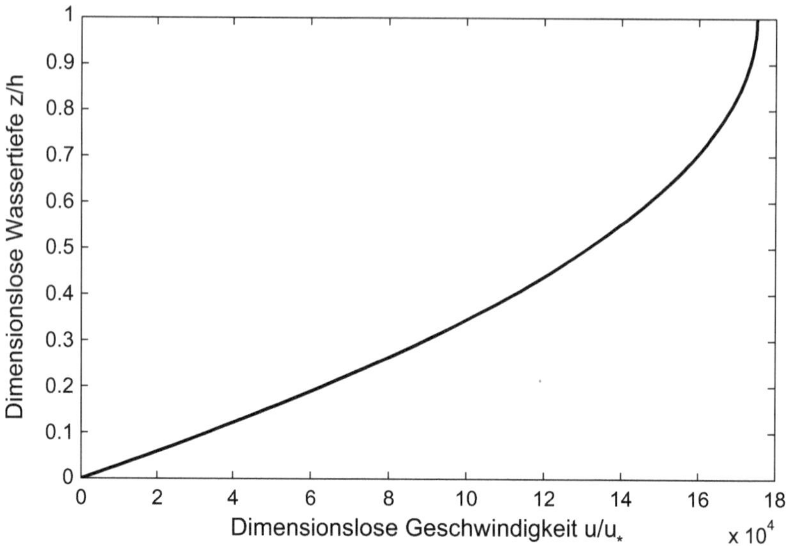

Abb. 7.5 Das laminare Geschwindigkeitsprofil für ein 5 m tiefes Gewässer mit einer Oberflächen-neigung von 1:10 000

Die Graphik in Abb. 7.5 zeigt ein solches Geschwindigkeitsprofil in der dimensionslosen Form. An der Wasseroberfläche ist die vertikale Steigung des Geschwindigkeitsprofils null, was gleichbedeutend damit ist, dass dort keine Schubspannungen wirken. Zum Boden hin fällt die Geschwindigkeit dann fast linear auf null ab.

Die Besonderheit des dargestellten Geschwindigkeitsprofils besteht darin, dass jede bodenparallele Schicht eine eigene Geschwindigkeit hat, die von unten nach oben zunimmt. Dieses Fließen in Lamellen bezeichnet man auch als laminare Strömung. Tatsächlich sehen in natürlichen Gewässern gemessene Geschwindigkeitsprofile ganz anders aus: Sie weisen eine starke Krümmung in Sohlnähe auf, während die Geschwindigkeit zur Wasseroberfläche hin linear zunimmt, um dann dort nahezu konstant zu sein. Unser quadratisches Profil macht allerdings erst an der Wasseroberfläche eine scharfe Drehung, damit die Steigung dort null ist.

7.4   Die turbulente Strömung

In der Abb. 7.6 ist die von einem Messschiff aus gewonnene Geschwindigkeitsverteilung in einem Querprofil der Weser dargestellt. Das Schiff hat die 300 m des Querschnitts in 3 min abgefahren. Solche Profilfahrten werden zur Bestimmung des Gesamtabflusses Q (in m^3/s) gemacht, den man durch die Integration der Geschwindigkeit über den Querschnitt erhält.

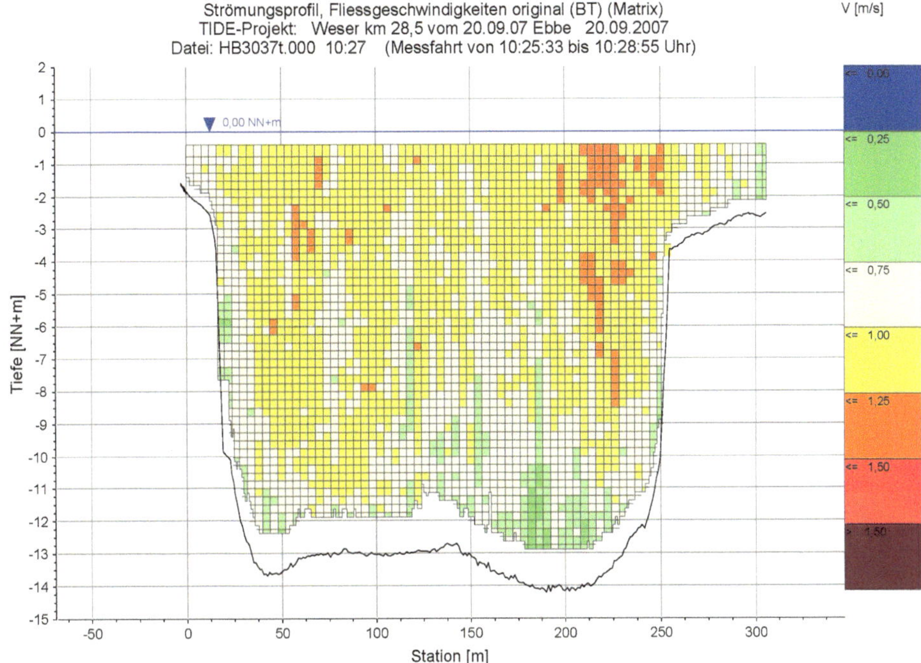

Abb. 7.6   Querprofil der Strömungsgeschwindigkeit in der Weser bei km 28,5, gemessen mit einem ADCP-Gerät. Man sieht ein räumlich sehr stark fluktuierendes Geschwindigkeitsfeld, welches in Bodennähe kleine Geschwindigkeiten (*blau* bis *grün*), im oberen Drittel hohe Geschwindigkeiten (überwiegend gelb) und in der Nähe der Wasseroberfläche wieder eine leichte Abnahme aufweist. (Quelle: Wasser- und Schifffahrtsamt Bremen)

Auf den ersten Blick sieht diese Verteilung sehr unregelmäßig fluktuierend aus, es scheinen keine Gesetzmäßigkeiten erkennbar zu sein. Dies ist auf die Tatsache zurückzuführen, dass (fast) alle in der Natur vorkommenden Strömungen turbulent sind, egal ob es sich um ein Wildbach oder ein Laborgerinne handelt. Das Fließen findet also nicht in Form von sich übereinanderlagen Schichten statt, die sich nie durchmischen, sondern es findet ein ständiger Austausch zwischen den Geschwindigkeitsschichten durch große und kleine Wirbel statt.

Lässt man nun den Blick vom Boden in Richtung Wasseroberfläche schweifen, so erkennt man unten die geringsten Geschwindigkeiten, dann einen Anstieg und an wenigen Stellen an der Wasseroberfläche wieder einen leichten Rückgang der Geschwindigkeit.

Aussagen über Gesetzmäßigkeiten der Geschwindigkeitsverteilung lassen sich in diesem Bild aber nicht erkennen.

7.4.1 Die Erfassung turbulenter Geschwindigkeitsfelder

Um etwas über das Wesen der turbulenten Strömung zu erfahren, müssen wir an einem festen Ort schon etwas genauer schauen, d. h. länger verweilen und eine möglichst hoch aufgelöste Zeitreihe der Geschwindigkeit aufnehmen.

In der Strömungsmesstechnik muss man dabei zwischen Labor- und Feldverfahren unterscheiden. Erstere können nur im Labor angewendet werden, d. h., sie sind mit einer Präparation des Fluids oder des Behälters verbunden, in dem das Fluid fließt.

Feldverfahren eignen sich zum Einsatz in der freien Natur. Sie sind in der Regel akustisch (ADV, ADCP). Um die turbulenten Strukturen einer Strömung zu erfassen, benötigt man hohe zeitliche Auflösungen:

- Das ADV-Gerät (Acoustic Doppler Velocimetry) misst die drei Komponenten der Strömungsgeschwindigkeit an genau einem Ort. Seine zeitliche Auflösung liegt zwischen 50 und 200 Hz.
- Das ADCP-Gerät (Acoustic Doppler Current Profiler) misst die Strömungsgeschwindigkeit auf einem Vertikalprofil. Die auf den Profilpunkten aufgenommenen Geschwindigkeiten entsprechen allerdings nicht exakt den dortigen Geschwindigkeiten. Die zeitliche Auflösung des ADCP-Geräts liegt zwischen 5 und 25 Hz.

Das ADV-Gerät ist zur Erfassung der Turbulenz dem ADCP-Gerät also vorzuziehen. Letzteres kommt in der Praxis allerdings überwiegend zum Einsatz, da man durch Profilfahrten mit Schiffen so sehr schnell die mittlere Strömungsgeschwindigkeit über die Tiefe und Breite des Gewässers bestimmen kann.

Eine solche Geschwindigkeitsmessung in verschiedenen Höhen über der Sohle eines Laborgerinnes zeigt die Abb. 7.7. In dieser Abbildung ist ein Zeitraum von 5 s aufgetragen; es wurden also 200 Signale pro Sekunde aufgezeichnet.

Man erkennt Schwankungen, die keinerlei offensichtlicher Periodizität zu unterliegen scheinen, vermutlich sind sie chaotisch. Die Variabilität der Fluktuationen liegt unterhalb 1 s.

Unterzieht man diese Daten dann einer zeitlichen Mittlung und trägt sie über die Vertikale auf, dann erhält man für unsere Messung das in Abb. 7.8 dargestellte Ergebnis. Man sieht eine Zunahme der Geschwindigkeit zur Wasseroberfläche, wobei allerdings relativ hohe Abweichungen von einem vermutlichen vertikalen Geschwindigkeitsprofil zu verzeichnen sind.

7.4.2 Das logarithmische Geschwindigkeitsprofil

Um für dieses Geschwindigkeistprofil eine Gesetzmäßigkeit zu finden, hat man sich zunächst an der Grenzschichttheorie [95] orientiert. In dieser wird das Verhalten von Strömungen an

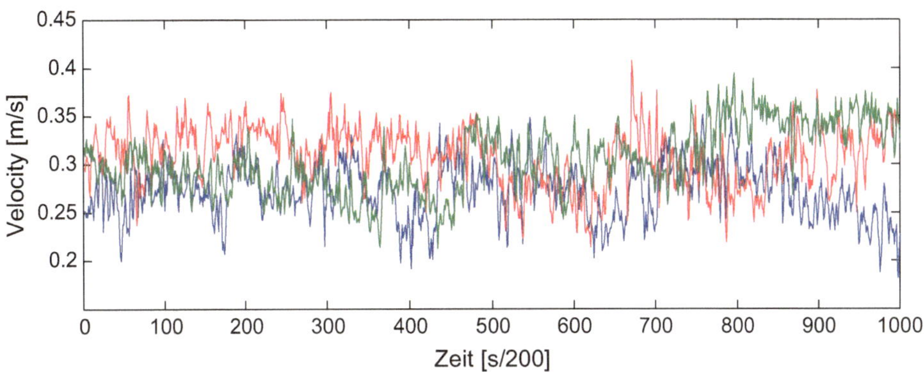

Abb. 7.7 Zeitliche Variation der turbulenten Hauptströmungsgeschwindigkeit in einer Rinne in 4 mm, 21 mm und 38 mm über der Gerinnesohle

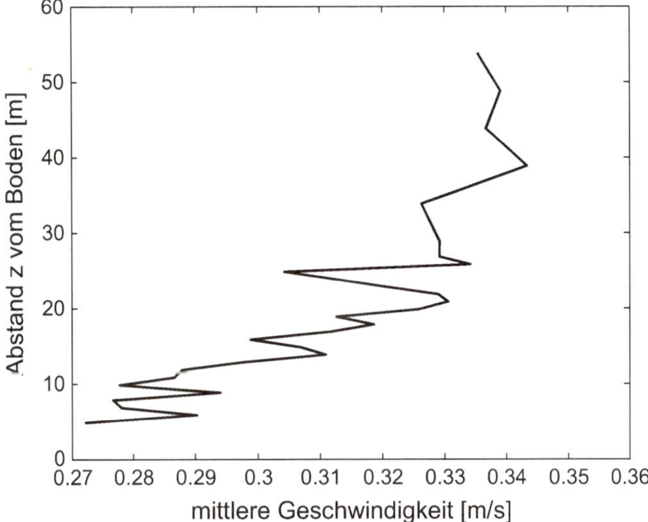

Abb. 7.8 Auftragung der zeitlich gemittelten Geschwindigkeit in einem Gerinne über die Vertikale

einer Wand untersucht. Grundsätzlich muss dort die Strömungsgeschwindigkeit natürlich auf null zurückgehen. In der Grenzschichttheorie wird nun gezeigt, dass dies an rauen Wänden unter turbulenten Strömungsbedingungen nach dem allgemeinen Gesetz

$$u(z) = \frac{u_*}{\kappa} \ln \frac{z}{z_0} \tag{7.5}$$

geschieht. Darin ist z_0 die Höhe über der Sohle, in der die Geschwindigkeit null wird. Diese Höhe ist ein Maß für die Sohlrauheit. Der wichtigste Parameter dieser Gleichung ist aber

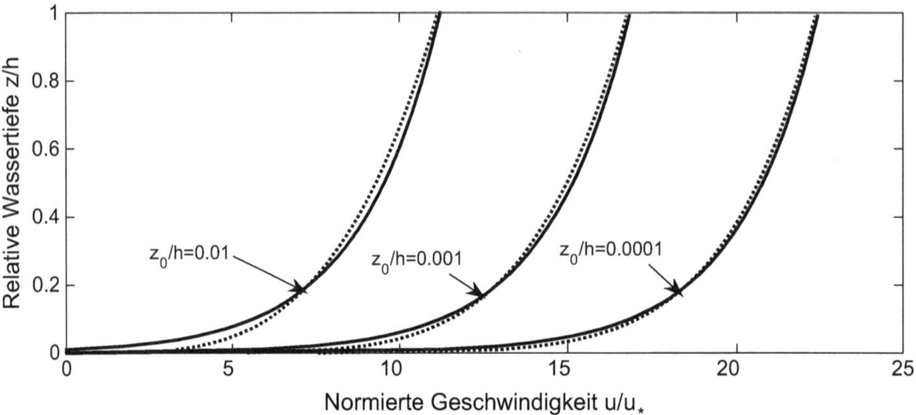

Abb. 7.9 Dimensionslose Darstellung des vertikalen Geschwindigkeitsprofils in der logarithmischen Form (*durchgezogen*) und nach dem Potenzgesetz (*gestrichelt*) für verschiedene relative Bedeckungen z_0/h

wieder die Schubspannungsgeschwindigkeit u_*, die ja mit der Neigung des Wasserspiegels verbunden war. Ferner taucht wieder die Kármán'sche Konstante $\kappa = 0{,}41$ auf.

Man bezeichnet dieses Gesetz naheliegenderweise als logarithmisches Geschwindigkeitsprofil. Es ist in Abb. 7.9 für verschiedene Verhältnisse von z_0/h dargestellt. Man erkennt, dass die auf die Schubspannungsgeschwindigkeit bezogene Strömungsgeschwindigkeit mit diesem Verhältnis steigt.

7.4.3　Das logarithmische Geschwindigkeitsprofil als Datenmodell

Werden irgendwo Daten in großem Umfang gemessen, die mit Fluktuationen chaotischen Ursprungs überlagert sind, dann ist zu hinterfragen, ob es tatsächlich Sinn macht, diese Rohdaten zu speichern und langfristig zu archivieren. Fällt diese Entscheidung negativ aus, dann muss man weiter fragen, in welcher Weise komprimierte Informationen aus den Rohdaten herausgezogen werden können, die zukünftig noch nützlich sein können, weil sie wesentliche Merkmale der Rohdaten enthalten. Hierzu benötigt man ein **Datenmodell,** d.h. eine physikalische Annahme darüber, was die Rohdaten eigentlich enthalten und was letztendlich nur chaotische Fluktuation ist.

Das logarithmische Geschwindigkeitsprofil ist das einfachste Datenmodell für Strömungen in Oberflächengewässern, auch wenn es nur in den wenigsten Fällen tatsächlich gültig ist. Wir gehen im Folgenden also davon aus, dass es für Gezeitenströmungen gültig sei.

Das Profil wird durch zwei Parameter bestimmt, die Sohlschubspannungsgeschwindigkeit u_* und die Höhe des Geschwindigkeitsnullpunkts z_0. Zur Bestimmung dieser werden also zwei mittlere Strömungsgeschwindigkeiten u_1 und u_2 in zwei unterschiedlichen Höhen

z_1 und z_2 über der Sohle benötigt. Damit dann kann man mit der Profilgleichung (7.5) zwei Gleichungen mit den beiden Unbekannten u_* und z_0 aufstellen

$$u_1 = \frac{u_*}{\kappa} \ln\left(\frac{z_1}{z_0}\right) \text{ und}$$

$$u_2 = \frac{u_*}{\kappa} \ln\left(\frac{z_2}{z_0}\right)$$

und diese als

$$z_0 = \left(z_1 z_2^{-\frac{u_1}{u_2}}\right)^{\frac{u_2}{u_2 - u_1}} \text{ und}$$

$$u_* = \kappa u_1 \left(\ln\left(\frac{z_1}{z_0}\right)\right)^{-1}$$

lösen. Abb. 7.10 zeigt die so gewonnenen Werte für die mittleren Strömungsgeschwindigkeiten aus einer Messung, die in Abb. 15.6 dargestellt ist. Der Nullpunkt des logarithmischen Geschwindigkeitsprofils schwankt dabei auch bei einem so langen Mittlungsintervall noch erheblich. Recht konstant ist aber die Sohlschubspannungsgeschwindigkeit u_*, die um den Wert 0,07 m/s schwankt.

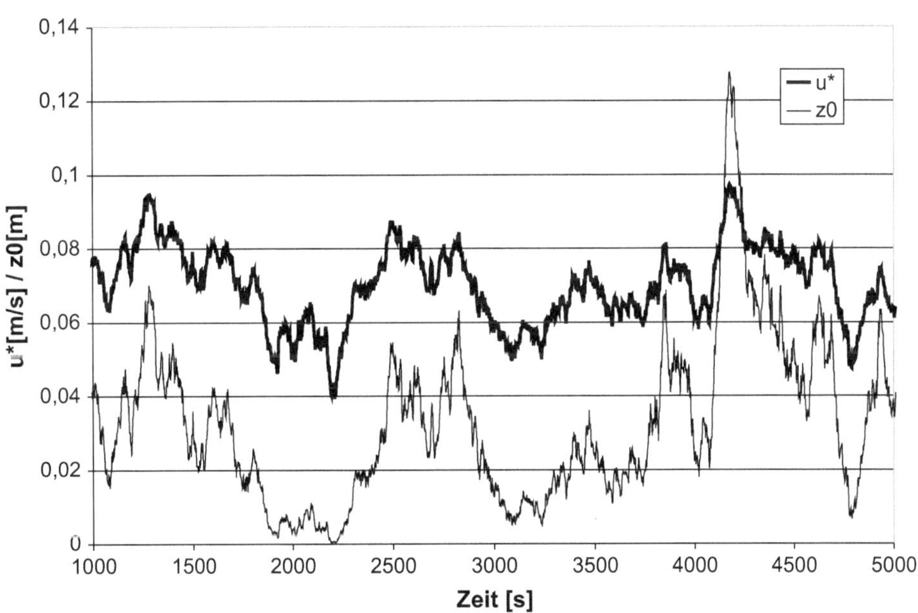

Abb. 7.10 Bestimmung von z_0 und u_* aus den gemittelten Geschwindigkeitszeitreihen bei $z = 1{,}6$ m und $z = 2{,}35$ m

Übung 31

In einem Fließgewässer werde bei 1 m über Grund 30 cm/s und 3 m über Grund 1 m/s Strömungsgeschwindigkeit gemessen. Berechnen Sie unter der Annahme eines logarithmischen Geschwindigkeitsprofils u_* und z_0 und dann aus u_* die Schubspannung an der Sohle.

Bestimmung von u_* und z_0 mit der Curve Fitting Toolbox in MATLAB

In der Regel hat man natürlich z. B. aus einem ADCP-Gerät wesentlich mehr Messungen über die Tiefe gewonnen, an die man das logarithmische Geschwindigkeitsprofil anpassen möchte.

Um die gemessenen Daten mit einem bekannten Funktionsverlauf abzugleichen, bietet MATLAB die konfortable Curve Fitting Toolbox an, die auf der Kommandozeile einfach über die Eingabe des Befehls cftool aufgerufen werden kann. Dazu müssen die z-Werte und die dazugehörigen Geschwindigkeiten zunächst einmal als Vektoren im Workspace vorgehalten werden. Im cftool können sie dann als X data und Y data eingelesen werden (Abb. 7.11).

Dann muss die gewünschte Anpassungsfunktion spezifiziert werden. Hier wollen wir die Option „Custom Equations" wählen. Sie bietet die Möglichkeit, eine eigene Fitfunktion zu basteln. In unserem Anwendungsfall bietet sich die Funktion

$$u = \frac{u_*}{\kappa} \ln \frac{z - z_B}{z_0}$$

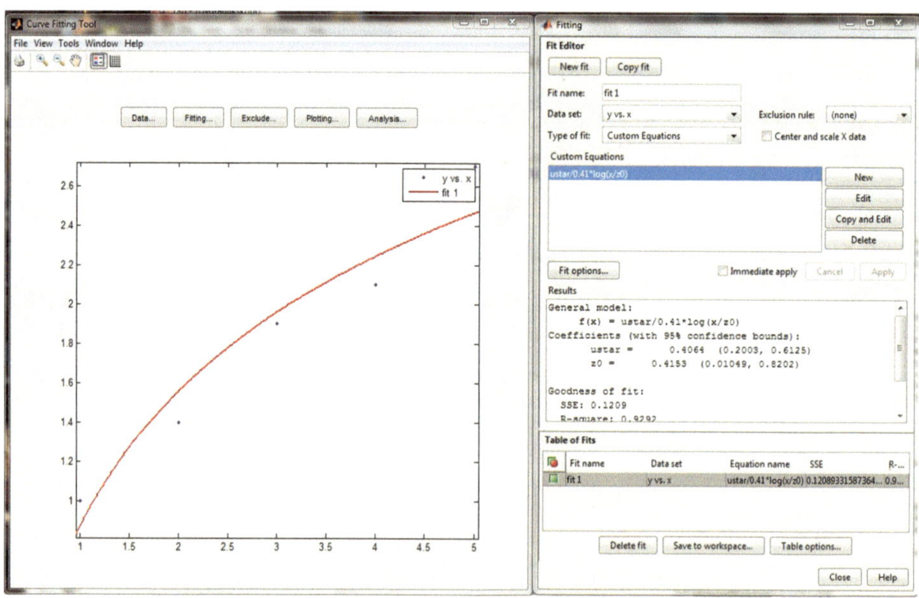

Abb. 7.11 Das graphische User Interface der Curve Fitting Toolbox in MATLAB

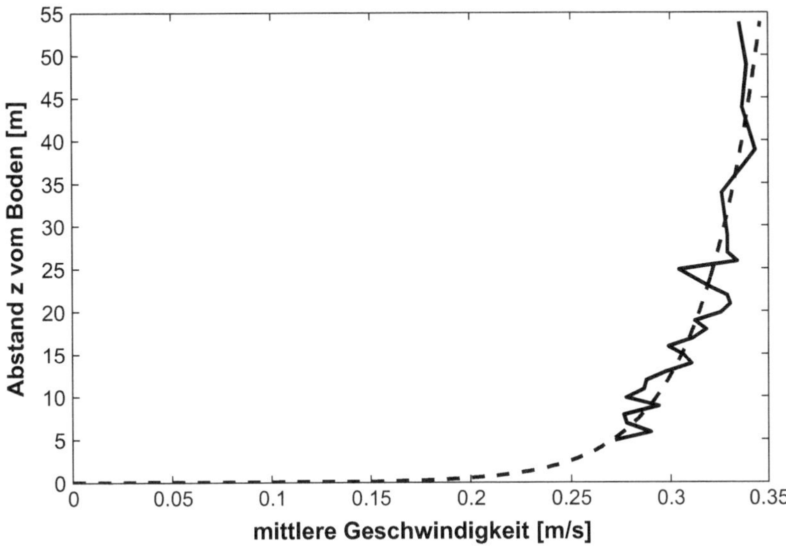

Abb. 7.12 Vergleich des angepassten logarithmischen Geschwindigkeitsprofils mit den zeitlich gemittelten Geschwindigkeiten

an, da die Sohle nicht unbedingt bei $z = 0$ liegen muss, vor allem dann, wenn man Naturdaten auswerten möchte.

Das Ergebnis in Abb. 7.12 zeigt eine sehr gute Übereinstimmung zwischen Messdaten und logarithmischen Geschwindigkeitsprofil. Zudem offenbart sich nun ein sehr starker Anstieg der Geschwindigkeit in Sohlnähe, den das Messgerät nicht auflösen konnte.

Eine systematische Diskrepanz ist allerdings recht deutlich an der Wasseroberflache zu erkennen. Dort scheinen die Messwerte unabhängig von den ihnen anhaftenden Schwankungen Schwankungen eine vertikale Tangente zu haben, was auf keine oder verschwindende Schubspannungen zwischen Wasser und Atmosphäre hindeutet. Das logarithmische Geschwindigkeitsprofil hat per se dort keine vertikale Tangente, sondern ist immer steigungsbehaftet. Hier setzen Verbesserungen der Profilfunktion an [13], die aber für unsere Zwecke von geringer praktischer Bedeutung sind.

7.4.4   Die tiefengemittelte Geschwindigkeit

Kennt man die Geschwindigkeitsverteilung über die gesamte Vertikale zwischen Boden und Wasseroberfläche, dann kann man natürlich auch die tiefengemittelte Geschwindigkeit $\overline{u}$ berechnen:

$$\overline{u} := \frac{1}{h} \int_{z_B}^{z_S} u\,dz = \frac{1}{h} \int_{z_0}^{h} \frac{u_*}{\kappa} \ln \frac{z}{z_0}\,dz.$$

Im zweiten Term der Gleichungskette findet man die integrale Definition eines Tiefenmittels: Man integriert die entsprechende Funktion über die Wassertiefe und teilt dann durch diese. Das Ergebnis dieser Integration ist:

$$\overline{u} = \frac{u_*}{\kappa}\left(\ln\frac{h}{z_0} + \frac{z_0}{h} - 1\right) = \frac{u_*}{\kappa}\left(\ln\frac{h}{2{,}718\,z_0} + \frac{z_0}{h}\right). \tag{7.6}$$

Manchmal ist die Wassertiefe h weitaus größer als die Nullpunkthöhe z_0, sodass der zweite Term in der Klammer zumeist vernachlässigt wird.

Diese tiefengemittelte Geschwindigkeit wird in der Höhe

$$\overline{z} = h\,e^{\frac{z_0}{h}-1} \simeq \frac{h}{e} \simeq 0{,}37h \tag{7.7}$$

über der Sohle angenommen.

Übung 32

Leiten Sie die Formeln für die tiefengemittelte Geschwindigkeit (7.6) für das logarithmische Geschwindigkeitsprofil und die Höhe über der Sohle (7.7), für welche diese Geschwindigkeit angenommen wird, her.

Die Formel (7.6) ist grundlegend für das Verständnis aller Fließgewässer. Nehmen wir zur Verdeutlichung einmal an, dass in einer Flussmündung der (unrealistischen) Querschnittsfläche $A = Bh$ die Frischwassermenge Q abgeführt wird. Ist dazu der Wasserspiegelgradient deshalb bekannt, weil er in etwa der Bodenneigung entspricht, dann kann man alle Zusammenhänge zusammenbinden und erhält die sich einstellende Wassertiefe h, wenn nur der Nullpunkt des Geschwindigkeitsprofils z_0 bekannt ist. Führt man die Berechnung dann für unterschiedliche z_0 durch, dann wird man feststellen, dass der Wasserstand umso größer wird, desto größer die Rauheit z_0 ist.

Übung 33

Bestimmen Sie die sich einstellende Wassertiefe für ein $250\,\mathrm{m}$ breites Gewässer mit der Neigung $0{,}005\,\text{‰}$, dem Abfluss $Q = 160\,\mathrm{m}^3/\mathrm{s}$ und einem z_0 von $1\,\mathrm{cm}$. Wiederholen Sie die Rechnung dann für ein z_0 von $1\,\mathrm{dm}$.

Hinweis: Die Lösungsformel lautet

$$Q = \frac{\sqrt{gJ}}{\kappa}Bh^{3/2}\left(\ln\frac{h}{z_0} + \frac{z_0}{h} - 1\right) = \frac{u_*}{\kappa}\left(\ln\frac{h}{2{,}718\,z_0} + \frac{z_0}{h}\right),$$

wenn J die genannte Neigung ist. Sie muss natürlich iterativ ausgewertet werden.

Die durch z_0 beschriebene Rauheit ist also entscheidend für das hydraulische Verhalten der Flussmündung. Wir müssen also untersuchen, wie dieser Parameter von der äquivalenten Rauheit k_s abhängig ist.

7.5   Die Bestimmung der Sohlrauheit

Rauheit ist ein Beziehungsbegriff zwischen zwei sich aneinander reibenden (physikalischen) Sphären. Sie wird dann wirksam, wenn sich die beiden in einer (parallelen) Relativbewegung zueinander befinden. Die Rauheit ist mit einer Kraft verbunden, die die Bewegung der schnelleren Sphäre bremst und die langsamere beschleunigt.

Das problematische am Begriff Rauheit ist der Beziehungscharakter. Dies sei an folgendem Beispiel verdeutlicht. Wandern wir an einer zerklüfteten Felsküste entlang, so haben wir einen Weg zwischen glatten, teilweise meterhohen Steinen zu suchen, welche manchmal auch überklettert werden müssen. Die Energie, die wir bei dieser Wanderung aufbringen müssen, ist sehr hoch, die Küste wird von uns als sehr rau empfunden. Eine Schnecke empfindet bei ihrem Dahinkriechen auf den durch die Brandung sehr glatt geschliffenen Felsen diese als angenehm eben und glatt. Befinden wir uns mit der Schnecke auf einem ebenen Sandsteinplateau, so wird die Schnecke den Untergrund hier (vielleicht) als rau empfinden, während wir unsere Wanderung auf diesem ohne Mühen fortsetzen.

Will man die Sohlschubspannung unter Verwendung der vorgestellten Formeln abschätzen oder aber auch mithilfe eines numerischen Modelles bestimmen, dann ist man auf die flächendeckende Kenntnis der Sohlrauheit in dem zu untersuchenden Gewässer angewiesen, sei es in der Form der äquivalenten Sohlrauheit k_s nach Nikuradse oder als Nullpunkt z_0 des logarithmischen Geschwindigkeitsprofils. Die Sohlrauheit hängt von der Sohlbeschaffenheit ab, hier kann man prinzipiell

- feste Sohlen,
- bewegliche Sedimentsohlen und
- Sohlen mit Bewuchs

unterscheiden (Abb. 7.13).

Für bewegliche Sedimentsohlen wird die Sache wesentlich komplizierter, da sich hier die Sohlrauheit in Abhängigkeit von der Fließgeschwindigkeit durch Sedimentumlagerungen und der Ausbildung von entsprechenden Sohlformen ändern kann.

Raue und glatte Sohlen

Was von einer Strömung als rau erfahren wird, hängt nicht nur von der Geometrie der Wand, sondern auch von den Eigenschaften der Strömung ab. Eine ruhige Strömung wird sich wesentlich besser an die Rauheitselemente anschmiegen als eine turbulente. Und je rauer die Wand, desto schwieriger ist es für die Strömung ruhig zu bleiben.

Dieses Verhalten wird durch die sogenannte Korn-Reynolds-Zahl

$$Re_* = \frac{k_s u_*}{\nu}$$

charakterisiert. Sie ist umso größer, desto turbulenter die Strömung und desto rauer die Wand ist. Sie ist ferner mit dem Nullpunkt des logarithmischen Geschwindigkeitsprofils durch

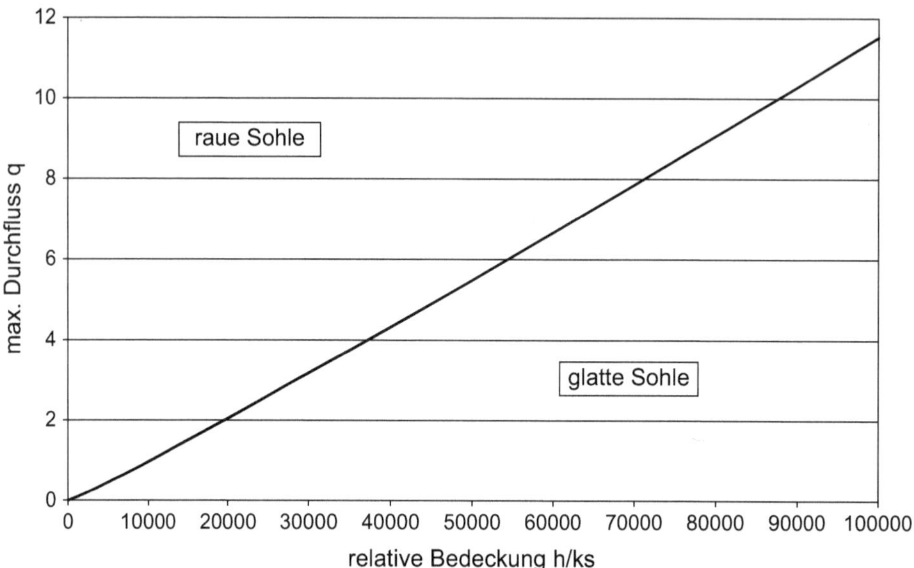

Abb. 7.13 Die Unterscheidung glatter und rauer Sohlen in Abhängigkeit von relativer Bedeckung und Durchfluss

$$z_0 \simeq \begin{cases} \dfrac{\nu}{9u_*} & \text{für} \quad Re_* \leq 3{,}3 \\[2mm] 0{,}033k_s & \text{für} \quad Re_* \geq 3{,}3 \end{cases}$$

verbunden. Für den Grenzfall $Re_* = 3{,}3$ bekommt man aus beiden Berechnungsarten dasselbe z_0, die Abhängigkeit ist also stetig. Für den Fall der ausgebildeten Turbulenz ($Re_* \geq 3{,}3$) liegt z_0 in 30-facher Höhe über den Unebenheiten. Dies heißt natürlich nicht, dass die Strömungsgeschwindigkeit darunter tatsächlich null ist, sondern nur, dass sie hier keinesfalls durch ein logarithmisches Geschwindigkeitsprofil beschrieben werden kann.

Aus der Korn-Reynolds-Zahl kann man leicht herleiten, dass mäßig turbulente Verhältnisse dann vorliegen, wenn

$$q = uh \leq \frac{3{,}3\nu}{\kappa}\,\frac{h}{k_s}\ln\frac{12h}{k_s}$$

gilt. Die Gleichung deutet ferner an, dass das Widerstandsverhalten in einem Fließgewässer im Wesentlichen durch den Quotienten aus Wassertiefe und effektiver Sohlrauheit, welchen man auch als **Bedeckungsverhältnis** bezeichnet, und dem relativen Durchfluss q abhängt.

In seiner Originalveröffentlichung hat J. Nikuradse [81] das Widerstandsverhalten von mit Sand beklebten Rohren gemessen. Die effektive Sandrauheit war dabei der mittlere Durchmesser der dafür verwendeten Sandkörner.

7.6 Die turbulente Grenzschicht

1877 schlägt J. Boussinesq [6] vor, die Newton'sche Viskosität in den Navier-Stokes-Gleichungen durch eine Wirbelviskosität ϵ im Fall einer turbulenten Strömung zu ersetzen. Heute nennen wir diese turbulente Viskosität v_t, und unsere Grenzschichtgleichung lautet dann

$$\frac{\partial u}{\partial t} = -g\frac{\partial z_S}{\partial x} + \frac{\partial}{\partial z}\left(v_t\frac{\partial u}{\partial z}\right),$$

bloß dass hier u die mittlere, turbulenzfreie Geschwindigkeit bezeichnet. In einem rechteckigen Gerinne schlägt er folgenden Zusammenhang für die turbulente Wirbelviskosität vor:

$$v_t = Agh\overline{u}.$$

Darin ist $\overline{u}$ die tiefengemittelte Geschwindigkeit und A ein Koeffizient, der proportional zur Rauheit des Bodens gewählt werden müsse. Turbulenz ist also mit einer größeren Viskosität verbunden.

Wenn man mit dem von Boussinesq vorgeschlagenen Ansatz die Grenzschichtgleichung löst, wird man immer noch ein quadratisches Geschwindigkeitsprofil, bloß mit viel kleineren Geschwindigkeiten, herausbekommen. Das bodennahe logarithmische Geschwindigkeitsprofil wird erst dann reproduziert, wenn man eine variable Wirbelviskosität der Form

$$v_t(z) = v_0 + \kappa u_* z\left(1 - \frac{z}{h}\right) \tag{7.8}$$

annimmt, die man auch als parabolisches Wirbelviskositätsprofil bezeichnet. Diese Funktion würde am Boden und am Wasserspiegel null, was natürlich unphysikalisch ist. Daher sollte man immer die molekulare Viskosität v_0 hinzuaddieren.

Die Abb. 7.14 zeigt den parabelförmigen Verlauf des Wirbelviskositätsprofils in einer Gerinneströmung. Sowohl am Boden als auch an der Wasseroberfläche ist sie null, auf der halben Wassertiefe nimmt sie ein Maximum an. Die aus Turbulenzmessungen gewonnenen Wirbelviskositäten weisen ein ähnliches Profil auf, sind aber von den Werten her kleiner.

7.6.1 Lösung mit der pdepe-Funktion

Wir wollen diese Differentialgleichung mit der pdepe-Funktion aus MATLAB lösen, die sich ja für die Saint-Venant-Gleichungen schon bewährt hat. Das Programm beginnt mit der Festlegung der Problemstellung, legt die vertikale Diskretisierung hier mit 50 Schichten fest, ruft den Löser auf und stellt die Lösung graphisch dar:

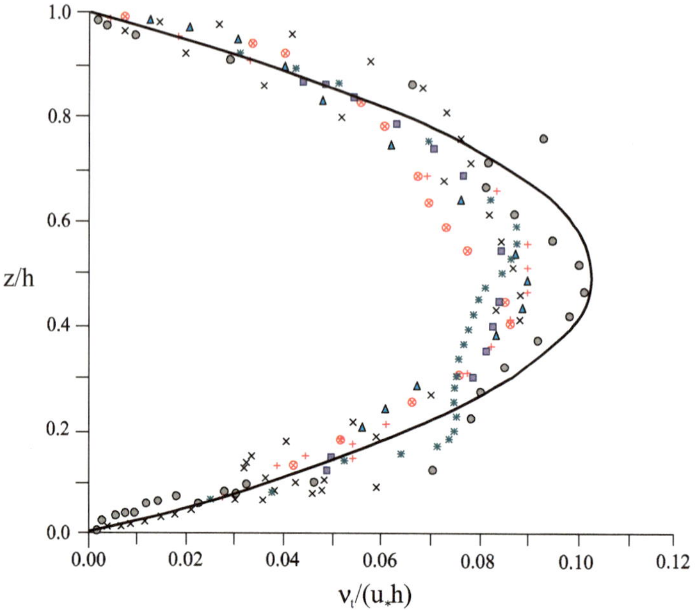

Abb. 7.14 Das Profil der turbulenten Viskosität in Fließgewässern im Vergleich mit aus Messungen gewonnenen Werten (*Punkte*). (Nach [78])

```matlab
function geschwindigkeitsprofil_turbulent

h=10.;              % Wassertiefe
kappa=0.41;         % Karmankonstante
z0=0.01;            % Integrationsgrenze am Boden
nu0=1.e-6;          % Molekulare Viskosität
dzsdx=-1.e-4;       % Gradient der Oberfläche
g=9.81;

t=[0:3600:360000];
zmesh = z0:(h-z0)/50:h;
ustar=sqrt(-g*dzsdx*h);

sol = pdepe(0, @PDE,@INIT,@BC,zmesh,t);
u=sol(end,:);

plot(u/ustar, zmesh/h);
hold on
u=ustar/kappa*log(zmesh/z0);
plot(u/ustar, zmesh/h);
```

Dann folgt die zu lösende Differentialgleichung:

```matlab
function [c,f,s] = PDE(z,~,~,dv)
```

```
        c = 1;
        nut=nu0+kappa*ustar*z*((1-z/h));
        f = [nut*dv];
        s = -g*dzsdx;
    end
```

Am Anfang ist die Geschwindigkeit überall null:

```
function v0 = INIT(~)
    v0 =0;
end
```

Am Boden ist die Geschwindigkeit über der Rauheitslänge z_0 null, die Randbedingung lautet also:

$$u_B = 0 \quad \text{für} \quad z = z_0.$$

An der Wasseroberfläche soll kein Geschwindigkeitsgradient vorhanden sein:

$$\frac{\partial u}{\partial z} = 0 \quad \text{für} \quad z = z_S.$$

Für die pdepe-Funktion ist dies:

```
function [pl,ql,pr,qr] = BC(~,vl,~,~,~)
    % Am Boden: Dirichlet, u = 0
    pl = vl; ql = 0;
    % An der FOF: homogener Neumann
    pr = 0; qr = 1;
end
end
```

Die Lösungen in Abb. 7.15 belegen, dass man eine sehr hohe Auflösung der Vertikalen benötigt, um das logarithmische Geschwindigkeitsprofil gut zu treffen. Dies liegt daran, dass die Geschwindigkeit in Bodennähe so steil ansteigt.

In der Ingenieurpraxis werden fast nur noch numerische Modelle in der Auslegung wasserbaulicher Projekte eingesetzt. Diese lösen das Projektgebiet zumeist flächenhaft zweidimensional auf. In dreidimensionalen, auch die Vertikale auflösenden Modellen sollte man immer untersuchen, wie fein die Auflösung sein muss, um ein einfaches logarithmisches Geschwindigkeitsprofil hinreichend genau zu reproduzieren.

7.6.2   Die tiefengemittelte Wirbelviskosität

Die Saint-Venant-Gleichungen kann man auch durch eine Mittlung der Navier-Stokes-Gleichung mit Wirbelviskosität über die Tiefe herleiten [67]. Dies erbringt die Erkenntnis, dass in den Saint-Venant-Gleichungen eigentlich die tiefengemittelte Viskosität steht, deren Profil wir als parabolisch bestimmt hatten. Also mitteln wir diese über die Vertikale:

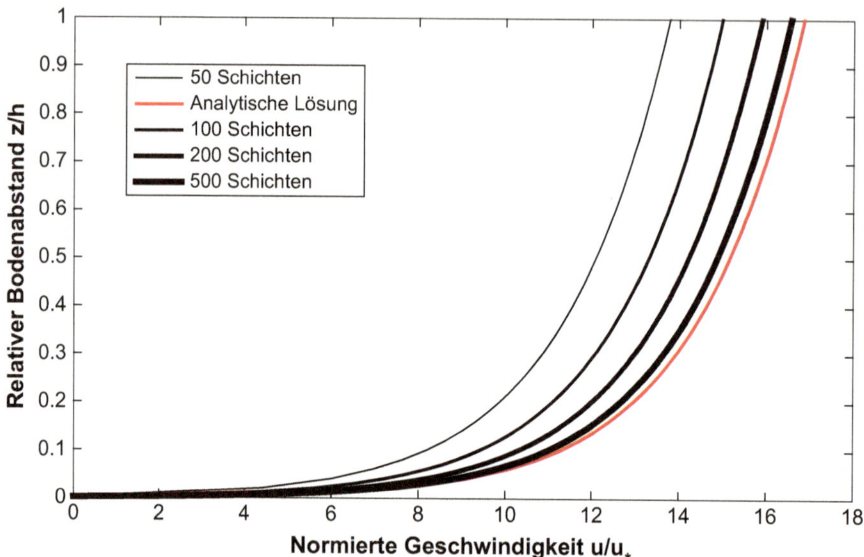

Abb. 7.15 Vergleich der numerischen Lösungen der Differentialgleichung des vertikalen Geschwindigkeitsprofils mit der analytischen Lösung: Für eine zunehmende Verfeinerung der vertikalen Diskretisierung wird die Güte der Lösung immer besser

$$\overline{v}_t = \frac{1}{h} \int_{z_B}^{z_S} v_t dz = \frac{1}{6}\kappa u_* h.$$

Dieser Ansatz liefert nun vor allem dort turbulente Viskositäten, wo die Wassertiefe oder die Sohlschubspannung sehr groß ist.

Der Ansatz von Elder

Die theoretisch vorhergesagte Proportionalitätskonstante $\kappa/6$ ist in vielen Anwendungen allerdings zu klein. Deshalb setzte Elder [19]:

$$\overline{v}_t = \begin{cases} 6{,}0u_* h & \text{in Strömungsrichtung,} \\ 0{,}6u_* h & \text{transversal zur Strömungsrichtung.} \end{cases}$$

Dieser Ansatz wird gerne in tiefengemittelten Computermodellen zur Simulation der turbulenten Viskosität angeboten. Er hat den Vorteil, dass keine zusätzlichen Differentialgleichungen, wie etwa beim k-ϵ-Modell, gelöst werden müssen. So zeigt Abb. 7.16 die Verteilung der tiefenintegrierten turbulenten Viskosität nach dem Ansatz von Elder im Jade-Weser-Gebiet. Deutlich ist dabei das Fahrwasser der Weser und damit die Tiefenabhängigkeit des Ansatzes zu erkennen.

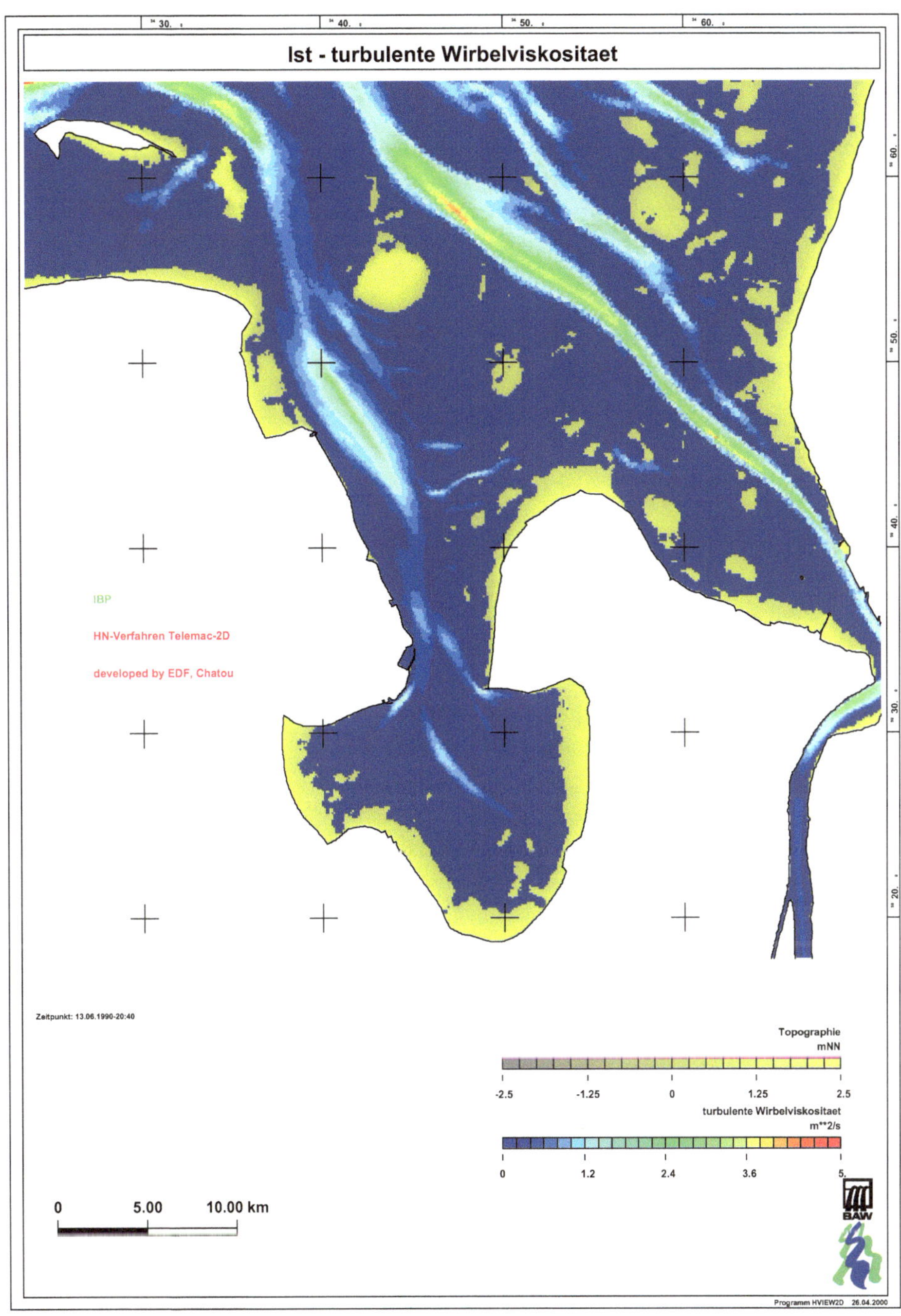

Abb. 7.16 Modellierung der tiefenintegrierten turbulenten Viskosität mit dem Ansatz von Elder im Mündungsgebiet des Jade-Weser-Ästuars bei ablaufendem Wasser (Quelle: BAW). Die direkte Proportionalität der turbulenten Viskosität und der Wassertiefe ist gut zu erkennen

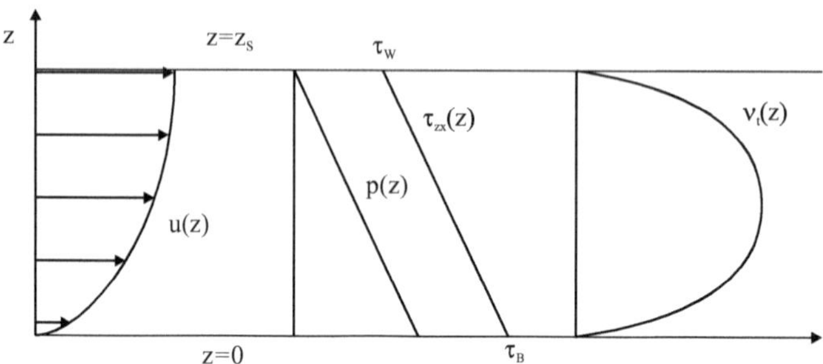

Abb. 7.17 Die Profile der logarithmischen Geschwindigkeit, des Drucks, der Scherspannung und der Wirbelviskosität in der stationären Flussströmung

7.7　Zusammenfassung

Ich möchte die wichtigsten Kernpunkte dieses Kapitels zusammenfassen (Abb. 7.17):

1. In Gezeitenströmungen ist die vertikale Druckverteilung nahezu hydrostatisch.
2. Die Strömung wird durch die Neigung des Wasserspiegels angetrieben.
3. Dieser Antriebskraft wirkt eine Scherspannung entgegen, die bei einer laminaren Strömung durch die Viskosität erzeugt wird. Hierbei bildet sich eine quadratische Geschwindigkeitsverteilung aus.
4. Tatsächlich ist die Strömung in einem Tidegewässer aber turbulent, d. h. keinesfalls stationär. Lediglich in einem zeitlichen Mittel erscheint die Strömung stationär, womit im zeitlichen Mittel auch die Summe der wirkenden Kräfte verschwinden sollte.
5. Die turbulente Geschwindigkeitsverteilung ist logarithmisch.
6. Zu jedem Projekt des Küsteningenieurwesens gehört die Aufnahme von Geschwindigkeitsverteilungen über einzelne Querschnitte, etwa mit einem ADCP-Gerät.

Beim logarithmischen Geschwindigkeitsprofil haben wir den Nullpunkt z_0 der Geschwindigkeit einführen müssen. Er entschied neben der aus der Schleppspannung berechenbaren Schubspannungsgeschwindigkeit über die Form des Geschwindigkeitsprofils und damit auch über die sich einstellende Wassertiefe.

Das Eindringen der Salinität in die Ästuare 8

In seiner Bedeutung für die Versorgung des Menschen mit Trinkwasser unterscheidet man zwischen dem Süß- oder Frischwasser in Flüssen und Grundwasserleitern und dem salzigen Meerwasser der Ozeane. Letzteres stellt den mit Abstand größten Wasservorrat der Erde dar, und ist für uns ungenießbar. Daher sollten wir tunlichst darauf achten, dass unsere Frischwasserreserven möglichst nachhaltig bewirtschaftet und vor allem nicht durch durch den Kontakt mit Meerwasser zerstört werden.

In den Ästuaren trifft das Frischwasser der Flüsse auf das salzhaltige Meerwasser und mischt sich in der sogenannten Brackwasserzone langsam mit diesem (Abb. 8.1). Da Frischwasser leichter als Salzwasser ist, können in Abhängigkeit vom Tidehub sehr unterschiedliche Strömungsmuster entstehen, die wir im Folgenden untersuchen wollen. Um diese Prozesse zu simulieren, benötigen wir zuerst eine Formel zur Bestimmung der Wasserdichte als Funktion des Salzgehalts.

Dann wollen wir das Vor- und Zurückschwappen des Salzgehalts in einem Ästuar ebenfalls in unser Modell einbinden. Dabei steht die Frage im Vordergrund, wie tief das Salz in ein Ästuar eindringt und welche Prozesse das Eindringen verhindern oder fördern. Dabei geht es natürlich hintergründig auch um die Frage, ob die Vertiefungen der Ästuare zu einem weiteren Eindringen der Salinität in dieselben führt.

Dazu benötigen wir eine Transportgleichung für den Salzgehalt, die wir zunächst einmal herleiten, dann in unser eindimensionales Horizontalmodell einbauen und mit diesem die Variation des Salzgehalts untersuchen wollen. Dazu müssen wir zunächst einmal einen Ausflug in die Theorie der Transportprozesse machen.

Schließlich wollen wir natürlich auch schauen, was wir aus unserem eindimensionalen Vertikalmodell lernen können: Unterschiedliche Salzgehalte verändern nämlich das vertikale Geschwindigkeitsprofil von der logarithmischen Grundform.

© Springer Fachmedien Wiesbaden GmbH, ein Teil von Springer Nature 2018
A. Malcherek, *Gezeiten und Wellen*, https://doi.org/10.1007/978-3-658-19303-4_8

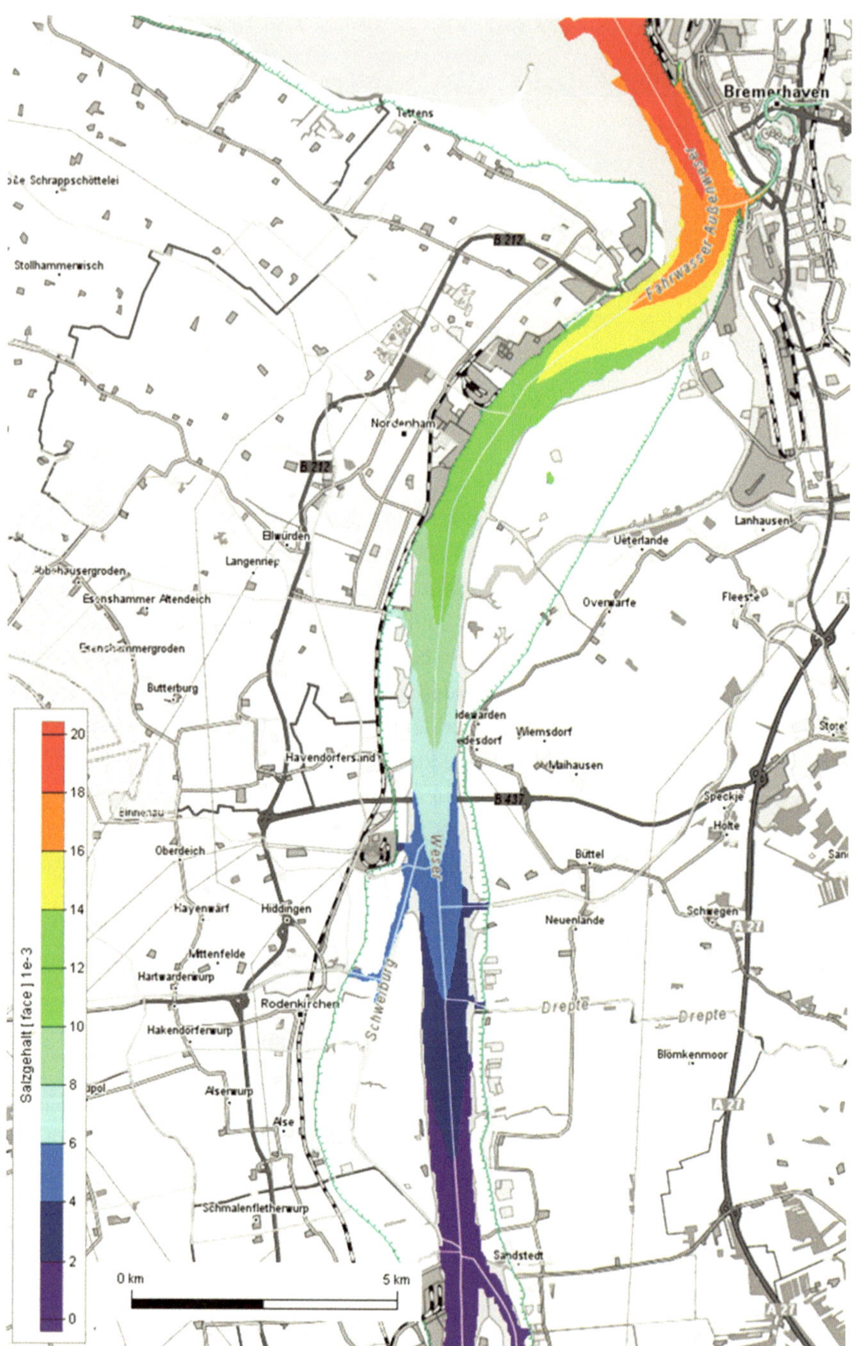

Abb. 8.1 Salzgehalt in der Weser: Von Bremerhaven im oberen Teil der Abbildung fällt der Salzgehalt bis etwa Sandstedt von 2 % auf etwa 0,1 % ab. Bei Flut bildet sich durch die in der Flussmitte größeren Strömungsgeschwindigkeiten eine Salzzunge aus. (Quelle: Modelldaten der Bundesanstalt für Wasserbau 2017, Karte: OpenStreetMap)

8.1 Die Dichte von Meerwasser

Dass das Meerwasser einen hohen Salzgehalt aufweist, hat chemische Ursachen und physikalische und biologische Konsequenzen. Mit zunehmendem Salzgehalt erhöht sich die Dichte des Meerwassers. Hierdurch werden Dichteströmungen induziert, die wichtige ozeanische Zirkulationszellen aber auch Strömungsstrukturen in Küstengewässern antreiben. Daher werden wir uns zunächst die Dichte von Meerwasser anschauen und dabei auch die Einflussfaktoren Temperatur und andere Inhaltsstoffe berücksichtigen.

Da das Wasser aus den Flüssen kaum Salz enthält, weswegen man es manchmal laienhaft auch als „süß" bezeichnet, findet in den Ästuaren ein kontinuierlicher Übergang vom Süß- zum Salzwasser statt.

8.1.1 Temperaturabhängigkeit der Dichte

Schon die Dichte von reinem Wasser ist temperaturabhängig. Die maximale Dichte von $1000\,\text{kg/m}^3$ erreicht es bei $4\,°\text{C}$ (genauer $3,94\,°\text{C}$), darüber und darunter nimmt sie kontinuierlich ab.

Als wichtigste Parametrisierung der Dichte von Wasser wurde 1980 von dem Joint Panel on Oceanographic Tables and Standards der UNESCO eine empirische Zustandsgleichung definiert, die die international anerkannten Messwerte des U.S. Naval Hydraulic Office reproduziert [106]. Diese legt die Dichte reinen Wassers $\varrho(T)$ in kg/m^3 als Polynom 5. Grades von der Temperatur T in Grad Celsius als

$$\varrho(T) = a_0 + a_1 T + a_2 T^2 + a_3 T^3 + a_4 T^4 + a_5 T^5 \tag{8.1}$$

fest, mit

$$a_0 = +999{,}842594, \qquad a_1 = +6{,}793952 \cdot 10^{-2}, \; a_2 = -9{,}095290 \cdot 10^{-3},$$
$$a_3 = +1{,}001685 \cdot 10^{-4}, \; a_4 = -1{,}120083 \cdot 10^{-6}, \; a_5 = +6{,}536332 \cdot 10^{-9}.$$

Es gibt auch Approximationen der Temperaturabhängigkeit der Dichte mit Polynomen geringerer jedoch mindestens 2. Ordnung.

8.1.2 Abhängigkeit vom Salzgehalt

Leider ist der Energieaufwand sehr groß, den man zur Aufbereitung des jeweiligen Wasservorkommens zu Trinkwasser benötigt, was mit der engen Bindung zusammenhängt, die die Wassermoleküle mit den Ionen der Salze eingehen. Diese enge Bindung kann man in einem einfachen Experiment sichtbar machen, bei dem ein Löffel Kochsalz in ein Gefäß mit Wasser gegeben wird: Nach dem Auflösen des Salzes sinkt der Wasserspiegel im Gefäß, obwohl durch das Einbringen des Kochsalzes das Volumen zunächst erhöht wurde (Abb. 8.2).

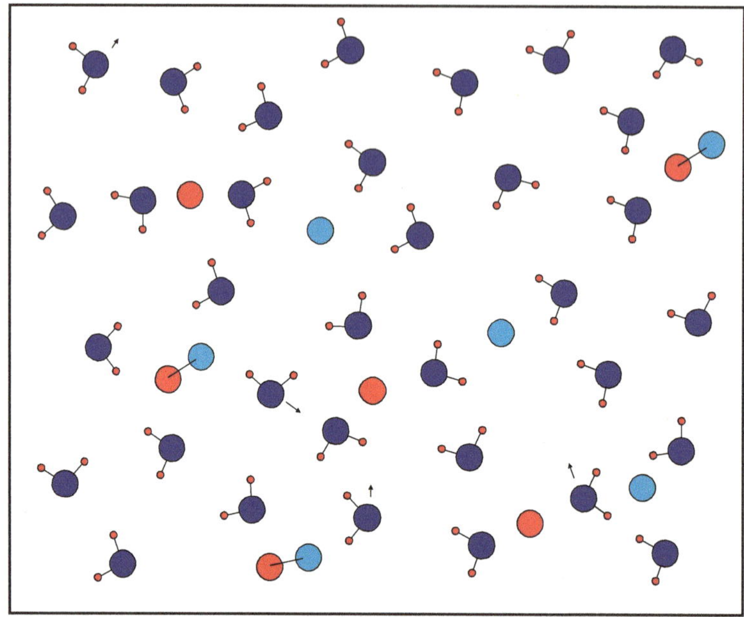

Abb. 8.2 In Wasser lösen sich Kochsalzmoleküle teilweise in Na^+- und Cl^--Ionen. Die positiven Natriumionen werden von den negativen Sauerstoffatomen der Wassermoleküle umlagert, die negativen Chlorionen von den positiven Wasserstoffatomen. Die elektrostatischen Kräfte führen so zu mehr Anziehung zwischen den Molekülen und Ionen, wodurch sich der mittlere Teilchenabstand reduziert und damit die Dichte erhöht

Die Salinität S ist das Verhältnis der gelösten Salzmasse zur Gesamtmasse des Salzwassers. Eine Salinität von eins würde somit reinem Salz entsprechen.

Zur messtechnischen Bestimmung der Salinität bietet es sich daher an, eine Meerwasserprobe zunächst zu wiegen und dann durch Verdunstung das gelöste Salz zu gewinnen und dieses ebenfalls zu wiegen. Allerdings stellte schon Robert Boyle im 17. Jahrhundert fest, dass die Trocknung und Wägung von Meerwasser zu wenig reproduzierbaren Ergebnissen für die Konzentration von gelösten Substanzen führte.[1] Das Problem besteht darin, dass Wasser bei der Verdunstung in Salzkristalle eingeschlossen werden kann und somit bei jedem Verdunstungsprozess unterschiedliche Trocknungsmengen übrig bleiben können. 1902 wurde daher von Knudsen ein wohldefiniertes Verfahren eingeführt, welches die Salzgehalte nach 72 h Trocknung bei 480 °C vergleichbar macht. Der große Nachteil dieses Verfahrens ist allerdings seine Aufwendigkeit, die es z. B. für kontinuierliche Monitoringmessungen des Salzgehalts unbrauchbar macht. Daher bezieht man die Salinität heute eher auf die einfach messbare elektrische Leitfähigkeit und rechnet diese in einen Salzgehalt um. Von der so entstehenden psu-Einheit *(practical salinity unit)* wird angenommen, dass etwa 1 psu = 1 ‰ gilt.

---

[1] Aus: Wikipedia, Artikel Salinität.

Für hydromechanische Analysen ist natürlich weniger der Salzgehalt als die damit verbundene Dichte von Bedeutung. Im Joint Panel on Oceanographic Tables and Standards wird die Dichte als Funktion der Salinität S in psu (bzw. Promille) bestimmt zu

$$\varrho(S, T) = \varrho(T) + (b_0 + b_1 T + b_2 T^2 + b_3 T^3 + b_4 T^4)S$$
$$+ (c_0 + c_1 T + c_2 T^2)S^{3/2} + d_0 S^2 \tag{8.2}$$

mit:

$$b_0 = +8{,}24493 \cdot 10^{-1}, \; b_1 = -4{,}0899 \cdot 10^{-3}, \; b_2 = +7{,}6438 \cdot 10^{-5},$$
$$b_3 = -8{,}2467 \cdot 10^{-7}, \quad b_4 = +5{,}3875 \cdot 10^{-9}, \; c_0 = -5{,}72466 \cdot 10^{-3},$$
$$c_1 = +1{,}0227 \cdot 10^{-4}, \quad c_2 = -1{,}6546 \cdot 10^{-6}, \; d_0 = +4{,}8314 \cdot 10^{-4}.$$

Der Salzgehalt der Ozeane liegt zwischen 33 und 38 ‰ (Abb. 8.3).

8.1.3   Abhängigkeit von gelösten Stoffen

Liegt ein gelöster Stoff der Dichte ϱ_c in der Massenkonzentration c vor, dann liefert eine lineare Interpolation folgende Abschätzung für die Dichte:

$$\varrho(S, T, c) = \varrho(S, T) + \frac{\varrho_c - \varrho(S, T)}{\varrho_c} c.$$

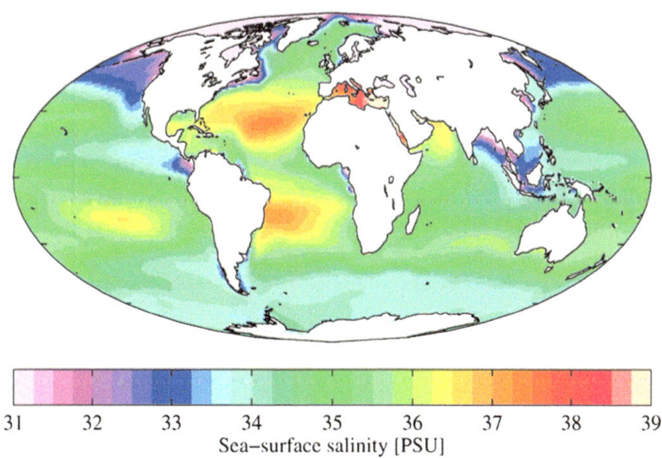

Abb. 8.3 Oberflächensalinität in den Weltmeeren (Abbildung aus wikipedia, Autor „plumbago ",
Daten aus dem World Ocean Atlas 2009, unter Anwendung einer Mollweide-Projektion)

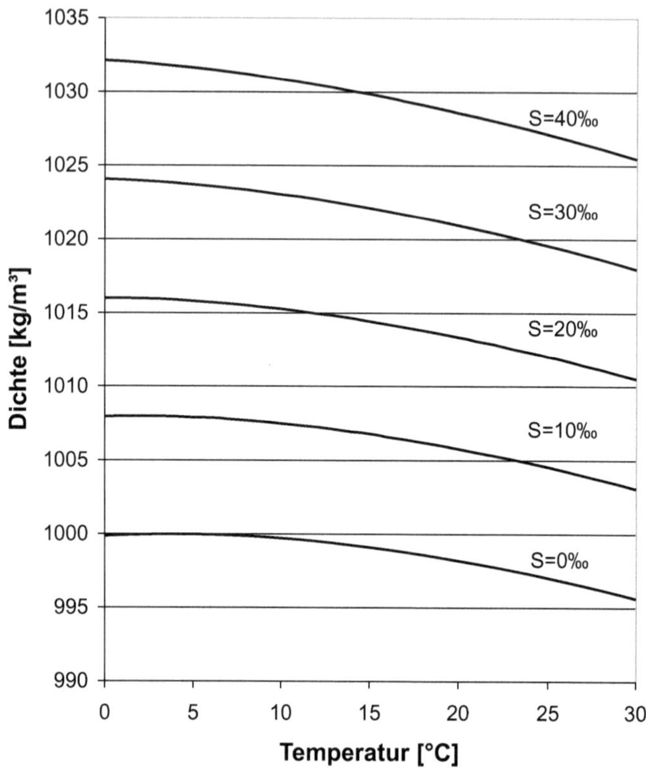

Abb. 8.4 Dichte von Meerwasser nimmt (außer an der Dichteanomalie) mit zunehmender Temperatur ab und steigt mit zunehmendem Salzgehalt. Bei stabiler Schichtung liegt das warme über dem kalten Wasser

Für $c = 0$ bleibt die Dichte des Wassers $\varrho(S, T)$, und für den Extremfall $c = \varrho_c$ hat die Lösung die Dichte des gelösten Stoffes (Abb. 8.4).

Im Folgenden werden wir zumeist mit dem klassischen Wert $\varrho = 1000\,\text{kg/m}^3$ arbeiten, es soll allerdings nicht unerwähnt bleiben, dass die Dichte des Meerwassers hiervon um einige Prozente abweichen kann.

8.2   Diffusion

Diffusion findet immer dann statt, wenn die räumliche Verteilung einer Konzentration eines beliebigen Stoffes c (in kg/m^3) unterschiedlich ist. Sie führt dazu, dass solche Konzentrationsgradienten ausgeglichen werden.

Wir wollen uns die Ursache der Diffusion durch ein stochastisches Modell plausibilisieren und die Diffusionsgleichung phänomenologisch dadurch herleiten.

8.2.1 Das erste Fick'sche Gesetz

Auf der molekularen Ebene führen alle in einem Fluid gelösten Teilchen kleine stochastische fluktuierende Bewegungen aus, die als Brown'sche Molekularbewegungen bezeichnet werden. Diese Bewegungen führen dazu, dass sich lokale Änderungen in der Konzentration auf die Dauer ausgleichen, sodass der gelöste Stoff letztlich im Fluid überall mit derselben Konzentration vorhanden ist. Dies lässt sich mithilfe eines einfachen stochastischen Modells zeigen, welches in Tab. 8.1 dargestellt ist:

Zu einem Zeitpunkt null befinden sich 27 Partikel an einem fiktiven Ort $x = 4$. Wir nehmen ferner an, dass die Zeit in Zeitschritten und nichtkontinuierlich abläuft. Die Partikel führen stochastische Bewegungen aus, sie bewegen sich in einem Zeitschritt entweder nach links oder nach rechts oder sie bleiben dort, wo sie gerade sind. Jede dieser drei Bewegungsformen sei gleich wahrscheinlich.

Offensichtlich bewegt sich ein Partikel im zeitlichen Mittel nicht von der Stelle. Nachrechnen ergibt aber für die ersten drei Zeitschritte die in Tab. 8.1 dargestellte Belegung der Kästchen.

Man kann ferner sehen, dass der Teilchenstrom proportional zur Änderung der Teilchenzahl zwischen den einzelnen Zellen ist und in entgegengesetzter Richtung zur örtlichen Teilchenzahlsteigung fließt.

Das erste Fick'sche Gesetz ist ein deterministisches Modell für diesen stochastischen Prozess. Befindet sich in einem Fluid ein gelöster Stoff der Konzentration c, so besagt es, dass sich ein Massenstrom in Richtung des negativen Konzentrationsgradienten bewegt:

$$\Phi_c = -K \operatorname{grad} c. \tag{8.3}$$

Der Fluss Φ_c ist der Massenstrom des Stoffs, er hat die Einheit $\mathrm{kg/(m^2 s)}$, gibt also an, wie viel Kilogramm in 1 s durch eine 1 m^2 große Fläche fließen. K wird dabei als Diffusivität und der hier beschriebene Prozess als Diffusion bezeichnet. Die Diffusivität hat die Einheit $\mathrm{m^2/s}$. Sie hat z. B. für Salz in Wasser den sehr kleinen Wert von $1,1 \cdot 10^{-9}\,\mathrm{m^2/s}$.

Tab. 8.1 Stochastisches Experiment zur Diffusion

Ort $x =$	1	2	3	4	5	6	7
Zeitpunkt 0	0	0	0	27	0	0	0
Zeitpunkt 1	0	0	9	9	9	0	0
Zeitpunkt 2	0	3	6	9	6	3	0
Zeitpunkt 3	1	3	6	7	6	3	1

8.2.2 Der molekulare Diffusionskoeffizient

Die im Jahre 1828 von dem Biologen Robert Brown entdeckte Zitterbewegung der in einem
Fluid gelösten Teilchen hat ihre Ursache wieder in der thermischen Bewegung der Moleküle
des Trägerfluids. Diese stoßen das gelöste Teilchen unregelmäßig an, sodass immer wieder
ein Nettoimpuls in irgendeine Richtung entsteht und das Teilchen bewegt wird. Damit muss
der Diffusionskoeffizient der Brown'schen Molekularbewegung proportional zur thermischen Energie und umgekehrt proportional zum Strömungswiderstand des Teilchens sein,
der dessen Beweglichkeit bremst. Nach der sogenannten Stokes-Einstein-Beziehung gilt:

$$K = \frac{kT}{6\pi \mu R}. \tag{8.4}$$

Diese Beziehung gilt allerdings nur für sehr kleine Konzentrationen. Bei größeren Volu-
menanteilen ϕ der Inhaltsstoffe gilt nach Batchelor:

$$K = \frac{kT}{6\pi \mu R} (1 - 1{,}83\phi). \tag{8.5}$$

8.2.3 Die Diffusionsgleichung

Wir wollen nun die Massenänderung infolge Diffusion in einem raumfesten Kontrollvolumen Ω bilanzieren. Dazu wird der Diffusionsfluss Φ_c über den Rand des Kontrollvolumens
$\partial\Omega$ integriert:

$$- \int_{\partial\Omega} K \ \mathrm{grad}\ c\ \vec{n} dA.$$

Da der Flächennormaleneinheitsvektor $\vec{n}$ aus dem Gebiet hinaus zeigt, gibt dieser Term die
Abnahme der Konzentration im Kontrollvolumen Ω an. Somit gilt für die Änderung der
Masse m im Kontrollvolumen Ω:

$$\frac{\partial m}{\partial t} = \frac{\partial}{\partial t} \int_{\Omega} c \ d\Omega = \int_{\partial\Omega} K \ \mathrm{grad}\ c\ \vec{n} dA.$$

Ist das Integrationsgebiet Ω nicht zeitabhängig, dann kann man Integration und
Zeitableitung vertauschen. Dies muss allerdings nicht immer so sein. So
brauchen wir nur an eine Wassersäule mit fester Grundfläche zu denken: Ändert sich in ihr
der Wasserspiegel, dann ändert sich das Kontrollvolumen im Laufe der Zeit.

Auf die linke Seite wird bei konstantem Kontrollvolumen der Gauß'sche Integralsatz
angewendet:

$$\int_{\Omega} \frac{\partial c}{\partial t} d\Omega = \int_{\Omega} \mathrm{div}\ K \ \mathrm{grad}\ c \ d\Omega.$$

Da diese Gleichung für beliebig wählbare Kontrollvolumina Ω gilt, müssen die Integranden gleich sein, und wir erhalten die Diffusionsgleichung in der handlichen Schreibweise:

$$\frac{\partial c}{\partial t} = \operatorname{div} K \operatorname{grad} c. \tag{8.6}$$

Ist die Diffusivität K eine Konstante, so lautet die Diffusionsgleichung ausgeschrieben:

$$\frac{\partial c}{\partial t} = K \frac{\partial^2 c}{\partial x^2} + K \frac{\partial^2 c}{\partial y^2} + K \frac{\partial^2 c}{\partial z^2}.$$

Die Diffusionsgleichung ist eines der Urgesteine der mathematischen Physik. Sie ist das Paradigma für sogenannte parabolische Differentialgleichungen, die insbesondere **irreversible Naturvorgänge** beschreiben. Dies ist durch einen nochmaligen Blick auf Tab. 8.1 sehr schnell zu erkennen: Nehmen wir einmal an, dass die Teilchen den Raum der Tabelle zwischen $x = 1$ und $x = 7$ nicht verlassen können. Nach wenigen weiteren Zeitschritten werden in jedem Kästchen im Mittel 3,85, also bis auf kleine Schwankungen überall gleich viele Teilchen liegen bleiben. Damit ist aber dann nicht mehr erkennbar, ob der Startort der Teilchen bei $x = 4$ oder in einem anderen Kästchen, z. B. bei $x = 1$, gewesen ist. Befinden wir uns in dieser gleichverteilten Zukunft und wollen in die Vergangenheit blicken, werden wir keine Erkenntnisse darüber mithilfe von physikalischen Gesetzen erhalten. Man bezeichnet die Diffusion deshalb als irreversiblen Vorgang.

8.3   Die Transportgleichung

Wir wollen nun den Transport mit der Strömung und der Diffusion zusammenbringen, wodurch man die Ausbreitung von Inhaltsstoffen geringer Konzentration in einem sich bewegenden Trägerfluid simulieren kann. Dabei ist der Fluss eines Inhaltsstoffes der Konzentration c durch durch eine Strömung $\vec{u}$ durch

$$\vec{u}c$$

bestimmt, er wächst also mit der Strömungsgeschwindigkeit und mit der Konzentration und findet natürlich in Richtung der Strömungsgeschwindigkeit statt. Durch eine Fläche, die durch ihren Normaleneinheitsvektor $\vec{n}$ charakterisiert wird, ist der Fluss Φ_c dann:

$$\Phi_c = -\vec{u}c\vec{n}.$$

Es fließt also dann nichts durch eine Fläche, wenn diese parallel zum Fluss orientiert ist. Das negative Vorzeichen ist erforderlich, weil der Normaleneinheitsvektor laut Konvention aus dem hinter der Fläche liegenden Kontrollvolumen herausweist.

Somit gelangt man zur Massenänderung in einem Kontrollvolumen Ω durch die Integration des entsprechenden Massenflusses durch den Rand des Kontrollvolumens $\partial\Omega$:

$$\frac{dm}{dt} = \int_{\partial\Omega} \Phi_c dA = -\int_{\partial\Omega} \vec{u}c\vec{n}dA = -\int_{\Omega} \text{div}\,(\vec{u}c)d\Omega.$$

Die Masse im Kontrollvolumen erhöht sich also, wenn die Geschwindigkeit in entgegengesetzter Richtung zum Normaleneinheitsvektor weist. Im zweiten Teil der Gleichung wurde dann wieder der Gauß'sche Integralsatz angewendet.

Berücksichtigen wir nun auch den diffusiven Fluss im Gesamtfluss Φ_c:

$$\Phi_c = -\vec{u}c\vec{n} + K\,\text{grad}\,c\vec{n},$$

dann würde die Bilanzgleichung

$$\frac{dm}{dt} = \int_{\Omega} \frac{\partial c}{\partial t}d\Omega = \int_{\partial\Omega} \Phi_c dA = -\int_{\partial\Omega} (\vec{u}c\vec{n} - K\,\text{grad}\,c)\,dA = -\int_{\Omega} \text{div}\,(\vec{u}c - K\,\text{grad}\,c)d\Omega$$

lauten.

Wieder haben wir erreicht, dass auf beiden Seiten dieselbe Form von Integral berechnet werden muss. Die Gleichheit der Integranden folgt aus der Tatsache, dass die Herleitung für beliebige Kontrollvolumina gültig ist:

$$\frac{\partial c}{\partial t} + \text{div}\,(\vec{u}c - K\,\text{grad}\,c) = 0.$$

Damit haben wir die dreidimensionale, für einen einzige Punkt geltende Transportgleichung hergeleitet.

8.3.1   Die eindimensionale Salzgehaltsgleichung

Sei nun die Konzentration des Salzes, also die Salinität S, betrachtet. Der 2. und der 4. Term der integralen Transportgleichung lauten dann (Abb. 8.5):

$$\frac{\partial}{\partial t} \int_{\Omega} Sd\Omega = -\int_{\partial\Omega} (\vec{u}\vec{n})\,SdA - \int_{\partial\Omega} K\,\text{grad}\,S\,\vec{n}dA.$$

Auch hier wollen wir zu einer eindimensionalen Bilanz in einem Gewässerabschnitt der Länge L mit dem Querschnitt A kommen. Salz kann dabei nur über die Querschnitte A_1 und A_2 am Anfang und Ende des Gewässerabschnitts in selbiges fließen:

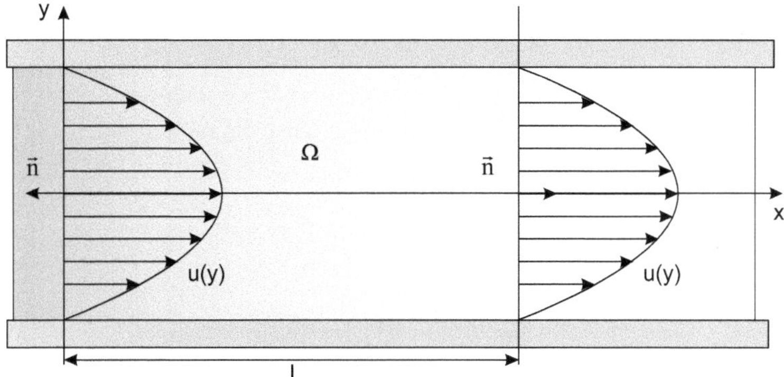

Abb. 8.5 Zur Herleitung der querschnittsgemittelten eindimensionalen Transportgleichung. Dunkel stellt einen höheren, hell einen niedrigeren Salzgehalt dar. Die Länge L des dargestellten Kontrollraums wird infinitesimalisiert

$$-\int_{\partial\Omega} (\vec{u}\vec{n})\, S\, dA = v_1 A_1 S_1 - v_2 A_2 = Q_1 S_1 - Q_2 S_2.$$

Ebenfalls führen nur die Diffusionsprozesse an diesen beiden Rändern zu einer Veränderung der Salinität im Betrachtungsabschnitt:

$$-\int_{\partial\Omega} K\,\mathrm{grad}\,S\,\vec{n}\,dA = -K A_1 \frac{\partial S_1}{\partial x} + K A_2 \frac{\partial S_2}{\partial x}.$$

Somit lautet die eindimensionale Bilanzgleichung für einen Flussabschnitt:

$$\frac{\partial L A S}{\partial t} = Q_1 S_1 - Q_2 S_2 - K A_1 \frac{\partial S_1}{\partial x} + K A_2 \frac{\partial S_2}{\partial x}.$$

Auch hier teilen wir durch die Abschnittlänge L und lassen diese wieder auf die Länge null schrumpfen:

$$\frac{\partial A S}{\partial t} = \frac{\partial}{\partial x}\left(-Q S + K A \frac{\partial S}{\partial x}\right).$$

Die Gleichung enthält störenderweise noch die zeitliche Änderung des Produkts aus Fließquerschnitt und Salinität. Wir wenden also die Produktregel auf beiden Seiten an und ordnen die Terme neu:

$$A\frac{\partial S}{\partial t} + S\left(\frac{\partial A}{\partial t} + \frac{\partial Q}{\partial x}\right) = -Q\frac{\partial S}{\partial x} + \frac{\partial}{\partial x}\left(K A \frac{\partial S}{\partial x}\right).$$

Auf der rechten Seite erscheint so in der Klammer die querschnittsgemittelte Kontinuitätsgleichung, die ja null ist. Somit wird die eindimensionale Transportgleichung der Salinität zu:

$$A \frac{\partial S}{\partial t} = -Q \frac{\partial S}{\partial x} + \frac{\partial}{\partial x} \left(K A \frac{\partial S}{\partial x} \right).$$

Nun können wir diese Gleichung in unser eindimensionales Ästuarmodell einbauen. Das folgende Programmfragment enthält nur die Zeilen aus unserem Ästuarmodell, die hinzugefügt oder verändert werden müssen:

```matlab
K=100;  % Diffusivität
sal = 0*ones(size(xmesh));

   function [c,f,s] = stvenant(x,~,u,DuDx)
       c = [1;1;A];
       f = [nut*DuDx(1)-Q^2/A-A*g*zS;-Q;  K*A*DuDx(3)];
       s = [-lambda/dhyd/2*Q*abs(Q/A)+zS*g*DuDx(2);0;-Q*DuDx(3)];
   end

   function u0 = init(x)
       u0 = [velpp(x);App(x);spp(x)];
   end
```

Randbedingungen

Die Randbedingungen sind beim Salzgehalt am seeseitigen Rand wesentlich komplizierter, als alle bisherigen Randbedingungen. Doch beginnen wir am flussseitigen Ende des Ästuars. Hier wollen wir annehmen, dass fortwährend Frischwasser mit $S = 0$ in das Ästuar eindringt. Hier wird also der Salzgehalt in Form einer Dirichlet'schen Randbedingung vorgegeben. An der Seeseite müssen wir zwei Fälle unterscheiden. Während der Ebbephase strömt das salzhaltige Wasser auf den Rand zu, es verlässt dann das Simulationsgebiet. Direkt auf dem Rand wird also die Salinität angenommen, die etwas innerhalb des Ästuars vorherrscht und die die seeseitige Grenze innerhalb des nächsten Zeitschritts erreicht. Doch wie groß ist diese Salinität? Wir können die Beantwortung der Frage einfach umgehen, indem wir annehmen, dass direkt am seeseiten Rand $\frac{\partial S}{\partial x} = 0$ gilt, die Salinität hier also eine horizontale Tangente hat.

Die Abb. 8.6 zeigt das typische Ergebnis einer solchen Simulation. Dargestellt sind die Zeitreihen von Wasserstand, Geschwindigkeit und Salinität an einem Ort im Ästuar. Dabei ist es immer hilfreich, sich zunächst einmal den Wasserstand anzuschauen. Man erkennt dann bei den Strömungsgeschwindigkeitsbeträgen die Ebbestrom- (abnehmender Wasserstand) und die Flutstromäste (zunehmender Wasserstand). Zunehmende Salinitäten sind dann mit dem Flutstrom und abnehmende Salinitäten mit dem Ebbestrom verbunden.

8.3.2   Tidekennwerte des Salzgehaltes

Im Ästuar als Übergangsgewässer zwischen dem Meer und dem Fluss vermischen sich Salz- und Frischwasser, womit der Salzgehalt vom Meer ausgehend kontinuierlich abnimmt.

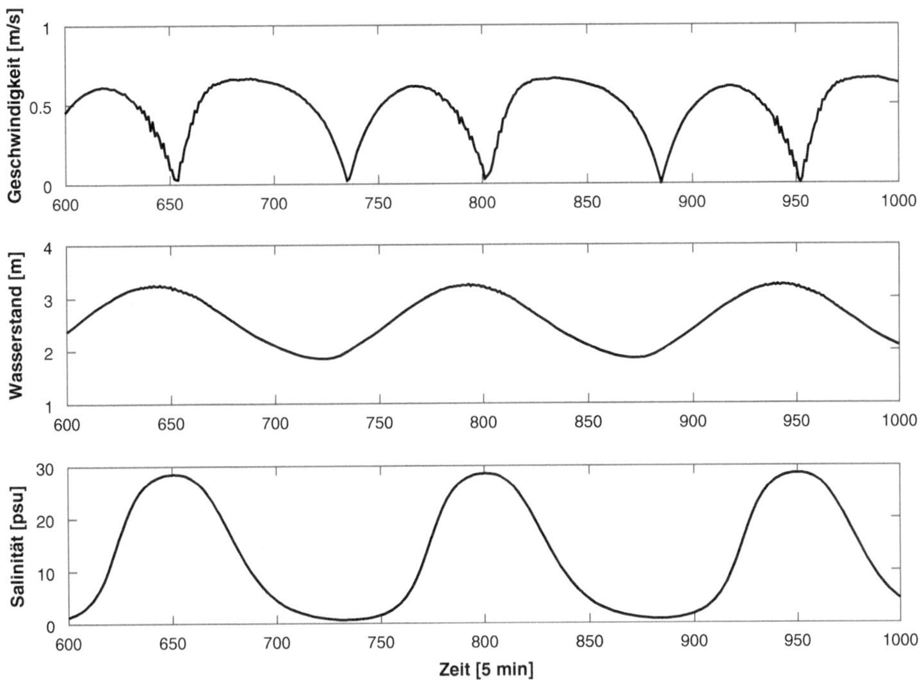

Abb. 8.6   Zeitreihen von Wasserstand, Strömungsgeschwindigkeit und Salinität als Ergebnis der Simulation

Wie weit das salzige Wasser in das Ästuar drängt, hat natürlich ein wichtigen Einfluss auf die Grundwasserqualität in den umliegenden Böden. Da der Salzgehalt mit dem Flutstrom tiefer in das Ästuar eindringt und mit dem Ebbestrom wieder ausgetragen wird, kann man auch den Salzgehalt in einem Ästuar durch Tidekennwerte beschreiben. Diese sind in der Abb. 8.7 definiert.

8.3.3   Die Eindringtiefe des Salzkeils

Für die Wasserqualität in einem Ästuar ist der Salzgehalt natürlich eine entscheidende Einflussgröße. Von daher ist die Kenntnis der Faktoren, die die Eindringtiefe des Salzgehalts in ein Ästuar beeinflussen, im Küsteningenieurwesen sehr wichtig. Hier hat man früher eine einfache Modellvorstellung entwickelt [32, 84], die aus der heutigen Sicht nicht mehr hinreichend, aber immer noch aufschlussreich ist. Nehmen wir dazu in unserer eindimensionalen Transportgleichung zunächst einmal einen homogenen Ästuarquerschnitt A an, womit dieser herausgekürzt werden kann. Dann wird die Gleichung gedanklich über hinreichend viele Tiden gemittelt. Hierdurch fallen die Geschwindigkeitsanteile weg, die den Gezeiten

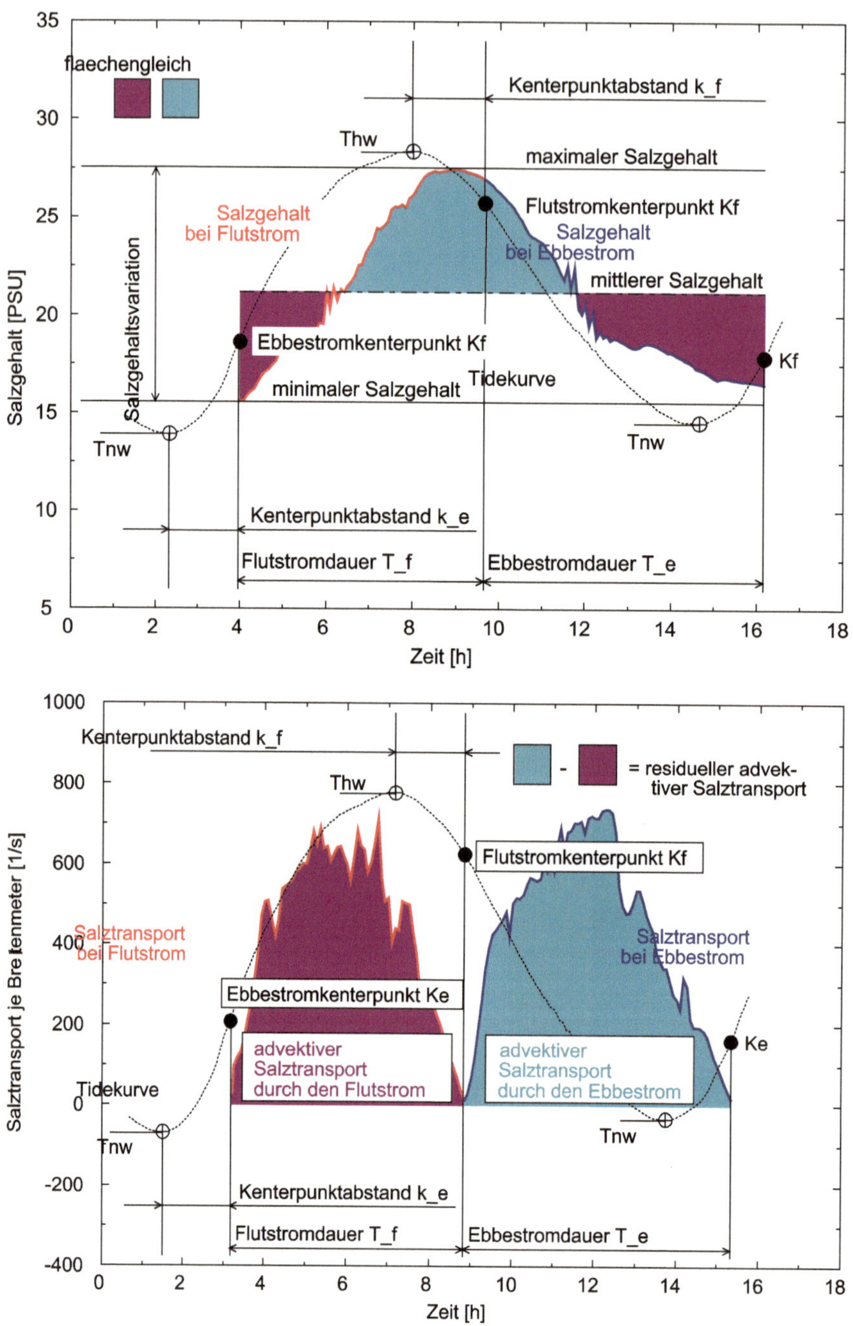

Abb. 8.7 Tidekennwerte des Salzgehaltes und des Salztransports. (Aus http://www.hamburg.baw.de/kenn/tdks/tdks-de.pdf)

zugeordnet werden, und es bleibt nur noch der Frischwasserabfluss Q_f übrig, den wir als konstant annehmen wollen:

$$0 = \frac{\partial}{\partial x}\left(-Q_f S + K A \frac{\partial S}{\partial x}\right) \Rightarrow Q_f S = K A \frac{\partial S}{\partial x}.$$

Diese Gleichung hat die analytische Lösung:

$$S(x) = S_0 \exp\left(\frac{Q_f}{K A} x\right).$$

Wenn also in der Mündung bei $x = 0$ die Salinität den Wert S_0 hat, dann nimmt diese exponentialförmig in das Ästuar ab, weil der Frischwasserzufluss in dem von uns gewählten Koordinatensystem negativ ist. Die Salinität nimmt dabei umso schneller ab, je größer die Frischwassergeschwindigkeit und je kleiner die Diffusivität K ist. Der Salzkeil dringt tiefer ein, wenn:

- der Frischwasserzufluss abnimmt,
- der durchflossene Querschnitt A durch Vertiefung oder Verbreiterung aufgeweitet wird und
- es zu einer Erhöhung der Diffusivität K der Salinität kommt.

Wir werden noch sehen, dass diese Diffusivität vor allem durch die Turbulenzverhältnisse geprägt ist. Dabei nimmt die tiefengemittelte Turbulenz mit der Wassertiefe h zu.

Wenn also die Ästuare vertieft werden, wird der Salzgehalt weiter ins Binnenland eindringen, weil zum einen hierdurch die durchflossenen Querschnitte vergrößert und der herausdrängende Einfluss des Frischwassers vermindert, und zum anderen die turbulente Diffusion in der tieferen Rinne erhöht wird.

8.4 Mikrotidale Ästuare

An der Ostsee kann man fast keinen Tidehub verzeichnen, weil die Gezeitenenergie nur geringfügig durch die Einengung des Skageraks dringt. Es gibt somit auch kein Eindringen einer Tidewelle in die dortigen Flussmündungen von Trave, Warnow oder Peene. Man bezeichnet diese Flussmündungen ebenfalls als Ästuare, grenzt sie aber von den makrotidalen Nordseeästuaren dadurch ab, dass man sie als mikrotidal bezeichnet.

Die Verhältnisse auf solchen mikrotidalen Ästuaren sind in den Querschnitten in der Abb. 8.8 dargestellt. In der oberen Teilabbildung sind die Salinitätsprofile zu erkennen, die von der tiefen Meeresseite zur flachen Flussseite zunehmend abnehmen. Dieser Dichteunterschied erzeugt bodennahe Dichteströmungen (untere Teilabbildung), die Salinität in

Abb. 8.8 Zirkulationsströmung in einem mikrotidalen Ästuar. Die obere Skizze stellt einen Vertikalschnitt der Geschwindigkeitsverteilung, das untere Bild des Salzgehaltes dar

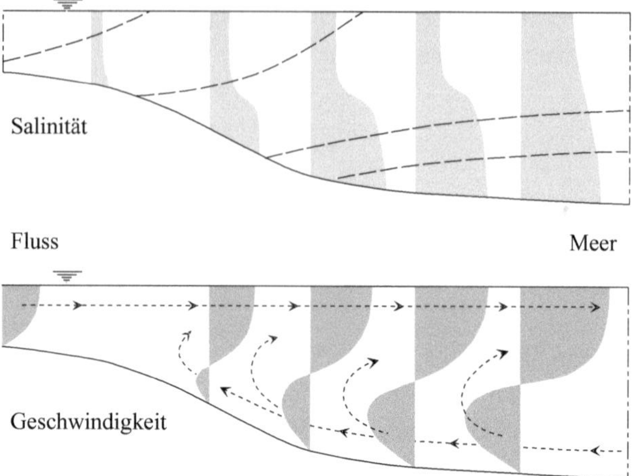

das Ästuar hineintransportieren. Dadurch wird die Salinität im Äastuar bodennah erhöht, wodurch eine Schichtung des salzreichen unter dem salzarmen Wasser entsteht.

Natürlich muss das Frischwasser aus dem Fluss durch das Ästuar in das vorgelagerte Meer tranportiert werden. Dies ist auf der Flussseite durch ein logarithmisches Geschwindigkeitsprofil angedeutet. Im Ästuar selbst treibt das Frischwasser auf dem sich darunter schiebenden Salzwasser in Richtung Ozean. Und natürlich mischt sich auf jedem Tiefemprofil ein wenig Salzwasser in das Frischwasser ein: Es entsteht die mikrotidale Zirkulation. Wegen der charakteristischen Form der Isohalinen wird das Phänomen auch Salzzunge oder Salzkeil (engl. *salt wedge*) genannt.

Die hiermit verbundenen potentiellen Dichtegradienten bewirken zwei Arten von Prozessen: Zum einen können sie mittlere Strömungen induzieren, die man als Dichteströmungen bezeichnet. Zum anderen beeinflussen sie die Turbulenz. Dies geschieht in Abhängigkeit von der vertikalen Verteilung der Dichte, d. h. der Schichtung des Gewässers. Im Falle einer stabilen Schichtung liegt das schwerere Wasser unter dem leichten und der Grad der Turbulenz wird erniedrigt. Bei der instabilen Schichtung liegt das leichtere unter dem schweren Wasser; die Turbulenz wird dann erhöht, was zu einer Durchmischung des Gewässers führt.

Dichteströmungen und Schichtung sind nicht nur für mikrotidale Ästuare, sondern auch für Seen charakteristisch. Hier ist es allerdings die Temperatur, die diese Dichteströmungen induziert.

8.4.1 Dichteströmungen

Neben den Druckströmungen in Rohren (engl. *pressurised flows*) und den Freispiegelströmungen in Oberflächengewässern (engl. *free surface flows*) stellen die Dichteströmungen (engl. *density currents*) eine dritte große Kategorie von Strömungen dar. Wie der Name schon sagt, werden sie durch unterschiedliche Dichten im Fluid und den damit verbundenen unterschiedlichen Gravitationskräften angetrieben. Die unterschiedlichen Dichten kommen durch die Beschickung eines Trägerfluids (in Küstengewässern also Wasser) mit verschiedenen Inhaltsstoffen (Salz, Feststoffe) oder durch verschiedene Temperaturen des Fluids oder im Fall kompressibler Strömungen auch durch unterschiedliche Drücke zustande.

Mathematisch beschreibt der Druckkraftterm in der Differentialgleichung des vertikalen Geschwindigkeitsprofils

$$\frac{\partial u}{\partial t} = -\frac{1}{\varrho}\frac{\partial p}{\partial x} + \frac{\partial}{\partial x}\left(v_t \frac{\partial u}{\partial x}\right)$$

das Zustandekommen von Dichteströmungen. Doch wir wollen zunächst einen Blick auf die Abb. 8.9 werfen. Dargestellt ist ein Querschnitt durch ein Küstengewässer, welches eine glatte Wasseroberfläche aufweist, also frei von Gezeiten und Seegang ist. Auf der linken Seite habe das Wasser die Dichte ϱ, auf der rechten Seite die etwas höhere Dichte $\varrho + \Delta\varrho$. Die linke Seite stellt somit die Flussseite eines Ästuars, die rechte Seite die salzhaltige offene See dar. Nehmen wir ferner an, dass sich der Druck hydrostatisch zur Sohle erhöht. Es entstehen also die dargestellten Druckprofile.

Gehen wir auch bei veränderlicher Dichte einmal von einem hydrostatischen Druckprofil aus, dann wird der Druckterm zu:

$$-\frac{1}{\varrho}\frac{\partial p}{\partial x} = -\frac{1}{\varrho}\frac{\varrho g(z_S - z)}{\partial x} = -g\frac{z_S}{\partial x} - g\frac{z_S - z}{\varrho}\frac{\partial \varrho}{\partial x}.$$

Wenn der Druck also einen Gradienten in der Horizontalen aufweist, also z. B. dadurch, dass es auf See salziger ist als im Fluss, dann wird das Wasser in Richtung der abnehmenden Dichte beschleunigt. Diese Beschleunigung ist proportional zu $z_S - z$, also in Bodennähe wesentlich größer als an der Wasseroberfläche (Abb. 8.10).

Wenn man diesen Zusatzterm in unserem Modell für die vertikale Impulsgleichung mit dem K-E-Modell einbaut, wird man zwar je nach Größe des gewählten horizontalen Dichtegradienten eine größere, aber dem logarithmischen Geschwindigkeitsprofil ähnliche

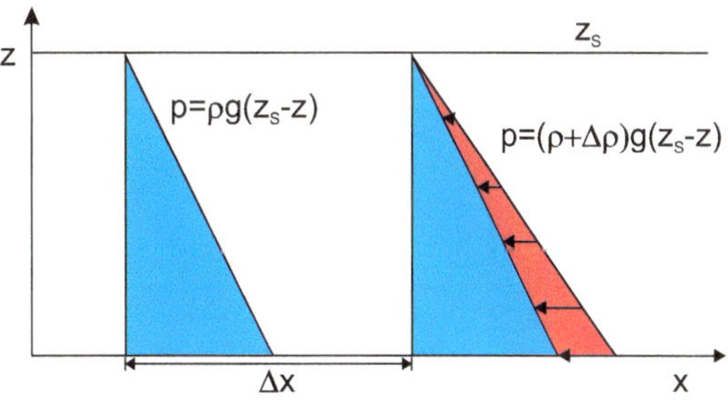

Abb. 8.9 Zur Entstehung von Dichteströmungen

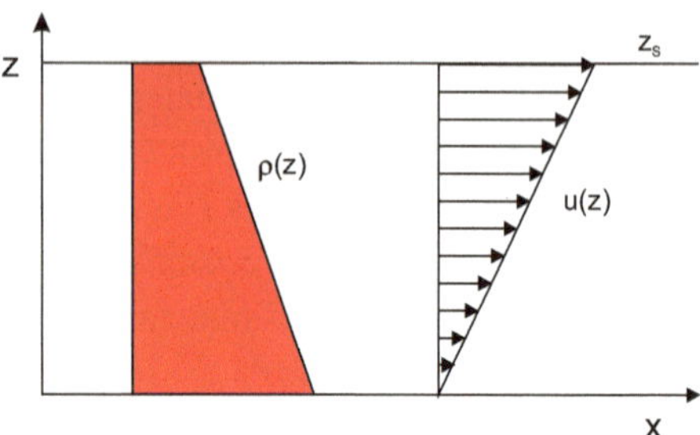

Abb. 8.10 Zur Herleitung der Richardson-Zahl

Verteilung bekommen. Ein salzinduzierter Dichtegradient induziert also ähnlich wie eine Neigung der Wasseroberfläche eine Strömung in Richtung der abnehmenden Steigung.

Es gibt aber noch einen weiteren Effekt, der auch das Geschwindigkeitsprofil selbst verformt.

8.4.2 Schichtung

Dichteunterschiede können Strömungen anfachen, aber auch dämpfen, was am Beispiel der Schichtung demonstriert werden soll. Im Falle einer stabilen Schichtung liegt das schwerere Wasser unter dem leichteren und der Grad der Turbulenz wird erniedrigt. Bei der instabilen Schichtung liegt das leichtere unter dem schwereren Wasser; die Turbulenz wird dann erhöht, was zu einer Durchmischung des Gewässers führt. Diese Stabilität der geschichteten Strömung gegenüber Verwirbelungen wollen wir nun untersuchen.

Dazu nehmen wir an, dass die Dichte linear zur Sohle hin zunimmt und die Geschwindigkeit linear (!) dorthin abnimmt. Man betrachte zwei Flüssigkeitselemente in den Höhen z und $z + \Delta z$, die Geschwindigkeiten $u(z)$ bzw. $u(z + \Delta z)$ und die Dichten $\varrho(z)$ bzw. $\varrho(z + \Delta z)$.

Wird das untere Flüssigkeitselement infolge eines Wirbels auf die obere Position angehoben und das obere auf die untere Position gesenkt, so ist der Gewinn an potentieller Energiedichte ΔE_{pot}

$$\Delta E_{pot} = \Delta z \frac{\partial \varrho}{\partial z} g \Delta z = \frac{\partial \varrho}{\partial z} g \Delta z^2.$$

Die kinetische Energiedichte E_{kin}^i ist im Ausgangszustand durch

$$E_{kin}^i = \frac{1}{2}\varrho(z + \Delta z)u(z + \Delta z)^2 + \frac{1}{2}\varrho(z)u(z)^2$$

gegeben. Nach der Vertauschung der beiden Flüssigkeitselemente durch den Wirbel nehmen beide die mittlere Geschwindigkeit $\frac{1}{2}(u(z) + u(z + \Delta z)) = u(z) + \frac{1}{2}\Delta z \frac{\partial u}{\partial z}$ an, und so erhält man für die kinetische Energiedichte des verwirbelten Zustandes E_{kin}^f

$$E_{kin}^{f} = \frac{1}{2}\left(\varrho(z + \Delta z) + \varrho(z)\right)\left(u(z) + \frac{1}{2}\Delta z \frac{\partial u}{\partial z}\right)^{2}.$$

Der durch die Verwirbelung entstehende kinetische Energieverlust ΔE_{kin} ist somit

$$\Delta E_{kin} = E_{kin}^{i} - E_{kin}^{f} = \frac{1}{2}\varrho(z + \Delta z)\left(\Delta z u(z)\frac{\partial u}{\partial z} + \frac{3}{4}\Delta z^{2}\left(\frac{\partial u}{\partial z}\right)^{2}\right)$$
$$- \frac{1}{2}\varrho(z)\left(\Delta z u(z)\frac{\partial u}{\partial z} + \frac{1}{4}\Delta z^{2}\left(\frac{\partial u}{\partial z}\right)^{2}\right).$$

Da die Dichte im Gegensatz zur Geschwindigkeit nur linear in die kinetische Energie eingeht, wird als Vereinfachung angenommen, dass $\varrho(z) \sim \varrho(z + \Delta z)$, somit erhält man

$$\Delta E_{kin} = \frac{1}{4}\varrho \Delta z^{2}\left(\frac{\partial u}{\partial z}\right)^{2}.$$

Damit die turbulente Verwirbelung energetisch überhaupt möglich ist, darf der Zuwachs an potentieller Energie nicht größer als die zur Verfügung stehende Abnahme der kinetischen Energie sein, d. h.

$$\frac{\Delta E_{pot}}{\Delta E_{kin}} < 1 \quad \text{bzw.} \quad \Delta E_{pot} < \Delta E_{kin}.$$

Wir führen nun die dimensionslose Richardson-Zahl

$$Ri := -\frac{g}{\varrho}\frac{\dfrac{\partial \varrho}{\partial z}}{\left(\dfrac{\partial u}{\partial z}\right)^{2} + \left(\dfrac{\partial v}{\partial z}\right)^{2}}$$

ein, die das Verhältnis von benötigter potentieller zu zur Verfügung stehender kinetischer Energie beschreibt. Damit können wir drei Fälle unterscheiden:

- Für $Ri < 0$ ist der Wasserkörper instabil geschichtet, d. h., das schwerere Wasser befindet sich über dem leichteren. Konvektion tritt in diesem Fall ein.
- Für $0 \geq Ri < 0,25$ befindet sich das schwerere Wasser unter dem leichteren. Verwirbelung kann diese Schichtung jedoch durchmischen.
- Für $Ri \geq 0,25$ ist der Wasserkörper stabil geschichtet.

In geschichteten Strömungen kann die Richardson-Zahl Ri bei scharfen Trennflächen wesentlich höhere Werte annehmen, d. h., bei einer Verwirbelung der Trennfläche würde der potentielle Energiebedarf wesentlich größer sein als der zur Verfügung stehende Verlust an kinetischer Energie.

8.4.3 Die Ästuarzahl

Das andere physikalische Extrem bildet die vollständige Durchmischung infolge hoher Turbulenz, sodass der Übergang von Salz- zu Frischwasser lediglich in der Horizontalen zu beobachten ist.

Als ein Maß für die Schichtung eines Ästuars ist von Harleman und Abraham [32] die Ästuarzahl E mit

$$E = \frac{P_T F_0^2}{Q_f T} \tag{8.7}$$

eingeführt worden, wobei

- P_T das Tideprisma, d. h. das Seewasservolumen, welches während der Flut in den Ästuar eindringt,
- F_0 die Froude-Zahl am seeseitigen Rand des Ästuars bei maximaler Flutgeschwindigkeit,
- Q_f den Frischwasserzufluss und
- T die Tideperiode angibt.

Die Strömung im Ästuar ist umso mehr geschichtet, je kleiner die Ästuarzahl E ist; für $E < 0{,}005$ spricht man daher von einem **geschichteten Ästuar,** für $0{,}005 \leq E < 0{,}2$ von einem **teilweise durchmischten** und für $E \geq 0{,}2$ von einem **voll durchmischten Ästuar.**

Für die Tideweser ist eine Ästuarzahl von $0{,}25$ dokumentiert [61], während man für die Warnow an der Ostsee bei einem Tideprisma von $P_T = 2{,}5 \cdot 10^6 \, \mathrm{m}^3$, einer Froude-Zahl $F_0 = 0{,}028$ und einem mittleren Oberwasser von $Q_f = 20 \, \mathrm{m}^3/\mathrm{s}$ eine Ästuarzahl von $E = 0{,}0022$ erhält. Die Weser steht dementsprechend für ein voll durchmischtes Ästuar, während die Warnow ein geschichtetes Ästuar repräsentiert.

8.4.4 Schichtung und Turbulenzdämpfung

Im Vorgriff auf Kap. 14 sei der Einfluss einer salinen Schichtung auf die Turbulenzverhältnisse diskutiert. Man überschlage also diesen Abschnitt, bis zum Ende des Kap. 14.

Wenn es der Strömung mangels kinetischer Energie nicht möglich ist, eine stabile Schichtung zu zerstören und zu verwirbeln, dann sollte sie natürlich auf die turbulente kinetische Energie in den Bereichen stabiler Dichtegradienten reduziert sein. Dies gilt es auch in Turbulenzmodellen zu berücksichtigen, was mit der TKE-Gleichung des K-E-Modells durch einen Zusatzterm auf der rechten Seite geschieht, den man manchmal auch auch G-Term bezeichnet. Er lautet [108]:

$$G = \frac{g}{\varrho} \frac{\nu_t}{\sigma_s} \frac{\partial \varrho}{\partial z}.$$

Im Fall einer stabilen Schichtung ist der Term negativ, denn die Dichte nimmt dann in vertikaler Richtung z ab.

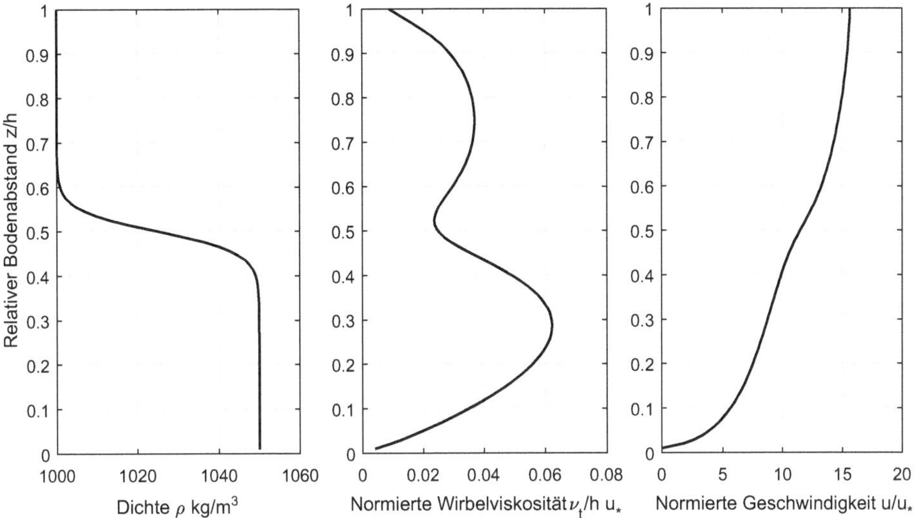

Abb. 8.11 Ergebnisse des vertikalen Modells für geschichtete Verhältnisse mit G-Term

Die Abb. 8.11 zeigt links eine Beispielschichtung, wie sie etwa in einen stabil geschichteten Küstengewässer auftreten kann. Die von dem Turbulenzmodell simulierte Wirbelviskosität ist in der Mitte zu sehen. Sie ist nicht mehr parabolisch, sondern weist in der Mitte, also dort, wo ein Dichtegradient vorhanden ist, reduzierte Werte auf. Dadurch kann sich hier die Geschwindigkeit frei entfalten, sie steigt, wie man im rechten Bild sieht, dann steil an.

Eine durch Salz stabil geschichtete Wassersäule hat somit eine größere Dichte, ist aber im Bereich der Dichtegradienten durch reduzierte Turbulenzverhältnisse fließfähiger als reines Wasser.

Es sei schließlich noch angemerkt, dass ich erhebliche Zweifel an der Richtigkeit des G-Terms habe. Er macht das Turbulenzmodell numerisch instabil, der Parameter σ_s muss recht hoch angesetzt werden und für die algebraische Form des Terms gibt es nur Begründungen aus Dimensionsbetrachtungen.

8.5 Die Ostsee als Nebenmeer

Wir wollen einen ozeanographischen Blick auf die Ostsee werfen. Entstanden ist sie vor ca. 12 000 Jahren am Ende der Weichseleiszeit. Infolge des Abschmelzens der Gletschermassen über Skandinavien bildete sich zunächst ein riesiger Schmelzwassersee. Durch Hebungen und Senkungen der Erdoberfläche und durch einen Anstieg des Meeresspiegels entstanden die heutigen Küstenformen und die Verbindung mit dem Ozean.

Die Fläche der Ostsee betragt $412\,560\,\mathrm{km}^2$, im Vergleich dazu hat die Bundesrepublik Deutschland eine Fläche von $356\,957\,\mathrm{km}^2$. Das Volumen der Ostsee ist mit $21\,631\,\mathrm{km}^3$ ungefähr halb so groß wie das der Nordsee. In Nord-Süd-Richtung erstreckt sich die Ostsee über ca. 1300 km von $54°$ Nord bis $66°$ Nord und die Ost-West-Ausdehnung beträgt ca. 1000 km von $10°$ Ost bis $30°$ Ost. Durchschnittlich ist die Ostsee 52 m tief und hat eine maximale Breite von 300 km.

Die starke Einengung der Verbindung zur Nordsee mit einer Schwelle lässt kaum Gezeiten in die Ostsee eindringen. Daher finden wir hier nur winderzeugte Zirkulationsströmungen, Seegang und durch Salinität und Temperatur erzeugte sogenannte thermohaline Zirkulationsströmungen.

Der Frischwasserzufluss der Ostsee setzt sich zusammen aus dem Flusswasserzufluss von $440\,\mathrm{km}^3/\mathrm{a}$ und dem Niederschlag von $225\,\mathrm{km}^3/\mathrm{a}$. Die Verdunstung beträgt $4185\,\mathrm{km}^3/\mathrm{a}$ und der Einstrom von Salzwasser aus der Nordsee beträgt $470\,\mathrm{km}^3/\mathrm{a}$. Um die Wasserhaushaltsbilanz auszugleichen fließen $480\,\mathrm{km}^3/\mathrm{a}$ Überschusswasser in die Nordsee. Der Gesamtstrom ist somit $950\,\mathrm{km}^3/\mathrm{a}$.

Da die Ostsee sehr jung ist, haben Salzauswaschungen aus den Gesteinen des Einzugsgebiets hier noch keine Wirkung erzielt. Der Salzgehalt kommt überwiegend aus der Nordsee und ist noch wesentlich geringer dort. Er schwankt zwischen $1{,}5\,\%$ in der Kieler Bucht und $0{,}1\,\%$ im Finnischen und Bottnischen Meerbusen. Der durchschnittliche Salzgehalt liegt bei $0{,}8\,\%$. Im Vergleich dazu hat die Nordsee einen Salzgehalt von $3{,}5\,\%$ und der Atlantische Ozean $3{,}54\,\%$. Aber auch der Oberflächen- und Bodensalzgehalt unterscheiden sich durch Schichtungseffekte. Deshalb haben Randmeere oft von den angrenzenden Ozeanen stark abweichende Schichtungs- und Zirkulationsverhältnisse.

Nebenmeere können in vier Zirkulationstypen (Abb. 8.12) anhand des Dichteunterschiedes zum angrenzenden Ozean eingeteilt werden [83]. Die Kriterien sind hierbei das Niveau der Satteltiefe, die als Abstand zwischen Schwellenoberkante und Wasseroberfläche bezeichnet werden kann, und der Wasseraustausch. Ott [83] gibt die folgenden vier Typen an:

- A.1: Langsame Ausbreitung dichteren Wassers über den Beckenboden und über die Schwelle (Sill).
- A.2: Arides Meer mit hohem Sill, dichtes, hochsalines Wasser strömt über den Sill wasserfallartig aus.
- B.1: Nebenmeer mit beständiger Dichtesprungschicht, leichteres Wasser strömt oberflächlich aus, über Sill strömt dichtes Wasser ein.
- B.2: Humides Meer mit starker Dichteschichtung und hohem Sill, stagnierendes Tiefenwasser.

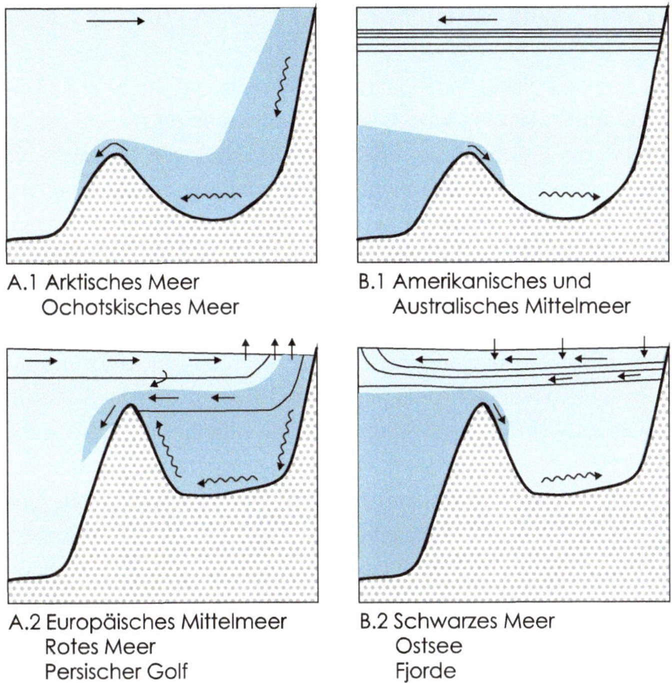

Abb. 8.12 Zirkulationstypen von Nebenmeeren nach [83]

Bei der Ostsee, die zum Zirkulationstyp B.2 gehört, wird die thermohaline Konvektion durch eine salinitätsbedingte Dichtesprungschicht verhindert. Salzarmes, leichtes Wasser fließt dabei oberflächlich ab und salzreicheres, dichtes Wasser sammelt sich im Becken. Aufgrund des geringen Austauschvermögens kann es sauerstofflos werden. Deshalb gibt es an den tiefen Stellen der Ostsee anoxische Bedingungen.

Aufgrund der schmalen Verbindung zum Ozean ist die Ostsee vom Golfstrom unbeeinflusst. Maritime Klimazüge sind deshalb nur im Bereich von Dänemark zu finden, die Pufferwirkung des Meeres ist geringer und die Ostsee vereist jedes Jahr teilweise.

Das Mittelmeer als Beispiel für ein A.2-Nebenmeer hat dagegen einen sehr großen Salzgehalt, wie man auch aus der Abb. 8.3 erkennen kann. Es ist viel älter und daher haben Gesteinsauswaschungen hier einen längeren Einfluss gehabt. Zudem sind die frischen Niederschläge hier viel geringer.

8.6   Wer war Lewis Fry Richardson?

Die in diesem Kapitel behandelte Richardson-Zahl gibt mir die Möglichkeit, etwas anders als mit einer Zusammenfassung zu enden. Benannt wurde diese Kennzahl nach Lewis Fry Richardson (1881 bis 1963), einem britischen Meteorologen, der sich zu Beginn seiner beruflichen Karriere mit der numerischen Wettervorhersage beschäftigte und hier auch mit Schichtungseffekten. Durch den 1. Weltkrieg und die Erfahrung geprägt, dass jede naturwissenschaftliche Erkenntnis auch militärisch eingesetzt werden kann, hängte er seine meteorologische Karriere an den Nagel und studierte noch einmal Psychologie und Mathematik. Das Aufkommen der internationalen Spannungen im Vorfeld des 2. Weltkrieges veranlasste Richardson dann, sich vollständig der Friedensforschung zu widmen. Er untersuchte das Aufkommen und die Tödlichkeit von Kriegen mit den Methoden der Statistik und begründete damit die quantitative Friedensforschung. So fand er heraus, dass die Wahrscheinlichkeit, dass ein Krieg ausbricht, einer Poisson-Verteilung gehorcht, die Chance, dass an irgendeinem Tag ein Weltkrieg ausbricht, somit immer gleich ist. Die Zahl der Opfer steigt dabei potentiell mit der Grööße der beteiligten Staaten an. Richardsons Theorien zur Schichtung und zur Friedensforschung werden auch heute intensiv diskutiert und weitergeführt[2].

---

[2]siehe z. B. Steven Pinker – The Better Angels of Our Nature: Why Violence Has Declined, New York, 2011.

Jedes Oberflächengewässer, egal ob es sich um einen Fluss, einen See oder Küstengewässer handelt, wird einerseits durch die Sohle und andererseits durch den Wasserspiegel zur Atmosphäre begrenzt. Genau wie an der Sohle wirken auch hier Schubspannungen, die die Bewegung des Wassers bremsen können, womit ein Impulsaustausch mit der Atmosphäre verbunden ist. Im Unterschied zur Sohle können die als Winde bezeichneten Strömungen in der unteren Schicht der Atmosphäre aber auch Impuls an den Wasserkörper abgeben und diesen so antreiben. Daher wollen wir die in der Grenzschicht zwischen Wasserkörper und der Atmosphäre wirkenden Spannungen als Windschubspannungen bezeichnen. Der sichtbarste Einfluss des Windes sind dabei Wellen, die sich auf der Wasseroberfläche bilden. Bevor diese thematisiert werden, wollen wir hier die Veränderungen der mittleren Wassertiefe mit der Strömungsgeschwindigkeit beschreiben. Stürme verursachen an den Küsten Sturmfluten, aber auch in Flüssen kann es zu einem vom Wind erzeugten Hochwasser kommen. Der Einfluss des Windes kann dabei sogar bis zum Boden reichen, sodass die Sohlschubspannung sich verändert und es zu windinduziertem Sedimenttransport unter einem Wasserkörper kommt.

Flüsse liegen meistens in einem Tal oder sind von schattenspendenden Bäumen umgeben, durch welche der Fluss vor dem Einfluss des Windes geschützt ist. Die Luftschicht über dem Flusswasserspiegel kann als ruhend angenommen werden. Aber auch hier wirken Schubspannungen, da ein Geschwindigkeitsunterschied zwischen der Luft und dem Wasserkörper besteht.

In Seen ist der Wind neben temperaturinduzierten Dichteströmungen sowie lokalen Zu- und Abflüssen die Hauptantriebskraft der Strömungen. Seen werden durch lang anhaltende Winde aus der Ruhelage gebracht, die Wasseroberfläche steilt sich in Windrichtung auf. Man bezeichnet dieses Phänomen als Windstau. Verebbt der Wind, dann schwingt der See wie das Wasser in einer Badewanne hin und her, bis die als Seiches bezeichneten Oberflächenschwingungen dann wieder abklingen.

© Springer Fachmedien Wiesbaden GmbH, ein Teil von Springer Nature 2018   225
A. Malcherek, *Gezeiten und Wellen*, https://doi.org/10.1007/978-3-658-19303-4_9

In Küstengewässern sind Winde neben den Gezeiten der zweite wichtige Antreiber des Strömungsgeschehens. Windinduzierte Strömungen können aber die dominante Bewegungsform sein, wenn der Gezeiteneinfluss wie in der Ostsee gering ist. Stürme können den Windstau hier so erhöhen, dass die dahinterliegende Küste bei einer Sturmflut durch den aufgestauten Wasserspiegel und den schweren Seegang bei Tidehochwasser besonders gefährdet ist. Diese meteorologisch bedingten Extremereignisse sind wegen ihres stochastischen Charakters die größte Herausforderung im Küstenschutz.

9.1   Die atmosphärischen Zirkulationen

Die Energiebilanz des Gesamtsystems Erde (einschließlich der Atmosphäre) wird durch die Einstrahlung von Sonnenenergie und die Energieabstrahlung von der Erde in den Weltraum bestimmt. Derzeitig scheinen diese beiden Energieflüsse nicht im globalen Gleichgewicht zu sein, womit Klimaänderungen verbunden sind.

Unabhängig von den anthropogenen Klimaänderungen sind diese Flüsse in den verschiedenen Breitengraden der Erde nicht gleich. So ist der Energieeintrag an den Polen infolge des sehr schrägen Einfalls der Sonnenstrahlung auf eine wesentlich größere Fläche verteilt als am Äquator, über dem das Sonnenlicht im Jahresmittel senkrecht einfällt. Da die Abstrahlung der Energie im Vergleich dazu in allen Breitengraden nahezu gleich ist, hat man es in den Tropen mit einer positiven und in den Polregionen mit einer negativen Energiebilanz zu tun.

In den Tropen würde es also fortwährend wärmer und an den Polen kälter, wenn nicht die globalen atmosphärischen sowie die ozeanischen Zirkulationen die Energiebilanz der unterschiedlichen Breiten durch den konvektiven Transport von Wärme ausgleichen würden.

9.1.1   Die vertikale Druckverteilung in der Atmosphäre

Genau wie die Strömungen in den Oberflächengewässern werden die die Strahlungsbilanz ausgleichenden atmosphärischen Zirkulationen durch Druckgradienten angetrieben. Wir wollen daher zunächst einfache Modellvorstellungen für die vertikale Druckverteilung in der Atmosphäre kennenlernen, um dann einen Eindruck von den wesentlichen Einflussgrößen der globalen Windsysteme zu bekommen.

Wir stellen uns die Luft als ein ideales Gas vor, welches durch die Zustandsgleichung

$$p = \varrho RT$$

beschrieben wird. Der Druck in einem idealen Gas steigt also mit dessen Dichte ϱ und der Temperatur T. Die spezifische Gaskonstante R ist dabei für Luft 287 J/(kg K).

Die Zustandsgleichung idealer Gase ermöglicht es uns also, entweder den Druck eines Gases in einem bestimmten Volumen bei gegebener Temperatur T oder aber letztere bei gegebenen Druck p zu bestimmen.

Wir wollen nun die vertikale Druckverteilung in einer ruhenden Atmosphäre bestimmen und gehen auch hier von „hydrostatischen" Verhältnissen aus:

$$\frac{\partial p}{\partial z} = -\varrho g.$$

Setzt man die Dichte von Luft hier ein, so bekommt man eine Differentialgleichung 1. Ordnung,

$$\frac{\partial p}{\partial z} = -\frac{g}{RT} p(z),$$

deren Lösung

$$p(z) = p_0 \exp\left(-\frac{gz}{RT}\right)$$

ist. Dieser funktionale Zusammenhang für die Druckverhältnisse in der ruhenden Atmosphäre berücksichtigt allerdings das vertikale Temperaturprofil nicht. Obwohl dieses den Schwankungen des Wetters unterworfen ist, kann man grob annehmen, dass die Temperatur jeden Höhenkilometer um ca. 6,5 °C abnimmt:

$$T(z) = T_0 - \alpha z, \qquad \alpha = 6{,}5 \ \text{K/km}.$$

Damit wird die Differentialgleichung der vertikalen Druckabnahme zu:

$$\frac{\partial p}{\partial z} = -\frac{g}{R(T_0 - \alpha z)} p(z).$$

In der Lösung dieser Differentialgleichung

$$p(z) = p_0 \left(1 - \frac{\alpha z}{T_0}\right)^{\frac{g}{R\alpha}}$$

ist der Druck in einer bestimmten Höhe sowohl vom Bodenluftdruck als auch von der Bodentemperatur abhängig. Damit ist das Druckprofil in den Tropen durch die höheren Temperaturen grundsätzlich anders als in den Polregionen.

Die graphische Darstellung dieser Formel in Abb. 9.1 macht deutlich, dass der Druck mit zunehmender Höhe über der Erdoberfläche umso schneller abnimmt, je kälter es am Erdboden ist. Folgt man somit einer Fluglinie in 10 km Höhe vom Äquator zum Nordpol, so ist auf dieser eine ständige Abnahme des Luftdrucks zu verzeichnen. Dieser Druckgradient induziert eine vom Äquator zu den Polen gerichtete Höhenströmung, die am Boden durch eine von den Polen zum Äquator gerichtete Gegenströmung ausgeglichen wird (Abb. 9.2).

Diese Zirkulationsströmung hat genau die ausgleichende Wirkung im Wärmehaushalt der Erde, die in der Einleitung beschrieben wurde. Ohne diese globale Konvektionsströmung,

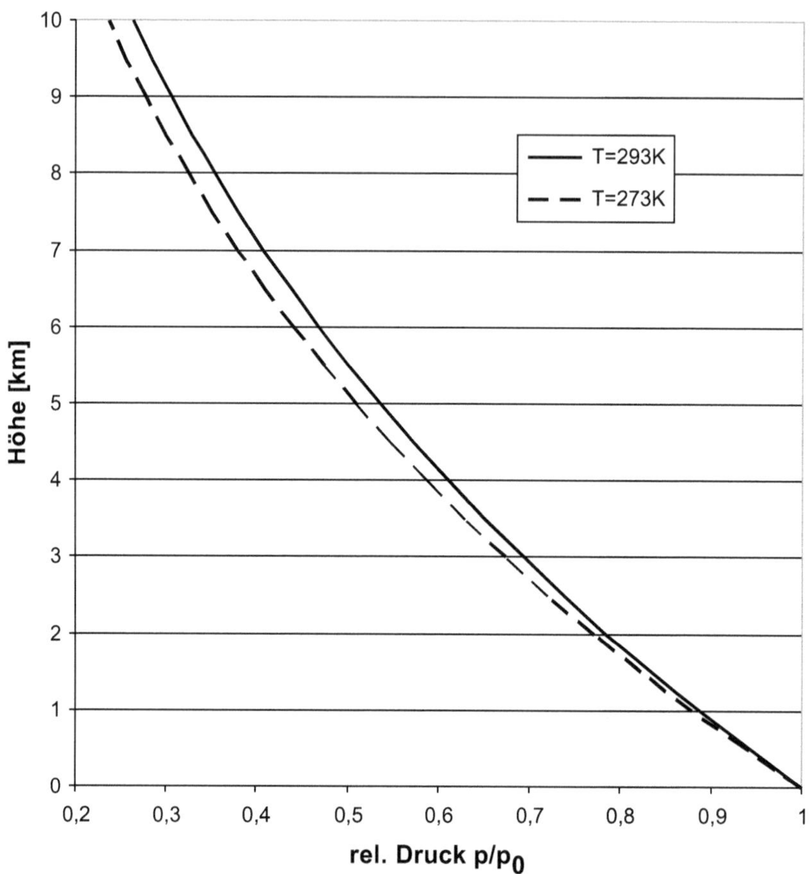

Abb. 9.1 Das auf den Bodenluftdruck bezogene Druckprofil der Atmosphäre bei verschiedenen Bodentemperaturen

die fortwährend Wärmeenergie wie auf einem Förderband vom Äquator zu den Polen transportiert, würden sich die tropischen Breiten mehr aufheizen, während die Polargebiete noch wesentlich kälter wären.

Übung 34

Wiederholung Druckeinheiten: Wie groß ist der Luftdruck in 4 km Höhe, wenn auf Meeresspiegelniveau eine Temperatur von 14 °C und ein Luftdruck von 1 atm herrscht?

Abb. 9.2 Durch die
globale atmosphärische
Konvektion bewegt sich
Kaltluft bodennah von den
Polen zum Äquator,
während in den höheren
Schichten Warmluft zu den
Polen transportiert wird

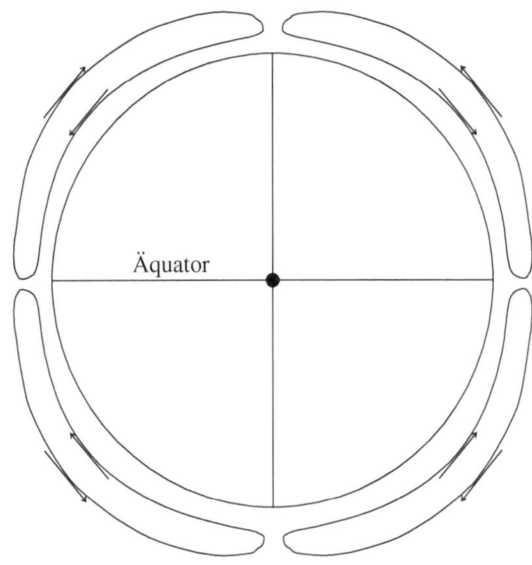

9.1.2   Hadley-Zonen

Bei der Betrachtung der Längenkreise auf dem Erdglobus stellt man unweigerlich fest, dass diese vom Äquator zum Pol aufeinanderzulaufen. Gleiches gilt auch für die polwärts gerichteten Winde in der oberen Troposphäre. Dadurch werden in den höheren Breiten immer mehr Luftmassen angestaut. Der bodennahe Druck steigt hierdurch ebenfalls an, er ist ja (im hydrostatischen Sinne) nichts anderes als das Gewicht der darüberliegenden Luftmassen.

Durch diesen Konvergenzeffekt der Längenkreise entsteht auf etwa 30° Breite ein bodennahes Hochdruckgebiet, von welchem die bodennahen Luftmassen in Richtung Äquator und Pol weggedrückt werden.

Der Effekt dieser subtropischen Hochdruckzone ist in Abb. 9.3 dargestellt. Er bricht die globale Konvektionszone in drei als Hadley-Zonen bezeichnete Konvektionszellen auf. In der äquatorialen und der polnahen Zelle werden die Luftmassen in der oberen Troposphäre in Polrichtung transportiert. In den mittleren Breiten findet man nun allerdings einen polwärts gerichteten Transport der Luftmassen in Bodennähe.

In diesen Hadley-Zonen findet immer noch ein Ausgleich des globalen Strahlungsungleichgewichts statt. Die Konvektionsströme bewegen sich nun aber in jeder Hemisphäre auf einem dreigeteilten Förderband.

Abb. 9.3 Das Zerfallen der globalen Konvektionszelle auf jeder Halbkugel in drei sogenannte Hadley-Zonen. Ferner sind die subtropischen Hoch- und die subpolaren Tiefdruckgebiete, die zyklonischen und antizyklonischen Bewegungen dargestellt

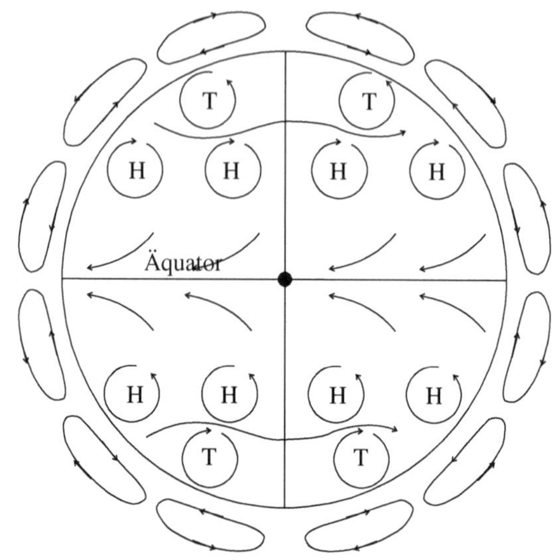

9.1.3 Die Wirkung der Corioliskraft

In diese globalen Konvektionszellen greift auf der rotierenden Erde noch die Corioliskraft ein. Ihre Wirkung kann man sehr schnell erkennen, wenn man sich einmal die mit ihnen verbundenen Beschleunigungen anschaut. Für die West-Ost-Geschwindigkeit u sind die mit ihr verbundenen Beschleunigungen:

$$\frac{\partial u}{\partial t} = 2\omega v \sin \phi.$$

Ihre Wirkung erzeugt

- auf der Nordhalbkugel eine Rotation um Hochdruckgebiete im Uhrzeigersinn,
- auf der Nordhalbkugel eine Rotation um Tiefdruckgebiete gegen den Uhrzeigersinn,
- auf der Südhalbkugel eine Rotation um Hochdruckgebiete gegen den Uhrzeigersinn und
- auf der Südhalbkugel eine Rotation um Tiefdruckgebiete im Uhrzeigersinn.

Natürlich braucht man sich nur einen dieser Spiegelstriche zu merken und kann dann alle anderen durch Umkehrung ableiten. Physikalisch handelt es sich nur um einen einzigen Term in der vektoriellen Impulsgleichung, der dieses Durcheinander erzeugt.

Wir analysieren zunächst die bodennahe Situation in Äquatornähe. Dort strömen auf der Nordhalbkugel aus Norden kommend Winde zum Äquator hin und werden im Uhrzeigersinn abgeleitet. Von der Südhalbkugel werden äquatoriale Winde entgegengesetzt zum Uhrzeigersinn abgelenkt. Die Abb. 9.3 zeigt, dass somit am Äquator die Winde dieselbe Vorzugsrichtung haben, es entstehen die westwärts gerichteten, äquatornahen Passatwinde.

Der gegenteilige Effekt entsteht unter der Hadley'schen Konvektionszone der mittleren Breiten. Hier sind die bodennahen Winde auf der Nordhalbkugel nach Norden gerichtet, womit die Corioliskraft eine Beschleunigung in West-Ost-Richtung erzeugt. Die subtropischen Hoch- und die subpolaren Tiefdruckgebiete ziehen hier vornehmlich von Westen nach Osten. Diesen Effekt kann man recht einfach beobachten, wenn man in den Wetterkarten der Zeitungen oder Nachrichten ein Hoch- oder Tiefdruckgebiet über mehrere Tage verfolgt.

Die dargestellten globalen Windsysteme bedingen unter Berücksichtigung der jahreszeitlichen Schwankungen, der Verteilung der Landmassen nebst deren Ausgestaltung und der stochastischen Schwankungen das Wetter. Dieses ist über der Nordsee vielfach vom Durchziehen von Tiefdruckgebieten geprägt, die in der Deutschen Bucht überwiegend mit aus Westen kommenden Winden verbunden sind.

Übung 35
Härtere Winter in Deutschland seien eine Folge der Klimaerwärmung. Durch die Minderung der arktischen Eisdecke in der Barentsee und im Nordpolarmeer werde die Westwindzone auf der Nordhalbkugel geschwächt. Dadurch können sich Nord- und Südwetterlagen auf der Nordhalbkugel verstärken – d. h.: Extrem kalte Luft vom Nordpolarmeer kommt nach Mitteleuropa. Was halten Sie von der These?

9.1.4   Der geostrophische Wind

Normalerweise finden alle Strömungen vom hohen in Richtung des tiefen Drucks statt. Die Corioliskraft bewirkt aber in der Atmosphäre ein Rotieren des Windfeldes um Hoch- oder Tiefdruckgebiete. Um dies zu verstehen, betrachten wir das sogenannte geostrophische Windmodell.

Der geostrophische Wind ist der Wind, der aus einem Gleichgewicht zwischen Druckgradient und Corioliskraft entsteht:

$$0 = -\frac{1}{\varrho_A}\frac{\partial p}{\partial x} + 2\omega v \sin\phi \quad \Rightarrow \quad v = \frac{1}{2\omega\sin\phi}\frac{1}{\varrho_A}\frac{\partial p}{\partial x},$$

$$0 = -\frac{1}{\varrho_A}\frac{\partial p}{\partial y} - 2\omega u \sin\phi \quad \Rightarrow \quad u = -\frac{1}{2\omega\sin\phi}\frac{1}{\varrho_A}\frac{\partial p}{\partial y}.$$

Die von einem solchen Windmodell erzeugten Windgeschwindigkeiten sind in Abb. 9.4 dargestellt. Man sieht dort, dass die geostrophischen Winde bei gleichen Druckgradienten am Äquator wesentlich größer als an den Polen sind.

9.1.5   Hoch- und Tiefdruckgebiete

Um die Form des Geschwindigkeitsfeldes des geostrophischen Windes zu analysieren, legen wir den Ursprung eines horizontalen xy-Koordinatensystems direkt in das Zentrum

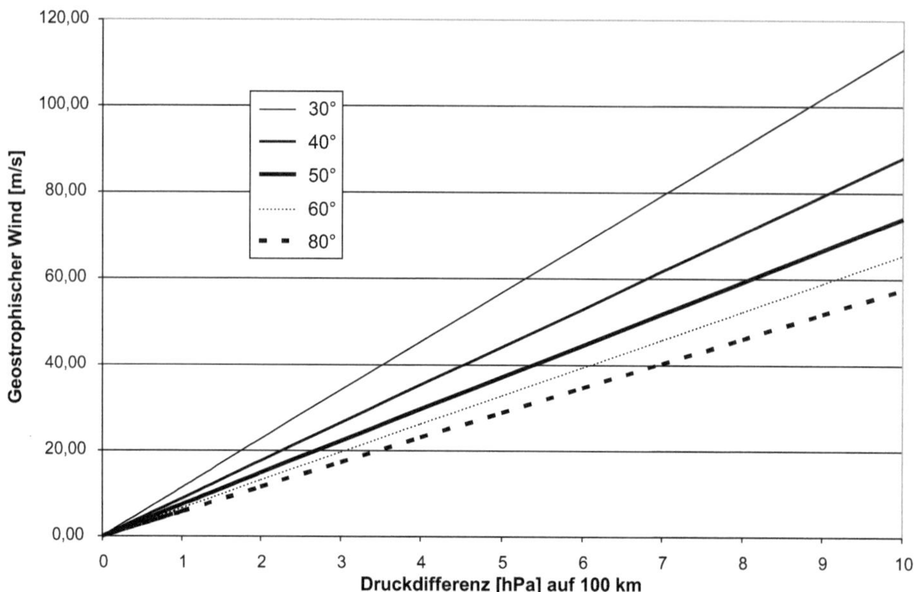

Abb. 9.4 Der geostrophische Wind für verschiedene geographische Breiten als Funktion der Luftdruckdifferenz auf 100 km

eines Hochdruckgebietes. Damit nimmt der Druck in alle Richtungen ab, womit der Druckgradient in positiver x-Richtung negativ ist. Dort entsteht also ein nach Süden weisender geostrophischer Wind. Wiederholt man diese Überlegungen für die anderen drei Koordinatenrichtungen, so stellt man fest, dass der Wind auf der Nordhalbkugel der Erde (sin $\phi > 0$) um ein Hochdruckgebiet im Uhrzeigersinn und um ein Tiefdruckgebiet entgegen dem Uhrzeigersinn kreist.

Letztere Bewegung um ein Tiefdruckgebiet bezeichnet man als Zyklon, die um ein Hochdruckgebiet als Antizyklon. Auf der Südhalbkugel der Erde sind die Drehrichtungen genau umgekehrt.

9.2 Die Bestimmung der Windschubspannung

Wir wollen das Konzept der inneren Spannungen nun anwenden, um aus dem Impulsaustausch an der Grenzfläche Wasser – Luft die Windschubspannungen zu berechnen.

Nach dem allgemeinen Schnittprinzip werden die an der Oberfläche des Wasserkörpers durch den Wind verursachten Schubspannungen mit gleichem Betrag in den Wasserkörper übertragen. Gehen wir davon aus, dass die Wasseroberfläche vollkommen horizontal ist.

Nehmen wir ferner an, dass sowohl der Wind als auch die Strömung des Wassers an der Wasseroberfläche parallel zu ihr und in x-Richtung ausgerichtet sind, dann haben wir es mit der atmosphärischen Strömung $u_A(z)$ auf der einen Seite und mit der Strömung des Wassers $u(z)$ auf der anderen Seite zu tun. Beide Geschwindigkeiten seien in der Horizontalen homogen, womit alle Ableitungen nach x und y null sind. Als mögliche Spannungen tauchen dann in der Atmosphäre (Index A) nur noch die Komponente

$$\tau_{zx} = \varrho_A \, \nu_A \, \frac{\partial u_A}{\partial z}$$

und in der Wassersäule

$$\tau_{zx} = \varrho \, \nu \, \frac{\partial u}{\partial z}$$

auf. Diese beiden Spannungen sind an der Wasseroberfläche gleich:

$$\tau_W = \varrho_A \, \nu_A \, \frac{\partial u_A}{\partial z} = \varrho \, \nu \, \frac{\partial u}{\partial z} \quad \text{an der Wasseroberfläche.} \tag{9.1}$$

Man bezeichnet diese Spannung auch als Windschubspannung.

Hiermit haben wir einen Zusammenhang zwischen der Steigung der Geschwindigkeiten direkt unter- und direkt oberhalb der Wasseroberfläche gewonnen: Die Geschwindigkeit in der Luft steigt also nach Gl. 9.1 und den Werten in Tab. 7.1 ca. 80-mal stärker an als im Wasserkörper. Dies ist in Abb. 9.5 skizziert. Dort wird ferner davon ausgegangen, dass die Geschwindigkeit selbst an der Grenzfläche stetig ist. Diese Gleichheit der Geschwindigkeiten ist auf der molekularen Ebene sehr verständlich, da hier „Luft"- und Wassermoleküle durch Stöße fortwährend Impuls austauschen und sie in der Grenzschicht dadurch ihre Bewegungsgeschwindigkeiten angleichen.

Abb. 9.5 Die Grenzschicht zwischen Atmosphäre und Wasserkörper. In der Atmosphäre bildet sich ein logarithmisches Geschwindigkeitsprofil aus

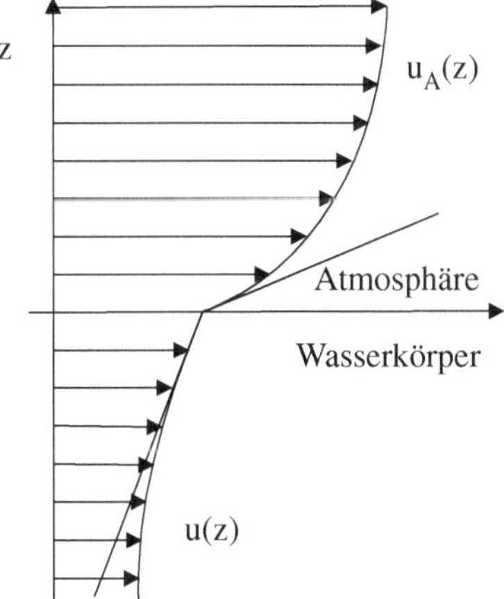

Leider sind die Verhältnisse in der Grenzschicht zwischen Atmosphäre und Wasserkörper nicht so einfach, wie es jetzt dargestellt wurde. Zum einen ist die Strömung in beiden Sphären turbulent. Hierdurch bilden sich chaotische Geschwindigkeitsschwankungen aus, die in der Berechnung nicht berücksichtigt wurden. Zum anderen ist die Wasseroberfläche durch die Ausbildung von Oberflächenwellen nicht eben, wodurch die Atmosphäre sie als mehr oder weniger rau empfindet.

9.2.1 Die untere Grenzschicht der Atmosphäre

Um nun die Windschubspannung aus der Windgeschwindigkeit zu bestimmen, kann man auch für diese zunächst einmal ein logarithmisches Geschwindigkeitsprofil über dem Wasser annehmen:

$$u_A(z) = \frac{u_{*,S}}{\kappa} \ln \frac{z}{z_{0,S}} \quad \text{mit} \quad \tau_W = \varrho_A u_{*,S}^2.$$

Die Ausprägung des Profils hängt also über die sogenannte Windschubspannungsgeschwindigkeit $u_{*,S}$ von der Windschubspannung an der Wasseroberfläche selbst ab. Die Rauheit der Wasseroberfläche wird durch den Parameter $z_{0,S}$ beschrieben. Mathematisch ist er nichts anderes als der Nullpunkt des logarithmischen Geschwindigkeitsprofils.

Im Unterschied zu einer unbeweglichen Sohle ist die Rauheit der Wasseroberfläche nicht konstant, sondern nimmt mit der Welligkeit der Wasseroberfläche zu. Diese ist wiederum umso größer, desto stärker der Wind weht und damit auch umso größer, je größer die Windschubspannung selbst ist. Klassischerweise wird dies in der Form

$$z_{0,S} = \alpha \frac{u_{*,S}^2}{g} \quad \text{mit} \quad \alpha = 0{,}015,...,0{,}0185$$

beschrieben, wobei der Beiwert α nach Charnock [12] 0,015 und nach Wu [112] 0,0185 ist. Mit den beiden letzten Formeln können nun die Schubspannungsgeschwindigkeit, die Windschubspannung und die Rauheit der Wasseroberfläche iterativ als Funktion der Windgeschwindigkeit $u_A(z)$ berechnet werden, womit die Abb. 9.6 entsteht. Solche Iterationsverfahren kommen immer dann zustande, wenn verschiedene physikalische Prozesse miteinander gekoppelt sind.

Übung 36
Berechnen Sie die Windschubspannung iterativ mit den letzten beiden Formeln für eine Windgeschwindigkeit von 10 m/s, die 15 m über der Wassersäule gemessen wurde.

Übung 37
Windgeschwindigkeiten werden in der Regel 10 m über der Sohle bzw. der Wasseroberfläche gemessen. Rechnen Sie unter der Annahme eines logarithmischen Profils die Windgeschwindigkeit aus der vorangegangenen Übung auf diese Höhe um.

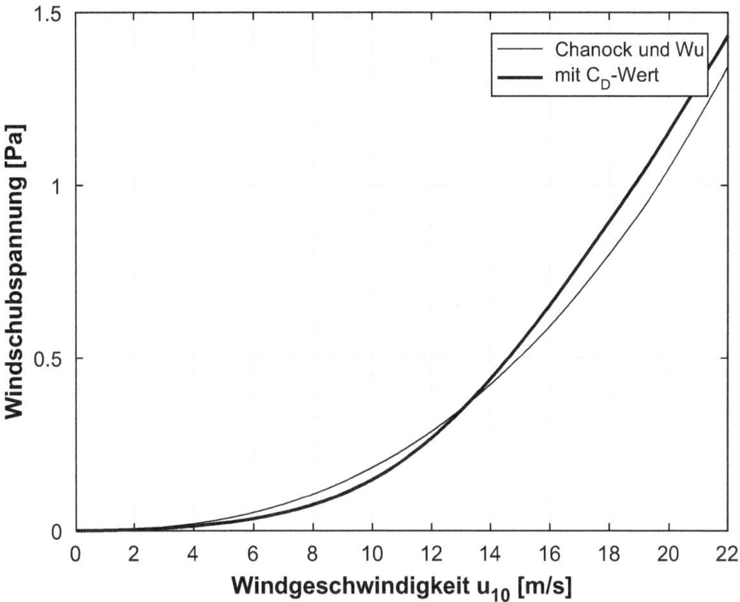

Abb. 9.6 Die Windschubspannung in Abhängigkeit von der Windgeschwindigkeit in 10 m Höhe. Verglichen werden die Ansätze schon Charnock und Wu für $\alpha = 0,017$ und der von Flather

Die Gewinnung von **Winddaten** über Küstengewässern ist schwieriger als man zunächst annehmen möchte. Grundsätzlich stehen hierzu Messungen der Wetterdienste zur Verfügung (Abb. 9.7).

So stellt der Deutsche Wetterdienst (DWD) gesammelte Klimadaten im Internet kostenfrei als Dateien im KL2000-Standartformat zur Verfügung gestellt. Daraus können zu einem bestimmten Datum u. a. die Windrichtung als 32-teilige Windrose und die Windstärke in Beaufort (Bft) entnommen werden.

Die meisten Messstationen liegen über dem Land, wobei das Modell das Windfeld über der Gewässeroberfläche benötigt. Dieses kann von dem über Land gemessenen erheblich abweichen, weil der bodennahe Wind nicht nur von der großräumigen Wetterlage, sondern auch von der lokalen Topographie und der Bodenrauheit abhängig ist. Somit ist insbesondere in Küstengebieten und über Seen die Anwendung eines numerischen Modells der atmosphärischen Grenzschicht empfehlenswert, da man hier ganze Flickenteppiche von Bodenrauheiten (Wasserflächen, Wiesen, städtische Bebauung, Wald etc.) vorfindet.

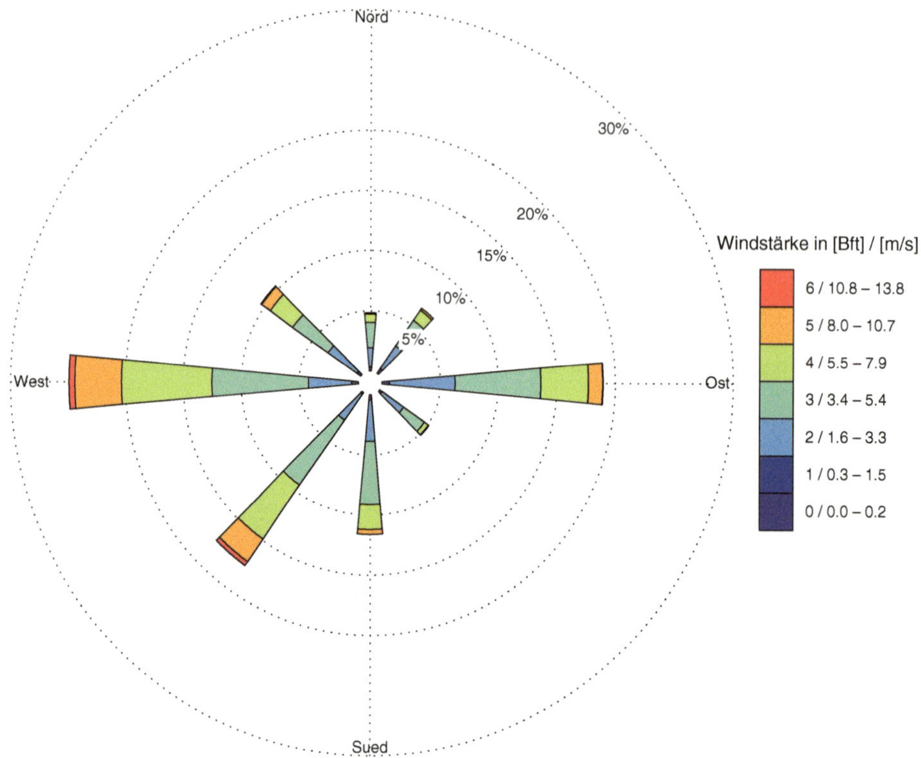

Abb. 9.7 Windrose der Station Schleswig KX01438/KL01438 des DWD vom 01.01.2000 bis zum 26.11.2009 für die Messreihe um 12:00 Uhr

9.2.2 Parametrisierungen der Windschubspannung

Die iterative Berechnung der Windschubspannung ist heutzutage mit Computerprogrammen recht einfach. In früheren Zeiten scheute man aber solche iterativen Verfahren und suchte explizite, d. h. direkt zu berechnende, Parametrisierungen für die Windschubspannung. Ein Blick auf die Abb. 9.6 legt hier eine quadratische Abhängigkeit von der Windgeschwindigkeit in der Form

$$\vec{\tau}_W = \varrho_A C_D(z)\vec{u}_A(z)\|\vec{u}_A(z)\|$$

nahe, wobei C_D als Windschubkoeffizient bezeichnet wird, der von der Höhe der Windgeschwindigkeitsmessung über dem Boden abhängt (Abb. 9.8).

Bei Windstille findet man nach dieser Gleichung keine Spannungen zwischen Wasserkörper und Atmosphäre. Dies ist aber nicht richtig, vielmehr würde sich in diesem Fall eine, wenn auch sehr dünne, Grenzschicht aus mitbewegter Luft ausbilden, die zu einem entsprechenden Impulsfluss aus der Wassersäule führt. Ferner ist in der Realität keine Spannung zwischen diesen beiden Sphären zu verspüren, wenn Wasser und Luft sich mit derselben

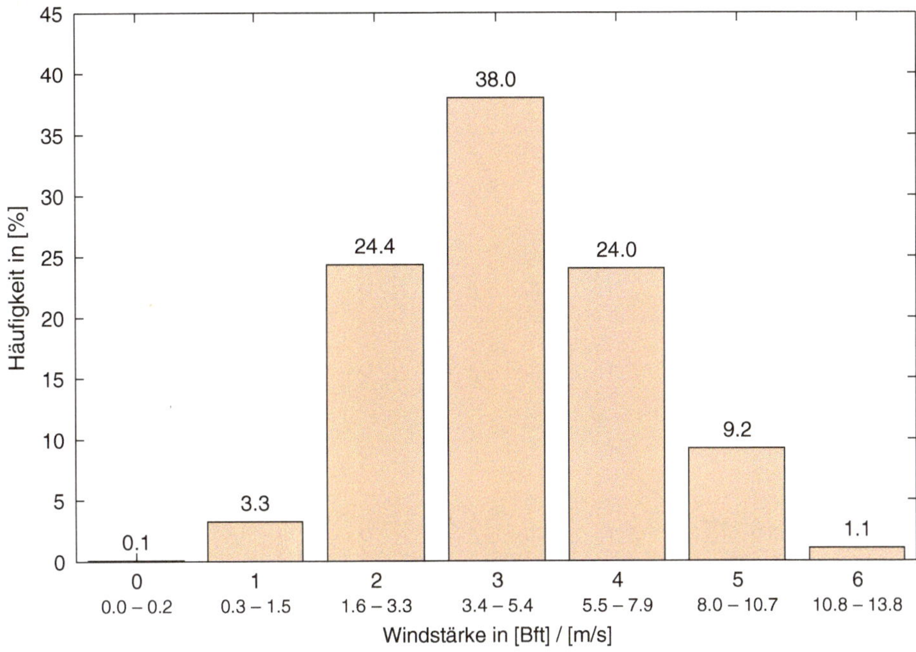

Abb. 9.8 Häufigkeit der einzelnen Windstärken der Station Schleswig KX01438/KL01438 des DWD vom 01.01.2000 bis zum 26.11.2009

Geschwindigkeit fortbewegen. Dies wird von unserer Gleichung ebenfalls falsch prognostiziert. Beide Effekte lassen sich dadurch berücksichtigen, dass die Relativbewegung zwischen Atmosphäre und Wassersäule auf der rechten Seite der letzten Gleichung betrachtet wird:

$$\vec{\tau}_W = \varrho_A C_D \left(\vec{u}_A(z) - \vec{u}_S \right) \| \vec{u}_A(z) - \vec{u}_S \|.$$

Der Windschubkoeffizient C_D wird im Allgemeinen auf die Messhöhe des Windes $z = 10\,\mathrm{m}$ über Boden angegeben. Um diesen 10 m-Wind von der allgemeinen Strömungsgeschwindigkeit in der Atmosphäre zu unterscheiden, soll die Windgeschwindigkeit im Folgenden als u_{10} bezeichnet werden. Er ist keine Konstante, sondern von der Windgeschwindigkeit abhängig. Hierzu gibt es verschiedene Parametrisierungen, unter denen die von Flather [22]:

$$C_D = \begin{cases} 0{,}565 \cdot 10^{-3} & \text{für} \quad u_{10} \leq 5\,\mathrm{m/s}, \\ (0{,}137 u_{10} - 0{,}12)\,10^{-3} & \text{für } 5 \leq u_{10} \leq 19{,}2\,\mathrm{m/s}, \\ 2{,}513 \cdot 10^{-3} & \text{für} \quad u_{10} \geq 19{,}2\,\mathrm{m/s} \end{cases}$$

den größten Gültigkeitsbereich hat. In Abb. 9.9 ist diese Parametrisierung dargestellt. Sie zeigt einen Anstieg mit der Windgeschwindigkeit, was auf die Ausbildung von Wellen

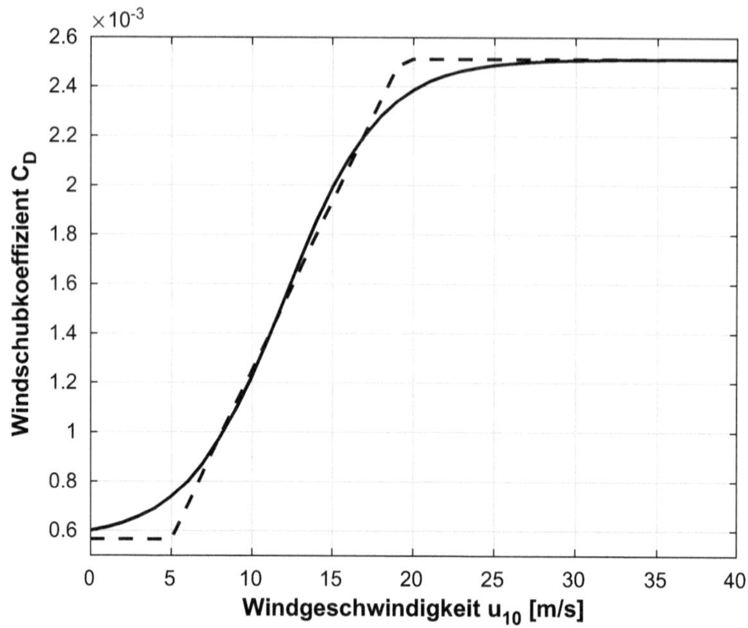

Abb. 9.9 Windschubkoeffizienten $C_D(10)$ in Abhängigkeit von der Windgeschwindigkeit. Gestrichelt ist der Ansatz von Flather, die durchgezogene Linie zeigt den stetig differenzierbaren Ansatz

zurückgeführt werden kann, denn durch diese steigt die Rauheit der Wasseroberfläche. Ab etwa 15 m/s erreicht der Windschubkoeffizient einen konstanten Wert, da die Wellen bei zunehmender Windgeschwindigkeit nicht unbegrenzt wachsen können.

Der Windschubkoeffizient geht also von einem niedrigen auf einen großen Wert über, wenn die Windgeschwindigkeit zunimmt. Anstelle dies durch Abfragen nach Wertebereichen zu parametrisieren, sollte man ein solches Verhalten stetig differenzierbar darstellen. Ich schlage hier die Tangens hyperbolicus-Funktion vor, womit die Parametrisierung

$$C_D = 0{,}565 \cdot 10^{-3} + \frac{1{,}948 \cdot 10^{-3}}{2} \left(1 + \tanh\left(2\left(\frac{u_{10}}{12\,\mathrm{m/s}} - 1\right)\right)\right)$$

lautet. Dies sieht zunächst einmal nicht einfacher aus, erspart aber in einem Computerprogramm die langsamen IF-Abfragen und ist stetig differenzierbar, was dem physikalischen Verhalten näher kommen sollte.

Die folgende MATLAB-Funktion bestimmt die Windschubspannung, wenn man die Relativgeschwindigkeit von Wind und Wasseroberflächengeschwindigkeit vorgibt:

```
function tauw=tau_wind(urel)
% Windschubspannung
rhoA = 1.21; % Dichte der Luft

cd=0.565e-3+0.5*(1+tanh(2*(abs(urel)/12-1)))*1.948e-3;
tauw=rhoA*cd.*urel.*abs(urel);
end
```

Übung 38

Wie groß ist die Windschubspannung bei einer Windgeschwindigkeit von $u_{10} = 35\,\text{m/s}$?

9.3   Die Impulsbilanz mit Wind

Natürlich muss der Einfluss des Windes auch in die verschiedenen Impulsbilanzen einfließen, er wirkt dort als zusätzliche Schubspannung an der Wasseroberfläche. Auch hier bringen die verschiedenen Impulsbilanzen jeweils andere, sich aber nicht widersprechende Erkenntnisse über die Wirkung des Windes auf Oberflächengewässer. Wir beginnen in diesem Abschnitt mit den Saint-Venant-Gleichungen und untersuchen mit ihnen, wie sich die Wassertiefe in Fließgewässern unter dem Einfluss des Windes ändert. Dann schauen wir uns die vertikal aufgelöste Impulsbilanz an, um zu verstehen, wie der Wind das vertikale Geschwindigkeitsprofil in einem Fluss oder Ästuar ändert. Auf dem offenen Meer haben wir hier etwas andere Phänomene, da hier auch die Corioliskraft eine wichtige Rolle spielt.

9.3.1   Saint-Venant-Gleichungen mit Wind

In der Impulsbilanz eines beliebigen Flüssigkeitsvolumens Ω läuft das Integral $\int_{\partial\Omega} (\mu\,\text{grad}\,\vec{v})\,\vec{n}$ über den Rand $\partial\Omega$ der viskosen Spannungen nicht nur über den geschlossenen Gewässerrand an dessen Boden, sondern es beinhaltet auch die Wasseroberfläche. Die hier wirkende viskose Schubspannung wollen wir als τ_W bezeichnen, wobei der Index W auf den hier wirkenden Wind hinweist:

$$\int_{\partial\Omega} \mu\,(\text{grad}\,\vec{v})\,\vec{n}\,dA = -\lambda M \frac{1}{4h} \frac{\vec{v}|\vec{v}|}{2} + \vec{\tau}_W A.$$

Mit A ist dann natürlich die Fläche des Wasserspiegels gemeint. Wenn wir nun noch einmal die Herleitung der Saint-Venant-Gleichungen mit diesem Zusatzterm verfolgen, kommt man nun auf (Abb. 9.10):

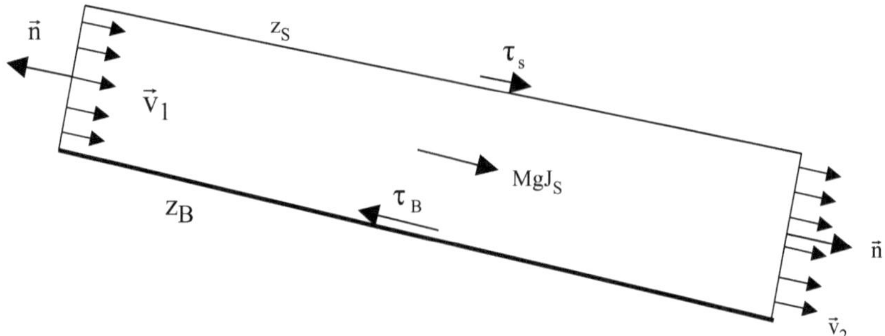

Abb. 9.10 Impulsdiagramm eines Gerinneabschnitts mit Wind

$$\frac{\partial v}{\partial t} + \frac{\partial}{\partial x}\left(\frac{1}{2}v^2\right) = -g\frac{\partial z_B + h}{\partial x} + \frac{\partial}{\partial x}\left(v_t\frac{\partial v}{\partial x}\right) - \lambda\frac{1}{4h}\cdot\frac{v|v|}{2} + \frac{\tau_W}{\varrho h}. \qquad (9.2)$$

Die Verluste durch die Sohlschubspannung hatten wir für einen geradlinigen Gerinne- oder Flussabschnitt durch das Gesetz von Weisbach beschrieben. Die Windschubspannung an der Wasseroberfläche A weist in Richtung des wirkenden Windes.

9.3.2 Die Normalwassertiefe bei Windeinfluss

Ein grundlegendes Konzept zur Beschreibung von Flüssen ist das der Normalwassertiefe. Diese ist die sich in einem vollkommen gleichförmigen und stationär fließenden Fluss einstellende Wassertiefe. Vollkommen gleichförmig heißt, dass in der Saint-Venant'schen Impulsgleichung alle x-Ableitungen außer die der Sohle wegfallen. Ferner ist auch die Zeitableitung der Geschwindigkeit null, womit

$$gh\frac{\partial z_B}{\partial x} = -\lambda\frac{v|v|}{8} + \frac{\tau_W}{\varrho}$$

verbleibt. Ersetzen wir die Strömungsgeschwindigkeit durch den spezifischen Abfluss $q = vh$ und nehmen einen breiten Fluss an, dann bekommt man nach dem Einsetzen der Windschubspannung:

$$-gh\frac{\partial z_B}{\partial x} + \frac{\varrho_A}{\varrho}C_D u_{10}|u_{10}| = \lambda\frac{q|q|}{8h^2}.$$

Hier wurde nicht die Relativgeschwindigkeit an der Wasseroberfläche berücksichtigt, was umso richtiger ist, je größer die Windgeschwindigkeit gegenüber der Fließgeschwindigkeit ist. Ein in Flussrichtung wirkender Wind erhöht also scheinbar das Gefälle, sodass sich die Strömungsgeschwindigkeit erhöht und die Wassertiefe bei gleichem Abfluss abnimmt. Weht der Wind entgegengesetzt zum Gefälle, dann erniedrigt sich die Strömungsgeschwindigkeit und der Wasserstand steigt an.

Gegeben sei also das Gefälle des Gewässers $J = -\frac{\partial z_B}{\partial x}$, der spezifische Abfluss q und die Windgeschwindigkeit. Die sich einstellende Wassertiefe erhält man durch Lösen des Polynoms 3. Grades

$$g J h^3 + \frac{\varrho_A}{\varrho} C_D u_{10} |u_{10}| h^2 - \lambda \frac{q|q|}{8} = 0.$$

Das folgende Skript erledigt diese Aufgabe, wobei ein iteratives Verfahren dadurch vermieden wurde, dass der Verlustbeiwert λ als Konstante angenommen wurde:

```
J=1e-4;
q=1;
ks=0.01;
vwind = -20;

g=9.81;
lambda=0.02;
rhoA=1.21;
rho=1000;
tauw=tau_wind(vwind);

poly=[g*J 1/rho*tauw 0 -lambda*q*abs(q)/8];
h=max(real(roots(poly)))
```

Übung 39

Ergänzen Sie das Programm um ein iteratives Verfahren, welches den Reibungsbeiwert λ nach Colebrook-White berechnet.

Lässt man dieses Skript für verschiedene Windgeschwindigkeiten laufen und stellt die als Windstau bezeichnete Differenz zwischen der Wassertiefe mit und ohne Wind dar, dann erhält man die Abb. 9.11. Sie zeigt, dass ein Wind entgegengesetzt zur Fließrichtung eine weitaus größere, aufstauende Wirkung hat als ein Wind, der mit der Fließgeschwindigkeit über die Wasseroberfläche streicht.

Tatsächlich leidet dieses Berechnungsverfahren aber darunter, dass es bei der Sohlschubspannung ein logarithmisches Geschwindigkeitsprofil voraussetzt, welches insbesondere bei gegenläufigem Wind nicht mehr vorhanden ist.

Den Einfluss des Windes auf die Strömungsgeschwindigkeit und den Wasserstand hat schon Castelli 1628 beschrieben:

Likewise, from the things demonstrated may be concluded, that the windes, which stop a River, and blowing against the Current, retard its course and ordinary velocity shall necessarily amplifie the measure of the same River, and consequently shall be, in great part, causes; or we may say, potent con-causes of making the extraordinary inundations which Rivers use to make. And its most certain, that as often as a strong and continual wind shall blow against the

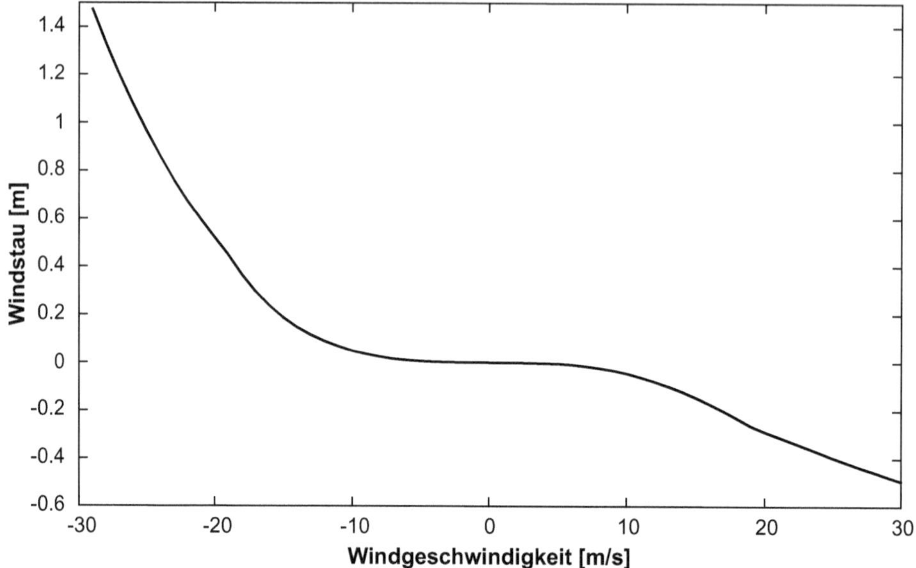

Abb. 9.11 Ergebnisse für den Windstau in dem im MATLAB-Skript angenommenen Fluss

Current of a River, and shall reduce the water of the River to such tardity of motion, that in the time wherein before it run five miles, it now moveth but one, such a River will increase to five times the measure, though there should not be added any other quantity of water; which thing indeed hath in it something of strange, but it is most certain, for that look what proportion the waters velocity before the winde, hath to the velocity after the winde, and such reciprocally is the measure of the same water after the winde, to the measure before the winde; and because it hath been supposed in our case that the velocity is diminished to a fifth part, therefore the measure shall be increased five times more than that, which it was before.[1]

Hiernach können auflandige Winde die Strömungsgeschwindigkeit also auf ein Fünftel des ursprünglichen Wertes reduzieren und den Wasserstand entsprechend erhöhen, was mit windinduzierten Überflutungen verbunden ist.

Übung 40

Versuchen Sie, diese Verhältnisse durch die Annahme eines recht flachen Flusses mit dem MATLAB-Skript zu reproduzieren. Also: Wie groß muss die Windgeschwindigkeit sein, damit die Fließgeschwindigkeit auf ein Fünftel abnimmt? Nehmen Sie dazu realistische Werte.

---

[1]Castelli, a. a. O., 7. Folgerung.

9.3.3   Einfluss auf das vertikale Geschwindigkeitsprofil

Wie verändert sich nun das vertikale Geschwindigkeitsprofil in einem Fließgewässer, wenn an der Wasseroberfläche ebenfalls eine Windschubspannung angreift? Zunächst einmal ändert sich, wie wir soeben gelernt haben, bei gegebenem Abfluss und gegebenem Gefälle die Wassertiefe. Bleibt aber das Geschwindigkeitsprofil immer noch logarithmisch?

Dazu wollen wir nun das numerische Lösungsprogramm für die Differentialgleichung des vertikalen Geschwindigkeitsprofils (7.3) entsprechend erweitern.

An der Wasseroberfläche wird die Windschubspannung in der Neumann'schen Form

$$v_t \frac{\partial u}{\partial z} = \frac{\tau_W}{\varrho} = \frac{\varrho_A}{\varrho} C_D \left(u_{10}(z) - u_S\right) |u_{10} - u_S| \quad \text{für} \quad z = z_S$$

vorgegeben. Wir wollen vereinfachend annehmen, dass die turbulente Viskosität v_t immer noch durch den parabolischen Ansatz beschrieben wird. Dies ist eigentlich nur für das logarithmische Geschwindigkeitsprofil richtig, welches nun sicher nicht mehr vorliegen wird.

Die Abb. 9.12 stellt den Einfluss des Windes auf die Strömungen in Oberflächengewässern dar. Bei Windstille wirkt durch die immer noch vorhandene Relativgeschwindigkeit zwischen Wasser und Luft zwar eine, aber sehr geringe Windschubspannung, die keinen Einfluss auf das Geschwindigkeitsprofil hat. Die immer wieder beobachtete Abnahme der Strömungsgeschwindigkeit an der Wasseroberfläche (engl. *velocity dip*), die man auch in

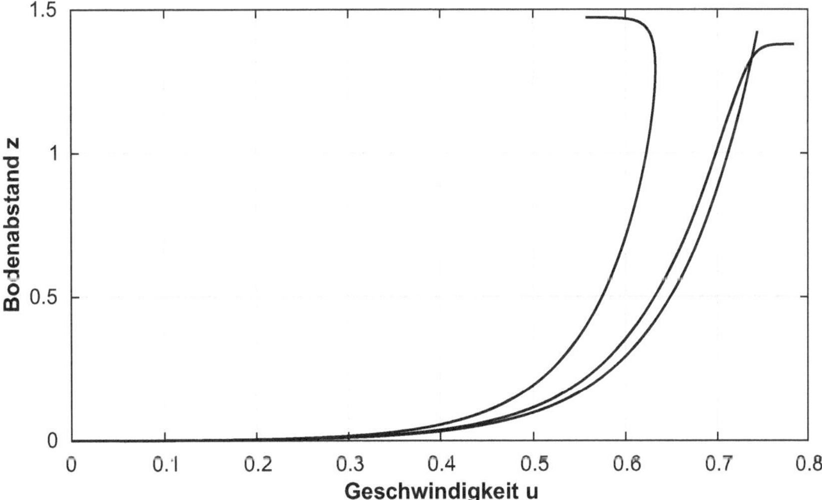

Abb. 9.12   Geschwindigkeitsprofile in einem Fließgewässer (Spiegelneigung 0,01 %, $k_s = 1$ cm, spezifischer Abfluss 1 m²/s) mit Wind (10 m/s) in und entgegengesetzt zur Strömungsrichtung sowie bei Windstille

Messungen wie in Abb. 7.12 erkennt, kann nicht durch die Reibung des Wasserkörpers an der Luft erklärt werden.

Die Form des Geschwindigkeitsprofils ähnelt über weite Bereiche der Wassertiefe einem logarithmischen Profil, bei dem die Schubspannungsgeschwindigkeit u_* additiv den Einfluss von Sohl- und Windschubspannung enthält. Lediglich an der Wasseroberfläche bekommt das Profil einen Knick in die entsprechende Windrichtung. Dieses Verhalten wird in Experimenten bestätigt, bei denen über einer Laborrinne ein Windkanal angebracht wurde [89].

Wir wollen in unserem MATLAB-Programm zum Grenzschichtprofil (ohne K-E-Modell) nun auch den Wind berücksichtigen. Dazu wird die Differentialgleichung des vertikalen Geschwindigkeitsprofils mit den Randbedingungen

```matlab
function [pl,ql,pr,qr] = BC(~,vl,~,vr,~)
    % Am Boden: Dirichlet, u = 0
    pl = vl; ql = 0;
    % An der FOF: homogener Neumann
    tauw=tau_wind(vwind-vr);
    pr = -tauw/1000; qr = 1;
end
```

gelöst.

Übung 41

Konstruieren Sie das Programm selbst durch die Verbindung schon vorgestellter Programmteile.

Übung 42

Untersuchen Sie numerisch, welch einen Einfluss der Wind in tieferem Wasser hat.

9.3.4 Das vertikale Spannungsprofil mit Windschubspannungen

Wir wollen auch hier untersuchen, wie sich das vertikale Spannungsprofil in einem Gewässer ändert, wenn an der Wasseroberfläche eine Windschubspannung angreift. Die Differentialgleichung des vertikalen Geschwindigkeitsprofils (7.3) wird im stationären Fall:

$$\varrho g \frac{\partial z_S}{\partial x} = \frac{\partial \tau_{zx}}{\partial z}.$$

Wirkt an der Wasseroberfläche $z = h$ auch noch eine durch den Wind induzierte Windschubspannung τ_W, dann folgt durch Integration:

$$gh \frac{\partial z_S}{\partial x} = \frac{1}{\varrho} (\tau_W - \tau_B).$$

Der Gradient des Wasserspiegels ist also in Fließgewässern eine direkte Reaktion auf die Bilanz von Sohl- und Windschubspannung. Durch Substitution folgt:

$$\frac{\tau_W - \tau_B}{h} = \frac{\partial \tau_{zx}}{\partial z}.$$

Durch Integration zwischen Boden und einer beliebigen Höhe z bekommt man die in einer stationären Fließgewässerströmung wirkende Scherspannung:

$$(\tau_W - \tau_B)\frac{z}{h} = \tau_{xz}(z) - \tau_B \Rightarrow \tau_{xz}(z) = \varrho v_t \frac{\partial u}{\partial z} = \tau_B \left(1 - \frac{z}{h}\right) + \tau_W \frac{z}{h}.$$

Für $z = h$ wird also die Windschubspannung, für $z = 0$ die Sohlschubspannung angenommen. Bei einer stationären Fließgewässerströmung pflanzt sich also die Sohlschubspannung als Scherspannung linear von der Sohle bis zur Windschubspannung an der Wasseroberfläche fort, was u. a. in Abb. 7.17 dargestellt ist.

9.3.5 Eine analytische Form für das Geschwindigkeitsprofil

Die numerische Berechnung eines windinduzierten Geschwindigkeitsprofils ist wegen der erforderlichen hohen vertikalen Auflösung manchmal nicht zu bewerkstelligen. Daher wäre es auch hier von Vorteil, eine Modellfunktion analog zu der des logarithmischen Geschwindigkeitsprofils zu haben, mit der man das Geschwindigkeitsprofil unter Windeinfluss bestimmen kann.

Setzt man hierzu für die Wirbelviskosität in der letzten Gleichung ein parabolisches Profil an, dann erhält man das vertikale Geschwindigkeitsprofil unter Windeinfluss durch die Integration der Gleichung

$$\frac{\partial u}{\partial z} = \frac{\tau_B}{\varrho}\frac{1}{\kappa u_* z} + \frac{\tau_W}{\varrho}\frac{1}{\kappa U_*}\frac{1}{h - z}$$

als

$$u(z) = \frac{\tau_B}{\varrho \kappa u_*}\ln\left(\frac{z}{z_0}\right) - \frac{\tau_W}{\varrho \kappa u_*}\ln\left(\frac{h - z}{h - z_0}\right).$$

Unbekannt ist nun noch die Schubspannungsgeschwindigkeit, die im parabolischen Wirbelviskositätsprofil die maximale turbulente Viskosität bestimmt. Es hat sich herausgestellt, dass man mit

$$u_* = \sqrt{\frac{|\tau_B| + |\tau_W|}{\varrho}}$$

die größtmögliche Nähe zu gemessenen Geschwindigkeitsprofilen unter Windeinfluss bekommt.

Die größte Unzulänglichkeit dieses Ansatzes besteht in der Annahme des parabolischen Wirbelviskositätsprofils, welches eigentlich nur für eine lediglich durch Sohlschubspannung gebremste Strömung gültig ist. Da die Wirbelviskosität gleichzeitig die vertikale Durchmischung der Wassersäule bestimmt, wurde viel Forschung in die Verbesserung des Ansatzes investiert. Mit den so gewonnenen Verbesserungen ist das vertikale Geschwindigkeitsprofil allerdings auch wesentlich aufwendiger zu berechnen, als mit dem hier vorgestellten einfachen analytischen Ansatz.

9.4 Der Windstau bei Zirkulationsströmungen

In Seen und bei auflandigen Winden an der Küste trifft das vom Wind getriebene Wasser irgendwann an ein Ufer bzw. den Strand, wo es aufgestaut wird. Da der Wind aber immer weiter Wasser in Richtung Ufer treibt, bildet sich am Boden eine Rückströmung aus, sodass im Tiefenmittel kein Wassertransport stattfindet.

Damit haben wir eine andere Situation als in einem Fließgewässer vorliegen. Es entsteht so eine Zirkulationsströmung, deren Geschwindigkeit an der Wasseroberfläche in Windrichtung und am Boden entgegengesetzt dazu orientiert ist (Abb. 9.13).

9.4.1 Die Geschwindigkeitsverteilung einer Zirkulationsströmung

Wir wollen die Zirkulationsströmung nun mit unserer Modellfunktion für das Geschwindigkeitsprofil unter Wind darstellen. In dieser ist bei gegebener Windschubspannung die Sohlschubspannung aber immer noch unbekannt. Um sie zu bestimmen, verwenden

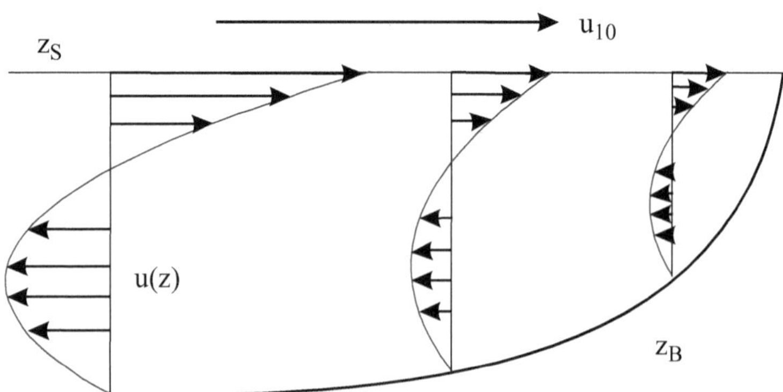

Abb. 9.13 Geschwindigkeitsprofil und küstennahe Zirkulationsströmung unter Windstau

wir die Annahme, dass der Wind solange wirkt, bis sich die Zirkulationsströmung voll ausgebildet hat. Diese transportiert an der Oberfläche immer noch Wassermassen zur Küste, die
aber in Bodennähe wieder abgeführt werden. In einer solchen Zirkulationsströmung sind die
Nettotransporte und damit das Integral der Strömungsgeschwindigkeit über die Wassersäule
null:

$$\int_{z_0}^{h} u(z)dz = 0.$$

Hieraus kann man schnell die Bedingung

$$\tau_B = -\frac{h - z_0}{h\left(\ln\frac{h}{z_0} - 1\right) + z_0}\tau_W \simeq -\frac{\tau_W}{\ln\frac{h}{z_0} - 1} \quad \text{für} \quad h >> z_0 \tag{9.3}$$

herleiten. Damit bekommt die Zirkulationsströmung das Profil

$$u(z) = -\frac{\tau_W}{\varrho\kappa u_*}\left(\frac{1}{\ln\frac{h}{z_0} - 1}\ln\left(\frac{z}{z_0}\right) + \ln\left(\frac{h - z}{h - z_0}\right)\right),$$

welches in Abb. 9.13 beispielhaft dargestellt ist.

Auch wenn diese Zirkulationsströmungen in der Realität wesentlich komplexer sind,
zeigt unser Modell die wesentlichen Zusammenhänge auf.

So transportiert die sohlnahe Rezirkulation des Wassers bei landwärts gerichteten Stür-
men große Sedimentmassen mit sich, die zu erheblichen Landverlusten führen können
(Abb. 9.14).

Diese Landverluste werden nicht durch seewärts gerichtete Stürme wieder ausgeglichen,
da sich in diesem Fall natürlich keine Zirkulationsströmung ausbildet, da diese ja erst durch
das Vorhandensein der Küste als Berandung der Wasserbewegung entsteht. Zur Ausbildung
einer langfristig stabilen Küstenlinie müssen also auch Mechanismen vorhanden sein, die
dem Strand wieder Sedimente zuführen. So wurde schon erwähnt, dass mit dem Seegang
Transportprozesse in Ausbreitungsrichtung, d. h. zur Küste hin, verbunden sein können,
wenn man die Einzelwellen durch eine rotationsbehaftete reale Strömungstheorie beschreibt.

Übung 43
Beweisen Sie die Beziehung (9.3).

9.4.2 Der Windstau

Die vielleicht markanteste Wirkung eines auflandigen Windes ist die mit ihm verbundene An-
hebung der Wasseroberfläche über das Normalmaß, was man auch als Windstau bezeichnet,
und der immer wieder an den Küsten und den Ufern von großen Seen zu Überschwemmun-
gen führt.

Abb. 9.14 Beispiel von sturmerzeugten Landverlusten an der brasilianischen Küste

Wir betrachten zur Abschätzung des Windstaus wieder die stationäre gleichförmige Impulsbilanz

$$\varrho g h \frac{\partial z_S}{\partial x} = \tau_W + \tau_B$$

und ersetzen die windinduzierte Sohlschubspannung und führen dann den expliziten Ausdruck für die Windschubspannung ein (Abb. 9.15):

$$\varrho g h \frac{\partial z_S}{\partial x} = \varrho C_D u_{10} |u_{10}| \left(1 - \frac{1}{\ln \frac{h}{z_0} - 1} \right).$$

Die windinduzierte Neigung der Wasseroberfläche ist dann:

$$\varrho g h \frac{\partial z_S}{\partial x} = \varrho_A C_D u_{10}^2 - \tau_B = \frac{5}{4} \varrho_A C_D u_{10}^2.$$

Ist die Ausdehnung des Sees in Windrichtung $L = \Delta x$, was man als Windwirk- oder Fetchlänge bezeichnet, dann bekommt die Ableitung die Form:

$$\Delta z_S = \frac{5}{4} \frac{\varrho_A}{\varrho} \frac{C_D}{g} \frac{L u_{10}^2}{h}.$$

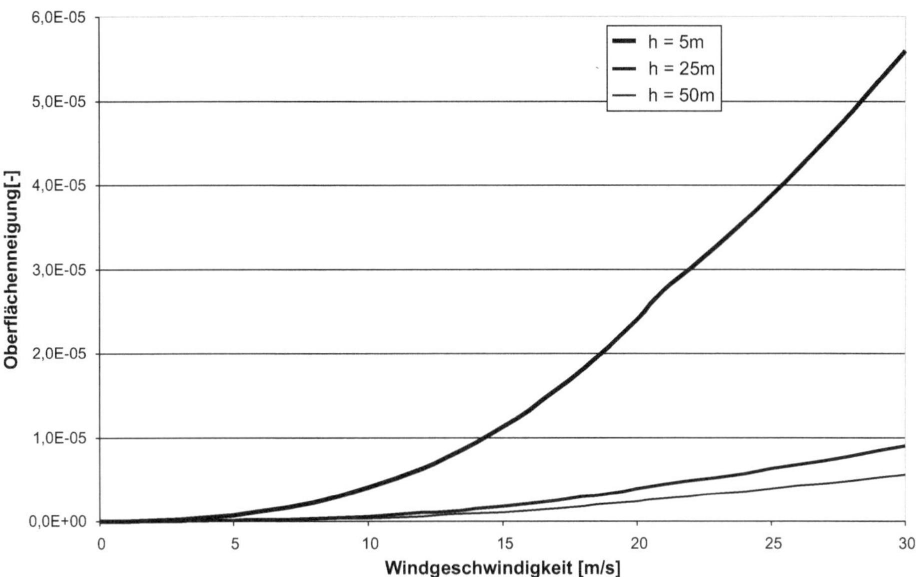

Abb. 9.15 Die Neigung der Wasseroberfläche durch küstennahen Windstau bei verschiedenen Wassertiefen. Um den Windstau zu erhalten, sind die Werte mit der Windwirklänge zu multiplizieren

Der Windstau wächst also linear mit der Windwirklänge L und sogar quadratisch mit der Windgeschwindigkeit. Er ist ferner umso größer, je kleiner die Wassertiefe ist. Dies macht sich beim Windstau in Küstengewässern insofern bemerkbar, als dass diese bei Tideniedrigwasser wesentlich größer sind. Dennoch werden die Scheitelwerte des Sturmflutwasserstands bei Tidehochwasser erreicht.

Für die Nordsee mit einer mittleren Wassertiefe von ca. 50 m ergibt sich z. B. bei einem Sturm der Windstärke 8 (ca. 20 m/s) und einer Windwirklänge von 100 km ein Windstau von ca. 2,5 m.

Die vorgeführte Berechnung dient in der Praxis allerhöchstens zur Abschätzung der Größenordnung des Windstaus. In der Realität ist die Fetchlänge nicht klar definiert, die Windgeschwindigkeit nicht homogen und die Wassertiefe nicht konstant.

Somit ist man im Küstenschutz auf die empirische Analyse der vorangegangenen Sturmflutereignisse angewiesen.

9.5 Sturmfluten

Als Sturmflut bezeichnet man recht sachlich eine Zeitspanne mit hohen Wasserständen an den Küsten, die vorwiegend durch starke Winde hervorgerufen werden. Sturmfluten haben allen Küsten der Weltmeere erheblichen Schaden zugefügt und stellen eine ständige

Bedrohung des dortigen, terrestrischen Lebensraums dar. Eine dauerhafte Besiedlung konnte erst mit der Entwicklung von baulichen Schutzmaßnahmen gegen Sturmfluten stattfinden.

Ab dem 1. Jahrhundert n. Chr. legte man an der deutschen Nordseeküste erhöhte Wohnplätze an, die sogenannten Wurten oder Warfen. Im 11. Jahrhundert begann der Deichbau, zunächst durch die Errichtung von Ringdeichen um die zu schützenden Ländereien, die bis zum 13. Jahrhundert zu einer geschlossenen Deichlinie verbunden wurden.

Der folgende Newsflash zu den Sturmfluten an der Nordseeküste zeigt eine fortwährende Abnahme der Sturmfluttoten, die den zunehmenden technischen Möglichkeiten der Deichbaukunst zu verdanken ist:

- 17. Februar 1164: Die Julianenflut fordert zwischen Rhein- und Elbemündung ca. 20 000 Todesopfer. Der Jadebusen beginnt zu entstehen.
- 16. Januar 1219: 1. Marcellusflut mit ca. 36 000 Toten an der westfriesischen Küste.
- 1228: Sturmflut in Friesland und Holland, ca. 100 000 Tote.
- 25. Dezember 1277: Weihnachtsflut, der Dollart entsteht, ca. 30 Dörfer werden zerstört
- 14. Dezember 1287: Luciaflut, 50 000 Tote.
- 23. November 1334: Clemensflut, Vergrößerung des Jadebusens, die Dörfer Arngast und Jadelee versinken.
- 15. bis 17. Januar 1362: 2. Marcellusflut (Grote Mandränke), ca. 100 000 Tote von Flandern bis Dänemark. Butjadingen und Stadland zwischen Jade und Weser werden zu Inseln.
- 18. November 1421: Sturmflut an der holländischen Küste (St.-Elisabeth-Flut).
- 1. November 1436: Allerheiligenflut an der deutschen Nordseeküste.
- 26. September 1509: Cosmas-und-Damian-Flut, größte Ausdehnung des Dollarts und des Jadebusens.
- 16. Januar 1511: Antoniusflut, das Jade-Unterweser-Gebiet wird zerrissen.
- 2. November 1532: Überflutungen von Flandern bis Nordfriesland.
- 1. November 1570: Deiche von Holland bis Jütland werden zerstört (Allerheiligenflut), etwa 10 000 Tote zwischen Ems und Weser.
- 11. Oktober 1634: Burchardiflut (2. Grote Mandränke), die Insel Strand wird zerstört, ca. 9000 Tote.
- 25. Dezember 1717: 2. Weihnachtsflut an der ostfriesischen Küste, ca. 12 000 Tote, 90 000 Stück Vieh ertrinken.
- 3./4: Februar 1825: Halligflut.
- 1. Februar 1952: Hollandsturmflut hauptsächlich Niederlande, 2100 Tote, 300 000 Menschen müssen fliehen.
- 16./17. Februar 1962: Orkan Vincinette treibt Hamburg in eine Sturmflut, 340 Tote.
- 3. Januar 1976: Januarflut.
- 24. November 1981: Nordfrieslandflut.
- 26. bis 28. Februar 1990: zwei Sturm-, zwei Orkanfluten und eine Windflut.

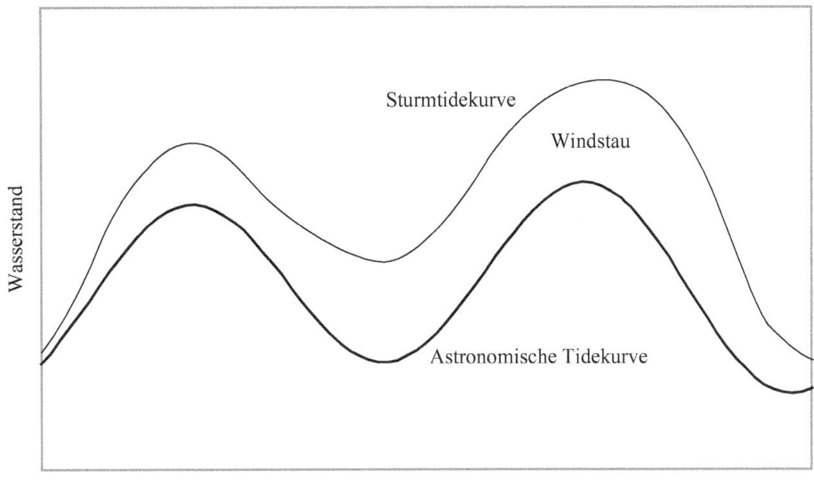

Abb. 9.16 Der Windstau lässt sich an Küsten mit Gezeiten empirisch recht einfach bestimmen, wenn man nur die mit der Partialtidenanalyse vorhergesagte Wasserstandskurve mit der tatsächlich an einem Pegel gemessenen Sturmtidekurve vergleicht. Die Differenz dieser beiden ergibt dann die Windstaukurve

9.5.1 Der Bemessungswasserstand

In Deutschland werden Hochwasserschutzanlagen am sogenannten Bemessungswasserstand (auch: maßgeblicher Sturmflutwasserstand oder Bemessungshochwasserstand, BHW) ausgerichtet. Siefert gibt hierzu folgende Definition (aus [54]).

Der Bemessungswasserstand ist der für einen vorgegebenen Zeitraum zu erwartende höchste Wasserstand, auf den eine Hochwasserschutzanlage unter Berücksichtigung des säkularen Anstiegs und des Oberwasserzuflusses zu bemessen ist. Möglicher Seegangseinfluss ist darin nicht enthalten (Abb. 9.16).

9.5.2 Bestimmungsverfahren

Da Küstenschutz in der Bundesrepublik Deutschland Angelegenheit der Bundesländer ist, wird der Bemessungswasserstand in den einzelnen Küstenländern unterschiedlich bestimmt. Dabei kommen die folgenden Teilverfahren zum Einsatz:

- Nach dem **Vergleichswertverfahren** soll der Bemessungswasserstand nicht niedriger sein als der Wasserstand bei der bisher größten, aufgetretenen Sturmflut. Eine alleinige

Anwendung des Vergleichswertverfahrens verbietet sich, da es immer zu einer höheren als der bisher höchsten Sturmflut kommen kann.

- Das **Einzelwertverfahren** betrachtet die Summe der verschiedenen Einflüsse einzeln. Ein nach diesem Verfahren bestimmter Bemessungswasserstand sollte daher immer höher sein als beim Vergleichswertverfahren. Es wird gleich noch genauer besprochen.
- Da der Bemessungswasserstand mit den vorgenannten Verfahren nicht für jeden Punkt der Küstenlinie bestimmt werden kann, kommt zudem die **numerische Modellierung** zum Einsatz. Hierdurch können Bereiche der Küstenlinie erkannt werden, an denen der Bemessungswasserstand infolge geometrischer Effekte lokal erhöht werden muss oder erniedrigt werden kann. Am seeseitigen Rand des numerischen Modells wird eine Bemessungswasserstandskurve eingesteuert.
- Durch die Bestimmung von Eintrittswahrscheinlichkeiten im Rahmen eines **statistischen Ansatzes** kann die Sicherheit noch erhöht werden.

Natürlich kann man den Bemessungswasserstand so hoch setzen, dass ein Überschreiten kaum wahrscheinlich wird. Hiermit sind aber erheblich höhere Investitions- und Unterhaltungskosten verbunden. Somit ist die Festlegung des Bemessungswasserstandes immer das Ergebnis eines politisch-gesellschaftlichen Entscheidungsprozesses.

Das Einzelwertverfahren

Beim Einzelwertverfahren werden die einzelnen, den Wasserstand bei einer Sturmflut determinierenden Prozesse betrachtet und unabhängig voneinander ausgewertet. Diese sind

- das mittlere Tidehochwasser (MThw),
- die maximale Springtidenerhöhung (HSpThw), d. h. der Höhenunterschied zwischen dem höchsten Springtidehochwasser und dem mittleren Tidehochwasser,
- der Windstau,
- der säkulare Meeresspiegelanstieg.

Die ersten beiden Spiegelpunkte erfassen die astronomische Tide. Sowohl das mittlere Tidehochwasser als auch die maximale Springtidenerhöhung werden empirisch-gewässerkundlich aus Pegelmessungen und Auswertung der gewonnenen Daten bestimmt. Die Methoden der Partialtidenanalyse kommen hier nicht zur Anwendung, obwohl sie genauer wären: Hier ergäbe sich der maximale Tidehochwasserstand einfach aus der Summe aller Partialtideamplituden.

Der Windstau wird in der Regel vereinfachend als Differenz zwischen der tatsächlichen Wasserstandszeitreihe und der mittleren Tidekurve bestimmt. Damit enthält ein so definierter Windstau nicht nur meteorologische Einflüsse wie Wind, Temperatur und Luftdruck, sondern auch astronomische Anteile, Eigenschwingungen der Nordsee und Fernwellen aus dem Atlantik.

Der säkulare Meeresspiegelanstieg wird aus der Extrapolation der 50 oder 75-jährigen Wasserstandszeitreihe für die nächsten 100 Jahre bestimmt. Ein Zuschlag für die Folgen des globalen Klimawandels von 0,5 m wird manchmal hinzugefügt.

Anwendung im Küstenschutz

Die deutsche Nordseeküste wird durch **Seedeiche** geschützt. Deren Bemessungshöhe richtet sich nach dem Bemessungswasserstand. Das Böschungsprofil wird so ausgebildet, dass das Bauwerk bei Seegangsbelastung möglichst nicht beschädigt wird. Hierzu müssen die zu erwartende Hochwassertiefe und die Seegangsparameter am Fuß des Bauwerks bekannt sein.

Sturmflutsperrwerke in den Mündungen der Ästuare reduzieren dabei die zu verteidigende Deichlinie. Sie werden bei Sturmflut geschlossen und verhindern das Eindringen der hohen Sturmflutwasserstände in das Binnenland. Dort müssen allerdings entsprechende Hochwasserpolder angelegt werden, da das Oberwasser bei geschlossenem Sperrwerk nicht zur See abfließen kann. Zudem erreicht das Oberwasser gerade bei Sturmfluten große Werte, da die Orkantiefs mit Starkregenfällen auch im küstennahen Binnenland verbunden sind.

Zur weiteren Vertiefung des Themas sei auf die EAK 2002 [54] verwiesen.

Übung 44

Bestimmen Sie den Bemessungswasserstand nach dem Einzelwertverfahren für das folgende hypothetische Küstengewässer:

1. Es treten wieder nur die folgenden Partialtiden

Partialtide	Amplitude (m)	Phase (rad)
M_2	1,000	0,30
K_1	0,300	0,04
S_2	0,100	1,20
O_1	0,002	2,00

   auf. Wie groß ist dann die Summe aus Mthw und HSpThw?
2. Es sind bisher nur Orkane der Windgeschwindigkeit $u_{10} = 35\,\text{m/s}$ aufgetreten. Wie groß ist die Neigung der Wasseroberfläche bei einer mittleren Wassertiefe von 40 m?
3. Wie groß ist der Windstau dann bei einer Windwirklänge von 30 km?
4. In den letzen 75 Jahren wurde ein Meeresspiegelanstieg von 6 cm gemessen. Wie groß ist der säkulare Meeresspiegelanstieg unter Berücksichtigung des Klimawandels?
5. Wie hoch ist der Bemessungswasserstand?

9.6 Die Ekman-Spirale

Seefahrer haben schon immer beobachtet, dass die durch den Wind induzierten Meeresströmungen nicht in dessen Richtung verlaufen, sondern auf der Nordhalbkugel etwa 45°

im Uhrzeigersinn und auf der Südhalbkugel etwa 45° gegen den Uhrzeigersinn abgelenkt sind. Dieser Effekt hat also ganz offensichtlich etwas mit der Corioliskraft zu tun, die wir bisher stillschweigend unberücksichtigt gelassen haben, was dann zulässig ist, wenn die Strömung durch geometrische Gegebenheiten in eine Vorzugsrichtung gezwungen wird. Dies ist z. B. in einem Ästuar der Fall oder dann, wenn der Wind parallel zur Küste streift. Auf der offenen See führt die Corioliskraft allerdings zu einer so gravierenden Veränderung der Strömungsverhältnisse, dass der Effekt den Namen seines Erklärers, eines norwegischen Ozeanographen, bekommen hat: Die Ekman-Spirale.

9.6.1 Die Vertikalstruktur der Ekman-Spirale

Um die Vertikalstruktur einer windinduzierten Strömung mit Corioliskraft zu simulieren, müssen wir die vertikal aufgelöste Impulsbilanz einfach um die zweite Horizontalkomponente der Strömungsgeschwindigkeit v und die Corioliskraft erweitern:

$$\frac{\partial u}{\partial t} = \frac{\partial}{\partial z}\left(v_t \frac{\partial u}{\partial z}\right) - g\frac{\partial z_S}{\partial x} - 2\omega v \sin\phi,$$

$$\frac{\partial v}{\partial t} = \frac{\partial}{\partial z}\left(v_t \frac{\partial v}{\partial z}\right) - g\frac{\partial z_S}{\partial y} + 2\omega u \sin\phi.$$

Die Turbulenzmodellierung wird weiterhin vom k-ϵ-Modell übernommen. Das Ergebnis in der Abb. 9.17 zeigt für die Geschwindigkeit u in Windrichtung ein typisches windgetriebenes Geschwindigkeitsprofil, ähnlich dem, wie wir es schon in der Abb. 9.12 kennengelernt haben. Daneben koppelt die Corioliskraft aber die beiden horizontalen Impulsgleichungen, wodurch auch eine Geschwindigkeitskomponente senkrecht zur Windrichtung induziert wird.

Beide Komponenten sind an der Wasseroberfläche sogar nahezu gleich groß, was bedeutet, dass die Strömungen an der Wasseroberfläche durch den Einfluss der Corioliskraft auf der Nordhalbkugel um 45° im Uhrzeigersinn zur Windrichtung abgelenkt sind (Abb. 9.18).

Im weiteren Verlauf zum Boden hin rotiert der Geschwindigkeitsvektor weiter im Uhrzeigersinn, wird aber durch den zunehmenden Einfluss der Sohlreibung immer kleiner.

9.6.2 Die mittlere windinduzierte Driftgeschwindigkeit

Ähnlich der Vorgehensweise beim geostrophischen Wind kann man die durch einen Wind induzierte mittlere Strömung in den Ozeanen auch durch das Gleichsetzen von anregender Windschubspannungskraft und der umlenkenden Corioliskraft abschätzen:

$$0 = \frac{\tau_{W,x}}{\varrho h} - 2\omega\bar{v}\sin\phi \text{ und}$$

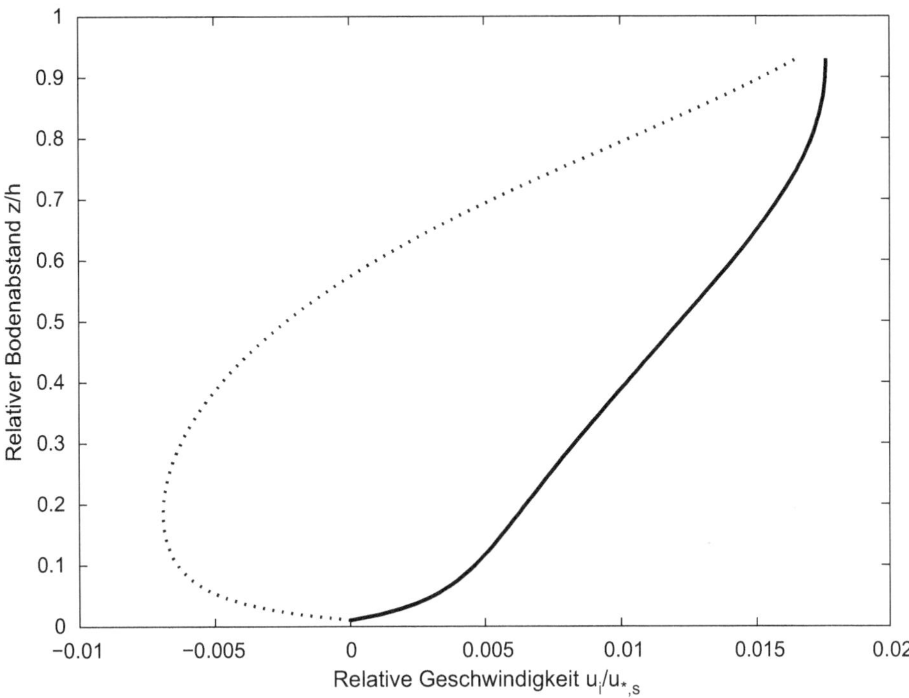

Abb. 9.17 Geschwindigkeitsprofile *u* (*durchgezogen*) in Windrichtung und *v* (*gestrichelt*) senkrecht dazu

$$0 - \frac{\tau_{W,y}}{\varrho h} + 2\omega\overline{u}\sin\phi.$$

Ihre West-Ost-Komponente $\overline{u}$ und ihre Süd-Nord-Komponente $\overline{v}$ können aus der Windschubspannung als

$$\overline{u} = \frac{\tau_{W,y}}{2\omega\varrho h\,\sin\phi}\ \text{und}$$

$$\overline{v} - -\frac{\tau_{W,x}}{2\omega\varrho h\,\sin\phi}.$$

berechnet werden. Dieser Ansatz ist allerdings nur auf tiefe Gewässer beschränkt, in der die winderzeugte Strömung den Boden nicht berührt.

Grundsätzlich kann man als Faustformel annehmen, dass die oberflächennahe, windinduzierte Strömungsgeschwindigkeit etwa 3 % der Windgeschwindigkeit entspricht [103].

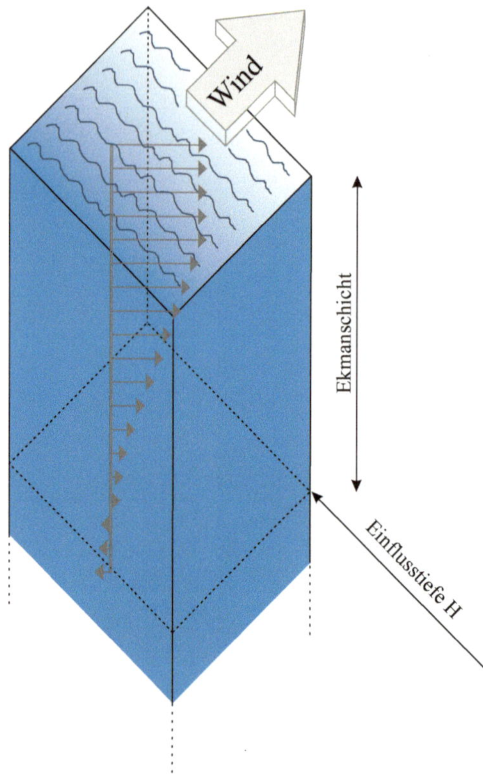

Abb. 9.18 Geschwindigkeitsprofil in einer Ekman-Spirale

9.7 Zusammenfassung

Die durch den Wind ausgeübte Spannung auf die Wasseroberfläche führt zu einem Windstau, was den Wasserstand über große Distanzen erheblich anheben kann. In Fließgewässern kann es so zu einem starken Anstieg des Wasserspiegels kommen, wenn der Wind entgegengesetzt zur Fließrichtung weht. Dahingegen senkt sich der Wasserspiegel ab, wenn der Wind in Strömungsrichtung bläst.

Ist das Gewässer in Windrichtung durch ein Ufer oder einen Strand begrenzt, dann entsteht in der Wassersäule eine Zirkulationsströmung, die mit bodennahen Feststofftransporten entgegengesetzt zur Windrichtung verbunden ist.

Zur Festsetzung eines Bemessungswasserstands für die Deichhöhe an der Küste werden vorangegangene Sturmflutereignisse empirisch ausgewertet. Unter Berücksichtigung des zu erwartenden Meeresspiegelanstiegs wird dann auf zukünftig zu erwartende Sturmfluthöhen geschlossen.

Denkt man an Wellen auf einem Gewässer (Abb. 10.1), so stechen einem zuerst die Oberflächenwellen des windinduzierten Seegangs mit Wellenlängen im Maßstab des Meters ins geistige Auge, nicht aber die unüberblickbaren gezeiteninduzierten Schwerewellen mit Wellenlängen im Bereich von hunderten Kilometern.

Beiden Bewegungsarten ist die Periodizität gemeinsam, auch wenn Seegangswellen keinesfalls sinusförmig zu sein scheinen. Im Unterschied zu den Schwerewellen kann die Länge von Seegangswellen in tiefem Wasser viel kleiner als die Wassertiefe sein. Ferner ist für sie die hydrostatische Druckapproximation nicht mehr gültig, und wir müssen zum ersten Mal von dieser Vereinfachung Abstand nehmen.

Werfen wir zunächst einen Blick auf den phänomenologischen Befund: Solange die Wellen des Seegangs nur eine kleine Amplitude haben, scheint die Oberfläche eine harmonische Form zu haben. Um etwas über die Geschwindigkeitsverteilung unter der Wasseroberfläche einer solchen Welle zu erfahren, kann man nun von einem Messponton aus mit einer Acoustic-Doppler-Velocimeter-Sonde, kurz ADV-Sonde, Geschwindigkeitszeitreihen aufnehmen. Diese Sonden sind in der Lage, an einem Messpunkt die Geschwindigkeiten in alle drei Raumrichtungen zeitlich hoch aufgelöst (d. h. bis zu 200 Messpunkte pro Sekunde) aufzunehmen. Misst man mit einem solchen Gerät die Geschwindigkeitsentwicklung in verschiedenen Positionen unterhalb der Wassersäule, dann bekommt man ein sehr detailliertes Bild darüber, welche Geschwindigkeitsverteilung die wellenförmige Bewegung der Wasseroberfläche besitzt.

In der Abb. 10.2 ist das Ergebnis einer solchen Messung über 10 s dargestellt. Zunächst erkennt man dabei ein Flackern der Geschwindigkeit, welches das Signal verrauscht. Um dieses auf Turbulenzen zurückzuführende Rauschen aus den Messungen zu entfernen, wenden wir eine gleitende Mittlung auf die Daten an und erhalten das in Abb. 10.3 dargestellte

© Springer Fachmedien Wiesbaden GmbH, ein Teil von Springer Nature 2018
A. Malcherek, *Gezeiten und Wellen*, https://doi.org/10.1007/978-3-658-19303-4_10

Abb. 10.1 Die Form der Wasseroberfläche sieht manchmal wie eine harmonische Funktion (*Sinus* oder *Cosinus*) aus. Ist es daher gerechtfertigt, das Verhalten von Wasserwellen allgemein durch solche Funktionen zu beschreiben?

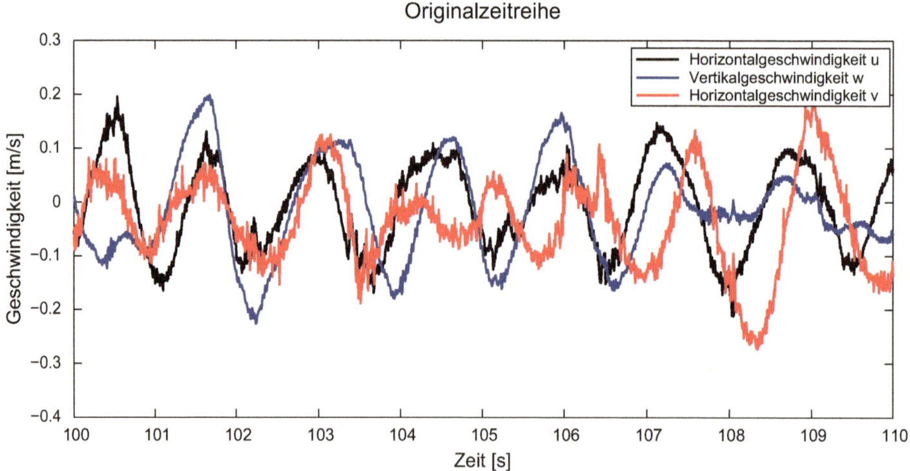

Abb. 10.2 Die zeitlich hoch aufgelöste Messung der drei Geschwindigkeitskomponenten unter einer Welle ist von turbulentem Rauschen überlagert

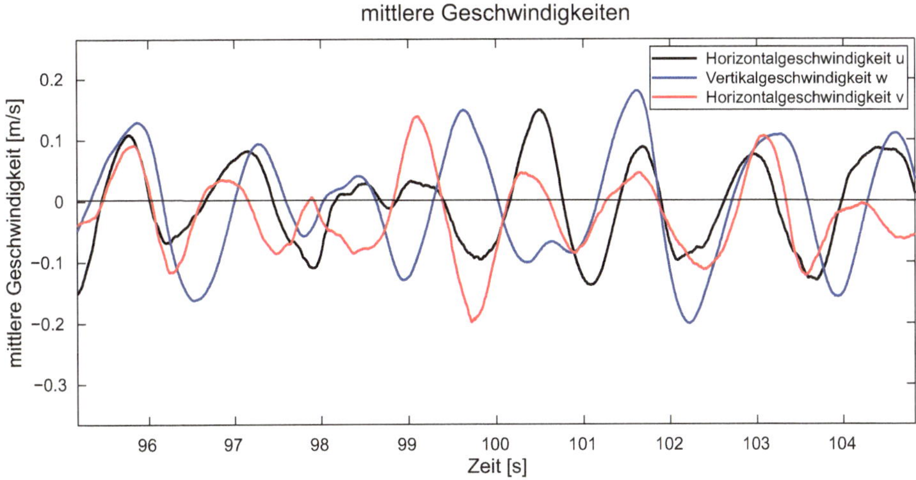

Abb. 10.3 Das gleitende Mittel über jeweils 0.25 s enthüllt eine turbulenzfreie periodische Geschwindigkeit mit fortwährend wechelnden Wellenperioden und Amplituden

Ergebnis. Nun oszilliert die Geschwindigkeit in allen drei Raumrichtungen um den Nullpunkt. Das Gesamtsignal weist allerdings nicht nur eine Periodizität auf, sondern hat von Welle zu Welle eine unterschiedliche Periode.

Man erkennt, dass alle drei Geschwindigkeitskomponenten etwa die gleiche Größenordnung haben, also auch eine nicht zu vernachlässigende Vertikalkomponente vorhanden ist. Wir werden im folgenden Kapitel diese Messergebnisse mit einem klassischen potentialtheoretischen Modell erklären. Die Potentialtheorie war im 19. Jahrhundert in der Strömungsmechanik en vogue, nachdem es Helmholtz 1868 [34] und Kirchhoff 1869 [48] gelungen war, die Stromlinien beim Ausfluss aus einem Gefäß und die dabei gebildete Verengung einigermaßen richtig zu modellieren.

Mit dieser Theorie konnte der 7. britische königliche Astronom George Biddell Airy (1801 bis 1892) auch die vertikale Struktur der Strömungen unter Gezeitenströmungen auflösen. Sich auf kanalartige Strömungen beschränkend, konnte er sich auf kartesische Koordinaten zurückziehen und vernachlässigte zudem die Corioliskraft. Obwohl Airy seine Theorie für Gezeitenwellen entwickelte, wird sie heute grundlegend zur Beschreibung von monochromatischen Seegangswellen verwendet. Die meisten Wellenphänomene kann sie qualitativ und oft auch quantitativ gut erklären. So wird sich auch herausstellen, dass die hydrostatische Druckapproximation unter kurzen Wellen nicht gültig ist.

10.1   Die Massenbilanz für einen Punkt

Auch wenn es zunächst einmal unsinnig klingt, so ist es doch sehr sinnvoll, die Massenbilanz für einen infinitesimal kleinen Punkt in der Wassersäule eines Ozeans oder Küstengewässers aufzustellen. Die sich ergebende Bilanzgleichung bildet eine der wichtigsten Bestimmungsgleichungen für Geschwindigkeitsfelder in der Hydrodynamik.

Betrachten wir also ein vollständig und dauerhaft untergetauchtes Kontrollvolumen Ω und lassen dieses immer kleiner werden. Dann wird das, was integriert wird, irgendwann einmal eine Konstante und kann vor das Integral geschrieben werden. Die integrale Massenbilanz (5.2) wird zu:

$$\frac{dM}{dt} = \frac{\partial}{\partial t} \int_{\Omega} \varrho \, d\Omega = - \int_{\partial \Omega} \varrho \vec{v} \vec{n} \, dA \quad \Rightarrow \quad \frac{\partial \varrho}{\partial t} = \mathrm{div}\,(\varrho \vec{v}). \tag{10.1}$$

Dabei entsteht die Folgerung durch die Anwendung des Gauß'schen Integralsatzes. Ist die Dichte des Wassers konstant, dann folgt die dreidimensionale Kontinuitätsgleichung

$$\mathrm{div}\,\vec{v} = 0 \quad \text{oder} \quad \frac{\partial u}{\partial x} + \frac{\partial v}{\partial y} + \frac{\partial w}{\partial z} = 0.$$

Sie beinhaltet alle drei Geschwindigkeiten gleichberechtigt. Jede von ihnen wird nach ihrer Richtung abgeleitet. Daher wird die Kontinuitätsgleichung in der Numerik auch nicht als Bestimmungsgleichung für eine der Geschwindigkeiten verwendet. Vielmehr ist sie eine Bedingung, die das Geschwindigkeitsfeld erfüllen muss, damit es die Massenerhaltung nicht verletzt.

Blicken wir nochmals auf die Gleichung für die Dynamik des Wasserspiegels (5.3). Auch sie enthielt räumliche Geschwindigkeitsgradienten, die im Falle einer Geschwindigkeitskonvergenz zu einem Anheben und bei einer Divergenz zu einem Abfallen des Wasserstandes führte.

Was passiert, wenn wir nun nicht mehr die gesamte Wassersäule, sondern nur einen einzigen Punkt betrachten, der vollständig im Wasser liegt? Da Wasser inkompressibel ist, sich also an einem Punkt nicht aufstauen kann, muss eine Konvergenz der einen Geschwindigkeitskomponente durch eine Divergenz einer anderen Geschwindigkeitskomponente ausgeglichen werden. Um uns die Sache besser vorstellen zu können, beschränken wir uns auf eine flächenhafte Strömung. Nehmen wir eine Geschwindigkeitskonvergenz in x-Richtung an, d.h., die u-Geschwindigkeit wird, wie in Abb. 10.4 dargestellt, in x-Richtung kleiner. Am Betrachtungspunkt würde sich dann Wasser aufstauen. Das geht aber nicht, also muss es vom Betrachtungspunkt in eine andere Richtung durch eine Geschwindigkeitsdivergenz gleicher Stärke wieder abfließen, was gleichbedeutend mit

$$\underbrace{\frac{\partial u}{\partial x}}_{\text{Konvergenz}} = - \underbrace{\frac{\partial v}{\partial y}}_{\text{Divergenz}} \quad \Rightarrow \quad \frac{\partial u}{\partial x} + \frac{\partial v}{\partial y} = 0$$

Abb. 10.4 Eine Geschwindigkeitskonvergenz in
x-Richtung kann auf zwei
Weisen durch eine
Geschwindigkeitsdivergenz
in y-Richtung ausgeglichen
werden

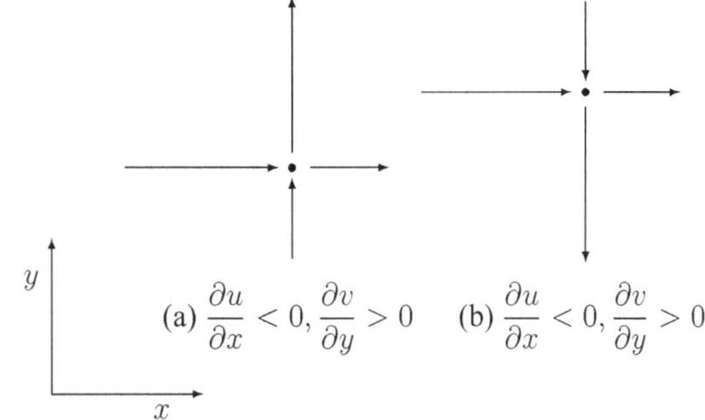

ist.

Übung 45

Warum ist die vertikale Geschwindigkeitsableitung $\frac{\partial v}{\partial y}$ in Abb. 10.4 sowohl in Teil (a) als auch in Teil (b) größer als null?

Übung 46

Ist die Kontinuitätsgleichung für stationäre, inkompressible Strömungen erfüllt, wenn die folgenden Komponenten der Geschwindigkeit gegeben sind?

$$u = 2x^2 - xy,$$

$$v = x^2 - 4xy \text{ und}$$

$$w = -2xy - yz + y^2.$$

Übung 47

Die Geschwindigkeitskomponente u einer zweidimensionalen inkompressiblen Strömung ist gegeben durch:

$$u = Ax^3 + By^2.$$

Wie lautet die Geschwindigkeitskomponente v unter der Annahme, dass für alle x an der Stelle y = 0 gilt: v = 0?

Übung 48

Welche der folgenden Geschwindigkeitsfelder ist divergenzfrei?

$$\text{(a)} \ \vec{u}(x, y, z) = \begin{pmatrix} u(x, y, z) \\ v(x, y, z) \\ w(x, y, z) \end{pmatrix} = \begin{pmatrix} \sin(kx) \\ \sin(ky) \\ \sin(kz) \end{pmatrix},$$

(b) $\vec{u}(x, y, z) = \begin{pmatrix} u(x, y, z) \\ v(x, y, z) \\ w(x, y, z) \end{pmatrix} = \begin{pmatrix} \sin(kx) \\ -\sin(ky) \\ 0 \end{pmatrix}$,

(c) $\vec{u}(x, y, z) = \begin{pmatrix} u(x, y, z) \\ v(x, y, z) \\ w(x, y, z) \end{pmatrix} = \begin{pmatrix} \sin(k(x+y)) \\ -\sin(k(x+y)) \\ \sin(kz) \end{pmatrix}$,

(d) $\vec{u}(x, y, z) = \begin{pmatrix} u(x, y, z) \\ v(x, y, z) \\ w(x, y, z) \end{pmatrix} = \begin{pmatrix} \sin(k(x+y+z)) \\ -\sin(k(x+y+z)) \\ 0 \end{pmatrix}$.

10.2 Die ideale rotationsfreie Strömung

Während wir in Kap. 5 Wellen in Oberflächengewässern untersucht haben, für die die hydrostatische Druckapproximation gültig sein soll, soll nun die Variabilität des Drucks unter einer Welle über die Vertikale voll berücksichtigt werden. Damit man hier analytisch berechenbare Lösungen bekommt, müssen dann leider andere Vereinfachungen der physikalischen Gesetze vorgenommen werden. Dazu wird zunächst die Näherung der idealen Strömung eingeführt. Hier werden die inneren Reibungen, d. h. die Viskosität des Wassers, vernachlässigt. Die mit dieser Theorie hergeleiteten Ergebnisse beschrieben viele Strömungen und darunter insbesondere auch Oberflächenwellen so gut, dass man im 19. Jahrhundert davon ausging, dass die Viskosität grundsätzlich vernachlässigt werden könne.

10.2.1 Die Euler-Gleichungen

Die ideale Wellentheorie geht vereinfachend davon aus, dass man die viskosen inneren Reibungen in einem Fluid vernachlässigen kann. Dies ist naheliegend, da die Viskosität von Wasser sehr klein ist. Nach dem Wirbelviskositätsprinzip von Boussinesq muss die Viskosität bei Turbulenz aber viel größer sein, man kann sie eigentlich nicht vernachlässigen.

Die Navier-Stokes-Gleichungen ohne Viskosität wurden schon von Leonhard Euler 1755 [21] hergeleitet. Für eine Flüssigkeit konstanter Dichte lauten sie:

$$\frac{\partial v_i}{\partial t} = g_i - \frac{\partial v_i v_j}{\partial x_j} - \frac{1}{\varrho} \frac{\partial p}{\partial x_i}.$$

In der idealen Wellentheorie wird nun aber auch der Impulsflussterm vernachlässigt, weil mit ihm einfach keine Lösung zu finden ist. Es bleibt ausgeschrieben:

$$\frac{\partial u}{\partial t} = -\frac{1}{\varrho}\frac{\partial p}{\partial x},$$

$$\frac{\partial v}{\partial t} = -\frac{1}{\varrho}\frac{\partial p}{\partial y} \text{ und}$$

$$\frac{\partial w}{\partial t} = -\frac{1}{\varrho}\frac{\partial p}{\partial z} - g. \tag{10.2}$$

10.2.2 Die rotationsfreie Strömung

Die drei Impuls- und die Kontinuitätsgleichung bilden ein System von vier partiellen Differentialgleichungen für die vier Unbekannten u, v, w und p. Ein solches System ist mit den Methoden der numerischen Mathematik heutzutage sehr einfach zu lösen. Im Zeitalter vor der Erfindung des Computers war man aber auf numerische Handrechnungen oder analytische Lösungen angewiesen. Hier hatte ein System von vier partiellen Differentialgleichungen immer etwas Erschreckendes an sich. Daher kann man vielleicht nachvollziehen, welche Vereinfachung es bedeutete, als man die Zahl der unbekannten Funktionen auf die Hälfte und damit die Zahl der zu lösenden Differentialgleichungen ebenfalls auf zwei reduzieren konnte.

Dieser Glücksgriff gelang dadurch, dass man vektorielle Größen wie die Kraft oder die Geschwindigkeit durch eine skalare Größe ersetzte, die man als Potential bezeichnet. In unserem Fall wurde das Geschwindigkeitspotential ϕ eingeführt, welches als

$$\vec{u} = \text{grad } \phi \tag{10.3}$$

definiert ist.

Nun muss man sich zunächst fragen, ob oder besser unter welchen Bedingungen eine skalare Funktion ϕ tatsächlich in der Lage ist, eine vektorielle Funktion $\vec{u}$ zu ersetzen, schließlich können drei Funktionen wesentlich mehr Informationen als eine Funktion speichern. In der Vektoranalysis wird bewiesen, dass dies dann möglich ist, wenn die durch die Impulsgleichungen charakterisierte Strömung rotationsfrei ist. Es soll also

$$\text{rot } \vec{u} = 0$$

gelten, da die Rotation eines Gradienten immer null ist. Und tatsächlich erfüllen die durch die Impulsgleichungen beschriebenen Geschwindigkeitsfelder diese Bedingung der Rotationsfreiheit, was man beweisen kann, wenn man von ihnen die Rotation, d. h. rot $\frac{\partial \vec{u}}{\partial t}$ bildet.

Man bezeichnet solche durch ein Geschwindigkeitspotential darstellbare Strömungen auch als **Potentialströmungen.** Setzen wir die Potentialdarstellung der Geschwindigkeit in die Kontinuitätsgleichung ein, so zeigt sich, dass das Geschwindigkeitspotential der sogenannten **Laplace-Gleichung**

$$\frac{\partial^2 \phi}{\partial x^2} + \frac{\partial^2 \phi}{\partial y^2} + \frac{\partial^2 \phi}{\partial z^2} = 0 \tag{10.4}$$

gehorcht. Damit lassen sich die Geschwindigkeiten in einer idealen rotationsfreien Strömung durch eine Differentialgleichung modellieren, die zu den wohl am weitesten untersuchten partiellen Differentialgleichungen mit einer Fülle von analytischen und numerischen Lösungsverfahren gehört. Mithilfe der Funktionentheorie kann man sehr unterschiedliche (komplexe) Lösungen konstruieren, die Anwendungen nicht nur in der Hydromechanik, sondern auch in der allgemeinen Mechanik und der Elektrostatik finden. Die Universalität der Laplace-Gleichung ist in diesem Sinne ideal, woher auch der Name für diese Strömungsart kommt.

Nach der Bestimmung des Geschwindigkeitspotentials durch die Lösung der Laplace-Gleichung und der Berechnung des Geschwindigkeitsfeldes aus der Definitionsgleichung des Geschwindigkeitspotentials bleibt noch die Berechnung des Druckes. Auch hier hat es sich bewährt, die Gravitationskraft, die natürlich auch ein Vektor ist, durch ein Potential zu ersetzen. Hier setzt man

$$\vec{f} = -\operatorname{grad} \phi_f$$

und bezeichnet alle Kraftarten, die sich durch ein skalares Potential ersetzen lassen, als **konservativ.** Ein solches Potential existiert für die Gravitationskraft, es ist bis auf eine additive Konstante z_0 eindeutig bestimmt und lautet:

$$\phi_f = g(z - z_0).$$

Setzen wir nun die Definitionsgleichung des Geschwindigkeitspotentials in die Impulsgleichungen ein, so bekommen wir die drei Gleichungen:

$$\operatorname{grad} \left(\frac{\partial \phi}{\partial t} + g(z - z_0) + \frac{p}{\varrho} \right) = 0.$$

Die Tatsache, dass der Gradient einer Funktion überall null ist, kann nur bedeuten, dass die Funktion selbst konstant ist:

$$\frac{\partial \phi}{\partial t} + g(z - z_0) + \frac{p}{\varrho} = const.$$

Schlagen wir die Konstante der linken Seite dem konstanten gz_0 auf der rechten Seite zu, dann stellt sich insgesamt die Aufgabe, das folgende partielle Differentialgleichungssystem zur Berechnung idealer Wellen

$$\frac{\partial^2 \phi}{\partial x^2} + \frac{\partial^2 \phi}{\partial y^2} + \frac{\partial^2 \phi}{\partial z^2} = 0 \text{ und}$$

$$\frac{\partial \phi}{\partial t} + g(z - z_0) + \frac{p}{\varrho} = 0 \tag{10.5}$$

zu lösen. Die erste Gleichung stellt die Volumen- oder Massenerhaltung, die zweite Gleichung die Impulsbilanz dar. Diese enthält allerdings sehr viele Vereinfachungen.

10.3   Lineare Theorie langer Wellen kleiner Amplitude

Durch das Gleichungssystem (10.5) lassen sich sehr unterschiedliche ideale Strömungen beschreiben. Wir wollen uns aber auf Oberflächenwellen konzentrieren und müssen die Lösungsmöglichkeiten daher einschränken, indem das Geschwindigkeitspotential ϕ schon geeignet angesetzt wird.

Daher gehen wir von einer sich in x-Richtung ausbreitenden Welle aus, die nach dem Abschn. 5.4.2 durch Funktionen der Form $\sin(kx - \omega t)$ oder $\cos(kx - \omega t)$ beschrieben werden. Die Welle sei in der Querrichtung y vollkommen homogen, die Ableitungen in diese Richtung fallen also weg. Die vertikale Struktur der Welle kennen wir nicht; wir versuchen also eine Testlösung der Form:

$$\phi(x, z, t) = \cos(kx - \omega t) f(z).$$

Diese setzt man in die Laplace-Gleichung ein, d. h. bildet die Summe der 2. Ableitungen nach x und z. Das, was übrig bleibt, sollte null sein. Somit bekommt man für das Vertikalprofil die Bedingung:

$$-k^2 f(z) + \frac{d^2 f}{dz^2}(z) = 0.$$

Dies ist eine gewöhnliche Differentialgleichung 2. Ordnung, d. h., sie hat zwei linear unabhängige Lösungen. Diese sind $f_1(z) = e^{kz}$ und $f_2(z) = e^{-kz}$ und durch ihre Linearkombination kann die allgemeine Lösung

$$f(z) = Ae^{kz} + Be^{-kz}$$

konstruiert werden. Zusammenfassend hat die Potentialfunktion nun die Form:

$$\phi(x, z, t) = \cos(kx - \omega t)\left[Ae^{kz} + Be^{-kz}\right].$$

Um die beiden Unbekannten A und B zu bestimmen, müssen wir die Problemstellung mit weiteren Angaben zu der wellenartigen Strömung füttern. Wir nehmen eine horizontale Sohle $z_B(x) = 0$ an. Direkt an der Sohle muss die senkrechte Geschwindigkeitskomponente

w null sein, damit Wasser nicht durch die Sohle dringt. Dies mündet in folgende Bedingung für das Geschwindigkeitspotential:

$$w(z_B) = \left.\frac{\partial \phi}{\partial z}\right|_{z=z_B=0} = 0.$$

Unsere Potentiallösung erfüllt diese Randbedingung an der Sohle genau dann, wenn für die unbekannten Vorfaktoren $A = C$ und $B = C$ gilt. Die Summe zweier Exponentialfunktionen mit Exponenten umgekehrten Vorzeichens ergibt den Cosinus hyperbolicus, sodass die gesuchte Potentialfunktion die Form

$$\phi(x, z, t) = C \cos(kx - \omega t)\cosh(kz)$$

mit neuer Konstante C annimmt.

Diese wollen wir bestimmen, indem wir uns die Verhältnisse an der freien Oberfläche genauer ansehen. Sie verändert ihre vertikale Position z_S fortwährend. In erster Näherung kann man annehmen, dass deren Änderungsgeschwindigkeit der dortigen vertikalen Geschwindigkeit der Strömung entspricht:

$$w_S = \frac{\partial \phi}{\partial z} = \frac{\partial z_S}{\partial t}.$$

Dies ist, nebenbei bemerkt, der dritte in Abb. 5.7 dargestellte Mechanismus, der zu einer Änderung der Wasserspiegellage führen kann. Ihn hatten wir in der Theorie der Schwerewellen ausgeschlossen. Insofern stellen diese und die Theorie idealer Wellen zwei Extrembeschreibungen von Wellen dar.

Aus dieser Randbedingung soll die freie Oberfläche z_S als Unbekannte eliminiert werden, damit wir es nur noch mit einer einzigen gesuchten Funktion ϕ zu tun haben. Über die zeitliche Änderung der freien Oberfläche können wir etwas durch Ableiten der idealen Impulsgleichung erfahren:

$$\frac{\partial^2 \phi}{\partial t^2} + g\frac{\partial z_S}{\partial t} + \frac{\partial}{\partial t}\frac{p}{\varrho} = 0.$$

Da der Druck an der freien Oberfläche konstant ist, ist seine zeitliche Ableitung dort null. Das, was übrig bleibt, setzen wir in die Randbedingung an der freien Oberfläche ein und erhalten die sogenannte Cauchy-Poisson-Bedingung, die nur noch ϕ enthält:

$$-g\frac{\partial \phi}{\partial z} = \frac{\partial^2 \phi}{\partial t^2},$$

in die wir nun die Potentiallösung an der freien Oberfläche

$$\phi(x, z_S, t) = C \cos(kx - \omega t)\cosh kh$$

einsetzen. So erhalten wir die fundamentale Dispersionsbeziehung für Airy-Wellen:

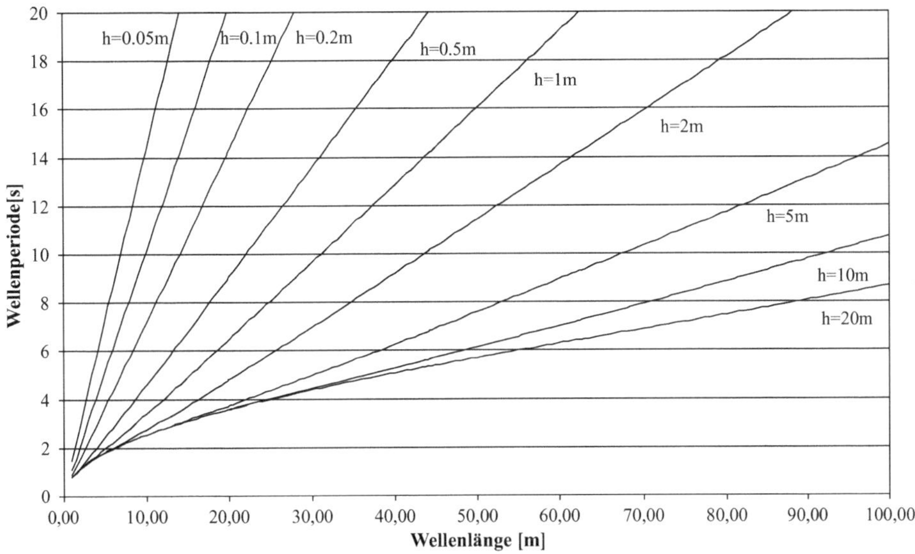

Abb. 10.5 Die Dispersionsbeziehung für Airy-Wellen stellt einen eindeutigen Zusammenhang zwischen Wassertiefe, Wellenlänge und -periode her

$$\omega^2 = gk \tanh(kh). \tag{10.6}$$

Diese Gleichung stellt einen eindeutigen Zusammenhang zwischen der Periode einer Welle $T = 2\pi/\omega$ und ihrer Wellenlänge $L = 2\pi/k$ her: Eine Welle mit gegebener Periode nimmt bei einer bestimmten Wassertiefe nur eine Wellenlänge an. Dieser Zusammenhang ist in Abb. 10.5 graphisch dargestellt. Dort kann man z. B. ablesen, dass eine 40 m lange Welle in 10 m tiefem Wasser eine Periode von ca. 6 s haben muss. Die exakten Werte bekommt man natürlich nur durch die Gl. (10.6) heraus. Man erkennt auch, dass eine Welle in flachem Wasser kürzer werden muss, da die Periode gleich bleibt.

Es sei angemerkt, dass man als **Dispersion** in der Physik ganz allgemein die Änderung von Welleneigenschaften mit den Eigenschaften des Trägermediums bezeichnet, hier also der Wassertiefe.

Oftmals benötigt man die **Umkehrung der Dispersionsbeziehung.** Man möchte also die Wellenzahl als Funktion der Kreisfrequenz und Wassertiefe berechnen. Da die Dispersionsbeziehung aber keine geschlossene analytische Umkehrung besitzt, sei hier eine exzellente Näherung von Hunt [40] angegeben. Sie lautet

$$(kh)^2 = x^4 + \frac{x^2}{1 + \sum_{i=1}^{6} d_i x^{2i}}$$

mit $x = \omega h/\sqrt{gh}$ und $d_1 = 0{,}6$, $d_2 = 0{,}35$, $d_3 = 0{,}1608$, $d_4 = 0{,}0632098765$, $d_5 = 0{,}0217540484$ und $d_6 = 0{,}0065407983$ und kann in der MATLAB-Funktion

```
function k = hunt( omega, h )
g=9.81;
x=omega*h./sqrt(g*h);
d1=0.6;
d2 = 0.35;
d3 = 0.1608;
d4 = 0.0632098765;
d5 = 0.0217540484;
d6 = 0.0065407983;
kh2 = x.^4 +(x.^2)./...
    (1 + d1*x.^2+d2*x.^4+d3*x.^6+d4*x.^8+ d5*x.^10+ d6*x.^12) ;
k=sqrt(kh2)./h;
end
```

wertvolle Dienste leisten.

Übung 49

Implementieren Sie die Umkehrung der Dispersionsfunktion und stellen Sie die Wellenlänge als Funktion der Wellenperiode für 1 m und 2 m tiefes Wasser graphisch dar.

Übung 50

Bei einem Segeltörn fällt der Tiefenmesser unseres Bootes aus. Wir beobachten auf der Wasseroberfläche nahezu harmonische (d. h. sinusförmige) Wellen mit einer Periode von 4 s und einer Wellenlänge von 16 m. Wie tief ist das Wasser an dieser Stelle?

Nach einiger Zeit des Umherirrens haben die Wellen eine Periode von 3 s und eine Länge von 14 m. Wie verhält es sich hier mit der Wassertiefe? Fahren wir in tieferes oder flacheres Wasser?

10.3.1 Die Form der freien Oberfläche

Aus den bisherigen Entwicklungen wird nicht deutlich, wo die reale Wellenamplitude A in unsere Lösungen eingeht. Daher wollen wir nun untersuchen, wie die willkürliche Konstante C mit der tatsächlichen Amplitude der Oberflächenwellen zusammenhängt. Dazu wenden wir die ideale Impulsgleichung auf die Wasseroberfläche an, wo der atmosphärische Druck zu null angenommen wurde:

$$\left.\frac{\partial \phi}{\partial t}\right|_{z=z_S} + g(z_S - z_0) = 0.$$

Durch Einsetzen der Potentiallösung ϕ ergibt sich für die freie Oberfläche $z_S(x, t)$ die implizite Gleichung

$$z_S(x, t) = z_0 - C \frac{\omega}{g} \cosh k(z_S(x, t) - z_B) \sin (kx - \omega t), \qquad (10.7)$$

die explizit nicht nach z_S auflösbar ist. Um dennoch eine Lösung für die freie Oberfläche zu erhalten, führen wir die Wassertiefe $h = z_S - z_B$ als Pseudokonstante ein. Mit dieser Vereinfachung schränkt man den Gültigkeitsbereich der nachkommenden Theorie auf Wellen ein, deren Amplitude klein gegenüber der Wassertiefe ist:

$$z_S(x, t) = z_0 - C \frac{\omega}{g} \cosh kh \sin (kx - \omega t).$$

Offensichtlich ist z_0 also die mittlere Lage der freien Oberfläche, die wir in unserer Nomenklatur mit $\overline{z_S}$ bezeichnen. Der zweite Summand beschreibt die sinusförmige Wellenbewegung der freien Oberfläche, der Vorfaktor ist dann die reale Amplitude A der Welle:

$$A = -C \frac{\omega}{g} \cosh kh.$$

Ersetzen wir nun die willkürliche Konstante C, dann bekommen wir für die Form der freien Oberfläche die harmonische Funktion:

$$z_S(x, t) = \overline{z_S} + A \sin (kx - \omega t).$$

Man kann nun versuchen, diese Anfangslösung iterativ wieder in die implizite Lösung (10.7) einzusetzen, um so der in der Natur beobachtbaren realen Wellenform ein wenig näher zu kommen. Diese Prozedur divergiert allerdings, wobei das Wellental von Iteration zu Iteration flacher und der Wellenberg immer steiler wird. Dies ist als Strafe für die vielen Vereinfachungen in der Airy-Theorie zu werten.

10.3.2 Die Orbitalgeschwindigkeiten

Ersetzen wir die Konstante C nun auch in der Potentialfunktion ϕ durch die Amplitude A, so erhält sie die Form:

$$\phi(x, z, t) = -A \frac{g}{\omega} \frac{\cosh kz}{\cosh kh} \cos (kx - \omega t)$$

$$= -A \frac{\omega}{k} \frac{\cosh kz}{\sinh kh} \cos (kx - \omega t). \qquad (10.8)$$

In der zweiten Zeile wurde die Dispersionsbeziehung angewendet.

Mit der Potentialfunktion für die harmonische Welle kann man durch den Gradienten derselben die Geschwindigkeiten in der Welle bestimmen:

$$u(x, z, t) = A\omega \frac{\cosh kz}{\sinh kh} \sin (kx - \omega t) \text{ und}$$

$$w(x, z, t) = -A\omega \frac{\sinh kz}{\sinh kh} \cos (kx - \omega t).$$

(10.9)

Wichtig ist es, an dieser Stelle tatsächlich die aktuelle ($h = z_S - z_B = z_S$) und nicht die mittlere Wassertiefe zu verwenden. Die vertikale Struktur der Horizontalgeschwindigkeiten u und v wird durch den Cosinus hyperbolicus beschrieben. Diese Funktion nimmt an der Sohle den Wert eins an, wodurch die Horizontalbewegung sich dort mit der Geschwindigkeit

$$u(x, z_B, t) = u_B(x, t) = \frac{A\omega}{\sinh kh} \sin (kx - \omega t)$$

(10.10)

vollzieht. Die Vertikalgeschwindigkeit ist hier null, das Faktum beschreibend, nach dem kein Wasser die Bodenfläche durchdringt.

Zur Wasseroberfläche nimmt die horizontale Orbitalgeschwindigkeit unter einer Welle immer steiler zu, wie in Abb. 10.6 skizziert. Auf dem Wellengipfel erreicht sie ihr Maximum Agk/ω, die Teilchen bewegen sich also dort umso schneller, je größer die Amplitude und je kleiner Kreisfrequenz und Wellenlänge sind.

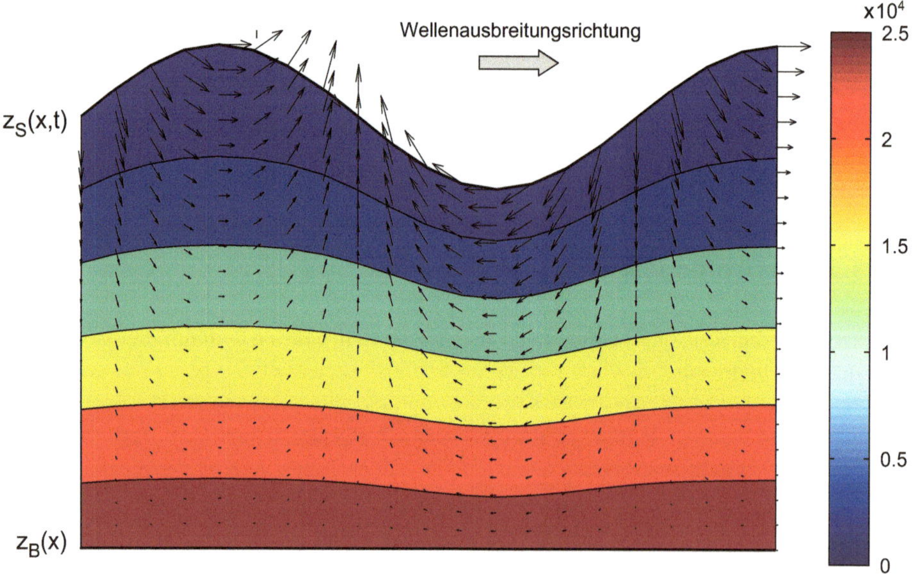

Abb. 10.6 Geschwindigkeitsverteilung *(Vektoren)* und Druckfeld *(Farben)* unter einer Airy-Welle. In dem oberen Bereich der Wassersäule überwiegen die aus der Oberflächenwelle resultierenden Druckschwankungen, während in Bodennähe die hydrostatische Druckverteilung durch bodenparallele Isobaren erkennbar ist. Je länger die Welle ist, desto tiefer reicht ihr Druckeinfluss in die hydrostatischen Schichten

Durch die Analyse der Geschwindigkeitslösungen lassen sich ferner noch folgende Aussagen beweisen:

- An jedem festen Ort (z. B. $x = 0$) sind die Geschwindigkeiten im zeitlichen Mittel null. Mit Airy-Wellen ist also keine Nettoströmung verbunden.
- Je höher die Frequenz der Welle, desto größer sind die Geschwindigkeiten auf den Orbitalbahnen.
- Oberflächenwellen dringen in ihrer Wirkung umso tiefer in den Wasserkörper ein, je größer ihre Periode ist.

Übung 51

Mitteln Sie die Airy-Lösung für die horizontale Wellengeschwindigkeit

$$u(x, z, t) = A\omega \frac{\cosh(kz)}{\sinh(kh)} \sin(kx - \omega t)$$

über die Wassertiefe, indem Sie das Integral

$$\frac{1}{h} \int_0^{z_S} u(x, z, t)dz := \overline{u}(x, t)$$

berechnen. Vereinfachen Sie die Lösung für das Flachwasser (Hinweis: Identifizieren Sie die Phasengeschwindigkeit) und beweisen Sie die Beziehung:

$$\overline{u}(x, t) = A\sqrt{g/h}\,\sin(kx - \omega t).$$

Diese Formel sieht so ähnlich aus, wie die für die Strömungsgeschwindigkeit unter Schwerewellen.

10.3.3 Der Vergleich mit den Messungen

Bei den vielen Vereinfachungen, die die Euler'schen Wellengleichungen erst analytisch lösbar gemacht haben, wird ein Vergleich zwischen theoretischen Ergebnissen und Messung natürlich recht dürftig ausfallen. Dieser Vergleich ist vor allem deshalb erforderlich, um eine Roadmap dafür zu aufzuzeigen, in welche Richtung die Theorie weiterentwickelt werden muss, um Seegangswellen hinreichend genau mathematisch beschreiben zu können.

Da die Airy-Theorie vor allem Aussagen über die vertikale Struktur der Geschwindigkeiten unter Seegangswellen macht, wollen wir den Vergleich auf die mittleren Geschwindigkeiten in den verschiedenen Wassertiefen beziehen. Nun ist das arithmetische Mittel eines harmonisch oszillierenden Signals allerdings null. Für einen solchen Fall bietet sich das quadratische Mittel der Messwerte, hier also für die Vertikalgeschwindigkeiten

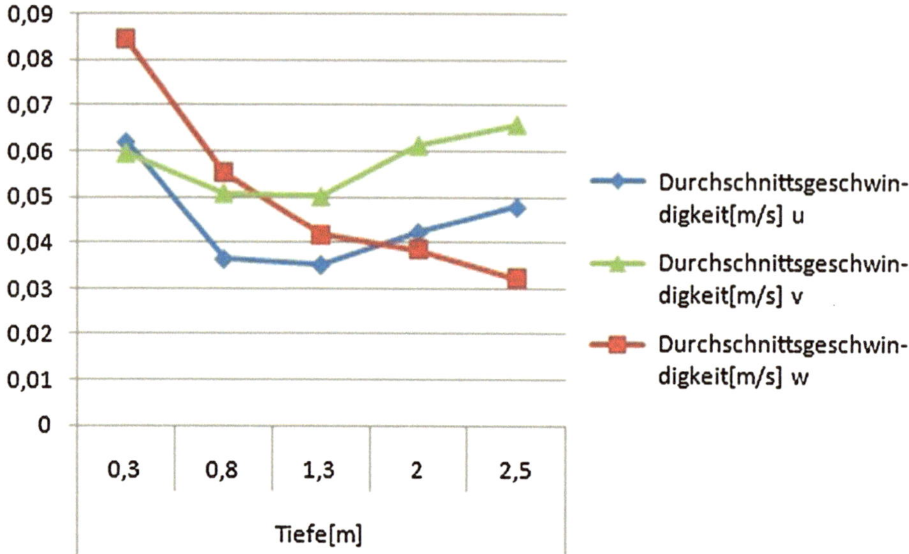

Abb. 10.7 Die quadratischen Mittel der gemessenen Seegangsorbitalgeschwindigkeiten in verschiedenen Tiefen unter der Wasseroberfläche zeigen ein zunehmendes Ansteigen der Vertikalgeschwindigkeit zur Wasseroberfläche hin. Die mittleren Horizontalgeschwindigkeiten nehmen zur Wasseroberfläche hin zunächst zu, fallen dann aber im Widerspruch zur Airy-Theorie ab

$$\sqrt{\overline{w^2}} = \sqrt{\frac{1}{N}\sum_{i=1}^{N} w_i^2}$$

an.

Die Abb. 10.7 zeigt lediglich eine qualitativ gute Übereinstimmung der mittleren Vertikalgeschwindigkeit mit der Theorie. Man kann in diese Daten sogar das Profil des quadratischen Mittels der vertikalen Orbitalgeschwindigkeiten

$$\sqrt{\overline{w^2}} = \sqrt{\frac{1}{T}\int_0^T w(x,z,t)^2 dt} = \frac{1}{\sqrt{2}}A\omega\frac{\sinh kz}{\sinh kh}$$

hineinfitten, und bekommt so Aussaben über die mittlere Wellenamplitude (hier $A = 6{,}3\,\mathrm{cm}$), wenn die Wassertiefe bekannt ist. Die so erhaltenen Richtwerte stimmen gut mit dem überein, was das Auge beobachtet.

Die Horizontalgeschwindigkeiten zeigen allerdings ein ganz anderes Verhalten als es von der Airy-Theorie prädiktiert wird. Sie nimmt in der Messung zur Wasseroberfläche hin ab und dann wieder zu.

10.3.4 Der Druck unter Airy-Wellen

Am Anfang dieses Kapitels hatten wir den Druck neben der Gravitation als die zweite wichtige Kraft kennengelernt, die eine Strömung antreibt. Wir wollen sein Verhalten nun explizit unter Airy-Wellen bestimmen. Dazu verwenden wir die ideale Impulsgleichung

$$\frac{\partial \phi}{\partial t} + g(z - \overline{z_S}) + \frac{p}{\varrho} = 0,$$

setzen die für das Geschwindigkeitspotential erhaltene Lösung ein und bekommen:

$$p(x, z, t) = \varrho g \left(\overline{z_S} - z\right) + \varrho A g \frac{\cosh kz}{\cosh kh} \sin\left(kx - \omega t\right).$$

Er verändert sich also gleichphasig mit der freien Oberfläche und der horizontalen Strömungsgeschwindigkeit. Untersuchen wir zunächst seinen Wert an der Sohle $Z = z_B = 0$:

$$p(x, z_B, t) = \varrho g \overline{z_S} + \frac{\varrho g A}{\cosh kh} \sin\left(kx - \omega t\right).$$

Im Fall extremer Flachwasserwellen $kh \to 0$ ist der Druck also hydrostatisch, denn für

$$\lim_{kh \to 0} \frac{\cosh kz}{\cosh kh} = 1$$

gilt für den Druck

$$p(x, z, t) = \varrho g \left(\overline{z_S} - z\right) + \varrho A g \sin\left(kx - \omega t\right) = \varrho g \left(z_S - z\right).$$

Die Druckkraft entspricht in diesem Fall dem Gewicht der darüberliegenden Wassersäule. Die dargestellte Betrachtungsweise gilt insbesondere für Tidewellen. Diese haben Wellenzahlen zwischen 10^{-5} bis $10^{-4}\,\mathrm{m}^{-1}$ und somit kann man $kh \sim 10^{-4}$ bis $10^{-3}\,\mathrm{m}^{-1}$ bei einer Wassertiefe von ca. $10\,\mathrm{m}$ abschätzen.

10.3.5 Phasen- und Gruppengeschwindigkeit von Airy-Wellen

Airy-Wellen bewegen sich mit der Phasengeschwindigkeit

$$c = \frac{\omega}{k} = \sqrt{\frac{g}{k} \tanh(kh)} = \frac{g}{\omega} \tanh(kh)$$

fort. Die Tatsache, dass die Phasengeschwindigkeit von der Wellenzahl k abhängig ist, ist wieder ein Merkmal der Dispersion. Die Einzelwelle ist also umso schneller, je größer ihre Wellenlänge und je tiefer das Wasser ist.

Das Ergebnis vereinfacht sich für zwei Spezialfälle. Im sogenannten **Tiefwasser** ($h/L > 1$) ist $\tanh(kh) > 0{,}999$, und es gilt $c = \sqrt{\frac{g}{k}}$; die Phasengeschwindigkeit ist also nur von der Wellenlänge abhängig. Im **Flachwasser** ($\tanh(kh) \simeq kh$) gilt $c = \sqrt{gh}$. Tiefwasserwellen sind also im Gegensatz zu Flachwasserwellen dispersiv.

Die Begriffe Tiefwasser und Flachwasser sind in der Wellentheorie relative Begriffe, die sich auf die Wellenlänge beziehen. Eine Tidewelle mit einer Länge von etwa 100 km ist damit in jedem Ozean eine Flachwasserwelle.

Wellengruppe und Gruppengeschwindigkeit

Wir wollen nun Effekte betrachten, die durch die Überlagerung von Wellen mit ungleichen Wellenlängen bzw. Wellenzahlen entstehen. Dabei beschränken wir uns auf zwei sich in x-Richtung ausbreitende Wellen gleicher Amplitude, deren Frequenzen ω_1 und ω_2 und Wellenzahlen k_1 und k_2 sind, die jeweils nur geringfügig von den Mittelwerten ω und k abweichen:

$$
\begin{aligned}
z_S(x, t) &= \frac{A}{2} \sin\left(k_1 x - \omega_1 t\right) + \frac{A}{2} \sin\left(k_2 x - \omega_2 t\right) \\[2mm]
&= A \cos\left(\frac{k_1 - k_2}{2} x - \frac{\omega_1 - \omega_2}{2} t\right) \sin\left(\frac{k_1 + k_2}{2} x - \frac{\omega_1 + \omega_2}{2} t\right) \\[2mm]
&\simeq A \underbrace{\cos\left(\frac{k_1 - k_2}{2} x - \frac{\omega_1 - \omega_2}{2} t\right)}_{\text{Modulation}} \underbrace{\sin\left(kx - \omega t\right)}_{\text{Ausgangswelle}} .
\end{aligned}
$$

Die zusammengesetzte Welle in Abb. 10.8 ist nicht einfach das Doppelte der Ursprungswelle. Vielmehr verbinden sich die Einzelwellen zu Wellenzügen (engl. *wave trains*) oder Wellengruppen, in denen die Amplitude der Einzelwellen zunächst von null auf ihren Maximalwert ansteigt, um dann wieder auf null abzufallen.

Dies besagt auch die soeben hergeleitete Gleichung, in ihr erkennen wir die Ausgangswelle im hinteren Teil der Gleichung, und im vorderen Teil wird die Wellenamplitude mit der Frequenz $\frac{\omega_1 - \omega_2}{2}$ und der Wellenzahl $\frac{k_1 - k_2}{2}$ moduliert. Diese Modulation oder Störung der Ursprungswelle ist also wieder eine Welle, sie breitet sich mit der Gruppengeschwindigkeit

$$
c_g = \frac{\omega_1 - \omega_2}{k_1 - k_2} = \frac{d\omega}{dk}
$$

aus.

Zwischen der Phasen- und der Gruppengeschwindigkeit vermittelt die sogenannte Rayleigh'sche Gleichung

$$
c_g = c + k\frac{dc}{dk}.
$$

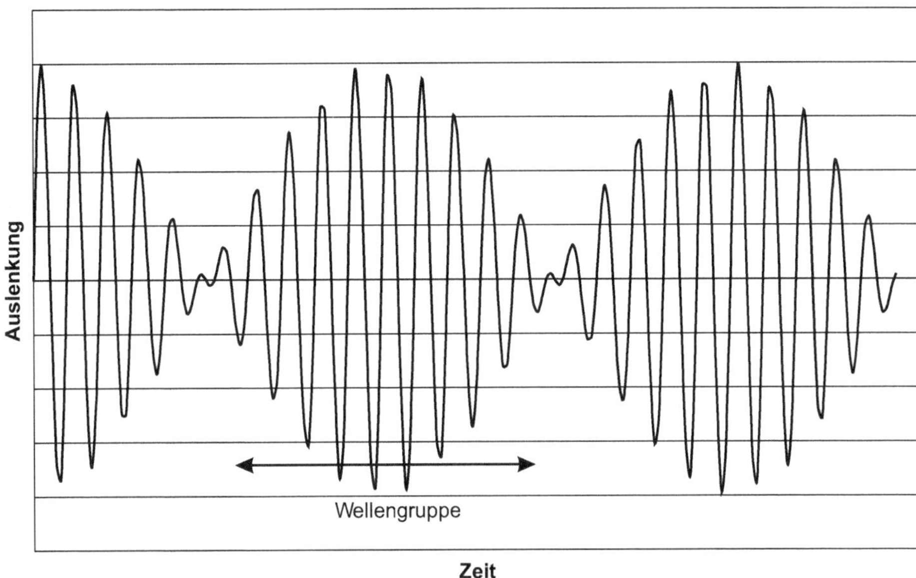

Abb. 10.8 Eine durch Überlagerung von zwei einzelnen Wellen entstandene Wellengruppe

Die Gruppengeschwindigkeit fällt im dispersionsfreien Fall $\frac{d\omega}{dk} = 0$ mit der Phasengeschwindigkeit zusammen. Bei normaler Dispersion $\frac{d\omega}{dk} < 0$ ist c_g kleiner, bei anormaler Dispersion c_g größer als die Gruppengeschwindigkeit[1].

Die Gruppengeschwindigkeit von Airy-Wellen

Die Gruppengeschwindigkeit c_g von Airy-Wellen ist somit:

$$c_g = \frac{d\omega}{dk} = \frac{c}{2}\left(1 + \frac{2kh}{\sinh 2kh}\right).$$

Übung 52

Beweisen Sie diese Beziehung.

Bei Oberflächenwellen ist die Gruppengeschwindigkeit grundsätzlich kleiner als die Phasengeschwindigkeit, im Tiefwasser ist erstere nur halb so groß wie zweitere.

Verfolgt man die Gruppengeschwindigkeit bei konstanter Wellenlänge vom tiefen in das flache Wasser (Abb. 10.9), so fällt ein besonderes Verhalten auf. Im Tiefwasser ist die Gruppengeschwindigkeit einzig von der Wellenlänge abhängig, es gilt dort $c_g = \frac{1}{2}\sqrt{\frac{g}{k}}$.

---

[1] Die Begriffsbildung lehnt sich an das in menschlichen Gruppen übliche Verhalten an: Im Normalfall ist die Gruppe langsamer, träger als die Einzelperson. Eine Massenhysterie ist in diesem Sinne anormal.

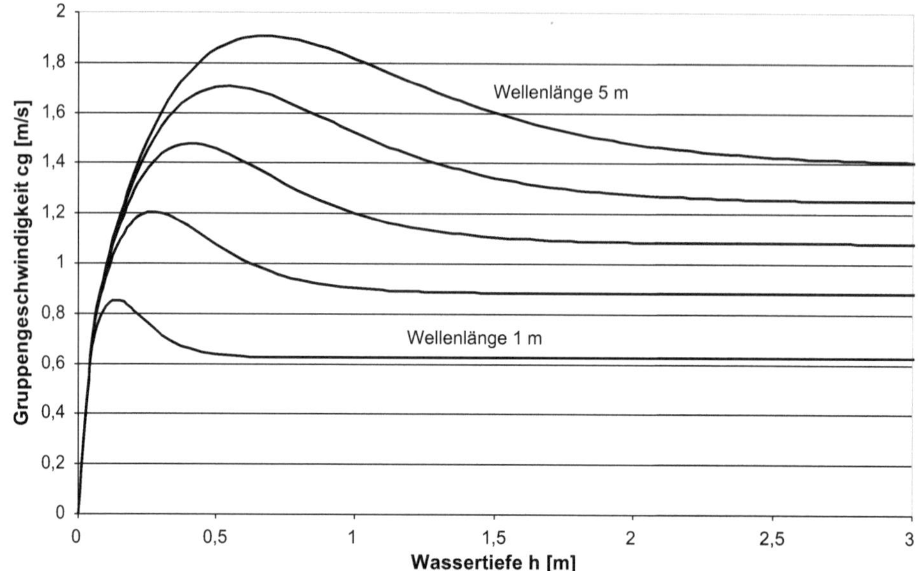

Abb. 10.9 Die Gruppengeschwindigkeit als Funktion der Wassertiefe für Wellenlängen von 1 bis 5 m

Im Flachwasser gilt $c_g = \sqrt{gh}$, die Gruppengeschwindigkeit nimmt also linear mit der Wassertiefe ab. Im Übergangsbereich steigt die Gruppengeschwindigkeit aber an, um dann in den linearen Abklang einzuschwenken. Die Wellengruppe erfährt hier also eine Beschleunigung. Es sei allerdings betont, dass dies nur für die Gruppengeschwindigkeit gilt. Die Phasengeschwindigkeit, d. h. die eigentliche Ausbreitungsgeschwindigkeit, nimmt in flacher werdendem Wasser kontinuierlich ab.

Die physikalische Bedeutung der Gruppengeschwindigkeit ist jedoch viel allgemeiner, als dass sie nur die Ausbreitungsgeschwindigkeit in Wellengruppen beschreibt, was in Kap. 12 gezeigt werden soll.

10.3.6 Die Tide als ideale Welle

Die Theorie idealer Wellen sollte lediglich als erster Erklärungsansatz für die bei Seegangswellen beobachteten Phänomene dienen. Sie ist aber auch in der Lage, manche Eigenschaften von Gezeitenwellen richtig wiederzugeben. Für diese gilt wegen ihrer großen Wellenlänge immer die Flachwasserapproximation $kh \to 0$. Damit wird die Propagationsgeschwindigkeit gleich der Gruppengeschwindigkeit:

$$c = c_g = \sqrt{gh}.$$

Dass auch die hydrostatischen Druckverhältnisse unter einer ungestört laufenden Tidewelle von der idealen Wellentheorie richtig wiedergegeben werden, wurde schon erwähnt.

Die tiefengemittelte Horizontalgeschwindigkeit kann man unter einer Airy-Welle als

$$\overline{u}(x, t) = \frac{A}{h}\frac{\omega}{k} \sin (kx - \omega t)$$

bestimmen; sie ist proportional zur Wellenamplitude, aber umgekehrt proportional zur Wassertiefe. Ersetzt man hier die Phasengeschwindigkeit $c = \omega/k = \sqrt{gh}$, so bekommt man auch hier eine Übereinstimmung mit der Flachwassergezeitentheorie.

Warum kann man dann nicht die Airy-Theorie vollständig für die Beschreibung der horizontalen und vertikalen Verhältnisse unter Tidewellen akzeptieren? In der idealen Wellentheorie ist es vor allem die Vertikalgeschwindigkeit, die die Wasseroberfläche nach oben und unten treibt. In der Flachwassertheorie der Gezeiten ist es die horizontale Bewegung, die Gezeitenwellen durch die Meere schiebt. Ferner zeigt die Vertikalverteilung der Geschwindigkeit unter Gezeitenwellen in der Natur kein zunehmendes Ansteigen der Geschwindigkeit unter der Wasseroberfläche. Hier wird die tatsächliche Geschwindigkeitsverteilung erst durch die Grenzschichttheorie erklärt werden.

Ferner ist es nicht möglich, die Entstehung von nichtlinearen Flachwassergezeiten als höhere Harmonische der astronomischen Grundtiden zu erklären. Somit eignet sich die ideale Wellentheorie nur bedingt zur Beschreibung von Gezeitenphänomenen.

10.4 Wellenausbreitung in beliebige Richtungen

Hat man es mit einer Wellenart zu tun, die sich nur in eine Richtung ausbreitet, dann kann man die x-Achse so orientieren, dass sie die Ausbreitungsrichtung beschreibt. In realen Küstengewässern überlagern sich allerdings verschiedene Wellen zum Seegang, die nicht nur unterschiedliche Perioden und Höhen, sondern auch unterschiedliche Richtungen haben können. Dies ist insbesondere bei der bei Seglern sehr unbeliebten **Kreuzsee** der Fall, wo sich etwa bei der Durchfahrt zwischen zwei Inseln küstennormal und -parallel verlaufender Seegang kreuzen können.

Wir wollen daher die mathematische Symbolik so erweitern, dass beliebige Ausbreitungsrichtungen der Wellen beschrieben werden können. Dazu ersetzt man die Wellenzahl k durch einen Wellenzahlvektor $\vec{k} - (k_x, k_y)^t$, dessen Betrag $k - \|\vec{k}\|$ wieder dem Verhältnis $2\pi/L$ entspricht. Die Richtung des Wellenzahlvektors weist nun in die Ausbreitungsrichtung der Welle.

Die Laufkoordinate x muss durch den zweidimensionalen Vektor $\vec{x} = (x, y)^t$ ersetzt werden. In dieser Darstellung werden die Orbitalgeschwindigkeiten dann z. B. zu:

$$u(x, y, z, t) = A\omega\frac{k_x}{k}\frac{\cosh k(z - z_B)}{\sinh kh}\sin\left(\vec{k}\vec{x} - \omega t\right),$$

$$v(x, y, z, t) = A\omega\frac{k_y}{k}\frac{\cosh k(z - z_B)}{\sinh kh}\sin\left(\vec{k}\vec{x} - \omega t\right) \text{ und}$$

$$w(x, y, z, t) = -A\omega\frac{\sinh k(z - z_B)}{\sinh kh}\cos\left(\vec{k}\vec{x} - \omega t\right).$$

Die Vorfaktoren $\frac{k_x}{k}$ und $\frac{k_y}{k}$ übernehmen dabei die Aufgabe, den Geschwindigkeitsvektor in Wellenausbreitungsrichtung zu orientieren. Alle anderen Ergebnisse der idealen Wellentheorie lassen sich so auf beliebige Wellenrichtungen ausweiten.

Ferner wurde die Darstellung auf den Fall erweitert, dass die Sohle nicht bei $z = 0$, sondern auf einer beliebigen geodätischen Höhe $z = z_B$ liegt. Die dargestellte Theorie ist damit allerdings keinesfalls für eine variable Topographie $z_B(x, y)$ gültig.

Übung 53

Bestimmen Sie den Wellenzahlvektor $\vec{k}$ für folgende Wellen:

1. Eine 10 m lange Welle, die in Richtung 300° (Norden ist 0°, im Uhrzeigersinn) läuft.
2. Eine nach Westen laufende Welle der Periode 5 s in 20 m tiefem Wasser.

Obwohl wir nun in der Lage sind, die Ausbreitung von Airy-Wellen in beliebige Laufrichtungen formal zu beschreiben, bleibt die Welle nach der Airy-Theorie eine zweidimensionale Strömungsstruktur, sofern man die x-Achse des Koordinatensystems in die Wellenausbreitungsrichtung orientiert. Wie kann man nun aus den Geschwindigkeitsmessungen unter Wellen verifizieren, ob Wellen tatsächlich bei geeigneter Drehung des Koordinatensystems eine reine xz-Struktur aufweisen? Dazu trägt man die horizontale Geschwindigkeit u in x-Richtung gegen die horizontale Geschwindigkeit v in y-Richtung auf. Es ergibt sich für unsere Messungen das in Abb. 10.10 dargestellte Bild. Würde es sich bei der gemessenen Strömung um ein Muster handeln, welches periodisch in einer Richtung hin und her schwingt, so läge die dargestellte Geschwindigkeitstrajektorie auf nahezu einer Linie. Der gemessene Geschwindigkeitsvektor nimmt aber sehr raumgreifend alle möglichen Richtungen an. Reale Seegangswellen besitzen also eine dreidimensionale Struktur. Um diese auch theoretisch zu erfassen, muss man die vereinfachende Annahme der Rotationsfreiheit aufgeben.

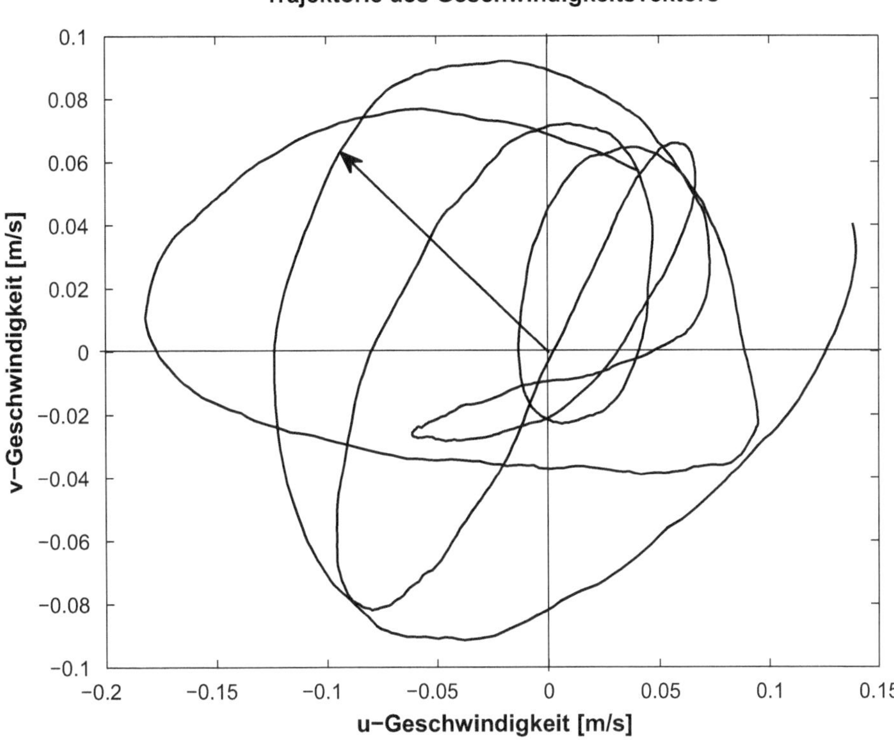

Abb. 10.10 Die gemessene Trajektorie des horizontalen Geschwindigkeitsvektors schwankt nicht auf einer Linie hin und her

10.5 Orbitalbahnen und Driftbewegungen

Es wurde schon erwähnt, dass die Mittelung der Orbitalgeschwindigkeit über eine Wellenperiode oder eine Wellenlänge null ist. Daher hat es zunächst den Anschein, also ob mit einer Welle nichts transportiert würde. Dass dies allerdings falsch ist, kann man schnell sehen, wenn man einen Korken oder einen anderen Schwimmkörper in einem Küstengewässer ohne mittlere Strömungen aussetzt: Dieser bewegt sich Welle für Welle Wellenausbreitungsrichtung. Damit ist mit einer Welle also doch ein Nettotransport der Wassermassen, aber auch von Schwimm-, Schweb- oder Sinkstoffen (Sedimenten) verbunden, der als Driftbewegung bezeichnet wird. Seegangswellen haben also einen erheblichen Einfluss auf die Gewässerqualität und Morphodynamik.

Um diese Driftbewegungen zu analysieren, muss man sich zunächst einmal mit der Theorie der Advektion beschäftigen. Dazu betrachten wir ein Partikel in einem raum- und zeitabhängigen Geschwindigkeitsfeld,

$$\vec{u}(\vec{x}, t) = \begin{pmatrix} u(x, y, z, t) \\ v(x, y, z, t) \\ w(x, y, z, t) \end{pmatrix},$$

welches sich zur Zeit t_0 am Ort $\vec{x}_0$ befindet. Wir nehmen dabei an, dass dieses Partikel entweder massenlos und unendlich klein ist, oder aber die Dichte des umgebenden Wassers hat, sich also ohne jegliche Verzögerung mit dem umgebenden Wasser mitbewegt. Den zukünftigen Ort dieses Partikels kann man durch die Integration der Geschwindigkeit (Abb. 10.11)

$$\vec{x}(t) = \vec{x}_0 + \int_0^t \vec{u}(\vec{x}(t), t)\, dt \tag{10.11}$$

über die Zeit erhalten. Wichtig ist hier allerdings, dass man dabei im Integral die Geschwindigkeit $\vec{u}(\vec{x}(t), t)$ am jeweiligen Aufenthaltsort des Partikels $\vec{x}(t)$ verwendet.

Damit wird die Bestimmung der Partikeltrajektorie allerdings zu einem impliziten Problem, denn der Aufenthaltsort steht sowohl auf der linken Seite als auch in der Geschwindigkeit unter dem Integral. Dies bedeutet oftmals, dass die Bahnlinie eines Partikels nicht explizit bestimmbar ist, so z. B. auch bei der Bewegung in einer Airy-Welle. Die x-Komponente ist in diesem Fall:

$$x(t) = x_0 + \int_0^t A\omega \frac{\cosh kz(t)}{\sinh kh} \sin\left(kx(t) - \omega t\right) dt.$$

Der x-Aufenthaltsort taucht sowohl auf der linken Seite als auch auf der rechten Seite dieser Integralgleichung auf, wo er aus dem Sinus nicht explizit herauslösbar ist.

10.5.1 Die Orbitalbahnen unter Airy-Wellen

Eine Lösung der Integralgleichung der Trajektorie bekommt man dann, wenn man die Zeitabhängigkeit der Partikelkoordinaten auf der rechten Seite vernachlässigt, $x(t)$ also durch x und $z(t)$ durch z ersetzt wird. Nun kann das Integral berechnet werden, und man erhält für die x- und die z-Koordinate der Partikelbewegung:

$$x(t) - x_0 = A\frac{\cosh kz}{\sinh kh} \cos\left(kx - \omega t\right) \text{ und}$$

$$z(t) - z_0 = A\frac{\sinh kz}{\sinh kh} \sin\left(kx - \omega t\right).$$

Man erkennt, dass die Trajektorien die Gleichung der Ellipse

$$\frac{(x(t) - x_0)^2}{R_x^2} + \frac{(z(t) - z_0)^2}{R_z^2} = 1$$

mit den Halbachsen

$$R_x = A\,\frac{\cosh kz}{\sinh kh} \quad \text{und} \quad R_z = A\,\frac{\sinh kz}{\sinh kh}$$

erfüllen. In erster Näherung bewegen sich die Partikel in Airy-Wellen also auf geschlossenen Ellipsen, deren vertikale Halbachse an der Sohle null (das entspricht einer Hin- und Herbewegung auf einer Linie) und an der Wasseroberfläche – wie nicht anders zu erwarten – der Wellenamplitude entspricht.

Das Ergebnis besagt aber auch, dass unter Airy-Wellen damit keine Driftbewegung von gelösten Stoffen stattfindet, was dem tatsächlichen Verhalten dieser Stoffe nicht entspricht.

10.5.2 Die Stoke'sche Driftgeschwindigkeit

Um das beobachtbare Driftphänomen unter Wellenbewegungen rechnerisch zu erfassen, muss nun eine verbesserte Lösung zum Trajektorienproblem aufgestellt werden. Dazu betrachten wir die Partikelgeschwindigkeit $u(\vec{x}(t), t)$ an einem Partikelort $\vec{x}(t)$. Es sollte grundsätzlich egal sein, ob man den Partikelort vorgibt, oder ob man ihn mithilfe von Gl. (10.11) berechnet hat. Damit sollte

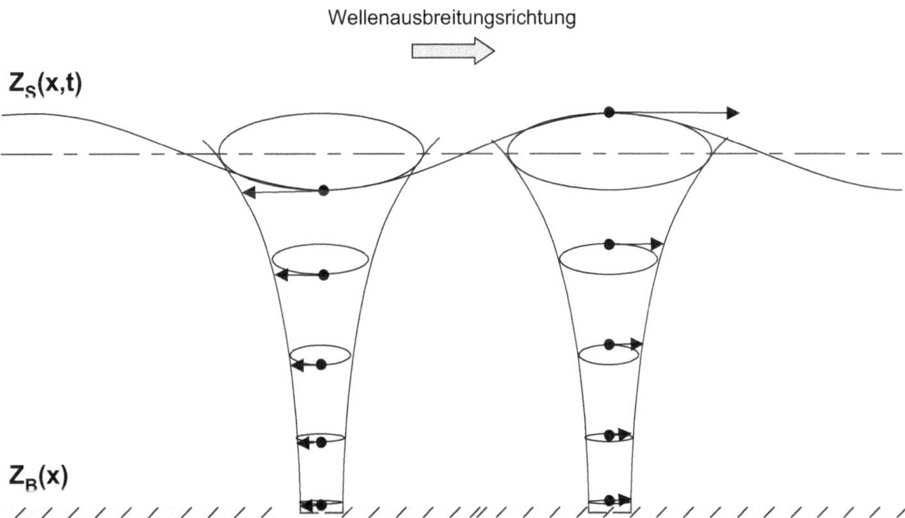

Abb. 10.11   Orbitalbewegungen unter einer Airy-Welle

$$\vec{u}(\vec{x}(t), t) = \vec{u}\Big(\underbrace{\vec{x}_0 + \int_0^t \vec{u}(\vec{x}(t), t)dt}_{\vec{x}(t)}, t\Big)$$

gelten.

Im folgenden Schritt entwickelt man die Geschwindigkeitsfunktion in eine Taylor-Reihe, die man nach dem 1. Glied abbricht. Wir erinnern daran, dass eine Funktion einer vektorwertigen Variable in der Form

$$f(\vec{x}_0 + \Delta\vec{x}) = f(\vec{x}_0) + \Delta\vec{x}\nabla f(\vec{x}_0) + \ldots$$

entwickelt wird. Dies bedeutet, dass

$$\vec{u}(\vec{x}(t), t) \simeq \vec{u}(\vec{x}_0) + \nabla\vec{u}(\vec{x}_0)\int_0^t \vec{u}(\vec{x}, t)dt$$

eine Approximation 1. Ordnung an die Geschwindigkeit eines Partikels auf seiner Bahn ist.

Im Fall einer Welle interessieren am Ende aber nicht die Einzelheiten der Bewegung im Verlauf einer Wellenperiode, sondern nur der Gesamtdrift nach einer Wellenperiode. Dazu mittelt man die Geschwindigkeit auf der Trajektorie über eine Wellenperiode und eine Wellenlänge. Das Ergebnis bezeichnet man als Stoke'sche Driftgeschwindigkeit:

$$\vec{u}_S = \frac{\omega}{2\pi}\frac{\omega}{2\pi}\int_0^{2\pi/\omega}\int_0^{2\pi/\omega}\left(\vec{u}(\vec{x}_0) + \nabla\vec{u}(\vec{x}_0)\int_0^t \vec{u}(\vec{x}_0, t)dt\right)dtdx.$$

In diese Gleichung setzt man nun die Orbitallösungen für Airy-Wellen ein. Mithilfe eines mathematischen Programms bekommt man dann schnell heraus, dass es keine Stokes-Drift in der Vertikalen gibt. In der horizontalen Richtung bleibt aber:

$$u_S(z) = A^2\omega k\frac{\cosh(2kz)}{2\sinh^2(kh)}.$$

Diese Geschwindigkeit ist über die gesamte Wassersäule positiv, die so berechnete Driftbewegung unter Wellen scheint also mit einem Nettotransport von Wassermassen in Wellenausbreitungsrichtung verbunden zu sein. In einem stehenden Gewässer kann dies aber nicht sein, sodass man eine von Nettoströmungen freie Stoke'sche Driftgeschwindigkeit dadurch bekommt, dass man hiervon den tiefengemittelten Wert der Driftgeschwindigkeit wieder abzieht:

$$u_S(z) = \frac{A^2\omega k}{2\sinh^2(kh)}\left(\cosh(2kz) - \frac{\sinh(2kh)}{2kh}\right).$$

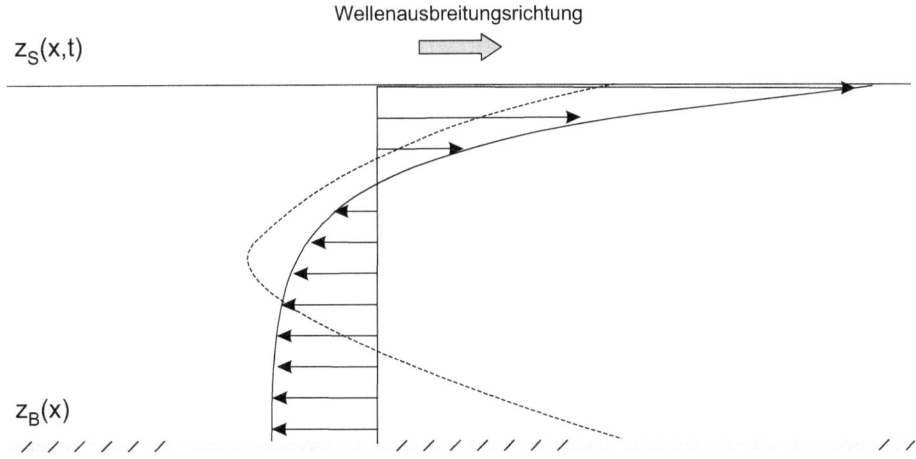

Abb. 10.12 Profil der Stoke'schen Driftbewegung unter einer Airy-Welle (durchgezogen) und einer rotationsbehafteten realen Welle (gestrichelt)

Das Profil ist in Abb. 10.12 dargestellt. Die absolute Stärke der Stokes-Drift an der Wasseroberfläche ($z = h$) steigt offenbar mit dem Quadrat der Wellenhöhe. Zur Analyse der anderen Abhängigkeit ersetzen wir die Kreisfrequenz durch die Dispersionsbeziehung (Abb. 10.13):

$$u_S(h) = \frac{A^2\sqrt{gk^3\tanh(kh)}}{2\sinh^2(kh)}\left(\cosh(2kh) - \frac{\sinh(2kh)}{2kh}\right).$$

Das Ergebnis in Abbildung zeigt, dass die Stokes-Drift umso stärker ist, je kürzer die Welle ist, da ein Schwimmkörper auf einer solchen Welle natürlich umso mehr Orbitalbewegungen ausführt. Die Stokes-Drift ist zudem in tieferem Wasser stärker als in flachem Wasser.

In Laborexperimenten beobachtet man im Widerspruch zur dargestellten Theorie auch direkt an der Sohle eine Driftgeschwindigkeit in Wellenrichtung, sodass sich das ebenfalls in Abb. 10.12 dargestellte residuelle Geschwindigkeitsfeld ergibt. Erklären kann man dieses nur dann, wenn man die Vereinfachung der Rotationsfreiheit fallenlässt [63]. Damit verlassen wir aber auch die Theorie der idealen Wellen.

10.6 Stokes-Wellen

Die Theorie der Airy-Wellen ist umso richtiger, je kleiner die Wellenamplitude A im Vergleich zur Wassertiefe h ist, denn es muss die Näherung $z_S(t) - z_B = h \simeq const.$ gelten. Für hohe Wellen in flachem Wasser besitzt die Airy-Theorie also nur eine beschränkte Gültigkeit.

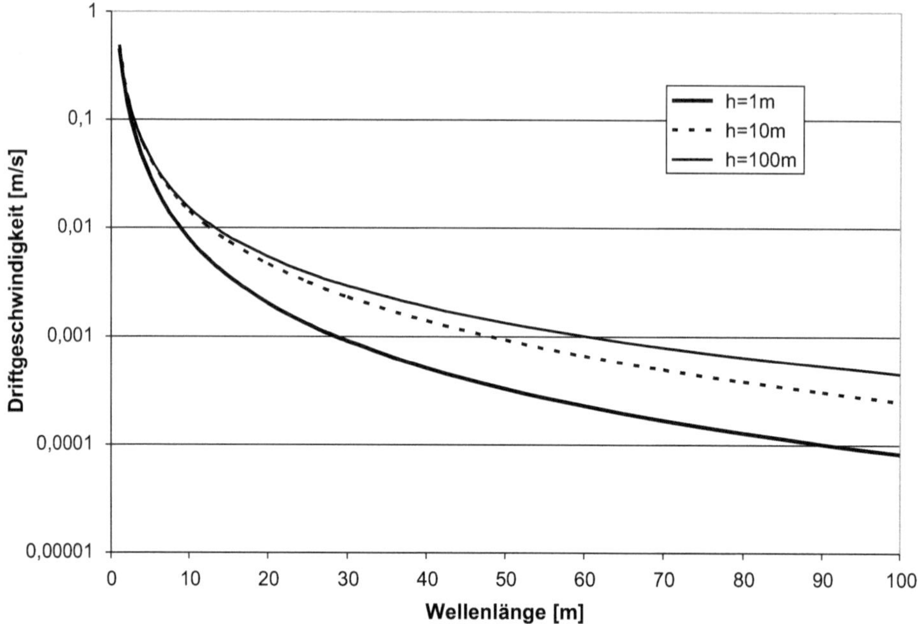

Abb. 10.13 Die Stärke der Stokes-Drift an der Wasseroberfläche für eine Welle einer Amplitude von 10 cm für verschiedene Wassertiefen

Ferner berücksichtigt die Airy-Theorie den Impulstransport mit der Strömung nicht, wodurch nur Wellen geringer Steilheit beschrieben werden. Die in der Natur auftretenden Wellen sind aber überwiegend recht steil, auch wenn die Amplitude klein bleibt. G.G. Stokes [100] hat daher 1847 eine Wellentheorie veröffentlicht, die die Nichtlinearitäten im Rahmen einer Störungstheorie annähernd berücksichtigt. Wir wollen hier auf die Darstellung der komplizierten Herleitung verzichten und uns gleich dem Ergebnis zuwenden. Es lautet für das Geschwindigkeitspotential einer in x-Richtung laufenden Welle [59]:

$$\phi(x, z, t) = -A \frac{\omega}{k} \frac{\cosh kz}{\sinh kh} \sin(kx - \omega t)$$

$$-\frac{3}{8} A^2 \omega \frac{\cosh 2kz}{\sinh^4 kh} \sin 2(kx - \omega t).$$

Die Oberflächenwelle erhält dann die Gestalt:

$$z_S(x, t) = \overline{z_S} + A \cos(kx - \omega t) + \frac{A^2 k}{4} \frac{(2 + \cosh(2kh)) \cosh(kh)}{\sinh^3 kh} \cos 2(kx - \omega t).$$

Ihre Form in Abb. 10.14 zeigt den Einfluss des Korrekturterms der doppelten Kreisfrequenz, der durch die mit Nichtlinearitäten verbundene Periodenverdopplung entsteht. Man erkennt,

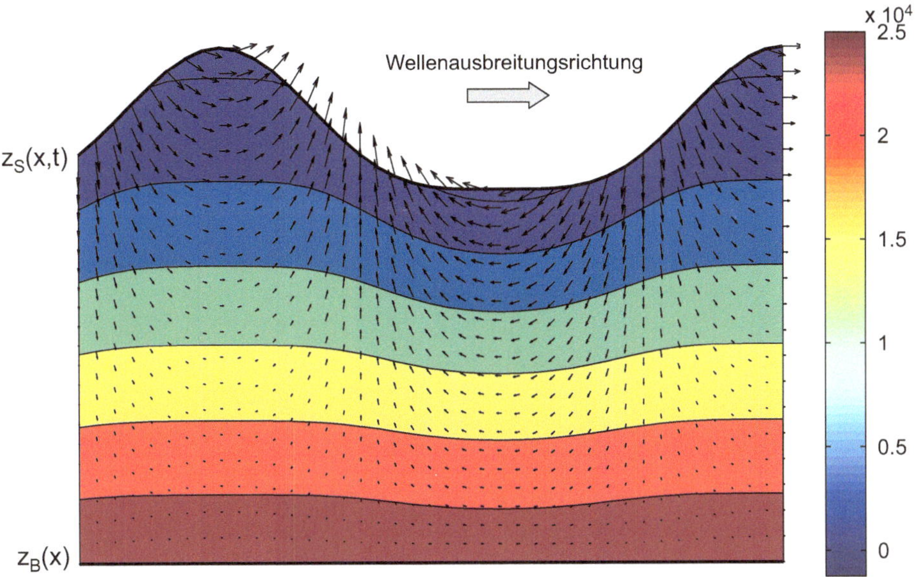

Abb. 10.14   Oberflächenform, Druckverteilung und Geschwindigkeiten unter einer Stokes-Welle

dass schon diese erste Korrektur die Wellengipfel wesentlich steiler macht, während die Wellentäler länger und flacher werden.

Die Geschwindigkeiten unter einer sich in x-Richtung fortpflanzenden Stokeswelle sind:

$$u(x,z,t) = \underbrace{A\omega \frac{\cosh kz}{\sinh kh} \cos(kx - \omega t)}_{\text{Airy}} + \underbrace{\frac{3}{4} A^2 k\omega \frac{\cosh 2kz}{\sinh^4 kh} \cos 2(kx - \omega t)}_{\text{Stokes 2. Ordnung}} \text{ und}$$

$$w(x,z,t) = -A\omega \frac{\sinh kz}{\sinh kh} \sin(kx - \omega t) - \frac{3}{4} A^2 k\omega \frac{\sinh 2kz}{\sinh^4 kh} \sin 2(kx - \omega t)$$

Die Stokes-Theorie ist allerdings nicht auf Tidewellen anwendbar. Dies ist leicht zu sehen, wenn man die freie Oberfläche für den Fall einer langen Welle in flachem Wasser ($kh \to 0 \Rightarrow \sinh(kh) \to 0, \cosh(kh) \to 1$) vereinfacht, sie wird dann zu

$$z_S(x,t) = \overline{z_S} + A\cos(kx - \omega t) + \frac{3A^2}{4k^2 h^3} \cos 2(kx - \omega t),$$

womit der Korrekturterm 2. Ordnung beliebig groß wird.

Übung 54

Leiten Sie die Formel für die Berechnung der Horizontalgeschwindigkeit u für Stokes-Wellen aus deren Geschwindigkeitspotential ϕ her.

10.7 Hydromechanische Belastungen von Offshoreanlagen

Das absehbare Versiegen der fossilen Brennstoffe als Energiequelle und die Auswirkungen des Treibhauseffekts machen die Suche nach der Gewinnung von regenerativen Energien zu eine der wichtigsten derzeitigen Ingenieuraufgaben. Über den Küstengewässern bietet sich der Wind besonders deshalb als regenerative Energiequelle an, weil die Windgeschwindigkeiten über der im Vergleich zum Land weniger rauen Wasseroberfläche hier weitaus größer sind. Zum anderen sind die Küstengewässer im Unterschied zur offenen See noch recht flach, sodass eine Gründung des Bauwerks möglich ist.

Eine Offshorewindenergieanlage (Abk. OWEA) ist nicht nur den größeren Windlasten, sondern auch den Strömungskräften des Seegangs und der Gezeiten ausgesetzt und muss im Vergleich zu Landbauwerken weitaus größeren mechanischen Belastungen Stand halten. Daneben ist die OWEA selbst keine statische Struktur in einer sonst dynamischen Umgebung, sondern wird durch den Rotor in Eigenschwingungen versetzt, die bei verschiedenen Betriebszuständen unterschiedlich auf die äußeren Anregungen reagieren.

Bei der Gründungsplanung spielt neben den äußeren Belastungen und den Gewichtskräften der gesamten Konstruktion auch die Tatsache eine Rolle, dass das Bauwerk auf einem u. U. sehr dynamischen Meeresboden stehen soll. Der zumeist sandige Boden des Küstengewässers besitzt durch Sedimenttransportprozesse eine eigene Morphodynamik. Hierdurch können Auswaschungen des Bodens um die Bauwerkspfeiler – sogenannte Kolke – auftreten, die die Standsicherheit der Anlage gefährden.

Bei der Planung eines solch komplexen Systems gilt es nicht nur die Sicherheit der Anlage, sondern auch die Zuverlässigkeit und Wirtschaftlichkeit über den gesamten Lebenszyklus zu beurteilen. Dies kann durch den Bau von Prototypen und durch die Simulation des Verhaltens der Gesamtanlage im Computermodell geschehen. Ein solche integrierte Simulationsumgebung besteht aus verschiedenen Modulen: Neben der Elastodynamik der aus verschiedenen Komponenten zusammengesetzten Windkraftanlage, deren Betriebszustände durch verschiedene Steuerungs- und Regelungsstrategien gefahren werden, müssen für die Belastungen aus der Hydro- und Atmosphäre verschiedene Szenarien entworfen und berücksichtigt werden.

Wir wollen uns hier natürlich nur auf die hydromechanischen Belastungen durch Gezeiten und Seegang konzentrieren und schauen uns dazu die in Abb. 10.15 dargestellte Konstruktion an. Sie soll zum einen die Last der Windenergieanlage tragen und zum anderen den Belastungen des Seegangs standhalten. Dieser induziert sowohl horizontale als auch vertikale, zeitabhängige Kräfte, die zu Zug- oder Druckbelastungen in den einzelnen Stäben führen.

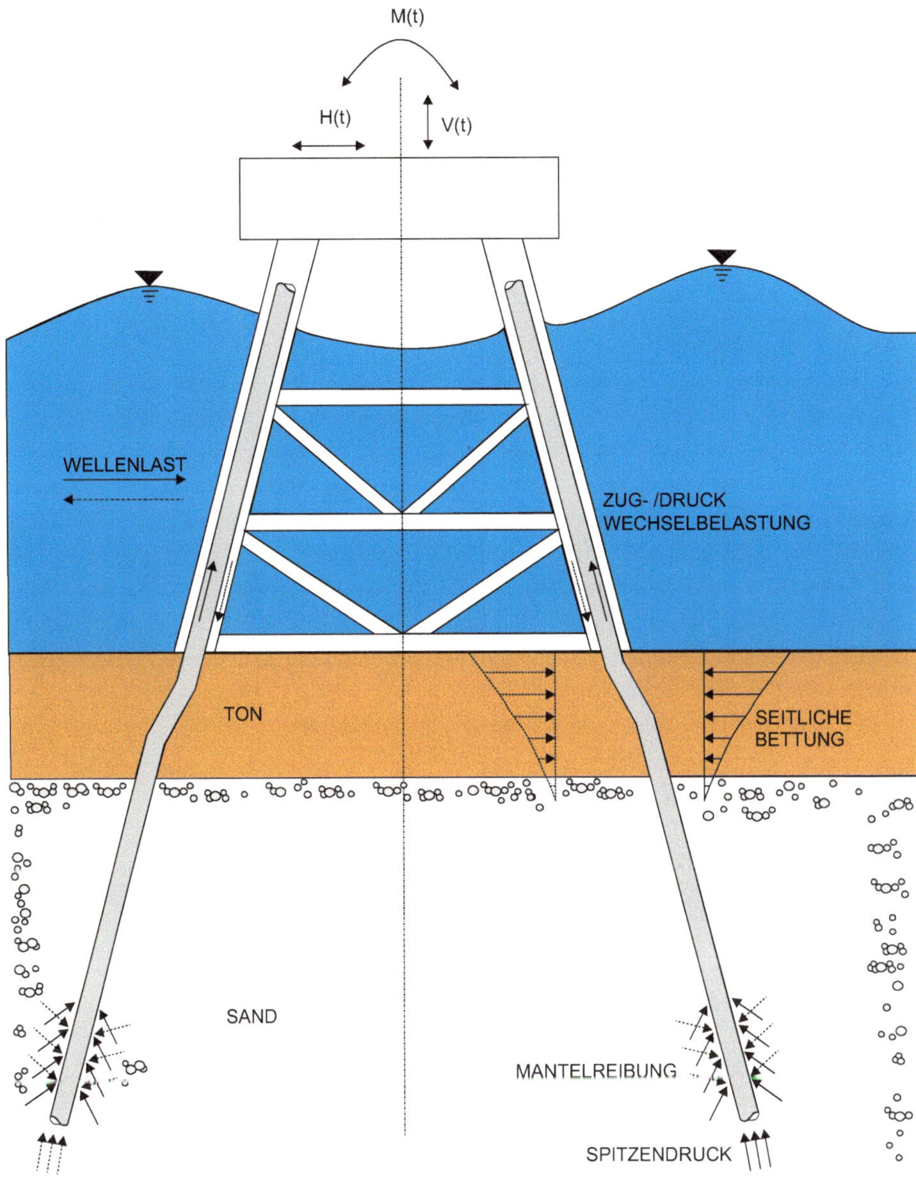

Abb. 10.15 Gründung einer OWEA als Jacket-Konstruktion. Durch die Seegangswellen und die Gezeiten entstehen Horizontal- und Vertikalkräfte, die zudem in jedem Pfeiler unterschiedlich sein können, da jeweils verschiedene Wellenphasen angreifen. Alle diese Kräfte und Momente müssen sicher in den Boden abgeführt werden (Abbildung nach [62])

10.7.1 Die Morison-Formel

Normalerweise werden Kräfte auf Bauwerke nur für stationäre Strömungsbelastungen behandelt. Wellen sind aber hochgradig instationär. In diesem Fall wird die Strömungskraft durch die Formel von Morison [76]

$$\vec{F}_W = \varrho C_M V \frac{\partial \vec{u}}{\partial t} + \frac{1}{2} \varrho C_D A \vec{u} |\vec{u}|$$

berechnet. Sie besteht aus zwei Anteilen, dem Massen- und dem Widerstandsanteil.

Der Widerstandsanteil

Der Strömungswiderstand eines Körpers ist proportional zur Anströmfläche A, und zum Quadrat der Anströmgeschwindigkeit, die in einem solchen Abstand vom Körper gemessen wird, dass dieser die Geschwindigkeit noch nicht durch Umströmungseffekte verändert hat.

Dennoch wirkt auf den Körper selbst nur das durch ihn selbst veränderte Geschwindigkeitsfeld und die daraus resultierenden Spannungen sowie das Druckfeld direkt an der Körperoberfläche. Diese Diskrepanz zwischen Anströmgeschwindigkeit in der Ferne und den Verhältnissen direkt am Körper wird durch den C_D-Beiwert ausgeglichen.

Sowohl Windenergieanlagen als auch Bohrinseln sind auf zylindrischen Strukturen gegründet, womit die Bestimmung der Strömungskräfte auf die Zylinder zu einem Standardproblem der Offshoretechnik wird.

Der C_D-Beiwert ist zum einen von der Reynolds-Zahl Re

$$Re = \frac{uD}{\nu}$$

abhängig. Diese dimensionslose Zahl berechnet sich aus dem Betrag der Anströmgeschwindigkeit u, dem Durchmesser des Zylinders D und der kinematischen Viskosität $\nu = 1 \cdot 10^{-6} \mathrm{m^2/s}$. Zum anderen beeinflusst die Rauheit der Zylinderoberfläche den C_D-Beiwert, wobei man im Allgemeinen eine glatte Oberfläche annimmt. Dann kann man den C_D-Wert des Kreiszylinders nach Schlichting [95] durch

$$\mathrm{Re} < 800: \; C_D = 3{,}07/\mathrm{Re}^{0{,}168},$$
$$800 \leq \mathrm{Re} < 6000: \; C_D = 1{,}0,$$
$$6000 \leq \mathrm{Re} < 11000: \; C_D = 1{,}0 + 0{,}2\,(\mathrm{Re} - 6000)/5000,$$
$$11000 \leq \mathrm{Re}: \; C_D = 1{,}2$$

approximieren.

Übung 55

Geben Sie den Reynolds-Zahl-Bereich für eine Gezeit einer Amplitude von 1 m in 10 m tiefem Wasser an, die einen Pfeiler mit einem Durchmesser von 1 m anströmt.

Der Massenanteil

Der erste Summand in der Morison-Formel ist einerseits vom Volumen V des angeströmten Körpers und andererseits von der Beschleunigung der Anströmgeschwindigkeit abhängig. Er berücksichtigt also die instationären Effekte bei der Anströmung von Körpern. Der Ansatz geht eigentlich auf Boussinesq zurück. Er berücksichtigte die Tatsache, dass bei der Anströmung eines Körpers durch ein beschleunigendes Fluid ein negatives Druckgefälle nach der Impulsgleichung

$$\varrho \frac{d\vec{u}}{dt} = -\operatorname{grad} p$$

entsteht. Da der Druck nun über dem Körper ein Gefälle aufweist, entsteht eine Nettokraft, die man durch den ersten Summanden parametrisieren kann.

Den Parameter C_M bezeichnet man als Massenkoeffizienten. Seine Werte liegen zwischen 0,95 und 2, wobei letzterer für den sicheren Entwurf von offshoretechnischen Anlagen empfohlen wird.

10.7.2 Die Kräfte der Gezeitenströmungen

Um die Kräfte der Gezeitenströmungen auf einen zylindrischen Pfeiler einer Offshore-Anlage zu bestimmen, müssen die Kennwerte der einzelnen Partialtiden am Konstruktionsort bekannt sein. Hieraus kann man sich die tiefengemittelten Strömungsgeschwindigkeiten nach der Flachwassertheorie bestimmen und die Morison-Formel auf einen Zylinder des Durchmessers D umschreiben. Die Kraft in Strömungsrichtung ist dann:

$$F_W(t) = \varrho C_M \pi \frac{D^2}{4} h(t) \frac{\partial u}{\partial t} + \frac{1}{2}\varrho C_D D h(t) u|u| = \varrho h(t) \frac{D}{2} \left(C_M \pi \frac{D}{2} \frac{\partial u}{\partial t} + C_D u|u| \right).$$

Dabei ist zu beachten, dass nun sowohl das Zylindervolumen als auch die angeströmte Fläche vom variablen Gezeitenwasserstand $h(t)$ abhängig sind.

Für den C_D-Beiwert kann man den Maximalwert 1,2 ansetzen, denn die Reynolds-Zahl des Problems liegt fast immer über 10 000.

Prinzipiell hat man mit den Koeffizienten der Partialtiden alles, um den exakten zeitlichen Verlauf der Gezeitenkraft auf den Pfeiler bestimmen zu können. Um einen Eindruck von ihrer Größenordnung zu bekommen, wollen wir sie näherungsweise bestimmen. Dazu kann man zuerst den Massenanteil vernachlässigen: Die Zeitableitung wird zu einer Multiplikation mit der Kreisfrequenz der Partialtiden, die für die dominante M_2-Gezeit $\omega_{M2} = 4\pi/89\,460\,s = 1,40 \cdot 10^{-4}$ rad/s ist. Es bleibt:

$$F_W(t) = \varrho h(t) \frac{D}{2} C_D u|u| = c_W D \frac{\varrho}{2} g A^2 \sin^2(kx - \omega t) \le c_W D \frac{\varrho}{2} g A^2 g.$$

Man bekommt das Ergebniss, dass die Widerstandskraft unabhängig von der Wassertiefe h ist. Dies ist für Offshoreanlagen sehr erfreulich, da diese zumeist in tiefem Wasser gebaut werden sollen, um z. B. bei Windkraftanlagen die möglichst hohen Windgeschwindigkeiten auf der offenen See ausbeuten zu können. Zudem sind im Tiefwasser der Deutschen Bucht auch die Gezeitenamplituden geringer als in Küstennähe, was ein Blick auf die dominante M_2-Gezeit in Abb. 5.13 belegt.

Werfen wir nun einen Blick auf die Maximalbeträge der wirkenden Kräfte. Für einen Pfeiler eines Durchmessers von $D = 1\,$m und einer Gezeitenamplitude von ebenfalls $A = 1\,$m bekommt man Belastungen von 5,9 kN. Um diese Zahl bewerten zu können, wollen wir sie mit der Gewichtskraft des Pfeilers vergleichen. Dieser besteht aus einem Stahlrohr, dessen Gesamtdichte natürlich von der Bewandungsstärke abhängig ist. Diese wird von Anlage zu Anlage sehr unterschiedlich sein, aber immer so bemessen werden, dass die Gesamtdichte größer als die des Wassers ist, damit die Anlage nicht aufschwimmt. Somit wird für die Gewichtskraft des Pfeilers die Abschätzung

$$F_G \geq \varrho g \pi \frac{D^2}{4} h$$

gelten, was bei einer Wassertiefe von 10 m mindestens 77 kN entspricht. Damit spielt die Gezeitenströmung nur eine untergeordnete Rolle in der Konstruktion der Anlage, was allerdings nicht heißt, dass sie vernachlässigt werden kann.

Übung 56

An der Position (RW 3400 000, HW 5960 000) in Richtung WSW von Helgoland (markiert durch ein Bezugskreuz in den Abb. 5.12 und 5.13) soll eine OWEA auf einem einbeinigen kreisförmigen Zylinder (d = 1 m) errichtet werden. Die mittlere Wassertiefe ist dort 32 m. Schätzen Sie die durch die Tideströmungen auf das Bauwerk wirkenden Kräfte ab.

1. Entnehmen Sie dazu aus den Abb. 5.12 und 5.13 die Amplituden und Phasen der dargestellten Partialtiden.
2. Synthetisieren Sie die sich ergebenden Tidewasserstände mithilfe eines Tabellenkalkulationsprogramms.
3. Berechnen Sie hieraus das zeitliche Verhalten der tiefengemittelten Strömungsgeschwindigkeit.
4. Berechnen Sie die auf das Bauwerk wirkende maximale Strömungskraft mit dem entsprechenden C_D-Wert und der tiefengemittelten Strömungsgeschwindigkeit.

10.7.3 Wellenkräfte auf Pfeilerbauwerke

Im Unterschied zu den Gezeitenströmungen kennen wir für Wellen schon die Geschwindigkeitsverteilung über die Wassertiefe. Die damit verbundene Verteilung der angreifenden

Strömungskräfte über den Pfeiler ist deshalb wichtig, weil sehr ungleichmäßige Kraftverteilungen innere Spannungen induzieren, die zu Materialversagen führen können. Zudem ist das Bauwerk schwingungsfähig und muss daher so konstruiert werden, dass seine Eigenfrequenzen nicht im Bereich der anregenden Frequenzen der Seegangswellen oder von Strömungsschwingungen liegen.

Da die Geschwindigkeitsverteilung bei einer Welle über die Wassertiefe stark variiert, müssen wir die Morison-Formel nun differentiell anwenden. Dazu ersetzen wir die Gesamtwassertiefe durch ein infinitesimales Höhenelement dz des Pfeilers

$$dF_W(t) = \varrho \frac{D}{2} \left(C_M \pi \frac{D}{2} \frac{\partial u}{\partial t} + C_D u|u| \right) dz$$

und bekommen die Gesamtkraft durch die Integration über die benetzte Pfeilerhöhe $h(t)$

$$F_W(t) = \int\limits_0^{h(t)} dF_W = \int\limits_0^{h(t)} \varrho \frac{D}{2} \left(C_M \pi \frac{D}{2} \frac{\partial u}{\partial t} + C_D u|u| \right) dz.$$

Sind die Amplitude, die Wassertiefe, die Periode oder die Wellenlänge bekannt, dann kann man nun die resultierende Kraft, deren Richtung sowie das Moment

$$M_{res}(t) = \int\limits_0^{h(t)} z\, dF_W = \int\limits_0^{h(t)} \varrho z \frac{D}{2} \left(C_M \pi \frac{D}{2} \frac{\partial u}{\partial t} + C_D u|u| \right) dz$$

bestimmen. Dabei werden zumeist Stokes-Theorien höherer Ordnung verwendet, da diese analytischen Formeln auf Computern nicht wesentlich mehr Arbeit bereiten als die Airy-Theorie. Es bleibt das Problem zu lösen, wie hoch die die Konstruktion angreifenden Wellen sind und welche Wellenlänge bzw. -periode sie haben. Hierauf werden wir in Kap. 13 zurückkommen.

Die Abb. 10.16 und 10.17 zeigen den zeitlichen Verlauf der Kraftdichte $dF_W(t)/dz$ auf einen Zylinder mit 1 m Durchmesser in 10 m tiefem Wasser. Der Pfeiler wird durch eine Stokes-Welle mit einer Periode von 4 s und einer Amplitude von 1 m belastet. Verglichen wird die vollständige Berechnung nach der Morison-Formel mit dem reinen Widerstandsanteil, d. h. $C_M = 0$. Wie nicht anders zu erwarten, steigt die Belastung zur Wasseroberfläche in beiden Fällen hin stark an. Bei der vollständigen Morison-Formel sind die Gesamtbeträge aber fast dreimal so hoch wie bei der stationären Widerstandsformel. Dies zeigt sehr eindringlich, dass die Massenkräfte bei Wellenbelastungen nicht vernachlässigt werden dürfen.

Ein weiterer Unterschied zeigt sich bei den Belastungsrichtungen. Bei der vollständigen Berechnung wird der Pfeiler am Wellenberg gestaucht und am Wellental gedehnt. Die unvollständige, stationäre Berechnung weist zu diesen Phasen nur Querkräfte auf.

Wir wollen dem konstruktiven Ingenieur an dieser Stelle über die Schulter schauen und ihn fragen, welche Konsequenzen unsere Ergebnisse haben. Setzt er ein elastisches Materialverhalten des Pfeilers an, so ist jede räumliche Änderung der äußeren Belastung mit einer

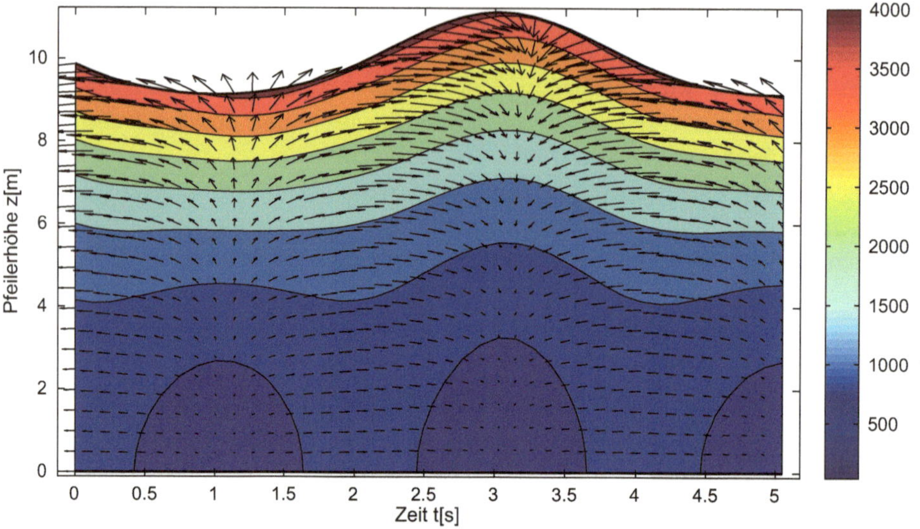

Abb. 10.16 Die vertikale Verteilung der differentiellen Wellenkraftvektoren auf ein Pfeilerbauwerk über die Zeit. Deren Betrag (in N/m) ist farbig unterlegt

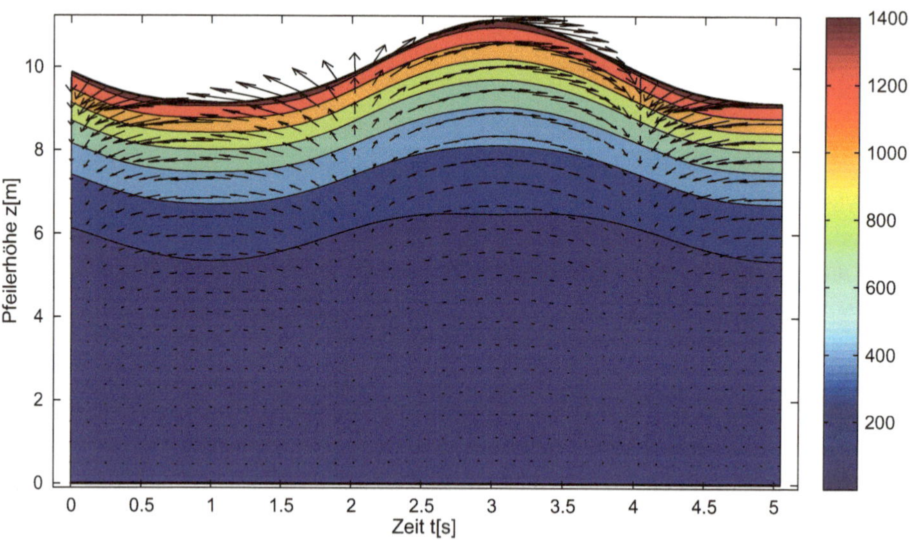

Abb. 10.17 Die vertikale Verteilung der differentiellen Wellenkräfte ohne Massenanteil auf ein Pfeilerbauwerk über die Zeit. Deren Betrag (in N/m) ist farbig unterlegt

Verformung verbunden. Betrachtet man dabei den Pfeiler als unendlich dünnen Stab des Elastizitätsmoduls E und passt sich die Verschiebung $\xi_x(z)$ des Pfeilers jederzeit sofort der Wellenbelastung an, so kann man diese näherungsweise als

$$\frac{\partial^2 \xi_x}{\partial z^2} = \frac{8}{E\pi D^2} \frac{\partial F_{W,x}(z,t)}{\partial z}$$

berechnen. Das Integral dieser Gleichung lässt sich noch analytisch auswerten. Das Ergebnis zeigt eine Verschiebung, die in Richtung der Wasseroberfläche noch stärker steigt als die Kurve der Belastungskraft.

Die angedeutete Rechnung soll zeigen, wie komplex die tatsächliche Bemessung eines auf Pfeilern gegründeten Offshorebauwerks ist. In der Praxis sind zudem noch Wellenschlag durch brechende Wellen, zeitabhängige Beschleunigungskräfte, die Oberflächenrauheit des Pfeilers, Pfeilerschwingungen durch Wirbelablösungen und eventuell der Einfluss anderer Pfähle in einer Pfahlgruppe zu berücksichtigen. Die konstruktive Gestaltung der Pfeiler geschieht natürlich ebenfalls nicht durch eine analytische Berechnung, sondern nutzt numerische Verfahren wie die Finite-Elemente-Methode und bezieht die dreidimensionale Ausdehnung der Pfeiler sowie instationäre Effekte wie elastische Wellen mit ein.

10.8 Zusammenfassung

Die lineare ideale Airy-Theorie beschränkt sich auf harmonische Oberflächenwellen, deren Amplitude klein gegenüber der Wassertiefe ist. Ihr wesentliches Ergebnis ist eine Dispersionsbeziehung, die besagt, dass jede Wellenperiode bei gegebener Wassertiefe genau eine Wellenlänge hat.

Unterhalb einer Airy-Welle nimmt die Geschwindigkeit vom Boden ausgehend zur Wasseroberfläche immer steiler zu. Dabei weist sie unter dem Wellengipfel in Wellenausbreitungsrichtung unter dem Wellental entgegengesetzt dazu. Die wichtigsten Zusammenhänge sind in der Tab. 10.1 für den allgemeinen Fall und die Spezialfälle Tief- und Flachwasser zusammengefasst.

Im zeitlichen Mittel ist mit Airy-Wellen ein Massenstrom verbunden, den man als Stokes-Drift bezeichnet. Er findet an der Wasseroberfläche in und an der Sohle entgegengesetzt zur Wellenausbreitungsrichtung statt.

Die idealen Wellentheorien sind nicht in der Lage, eine Reihe von Prozessen zu erklären, die bei Oberflächenwellen eine wichtige Rolle spielen. Diese sind insbesondere

- die Wechselwirkung mit der Atmosphäre, d. h. den Impulseintrag durch den Wind,
- die dreidimensionale Struktur von Seegangswellen,
- das Brechen von Wellen,

Tab. 10.1 Phasen- und Gruppengeschwindigkeit in der Airy-Theorie

	Allgemein	Tiefwasser	Flachwasser
Kreisgeschwindigkeit ω	$\sqrt{gk\,\tanh(kh)}$	$\sqrt{gk}$	$k\sqrt{gh}$
Phasengeschwindigkeit c	$\sqrt{\dfrac{g}{k}\tanh kh}$	$\sqrt{\dfrac{g}{k}}=\dfrac{g}{\omega}$	$\sqrt{gh}$
Gruppengeschwindigkeit $c_g(c)$	$\dfrac{g}{\omega}\tanh kh$	$\dfrac{1}{2}c$	c

- der Einfluss der Sohlrauheit,
- die viskose Energiedissipation in der Wassersäule und
- die Wechselwirkung von Wellen und Turbulenz.

Ihnen haben wir uns in den folgenden Kapiteln zu widmen.

Während Seegangswellen in den offenen Ozeanen nur die oberste Schicht der Wassersäule durchmischen, bekommen sie in den flachen Bereichen der Küstengewässer zunehmend Grundberührung. Dort sollte aber auch die Orbitalgeschwindigkeit der Wellen nach der Stokes'schen Wandhaftbedingung null werden, was nach der Airy'schen Theorie nach Gl. 10.10 nicht der Fall ist. Daher besteht unser erstes Ziel darin, das Geschwindigkeitsprofil der Wellen an der Sohle zu verbessern.

Wider aller Erfahrung üben Wellen nach der idealen Airy-Theorie zudem keine Schubspannung auf die Sohle aus. Betrachtet man dazu den Verlauf der Orbitalgeschwindigkeiten in Abb. 10.6, dann ist an der Sohle keine vertikale Steigung zu erkennen, was auch die analytische Lösung bestätigt. Das Geschwindigkeitsfeld gleitet hiernach also reibungsfrei über die Sohle. Diese sicherlich nicht richtige theoretische Folgerung soll im Folgenden verbessert werden.

An der Sohle verliert die Welle aber einen Großteil ihrer Energie, da sie fortwährend durch den Sohlkontakt gebremst wird. Wir wollen daher in diesem Kapitel unsere Wellentheorie so verbessern, dass sie auch das Verhalten der Strömung in der Grenzschicht zum Boden berücksichtigt und eine instationäre Grenzschichttheorie entwickeln.

Die dabei entwickelte Hydromechanik ist schon äußerst anspruchsvoll und verbessert nur die untersten Zentimeter des Geschwindigkeitsprofils unter Wellen. Genau dieses sohlnahe Geschwindigkeitsprofil bestimmt aber die Belastung der Sohle und damit die Sohlschubspannung. Diese wiederum entscheidet über die Stabilität der Sohle. Sind die wirkenden Sohlschubspannungen zu groß, werden die anstehenden Sedimente in Bewegung gesetzt und die damit verbundenen klein- und großräumigen Sedimenttransportprozesse verändern die Morphologie des Küstengewässers (Abb. 11.1 und 11.2).

© Springer Fachmedien Wiesbaden GmbH, ein Teil von Springer Nature 2018

295

A. Malcherek, *Gezeiten und Wellen*, https://doi.org/10.1007/978-3-658-19303-4_11

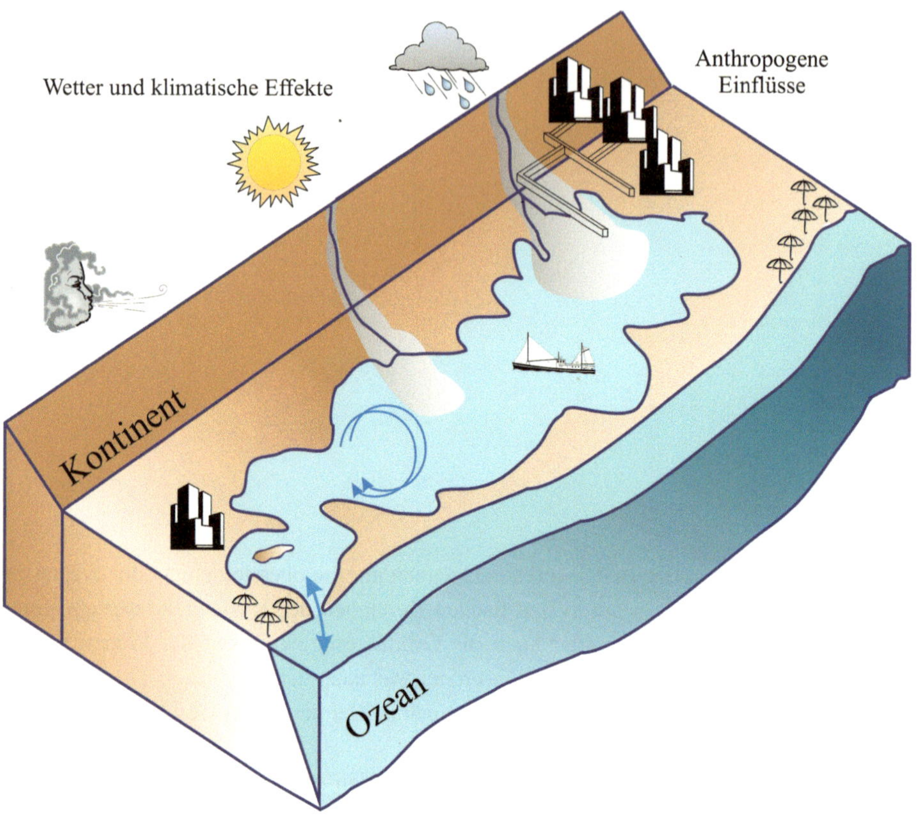

Abb. 11.1 Als Lagune bezeichnet man ein flaches, ausgedehntes Küstengewässer, welches nur durch einen oder mehrere schmale Zugänge mit der offenen See verbunden ist. Frischwasserzuflüsse tragen zwar Sedimente in die Lagune, sie sind aber meist zu schwach, um nennenswerte Strömungen in der Lagune anzutreiben. Durch die schmalen Öffnungen zur See haben auch die Gezeiten nur einen um die Zugänge begrenzten Einfluss. Die wichtigsten Strömungen in Lagunen sind also wind- und seegangsinduziert. Lagunen entstehen entweder dadurch, dass der Küstenlängstransport Ausbuchtungen der Küsten durch Nehrungen verschließt oder aber durch tektonische Änderungen der Küstenlinie. Beispiele für Lagunen sind die Boddengewässer an der deutschen Ostseeküste, die Lagune von Venedig, die Patos-Lagune im Süden Brasiliens oder die Xiaohai-Lagune in Südchina. Da die vor den Meereseinflüssen geschützten Lagunen schon immer hervorragende Plätze für Häfen waren, sind sie vielfältigen anthropogenen Einflüssen ausgesetzt, wie z. B. der Schiffbarmachung der Öffnung, der Landgewinnung oder dem Eintrag von Verschmutzungen

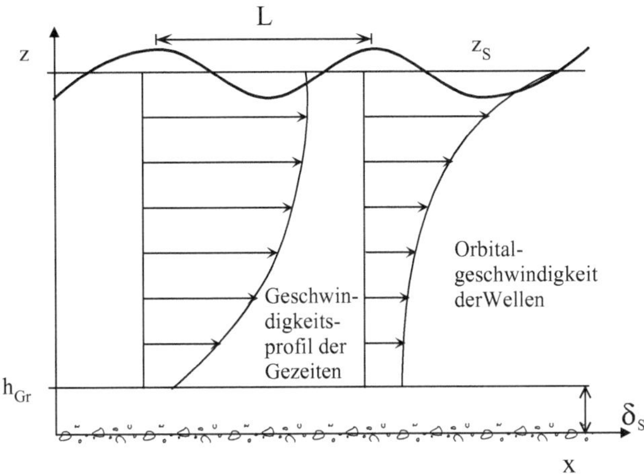

Abb. 11.2 Zum Problem der Grenzschicht unter Wellen und Gezeitenströmungen: Direkt an der Sohle muss die Geschwindigkeit null sein. Wie schnell steigt sie dann über welchen Bereich h_{Gr} an?

Durch den Seegang werden die Küstengewässer zu morphodynamisch einzigartigen Systemen. Sie unterscheiden sich von den Flüssen in der permanenten Belastung ihrer Sohle durch Gezeitenströmungen. Zudem bieten Flüsse dem Wind in der Regel so wenig Angriffsfläche, dass sich auch kein Seegang ausbildet. Die Ozeane sind dagegen so tief, dass die Wirkung des Seegangs nicht bis an die Sohle dringt. Lediglich in großflächigen Seen kann man auch seegangsinduzierte Sedimenttransporte beobachten, hier gibt es allerdings keine Gezeitenströmungen (Tab. 11.1).

Tab. 11.1 Belastung der Sohle durch verschiedene Bewegungsarten in unterschiedlichen Gewässerklassen

Sohlbelastung durch	Permanente Strömungen	Gezeiten	Seegang
Flüsse	Als Schleppspannung	Nein	Nein
Seen, Talsperren	In Zu- und Abflüssen	Nein	Falls großflächig
Meere, Ozeane	Ozeanische Zirkulationen	Ja	Keine Grundberührung
Küstengewässer	In Ästuaren	Ja	Ja

11.1   Die laminare Wellengrenzschicht

In den Zeiten vor der hydrodynamisch-numerischen Simulation hat man eine Strömung in der Grenzschichttheorie [95] gedanklich in zwei unterschiedliche Gebiete zerlegt: In der Grenzschicht zu einer Berandung wie der Gewässersohle sind die Geschwindigkeitsgradienten groß und die viskosen bzw. die turbulent viskosen Spannungen nicht vernachlässigbar, während diese außerhalb der Grenzschicht vernachlässigt wurden. Nach dieser Idee können wir die ideale Wellentheorie einfach nahezu bis zum Boden als gültig ansehen und müssen uns erst kurz über dem Boden mit Grenzschichtphänomenen auseinandersetzen. Wir gehen also davon aus, dass die Orbitalgeschwindigkeit u_B^w an der Sohle

$$u_B^w = \frac{A\omega}{\sinh kh} \sin\left(kx - \omega t\right) := u_B^{wm} \sin\left(kx - \omega t\right)$$

nicht mehr an der Sohle angenommen wird, sondern am oberen Rand der sohlnahen Grenzschicht. Wie die Strömungsgeschwindigkeit darunter dann auf null abfällt, muss dann im Rahmen der Grenzschichttheorie untersucht werden. Für diese haben wir im laminaren Fall

$$\frac{\partial u}{\partial t} = -\frac{1}{\varrho} \frac{\partial p}{\partial x} + \frac{\partial}{\partial z}\left(\nu \frac{\partial u}{\partial z}\right)$$

hergeleitet, wobei der Druckterm nun nicht durch ein konstantes Gefälle der Wasseroberfläche ersetzt werden kann.

Den unbekannten Druckgradienten können wir nun durch den Druck der idealen Wellentheorie am Gewässerboden

$$p(x, z_B, t) = \varrho g \overline{z_S} + \frac{\varrho g A}{\cosh kh} \sin\left(kx - \omega t\right) \Rightarrow -\frac{1}{\varrho}\frac{\partial p}{\partial x} = -\frac{gkA}{\cosh kh}\cos\left(kx - \omega t\right)$$

ersetzen:

$$\frac{\partial u}{\partial t} = \frac{\partial}{\partial z}\left(\nu \frac{\partial u}{\partial z}\right) - \frac{gkA}{\cosh kh}\cos\left(kx - \omega t\right).$$

In der als sehr dünn angenommenen Grenzschicht geht man nun davon aus, dass diese horizontale Druckableitung über die Grenzschichtdicke konstant bleibt.
Mit

$$\frac{gkA}{\cosh kh} := u_B^{wm}\omega = \frac{A\omega^2}{\sinh kh} \Rightarrow u_B^{wm} = \frac{A\omega}{\sinh kh}$$

folgt:

$$\frac{\partial u}{\partial t} = \frac{\partial}{\partial z}\left(\nu \frac{\partial u}{\partial z}\right) - u_B^{wm}\omega \cos\left(kx - \omega t\right). \tag{11.1}$$

Die Belastung der Wellengrenzschicht durch die darüber gleitende Welle ist also zeit- und ortsabhängig. Das Problem wird wesentlich vereinfacht, wenn man zunächst die Ortsabhängigkeit vernachlässigt, also keine Welle mehr, sondern eine oszillierende, in x-Richtung homogene Belastung annimmt:

$$\frac{\partial u}{\partial t} = \frac{\partial}{\partial z}\left(v\frac{\partial u}{\partial z}\right) - u_B^{wm}\,\omega\cos\left(\omega t\right).$$

Man hat es dann nur noch mit einer Grenzschichtströmung zu tun, die zeitlich oszilliert, die horizontale Struktur der Welle aber nicht mehr auflöst.

Analytische Lösung
Als Randbedingungen des Problems ist an der Sohle die Stokes'sche Wandhaftbedingung

$$u_B = 0$$

vorzugeben. Bei einer rauen Sohle wird dieser Wert nicht direkt am Boden, sondern an einer Rauheitshöhe z_0 angenommen.

Eine weitere Randbedingung ist am oberen Rand der Grenzschicht $z = h_{Gr}$ aufzustellen. Hier gilt mit

$$u_B^w = -u_B^{wm}\sin\left(\omega t\right)$$

eine Dirichlet'sche Randbedingung.

Zusammen mit den Randbedingungen kann man das Problem nun numerisch lösen oder dem analytischen Lösungsweg folgen, wie er z. B. in Lambs Standardwerk zur theoretischen Hydrodynamik [55] dargestellt ist. Danach ist die analytische Lösung in Sohlnähe:

$$u(z, t) = -u_B^{wm}\left(\sin(\omega t) - e^{-z/\delta_S}\sin(\omega t - z/\delta_S)\right).$$

Der maximalen Orbitalgeschwindigkeit an der Sohle kommt nun eine besondere Bedeutung zu. Sie ist in Abb. 11.3 für eine Welle mit einer Amplitude von nur 10 cm dargestellt. Eine solche Welle erzeugt sohlnahe Geschwindigkeiten im Bereich von Dezimetern pro Sekunde, wenn die Wellenlänge etwa doppelt so groß wie die Wassertiefe ist.

Das in dieser Gleichung neu auftauchende Längenmaß

$$\delta_S := \sqrt{\frac{2v}{\omega}}$$

wird auch als Stokes-Länge bezeichnet, da die Untersuchung der oszillierenden Grenzschicht auf ihn zurückgeht. Sie ist ein Maß für die Grenzschichtdicke, die für die Viskosität von Wasser für eine Welle mit einer Periode von 3 s z. B. 1 mm beträgt. Über diese Länge steigt die Geschwindigkeit von null auf die maximale sohlnahe Orbitalgeschwindigkeit. Es ist klar, dass letztere dabei nicht allzu groß sein darf, wenn die Verhältnisse nicht turbulent werden sollen.

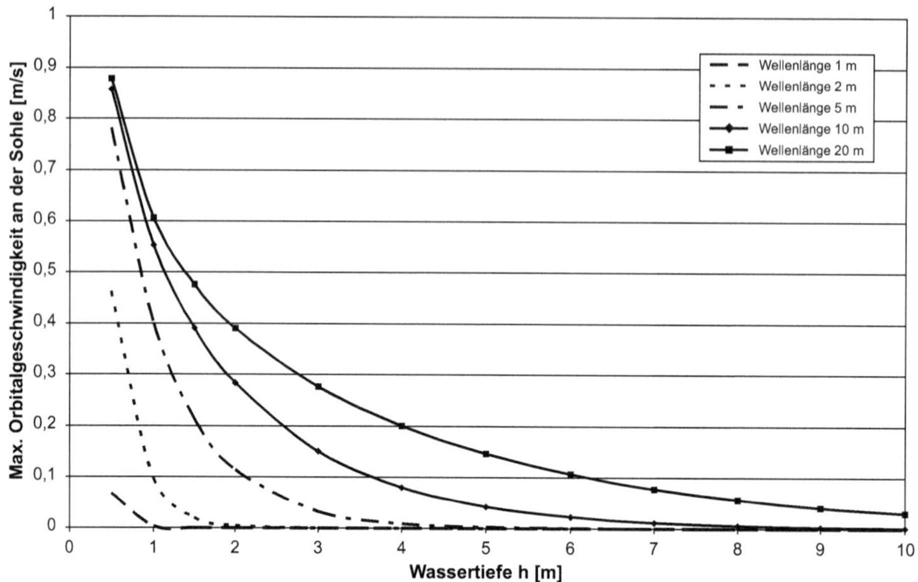

Abb. 11.3 Die maximale Orbitalgeschwindigkeit an der Sohle für eine Welle einer Amplitude von 10 cm ist grundsätzlich umso kleiner, je tiefer das Wasser ist. Sie steigt aber auch mit zunehmender Wellenlänge. Lange Wellen dringen also tiefer in den Wasserkörper ein

Die Geschwindigkeitsprofile sind in Abb. 11.4 über den Verlauf einer Periode darge-stellt. Sie sind für laminare Strömungen gut experimentell bestätigt [50]. Man erkennt, dass die tatsächliche Grenzschichtdicke etwa dem vierfachen der Stokes-Länge entspricht, die größten Geschwindigkeitsgradienten allerdings in der ersten Stokes-Länge über dem Boden auftreten.

Die Besonderheit dieser Profile ist die Tatsache, dass die Geschwindigkeit nicht mono-ton zur Sohle hin abnimmt. Vielmehr wird die Geschwindigkeit mit einer Zeitverzögerung der sohlnahen Orbitalgeschwindigkeit hinterhergezogen. Hierdurch entstehen direkt an der Sohle natürlich wesentlich höhere Steigungen des Geschwindigkeitsprofils.

Genau dieses ist proportional zur Sohlschubspannung, die man durch Ableitung nach z berechnen kann:

$$\tau_B(t) = -\varrho v u_B^{wm}/\delta_S \left(\sin(\omega t) + \cos(\omega t)\right) = -\varrho u_B^{wm} \sqrt{2v\omega} \sin\left(\frac{\pi}{4}\right) \sin\left(\omega t + \frac{\pi}{4}\right).$$

Obwohl die Sohlschubspannung periodisch oszilliert, ist sie nicht mit der Orbitalgeschwindigkeit in Phase, sondern hinkt dieser um $7\pi/4$ hinterher.

Diese instationäre Grenzschichttheorie der Wellen scheint auch auf Gezeitenwellen an-wendbar zu sein. Für diese könnte man annehmen, dass sich die Verhältnisse so langsam

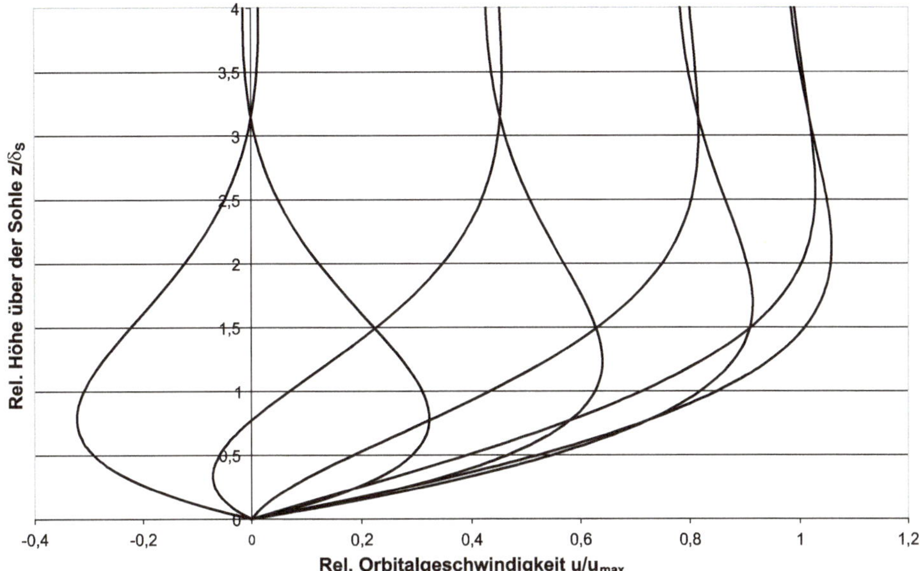

Abb. 11.4   Das viskose Grenzschichtprofil einer oszillierenden Strömung

ändern, dass es immer ein über die Vertikale ausgeglichenes Verhalten gibt und das Geschwindigkeitsprofil somit logarithmisch ist.

Tatsächlich kann man aber auch im Vertikalprofil der Tidestromgeschwindigkeit transiente Zustände erkennen. Dies zeigt ein Blick auf die Abb. 11.5, in der die verschiedenen Geschwindigkeitsprofile aus einem Tidezyklus eines dreidimensionale Modells dargestellt sind. Bis auf eines zeigen alle Profile ein kontinuierliches Ansteigen bis zur Wasseroberflä-

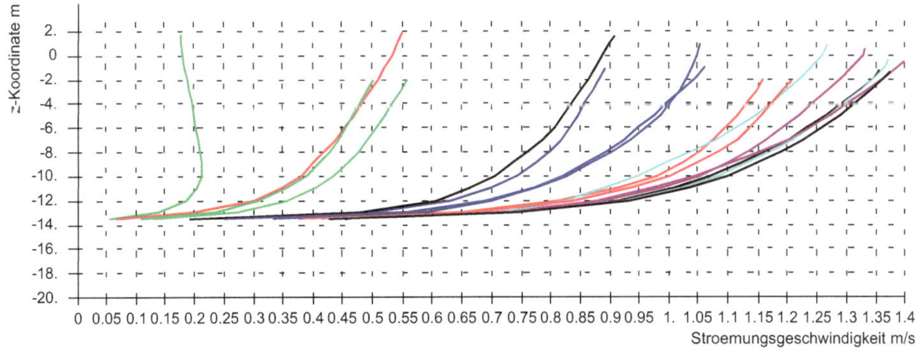

Abb. 11.5   Vertikale Geschwindigkeitsprofile der Gezeitenströmung in der Weser. Dargestellt ist jede Stunde der Betrag der sich aus einem 3-D-Modell ergebenden Strömungsgeschwindigkeit. (Quelle: Bundesanstalt für Wasserbau)

che. Das Profil mit den kleinsten Geschwindigkeiten in der Nähe des Kenterpunktes zeigt aber einen transienten Zustand: Die Geschwindigkeit kippt in Oberflächennähe schon in die Richtung der neuen Tidephase, während die sohlnahen Geschwindigkeiten hartnäckig noch die Richtung der alten Tidephase beibehalten wollen. Somit scheinen sich Gezeitenwellen so zu verhalten, als ob ihre Grenzschicht die gesamte Wassersäule überdeckt.

Übung 58
Berechnen Sie die Stokes-Länge für die M_2-Gezeit. Was besagt dieses Ergebnis?

11.2 Die turbulente Wellengrenzschicht

In natürlichen Gewässern ist die Wellengrenzschicht genau wie die mittlere Strömung turbulent. Ihre Berechnung wird dadurch auch hier etwas komplizierter und soll in mehreren Schritten vorgestellt werden.

11.2.1 Die turbulente Viskosität in der Grenzschicht unter Wellen

Um den turbulenten Charakter der Grenzschicht in einer oszillierenden Strömung zu berücksichtigen, muss die molekulare Viskosität dem Ansatz Boussinesq folgend durch ein turbulentes Wirbelviskositätsprofil ersetzt werden.

Viele analytische Ansätze für die turbulente Viskosität in der Wellengrenzschicht starten mit einem linearen Profil der Form

$$\nu_t(z) = \kappa u_*^{max} z,$$

weil man ein solches auch im unteren Bereich des logarithmischen Geschwindigkeitsprofils antrifft. Im Unterschied zur Fluss- oder Gezeitenströmung wurde hier aber ein Suffix *max* hinzugefügt, mit dem es folgende Bewandnis hat:

Der Wirbelviskositätsansatz geht allgemein davon aus, dass die turbulente Viskosität mit der Sohlschubspannung steigt, denn der starke Abfall der Geschwindigkeit in der Bodengrenzschicht produziert im Wesentlichen die turbulente kinetische Energie. Hat man es mit einer Oberflächenwelle zu tun, deren Periode im Sekundenbereich liegt, so ist fraglich, ob die turbulenten Fluktuationen im Laufe einer Wellenperiode vollständig verschwinden und wieder ansteigen. Messungen zeigen, dass die Intensität der turbulenten Fluktuationen in so einem kurzen Zeitraum nahezu konstant bleibt, die Dissipation an turbulenter kinetischer Energie also langsamer vonstatten geht. Somit setzt man die maximale, sich einstellende Sohlschubspannung während der gesamten Wellenperiode an, um die turbulente Viskosität zu berechnen.

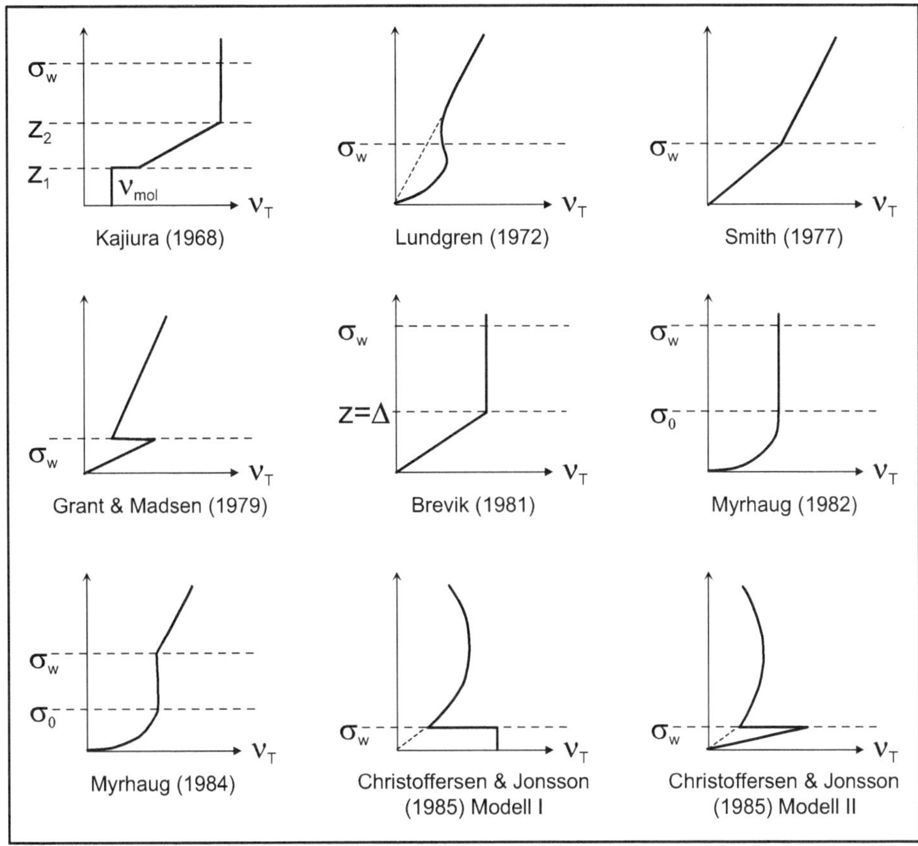

Abb. 11.6 Modelle zur Wirbelviskosität unter Wellen in der Grenzschicht zum Boden. (Nach [24])

Von dieser Grundannahme ausgehend, gibt es über den Verlauf der turbulenten Viskosität in der Wellengrenzschicht aber viele Ansätze, die in Abb. 11.6 zusammenfassend verglichen werden. Von der Sohle beginnend starten fast alle Modelle bei einem Wert null für die Wirbelviskosität, die dann linear oder quadratisch ansteigt. Natürlich sollte sie hierbei nicht ganz auf null gehen, sondern irgendwann den Wert der molekularen Viskosität $v_{mol} = 10^{-6}$ m²/s annehmen.

Dieser Sachverhalt ist lediglich in dem Modell von Kajiura 1968 [44] berücksichtigt. Für eine glatte Sohle startet er mit der molekularen Viskosität, im anderen Fall ist $v_t = 2.71 \kappa u_*^{max} h_1$, wobei h_1 die Höhe der inneren Schicht ist. Im darüberliegenden Übergangsbereich steigt die turbulente Viskosität linear nach $v_t = \kappa u_*^{max} z$ an, und im äußeren Bereich ist sie wieder konstant, $v_t = \kappa u_*^{max} h_2$, wobei h_2 die Höhe der oberen Grenze der Übergangsschicht ist.

In der historischen Entwicklung der Wirbelviskositätsprofile scheint es manchmal auch Rückschritte zu einfacheren Modellen zu geben. So nahm Brevik [7] ein im Vergleich zu Kajiura wesentlich einfacheres Zweischichtenmodell an, wobei dieses von der Sohle bis zur Grenzschichtoberkante durch $v_t = \kappa u_*^{max} z$ und von da an durch den konstanten Wert $v_t = \kappa u_*^{max} \delta$ beschrieben werden kann. Dies lag dann daran, dass Brevik die Modellgleichungen weniger vereinfachte, und im Unterschied zu Kajiura die Änderung der Wirbelviskosität unter der Ableitung berücksichtigte.

Zur Bestimmung der turbulenten Viskosität gibt es natürlich auch verschiedene Laborexperimente, die Nielsen [79] dokumentiert hat. Von ihrer Definitionsgleichung ausgehend sind hochaufgelöste Geschwindigkeitsmessungen in einem Wellenkanal erforderlich, um dann alle Terme rechnerisch zu bestimmen. Die Ergebnisse hierzu werden in der Grenzschicht über einer rauen Sohle durch die Gleichung

$$v_w = \kappa_w u_*^{max} z \quad \text{mit} \quad \kappa_w \simeq 0,10,...,0,13$$

gut wiedergegeben. Genau wie bei der stationären Gerinneströmung steigt die welleninduzierte Wirbelviskosität in Bodennähe linear an. Die dortige, als Karman-Konstante bezeichnet Proportionalitätskonstante ist allerdings viermal größer ($\kappa = 0,41$). Damit ist die durch die oszillierende Wellenbewegung induzierte Turbulenz wohl weniger ausgeprägt als in der stationären Strömung.

Glücklicherweise ist man heute nicht mehr auf die explizite Festlegung der turbulenten Viskosität angewiesen, sodass man diese mit sogenannten Turbulenzmodellen bestimmen kann. Hierunter bestätigt das k-ϵ-Modell eine Abhängigkeit von einer gebrochenen Potenz (also proportional zur Wurzel) der Wassertiefe, so wie sie im Modell von Myrhaug (1982) postuliert wird.

11.2.2 Das turbulente logarithmische Profil

Natürlich gibt es auch Ansätze, die von der Annahme eines logarithmischen Geschwindigkeitsprofils in der Wellengrenzschicht ausgehen. Dies ist allerdings nur mit einigen zugedrückten Augen im sohlnahen Bereich richtig. Die haben Grant und Madsen [29] gemacht und ein Profil in der Form

$$u(z, t) = \frac{u_B^{wm}}{\sqrt{\left(\ln \frac{\kappa u_*^{max}}{\omega z_0}\right)^2 + \left(\frac{\pi}{2}\right)^2}} \ln\left(\frac{z}{z_0}\right) \cos(\omega t + \phi)$$

angesetzt. Der Wert z_0 ist auch hier der Profilnullpunkt, der mit der Höhe der Rauheitselemente korreliert.

Wie im laminaren Fall ist die Geschwindigkeit in der Grenzschicht wieder gegenüber der Geschwindigkeit in der freien Wassersäule phasenverschoben; wobei der Winkel als

$$\tan \phi = \frac{\pi/2}{\ln \frac{\kappa u_*^{max}}{\omega z_0} - 1,15}$$

berechnet werden kann.

Sohlschubspannung

Diese kann nun wieder die Sohlschubspannung mithilfe ihrer Definitionsgleichung

$$\tau_B^w = \varrho \nu_t(z) \frac{\partial u}{\partial z} = \varrho \kappa u_*^{max} z \frac{\partial u}{\partial z}$$

bestimmt werden. Man erhält die implizite Bestimmungsgleichung

$$\tau_B^w = \varrho \kappa u_*^{max} \frac{u_B^{wm}}{\sqrt{\left(\ln \frac{\kappa u_*^{max}}{\omega z_0}\right)^2 + \left(\frac{\pi}{2}\right)^2}} \cos (\omega t + \phi),$$

die die Sohlschubspannung zwar auf der linken Seite, aber auch ihren Maximalwert u_*^{max} auf der rechten Seite enthält. Bevor wir diese weiter analysieren, sei festgestellt, dass die Sohlschubspannung ebenfalls periodisch oszilliert. Ferner ist sie proportional zum Produkt zweier Geschwindigkeiten.

11.2.3 Die Sohlschubspannungsformel von Bagnold

Zur praktischen Berechnung der Sohlschubspannung unter Wellen hat sich aber ein anderer Ansatz durchgesetzt, der schon 1946 von Bagnold eingeführt wurde. Er setzte diese proportional zum Quadrat der einfach berechenbaren maximalen Orbitalgeschwindigkeit am Boden an,

$$\tau_B^w = \frac{1}{2} f_w \varrho \|u_B^{wm}\| u_B^{wm} \cos (\omega t),$$

wobei die Phasenverschiebung ϕ weggelassen wurde, da sie irrelevant ist, wenn man sich nur für die Sohlschubspannung interessiert. Hinzu kommt ein Proportionalitätsfaktor f_w, der als Sohlrauheitsbeiwert bezeichnet wird.

Diesen kann man durch das Gleichsetzen mit dem logarithmischen Profil aus der Wellengrenzschichttheorie quantifizieren. Man bekommt die folgende Bestimmungsgleichung für den Sohlrauheitsbeiwert f_w unter Wellen

$$f_w = \frac{u_*^{max}}{u_B^{wm}} \frac{2\kappa}{\sqrt{\left(\ln \frac{\kappa u_*^{max}}{\omega z_0}\right)^2 + \left(\frac{\pi}{2}\right)^2}}, \tag{11.2}$$

in der noch die Schubspannungsgeschwindigkeit der Wirbelviskosität u_*^{max} unbekannt ist. Wird die Bodengrenzschicht nur durch Wellen belastet, dann gilt für diese:

$$u_*^{max} = \sqrt{\frac{f_w}{2}}\, u_B^{wm}.$$

Hiermit wird die Bestimmungsgleichung für den Sohlrauheitsbeiwert f_w leider implizit:

$$\sqrt{\frac{f_w}{2}} = \frac{\kappa}{\sqrt{\left(\ln\left(30\kappa\sqrt{f_w/2}\,A_B/k_s\right)\right)^2 + \left(\frac{\pi}{2}\right)^2}},$$

wobei der Zusammenhang zwischen dem Nullpunkt des logarithmischen Geschwindigkeitsprofils und der äquivalenten Rauheit nach Nikuradse

$$z_0 = k_s/30$$

und die sohlnahe Maximalauslenkung der Orbitalbewegung

$$A_B = \frac{u_B^{wm}}{\omega} = \frac{A}{\sinh kh}$$

eingeführt wurden. Letztere parametrisiert die sohlnahe Maximalgeschwindigkeit über der Grenzschicht mit den messbaren Wellenparametern Amplitude, Wellenzahl und Wassertiefe.

Diese implizite Bestimmungsgleichung für die Wellenrauheit wurde in der Folge sowohl theoretisch als auch experimentell durch verschiedene Ansätze verbessert. Hier seien die Folgenden aufgezählt:

- Grant und Madsen (1979) [28]:

$$\frac{1}{4\sqrt{f_w}} + \log\frac{1}{4\sqrt{f_w}} = \log\frac{A_B}{k_s} - 0{,}17 + 0{,}96\sqrt{f_w},$$

- Kajiura (1968) [44]:

$$\frac{1}{4{,}05\sqrt{f_w}} + \log\frac{1}{4\sqrt{f_w}} = -0{,}254 + \log\frac{A_B}{k_s},$$

- Jonsson und Lundgren (1964) [43]

$$\frac{1}{4\sqrt{f_w}} + \log\frac{1}{4\sqrt{f_w}} = -0{,}08 + \log\frac{A_B}{k_s},$$

- Kamphuis (1975) [46]

$$\frac{1}{4\sqrt{f_w}} + \log\frac{1}{4\sqrt{f_w}} = -0{,}35 + \frac{4}{3}\log\frac{A_B}{k_s} \quad \text{für}\quad A_B/k_s < 50,$$

$$f_w = 0,4 \left(\frac{k_s}{A_B} \right)^{0.75} \quad \text{für} \quad 50 < A_B/k_s < 100$$

mit $k_s = 2d_{90}$.

Die vom Typ her identischen impliziten Gleichungen für die Wellenreibung f_w müssen iterativ gelöst werden. Diese Prozeduren benötigen schon fünf bis zehn Iterationen, um eine hinreichende Genauigkeit zu erzielen. Swart [101] hat daher eine explizite Berechnungsvorschrift vorgeschlagen, die da lautet:

$$f_w = \begin{cases} \exp\left(5,213 \left(\frac{A_B}{k_s} \right)^{-0,194} - 5,977 \right) & \text{falls} \quad A_B > k_s, \\ \exp\left(5,21 - 5,977 \right) = 0,46 & \text{sonst} \end{cases} \tag{11.3}$$

Da diese für $A_B \to 0$ divergiert, wurde eine Einschränkung eingeführt, die fordert, dass die maximale Orbitalauslenkung an der Sohle die Kornrauheit schon überschreiten sollte. Der Autor dieser Beziehung schlägt vor, die Sohlrauheit dabei als $k_s = 2.5d_{50}$ zu bestimmen.

Der Vergleich in Abb. 11.7 zeigt ein sehr ähnliches Verhalten der Ansätze von Kajiura und Swart, wenn das Bedeckungsverhältnis A_B/k_s größer als zehn ist.

Die folgende MATLAB-Funktion bestimmt den Reibungsbeiwert in der von Swart vorgeschlagenen Form. Man kann diesen Startwert natürlich bei Bedarf durch eine der iterativen Funktionen verbessern:

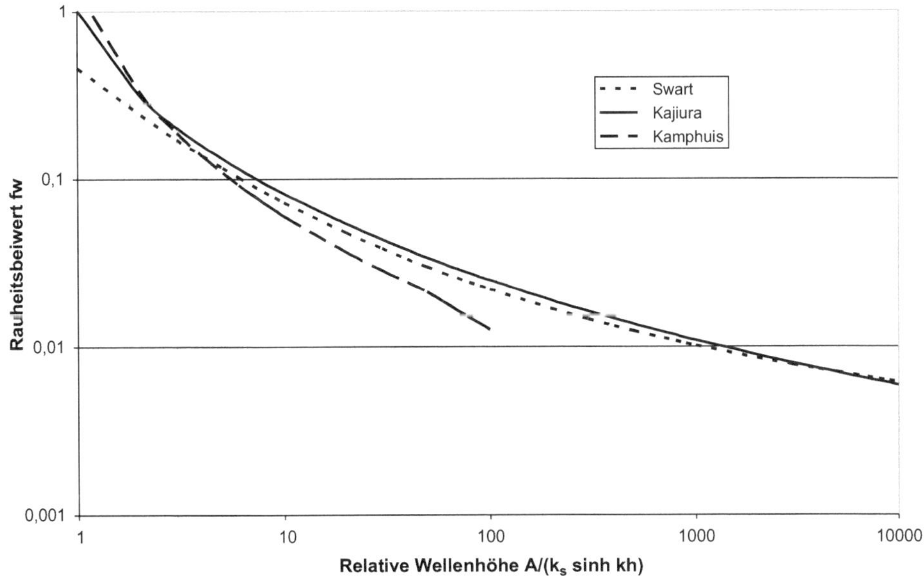

Abb. 11.7 Der Reibungsbeiwert für Wellen nach Kajiura (*durchgezogene Linie*), Swart (*gepunktete Linie*) und Kamphuis (*gestrichelte Linie*)

```
function fw=wave_friction_factor(A,ks,k,h)
  ab=A./sinh(k*h);
  fw=0.00251*exp(5.21*(ab/ks).^(-0.19));
  fw=min(0.46,fw);
end
```

11.2.4 Der Maximalwert der Wellensohlschubspannung

Der Maximalwert der welleninduzierten Sohlschubspannung bestimmt einerseits das welleninduzierte Turbulenzklima und geht in die Berechnung von u_*^{max} und damit in die turbulente Wirbelviskosität ein. Er ist:

$$\tau_B^{wm} = \frac{1}{2} f_w \varrho \frac{A^2 \omega^2}{\sinh^2 kh} = \frac{1}{2} f_w \varrho \frac{A^2 gk \tanh kh}{\sinh^2 kh} = f_w \varrho \frac{A^2 gk}{\sinh 2kh}. \tag{11.4}$$

Zum anderen entscheidet der Maximalwert der Wellensohlschubspannung über die Mobilisierung von Sedimenten in Küstengewässern. Da der Nenner mit abnehmender Wassertiefe gegen null konvergiert, hat die Wellensohlschubspannung einen erheblichen Einfluss in Flachwassergebieten.

Die Abb. 11.8 zeigt eine mit der Amplitude stark ansteigende Sohlschubspannung. Hohe Wellen werden also stärker als niedrige Wellen gedämpft. Erstaunlich ist zunächst jedoch, dass lange Wellen stärker als kurze Wellen gedämpft werden. Dies liegt daran, dass lange Wellen tiefer in die Wassersäule eindringen, also wesentlich mehr Grundberührung haben als kurze Wellen.

Übung 59
Berechnen Sie die maximale Sohlschubspannung unter einer Welle von 10 m Länge und einer Amplitude von 1 m in 20 m tiefem Wasser.

11.2.5 Die Grenzschichtdicke

Abschließend wollen wir die Grenzschichtdicke unter Wellen untersuchen. Sie ist dadurch definiert, dass an ihrer Oberkante δ_{Gr} die Wellenorbitalgeschwindigkeit angenommen wird. Für sie erhält man somit den Zusammenhang:

$$\delta_{Gr} = z_0 \exp\left(\sqrt{\left(\ln \frac{\kappa u_*^{max}}{\omega z_0}\right)^2 + \left(\frac{\pi}{2}\right)^2}\right).$$

Dieser Zusammenhang beinhaltet die inversen Funktionspaare Exponentialfunktion und Logarithmus sowie die Wurzel und das Quadrat. Könnte man also den aus der Phasenverschiebung resultierenden Term $\pi/2$ vernachlässigen, dann würde der Ausdruck in sich

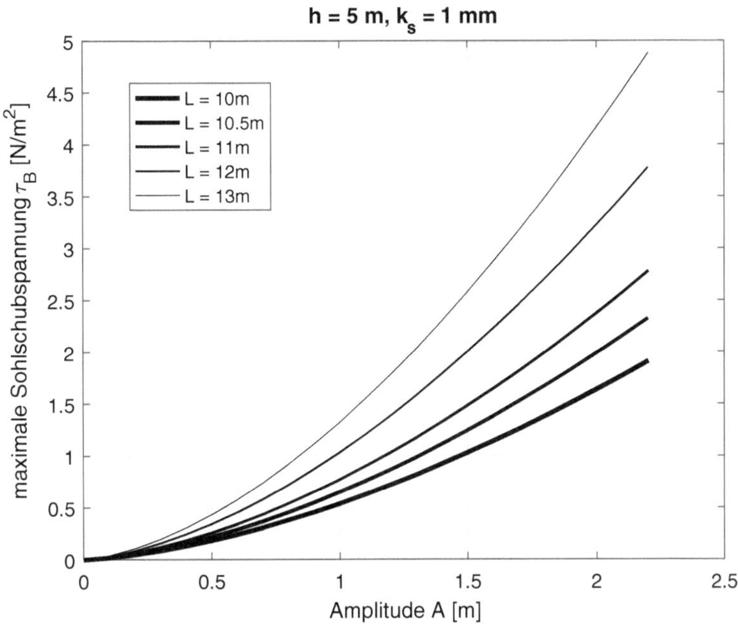

Abb. 11.8   Die Sohlschubspannung unter Wellen in 5 m Wassertiefe

kollabierend viel einfacher. Daher lassen ihn Grant und Madsen zunächst weg und korrigieren dessen Wirkung durch eine Verdopplung der sich dann ergebenden Grenzschichtdicke:

$$\delta_{Gr} = 2\frac{\kappa u_*^{max}}{\omega}.$$

Sie wächst proportional zur Wellenperiode. Sehr lange Wellen, wie die Gezeiten, entwickeln also Grenzschichten mit logarithmischem Geschwindigkeitsprofil, die sich über die gesamte Wassersäule ausbreiten. Mit kürzer werdenden Perioden wird die Grenzschichtdicke immer kleiner. Dies liegt daran, dass kurze Wellen den Boden gar nicht mehr erreichen, weil ihr Geschwindigkeitsprofil sehr steil an der Wasseroberfläche abfällt. Bei ihnen findet die gesamte Energiedissipation also in den obersten Schichten der Wassersäule statt.

Übung 60

Schätzen Sie die Grenzschichtdicke unter einer M_2-Gezeitenwelle der Amplitude von 1 m in 8 m tiefem Wasser ab.

1. Bestimmen Sie zunächst die maximale, tiefengemittelte Strömungsgeschwindigkeit.
2. Berechnen Sie mit der Formel von Nikuradse die Sohlschubspannung und die Sohlschubspannungsgeschwindigkeit.
3. Bestimmen Sie nun die Grenzschichtdicke und vergleichen Sie diese mit der Wassertiefe.

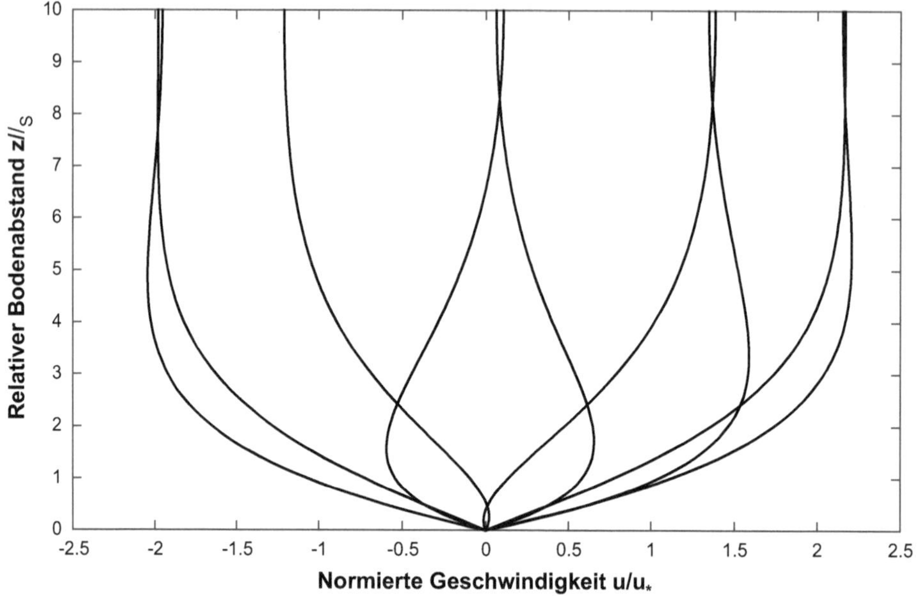

Abb. 11.9 Das turbulente Geschwindigkeitsprofil in der Grenzschicht einer Welle über einer rauen Sohle

11.2.6 Die oszillierende turbulente Grenzschicht

Nun haben wir alle Zusammenhänge, um die turbulente Grenzschichtgleichung

$$\frac{\partial u}{\partial t} = \frac{\partial}{\partial z}\left(v_t\,\frac{\partial u}{\partial z}\right) + u_B^{wm}\,\omega\cos(\omega t)$$

mit der pdepe-Funktion lösen. Das Ergebnis in Abb. 11.9 sieht ähnlich wie das laminare Geschwindigkeitsprofil aus. Die Grenzschicht erstreckt sich nun aber über größere Bereiche über der Sohle. Auch hier muss das Geschwindigkeitsprofil mit der Orbitalgeschwindigkeit der idealen Wellentheorie bis an die Wasseroberfläche fortgesetzt werden.

11.3 Die Kombination von Strömung und Welle

In der Grenzschicht zur Sohle werden sowohl die Geschwindigkeiten der Gezeitenströmungen als auch der Orbitalbewegungen der Seegangswellen auf null abgedämpft. Wir wollen nun eine Grenzschichttheorie entwickeln, die beide Strömungsarten hier verbindet. Dazu beginnen wir wieder mit der allgemeinen turbulenten Grenzschichtgleichung

$$\frac{\partial u}{\partial t} = -\frac{1}{\varrho}\frac{\partial p}{\partial x} + \frac{\partial}{\partial z}\left(v_t(z)\frac{\partial u}{\partial z}\right)$$

und zerlegen das Geschwindigkeitsfeld und den Druck dort in seinen Gezeitenströmungs- (u^c bzw. p^c) und seinen Wellenanteil u^w bzw. p^w. Da der Gezeitenströmungsanteil auf wesentlich längeren Zeitskalen als der Wellenanteil oszilliert, können wir diesen als quasistationär betrachten und vernachlässigen seine Zeitableitung:

$$\frac{\partial u^w}{\partial t} = -\frac{1}{\varrho}\frac{\partial p^c + p^w}{\partial x} + \frac{\partial}{\partial z}\left(v_t(z)\frac{\partial u^c + u^w}{\partial z}\right).$$

Die Gleichung ist in zwei Einzelanteile separierbar, wenn nur die Wirbelviskosität für Strömung und Welle dieselbe ist. Dies ist plausibel, da diese mit der vorhandenen Turbulenzintensität zusammenhängt, die auf beide Geschwindigkeitsanteile wirkt:

$$0 = -\frac{1}{\varrho}\frac{\partial p^c}{\partial x} + \frac{\partial}{\partial z}\left(v_t(z)\frac{\partial u^c}{\partial z}\right),$$

$$\frac{\partial u^w}{\partial t} = -\frac{1}{\varrho}\frac{\partial p^w}{\partial x} + \frac{\partial}{\partial z}\left(v_t(z)\frac{\partial u^w}{\partial z}\right).$$

In beiden Gleichungen wird in der Grenzschicht (und nur dort) wieder eine zeitlich konstante Wirbelviskosität der Form $v_t = \kappa u_*^{max} z$ angenommen.

11.3.1 Die kombinierte Sohlschubspannungsgeschwindigkeit

In die auf die mittlere Strömung und Welle wirkende Wirbelviskosität geht die maximale Sohlschubspannungsgeschwindigkeit u_*^{max} ein. Sie ist das Resultat der bodennahen Turbulenzproduktion in der kombinierten Grenzschicht von mittlerer Strömung und Welle. Hier hat sich der Ansatz

$$u_*^{max} = \sqrt{\left(u_*^c\right)^2 + \left(u_B^{wm}\right)^2} \tag{11.5}$$

bewährt.

11.3.2 Die Beeinflussung der mittleren Strömung durch Wellen

Wir wollen uns zunächst der als quasistationär angenommenen Gezeitenstromung zuwenden und die Frage beantworten, wie das Vorhandensein von Seegangswellen sie beeinflusst. Ihr Geschwindigkeitsprofil wird durch die Gleichung

$$\frac{1}{\varrho}\frac{\partial p^c}{\partial x} = \frac{\partial}{\partial z}\left(v_t(z)\frac{\partial u^c}{\partial z}\right)$$

beschrieben. Auf der linken Seite steht der Druck als die Gezeitenströmung antreibende Kraft, der als hydrostatisch angenommen werden kann. Damit wird der horizontale Druckgradient zu einem Wasserspiegelgradient, der durch eine Schubspannungsgeschwindigkeit u_*^c quantifiziert werden soll:

$$\frac{1}{\varrho}\frac{\partial p^c}{\partial x} = g\frac{\partial z_S}{\partial x} = -\frac{(u_*^c)^2}{h}.$$

Damit wird die Grenzschichtgleichung der mittleren stationären Strömung zu:

$$-\frac{(u_*^c)^2}{h} = \frac{\partial}{\partial z}\left(\nu_t(z)\frac{\partial u^c}{\partial z}\right).$$

Die turbulente Viskosität auf der rechten Seite wird nun aber durch die gemeinsame Grenzschicht von Strömung und Welle produziert, die durch die kombinierte Sohlschubspannungsgeschwindigkeit u_*^{max} repräsentiert wird. Wir setzen diese turbulente Viskosität in einem parabolischen Wirbelviskositätsprofil bis zur Wasseroberfläche fort:

$$-\frac{(u_*^c)^2}{h} = \frac{\partial}{\partial z}\left(\kappa u_*^{max} z\left(1-\frac{z}{h}\right)\frac{\partial u^c}{\partial z}\right).$$

Die Lösung dieser Gleichung ist:

$$u^c(z) = \frac{u_*^c}{\kappa}\frac{u_*^c}{u_*^{max}}\ln\frac{z}{z_0} = \frac{u_*^c}{\kappa}\frac{u_*^c}{u_*^{max}}\ln\frac{30z}{k_s}.$$

Die über die Tiefe gemittelte Geschwindigkeit kann auch hier durch Integration bestimmt werden:

$$\bar{u} = \frac{u_*^c}{\kappa}\frac{u_*^c}{u_*^{max}}\left(\ln\frac{h}{z_0}+\frac{z_0}{h}-1\right) = \frac{u_*^c}{\kappa}\frac{u_*^c}{u_*^{max}}\left(\ln\frac{h}{2.718z_0}+\frac{z_0}{h}\right). \tag{11.6}$$

Die Wirkung der Wellen auf die mittlere Strömung ist sehr klar im 2. Bruch auf der rechten Seite zu erkennen. Da dieser immer kleiner als eins ist, wird die mittlere Strömung in der Bodengrenzschicht durch den Einfluss der Wellen gebremst. Dieses Verhalten wollen wir einmal numerisch untersuchen.

Nehmen wir dazu einmal an, dass sich in einem Küstengewässer die Wassertiefe h bei einem durch die Gezeiten sich einstellenden Oberflächengradienten $\frac{\partial z_S}{\partial x}$ einstellt. Wenn zudem die k_s bekannt ist, dann können wir nun das sich einstellende logarithmische Geschwindigkeitsprofil bestimmen. Nun kommt aber ein Seegang hinzu, der durch eine Wellenlänge L und eine Amplitude A charakterisiert werden kann. Durch die erhöhte Turbulenz wird dann die Geschwindigkeit gedämpft. Das folgende MATLAB-Programm berechnet diese gedämpfte Geschwindigkeit:

```
dzsdx=-1e-4;
g=9.81;
h=10;
```

```
ustarc=sqrt(-g*h*dzsdx);
ks=0.01;

L = 20;
k=2*pi/L;
omega=sqrt(9.81*k*tanh(k*h));
T=2*pi/omega
A=1.2;
ubwm=A*omega/sinh(k*h);
fw=wave_friction_factor(A,ks,k,h)
ustarm=sqrt(fw/2)*ubwm

ustarmax=sqrt( ustarc^2+ustarm^2);

kappa=0.41;
z0=ks/30;
z=[z0:h/100:h];
u=ustarc^2/kappa/ustarmax*log(z/z0);
plot(u,z,'LineWidth',2,'Color',[0 0 0]);
hold on
u=ustarc/kappa*log(z/z0);
plot(u,z,'LineWidth',2,'Color',[1 0 0]);
```

Die Abb. 11.10 zeigt als Ergebnis dieser Berechnung eine merkliche Beeinflussung des Geschwindigkeitsprofils unter Wellen. Wenn unter diesen Bedingungen der Abfluss etwa in einem Ästuar gleich bleibt, dann muss sich natürlich die Wassertiefe bei gleich bleibender Oberflächenneigung erhöhen. Seegang und Wellen führen also zu erhöhten Sturmwasserständen an der Küste.

Die These von der scheinbaren Sohlrauheit

Diese Wasserstandserhöhung durch die Zunahme der welleninduzierten Turbulenz wurde in der Literatur zunächst durch eine erhöhte scheinbare Rauheit der Sohle modelliert [29]. Eine erhöhte Sohlrauheit erhöht die Sohlschubspannung, während aber eigentlich die Turbulenz in der Wassersäule erhöht wird. Ich empfehle daher, nicht die Rauheit zu erhöhen, sondern eine scheinbare Sohlschubspannungsgeschwindigkeit wie oben gezeigt einzuführen. Die Theorie von der scheinbaren Sohlrauheit sei hier aber dennoch kurz vorgestellt.

Dazu setzt man oberhalb der Wellengrenzschicht ein ungestörtes logarithmisches Profil der mittleren Strömung logarithmisch mit einer scheinbaren Rauheit k_s^{app} an:

$$u_c(z) = \frac{u_*^c}{\kappa} \ln \frac{30z}{k_s^{app}}.$$

Die dabei auftauchende scheinbare Sohlrauheit k_s^{app} muss dann aus der Stetigkeitsbedingung an der Wellengrenzschicht bestimmt werden.

Ich bezweifle allerdings, dass sich durch Ziehen von $\frac{u_*^c}{u_*^{max}}$ unter den Logarithmus tatsächlich ein besseres und stabileres Verfahren konstruieren lässt.

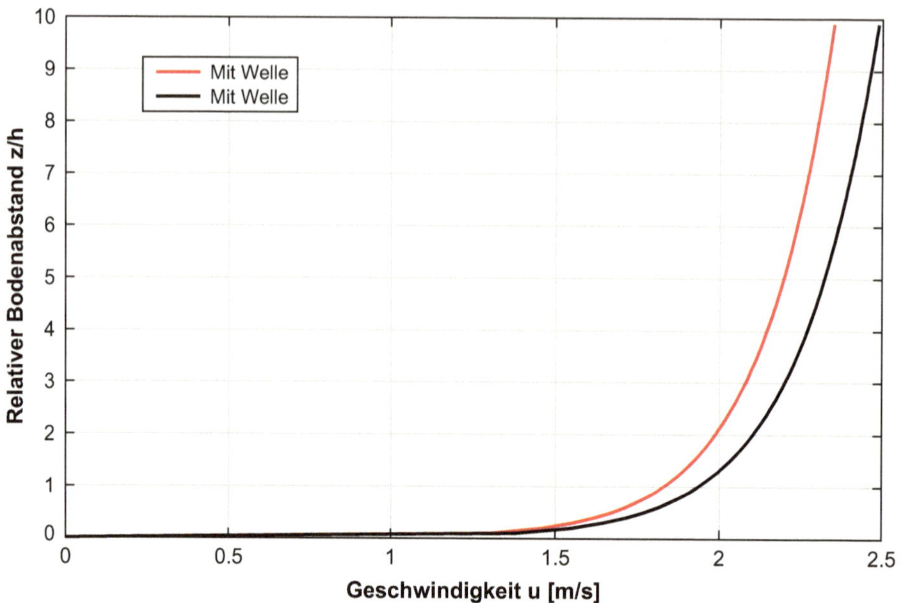

Abb. 11.10   Logarithmisches Geschwindigkeitsprofil mit und ohne Welleneinfluss

11.3.3 Die kombinierte Sohlschubspannung unter Strömung und Welle

Im Fall einer Sohlbelastung durch Strömung und Welle kann man die Sohlschubspannung für jede einzelne Phase der Wellenbewegung additiv aus den beiden Anteilen berechnen:

$$\vec{\tau}_B = \vec{\tau}_B^c + \vec{\tau}_B^{wm} \cos \omega t = \frac{\varrho \kappa^2}{\left(\ln \frac{12h}{k_s} \right)^2} \|\vec{u}\| \vec{u} + f_w \varrho \frac{A^2 g k}{\sinh 2kh} \cos \omega t \, \vec{n}_w. \tag{11.7}$$

Diese Formel ist nur dann (auch nur näherungsweise) richtig, wenn die Wassertiefe und die mittlere Strömungsgeschwindigkeit schon die Beeinflussung durch Wellen beinhalten. Dies ist dann der Fall, wenn es sich um Messwerte handelt oder aber dann, wenn eine Modellierung diese komplexen Prozesse richtig abbildet.

Die Abb. 11.11 stellt die Wichtigkeit der Berücksichtigung des Seegangs in der Sohlschubspannung in der Deutschen Bucht dar. Wenn man hier nur die Gezeitenströmungen berücksichtigt (a), dann erhält man viel zu geringe Belastungen der Küstensohle. Der Wind (b) wirkt natürlich nur am Wasserspiegel, erzeugt aber auch Strömungen, die bis zum Boden durchdringen können. Trotzdem ist sein Einfluss hier nur sehr gering. Seegang hat allerdings einen erheblichen Einfluss auf die Sohlbelastung und die dort induzierten Sedimenttransportprozesse.

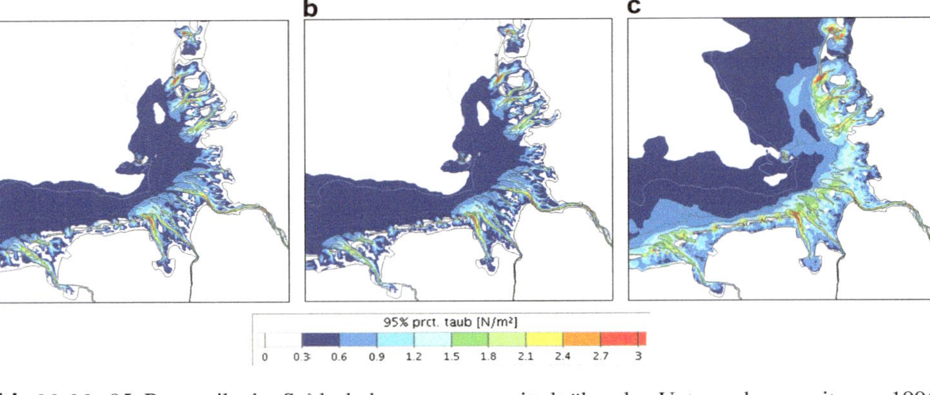

Abb. 11.11 95. Perzentile der Sohlschubspannung gemittelt über den Untersuchungszeitraum 1996 bis 2007 aus der Wirkung von (**a**) Tide, (**b**) Tide und Wind und (**c**) Tide, Wind und Seegang (Aus: [36])

11.4 Zusammenfassung

Die Strömung über der Sohle eines Küstengewässers kann man in einen von der Sohle
beeinflussten Bereich, die Grenzschicht, und einen unbeeinflussten Bereich einteilen. Die
Grenzschicht unter Seegangswellen erstreckt sich nur über den bodennahen Bereich der
Wassersäule. Die Grenzschicht unter Gezeitenwellen kann die gesamte Wassersäule über-
decken. Das Geschwindigkeitsprofil ist dann annähernd logarithmisch. Dabei erhöht das
Vorhandensein von Wellen mit Grundberührung die turbulente Viskosität der Gezeitenströmung. Somit können wellenbeeinflusste Oberflächengewässer eigentlich nur adäquat durch
eine gekoppelte Simulation von Strömung und Wellen modelliert werden.

Die in den letzten beiden Kapiteln dargestellte Theorie zeigt den Weg, wie ein Model-
lierungssystem für die Hydromechanik der Küstengewässer sich aus den Komponenten für
die mittlere Gezeitenströmung, den Seegang und die Turbulenz konzeptionell zusammensetzen sollte. Die zukünftige Forschung muss sich hier vor allem der Zusammenführung der
spektralen Seegangstheorien mit der hydrodynamischen Theorie widmen. Die Ergebnisse
können dann Anwendung in der Entwicklung von Modellen finden, die Auskunft über das
langfristige Schicksal unserer Küsten unter den Einflüssen der verschiedenen menschlichen
Eingriffe in das Natursystem und des Klimawandels geben (Abb. 11.12).

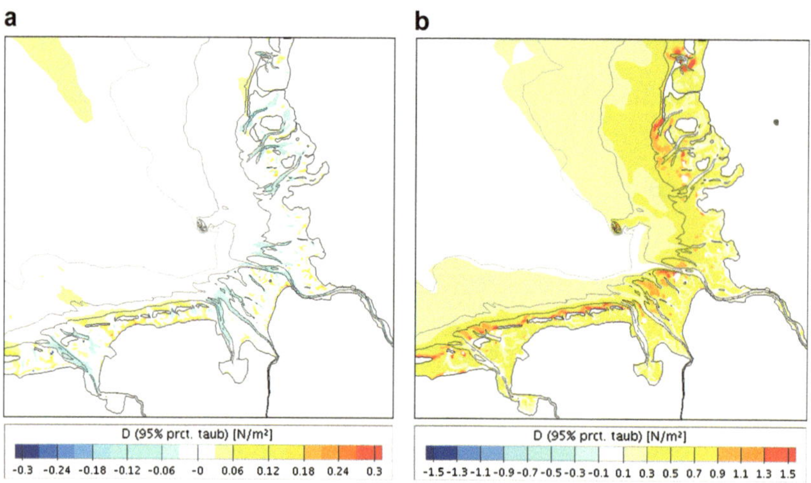

Abb. 11.12 Differenz der 95. Perzentile der Sohlschubspannung für die Wirkung (**a**) des Windeinflusses (Differenz aus Tide mit Wind zu nur Tide) und (**b**) des Seegangs (Differenz aus Tide, Wind
mit Seegang zu nur Tide mit Wind). (Aus: [36])

Wenn Seegangswellen durch die Grundberührung Kräfte auf den darunterliegenden Boden ausüben, dann verlieren sie natürlich Energie; ihre Amplitude verringert sich dadurch. Diesen Prozess werden wir in Kap. 12 untersuchen. Ferner wird dem Einen oder Anderen aufgefallen sein, dass wir den Seegang einfach durch eine Amplitude und eine Wellenlänge charakterisiert haben. Wie man diese beiden Kenngrößen berechnen kann, wird in Kap. 13 gezeigt.

Die Dispersionsbeziehung für ideale Wellen diktiert einen eindeutigen Zusammenhang zwischen ihrer Periode und Wellenlänge, der von der Wassertiefe abhängt. Nun ändert sich die Wassertiefe in einem Küstengewässer aber

- räumlich gesehen durch die variable Sohltopographie, die zum Ufer oder Strand hin auf null abfällt und
- zeitlich durch die Gezeitenbewegungen der Wasseroberfläche.

Damit müssen sich auch die Eigenschaften von Seegangs- und Gezeitenwellen, also insbesondere

- ihre Wellenlänge bzw. ihre Wellenzahl,
- ihre Wellenhöhe bzw. ihre Wellenenergie und
- ihre Laufrichtung,

fortwährend ändern.

Wir wollen in diesem Kapitel einfache Modelle für die Transformation einer Einzelwelle entwickeln. Hierdurch wird es möglich, diese Prozesse an einem vorgegebenen topographischen Profil wie dem eines Strandes zu studieren. Wir werden dabei den Begriff Amplitude A durch die Wellenhöhe $H = 2A$ ersetzen, um dadurch zum Ausdruck zu bringen, dass die nun betrachteten Wellen keinesfalls mehr harmonisch sein müssen.

© Springer Fachmedien Wiesbaden GmbH, ein Teil von Springer Nature 2018   319
A. Malcherek, *Gezeiten und Wellen*, https://doi.org/10.1007/978-3-658-19303-4_12

12.1   Die Veränderung von Wellenzahl und Wellenlänge

Die Veränderung des Betrags der Wellenzahl in Abhängigkeit von der Wassertiefe bekommt man sehr schnell aus der Umkehrung der Dispersionsbeziehung (10.6) etwa durch die Formel von Hunt heraus.

Um die Wirkung von Wassertiefenänderungen auf die Wellenzahl quantitativ zu bewerten, betrachten wir eine sich in x-Richtung auf einen Strand zubewegende Welle. Die örtliche Änderung der Wellenzahl wird also durch die Dispersionsbeziehung dann vollständig beschrieben, wenn man das Profil der Wassertiefe und die Kreisfrequenz ω der Welle vorgibt.

In Abb. 12.1 sind die sich ergebenden Wellenlängen für ein lineares Strandprofil der Neigung 1:100 dargestellt. Man sieht sehr deutlich, dass die Wellen die Sohle umso eher spüren, je länger sie sind: Die 1 m lange Welle spürt den Strand erst ab einer Wassertiefe von ca. 40 cm. Als sichere Aussage kann man festhalten, dass die Sohle keinen Einfluss auf die Ausbreitung der Welle hat, wenn die Wassertiefe größer als die Wellenlänge ist, Sohle und Welle haben dann keinen Kontakt.

Ferner kann man sehen, dass die Wellenlänge in Strandrichtung, d. h. über abnehmender Wassertiefe, abnimmt. Dies bestätigt den subjektiven Eindruck, dass man am Strand immer sehr kurze Wellen sieht, während man auf einer Schifffahrt auch längere Wellen beobachten kann.

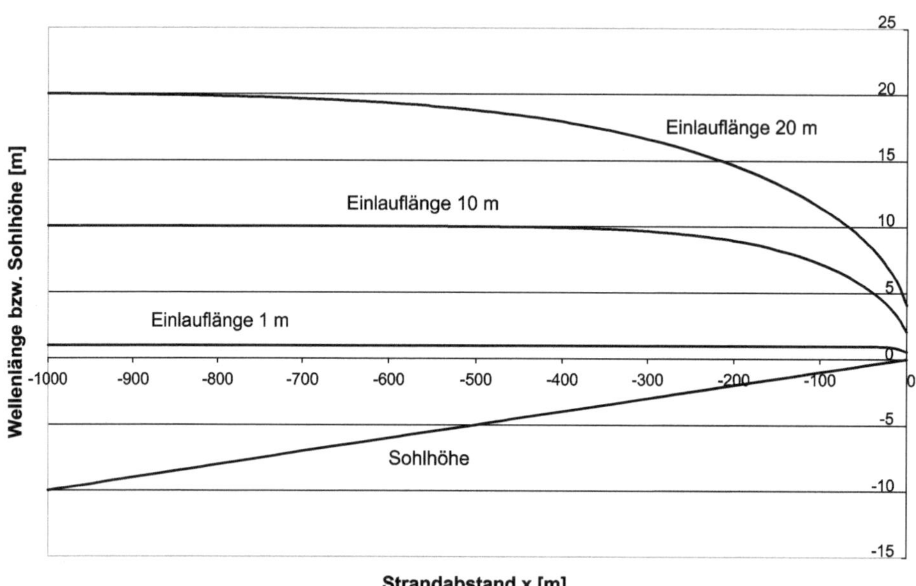

Abb. 12.1 Die Änderung der Wellenlänge über einem Strandprofil der Neigung 1:100 von drei einlaufenden Wellen

12.2   Die Energie von Oberflächenwellen

Eigentlich beschreiben die Bewegungsgleichungen eines Vielteilchensystems dessen Dynamik vollständig. Der physikalische Begriff der Energie kommt immer dann ins Spiel, wenn diese Beschreibung auf der Basis von Kräften und Impulsen zu kompliziert ist, man also etwas vereinfachen möchte. So wurde die turbulente kinetische Energie eingeführt, weil wir ein Maß für den Grad der Turbulenz gewinnen wollten, denn die Auflösung jeder turbulenten Fluktuation ist zwar möglich, aber extrem aufwendig.

Auch bei vielen Wellenproblemen im Küsteningenieurwesen und der Ozeanographie interessiert uns weniger die vollständige Auflösung jeder Einzelwelle, wohl aber die räumliche und zeitliche Entwicklung der Wellenhöhe bzw. Amplitude von Wellen mit gegebener Wellenlänge oder -periode über einer vielleicht sehr unregelmäßigen Topographie.

Wir wollen zunächst einmal untersuchen, ob die Grundgleichungen der Strömungsmechanik überhaupt mit einer Energieerhaltung verbunden sind und daher aus den Navier-Stokes-Gleichungen eine Energiebilanz herleiten. Diese Bilanzgleichung werden wir dann als Vorlage verwenden, um für Airy-Wellen und für Gezeitenwellen eine Energiebilanz aufzustellen.

12.2.1 Der Energiebegriff der Hydromechanik

In der Mechanik wird die Energiebilanz eines Systems immer dadurch hergeleitet, dass man die vektorielle Impulsbilanz mit dem Geschwindigkeitsvektor skalar multipliziert. Das Ergebnis ist ein Skalar, den man ganz allgemein als Energie bezeichnet.

Wir multiplizieren also die Navier-Stokes-Gleichungen in der Form (7.2) mit der Geschwindigkeit $v_i = \frac{dx_i}{dt}$:

$$v_i \frac{\partial v_i}{\partial t} = \frac{1}{2} \frac{\partial v_i v_i}{\partial t} = v_i g_i - \frac{v_i}{\varrho} \frac{\partial p}{\partial x_i} + \frac{v_i}{\varrho} \frac{\partial}{\partial x_j} \left(\mu \frac{\partial v_i}{\partial x_j} \right) - v_j v_i \frac{\partial v_i}{\partial x_j}.$$

Auf der linken Seite taucht die kinetische Energiedichte e_k auf, der letzte Term auf der rechten Seite enthält ebenfalls die kinetische Energiedichte:

$$\frac{\partial e_k}{\partial t} = -v_i g_i - \frac{v_i}{\varrho} \frac{\partial p}{\partial x_i} + \frac{v_i}{\varrho} \frac{\partial}{\partial x_j} \left(\mu \frac{\partial v_i}{\partial x_j} \right) - v_j \frac{\partial e_k}{\partial x_j}.$$

Aus der klassischen Mechanik kennt man einen Energieerhaltungssatz, der postuliert, dass die Summe von kinetischer und potentieller Energie

$$E_{pot} = Mgz$$

konstant ist. Da es ein Potential in verschiedenen Bereichen der Physik gibt, halte ich die Bezeichnung geodätische Energie für prägnanter. Wir wollen schauen, ob dies so auch auf die Strömungsmechanik übertragen werden kann.

Wenn wir dazu wieder einmal die z-Achse in vertikaler Richtung orientieren, dann gilt:

$$v_i g_i = v_i \frac{\partial gz}{\partial x_i} = \underbrace{\frac{\partial gz}{\partial t}}_{=0} + v_i \frac{\partial gz}{\partial x_i} := \frac{\partial e_p}{\partial t} + v_i \frac{\partial e_p}{\partial x_i}.$$

Durch die Addition des Nullterms können wir nun tatsächlich

$$\frac{\partial e}{\partial t} + v_j \frac{\partial e}{\partial x_j} = -\frac{v_i}{\varrho} \frac{\partial p}{\partial x_i} + \frac{v_i}{\varrho} \frac{\partial}{\partial x_j} \left(\mu \frac{\partial v_i}{\partial x_j} \right)$$

mit der mechanischen Gesamtenergiedichte

$$e = \frac{1}{2} v_i v_i + gz$$

schreiben. Wir wollen schließlich noch den letzten Term genauer aufschlüsseln. Nehmen wir eine nur sehr leicht schwankende Dichte an, dann kann diese unter die Ableitung gezogen werden. Ferner folgt mit der Produktregel:

$$\frac{v_i}{\varrho} \frac{\partial}{\partial x_j} \left(\mu \frac{\partial v_i}{\partial x_j} \right) = \frac{\partial}{\partial x_j} \left(v_i \nu \frac{\partial v_i}{\partial x_j} \right) - \nu \frac{\partial v_i}{\partial x_j} \frac{\partial v_i}{\partial x_j} := \frac{\partial}{\partial x_j} \left(v_i \nu \frac{\partial v_i}{\partial x_j} \right) - \epsilon$$

Neu eingeführt haben wir hier die Energiedissipation ϵ. Durch das Quadrat ist sie immer positiv, sie wird also in der Energiebilanz verloren. Der Term beschreibt den Übergang von Strömungsenergie in Wärme. Ausgeschrieben lautet diese lange Term:

$$\epsilon = \nu \left[\left(\frac{\partial u}{\partial x} \right)^2 + \left(\frac{\partial v}{\partial x} \right)^2 + \left(\frac{\partial w}{\partial x} \right)^2 + \left(\frac{\partial u}{\partial y} \right)^2 + \right.$$
$$\left. + \left(\frac{\partial v}{\partial y} \right)^2 + \left(\frac{\partial w}{\partial y} \right)^2 + \left(\frac{\partial u}{\partial z} \right)^2 + \left(\frac{\partial v}{\partial z} \right)^2 + \left(\frac{\partial w}{\partial z} \right)^2 \right]. \tag{12.1}$$

Die Energiebilanz besagt nun, dass sich die Gesamtenergie an einem Punkt nach

$$\frac{\partial e}{\partial t} + v_j \frac{\partial e}{\partial x_j} = -\frac{v_i}{\varrho} \frac{\partial p}{\partial x_i} + \frac{\partial}{\partial x_j} \left(v_i \nu \frac{\partial v_i}{\partial x_j} \right) - \epsilon.$$

ändert. Nach dieser Herleitung gibt es keine besondere hydraulische Energie, die sich von der mechanischen Energie dadurch unterscheidet, dass sie noch einen Druckterm enthält:

$$e_{hyd} = \frac{1}{2} v^2 + gz + \frac{p}{\varrho}.$$

Vielmehr stellt der Druck eine äußere Arbeit an der Strömung dar. Er erhöht die Strömungsenergie, wenn sich das Fluid in Richtung des abnehmenden Drucks bewegt. Wenn aber das Fluid in Richtung des ansteigenden Drucks bewegt werden soll, dann verliert dieses sehr schnell sehr viel Energie.

Wenn eine solche hydraulische Energie nicht aus der Herleitung der Energiebilanz zu erkennen ist, dann kann man auch nicht einfach annehmen, dass diese an je zwei Stellen einer Strömung gleich ist, sofern diese verlustfrei ist:

$$\frac{1}{2}v_1^2 + gz_1 + \frac{p_1}{\varrho} = \frac{1}{2}v_2^2 + gz_2 + \frac{p_2}{\varrho}.$$

Diese als Bernoulli-Gleichung bekannte Vorgehensweise führt, weil sie den Druck nicht als äußere Arbeit, sondern als Teil der Energie betrachtet, oftmals zu falschen Ergebnissen, wie mit der Ausflussformel von Torricelli, deren Richtigkeit ich mit der Impulsbilanz widerlegt habe [65, 71, 73]. Seien Sie also immer vorsichtig, wenn mit der Bernoulli-Gleichung als Energieerhaltung argumentiert wird.

Doch nun zurück zu unserem eigentlichen Problem.

12.2.2 Die Bilanz der Wellenenergiedichte

Wir wollen nun die gesamte Energiedichte vom Boden bis zur Wasseroberfläche durch Integration bestimmen. Da Wellen periodisch schwanken, wollen wir ferner über eine Wellenperiode T mitteln:

$$\frac{1}{T}\int_0^h \int_0^T \left(\frac{\partial \epsilon}{\partial t} + v_j \frac{\partial \epsilon}{\partial x_j}\right) dt\,dz = \frac{1}{T}\int_0^h \int_0^T \left(-\frac{v_i}{\varrho}\frac{\partial p}{\partial x_i} + \frac{\partial}{\partial x_j}\left(vv_i \frac{\partial v_i}{\partial x_j}\right) - \epsilon\right) dt\,dz.$$

Welche Form bekommt diese Gleichung, wenn man die vertikale Struktur von Airy-Wellen als richtig voraussetzt? Setzen wir diese Lösungen hier Term für Term ein, dann haben wir ein hartes Stück an theoretischer Arbeit vor uns. Zunächst werden wir uns mit der Berechnung der Wellenenergiedichte e selbst beschäftigen und dabei feststellen, dass man diese tatsächlich direkt sehen kann, denn sie ist mit der Wellenhöhe verbunden. Der zweite Term auf der linken Seite bekommt eine besonders einfache Form, er wird null. Der Druckterm auf der rechten Seite wird den Transport der Wellenenergie übernehmen. Schließlich gilt es noch, den viskosen Term auf der rechten Seite und die Energiedissipation von Wellen zu untersuchen. Also zunächst einmal: Was ist die Energie einer Welle?

Natürlich sollten wir uns nur auf gegenüber der Wellenperiode langfristige Änderungen der Wellenenergie beschränken. Dann kann man die Zeitableitung im ersten Term vor das Integral setzen:

$$\frac{1}{T}\int\limits_0^h\int\limits_0^T\frac{\partial e}{\partial t}dtdz = \frac{1}{T}\frac{\partial}{\partial t}\int\limits_0^h\int\limits_0^T edtdz.$$

Man bezeichnet dabei die Größe

$$e^w = \frac{1}{T}\int\limits_0^h\int\limits_0^T edtdz = \frac{1}{T}\int\limits_0^T\int\limits_0^{z_S}\left(\frac{\vec{u}^2}{2}+gz\right)dzdt$$

als Wellenenergiedichte. Hierbei ist zu beachten, dass die Energiedichte e und die Wellenenergiedichte e^w nicht die gleiche Einheit haben. Im Folgenden wird gezeigt, dass die Wellenenergiedichte gleich dem halben Amplitudenquadrat multipliziert mit der Gravitationsbeschleunigung ist:

$$e^w = \frac{1}{2}gA^2.$$

Diese Formel gilt sowohl für Airy- als auch für Gezeitenwellen. Bei letzteren würde man die Amplitude durch den Tidehub ersetzen:

$$e^w = \frac{1}{8}g(\text{Thb})^2.$$

Man betrachte als Anwendung eine Fläche von $1\,m^2$, die homogen mit Seegang einer Amplitude von $10\,$cm überdeckt ist. In dieser Fläche ist eine Energie von $9{,}81/2 \cdot 1000 \cdot 0{,}1 \cdot 0{,}1 \cdot 1000 \cdot 1000\,J\,=49\,$MJ gespeichert.

Will man auf die technischen Details des Beweises zur Wellenenergiedichte verzichten, kann man gleich in den nächsten Abschnitt springen.

Kinetische Energie

Die kinetische Energie der Airy-Welle besteht aus dem Anteil:

$$e_k^w := \frac{1}{T}\int\limits_0^{z_S}\int\limits_0^T\frac{\vec{u}^2}{2}dtdz.$$

Für die zeitlichen Mittlungen kann man folgende elementare Formeln leicht beweisen

$$\frac{1}{T}\int\limits_0^T\sin^2(\vec{k}\vec{x}-\omega t)dt = \frac{1}{T}\int\limits_0^T\cos^2(\vec{k}\vec{x}-\omega t)dt = \frac{1}{2},$$

wenn man beachtet, dass die Kreisfrequenz $\omega = 2\pi/T$ ist. Damit bekommt die kinetische Energie in der zeitlichen Mittlung die Gestalt:

$$\frac{1}{T} \int_0^T \frac{\vec{u}^2}{2} dt = \frac{1}{4} A^2 \omega^2 \left(\frac{\cosh^2 kz}{\sinh^2 kh} + \frac{\sinh^2 kz}{\sinh^2 kh} \right).$$

Die verbleibende Tiefenintegration lässt sich wegen $\sinh^2 x = \cosh^2 x - 1$ auf

$$e_k^w = \frac{1}{4} A^2 \omega^2 \int_0^{z_S} \left(2 \frac{\cosh^2 kz}{\sinh^2 kh} - \frac{1}{\sinh^2 kh} \right) dz$$

und das noch häufig benötigte Integral

$$\int_0^h \cosh^2 kz\, dz = \frac{1}{4k} \left(\sinh 2kh + 2kh \right) = \frac{1}{2k} \frac{c_g}{c} \sinh 2kh$$

bzw.

$$\int_0^h \frac{\cosh^2 kz}{\sinh^2 kh} dz = \frac{1}{2k} \frac{c_g}{c} \frac{\sinh 2kh}{\sinh^2 kh} = \frac{c_g}{ck} \coth kh = \frac{c_g}{c} \frac{g}{\omega^2} \tag{12.2}$$

zurückführen, womit man für die kinetische Wellenenergie

$$e_k^w = \frac{1}{4} A^2 \left(2 \frac{c_g}{c} g - \frac{h\omega^2}{\sinh^2 kh} \right)$$

bekommt. Den verbleibenden Sinus hyperbolicus formen wir mithilfe der Beziehung

$$\frac{h\omega^2}{\sinh^2 kh} = \frac{gkh \tanh kh}{\sinh^2 kh} = \frac{gkh}{\sinh kh \cosh kh} = \frac{2gkh}{\sinh 2kh} = g \left(\frac{2c_g}{c} - 1 \right) \tag{12.3}$$

zu unserem Endergebnis für die kinetische Energie von Airy-Wellen

$$e_k^w = \frac{1}{4} g A^2$$

um.

Wesentlich schneller erkennt man, dass die Herleitung für die Geschwindigkeit unter Gezeitenwellen (5.7) zu exakt dem gleichen Ergebnis führt:

$$e_w^k = \frac{\overline{h}}{T} \int_0^T \frac{A^2}{2} \frac{g}{h} \sin^2 (kx - \omega t)\, dt = \frac{1}{4} g A^2.$$

Übung 60

Beweisen Sie unter Zuhilfenahme von hyperbolischem Pythagoras und Gl. (12.3) die Beziehung:

$$\int\limits_0^h \frac{\sinh^2 kz}{\sinh^2 kh}\,dz = \frac{g}{\omega^2}\left(1 - \frac{c_g}{c}\right).$$

Potentielle Wellenenergie

Der potentielle Wellenenergieanteil lässt sich rechnerisch recht einfach integrieren:

$$e_p^w = \frac{1}{T}\int\limits_0^h\int\limits_0^T gz\,dt\,dz = \frac{g}{2T}\int\limits_0^T z_S^2(t)\,dt = \frac{1}{2}g\left(\frac{1}{2}A^2 + \overline{z_S}^2\right).$$

Potentielle Energie ist immer auf ein gewisses, zu definierendes Energieniveau bezogen. Dieses wollen wir hier bei $g/2\overline{z_S}^2$ festlegen. Mit dieser Wahl für die Bezugsenergie bekommt man:

$$e_p^w = \frac{1}{4}gA^2.$$

Die Gleichheit von kinetischer und potentieller Energie im zeitlichen Mittel bezeichnet man auch als Äquipartitionierung der Energie in Wellen. Da schon die Summe dieser beiden Anteile das gewünschte Ergebnis liefert, sollte die Druckenergiedichte unter Wellen null sein.

12.2.3 Wellenenergieflüsse

Nach dem Zusammenhang zwischen Wellenenergie und Amplitude ist jeder Wellenenergietransport auch mit einer Amplitudenänderung verbunden. Dies ermutigt dazu, nun auch den Rest der Wellenenergiebilanz

$$\frac{\partial e^w}{\partial t} + \frac{1}{T}\int\limits_0^h\int\limits_0^T v_j\frac{\partial e}{\partial x_j}\,dt\,dz = \frac{1}{T}\int\limits_0^h\int\limits_0^T\left(-\frac{v_i}{\varrho}\frac{\partial p}{\partial x_i} + \frac{\partial}{\partial x_j}\left(v_i v\frac{\partial v_i}{\partial x_j}\right) - \epsilon\right)dt\,dz$$

berechenbar zu machen, womit wir ein Modell für die Amplitudenänderungen hätten. Gehen wir also zum zweiten Term auf der linken Seite über. Er beschreibt den Transport der Wellenenergie mit der Strömungsgeschwindigkeit. Diese schwankt aber selbst periodisch unter einer Welle. Und tatsächlich kann man per Handrechnung oder mit einem symbolischen Mathematikprogramm bestätigen, dass sowohl der kinetische

$$\frac{1}{T}\int\limits_0^h\int\limits_0^T \vec{u}\frac{\vec{u}^2}{2}\,dt\,dz = 0$$

als auch der potentielle Anteil

$$\frac{1}{T} \int\limits_0^h \int\limits_0^T \vec{u}\, g z\, dt\, dz = 0$$

null sind. Es verbleibt:

$$\frac{\partial e^w}{\partial t} = -\frac{1}{T} \int\limits_0^h \int\limits_0^T \frac{1}{\varrho}\frac{\partial p v_i}{\partial x_i}\, dt\, dz + \frac{1}{T} \int\limits_0^h \int\limits_0^T \left(\frac{\partial}{\partial x_j}\left(\nu\frac{\partial e_k}{\partial x_j}\right) - \epsilon\right) dt\, dz.$$

Zur Vorbereitung haben wir die Geschwindigkeit im Druckterm mithilfe der Kontinuitätsgleichung schon unter die Ableitung gezogen:

$$-\frac{1}{T} \int\limits_0^h \int\limits_0^T \frac{1}{\varrho}\frac{\partial p v_i}{\partial x_i}\, dt\, dz = -\frac{1}{T}\frac{\partial}{\partial x_i} \int\limits_0^h \int\limits_0^T \frac{1}{\varrho} p v_i\, dt\, dz = -\frac{\partial c_{g,i} e^w}{\partial x_i} = -\mathrm{div}\left(\vec{c}_g e^w\right).$$

Dabei stehen auf der linken Seite nur die zwei horizontalen Komponenten der Geschwindigkeit, da die Gruppengeschwindigkeit auf der rechten Seite nur zwei Komponenten hat. Die vertikale Komponente des Flusses an Druckenergie ist ebenfalls null.

Zusammenfassend wird die Wellenenergie mit der Gruppengeschwindigkeit $\vec{c}_g$ transportiert, der nun eine wichtige Bedeutung zukommt:

$$\frac{\partial e^w}{\partial t} = -\mathrm{div}\left(\vec{c}_g e^w\right) + \frac{1}{T} \int\limits_0^h \int\limits_0^T \left(\frac{\partial}{\partial x_j}\left(v_i \nu \frac{\partial v_i}{\partial x_j}\right) - \epsilon\right) dt\, dz.$$

Dieses Ergebnis gilt wieder für Gezeiten- und Seegangswellen.

12.2.4 Shoaling

Wir haben im ersten Abschnitt gelernt, dass sich die Wellenlänge einer sich einem Strand nähernden Welle verringert. Nun soll untersucht werden, was dabei mit der Wellenamplitude passiert. Man bezeichnet die Änderung der Wellenhöhe infolge der Wassertiefenänderung ganz allgemein als Shoaling, und wir wollen hierzu in diesem Abschnitt das klassische analytische Berechnungsverfahren kennenlernen, welches man mit einem Tabellenkalkulationsprogramm einfach auswerten kann.

Wir gehen dazu davon aus, dass die Wellenenergie an jedem Ort des Betrachtungsgebiets zeitlich konstant ist und dass eine ideale Betrachtung hinreichend ist, also die Viskosität des Wassers vernachlässigbar ist. Dies ist natürlich keinesfalls richtig, wird aber in der klassischen Theorie zum Shoaling so gemacht. Von der Energiegleichung bleibt nur noch

$$\mathrm{div}\left(\vec{c}_g e^w\right) = 0$$

übrig, was für eine eindimensionale Betrachtung mit x-Achse in Richtung Strand zu

$$\frac{dc_g e^w}{dx} = 0 \Rightarrow c_g e^w = const$$

wird. Der durch einen beliebigen Querschnitt senkrecht zum Strand fließende Energiestrom ist gleich dem aus dem Tiefwasser kommenden Energiestrom (Index 0):

$$\frac{1}{8} g H^2 c_g = \frac{1}{8} g H_0^2 c_{g0} \Rightarrow \frac{H}{H_0} = \sqrt{\frac{c_{g0}}{c_g}}.$$

Setzt man für die Gruppengeschwindigkeit im Tiefwasser die Approximation $c_{g0} = 1/2\sqrt{g/k}$ an, so folgt nach kurzer Rechnung für die Entwicklung des Verhältnisses der Wellenhöhe H zu ihrem ungestörten Tiefwasserwert H_0 in Abhängigkeit von Wassertiefe h und Wellenlänge L

$$\frac{H}{H_0} = \frac{1}{\sqrt{\sqrt{\tanh 2\pi \frac{h}{L}}\left(1 + \frac{4\pi \frac{h}{L}}{\sinh 4\pi \frac{h}{L}}\right)}}.$$

Dieses Verhältnis wird auch als Shoaling-koeffizient bezeichnet, es ist in Abb. 12.2 graphisch dargestellt. Man sieht dort, dass eine (von rechts) aus dem Tiefwasser kommende Welle bei abnehmender Wassertiefe zunächst an Höhe verliert: In diesem Bereich nimmt die Gruppengeschwindigkeit zu, wodurch die Wellenhöhe abnimmt. Ab einer Wassertiefe von ca. 1/20 der Wellenlänge L steilt sich die Welle dann zum Strand hin stark auf. Da sowohl Gruppen- als auch Phasengeschwindigkeit im flacheren Wasser abnehmen, wird dabei auch die Wellenlänge reduziert.

Die Abb. 12.2 lässt vermuten, dass das Aufsteilen von Wellen durch Shoaling nur selten oder in wenigen Bereichen des Strandes auftritt. Diese Vermutung ist allerdings falsch, wenn man bedenkt, dass der Shoaling-koeffizient von dem Verhältnis Wassertiefe zu Wellenlänge abhängt. Je länger also eine Welle ist, desto eher steilt sie sich auch auf.

Diesen Prozess des Shoalings macht die Gezeiten zu einem Flachwasserphänomen, welches in den tiefen Ozeanen eine wesentlich geringere Bedeutung hat. So besitzt die M_2-Gezeit in weiten Bereichen des Pazifiks und des Atlantiks eine Amplitude von unter 30 cm. Erst in den flachen Randmeeren steilt sich die Amplitude auf oftmals mehr als 1 m auf, was auf Shoaling und Reflexion zurückzuführen ist.

Übung 61

Die Tiefenlinien des in der vorigen Aufgabe erwähnten Strandes laufen parallel. Berechnen Sie 55 m vor dem Strand die Wellenhöhe, die sich durch den Einfluss aus Shoaling ergeben, wenn die Wellen $60°$ zur Strandnormalen einlaufen. Die einlaufenden Wellen haben bei einer Wassertiefe von 50 m eine Länge von 50 m und eine Höhe von 1 m (Abb. 12.3) .

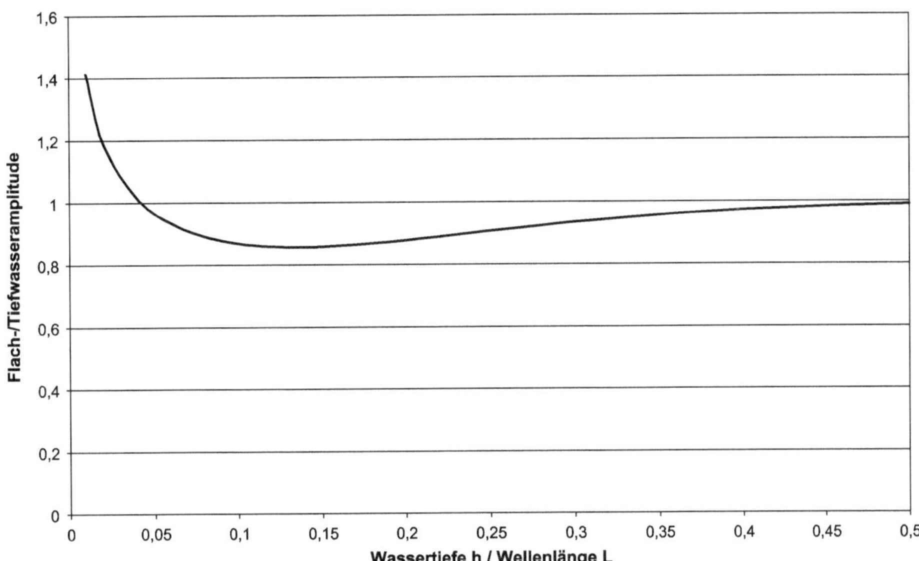

Abb. 12.2 Darstellung der Abnahme der Tiefwasserwellenamplitude durch den Shoaling-Koeffizienten. Dieses Berechnungsverfahren berücksichtigt weder die Wellenzahländerung noch die Wellenenergiedissipation durch Sohlreibung

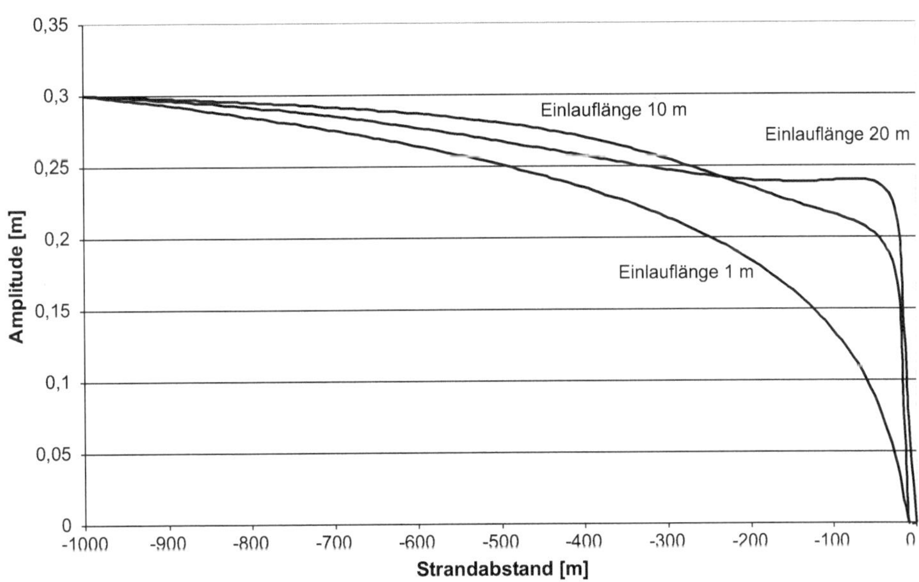

Abb. 12.3 Eindimensionale Berechnung der Wellenamplitude am in Abb. 12.1 dargestellten linearen Strandprofil der Neigung 1:100. Die einlaufende Welle hat eine Wellenhöhe von 60 cm, es sind drei unterschiedliche Einlaufwellenlängen dargestellt. Der Reibungsbeiwert f_w ist nach der Formel von Swart (11.3) berechnet

12.2.5 Energie aus Seegang und Gezeiten

Wir wollen nun abschätzen, wie viel Energie der Seegang und die Gezeiten mit sich transportieren. Um den Betrag der tatsächlichen Energie pro Zeit P durch einen Querschnitt der Länge L zu bestimmen, welcher orthogonal zur Ausbreitungsrichtung $\vec{c}_g$ ist, muss der Energiefluss $\vec{c}_g e^w$ mit der Dichte des Wassers ϱ multipliziert und über L integriert werden. Letztere Operation geht in eine Multiplikation mit L über, wenn der Integrand über L konstant ist:

$$P = e_w c_g \varrho L = \frac{1}{2} g A^2 c_g \varrho L.$$

Um das Ergebnis bewerten zu können, betrachten wir einen 1 km langen Strandabschnitt ($L = 1000$ m). Aus dem Tiefwasser komme eine 10 m lange Welle auf den Strand zu. Besitzt diese Welle eine Wellenhöhe von 20 cm, so dringt in diesen Strandabschnitt eine Leistung von $P = L e^w c_g \varrho = 96$ kW ein. Würde diese Energie vollständig in elektrische Energie umgewandelt werden können, so würde der Strandabschnitt auf jedem laufenden Meter durch eine 100-W-Glühbirne hell erleuchtet werden können.

Tatsächlich läuft diese soeben abgeschätzte Wellenenergie irgendwann ungenutzt auf einen Strand auf. Da an flachen Stränden keine nennenswerte Reflektion der Wellenenergie zu verzeichnen ist, drängt sich die Frage auf, wo die einlaufende Energie verbleibt, ob sie also in Wärme oder in Sedimenttransport umgesetzt wird.

Zur Abschätzung der Energie in Gezeitenwellen gehen wir von einer Tideamplitude von 1 m aus, die durch einen Querschnitt von 1 km läuft. In Abb. 12.4 ist diese Leistung in Abhängigkeit von der Wellenlänge für verschiedene Wassertiefen graphisch dargestellt. Gezeitenwellen mit ihren Wellenlängen von ca. 100 km findet man also am rechten Rand der Abbildung. Würde man also die in ein 1 km breites Ästuar einlaufende Tideenergie vollständig ernten können, so hätte ein solches Gezeitenkraftwerk eine Leistung von fast 70 MW (Atomkraftwerke produzieren eine Leistung von ca. 1000 MW).

Übung 62
1 km vor einem Strand sei die Wassertiefe 18 m, die linear zum Strand hin auf null abnimmt. Am seeseitigen Rand laufen Wellen der Höhe 1,3 m mit einer Periode von 6 s ein.

1. Wie viel Wasser befindet sich in einem 1 km langen Strandabschnitt zwischen den Bezugslinien?
2. Wie groß sind die Phasen- und die Gruppengeschwindigkeit an der seeseitigen 18-m-Bezugslinie?
3. Die Energie der Wellen wird durch Sohlreibung und Wellenbrechen in dem betrachteten Strandabschnitt vollkommen dissipiert. Wie viel Energie ist das an einem Tag?
4. Angenommen, die Energie werde vollständig in Wärme umgesetzt. Das Wasser hat eine Temperatur von 20 °C und eine Wärmekapazität von $4{,}17 \cdot 10^6$ J/m^{3}K. Wie groß wäre dann an einem Tag die Temperaturerhöhung der Wassermasse?

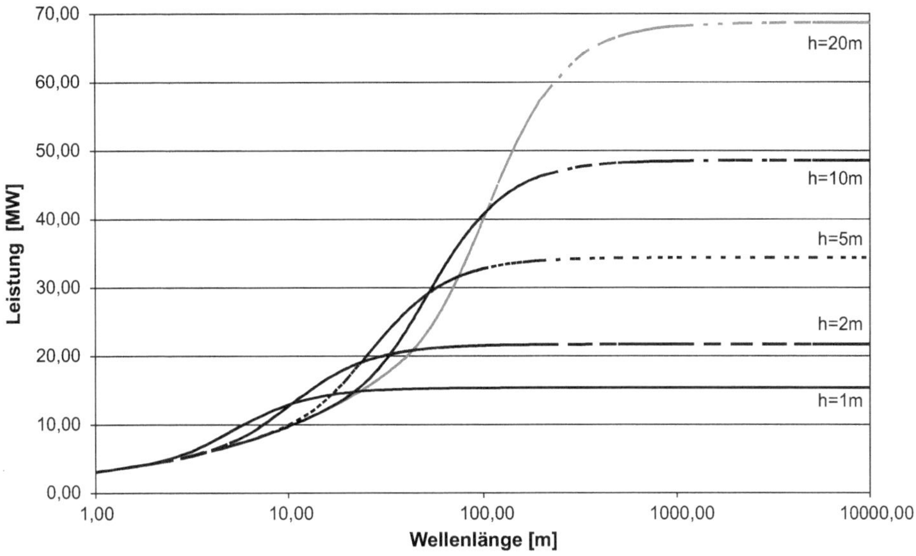

Abb. 12.4   Wellenenergiefluss über einen Querschnitt von 1 km Länge bei einer Amplitude von 1 m in Abhängigkeit von der Wellenlänge für verschiedene Wassertiefen

12.2.6 Wellenenergieverluste durch Sohlschubspannungen

Nun gilt es den viskosen Term zu untersuchen, der eigentlich die viskosen Spannungen enthält:

$$\frac{1}{T} \int\limits_0^h \int\limits_0^T \frac{\partial}{\partial x_j} \left(v_i v \frac{\partial v_l}{\partial x_j} \right) dt\,dz = \frac{1}{T} \int\limits_0^h \int\limits_0^T \frac{1}{\varrho} \frac{\partial v_i \tau_{ji}}{\partial x_j} dt\,dz.$$

Betrachten wir wegen der z-Integration über die Wassertiefe nur einmal die entsprechende Komponente der Geschwindigkeit und der viskosen Schubspannung für eine in x-Richtung laufende Welle. Dann kann der Hauptsatz der Differential- und Integralrechnung angewendet werden:

$$\frac{1}{T} \int\limits_0^h \int\limits_0^T \frac{1}{\varrho} \frac{\partial v_i \tau_{ji}}{\partial x_j} dt\,dz = \frac{1}{T} \int\limits_0^h \int\limits_0^T \frac{1}{\varrho} \frac{\partial}{\partial z} u \tau_{zz} dt\,dz = \frac{1}{T} \int\limits_0^T \frac{1}{\varrho} \left(v_S \tau_S - v_B \tau_B \right) dt.$$

Tatsächlich gilt diese Herleitung auch im allgemeinen Fall [67], ist aber formal wesentlich komplizierter.

Setzt man hier die Formel für die Sohlschubspannung unter Wellen und die Orbitalgeschwindigkeit an der Sohle ein, so bekommt man sehr schnell

$$-\frac{1}{T}\int_0^T \frac{1}{\varrho}v_B\tau_B dt = -\frac{f_w}{2T}\int_0^T \frac{A^3\omega^3}{\sinh^3 kh}\sin^2(k_i x_i - \omega t)dt = -2f_w\left(\frac{e^w k}{\sinh 2kh}\right)^{1.5}.$$

In der Literatur (z. B. [52]) findet man einen ähnlichen Ansatz, wobei die Potenz allerdings eins ist. Dies liegt daran, dass man dort die Orbitalgeschwindigkeit nur quadratisch in den Verlustterm eingehen lässt und die fehlende 3. Potenz durch eine Multiplikation mit der Maximalgeschwindigkeit oder mit dem quadratischen Mittel der Geschwindigkeit ersetzt.

Der Einfluss der Sohlschubspannung auf die Entwicklung der Wellenhöhe wird vor allem im Flachwasser markant sein. Hier lässt sich der Sinus hyperbolicus durch sein Argument ersetzen:

$$2f_w\left(\frac{e^w k}{\sinh 2kh}\right)^{1.5} = 2f_w\left(\frac{e^w}{2h}\right)^{1.5}.$$

Hieraus resultiert eine Dämpfung der Amplitude analog zu denen bei Tidewellen. In der Literatur (z. B. [41]) findet man oftmals eine exponentielle Dämpfung der Amplitude als Konsequenz der Linearisierung der Sohlschubspannung.

Somit gilt:

$$\frac{\partial e^w}{\partial t} + \text{div}\left(\vec{c}_g e^w\right) = -2f_w\left(\frac{e^w k}{\sinh 2kh}\right)^{1,5} + \frac{1}{T}\int_0^T \frac{1}{\varrho}v_S\tau_S dt - \frac{1}{T}\int_0^h\int_0^T \epsilon\, dt\, dz. \quad (12.4)$$

Für Gezeitenwellen hat der Energieverlust durch die Sohlschubspannung allerdings eine andere Darstellung. Man kann aber auch hier eine entsprechende Energiebilanz aufstellen.

12.2.7 Shoaling und Sohlreibung

Wir wollen das Shoaling-Modell verbessern und nehmen die Sohlreibung in unsere Betrachtung mit auf. Bei der vorangegangenen Herleitung haben wir vorausgesetzt, dass die Wellenlänge bei der Annäherung an den Strand konstant bleibt, was, wie wir im ersten Abschnitt gesehen haben, nicht der Fall ist. Ferner bekommt auch die Sohlreibung bei abnehmender Wassertiefe immer mehr Bedeutung. Um diese Effekte richtig einzubeziehen, gehen wir von der eindimensionalen stationären Bilanzgleichung für die Wellenenergie aus

$$\frac{d}{dx}\left(c_g e^w\right) = -2f_w\left(\frac{e^w k}{\sinh 2kh}\right)^{1,5},$$

wenden die Produktregel an, bringen davon die eine Hälfte auf die rechte Seite und bekommen für die Änderung der Wellenenergie auf ihrer Bahnlinie:

$$\frac{de^w}{dx} = -\frac{e^w}{c_g}\frac{dc_g}{dx} - 2\frac{f_w}{c_g}\left(\frac{e^w k}{\sinh 2kh}\right)^{1,5}.$$

Genau wie bei der Änderung der Wellenzahl können wir nun ein Tabellenkalkulationsprogramm verwenden, um auch die Änderung der Wellenenergie für ein gegebenes Strandprofil durch das sukzessive Anwenden der Rechenvorschrift

$$\frac{e_{i+1}^{w} - e_{i}^{w}}{\Delta x} = -\frac{e_{i}^{w}}{c_{g_i}}\frac{c_{g_{i+1}} - c_{g_i}}{\Delta x} - 2\frac{f_{w_i}}{c_{g_i}}\left(\frac{e_{i}^{w}k_i}{\sinh 2k_i h_i}\right)^{1,5}.$$

zu bestimmen. Da wir hier auch die Wellenzahl benötigen, sollte die gesamte Berechnung in einer Tabelle stattfinden. Das Ergebnis für die Wellenamplitude ist für das lineare Strandprofil in Abb. 12.3 zu sehen. Es berücksichtigt also die Prozesse der Wellenzahländerung, des Shoaling und der Sohlreibung.

Betrachten wir zunächst die Welle, die mit 1 m Wellenlänge aus dem Tiefwasser einläuft. Eine solche recht kurze Welle hat auch eine hohe Frequenz und verliert bei Bodenkontakt durch ihre Zappeligkeit sehr schnell ihre Energie. Das andere Extrem bildet die lange Welle, die in Abb. 12.3 mit einer Wellenlänge von 20 m einläuft. Sie läuft weit auf den Strand auf, wird dabei durch Shoaling noch erhöht und verliert dann durch Sohlreibung ihre Energie.

Das so entwickelte Modell des Wellenauflaufs am Strand ist dem klassischen analytischen Berechnungsverfahren weit überlegen und sollte grundsätzlich bevorzugt werden. Es verliert allerdings dort seine Validität, wo der Prozess des Wellenbrechens eine Rolle spielt.

12.2.8 Der Energieeintrag durch den Wind

Wir wollen den Energieeintrag des Windes als Quelle der Wellenenergieproduktion quantifizieren und beginnen mit der Annahme einer glatten, ruhenden Meeresoberfläche. Da auch die Strömungen der Atmosphäre turbulent sind, ist selbst ein Windstoß über dieser mit fluktuierenden Druckschwankungen verbunden, die die Wasseroberfläche an einer Stelle mehr und an anderer Stelle weniger nach unten drücken. Hierdurch entsteht eine Anfangswelligkeit, durch die sich Kräusel- oder Kapillarwellen ausbilden.

Streicht der Wind nun über eine gewellte Wasseroberfläche, so bilden sich an den Luvseiten der Wellen Druckmaxima und an den Leeseiten Druckminima aus. Die Luvseite der Welle wird hierdurch nach unten gedrückt, die Leeseite aus dem Wasser gesaugt, die Welle wird also in Windrichtung getrieben.

Hierdurch wird Bewegungsenergie aus dem Wind in den Seegang eingetragen. Dabei trägt der Wind erst dann Energie in eine Orbitalwelle ein, wenn er schneller als deren Phasengeschwindigkeit c ist. Ist er langsamer, so bremst er diese nur.

Aus unserer Wellenenergiegleichung kennen wir die prinzipielle Form des Windeinflusses und könnten hier die Orbitalgeschwindigkeit an der Wasseroberfläche und die Windschubspannung einsetzen. Allerdings wird der Windeinfluss in der Literatur [52] zumeist in der Form

$$\frac{1}{T} \int_0^T \frac{1}{\varrho} v_S \tau_S dt = F_W \omega e^w$$

parametrisiert. F_W ist eine dimensionslose Windeintragsfunktion, die von der Windschub-spannung und der Phasengeschwindigkeit der Wellen abhängt. Eine Besonderheit dieser Parametrisierung ist das Auftauchen der Wellenenergie auf der rechten Seite der Gleichung. Diese Formulierung kann also nicht die Entstehung von Windwellen auf einem ruhigen Gewässer simulieren.

Die Windeintragsfunktion F_W kann z. B. nach Snyder-Cox [52] als

$$F_W = 0,25 \frac{\varrho_A}{\varrho} \max \left(28 \sqrt{C_D} \frac{u_{10}}{c} - 1,0 \right)$$

modelliert werden. Darin ist u_{10} die Windgeschwindigkeit 10 m über der Wasseroberfläche und c die Phasengeschwindigkeit im Tiefwasser. Dabei wird angenommen, dass Wind und Wellen in dieselbe Richtung laufen.

Schließlich lautet die Gleichung für die Wellenenergie:

$$\frac{\partial e^w}{\partial t} + \mathrm{div} \left(\vec{c}_g e^w \right) = -2 f_w \left(\frac{e^w k}{\sinh 2kh} \right)^{1,5} + F_W \omega e^w - \frac{1}{T} \int_0^h \int_0^T \epsilon \, dt dz. \tag{12.5}$$

12.3 Refraktion von Wellen

Als Refraktion bezeichnet man die Änderung der Ausbreitungsrichtung einer Welle infolge räumlicher Änderungen der Ausbreitungsgeschwindigkeit. Die Refraktion ist ein grundlegendes optisches Prinzip, welches bei Linsen von Mikroskopen und Teleskopen praktisch angewendet wird.

12.3.1 Das Snellius'sche Brechnungsgesetz

Bei Oberflächenwellen wird die Refraktion vor allem durch die Wassertiefenabhängigkeit der Ausbreitungsgeschwindigkeit $c = c_g = \sqrt{gh}$ im Flachwasser verursacht.

Betrachten wir einen nichtparallel zu den Wassertiefenlinien auf einen Strand einlaufenden Wellenkamm (Abb. 12.5). Die Bereiche, die früher flacheres Wasser erreichen, werden im Gegensatz zu den noch im tiefen Wasser verweilenden Wellenkammbereichen immer langsamer. Hierdurch dreht sich der Wellenkamm zum Strand hin, und es erscheint so, als ob Wellen fast immer senkrecht auf den Strand treffen, auch wenn der sie erzeugende Seewind eine ganz andere Richtung besitzt.

Abb. 12.5 Refraktion von Wellen am Strand. An der gestrichelten Linie sei ein plötzlicher Tiefensprung von der Wassertiefe h_2 auf die Wassertiefe h_1

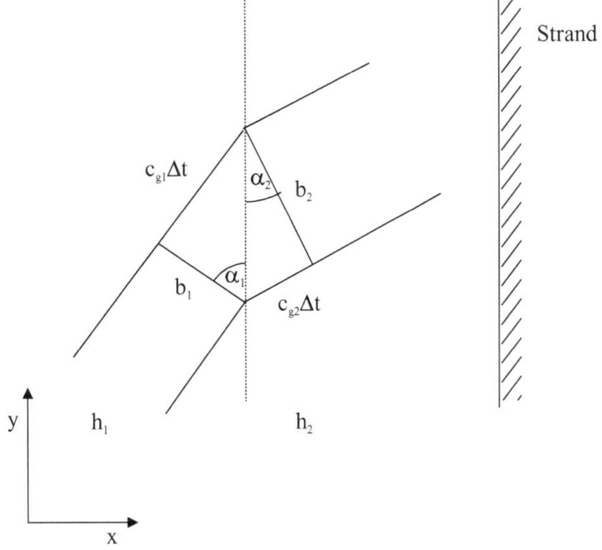

Zur quantitativen Analyse der Refraktion betrachten wir einen Kammabschnitt der Breite b_1, der mit einer Tiefenlinie $h_1 = const$ einen Winkel α_1 bildet. Nach dem **Snellius'schen Brechungsgesetz** der geometrischen Optik wird seine Breite bei Ankunft an der Tiefenlinie $h_2 = const$ nach der Formel (Abb. 12.6)

$$\frac{b_2}{b_1} = \frac{\cos\alpha_2}{\cos\alpha_1}$$

gedehnt, wobei der Winkel α_2 aus der leicht einsichtigen geometrischen Beziehung

$$\frac{\sin\alpha_2}{\sin\alpha_1} = \frac{c_{g2}}{c_{g1}}$$

berechnet werden kann.

12.3.2 Das Fermat'sche Prinzip

Bevor wir diese beiden Gesetze anwenden wollen, soll ein Blick auf das dahinterliegende Naturprinzip geworfen werden: Licht folgt zwischen zwei Punkten dem Weg mit der kürzesten Laufzeit. Dies ist das Fermat'sche Prinzip. In unserem Fall ist der Weg von A nach B in Abb. 12.5 ganz offenbar

$$s = \sqrt{\Delta y_1^2 + x^2} + \sqrt{\Delta y_2^2 + (x_{AB} - x)^2}$$

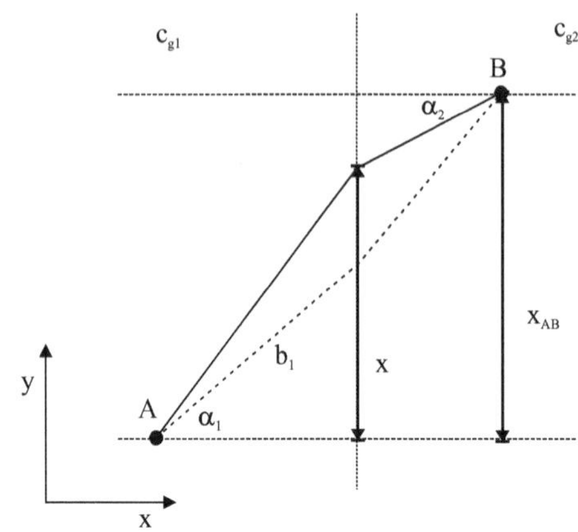

Abb. 12.6 Zur Herleitung der Snellius'schen Brechnungsgesetze aus dem Prinzip von Fermat. Um zu erklären, warum eine Welle nicht den gestrichelten, sondern den durchgezogenen Weg von A nach B nimmt, muss man die Dauer für diese beiden Wege vergleichen

und die dafür benötigte Zeit

$$t = \frac{\sqrt{\Delta y_1^2 + x^2}}{c_{g1}} + \frac{\sqrt{\Delta y_2^2 + (x_{AB} - x)^2}}{c_{g2}}.$$

Man beachte, dass in dieser Gleichung einzig und allein x als Durchstoßpunkt vom ersten zum zweiten Medium variierbar ist, während alle anderen Parameter fest sind, wenn die Orte A und B vorgegeben sind. Daher ist die Laufzeit dann ein Minimum, wenn

$$\frac{dt}{dx} = \frac{1}{c_{g1}} \frac{x}{\sqrt{\Delta y_1^2 + x^2}} - \frac{1}{c_{g2}} \frac{x_{AB} - x}{\sqrt{\Delta y_2^2 + (x_{AB} - x)^2}} = \frac{\sin \alpha_1}{c_{g1}} - \frac{\sin \alpha_2}{c_{g2}} = 0$$

ist, woraus das Snellius'sche Brechnungsgesetz folgt.

Oberflächenwellen haben es also sehr eilig. Sie suchen wie das Licht den Weg, auf dem sie in kürzester Zeit einen anderen Punkt erreichen. Mit diesem Fermat'schen Prinzip wissen wir also, was das hinter den Brechungsgesetzen liegende Grundprinzip ist. Solche Prinzipien eignen sich aber nicht zur Berechnung tatsächlicher Probleme.

12.3.3 Die Kombination von Refraktion und Shoaling

Um den Effekt von Refraktion und Shoaling gemeinsam zu erfassen, betrachte man den Energietransport mit einem gewissen Kammabschnitt:

$$\frac{1}{2} g A_1^2 c_{g1} b_1 = \frac{1}{2} g A_2^2 c_{g2} b_2.$$

Da die Breite b in Richtung des flacheren Wassers größer wird, flacht sich die Welle durch Refraktion ab, wird aber durch Shoaling weitaus mehr aufgesteilt.

Natürlich wird auch die Refraktion in unserem, dem aus den beiden Gl. (12.7) und (12.4) bestehenden Wellenmodell berücksichtigt, wenn man die Wellenzahl $\vec{k}$ und die Gruppengeschwindigkeit $\vec{c}_g$ als Vektoren nimmt.

12.3.4 Die Phasenfunktion

Das Verständnis der Refraktion von Wellen wird durch die Einführung der sogenannten Phasenfunktion

$$S(x, y, t) = \vec{k}\vec{x} - \omega t = k_x x + k_y y - \omega t$$

etwas erleichtert. Da sie das Argument der Cosinusfunktion ist, stellen festgehaltene Werte der Phasenfunktion

$$S(x, y, t) = const = S_0$$

Linien in Raum und Zeit dar, auf denen die Auslenkung der freien Oberfläche denselben Wert annimmt. So wird das Wellental durch $S_0 = \pi$ und der Wellenberg durch $S_0 = 0$ beschrieben (Abb. 12.7).

Senkrecht zu einer Phasenlinie steht der Normaleneinheitsvektor:

$$\vec{n}_k = \frac{1}{\|\vec{k}\|} \begin{pmatrix} k_1 \\ k_2 \end{pmatrix}.$$

Wir wollen nun eine einzelne Phasenlinie $S(x, y, t) = S_0$ mit der Zeit verfolgen. Die totale Änderung der Phase dS kann man einerseits aus ihrer Bestimmungsgleichung und

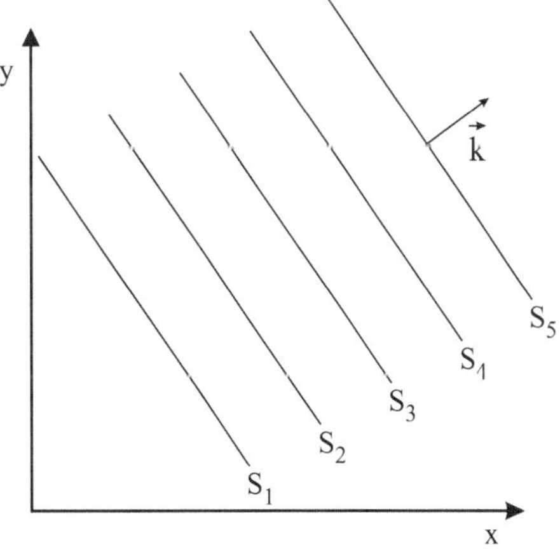

Abb. 12.7 Eine Gruppe von fünf Phasenlinien (*etwa der Wellenberg*), die in Richtung des Wellenzahlvektors $\vec{k}$ propagieren

andererseits aus der Definition des totalen Differentials gewinnen:

$$dS = 0 = \text{grad } S d\vec{x} + \frac{\partial S}{\partial t} dt = \vec{k} d\vec{x} - \omega dt.$$

Somit beschreibt die Wellenzahl $\vec{k}$ den räumlichen Gradienten der Phase

$$\vec{k} = \text{grad } S$$

und die Kreisfrequenz ω die zeitliche Veränderung der Phase an einem festen Ort:

$$-\omega = \frac{\partial S}{\partial t}.$$

Die Geschwindigkeit einer Phase, die Phasengeschwindigkeit c, ist durch

$$c = \vec{n}_k \frac{d\vec{x}}{dt} = \frac{-\frac{\partial S}{\partial t}}{\|\text{grad } \vec{S}\|} = \frac{\omega}{k} = L\nu$$

gegeben.

12.3.5 Das Gesetz von der Erhaltung der Wellengipfel

Die neu eingeführten Definitionen der Wellenzahl und der Kreisfrequenz implizieren neue Bestimmungsgleichungen für dieselben. Da die Rotation des Gradienten (der Phasenfunktion) immer null ist, gilt:

$$\text{rot } \vec{k} = 0.$$

Ferner kann man von ω den Gradienten und von $\vec{k}$ die Zeitableitung bilden und erhält das **Gesetz von der Erhaltung der Wellengipfel**

$$\frac{\partial \vec{k}}{\partial t} + \text{grad } \omega = 0, \tag{12.6}$$

welches sich physikalisch recht einfach interpretieren lässt: An einem festen Ort kann die Dichte der Wellengipfel nur dann zunehmen ($\partial \vec{k}/\partial t > 0$), wenn an einem benachbarten Ort weniger Wellen pro Zeit ankommen (grad $\omega < 0$).

Um für realistische zweidimensionale Topographien die Richtung der Wellenzahl und damit die Ausbreitungsrichtung einer Welle zu bestimmen, muss man die Winkelgeschwindigkeit ω in diesem Gesetz durch die Dispersionsbeziehung für Airy-Wellen substituieren. Für den Gradienten der Kreisfrequenz gilt

$$\text{grad } \omega(\vec{k}, h) = \frac{\partial \omega}{\partial \vec{k}} \text{grad } \vec{k} + \frac{\partial \omega}{\partial h} \text{grad } h = \vec{c}_g \text{grad } \vec{k} + \frac{\partial \omega}{\partial h} \text{grad } h$$

und mit

$$\frac{\partial \omega}{\partial h} = \frac{\partial}{\partial h} \sqrt{gk \tanh(kh)} = -\frac{gk^2 \left(\tanh^2(kh) - 1\right)}{2\sqrt{gk \tanh(kh)}}$$

folgt nach schnellen Umformungen:

$$\frac{\partial \vec{k}}{\partial t} + \vec{c}_g \operatorname{grad} \vec{k} = -\frac{\sqrt{gk^3}}{2\sqrt{\tanh kh} \cosh^2 kh} \operatorname{grad} h. \tag{12.7}$$

In der Indexnotation lautet diese Gleichung:

$$\frac{\partial k_i}{\partial t} + c_{g.j}\frac{\partial k_i}{\partial x_j} = -\frac{\sqrt{gk^3}}{2\sqrt{\tanh kh} \cosh^2 kh}\frac{\partial h}{\partial x_i}.$$

Sie besteht auf der linken Seite aus der Advektion des Wellenzahlvektors mit der Gruppengeschwindigkeit und auf der rechten Seite aus einem Quell-/Senkterm für die Änderung des Wellenzahlvektors mit der Wassertiefe.

Übung 63

Beweisen Sie die Beziehung

$$\cosh^2(x) - 1 = \sinh^2(x)$$

mithilfe der Definition der hyperbolischen Funktionen über die Exponentialfunktion.

12.4 Das Brechen der Wellen

Wenn Oberflächenwellen sehr flache Bereiche im Küstenvorfeld oder das Ufer erreichen, beginnen sich die aus dem Tiefwasser kommenden Wellenkämme uferparallel als Wirkung der Refraktion auszurichten. Dabei wird die Wellenhöhe durch Shoaling größer und die Wellenlänge kleiner und damit die Wellensteilheit größer. Das zunehmende Aufsteilen der Welle wird erst durch ihr Brechen beendet. Beim Brechen einer Welle wird ihre Energie zum Teil in turbulente kinetische Energie umgewandelt, wodurch die Wellenhöhe abnimmt. Der Wasserkörper wird durch Lufteinschluss inhomogen, und sein Strömungsfeld ist nicht mehr rotationsfrei.

Bei den Kriterien, wann und wie dieser hochenergetische Prozess stattfindet, unterscheidet man

- Kriterien, die die Eigenschaften der Welle am Brechpunkt verwenden (Index b),
- Kriterien, die die Tiefwassereigenschaften der Welle verwenden (Index 0) und
- Kriterien, die Eigenschaften des Seegangsspektrums verwenden.

Das wohl bekannteste Brechkriterium ist das von Miche, es ist der ersten Kategorie zuzuordnen. Einfacher zu handhaben, aber ungenauer, sind solche Kriterien, die die Transformationsprozesse der Welle im Küstenvorfeld in das Kriterium integrieren und so die Wassertiefe am Brechpunkt in Abhängigkeit von den Einlaufeigenschaften der Welle im Tiefwasser bestimmen.

12.4.1 Das Kriterium von Miche

Das Brechen einer Welle kann mit dem Stolpern eines Fußgängers verglichen werden. Die Unheil bringende Kinematik ensteht dadurch, dass die Füße sich langsamer bzw. der Kopf sich schneller als der Körperschwerpunkt bewegen. Eine Welle bricht, wenn die Orbitalgeschwindigkeit der Partikel auf dem Wellengipfel größer als die Ausbreitungsgeschwindigkeit der Welle ist. Dieses Kriterium wollen wir quantitativ im Rahmen der linearen Wellentheorie auswerten.

Für die Orbitalgeschwindigkeit auf dem Wellengipfel hatten wir den handlichen Ausdruck $H_b \frac{gk}{2\omega}$ hergeleitet, für die Ausbreitungsgeschwindigkeit $\frac{g}{\omega}\tanh kh$. Damit ergibt sich als theoretisches Kriterium für das Brechen von Wellen:

$$\frac{H_b}{L} > \frac{1}{\pi}\tanh\frac{2\pi h}{L}.$$

Tatsächlich sind Wellen vor dem Brechen aber nicht mehr harmonisch; sie bilden steile Kämme und flache Täler aus. Nach dem Kriterium von Miche bricht die Welle dadurch früher bei:

$$\frac{H_b}{L} > 0,142\tanh\frac{2\pi h}{L}.$$

Das Kriterium von Miche ist ein lokales Kriterium, welches die Kenntnis von Wellenhöhe und Wellenlänge direkt am Brechpunkt voraussetzt. Diese beiden Werte kann man durch das vorgestellte Zweigleichungsmodell numerisch bestimmen (Abb. 12.8).

Die vorgestellte Bedingung soll für Tief- und für Flachwasserwellen analysiert werden.

Im **Flachwasser** gilt $\tanh\frac{2\pi h}{L} \simeq \frac{2\pi h}{L}$, und somit soll nach Miche die maximale Wellenhöhe $H_{max} = 0,89\,h$ sein. Reale Wellen brechen oft schon wesentlich früher: Die höchsten Wellen brechen schon, wenn die Wassertiefe etwa ein Fünftel ihrer Amplitude unterschreitet, also $H_{max} \simeq 0,4\,h$.

Im **Tiefwasser** ist das Brechen von Wellen der entscheidende Effekt zur Begrenzung der Wellenhöhe bei dem unter dem Wind wachsenden Seegang. Dort ist die Phasengeschwindigkeit $\sqrt{g/k}$ und somit begrenzt die theoretische Beziehung

$$H_{max}\frac{gk}{\omega} = 2\sqrt{\frac{g}{k}}$$

bzw.

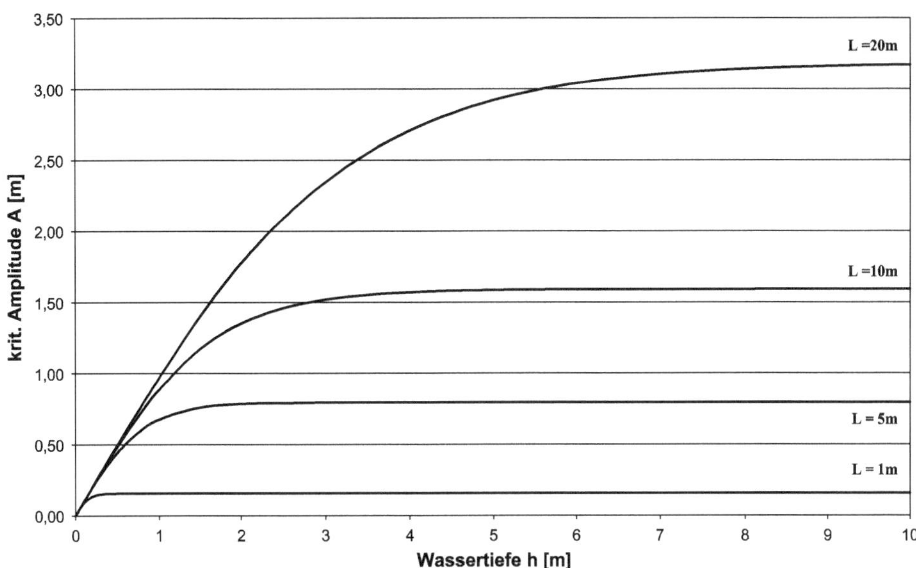

Abb. 12.8 Das Kriterium für Wellenbrechen nach Miche für die Wellenlängen 1, 5, 10 und 20 m. Liegt die Wellenamplitude in Abhängigkeit von der Wassertiefe oberhalb der Kurve, so bricht die Welle

$$H_{max} = 2\frac{g}{\omega^2} = 2\frac{g}{(2\pi)^2 v^2} \tag{12.8}$$

die Wellenhöhe. Diese ist also umso kleiner, je größer die Wellenfrequenz ist. Hochfrequente Wellen neigen eher dazu, gebrochen zu werden (Abb. 12.9).

Übung 64
Zu einem Strand hin falle die Wassertiefe linear nach h(x) = 6,3 m − 0,02 x ab. Wo bricht eine 12 m lange und 1,2 m hohe Welle ?

12.4.2 Brecherarten

In Abhängigkeit von der Steilheit der Welle und den topographischen Verhältnissen unterscheidet man beim Brechen einer Welle vier verschiedene Typen von Brechern [25, 47], die auch sehr gut beobachtbar sind. Unter welchen Bedingungen eine Welle in welchem Brechertyp verendet, hat Battjes (1974) [3] in folgendem Kriterium kondensiert. Dazu berechne man zunächst die dimensionlose Iribarren-Zahl

$$\zeta_0 = \frac{\tan\alpha}{\sqrt{H_0/L_0}} \quad \text{mit} \quad \tan\alpha = \frac{\partial z_B}{\partial x} \quad \text{und} \quad H_0 = 2A_0,$$

Abb. 12.9 Rollender Brecher (*plunging breaker*) im oberen Mittelteil des Bildes

wobei der Index 0 die Einlaufwerte im Tiefwasser bezeichnet. Entsprechend ergibt sich dieser Parameter für die Werte am Ort des Brechens durch die Indizierung:

$$\zeta_b = \frac{\tan\alpha}{\sqrt{H_b/L_b}} \quad \text{mit} \quad \tan\alpha = \frac{\partial z_B}{\partial x} \quad \text{und} \quad H_b = 2A_b.$$

Wir werden mithilfe der Seegangsspektren später eine weitere Definition der Iribarren-Zahl $\zeta_{m-1,0}$ kennenlernen, deren Unterscheidungswerte hier auch schon angegeben werden sollen.

1. Bei überlaufenden Brechern (auch Schwallbrecher, engl. *spilling breaker*) gleitet Schaum (*white caps*) den vorderen Hang der Welle hinab. Solche sicherlich nicht als Brecher in der Gewaltigkeit des Wortes wahrgenommenen Wellen treten über sehr flachen Strandprofilen auf. Diese Art von Brechern treten bei Werten von $\zeta_0 < 0{,}5$, $\zeta_b < 0{,}4$ bzw. $\zeta_{m-1,0} < 0{,}2$ auf.
2. Rollende oder Sturzbrecher (engl. *plunging breaker*) habe die klassische Form einer nach vorne überkippenden Welle. Sie treten über sehr flachen bis mittel geneigten Strandprofilen bei $3{,}3 > \zeta_0 > 0{,}5$, $2 > \zeta_b > 0{,}4$ bzw $0{,}2 < \zeta_{m-1,0} < 2, ..., 3$ auf. Beobachtet man einen solchen am Strand, so fällt sofort die Langsamkeit des Prozesses auf: Der rollende

Abb. 12.10 Einstürzender Brecher (*collapsing breaker*)

Abb. 12.11 Typen des Wellenbrechens und deren englische Bezeichnungen

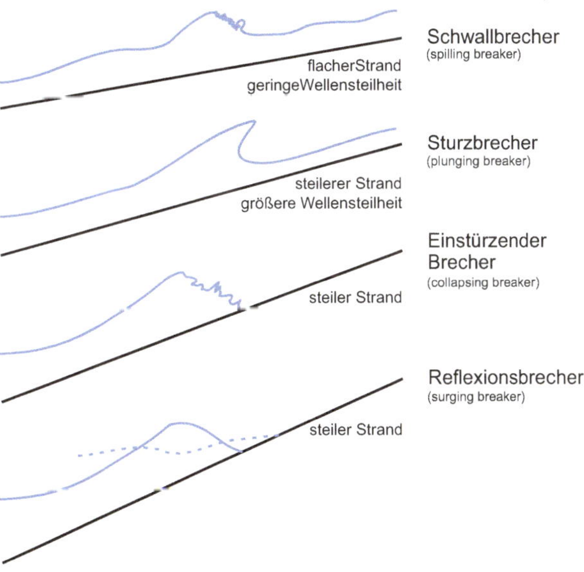

Brecher baut sich erst allmählich auf und bleibt recht lange in der instabilen Position, bevor er kippt.

3. Bei einstürzenden Brechern (engl. *collapsing breaker*) bildet die vordere Front eine rechtwinklige Stufe. Beim Brechen erscheint die Welle geradezu zu explodieren. Sie treten über mittel bis starken Strandneigungen auf, es gilt $\zeta_0 > 3{,}3$, $\zeta_b > 2$ bzw. $\zeta_{m-1,0} > 2, ..., 3$. Über diesen kann sich aufgrund der nicht hinreichenden Lauflänge kein rollender Brecher mehr ausbilden (Abb. 12.10 und 12.11).

4. Hochbrandende oder Reflexionsbrecher (engl. *surging breaker*) sind eigentlich keine Brecher, sie schießen den stark geneigten Strand hinauf ohne zu brechen. Sie treten bei etwas größeren Werten als die Sturzbrecher auf, ein eigener Wertebereich für ζ wird in der Literatur nicht angegeben.

An natürlichen Stränden treten kontinuierliche Mischformen in der dargestellen Reihenfolge auf.

12.4.3 Der Auflaufbereich

Schauen wir nochmal auf die Abb. 12.3, so erkennt man, dass die Wellenbrecher am Strand als lange Wellen geboren wurden. Die kurzen Wellen haben schon lange vor der Brandungszone soviel Energie abgegeben, dass ihre Restamplitude nicht mehr ausreicht, um einen ordentlichen Brecher abzugeben.

Nachdem eine lange Welle gebrochen ist, formieren sich die Wassermassen zu einer Restwelle, die die Form einer Bore hat. Als solche bezeichnet man eine solitäre Welle, deren vordere Front sich nahezu vertikal ausrichtet, deren Oberfläche also weit von der harmonischen Form abweicht. Der Bereich zwischen dem Ufer und der Brecherlinie wird also fortwährend von periodischen Boren überspült. Man bezeichnet ihn deshalb auch als Auflaufbereich.

Die Boren verlieren auf ihrem Weg sehr schnell an Energie und Wellenhöhe $H = 2A$. Dies erfolgt nach einem empirischen Gesetz von Andersen und Fredsøe [1]

$$\frac{H}{h} = 0{,}5 + 0{,}3 \exp\left(-0{,}11\frac{\Delta x}{h_b}\right).$$

Hier wird also davon ausgegangen, dass die verbleibenden Boren auf eine Wellenhöhe zusammenstürzen, die 80 % der lokalen Wassertiefe entspricht.

12.5 Zusammenfassung

In diesem Kapitel wurde aufbauend auf dem Energiebegriff eine Wellentheorie entwickelt, die basierend auf der Erhaltung der Wellengipfel die Wellenzahl und auf der Wellenenergie-erhaltung die Wellenamplitude berechenbar macht. Sie ist die Grundlage für energetische Wellenmodelle, die man in den unterschiedlichsten Formen finden kann. Hierzu hatten wir zunächst die Energie von Airy-Wellen studiert, die proportional zum Quadrat ihrer Amplitude ist.

Als Anwendung dieser Theorie haben wir den Lebensweg der Wellen vom tiefen in das flache Wasser bis zum Strand verfolgt. Die Wellenkämme neigen dazu, sich durch Refraktion strandparallel auszurichten, während sich die Wellen durch Shoaling aufsteilen. Beim Erreichen einer gewissen Grenzhöhe brechen die Wellen schließlich.

Insgesamt haben wir uns so eine Einführung in diese komplexe Thematik erarbeitet, die immer noch Gegenstand der Forschung ist.

Obwohl die sehr unregelmäßige Bewegung der Wasseroberfläche auf Küsten- und großflächigen Binnengewässern auf den ersten Blick nur wenig mit harmonischen Airy-Wellen zu tun zu haben scheint, kann man dieses als Seegang bezeichnete Phänomen als eine Überlagerung solcher Wellen modellieren.

Für den Seegang interessieren sich verschiedene wissenschaftliche Disziplinen:

- In der Ozeanographie bestimmt der Seegang die Dynamik der oberen ozeanischen Schicht und der dortigen Durchmischungsverhältnisse.
- Seegang macht aus einer glatten eine raue Wasseroberfläche, deren Beschaffenheit dem Wind mehr oder weniger Widerstand entgegensetzt. Dieser Sachverhalt geht in die Wetter- und Klimamodelle der Meteorologen ein.
- Im Küsteningenieurwesen ist Seegang die größte Belastung von Offshorebauwerken. Bei Sturmfluten schädigen die brechenden Seegangswellen den schützenden Deich. Seegang gefährdet zudem die Sicherheit des Schiffsverkehrs.
- Die aus dem Seegang entstehende Brandung liefert aber auch den Surfern die perfekte Welle.

Die Erkundung der Seegangsverhältnisse beginnt mit seiner Beobachtung. Da Seegang ein stochastisches Phänomen ist, benötigen wir gewisse statistische Parameter, um ihn zu beschreiben. Sie werden wir im folgenden Abschnitt kennenlernen.

Es ist allerdings nicht ausreichend, schon vorhandenen Seegang nur empirisch zu ergründen, man möchte ihn in vielen praktischen Anwendungen auch vorhersagen können. Hierzu sind theoretische Modellvorstellungen zur Seegangsentstehung, -ausbreitung und -vernichtung erforderlich, die oftmals von der idealen Wellentheorie ausgehend die spektrale Darstellung des Seegangs nutzen.

© Springer Fachmedien Wiesbaden GmbH, ein Teil von Springer Nature 2018
A. Malcherek, *Gezeiten und Wellen*, https://doi.org/10.1007/978-3-658-19303-4_13

13.1 Die Erfassung des Seegangs

Die Erfassung der Bewegung der Wasseroberfläche z_S als Funktion der Zeit kann durch optische Verfahren wie die in Abschn. 4.1 beschriebenen Radarpegel erfolgen. Das für die Tidebewegung gewählte Aufzeichnungsintervall von 5 s muss für die Seegangserfassung allerdings erheblich reduziert werden. Ein großer Nachteil dieser Messanordnung besteht allerdings darin, dass der Radarpegel fixiert sein muss, da er den Abstand relativ zu seiner Position misst. Dieses Messverfahren ist dann ungeeignet, wenn das Gewässer so tief ist, dass eine Messplattform nicht mehr gegründet oder fixiert werden kann.

Für ozeanographische Untersuchungen werden **Wellenbojen** (engl. *wave rider*) eingesetzt [38]. Diese führen auf der Wasseroberfläche schwimmend die Bewegung der Wellen mit aus. In ihrem Inneren befindet sich ein an mindestens vier Federn schwingender Körper, dessen Bewegungen aufgezeichnet werden. Aus der Dynamik dieses Masse-Feder-Systems kann die Bewegung der Boje zurückgerechnet werden.

Ein mögliches Ergebnis einer solchen Wasserstandsmessung ist in Abb. 13.1 dargestellt. Von der idealen Wellentheorie herkommend wirft der Blick auf die Abbildung zumindest die Frage auf, was man bei einem solchen Ergebnis als Wellenperiode oder -amplitude zu verstehen hat. Die hierfür erforderliche Auswertung kann prinzipiell auf zwei Arten erfolgen:

- Die Auswertung im Zeitbereich zerlegt die Zeitachse in einzelne, aufeinanderfolgende Wellen. Diese sind dann natürlich nicht harmonisch.
- Die Auswertung im Frequenzbereich nimmt an, dass das gesamte Signal aus einer Summe von harmonischen Einzelwellen zusammengesetzt ist und führt eine spektrale Analyse durch.

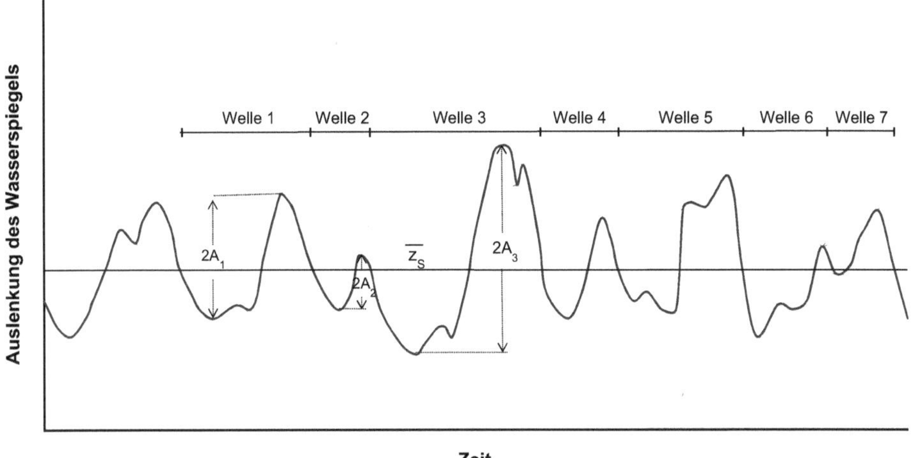

Abb. 13.1 Bestimmung von Einzelwellen in Seegangssignal nach dem Nulldurchgangsverfahren

Da die spektrale Analyse wesentlich aufwendiger ist, werden die gewässerkundlichen Auswertungen im Zeitbereich gemacht und die spektralen Parameter aus den gewonnenen Ergebnissen identifiziert.

Für die Auswertung im Zeitbereich muss die Zeitachse zunächst in Einzelwellen zerlegt werden. Hier haben sich zwei Verfahren durchgesetzt:

- Beim sogenannten Nulldurchgangsverfahren (engl. ***zero down crossing method***) wird zunächst der Mittelwert der Zeitreihe $\overline{z_S}$ gebildet, und die Daten werden auf diesen als Nullwert nivelliert ($z_S(t) - \overline{z_S}$). Dann definiert man als Einzelwelle jeweils den zeitlichen Abstand zwischen zwei von oben kommenden Nulldurchgängen. Liegt unter dem Seegang noch ein Gezeitensignal, ist ein gleitendes Mittel zu Bestimmung des mittleren Wasserstands anzuwenden.
- Beim **Wellenkammverfahren** beginnt eine neue Welle jeweils mit dem Ansteigen des Wasserstands. Hierdurch bekommt man wesentlich mehr Einzelwellen als beim Nulldurchgangsverfahren. Das Wellenkammverfahren kommt ohne die Bildung eines (gleitenden) Mittels aus.

Hat man in dieser Weise die Einzelwellen (H_i, T_i) herausgeschnitten, so wird ihre Periode $\omega_i = 2\pi/T_i$ direkt aus ihrer Dauer bestimmt und die Wellenhöhe aus der Differenz der Minimal- und Maximalwerte. Die halbe Wellenhöhe liefert die Amplitude.

Nun kann man herangehen, die Ergebnisse statistisch auszuwerten. Hier bieten sich zunächst das arithmetische Mittel der Wellenhöhe

$$\overline{H} = \frac{1}{N} \sum_{i=1}^{N} H_i$$

oder das quadratische Mittel

$$H_{rms} = \sqrt{\frac{1}{N} \sum_{i=1}^{N} H_i^2}$$

an. Diese Werte unterschätzen allerdings die rein intuitiv in der Natur wahrgenommene Wellenhöhe. Dort machen sich nur die höchsten Wellen bemerkbar, weshalb sich die sogenannte signifikante Wellenhöhe $H_{1/3}$ zur Beschreibung des Seegangs durchgesetzt hat. Sie ist der Mittelwert des oberen Drittels aller Wellenhöhen:

$$H_{1/3} = \frac{1}{\frac{N}{3}} \sum_{i=1}^{N/3} H_i.$$

Natürlich gibt es keinen zwingenden Grund, die Verteilung der Wellenhöhen durch ihr höchstes Drittel zu beschreiben. Da dies aber im Küsteningenieurwesen weit verbreitet ist, liegen für sie entsprechend viele Erfahrungen in Form von Messungen vor. So kann man das arithmetische Mittel der Wellenhöhe mit der signifikanten Wellenhöhe als

$$\overline{H} = 0{,}63\,H_{1/3},$$

den Mittelwert des obersten Zehntels aller Wellen als

$$H_{1/10} = 1{,}27\,H_{1/3}$$

und des obersten Hundertstels als

$$H_{1/100} = 1{,}67\,H_{1/3}$$

abschätzen.

Für die Wellenperiode bietet es sich ebenfalls an, das arithmetische Mittel aus der Zerlegung in Einzelwellen erhaltenen Werte zu verwenden:

$$T_m = \frac{1}{N} \sum_{i=1}^{N} T_i.$$

Entsprechend ist $T_{1/3}$ die mittlere Wellenperiode des obersten Wellenhöhendrittels.

13.2   Die Stochastik des Seegangs

Bei den vielen unterschiedlichen Wellen, die sich zum Seegang überlagern, erscheint die tatsächliche Lage der Wasseroberfläche ein Produkt des Zufalls zu sein. Daher lässt sich das Auftreten gewisser Welleneigenschaften nicht exakt, sondern nur noch durch Wahrscheinlichkeitsfunktionen darstellen. Diese geben an, mit welcher Wahrscheinlichkeit eine gewisse Welleneigenschaft einen Wert in einem bestimmten Wertebereich annimmt.

Während man in der Statistik mit einzelnen Kennwerten zur Beschreibung eines probabilistischen Phänomens arbeitet, bedient sich die Wahrscheinlichkeitstheorie bestimmter Funktionen, die die Wahrscheinlichkeit von Ereignissen quantifizieren sollen.

Wir beginnen mit der Häufigkeitsverteilung der Wellenhöhen. Dazu werden die gemessenen Wellenhöhen in einzelne disjunkte Klassen k eingeteilt, wobei eine Einzelwelle in die Klasse k fällt, wenn ihre Wellenhöhe im Intervall $[H_k, H_{k+1}]$ liegt. Die Wahrscheinlichkeit $P(k)$, dass eine Welle in der Klasse k liegt, ist dann

$$P(k) = \frac{m(k)}{N},$$

wobei $m(k)$ die Anzahl der in der Klasse k gemessenen Wellen und N die Gesamtwellenzahl ist.

Die Wahrscheinlichkeiten $P(k)$ hängen sehr stark davon ab, wie man den Wellenhöhenraum in disjunkte Klassen zerlegt: Wird dieser z. B. in nur eine Klasse $[0, \infty]$ „zerlegt", so ist $P(k)$ grundsätzlich eins. Umgekehrt führt die Zerlegung in sehr viele Klassen zu sehr kleinen Wahrscheinlichkeiten.

In der Wahrscheinlichkeitstheorie wird daher die **Wahrscheinlichkeitsdichtefunktion** $p(H)$ eingeführt, um von der Abhängigkeit der Klasseneinteilung loszukommen. Dabei ist die Funktion $p(H)$ genau dann eine Wahrscheinlichkeitsdichte zur Wahrscheinlichkeitsfunktion P, wenn

$$P(k) = \int\limits_{H_k}^{H_{k+1}} p(H)dH$$

gilt. Die Wahrscheinlichkeitsdichte ist also unabhängig von dem Ereignis, d. h. des Wellenhöhenbereichs, dessen Eintrittswahrscheinlichkeit bestimmt werden soll. Er wird durch die Integrationsgrenzen spezifiziert.

13.2.1 Die Rayleigh-Verteilung der Wellenhöhe

Die Wellenhöhen vieler Seegangsmessungen gehorchen in erster Näherung der sogenannten Rayleigh-Verteilung. Diese hat die Form (siehe Abb. 13.2):

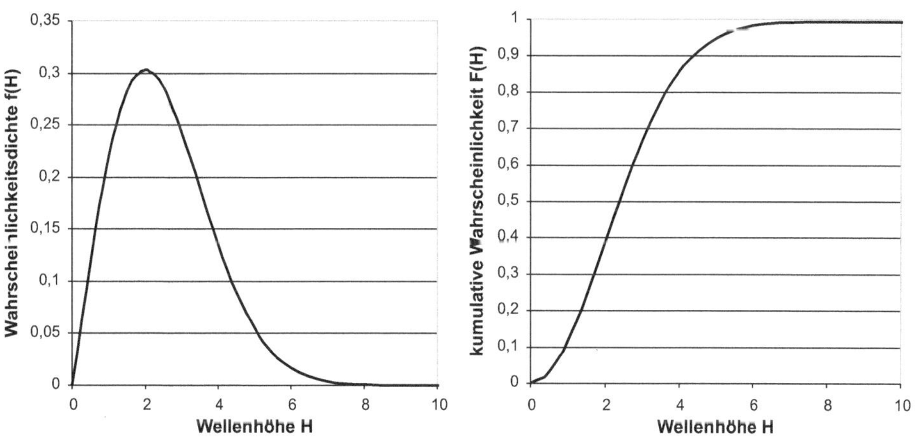

Abb. 13.2 Die Form der Rayleigh-Verteilung als Dichtefunktion (*links*) und als kumulative Verteilung (*rechts*) für $m_0 = 1\,\mathrm{m}^2$

$$p(H) = \frac{H}{4m_0} \exp\left(-\frac{H^2}{8m_0}\right).$$

In der Natur haben wir es oftmals dann mit einer Rayleigh-Verteilung zu tun, wenn eine Größe z. B. nur positive Werte annehmen kann. In unserem Fall gibt es keine negativen Wellenhöhen, also muss die Wahrscheinlichkeitsdichte dort null sein. Die Gauß'sche Normalverteilung nimmt im Vergleich dazu über ihren ganzen Wertebereich von null verschiedene Wahrscheinlichkeitsdichten an.

In der Rayleigh-Verteilung erscheint nur ein einziger Kalibrierungsparameter m_0. Für ihn empfiehlt die EAK 2002 [54]

$$m_0 = \frac{\overline{H}^2}{2\pi} \quad \Rightarrow \quad p(H) = \frac{\pi}{2}\frac{H}{\overline{H}^2} \exp\left(-\frac{\pi}{4}\frac{H^2}{\overline{H}^2}\right),$$

während das Coastal Engineering Manual [107]

$$m_0 = \frac{1}{8}H_{rms}^2 \quad \Rightarrow \quad p(H) = \frac{2H}{H_{rms}^2} \exp\left(-\frac{H^2}{H_{rms}^2}\right)$$

angibt. Beide Ansätze geben die Verteilung der Wellenhöhe bzw. Amplitude recht gut wieder.

13.2.2 Die kumulative Verteilung oder Summenkurve der Wellenhöhen

Aus der Wahrscheinlichkeitsdichte kann man die kumulative Verteilung

$$P(H) = \int_0^H p(H')dH'$$

gewinnen. Sie gibt die Wahrscheinlichkeit dafür an, dass eine Welle eine Wellenhöhe unterhalb des Werts H hat. Für eine gegebene Seegangsmessung kann man die kumulative Wahrscheinlichkeit durch Auszählen gewinnen; ist $M(H)$ die Anzahl der Wellen, deren Wellenhöhe kleiner als ein bestimmter Wert H ist, dann ist

$$P(H) = \frac{M(H)}{N}$$

die gesuchte Wahrscheinlichkeit.

Für die Rayleigh-Verteilung ist die kumulative Verteilung analytisch bestimmbar:

$$P(H) = 1 - \exp\left(-H^2/H_{rms}^2\right).$$

Sie gibt die Wahrscheinlichkeit dafür an, dass die Wellenhöhe einer beliebigen Welle unterhalb des Werts H bleibt.

Übung 65

Abb. 13.3 zeigt einen Seegangsschrieb über 25 s Dauer, der nur diskrete Dezimeterwerte aufzeichnet.

1. Bestimmen Sie die mittlere arithmetische und quadratische Wellenhöhe.
2. Welchen Wert hat die signifikante Wellenhöhe?
3. Stellen Sie die Unterschreitungswahrscheinlichkeiten der Wellenhöhen nach der Rayleigh-Verteilung graphisch dar.
4. Bei welcher Wellenhöhe ist hier die Wahrscheinlichkeit, dass sie unter- bzw. überschritten wird, 50 %?

Beispiel Im Küsteningenieurwesen hat man es oft mit dem umgekehrten Fall zu tun: Man will ein Bauwerk, etwa eine Kaimauer, darauf bemessen, dass nur ein bestimmter, sehr geringer Anteil an Wellen über die Mauer läuft, also etwa jede 50 000. Welle. Dazu sei $H_{rms} = 30$ cm gegeben. Die Kaimauer sollte also die Bemessungshöhe H_B mit

$$1 - P(H_B) = \frac{1}{50\,000} = 0{,}00002 = \exp\left(-H_B^2/H_{rms}^2\right)$$

haben und somit 98,7 cm über dem mittleren Wasserstand liegen.

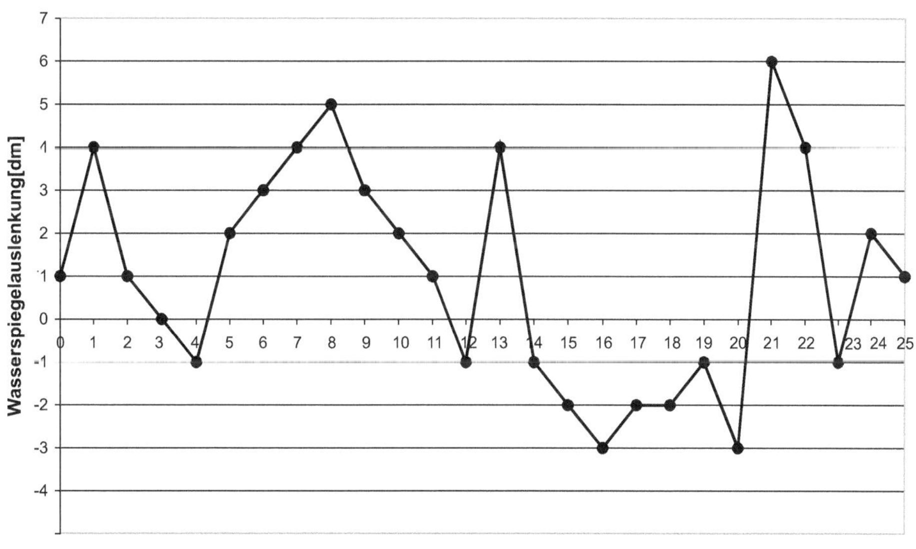

Abb. 13.3   Seegangsschrieb mit diskreten Dezimeterwerten

Übung 66

Bestimmen Sie die auf den mittleren Wasserspiegel bezogene Höhe einer Kaimauer so, dass nur jede 100 000. Welle sie überflutet.

1. Die mittlere quadratische Wellenhöhe H_{rms} ist 1 m.
2. Die mittlere Wellenhöhe $\overline{H}$ ist 1 m.

13.3 Die spektrale Verteilung der Seegangsenergie

Der Nachweis, dass es sich bei den vielen gemessenen Temperaturschwankungen nicht nur um regionale Effekte, sondern um einen globalen Klimawandel mit dramatischen Folgen für unseren Lebensraum handelt, wurde durch langfristige Klimasimulationen mit Computermodellen erbracht.

Diese basieren auf der Energiebilanz der Erde, die sich aus den Kompartimenten Atmosphäre, Ozeane und den Kontinenten zusammensetzt. Ein wichtiger Faktor in dieser Energiebilanz ist die in den Ozeanen gespeicherte Seegangsenergie. Sie entsteht aus der Umwandlung atmosphärischer Windenergie in Bewegungsenergie des Wasserkörpers. Um die Vorhersagen der globalen Klimamodelle überhaupt zu ermöglichen, musste also die im Seegang gespeicherte Energie berechenbar gemacht werden.

13.3.1 Die spektrale Energiedichte

Diese Bilanz der Seegangsenergie verwendet die schon in der Einleitung erwähnte Tatsache, dass eine wie auch immer geartete Zeitreihe des Wasserstands aus der Überlagerung vieler harmonischer Einzelwellen verschiedener Frequenzen $\omega = 2\pi v$ entsteht. Diese Tatsache ist deshalb wichtig, weil sich diese Einzelwellen in Abhängigkeit von ihrer Frequenz und der Wassertiefe mit verschiedenen Phasengeschwindigkeiten ausbreiten.

Da die Energie des Seegangs mit der Betrachtungsfläche A, der Dichte des Wassers ϱ und der Gravitationskonstante g wächst, setzt man nun die Energie der Wellen mit Frequenzen im Intervall zwischen v und $v + dv$ an als:

$$E^w([v, v + dv]) = \int_A \varrho g \left(\int_v^{v+dv} S(v)dv \right) dA.$$

Die gesamte Seegangsenergie erhält man durch Integration des Frequenzintervalls zwischen 0 und ∞. Die hierin neu auftauchende Funktion $S(v)$ ist die spektrale Energiedichte des Seegangs oder kurz das Seegangsspektrum. Sie hat die Einheit m^2s. Kennt man diese Funktion, so ist auch die Energetik des Seegangs vollständig bestimmt.

Das Seegangsenergiespektrum hängt mit der auf die Fläche und die Wasserdichte bezogenen Wellenenergiedichte e^w über

$$e^w([\nu, \nu + d\nu]) = g \int\limits_{\nu}^{\nu+d\nu} S(\nu)d\nu$$

zusammen.

13.3.2 Empirische Bestimmung des Energiedichtespektrums

Wie kann man dieses Seegangsspektrum für eine gemessene Zeitreihe $z_S(t)$ des Wasserspiegels bestimmen? Hierfür soll nun ein Kochrezept entwickelt werden.

Gehen wir davon aus, dass die Messzeitreihe über den Zeitraum T reicht und aus N diskreten Werten besteht. Ganz allgemein kann man dann die zeitliche Änderung der Wasseroberfläche durch die Reihe

$$z_S(t) = \sum_{n=1}^{N/2} A_n \cos(2\pi \nu_n t + \phi_n) \quad \text{mit} \quad \nu_n = n\nu_0 \quad \text{und} \quad \nu_0 = \frac{1}{T}$$

beschreiben. Eine ähnliche Darstellung des Wasserstandssignals hatten wir schon bei der Partialtidenanalyse kennengelernt. Der Unterschied zwischen beiden besteht in der Auswahl der Frequenzen: Diese waren bei der Partialtidenanalyse durch die exakt definierten Frequenzen der astronomischen (und der im Flachwasser erzeugten) Perioden vorgegeben. Ein solches aus scharfen Frequenzen zusammengesetztes Spektrum bezeichnet man als diskret. Die Gezeitenperioden waren zudem länger als 1 h.

Beim Seegang ist das Spektrum dagegen kontinuierlich, d. h., es kann jede Frequenz in einem gewissen Bereich auftreten. Wie genau man dieses Spektrum allerdings auflösen kann, hängt von der Dichte der Messwerte im Messzeitraum ab.

Die Amplituden A_n und die Phasenverschiebungen ϕ_n kann man durch eine Fourier-Transformation gewinnen. Diese wird in mathematischen Programmpaketen zumeist als komplex-diskrete, schnelle Fourier-Transformation (FFT) angeboten. Bei der Fourier-Transformation werden die einzelnen Amplituden A_n und die Phasen ϕ_n als freie Parameter so eingestellt, dass jeder Messwert der Wasserstandszeitreihe exakt getroffen wird. Dies war bei der Partialtidenanalyse anders: Hier hat man in der Regel durch die Pegelaufzeichnungen mehr Wasserstandsmesswerte als durch die Partialtiden definierte freie Parameter. Die analytisch-harmonische Reihe kann die gemessenen Werte allerhöchstens approximieren.

Beispiel Eine Seegangsmessung erfolgt über 1 min mit 10 Messungen pro Sekunde. Damit haben wir insgesamt $N/2 = 300$ Wertepaare und eine Grundfrequenz von 1/60 Hz. Man bekommt also ein Spektrum für die Frequenzen $v_n = 1/60$ Hz, 2/60 Hz, ..., 300/60 Hz. Der Nachteil der schnellen Fourier-Transformation besteht allerdings darin, dass sie nur 2^k Anzahl von Wertepaaren verarbeiten kann. In unserem Beipiel werden also 256 Wertepaare verwendet, d. h., die letzten 44 Paare werden gestrichen. Der Messzeitraum ist somit nur 51,2 s lang und man erhält das Frequenzspektrum $v_n = 1/51,2$ Hz, 2/51,2 Hz, ..., 256/51,2 Hz.

Nachdem wir mit einer geeigneten FFT-Funktion (*fast Fourier transform,* FFT) nun die Amplituden und Phasen gewonnen haben, wollen wir das Energiedichtespektrum konstruieren. Dazu müssen wir uns vor Augen führen, dass jede diskrete Frequenz v_n stellvertretend für ein Intervall $v_n + \Delta v$ steht. Damit gehört zu jeder Frequenz die Energiedichte

$$e^w(v_n) = e_n^w = \frac{1}{2} g A_n^2 = g S(v_n) \Delta v \quad \text{mit} \quad \Delta v = v_0,$$

womit man die spektrale Energiedichte als

$$S(v_n) = \frac{1}{2} \frac{A_n^2}{\Delta v}$$

bekommt.

Damit haben wir alle Zutaten des Rezepts, welches nun folgendermaßen aussieht:

1. Gegeben sei eine Wasserspiegelzeitreihe $z_S(t_i)$.
2. Bilden Sie von dieser die Fourier-Transformierte, d. h., bestimme die Funktion $A(v_n)$.
3. Bestimmen Sie hieraus die spektrale Energiedichte $S(v_n)$.

Beispiel 1 Die in Abb. 13.4 dargestellte Zeitreihe aus der Weser zeigt neben dem Ansteigen des Wasserstands zur Phase des Tidestiegs auch ein Rauschen, für welches ein Spektrum gewonnen werden soll. Aus diesem Spektrum sollen die dominanten Frequenzen des Seegangs bestimmt werden.

Aus dieser Zeitreihe muss natürlich zunächst das ansteigende Tidesignal herausgefiltert werden. Hierzu erzeugt man durch gleitende Mittlung das reine, geglättete Gezeitensignal $\overline{z_S}(t)$ und zieht dieses von der Originalzeitreihe $z_S(t)$ ab. So entsteht die reine, auf Seegang beruhende Wasserspiegelvariation

$$z_S^w(t) = z_S(t) - \overline{z_S}(t),$$

deren Signal ebenfalls in Abb. 13.4 zu sehen ist. Das aus der Fourier-Analyse gewonnene Energiespektrum in Abb. 13.5 zeigt ein unstetes Verhalten. Beim genauen Betrachten schwanken die Werte zwischen einem Maximalwert und null hin und her. Dadurch wird der gesamte Bereich unter der Kurve in der Graphik farbig ausgefüllt.

Somit bietet sich eine weitere gleitende Mittlung über das gewonnene Spektrum an, wodurch die im Spektrum gespeicherte Energie nicht verändert wird.

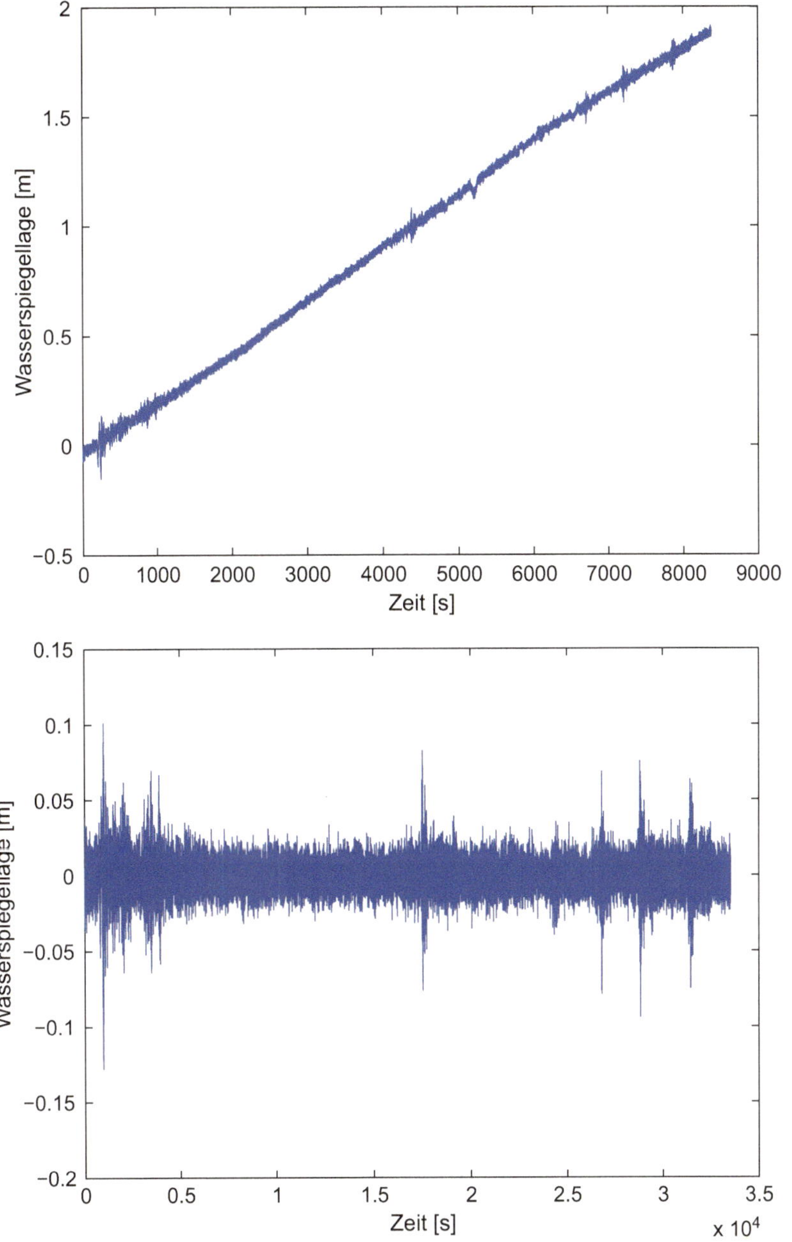

Abb. 13.4   Eine während des Tidestiegs mit einer Messfrequenz von 4 Hz aufgenommene Wasser-standszeitreihe (oben) aus der Weser (Datenquelle: Wasserstraßen- und Schifffahrtsamt Bremen). Im unteren rechten Bild das aus der Wasserstandszeitreihe durch die Anwendung eines gleitenden Mittels über 20 h herausgefilterte Wellensignal. Man erkennt Wellenhöhen von zumeist unter 10 cm. Nur bei einer Schiffspassage werden diese überschritten

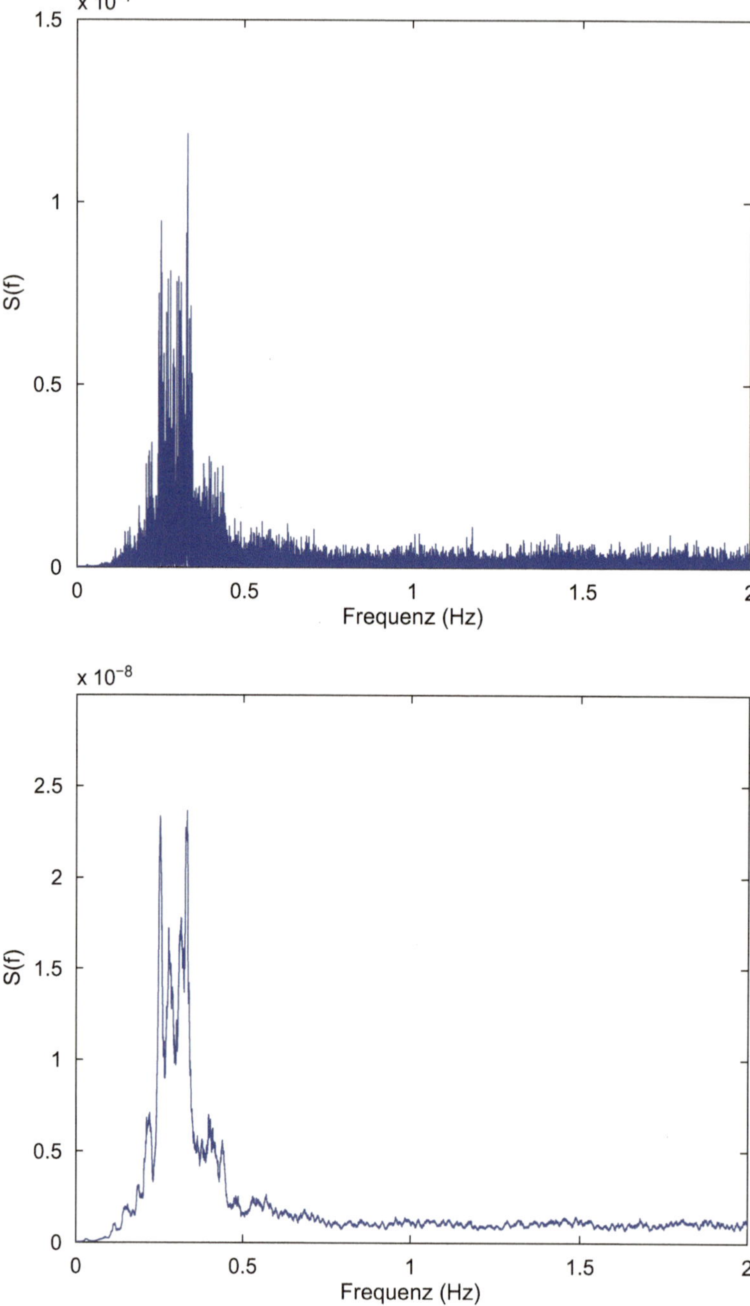

Abb. 13.5 Das Energiespektrum des reinen Wellensignals (*links*) zeigt wohl eine Struktur, ist aber noch sehr sprunghaft. Das durch gleitendes Mittel gewonnene geglättete Spektrum (*rechts*) zeigt Peakperioden zwischen 2,5 und 4 S

Der dargestellte Weg zum einigermaßen glatten Spektrum macht deutlich, dass dieses von einigen Entscheidungen des Datenbearbeiters abhängig ist. Somit ist zu untersuchen, ob ein Seegangsspektrum nicht aufgrund von hydromechanischen Gesetzen eine ganz bestimmte Form haben muss.

Beispiel 2 Wir wollen aus den in der Abb. 10.3 dargestellten ADV-Geschwindigkeitsmessungen ein Seegangsspektrum gemessenen. Da die gemessenen Vertikalgeschwindigkeiten sich im Vergleich zu den Horizontalgeschwindigkeiten eher nach den Ergebnissen der Airy-Theorie verhalten, werden diese zunächst einer FFT unterzogen:

$$w(t) = \sum_{n=1}^{N/2} w_n \cos\left(2\pi \nu_n t + \phi_n\right) \quad \text{mit} \quad \nu_n = n\nu_0 \quad \text{und} \quad \nu_0 = \frac{1}{T}.$$

Da die Geschwindigkeitsamplitude mit der Wasserstandsamplitude über

$$A_n = \frac{w_n}{\omega} \frac{\sinh kh}{\sinh kz}$$

verbunden ist, kann das Seegangsspektrum nun durch

$$S(\nu_n) = \frac{1}{2} \frac{w_n^2}{\Delta \nu} \frac{1}{4\pi \nu_n^2} \underbrace{\frac{\sinh^2 kh}{\sinh^2 kz}}_{\text{Tiefenabhängigkeit}}$$

auch aus einer Geschwindigkeitsmessung in einer bestimmten Wassertiefe z gewonnen werden.

In der Abb. 13.6 sind die aus den Vertikalgeschwindigkeiten gewonnenen Seegangsspektren ohne die Berücksichtigung der Tiefenabhängigkeit dargestellt. Man erkennt hier sehr schön den schnellen Abfall des ersten Peaks bei 0,75 Hz mit zunehmendem Oberflächenabstand. Beim Verwenden von hochaufgelösten Geschwindigkeitsmessungen zur Bestimmung von Seegangsspektren ist allerdings bei dem höherfrequenten Anteil schwer zu entscheiden, ob es sich tatsächlich um Seegang, d. h. Wasseroberflächenwellen oder nur Geschwindigkeitsfluktuationen, d. h. Turbulenz handelt. So sind die aufgezeichneten Peaks im 2-Hz-Bereich sicher noch als Seegang zu bezeichnen.

Bisher besagt uns die Information darüber, wie viel Energie in welchen Frequenzen gespeichert ist, über die Mechanismen des Enstehens und Vergehens von Seegang nur sehr wenig. Wir müssen also versuchen, eine Theorie der Seegangsspektren zu entwickeln.

13.3.3 Bestimmung des Energiedichtespektrums

Mit dem folgenden Programm kann man ein Seegangsspektrum aus einer entsprechend hoch aufgelösten Wasserstandszeitreihe gewinnen. Dazu müssen der Zeitschritt dT der

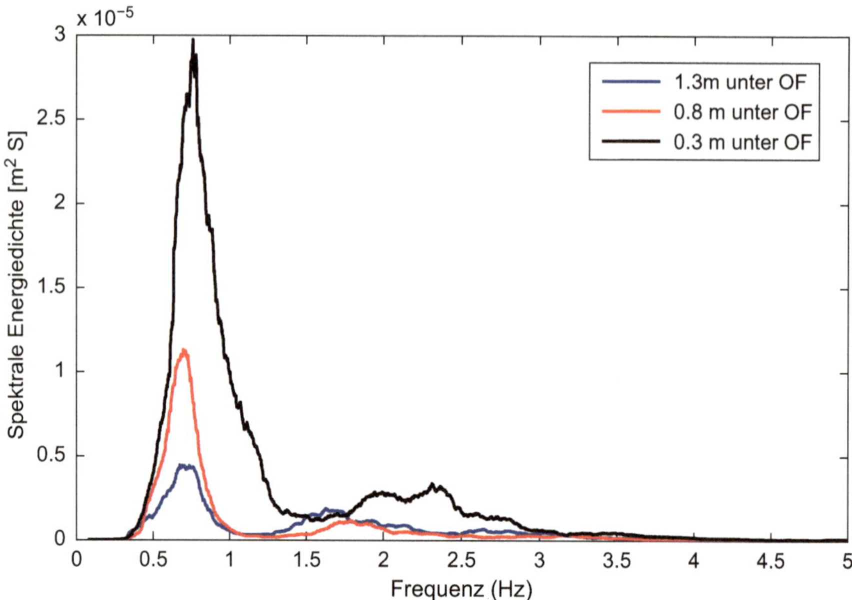

Abb. 13.6 Die spektrale Verteilung der Seegangsenergie in drei verschiedenen Tiefen zeigt deren schnelle Abnahme mit zunehmendem Wasseroberflächenabstand

Datenerfassung und die Wasserstandszeitreihe $z_S(n * dT)$ im Workspace, etwa durch das Importieren entsprechender Daten, vorhanden sein. Die Daten werden zunächst geglättet, dazu ist die Anzahl der Werte „Naverage", über die gemittelt werden soll, geeignet zu wählen.

```
Naverage=21;                 % Data points for floating average
L=max(size(zS));             % Number of data points
t = (0:L-1)*dT;              % Time vector

% floating average of the input data
zSm=smooth(zS,Naverage);
% getting the wave signal
zS=zS-zSm;

plot(t(1:L),zS(1:L))         % Plotting the original data
ylabel('Free Surface Elevation [m]')
xlabel('Time [s]')

NFFT = 2^(nextpow2(L)-1);    % Next power of 2 from length of y

Tges=NFFT*dT;
nu0=1/Tges;
f=0:nu0:(NFFT/2-1)*nu0;
```

```matlab
Y = fft(zS,NFFT)/NFFT;
A = 2*abs(Y(1:NFFT/2));

% Transformation of the amplitude to an energy spectrum
S(1:NFFT/2) = 0.5/nu0*A(1:NFFT/2).^2;

% smoothing the solution
S=smooth(S,Naverage);
figure;
plot(f,S)
xlabel('Frequency (Hz)')
ylabel('S(f)')
```

Das Programm kann natürlich auch dazu verwendet werden, das Energiedichtespektrum einer turbulenten Geschwindigkeitszeitreihe zu bestimmen.

13.4   Modellfunktionen für Seegangsspektren

Über die möglichen analytischen Formen der Seegangsspektren hat man sich in der Ozeanographie Gedanken gemacht. Hier geht es insbesondere darum, das Seegangsklima auch ohne Messung zu prognostizieren.

13.4.1 Die Phillips-Funktion

Die theoretische Beschreibung des Energiespektrums des Seegangs $S(\nu)$ könnte beim Brechen als begrenzender Prozess beginnen: Wellen brechen umso eher, je höher ihre Frequenz und ihre Amplitude sind. Im Tiefwasser hatten wir Gl. 12.8 als maximale Wellenamplitude hergeleitet. Hieraus folgt für die Energiedichte

$$\frac{1}{2}A_{max}^2 = \frac{1}{2}\frac{g^2}{(2\pi)^4\nu^4}$$

und für das Frequenzspektrum

$$S(\nu) \simeq \frac{\partial\frac{1}{2}A_{max}^2}{\partial\nu} = 2\frac{g^2}{(2\pi)^4\nu^5}.$$

Diese Abhängigkeit hat Phillips im Jahr 1958 [85, 86] allerdings nicht aus dem Brechkriterium, sondern durch eine Dimensionsanalyse gewonnen. Das nach ihm benannte Spektrum wird heute in der Form (Abb. 13.7)

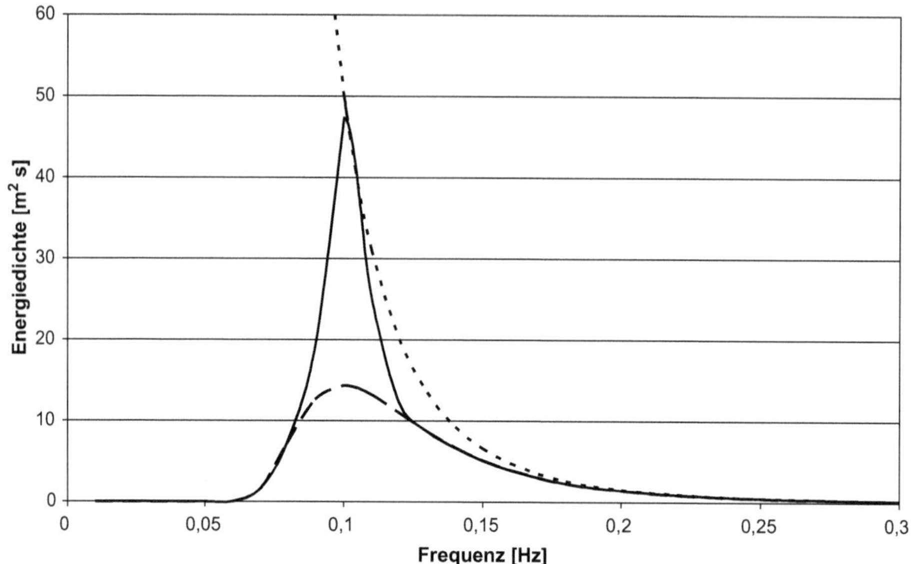

Abb. 13.7 Die Phillipsfunktion (*gepunktet*), das Pierson-Moskowitz-Spektrum (*gestrichelt*) und das JONSWAP-Spektrum (*durchgezogen*) für eine Peakfrequenz von 0,1 Hz

$$S_P(\nu) = \frac{\alpha g^2}{(2\pi)^4 \nu^5}$$

geschrieben, wobei α als Phillips-Parameter bezeichnet wird. Sein Wert ist mit $\alpha = 8{,}1 \cdot 10^{-3}$ wesentlich kleiner als der Wert unserer Analyse. Damit kann das Brechen von Wellen nicht für die Form des Energiespektrums verantwortlich sein. Tatsächlich sollen hier sogenannte Quadruplettinteraktionen [52] oder aber die turbulente Dissipation [68] eine wichtige Rolle spielen.

Die Phillips-Funktion divergiert für gegen null gehende Frequenzen, d. h., langperiodische Wellen haben immer größere Amplituden. Dies kann natürlich nicht richtig sein. Das Abklingen der Wellenenergie mit der 5. Potenz der Frequenz wird im Tiefwasser allerdings gut bestätigt.

13.4.2 Das Pierson-Moskowitz-Spektrum

Durch die inverse Abhängigkeit der Energieverteilung von der 5. Potenz der Frequenz kann die Seegangsenergie im niederfrequenten Bereich beliebig ansteigen. Dieses unrealistische Verhalten des Phillips-Spektrums wird durch das empirisch gewonnene Pierson-Moskowitz-Spektrum [87] verbessert:

$$S_{PM}(\nu) = S_P(\nu) \exp\left(-\frac{5}{4}\left(\frac{\nu}{\nu_{p,\infty}}\right)^{-4}\right).$$

Die Form des niederfrequenten Astes besitzt bisher keine theoretische Plausibilisierung. Die Autoren haben sie durch probierenden Vergleich mit verschiedenen Potenzen im Exponentialterm mit gemessenen und bereinigten Spektren gewonnen. Für hohe Frequenzen konvergiert der neu eingeführte Faktor gegen eins, hier wird die Phillips-Funktion beibehalten. Im niederfrequenten Bereich divergiert der Exponent gegen minus Unendlich bzw. $-\infty$, die Energiedichte wird also wie gewünscht gegen null gedrückt.

Als neuer Parameter ist die Peakfrequenz $\nu_{p,\infty}$ hinzugekommen, für sie nimmt die Energiedichte ihr Maximum an. Um die Bedeutung dieses freien Parameters zu erfassen, wollen wir die gesamte, im Seegangsspektrum gespeicherte Energie durch die Integration der spektralen Energiedichte über alle Frequenzen betrachten:

$$e^w = g \int\limits_0^\infty S(\nu)d\nu = \frac{\alpha g^3}{80\pi^4 \nu_{p,\infty}^4} = \frac{\alpha g^3}{80\pi^4} T_{p,\infty}^4.$$

Die Gesamtenergie hängt also extrem sensibel von der Peakfrequenz ab: Sie steigt mit der 4. Potenz der Peakperiode. Um diesen Zusammenhang zu verdeutlichen, repräsentieren wir diese Gesamtenergiedichte $e^w = \frac{1}{2}gA^2$ einmal durch eine einzige Welle. Diese hätte die Amplitude $A = \sqrt{\frac{\alpha}{40}}\frac{g}{\pi^2\nu_{p,\infty}^2} = 0{,}00144g/\nu_{p,\infty}^2$, d. h. bei $\nu_{p,\infty} = 0{,}1\,\mathrm{Hz}$ ca. $1{,}4\,\mathrm{m}$; bei $\nu_{p,\infty} = 0{,}2\,\mathrm{Hz}$ bleiben nur noch $35\,\mathrm{cm}$.

Sowohl die Abhängigkeit der Geamtenergie von der 4. Potenz der Peakperiode als auch die Form des Pierson-Moskowitz-Spektrums beschreiben das qualitative Verhalten der ausgereiften Windsee und des als **Dünung** bezeichneten alten Seegangs in tiefem Wasser sehr gut. Bei ersterer hat der Wind die Wasseroberfläche so lange berarbeitet, dass sich die innere Form des Spektrums in einem Gleichgewicht befindet. Dieser Zustand sollte dann erreicht sein, wenn die Phasengeschwindigkeit der höchsten Wellen sich der Geschwindigkeit des Windes annähert, wenn also $u_{10} = c_p$ gilt. Mit der Tiefwasserbeziehung für die Phasengeschwindigkeit folgt $T_{p,\infty} = 2\pi u_{10}/g$. Dass tatsächlich der Zusammenhang

$$T_{p,\infty} \simeq 7{,}69\frac{u_{10}}{g}$$

gemessen wurde [38], bestätigt die Annahme, dass die Windsee dann ausgereift ist, wenn Wind- und Phasengeschwindigkeit der höchsten Wellen gleich sind.

Bei der Dünung liegt das erzeugende Windereignis schon länger zurück. Das Spektrum befindet sich in einer Gleichgewichtsform des Reifestadiums, bei dem besonders hohe Einzelwellen ihre Energie durch nichtlineare Prozesse an schwächere Wellen abgegeben haben. Im Laufe der Zeit verliert die Dünung zunehmend Energie, wobei sich die Peakfrequenz nach den Aussagen des Pierson-Moskowitz-Spektrums erhöht. Der Alterungsprozess findet also überproportional stark bei den hochenergetischen Wellen statt (Abb. 13.8).

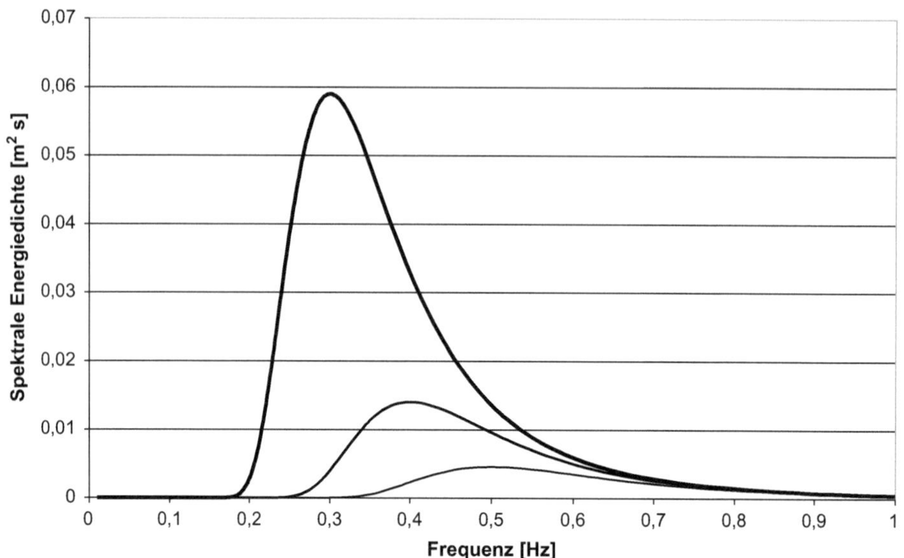

Abb. 13.8 Der Alterungsprozess eines Pierson-Moskowitz-Spektrums, welches in jungen Jahren eine Peakfrequenz von 0,3 Hz (*fette, obere Linie*), im mittleren Alter dann 0,4 Hz (*mittlere Linie*) und im hohen Alter 0,5 Hz (*dünne, untere Linie*) besitzt

13.4.3 Signifikante Seegangsparameter

Auch wenn der Seegang ursächlich aus vielen einzelnen Wellen unterschiedlicher Perioden zusammengesetzt ist, versucht man, die Seegangswirkung durch eine einzige, das gesamte Seegangsspektrum repräsentierende Welle mit einer entsprechenden signifikanten Wellenamplitude, -frequenz und Richtung zu beschreiben. Dabei hängt die Art und Weise, wie man die Eigenschaften dieser signifikanten Welle bestimmt, natürlich von dem Prozess ab, auf den der Seegang wirkt: Dies können z. B. die Wirkung auf die mittlere Strömung, den Sedimenttransport oder den Wellenauflauf auf einen Deich sein.

In der stochastischen Seegangsanalyse hatten wir schon die signifikante Wellenhöhe $H_{1/3}$ sowie die Peakperiode ν_p kennengelernt. Die spektrale Seegangstheorie bietet aber mit den Momenten des Spektrums

$$m_n = \int\limits_0^\infty \nu^n S(\nu)\,d\nu$$

mit n als ganzer Zahl eine große Zahl von weiteren signifikanten Parametern an.

Die Wellenhöhe

Das Moment 0. Ordnung für $n=0$ ist nichts anderes als die Integration über die gesamte spektrale Wellenenergie. Diese ist direkt mit der Wellenhöhe über die Gleichungskette

$$e^w = \frac{1}{2} g A^2 = g m_0 \Rightarrow A = \sqrt{2m_0} \Rightarrow H = 2\sqrt{2m_0}$$

verbunden. Damit bekommt man zwar eine das Spektrum repräsentative Wellenhöhe heraus, die allerdings kleiner als die signifikante Wellenhöhe $H_{1/3}$ ist. Daher definiert man die sich aus dem Spektrum ergebende signifikante Wellenhöhe als:

$$H_{m0} = 4\sqrt{m_0}.$$

Ihre Werte entsprechen im Tiefwasser etwa der signifikanten Wellenhöhe $H_{1/3}$; im Flachwasser können sich Abweichungen von 10 bis 15 % ergeben.

Beispiel Die signifikante Wellenhöhe einer ausgereiften Windsee soll bei einer Windgeschwindigkeit von 2 m/s bestimmt werden.

Die ausgereifte Windsee wird durch das Pierson-Moskowitz-Spektrum beschrieben. Für dieses hatten wir das Moment 0. Ordnung analytisch als

$$m_0 = \int\limits_0^\infty S_{PM}(\nu)d\nu = \frac{\alpha g^2}{80\pi^4 \nu_p^4}$$

bestimmt. Damit ergibt sich mit dem Zusammenhang zwischen Peakperiode und Windgeschwindigkeit:

$$H_{m0} = 4\sqrt{m_0} = \frac{g}{\pi^2}\sqrt{\frac{\alpha}{80}}\frac{1}{\nu_p^2} = 0.04 \text{ m/s}^2\, T_p^2 = 0.0246\frac{\text{s}^3}{\text{m}^2}u_{10}^2$$

für die signifikante Wellenhöhe und für das zu berechnende Zahlenbeispiel $H_{m0} = 0,1$ m.

Für die nautische Praxis, bei der man aus der Windgeschwindigkeit in der Seewetterkarte direkt auf die zu erwartende Wellenhöhe schließen möchte, ergibt der dargestellte Rechenweg zu große Wellenhöhen, weil die Windsee oftmals noch gar nicht ausgereift ist. Hier haben sich die Angaben in der Tab. 13.1 bewährt.

Rekapitulierend haben wir zwei verschiedene Wege zur Bestimmung der signifikanten Wellenhöhe kennengelernt. Zum einen können wir sie aus Messungen und zum anderen aus einer Abschätzung unter Berücksichtigung der lokalen Windverhältnisse bestimmen. Die erste Methode liefert zwar exakte Werte im Sinne von wahren Verhältnissen, sie ist aber sehr aufwendig und immer nur punktuell einsetzbar. Die zweite Methode über die Bestimmung des Spektrums aus den Windverhältnissen liefert wegen der sehr weichen Daten nur eine ungenaue Prognose der Seegangsverhältnisse. Daher sollte man immer beide Methoden zur Bestimmung der signifikanten Wellenhöhe kombinieren.

Die Wellenperiode

Neben der Peakperiode T_p als Maximum des Seegangsspektrums und der mittleren Periode T_m hat sich noch eine weitere, recht kryptische Definition einer Wellenperiode in einigen Anwendungen bewährt. Sie lautet:

Tab. 13.1 Zusammenhang zwischen der Windgeschwindigkeit nach der Beaufortskala und der signifikanten Wellenhöhe für die nautische Praxis (aus z. B. [104])

Beaufortstärke	Windgeschwindigkeit (m/s)	Signifikante Wellenhöhe (m)
0	0,0 bis 0,2	0
1	0,3 bis 1,5	0,1 bis 0,2
2	1,6 bis 3,3	0,3 bis 0,5
3	3,4 bis 5,4	0,6 bis 1,0
4	5,5 bis 7,9	1,5
5	8,0 bis 10,7	2,0
6	10,8 bis 13,8	3,5
7	13,9 bis 17,1	5,0
8	17,2 bis 20,7	7,5
9	20,8 bis 24,4	9,5
10	24,5 bis 28,4	12,0
11	28,5 bis 32,7	15,0
12	>32,7	>15

$$T_{m-1,0} = \frac{m_{-1}}{m_0}.$$

Man mache sich klar, dass die Bildung eines Moments mit der inversen Frequenz $\nu^{-1} = T$ und die Normierung mit dem 0. Moment tatsächlich eine Periode ergeben muss.

Die Periode $T_{m-1,0}$ legt mehr Gewicht auf die langen Perioden im Spektrum. Dies sind die langen Wellen, die auch nach der Transformation im Flachwasser noch den Strand oder ein Küstenschutzbauwerk erreichen (siehe Abb. 12.3), während die kurzen Wellen ihre Energie schon längst aufgerieben haben. Daher wird dieser Parameter bei der Bestimmung des Wellenauflaufs an Küstenschutzbauwerken verwendet [102].

Die Wellensteilheit

Die Wellensteilheit ist das Verhältnis von Wellenhöhe zu Wellenlänge. Besonders steil sind Wellen im Entstehungsstadium, wenn der Wind direkt in die Wasseroberfläche greift. Aber auch vor ihrer Vernichtung am Strand steilen sich Wellen durch die Verkürzung der Wellenlänge im Flachwasser auf.

Die Wellensteilheit kann man z. B. durch $s_0 = H_{m0}/L_0$ definieren, wobei L_0 die Tiefwasserwellenlänge $gT^2/2\pi$ ist. Dann ist die Dünung durch Steilheiten von $s_0 \simeq 0,01$ und die Windsee durch $s_0 = 0,04, ..., 0,06$ charakterisiert.

Es wurde schon erwähnt, dass die Periode $T_{m-1,0}$ die Wellen charakterisiert, die am weitesten in das flache Wasser eindringen können. Dementsprechend gibt es auch ein Kriterium für den Brechertyp, welches auf der Iribarren-Zahl

$$\zeta_{m-1,0} = \frac{\tan \alpha}{\sqrt{H_{m0}/L_{m-1,0}}}$$

beruht. Dieses ist in Abschn. 12.4 schon vorgestellt worden.

13.4.4 Das JONSWAP-Spektrum

Nachdem wir mit dem Pierson-Moskowitz-Spektrum den reifen und den alternden Seegang beschrieben haben, wollen wir dessen jugendliche Entwicklung unter dem Impulseintrag aus dem oberflächennahen Wind der unteren Atmosphäre beschreiben. In dieser Lebensphase bezeichnet man den Seegang man als **Windsee**.

Um die Windsee zu erforschen, hat eine internationale Projektgruppe unter der Beteiligung von fünf verschiedenen Organisationen in den Jahren 1968 und 1969 eine Messkampagne vor der Insel Sylt durchgeführt, die als Joint North Sea Wave Project (JONSWAP) [33] bezeichnet wurde. Auf einem 160 km langen, sich von der Küste nach Westen erstreckenden Profil wurde an verschiedenen Messstationen der Seegang aufgenommen. Bei ablandigem Wind konnte so die Entwicklung des Seegangsspektrums bis zum Gleichgewicht verfolgt werden.

Dabei wurde herausgefunden, dass der Wind seine Energie vor allem bei der Peakfrequenz einträgt, wodurch das Spektrum in diesem Bereich bei der Windsee stark überhöht ist. Dieser Effekt kann durch die Multiplikation mit einem weiteren Term in der Form

$$S_J(v) = S_{PM}(v)\gamma^{\exp\left(\frac{-(v-v_p)^2}{2\sigma_v^2 v_p^2}\right)}$$

modelliert werden. Für $v = v_p$ wird die Energiedichte um den Überhöhungsfaktor γ gestreckt, der nach den Experimenten des JONSWAP $\gamma = 3{,}3$ ist. Die Standardabweichung σ_v ist

$$\sigma_v = \begin{cases} \sigma_a = 0{,}07 \ \text{für} \ \ v \le v_p, \\ \sigma_b = 0{,}09 \ \text{für} \ \ v > v_p. \end{cases}$$

Sowohl σ_a als auch σ_b stellen Mittelwerte des an die gemessenen Spektren angepassten analytischen Spektrums dar. So weisen die Bestfits für σ_a Werte zwischen 0,02 und 0,28 auf, schwanken also um über eine Größenordnung (Abb. 13.9).

13.4.5 Signifikante Parameter des jungen Seegangs

Das JONSWAP-Spektrum ist genau wie das Piersson-Moskowitz-Spektrum dann eindeutig bestimmt, wenn man die Peakfrequenz v_p kennt. Da die Windsee aber noch nicht im Gleichgewicht mit der Windgeschwindigkeit u_{10} ist, wird ein Maß für die Wirkdauer oder die Wirklänge des Windes die Peakfrequenz mit beeinflussen.

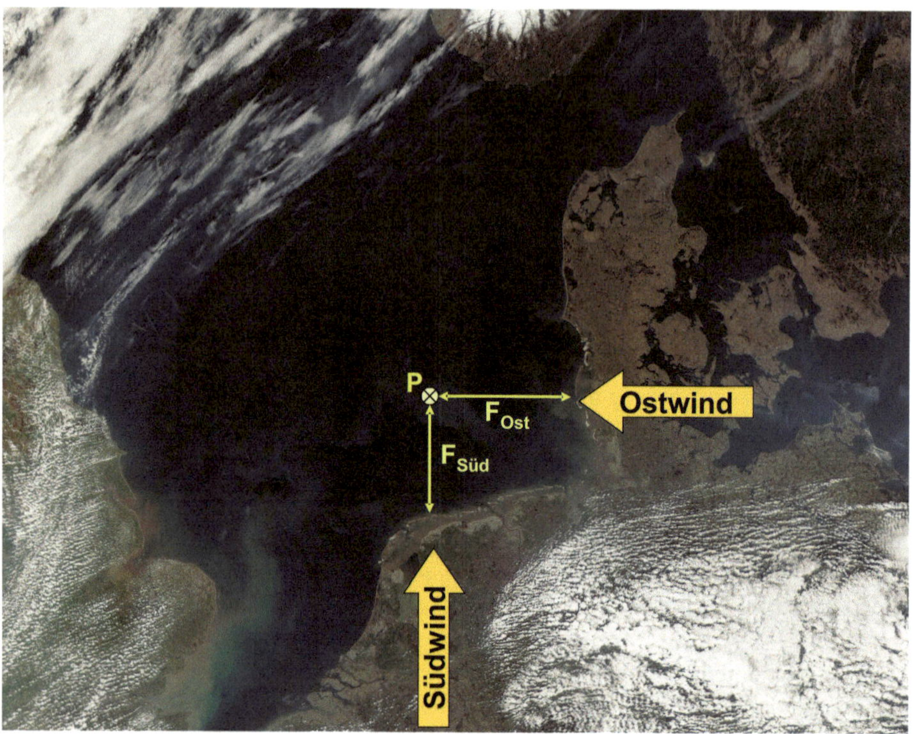

Abb. 13.9 Zur Definition der Fetch- oder Windwirklänge an einem Punkt P. Bei einem homogenen Windfeld ist die Fetchlänge der entgegengesetzt zur Windrichtung gemessene Abstand zur Küste. Daher ergeben sich an P für Ost- und Südwind unterschiedliche Fetchlängen. (Hintergrundfoto: Courtesy of NASA)

Hier verwendet man die sogenannte Fetchlänge F zur Beschreibung der Wirklänge des Windes: Dabei bezeichnet man als Fetch ein zusammenhängendes, konvexes Gebiet, in dem die mittlere Windgeschwindigkeit und Richtung einigermaßen konstant sind. Das Coastal Engineering Manual [107] schlägt als Orientierung hierfür Toleranzen in der Richtung von 15° und in der Geschwindigkeit von 2,5 m/s vor.

Eine Küstenlinie begrenzt den Fetch immer, daher kann man bei ablandigem Wind den Abstand zur Küste als Abschätzung für die Fetchlänge nehmen. Besser ist jedoch eine Analyse des Isobarenfeldes. Hier ist ein Fetch durch parallele Isobaren in gleichmäßigem Abstand gekennzeichnet.

Eine weitere Beschränkung der Fetchlänge ergibt sich bei nur sehr kurzfristig dauernden Windereignissen. In diesem Fall bleibt dem Seegang natürlich nicht genügend Zeit, sich zu entwickeln. Man spricht dann von dauerbegrenztem – im Gegensatz zu fetchbegrenztem – Seegang. Hier muss man die Dauer des Windereignisses in eine äquivalente Fetchlänge nach der Formel (Abb. 13.10)

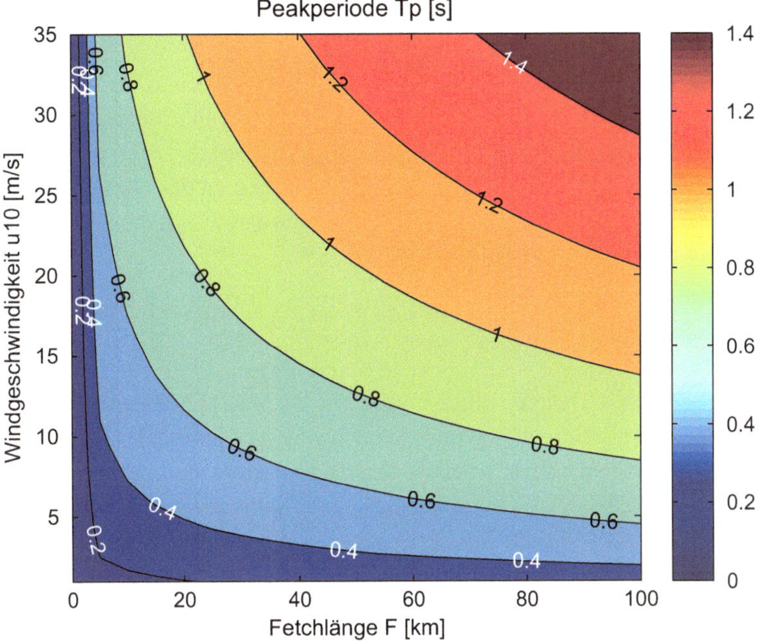

Abb. 13.10   Die Peakperiode des Seegangs (JONSWAP) als Funktion von Windgeschwindigkeit und wirksamer Fetchlänge. Sehr langperiodische Wellen entstehen vor allem bei großen Windwirklängen

$$F = 1{,}523 \cdot 10^{-3} \frac{u_*^2}{g} \left(\frac{g T_W}{u_*} \right)^{1,5}$$

umrechnen. Im Zweifelsfall eines Windereignisses mittlerer Dauer ist dann das Minimum von geometrischer und äquivalenter Fetchlänge zu verwenden.

Die Urheber des JONSWAP-Spektrums geben für die Peakfrequenz den Zusammenhang

$$\nu_p = 3{,}5 \frac{g}{u_{10}} \left(\frac{u_{10}^2}{g F} \right)^{0,33}$$

an. Dabei nimmt diese Periode nur so lange ab, bis die Pierson-Moskowitz-Peakfrequenz erreicht wird.

Nach neueren Untersuchungen wird die Peakperiode nach [38] als

$$T_p = \frac{7{,}69 u_{10}}{g} \left(\tanh \left(2{,}77 \cdot 10^{-7} \left(\frac{g F}{u_{10}^2} \right)^{1,45} \right) \right)^{0,187}$$

berechnet. Für große Fetchlängen geht diese Periode natürlich in die Peakperiode des Pierson-Moskowitz-Spektrums über.

Der zweite wichtige Parameter der Seegangs ist die signifikante Wellenhöhe. Dazu kann man entweder das JONSWAP-Spektrum für verschiedene Fetchlängen und Windstärken numerisch integrieren oder aber weitere Messungen auswerten. Dabei hat sich die Tangens hyperbolicus-Funktion zur Beschreibung der Annäherung an das Gleichgewicht zwischen Windenergieeintrag und Wellenenergiedissipation bewährt [38] (Abb. 13.11):

$$H_{m0} = \frac{0,24u_{10}^2}{g} \left(\tanh \left(4,14 \cdot 10^{-4} \left(\frac{gF}{u_{10}^2} \right)^{0,79} \right) \right)^{0,572}.$$

Die dargestellten Verfahren sollten immer mit Vorsicht angewendet werden, da es nur einen groben Hinweis auf den vorhandenen Seegang gibt und viele reale Szenarien nicht berücksichtigt. Man denke nur an den Fall, dass die Windrichtung sich um etwas mehr als den Toleranzwert ändert, wodurch eine neue Situation entsteht, die aber schon auf vorhandenen Seegang wirkt. Ferner sollte das Verfahren nur im Tiefwasser angewendet werden, weil im

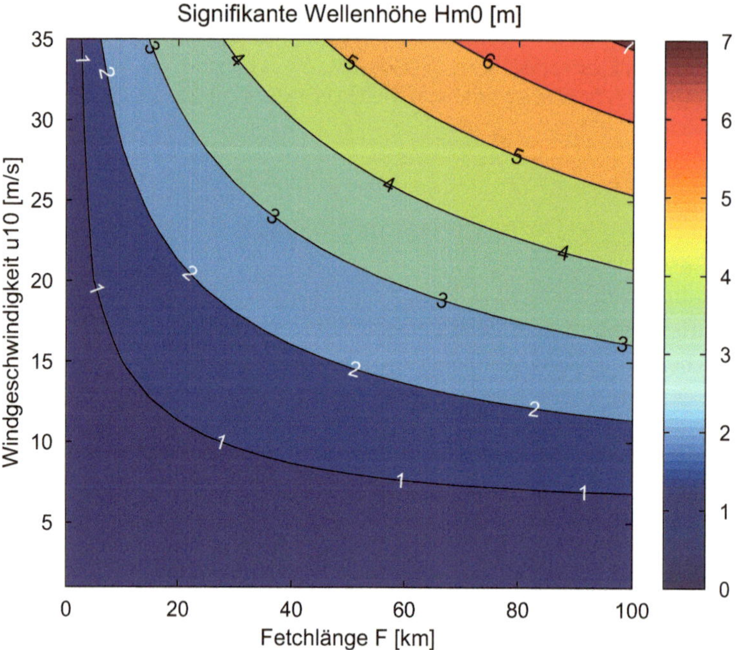

Abb. 13.11 Die signifikante Wellenhöhe des jungen Seegangs als Funktion der Windgeschwindigkeit und der Fetchlänge

Flachwasser Refraktion und Shoaling den Seegang so verändern, dass z. B. die Windrichtung nicht mehr mit der Seegangsrichtung übereinstimmen muss.

Übung 67

30 Meilen vom Festland streift ein homogenes Windfeld für die Dauer von 4,5 h mit 15 m/s bei 10 mNN über die offene See. Der mittlere Wasserspiegel befindet sich bei 0 mNN. Prognostizieren Sie die zu erwartende Peakperiode und die signifikante Wellenhöhe, und stellen Sie das zugehörige JONSWAP-Spektrum graphisch dar.

In MATLAB liefert folgende Funktion die signifikante Wellenhöhe in Abhängigkeit von der Windgeschwindigkeit und der Fetchlänge:

```
function hm0=significant_wave_height(u10,fetch)
u10=abs(u10);
k1=4.14e-4;
m1=0.79;
p=0.572;
g=9.81;
hm0max=0.24*u10.^2/g;
Ftilde=g*fetch*1000./(max(u10,0.1)^2);
hm0=hm0max*(tanh(k1*(Ftilde.^m1)))^p;
end
```

13.4.6 Die Kitaigorodskii-Funktion

Die Weiterentwicklung zu einem auch im Flachwasser gültigen Seegangsspektrum ist im Jahr 1975 von Kitaigorodskii et al. initiiert worden.

Als Basis der Energieverteilung von Wellen als raumzeithafte Strukturen kann man sowohl die Frequenz als zeithafte als auch die Wellenzahl als raumhafte Größe verwenden. Dementsprechend beschreibt man die Energieverteilung durch Dichte- bzw. Verteilungsfunktionen über dem Frequenz- ($S(\nu)$) oder dem Wellenzahlspektrum ($S_k(k)$). Auf den ersten Blick scheint die Umrechnung sehr naheliegend zu sein, man ersetzt die Frequenz $\nu = \omega/2\pi$ durch die Dispersionsbeziehung im Tiefwasser $\omega^2 = gk$ und bekommt z. B. für die Phillips-Funktion:

$$S_k(k) = \frac{2\pi\alpha}{\sqrt{gk^5}}$$

Die Umrechnung vernachlässigt jedoch die Tatsache, dass die Energie in sich entsprechenden Frequenz- bzw. Wellenzahlbereichen gleich sein muss, etwas lapidar also:

$$S(\nu)d\nu = S_k(k)dk.$$

Somit erhält man die Energiedichteverteilung der Phillips-Funktion über die Wellenzahl als

$$S_k(k) = S(v)\frac{\partial v}{\partial k} = \frac{\alpha}{2}k^{-3}.$$

Kitaigorodskii et al. [49] postulierten, dass diese Verteilung der Seegangsenergie im Wellenzahlenraum wesentlich allgemeiner als die Phillips'sche Verteilung über den Frequenzraum ist, da man durch die Rücktransformation eine allgemeinere Verteilung erhält, die nicht nur auf das Tiefwasser beschränkt ist. Gnadenlos decken sie dabei die Fehler in den Phillips'schen Annahmen auf: „... although it is obvious in advance that similarity hypotheses for spatial and temporal spectra are far from being of equivalent validity."

Die Rücktransformation geschieht also durch:

$$S(v) = S_k(k)\frac{\partial k}{\partial v}.$$

Um die Jakobi-Determinante $\frac{\partial k}{\partial v}$ der Rücktransformation berechnen zu können, müssen wir zunäächst die Funktion $k(v)$ bzw. $k(\omega)$ bestimmen, d.h. die Dispersionsrelation umkehren, was explizit nicht möglich ist. Näherungsweise sollte die Umkehrfunktion aber die Form

$$k(\omega) = \frac{\omega^2}{g}\chi(\omega_h)$$

haben, wobei $\omega_h = \omega\sqrt{h/g}$ dimensionslos sein muss. Die Kunstfunktion χ kann man aus der trivialen Eigenschaft der Umkehr- von der Umkehrfunktion bestimmen, die den ursprünglichen Funktionswert ergeben sollte:

$$\omega(k(\omega)) = \omega.$$

Hiermit erhält man die Bestimmungsgleichung

$$\chi\tanh\omega_h^2\chi = 1,$$

die man iterativ auswerten kann. Aus $k(\omega)$ kann $\frac{\partial k}{\partial v}$ und dann das Frequenzspektrum für beliebige Wassertiefen bestimmt werden:

$$S(v) = \frac{\alpha g^2}{(2\pi)^4 v^5}\Phi_K(\omega_h).$$

Hierin ist

$$\Phi_K(\omega_h) = \chi^{-2}\left(1 + \frac{2\omega_h^2\chi}{\sinh 2\omega_h^2\chi}\right)$$

die Kitaigorodskii-Funktion. Für diese haben Thompson und Vincent (nach EAK 1993, [53]) eine praktisch einfacher zu handhabende Näherungslösung in der Form

$$\Phi_K(\omega_h) = \begin{cases} 0{,}5\omega_h^2 & \text{für } \omega_h \leq 1, \\ 1 - 0{,}5(2-\omega_h)^2 & \text{für } 1 < \omega_h \leq 2, \\ 1 & \text{für } \omega_h > 2 \end{cases}$$

angegeben. Besonders zu erwähnen ist der Sachverhalt, dass die Funktion im Flachwasser ($\omega_h \leq 1$) proportional ω_h^2 ist, wodurch das Frequenzspektrum dort umgekehrt proportional zur 3. und nicht zur 5. Potenz ist. Diese auch empirisch nachweisbare Beziehung bestätigte Kitaigorodskiis Postulat von der Allgemeingültigkeit des Wellenzahlspektrums. Im Tiefwasser ist die Kitaigorodskii-Funktion eins, womit hier das Phillips-Spektrum gültig bleibt.

Diese Fortentwicklung der spektralen Wellenenergiefunktion wurde aber erst im TMA-Spektrum berücksichtigt.

13.4.7 Das TMA-Spektrum

Die Verallgemeinerung des JONSWAP-Spektrums auf das Flachwasser kann durch die Multiplikation mit der Kitaigorodskii-Funktion vollzogen werden, es ergibt sich das sogenannte TMA-Spektrum:

$$S_{TMA}(\nu) = S_J(\nu)\Phi_K(\omega_h).$$

Die drei Kapitale des Namens stehen für die Datensätze, mit denen die postulierte Form des Spektrums verifiziert wurde: Der Texel-Datensatz wurde während des Texelsturmes am 3. Januar 1976 in den Niederlanden aufgenommen, MARSEN ist das Marine Remote Sensing Experiment at the North Sea aus dem Jahr 1979 und ARSLOE bezeichnet das Atlantic Ocean Remote Sensing Land-Ocean Experiment aus dem Jahr 1980 am Eingang der Chesapeake Bay [111].

Die Abb. 13.12 zeigt verschiedene TMA-Spektren bei unterschiedlicher Wassertiefe. Offensichtlich ist in der Wassersäule umso weniger Seegangsenergie speicherbar, je geringer die Wassertiefe ist. Dabei bleibt die Peakfrequenz aber gleich.

13.4.8 Die Richtungsabhängigkeit der Energieverteilung

Stellen wir uns ein Küstengewässer mit einer alten, sich nach Westen ausbreitenden Dünung vor. Bei einem starken Nordwind kommt eine neue Komponente hinzu, die sich nach Süden ausbreitet und eine andere Peakfrequenz hat. So entstehen Spektren mit mehreren Peaks und verschiedenen Ausbreitungsrichtungen.

Das Bild des aus Einzelwellen unterschiedlicher Frequenzen zusammengesetzten Seegangs muss also dahingehend detailliert werden, dass die Einzelwellen verschiedene Ausbreitungsrichtungen haben können.

Diesen neu hinzugekommenen Sachverhalt kann man durch zweidimensionale Frequenzrichtungsspektren der Energieverteilung $S(\nu, \theta)$ darstellen. Dabei ist im Winkelbereich $[\theta, \theta + d\theta]$ und im Frequenzbereich $[\nu, \nu + d\nu]$ die Energie

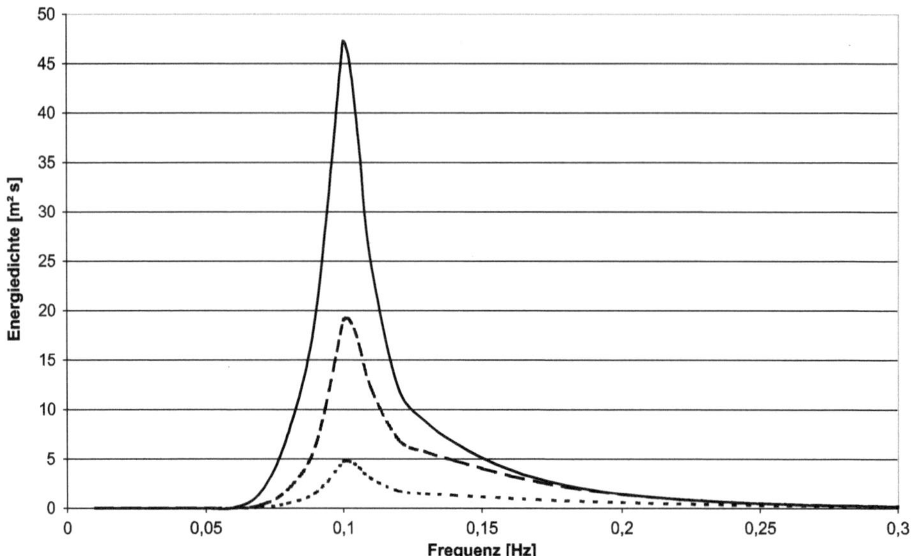

Abb. 13.12 Das TMA-Spektrum bei unendlicher (*durchgezogen*), 20 m (*gestrichelt*) und 5 m (*gepunktet*) Wassertiefe. Die Peakfrequenz ist jeweils 0,1 Hz

$$e^{w}([v, v + dv], [\theta, \theta + d\theta]) = g \int\limits_{v}^{v+dv} \int\limits_{\theta}^{\theta+d\theta} S(v, \theta) dv d\theta$$

gespeichert.

Das Beispiel in Abb. 13.13 zeigt eine Doppelpeakstruktur. Nach Westen läuft dabei eine alte, schon recht schwache Dünung, während in Ostrichtung laufend junger Seegang entstanden ist.

Das Frequenz-Richtungsspektrum wird auf der offenen See wesentlich von der Verteilung der Windrichtungen abhängen, in Küstennähe wird das Richtungsspektrum sich landwärts orientieren, da die Windwirkungslänge ablandiger Winde abnimmt.

Natürlich kann es für das Frequenzrichtungsspektrum keine universell gültige analytische Form geben kann, da es stark von den lokalen Gegebenheiten und den meteorologischen Verhältnissen abhängt. Dies soll jedoch keinesfalls bedeuten, dass das Frequenzrichtungsspektrum unwichtig ist. Insbesondere im Küstenschutz ist es natürlich nicht unerheblich, ob die höchsten Wellen küstenparallel oder -normal laufen.

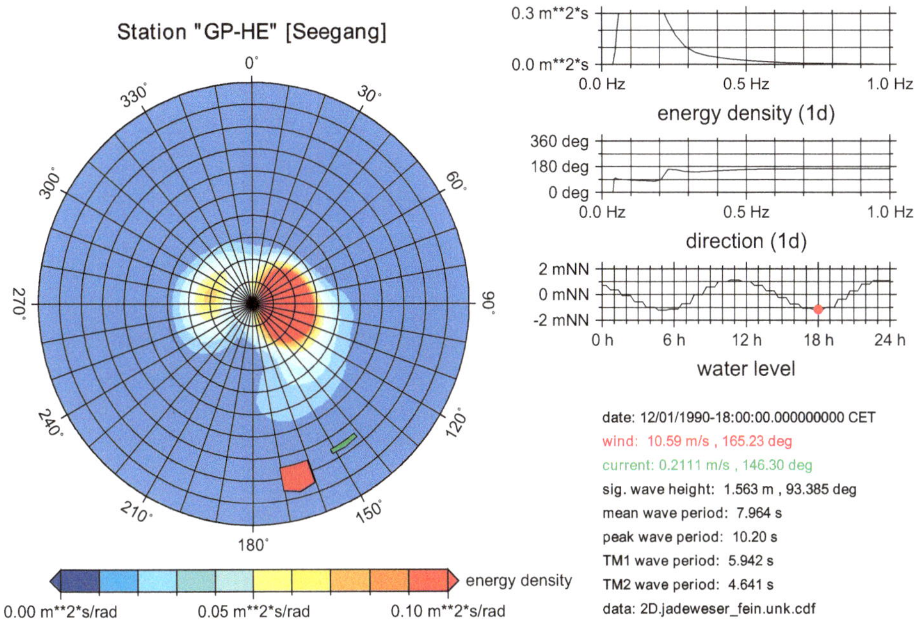

Abb. 13.13 Beispiel eines Frequenzrichtungsspektrums. Zudem sind die Wind- und Strömungsrichtung als Pfeile dargestellt. (Quelle: Bundesanstalt für Wasserbau)

13.5 Mild-Slope-Modelle

Durch die Transformation der Welleneigenschaften werden Wellenlänge und Wellenamplitude durch Reflexion, Refraktion, Shoaling und Dissipation stark verändert. Mit unseren bisherigen analytischen Ableitungen konnten wir den Ursprung dieser Phänomene erklären. Wir sind aber noch nicht in der Lage, die gekoppelte Wirkung der Phänomene in einem komplexen Modellgebiet mit variabler Topographie und Berandung, wie z. B. in einem Hafenbecken, auf die Welleneigenschaften rechnerisch zu erfassen.

Daher soll nun ein flächenauflösendes (2-D)-Modell vorgestellt werden, welches möglichst sowohl alle Effekte der Wellentransformation als auch die Geometrie und Topographie des Projektgebiets erfassen kann.

Die Grundidee wurde 1972 von dem Delfter Doktoranden J.C.W. Berkhoff [5] auf einem Kongress vorgestellt und dann im Rahmen seiner „Proefschrift" weiterentwickelt. Das von ihm entwickelte Mild-Slope-Modell betrachtet nur Wellen einer gewissen Periode T, wodurch die Zeitabhängigkeit entfallen kann und der Rechenaufwand erheblich reduziert wird. Es entsteht die Grundform einer elliptischen Differentialgleichung, die sehr effektiv mit der Methode der finiten Elemente gelöst werden kann.

Das Modell wurde in der Folge weiterentwickelt und es gibt heute Verfahren, die auch die damals nicht vorhandene Dissipation von Wellenenergie oder die Zeitabhängigkeit berücksichtigen.

13.5.1 Herleitung der Mild-Slope-Equation

Bei den Mild-Slope-Modellen wird davon ausgegangen, dass die Potentiallösung der idealen Wellentheorie (10.8) auch für variable Topographien gültig ist. Dies ist natürlich umso eher der Fall, je flacher der Boden des Küstengewässers ist, daher der Name Mild-Slope-Modelle. Dann sucht man eine passende Differentialgleichung, die die Potentiallösung für veränderliche Wassertiefen h hervorbringt [5].

Zur Herleitung gehen wir der Einfachheit halber von einem zweidimensionalen Wellenproblem aus, die Welle breite sich also nur in x-Richtung aus. Die Laplace-Gleichung ist dann:

$$\frac{\partial^2 \phi}{\partial x^2} + \frac{\partial^2 \phi}{\partial z^2} = 0.$$

Ferner wird das Geschwindigkeitspotential in der komplexen Form

$$\phi(x, z, t) = -A \frac{g}{\omega} \frac{\cosh k(z - z_B)}{\cosh kh} e^{i(kx - \omega t)} = -\underbrace{A e^{ikx}}_{\eta} \frac{g}{\omega} \underbrace{\frac{\cosh k(z - z_B)}{\cosh kh}}_{-f} e^{-i\omega t}$$

angesetzt. Die Bildung des Realteils führt sofort wieder auf die bekannte Form des Geschwindigkeitspotentials. Eigentlich erfüllt dieses Geschwindigkeitspotential die Gleichungen der idealen Wellentheorie, die voraussetzen, dass die Sohle keine Gradienten besitzt, also horizontal ebenerdig ist. Nun geht man von einer ortsvariablen Sohle aus und postuliert, dass die Potentialfunktion und die Laplace-Gleichung weiterhin gültig sind.

In den durch Unterklammerungen dargestellten neuen Funktionen ist η also die ortsabhängige Auslenkung der Wasseroberfläche zur Zeit t, sie wird durch die Berkhoff-Gleichung bestimmt.

Da die Laplace-Gleichung linear und nicht zeitabhängig ist, kann der zeitabhängige Anteil $e^{-i\omega t}$ überall herausgekürzt werden. Mit diesem Schritt ist im Folgenden eine der Interpretationsschwierigkeiten mit den Lösungen der Berkhoff-Gleichung verbunden, denn man fragt sich dann, zu welchem Zeitpunkt sie eigentlich gültig ist. Da die Zeit aber nicht mehr in der Differentialgleichung auftaucht, muss der Gültigkeitszeitpunkt durch die Randbedingungen spezifiziert werden.

Der ferner durch f bezeichnete Teil der Lösung beschreibt die vertikale Struktur der Potentiallösung. Von ihm wird angenommen, dass er auch bei einer veränderlichen Sohle $z_B(x)$ unveränderlich bleibt.

Damit schreibt sich das neue Geschwindigkeitspotential nun als:

$$\varphi(x, z) = \eta(x)\frac{g}{\omega}f(z, h).$$

Dieses sollte die Laplace-Gleichung wieder erfüllen können, da es durch die beliebige Gestalt von η ja neue Freiheiten gewonnen hat. Die Bestimmungsgleichung für η ergibt sich also durch Einsetzen von φ in die Laplace-Gleichung. Die 2. Ableitung von ϕ nach x ist:

$$\frac{\partial^2\varphi}{\partial x^2} = \frac{g}{\omega}\left(f\frac{\partial^2\eta}{\partial x^2} + 2\frac{\partial f}{\partial h}\frac{\partial h}{\partial x}\frac{\partial \eta}{\partial x} + \eta\frac{\partial^2 f}{\partial h^2}\left(\frac{\partial h}{\partial x}\right)^2 + \eta\frac{\partial f}{\partial h}\frac{\partial^2 h}{\partial x^2}\right).$$

Dabei wurde berücksichtigt, dass f von der Wassertiefe h abhängig ist und diese variabel, also vom Ort x abhängig ist. Und die 2. Ableitung von φ nach z ist:

$$\frac{\partial^2\varphi}{\partial z^2} = \frac{g}{\omega}k^2\eta f.$$

Die Addition der beiden mundgerechten Stücke gibt die Laplace-Gleichung:

$$f\frac{\partial^2\eta}{\partial x^2} + 2\frac{\partial f}{\partial h}\frac{\partial h}{\partial x}\frac{\partial \eta}{\partial x} + \eta\frac{\partial^2 f}{\partial h^2}\left(\frac{\partial h}{\partial x}\right)^2 + \eta\frac{\partial f}{\partial h}\frac{\partial^2 h}{\partial x^2} + k^2\eta f = 0.$$

Da die Neigung der Sohle sehr gering ist, kann der dritte Term vernachlässigt werden. Ebenso soll die Neigungsänderung und somit der vierte Term vernachlässigbar sein:

$$f\frac{\partial^2\eta}{\partial x^2} + 2\frac{\partial f}{\partial h}\frac{\partial h}{\partial x}\frac{\partial \eta}{\partial x} + k^2\eta f = 0.$$

Multipliziert man diese Gleichung mit f, dann lassen sich die ersten beiden Terme mithilfe der Produktregel zu einem einzigen zusammenziehen:

$$\frac{\partial}{\partial x}f^2\frac{\partial\eta}{\partial x} + k^2\eta f^2 = 0.$$

Schließlich stört die Tatsache, dass f noch von der Vertikalkoordinate z abhängig ist. Diese Abhängigkeit kann man durch Integration über die Vertikale beseitigen:

$$\int_{z_B}^{z_S}\left(\frac{\partial}{\partial x}f^2\frac{\partial\eta}{\partial x} + k^2\eta f^2\right)dz = 0.$$

Auf den hinteren Teil des Integrals wird die Hilfsbeziehung

$$\int_{z_B}^{z_S} f^2 dz = \int_{z_B}^{z_S}\frac{\cosh^2 k(z - z_B)}{\cosh^2 kh}dz = \frac{cc_g}{g}$$

angewendet, die aus der Integrationsformel (12.2) und der Dispersionsbeziehung hergeleitet werden kann. Im vorderen Teil werden die Integration und die Differentiation mit der Leibniz'schen Integralformel vertauscht:

$$\frac{\partial}{\partial x}\left(\int_{z_B}^{z_S} f^2 dz \frac{\partial \eta}{\partial x}\right) + k^2 \frac{cc_g}{g}\eta = 0.$$

Nochmalige Anwendung der Hilfsbeziehung im vorderen Teil, die Definition der Phasengeschwindigkeit c und das Berücksichtigen von zwei Dimensionen führt zu:

$$\text{div } cc_g \text{ grad } \eta + \omega^2 \frac{c_g}{c}\eta = 0. \tag{13.1}$$

Diese Gleichung heißt im Englischen **Mild Slope Equation**. Sie wird in Mild-Slope-Modellen unter Annahme adäquater Randbedingungen gelöst.

13.5.2 Ein Mild-Slope-MATLAB-Modell

Die Mild-Slope-Gleichung ist ein Standardbeispiel für eine elliptische Differentialgleichung, die man in MATLAB ganz leicht mit der assempde-Funktion lösen kann. Das folgende Programm löst dann die Berkhoff-Gleichung:

```matlab
function mildslope

g=9.81;
T=10;
omega=2*pi/T;

geom_file='hafen_geom';
bc_file='hafen_bc';
[p,e,t]=initmesh(geom_file,'Hmax',7);

% Vorbelegung der Wassertiefe
nt=size(t,2); % Anzahl der Dreiecke
xp=p(1,:); yp=p(2,:);
xt=pdeintrp(p,t,xp'); yt=pdeintrp(p,t,yp');
h=10*ones(1,nt);
for i = 1:length(t)
    h(i)=h(i)-0.01*yt(i);
end

k = hunt(omega, h);
disp(['minimale Wellenlänge[m]:',num2str(min(2*pi./k))]);
c=omega./k;
cg=c/2.*(1+2*k.*h./sinh(2*k.*h));
```

```
a=omega^2*cg./c;
eta=assempde(bc_file,p,e,t,c.*cg,-a,0);

pdesurf(p,t,eta)
end
```

Um es anzuwenden, muss man sich mit der graphischen Oberfläche pdetool nur noch ein Modellgebiet und Randbedingungen erzeugen, die im Beispielprogramm in den Dateien „hafen_geom" und „hafen_bc" abgespeichert wurden.

Nach der Festlegung der Wellenperiode T wird ein Rechengitter mit der maximalen Kantenlänge $Hmax$ = 8 m konstruiert. Diese sollte natürlich kleiner als die zu erwartende Wellenlänge sein, die später deshalb zur Kontrolle ausgegeben wird.

Im Programm folgt eine Schleife, in der man jedem finiten Element eine eigene Wassertiefe als Funktion der Lage zuordnen kann. Hier würde in kommerziellen Programmen natürlich ein digitales Geländemodell eingelesen werden können.

Nach der Berechnung von Gruppen- und Phasengeschwindigkeit wird die Differentialgleichung gelöst.

Randbedingungen
Geschlossene, die Welle voll reflektierende Ränder werden durch die homogene Neumann-Randbedingung

$$\vec{n}cc_g \, \mathrm{grad} \, \eta = 0 \tag{13.2}$$

modelliert. An den Knoten offener Ränder muss die dortige momentane Auslenkung η der einlaufenden Welle vorgegeben werden.

Es ist ebenfalls möglich, an geschlossenen Wänden, wie z. B. Kaimauern, einen Reflexionskoeffizienten und die Phasenverzögerung der reflektierten Wellen zu berücksichtigen.

Auswertungen
Im einfachsten Fall stellt man lediglich das Simulationsergebnis η dar. Man beachte in der Interpretation immer, dass es sich hier nicht um die Wellenamplitude, sondern um ein „Foto" der Auslenkung der Wasseroberfläche zu einem einzigen Zeitpunkt handelt.

Die flächenhafte Lösung für das Geschwindigkeitspotential erhält man durch Rückwärtssubstitution

$$\phi(x, z, t) = -\eta(x, y) \frac{g}{\omega} \frac{\cosh k(z - z_B)}{\cosh kh} e^{-i\omega t},$$

woraus man in gewohnter Form die dreidimensionalen Orbitalgeschwindigkeiten, den Druck und die freie Oberfläche bestimmen kann.

Um ein Spektrum von Wellen zu simulieren, wird das Mild-Slope-Modell für die verschiedenen Frequenzanteile gelöst. Das Gesamtsignal kann dann aus den einzelnen Lösungen zusammengesetzt werden.

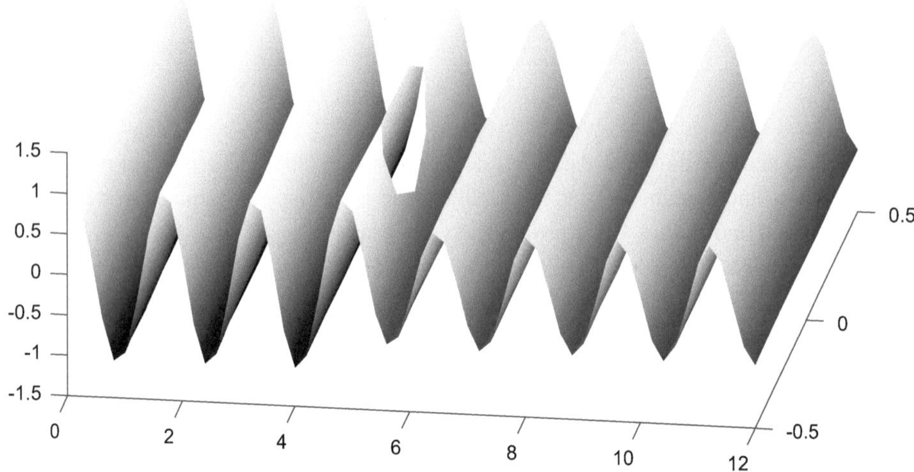

Abb. 13.14 Eine Welle trifft auf einen Pfeiler, der einen Teil ihrer Energie reflektiert, wodurch sich im Nachlauf eine kleinere Amplitude einstellt. Die Position des Pfeilers ist als Loch in der Wellenoberfläche zu erkennen

13.5.3 Beispiele

An ein paar einfachen Beispielen können wir nun die Wirkung verschiedener wasserbaulicher Strukturen auf die Ausbreitung von Wellen nach der Berkhoff-Gleichung studieren.

Die Abb. 13.14 zeigt als Erstes einmal den Einfluss eines Pfeilers auf eine von links nach rechts laufende Welle: Er reflektiert einen Teil der Wellenenergie, sodass diese auf der linken Seite eine größere Amplitude als auf der rechten Seite hat.

Da die Mild-Slope-Theorie aus der idealen, linearen, rotationsfreien Wellentheorie abgeleitet wird, erfasst sie weder viskose Impulsdiffusion und -dissipation noch die Wirkung der Strömung auf die Wellenausbreitung.

13.6   Andere Verfahren zur Seegangssimulation

Zur Vorhersage der Seegangsverhältnisse in einem bestimmten Projektgebiet lassen sich aus dem bisher Behandelten drei Arbeitsweisen ableiten:

1. Beginnen sollte ein Seegangsprojekt immer mit langfristigen Messungen, aus denen die statistischen Größen des Seegangs wie das quadratische Mittel oder die signifikante Wellenhöhe bestimmt werden können. Unter der Annahme der Konstanz dieser Parameter

lassen sich nun aus den Wahrscheinlichkeitsverteilungen die Eintrittswahrscheinlichkeiten gewisser Wellenhöhen prognostizieren.

Das statistische Verfahren lässt sich dadurch in seiner Aussageschärfe verbessern, wenn man die Auswertung getrennt für die verschiedenen Monate des Jahres oder für gewisse meteorologische Ereignisse durchführt. Die Prognosefähigkeit dieser Vorgehensweise hängt also stark von der Kreativität des Sachbearbeiters ab (Abb. 13.15, 13.16 und 13.17).

2. Die zweite Methode besteht in der spektralen Analyse. Dazu werden aus den Messungen Seegangsspektren gewonnen und diese mit den Modellspektren verglichen. Durch die Berechnung der JONSWAP-Parameter für entsprechende Windverhältnisse bekommt man Einsicht in die Entstehung des Seegangs.

3. Die dritte Möglichkeit besteht in der numerischen Simulation der Seegangsverhältnisse, die im Folgenden behandelt werden soll.

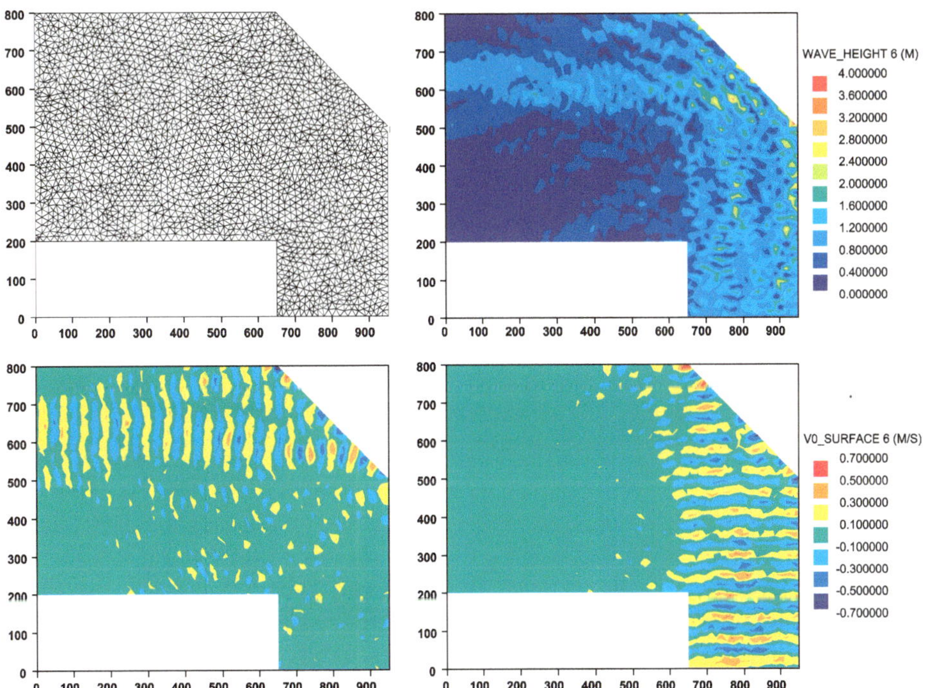

Abb. 13.15 Simulation der Ausbreitung einer Welle einer Periode von 6 s in einem 10 m tiefen Hafenbecken (*Wellenlänge ca. 50 m*) mit einem Mild-Slope-Modell. Obere Zeile: Berechnungsgitter und Wellenamplitude zu einem beliebigen Zeitpunkt. untere Zeile: Orbitalgeschwindigkeiten an der Oberfläche in x- und y-Richtung. Die Welle läuft von der unteren Berandung in das Becken ein, daher ist hier die y-Bewegung dominant. An der oberen diagonalen Berandung werden die Wellen dann reflektiert, wodurch die Bewegungsenergie fast vollständig in die x-Richtung übertragen wird. (Quelle: Bundesanstalt für Wasserbau)

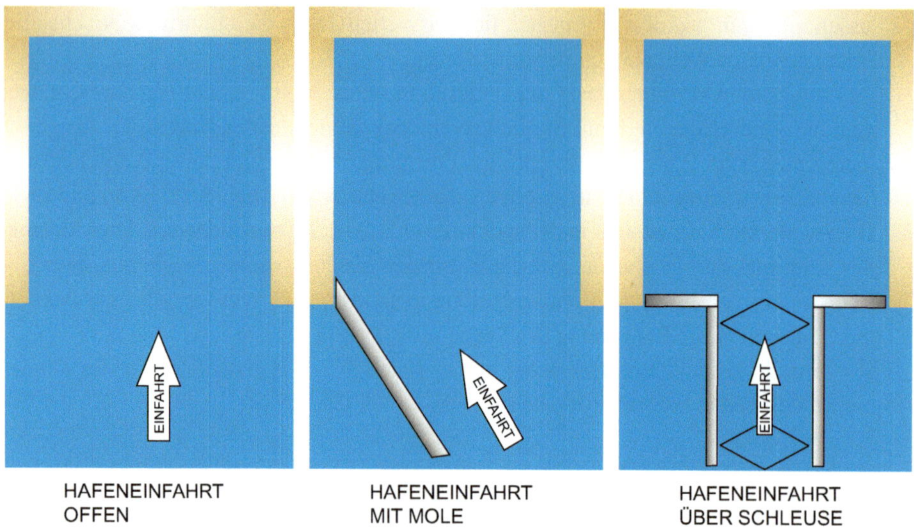

Abb. 13.16 Möglichkeiten der Gestaltung einer Einfahrt in ein Hafenbecken. Die offene Einfahrt ist die billigste Lösung. Der Hafen ist nautisch am einfachsten anzusteuern. Der Hafen ist weder vor Seegang noch vor dem Einfluss der Gezeiten geschützt. Die Mole schützt vor Seegang, wenn dieser eine Vorzugrichtung hat. Die doppelt kehrende Schleuse schützt vor Seegang und garantiert einen gezeitenfreien Wasserstand im Hafenbecken. Diese Lösung ist allerdings die teuerste

Als Beispielprojekt zur Anwendung der numerischen Seegangssimulation sei der Entwurf einer Einfahrt zu einem Hafenbecken betrachtet. Aus der Sicht der Navigation wäre eine offene Zufahrt bei der Ansteuerung des Hafens die einfachste Lösung. Sie bietet aber dem anliegenden Schiff keinen Schutz vor den einlaufenden Wellen. Die teuerste, aber in ihrer Schutzfunktion effektivste Lösung ist der Bau einer Schleuse, die den Hafen von Seegang und Gezeiten abkoppelt. Somit stellt der Bau einer Mole als Wellenbrecher zumeist die optimale Lösung dar, vor allem dann, wenn die Gezeiten eine untergeordnete Rolle spielen.

Für den Entwurf einer solchen Lösung sind zunächst die Zielfunktionen des Bauwerks festzulegen. Dies kann z. B. die maximale Wellenhöhe im Hafen bei gegebenen Eigenschaften der einlaufenden Wellen sein. Nachdem man also die natürlichen Gegebenheiten des Istzustandes bestimmt hat (Topographie bzw. Bathymetrie, Wind- und Seegangsverhältnisse im Küstengewässer, Sedimentologie und Morphodynamik), kann man nun versuchen, die Funktionsweise einer ersten Arbeitslösung zu studieren.

Die Sichtung unseres bisherigen Methodenrepertoires wird sehr schnell zeigen, dass wir noch kein Verfahren zur Verfügung haben, um die Wellenverhältnisse bei neuen geometrischen Grundkonfigurationen zu prognostizieren. Hier kommen wir nur mit der Simulation der verschiedenen Entwürfe in einem Computer- oder einem Labormodell weiter. Da Computer im Gegensatz zu wasserbaulichen Laboren überall vefügbar sind, sollen die wichtigsten Verfahren auf diesem Gebiet kurz vorgestellt werden.

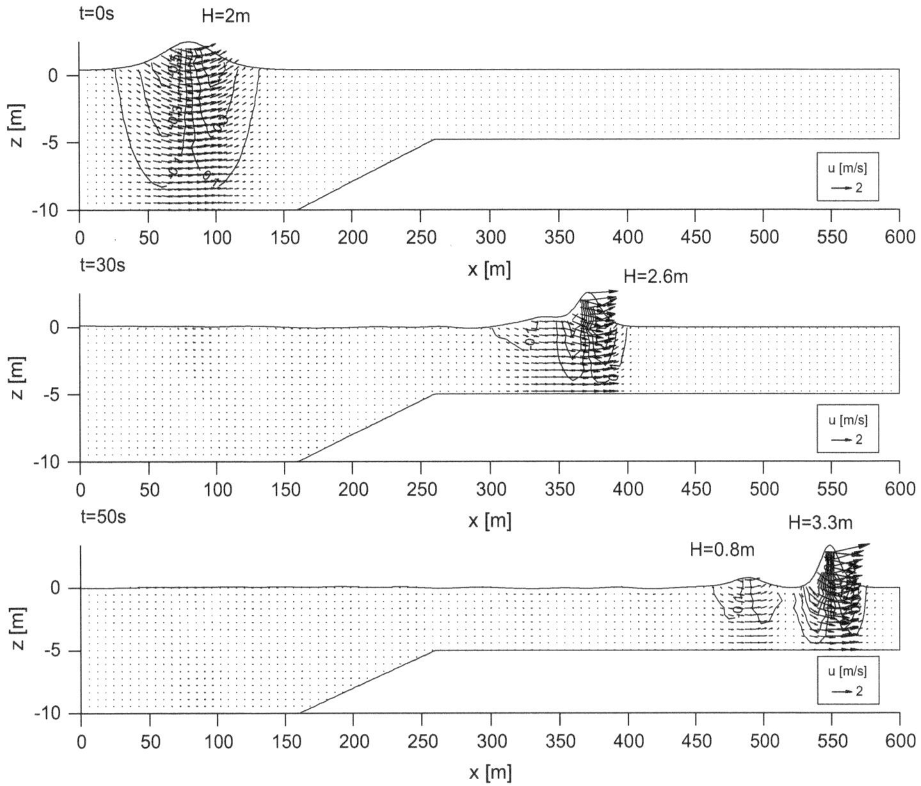

Abb. 13.17 Nichthydrostatische Simulation der Bewegung einer solitären Welle in einem langen Kanal mit variabler Bodentiefe für $t = 0\,$s, $30\,$s und $50\,$s. Isolinien zeigen die vertikale Geschwindigkeitskomponente. (Aus [42])

13.6.1 Die dreidimensionale Simulation

Das Verhalten von Wellen und Seegang kann man durch die Lösung der dreidimensionalen Reynolds-Gleichungen unter der Berücksichtigung entsprechender Randbedingungen an der Wasseroberfläche oder an den Modellrändern simulieren. Wendet man ein kommerzielles Simulationssystem an, dann gilt es zu beachten, dass dieses nicht die sogenannte hydrostatische Druckapproximation verwendet. Bei dieser erspart man sich die Lösung der vertikalen Impulsgleichung, die, wenn man etwa $w = 0$ annimmt, zu

$$0 = -\frac{1}{\varrho}\frac{\partial p}{\partial z} - g$$

verkümmert und die hydrostatische Druckverteilung als Lösung hat.

Die hydrostatische Druckapproximation ist allerdings deshalb nicht gültig, weil die vertikale Komponente der Orbitalgeschwindigkeit w unter Wellen eben nicht null ist.

Bei der dreidimensionalen Simulation von Wellen muss die zeitliche Auflösung so hoch sein, dass die Periode der Einzelwellen hinreichend genau wiedergegeben wird. Genauso muss die räumliche Diskretisierung des Modellierungsgebiets die Wellenlänge der Einzelwellen auflösen können. Denken wir dabei an eine Minimalperiode von 10 s, die wir bis in 1 m tiefes Wasser verfolgen wollen, so hätten wir eine Wellenlänge von ca. 30 m aufzulösen, benötigten also Zeitschritte im Sekunden- und horizontale Diskretisierungen im Meterbereich.

In Abb. 13.17 ist eine solche Simulation der Ausbreitung einer solitären Welle dargestellt. Obwohl es sich hierbei auf den ersten Blick scheinbar um eine einzige Welle handelt, ist sie doch aus einem breiten Spektrum von verschiedensten Frequenzen aufgebaut. Die Simulation zeigt, wie diese solitäre Welle unter dem Einfluss der Sohlhöhenänderung in zwei Wellen zerfällt.

Dreidimensionale nichthydrostatische Modelle können und werden für einfache und begrenzte Modellgebiete schon gerechnet, sind für großräumige Küstengebiete allerdings extrem rechenaufwendig. Daher wollen wir uns weiteren vereinfachten Verfahren zur Simulation des Seegangs zuwenden.

13.6.2 Boussinesq-Wellenmodelle

Das Verhalten von Gezeitenwellen in Küstengewässern kann man mit sehr großer Genauigkeit mit tiefengemittelten Simulationsmodellen wie den Saint-Venant-Gleichungen reproduzieren und erklären. Wir haben sie als eindimensionale Massen- und Impulsbilanzen kennengelernt. Eine technisch schwierigere, aber exaktere Herleitung kann man durch die Integration der dreidimensionalen Bewegungsgleichungen des Wassers über die Wassertiefe gewinnen [67]. Dabei wird deutlich, dass tiefengemittelte Gleichungen die hydrostatische Druckapproximation voraussetzen, die für Seegangswellen genau nicht gültig ist.

Wendet man die tiefengemittelten Modellgleichungen (5.8) aber trotzdem auf die Simulation von Seegangswellen an, d. h., man wählt die räumliche Auflösung des Gitters so fein, dass die vorhandenen Wellenlängen durch hinreichend viele Knoten und die kleinste Wellenperiode durch hinreichend viele Zeitschritte aufgelöst werden, so weist die numerische Lösung ein im Vergleich zu realen Wellen viel zu träges Verhalten auf.

Dennoch ist und bleibt die Bewegung der Wasseroberfläche auch unter Seegangswellen bloß ein Resultat der Wasserbilanzen in der unter ihr liegenden Wassersäule. Somit sollten auch Seegangswellen durch ein tiefengemitteltes Modell der Strömungen unter ihnen reproduzierbar sein, wenn nur die Nettobewegungen der Wassermassen auf der Wasseroberfläche Seegangswellen produzieren.

Das Ziel muss es also sein, die hydrostatische Druckapproximation durch eine bessere, explizite Lösung für den unter Wellen herrschenden Druck zu ersetzen. Die Idee hierzu hat

J. Boussinesq [6] schon in der Mitte des 19. Jahrhunderts entwickelt, obwohl sie erst 100 Jahre später in sogenannten Boussinesq-Wellenmodellen zum Einsatz kam.

Die Boussinesq'sche Druckapproximation unter Wellen

In Abschn. 10.5 hatten wir die Euler-Gleichungen als vollständiges System von vier Gleichungen zur Bestimmung der vier Unbekannten Geschwindigkeit in x-, y- und z-Richtung sowie des Drucks kennengelernt. Für die explizite Drucklösung verwendet man vorteilhafterweise die vertikale Impulsgleichung,

$$\frac{\partial w}{\partial t} + u\frac{\partial w}{\partial x} + v\frac{\partial w}{\partial y} + w\frac{\partial w}{\partial z} = -\frac{1}{\varrho}\frac{\partial p}{\partial z} - g,$$

vernachlässigt aber die advektiven Terme, da sie eine analytische Lösung erschweren. Es bleibt:

$$\frac{\partial w}{\partial t} = -\frac{1}{\varrho}\frac{\partial p}{\partial z} - g.$$

Diese Differentialgleichung lässt sich explizit für den Druck lösen, wenn man eine Annahme für die andere Unbekannte, die Vertikalgeschwindigkeit w, macht. Von dieser nehmen wir an der Wasseroberfläche an, dass sie dort der Änderungsgeschwindigkeit der Wasseroberfläche selbst entspricht:

$$w_S = \frac{\partial z_S}{\partial t} = \frac{\partial h}{\partial t}.$$

Auch wenn dies selbstverständlich zu sein scheint, ist es doch nicht ganz richtig: Die Wasseroberfläche kann sich auch durch den Herantransport eines höheren oder niedrigeren Wasserspiegels ändern, hierzu ist dann keine vertikale Strömungsgeschwindigkeit erforderlich.

Nehmen wir nun an, dass die Vertikalgeschwindigkeit linear zum Boden hin abnimmt, sie habe die Form:

$$w(z) = \frac{z - z_B}{h}\frac{\partial h}{\partial t}.$$

Für $z = z_S$ ergibt sich somit w_S und für $z = z_B$ mit $w(z_B) = 0$ eine undurchdringliche horizontale Sohle. Setzt man diese Lösung in die vertikale Impulsgleichung ein, so ergibt sich nach wenigen Umformungen:

$$\frac{z - z_B}{h}\left(\frac{\partial^2 h}{\partial t^2} - \frac{1}{h}\left(\frac{\partial h}{\partial t}\right)^2\right) = -\frac{1}{\varrho}\frac{\partial p}{\partial z} - g.$$

Das Quadrat der Wasserspiegeländerung wird vernachlässigt, weil es die Problemlösung wieder einmal erschwert. Es wäre tatsächlich zu vernachlässigen, wenn die Änderungsgeschwindigkeiten der Wasserspiegellage klein wären; ihr Quadrat ist dann noch kleiner. Bei Seegangswellen ist dies aber genau nicht der Fall; sie sind mit schnellen Wasserspiegeländerungen verbunden. Trotz dieser Einwände führt man die Vereinfachung aus, um voranzukommen:

$$\frac{z - z_B}{h} \frac{\partial^2 h}{\partial t^2} = -\frac{1}{\varrho} \frac{\partial p}{\partial z} - g.$$

Um nun einen expliziten Ausdruck für den Druck in Abhängigkeit von z zu erhalten, wird letztere Gleichung von z bis z_S integriert, man erhält:

$$p(z) = \underbrace{\varrho g (z_S - z)}_{\text{hydrostatisch}} + \underbrace{\varrho \left(\frac{z_S^2 - z^2}{2h} - \frac{z_S - z}{h} z_B \right) \frac{\partial^2 h}{\partial t^2}}_{\text{Wellenbeschleunigung}}.$$

Der Druck in einem Oberflächengewässer besteht aus einem hydrostatischen und einem Wellenanteil. Dieser ist proportional zur Beschleunigung der freien Oberfläche und nimmt zur Gewässersohle hin quadratisch zu. Dort erreicht er

$$\frac{p(z_B)}{\varrho} = h \left(g + \frac{1}{2} \frac{\partial^2 h}{\partial t^2} \right)$$

als Maximalwert.

Wellenmessung mit Druckmessdosen?

Wir wollen überprüfen, ob man die zeitliche Variation der Wellenhöhe mit Druckmessdosen bestimmen kann. Diese werden am Gewässerboden ausgelegt und messen den dort vorherrschenden Druck mechanisch. Ein solches Gerät eignet sich zur Wassertiefenmessung, wenn diese immer proportional zum Bodendruck ist.

Nehmen wir also an, dass sich die Wassertiefe wieder harmonisch in der Form

$$h(t) = \overline{h} + A \sin(\omega t)$$

ändert. Für die Druckhöhe am Boden gilt nun nach Boussinesq:

$$\frac{p(z_B)}{\varrho g} = \left(\overline{h} + A \sin(\omega t) \right) \left(1 - \frac{A \omega^2}{2g} \sin(\omega t) \right).$$

Die zweite Klammer enthält einen nichthydrostatischen Störterm, der den Druck unter einer Welle nicht mehr proportional zur Wassertiefe skaliert. Dieser Term geht für langperiodische Wellen sehr schnell gegen null. Den Wasserstand unter Tidewellen kann man also ohne Bedenken mit Druckmessdosen bestimmen. Für kurzperiodische Wellen kann die Phasenverschiebung des Druckverlaufs sogar entgegengesetzt zur Auslenkung der Wasseroberfläche sein (Abb. 13.18). Druckmessdosen eignen sich daher nicht zur Bestimmung der Wellenhöhen unter Seegangswellen.

Die Modellgleichungen der Boussinesq-Wellenmodelle

In Boussinesq-Wellenmodellen wird die gewonnene Druckapproximation dazu verwendet, den Oberflächenterm in den horizontalen tiefenintegrierten Impulsgleichungen zu verbessern. Dazu berechnen wir zunächst die Kraftdichte der Druckkraft, so wie sie in den

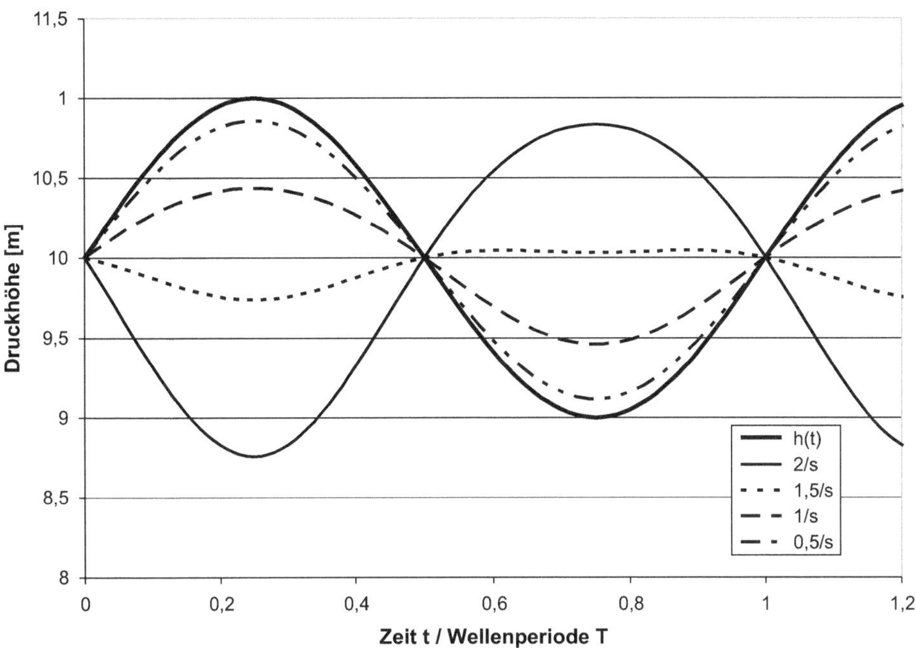

Abb. 13.18 Bodendruckhöhe nach Boussinesq in 10 m tiefem Wasser unter einer Welle von 1 m Amplitude. Die fette Linie gibt den tatsächlichen Wasserstandsverlauf an, die anderen Linien zeigen den als Druckhöhe bestimmten Wasserstandsverlauf bei verschiedenen Kreisfrequenzen der Welle. Bei kleinen Kreisfrequenzen ergibt sich ein vollkommen anderes Verhalten. Ab etwa $\omega = 0{,}1$ /s nähern sich Form und Amplitude der Druckhöhe der tatsächlichen Welle an

Euler-Gleichungen auftaucht:

$$-\frac{1}{\varrho}\frac{\partial p}{\partial x_i} = -g\frac{\partial z_S}{\partial x_i} - \left(\frac{z_S^2 - z^2}{2h} - \frac{z_S - z}{h}z_B\right)\frac{\partial^3 h}{\partial t^2 \partial x_i}$$

$$-\frac{\partial}{\partial x_i}\left(\frac{z_S^2}{2h} \frac{z^2}{} - \frac{z_S}{h} \frac{z}{}z_B\right)\frac{\partial^2 h}{\partial t^2}.$$

Nach der Indexnotation steht x_i hier für die x- oder die y-Koordinate. Der letzte Term auf der rechten Seite werde in erster Näherung vernachlässigt, da er wieder das Produkt zweier Ableitungen enthält. Der verbleibende Ausdruck wird über die Vertikale integriert:

$$-\frac{1}{\varrho}\int_{z_B}^{z_S}\frac{\partial p}{\partial x_i}dz = -g\frac{\partial z_S}{\partial x_i} - \frac{h}{3}\frac{\partial^3 h}{\partial t^2 \partial x_i}.$$

Wir erkennen hier also die Beschleunigungen in Richtung der fallenden Wasseroberfläche, aber auch einen zweiten Term mit Zeitableitungen 2. Ordnung, die mathematisch den Wellencharakter der simulierten Strömung repräsentieren. In Boussinesq-Wellenmodellen wird dieser Term in den tiefengemittelten Modellgleichungen (5.8) also entsprechend hinzugefügt.

Boussinesq-Wellenmodelle gibt es in einer Vielfalt von Varianten [96], je nachdem, welche Art von Druckapproximation verwendet wird, welcher Ansatz für die vertikale Verteilung der Geschwindigkeiten gemacht wird oder wie die 2. Ableitungen in der Zeit umgeformt werden.

Allen Boussinesq-Modellen ist gemein, dass ihre Lösung einen sehr großen numerischen Aufwand erfordert, da die Einzelwellen immer noch horizontal und zeitlich vollständig aufgelöst werden müssen. Die Vereinfachung gegenüber den vollständig dreidimensionalen nichthydrostatischen Modellen besteht lediglich im Wegfall der vertikalen Dimension.

Vielfach sind die numerischen Algorithmen zur Lösung der Boussinesq-Gleichungen sehr instabil, sodass der Aufwand bei der Boussinesq-Modellierung mit dem eines vollständig dreidimensionalen Modells ohne Druckapproximation vergleichbar wird. Diese werden seit Mitte der 90er-Jahre des vergangenen Jahrhunderts in großer Breite eingesetzt [42], und sie werden die Notwendigkeit der Entwicklung von Boussinesq-Wellenmodellen nicht nur in Frage stellen, sondern wegen ihrer größeren Allgemeinheit vollständig überflüssig machen.

Übung 68

Erweitern Sie die Gleichungen der tiefengemittelten Modellierung (5.8) durch die Boussinesq-Terme zu einem Boussinesq-Wellenmodell.

Übung 69

Schätzen Sie die räumliche und zeitliche Auflösung eines Boussinesq-Wellenmodells ab, welches das Verhalten einer Welle von 20 m Länge in 4 m tiefem Wasser simulieren soll. Die Wellenperiode soll mit mindestens sieben Zeitschritten und eine Wellenlänge mit mindestens sieben Ortsschritten diskretisiert werden. Welche Werte müssen für die räumliche Diskretisierung Δx und den Zeitschritt Δt gewählt werden?

13.6.3 Wave-Action-Modelle

Wave-Action-Modelle verwenden eine Abwandlung der schon vorgestellten Wellenenergiegleichung (12.5) zur Modellierung der räumlichen und zeitlichen Variation der Wellenamplitude in Abhängigkeit von der Frequenz oder der Wellenzahl. Dabei werden in dieser natürlich auch der Einfluss des Windes Φ_S als Quelle der Wellenenergie oder das Brechen von Wellen berücksichtigt.

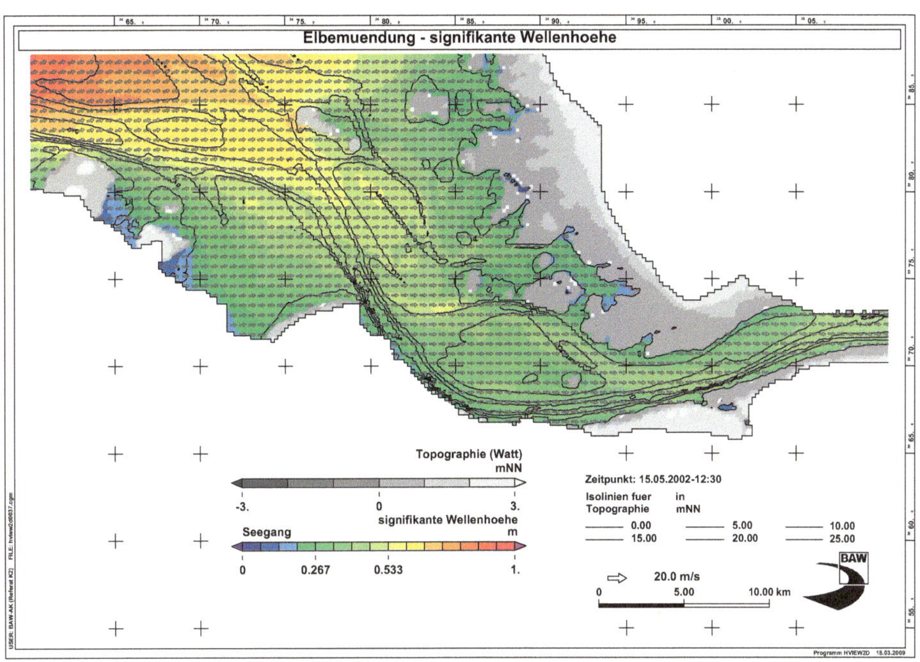

Abb. 13.19 Simulation der signifikanten Wellenhöhe in der Elbemündung mit dem k-Modell der GKSS. (Quelle: BAW)

Der Ablauf der auf dieser Gleichung basierenden Seegangsmodellierung ist genauso wie bei der Mild-Slope-Modellierung. Das Rechengitter darf hier allerdings wesentlich gröber sein, da keine Einzelwellen aufgelöst werden, sondern nur die Gradienten in der Wellenenergie erfasst werden müssen.

Hier wird die Angabe der Wellenfrequenz bzw. der Wellenzahl zur Berechnung der Wellen- und Gruppengeschwindigkeit erforderlich. Ein Spektrum von verschiedenen Frequenzen kann daher nur durch die Überlagerung von Einzelwellen erzeugt werden.

Im Unterschied zum Mild-Slope-Modell besteht das Ergebnis nur aus einer raumzeitlichen Verteilung der spektralen Wellenenergie und damit auch der Wellenhöhen, von denen man aber nicht auf die zeitliche Entwicklung der einzelnen Wellen zurückschließen kann.

Beispiele für die Ergebnisse solcher spektralen Wellenmodelle für die signifikante Wellenhöhe und die Peakperiode zeigen die Abb. 13.19 und 13.20.

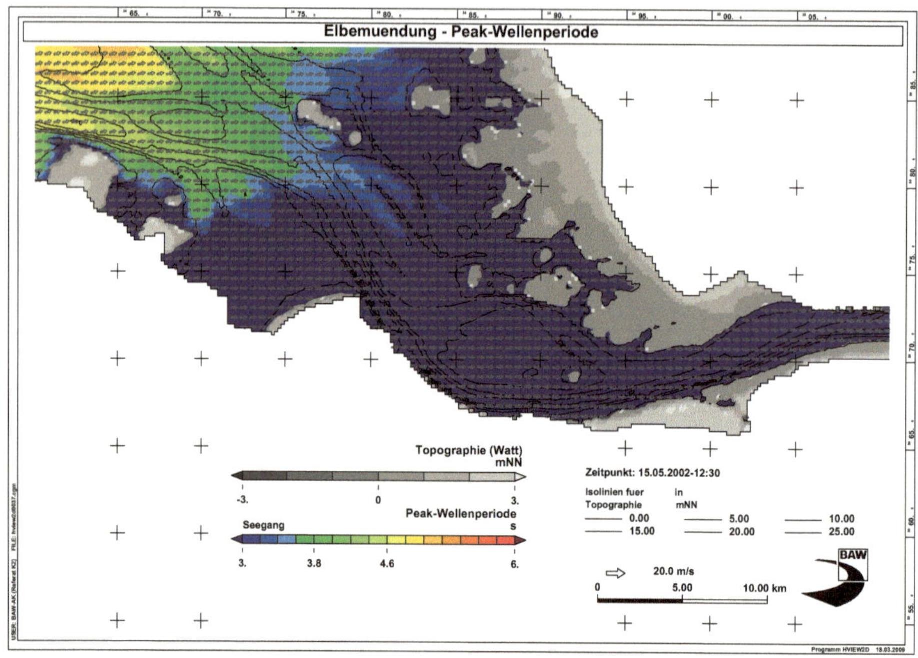

Abb. 13.20 Peakfrequenz des Seegangs in der Elbemündung mit dem k-Modell der GKSS. (Quelle: BAW)

13.7 Zusammenfassung

In diesem Kapitel haben wir drei unterschiedliche Möglichkeiten zur Bestimmung des Seegangsklimas in Küstengewässern kennengelernt. Zunächst kann man Seegang messend erfassen; die Auswertung verwendet stochastische Methoden.

Dann haben wir uns dem Phänomen Seegang durch seine spektrale Beschreibung genähert. Das TMA-Spektrum ist unter den vorgestellten Spektren das am allgemeinsten gültige. Die darin enthaltenen Parameter lassen sich aus den Windverhältnissen berechnen, diese Standardspektren gelten daher nur für die Windsee und nicht für die Dünung.

Bei der dritten Möglichkeit, der numerischen Seegangssimulation, wurden vier Simulationsmodi vorgestellt und bewertet. Boussinesq-Modelle sind tiefenintegrierte Modelle zur direkten Simulation von Strömung und Seegang, womit sowohl eine Trennung der beiden als auch eine Reduktion auf Einzelwellen vermieden wird. Mit ihnen ist ein erheblicher Rechenaufwand verbunden, sodass sie derzeit durch dreidimensionale, nichthydrostatische Modelle verdrängt werden, die trotz ihrer höheren Dimensionalität algorithmisch mit einem geringeren Rechenaufwand bei größerer Allgemeinheit verbunden sind.

Eine phasenauflösende Modellklasse sind die Mild-Slope-Modelle, die auf der Theorie der Airy-Wellen aufbauen und die Transformation von Welleneigenschaften über mäßig geneigten Sohlen beschreiben. Diese Klasse von Modellen benötigt keine Zeitauflösung, in der Horizontalen muss das Modellgebiet allerdings die einzelnen Wellenlängen auflösen.

Das energetische oder Wave-Action-Modell kommt mit einer geringen Flächen- und Zeitauflösung aus, sodass es auch großßflächige Küstengebiete modellieren kann.

Im Verlauf unserer Reise durch die Strömungsmechanik der Meere und Küstengewässer haben wir viel über Gezeiten, Wind und Wellen gelernt, dabei aber nur die Tideästuare als Küstengewässer eingehender studiert. Neben der Elbe und Weser gibt es in Deutschland aber weitere Küstenstrukturen, wie Buchten, Strände, das Wattenmeer, die ostfriesischen und die nordfriesischen Inseln, die Ostseeküste und die dortigen Flussmündungen. Und auf der globalen Skala sind noch Lagunen und Deltas als auffällige Küstenformen zu nennen. Eine umfassende Darstellung und Klassifizierung der Küstengewässer würde den Rahmen sowohl meiner Kenntnisse und Lebensarbeitszeit als auch dieses Buches sprengen.

Es soll aber mit diesem Kapitel noch ein Thema angesprochen werden, welches den Anschluss an die Strömungen in Küstengewässern bildet: Mit den Strömungen können auch Sedimente transportiert und damit umgelagert werden, wodurch sich die Form des Gewässers ändern kann. Und damit sind wir bei dem Thema Morphodynamik, also der zeitlichen Änderung der Gestalt der Küstengewässer.

Inhaltlich müssen wir uns zunächst mit der Frage beschäftigen, wann sich Sedimente überhaupt bewegen, denn schließlich bleiben diese in vielen Fällen einfach da liegen, wo sie sind. Mit dem Verständnis des Bewegungsbeginns können wir uns dem Jadebusen und seinem Werden und Vergehen als Tidebecken zuwenden.

14.1 Der Bewegungsbeginn von Sedimenten

Ob sich ein Sedimentkorn an der Sohle eines Gewässers zu bewegen beginnt, hängt von zwei Faktoren ab: Zum einen muss es eine Belastung der Sohle durch die Strömung geben

© Springer Fachmedien Wiesbaden GmbH, ein Teil von Springer Nature 2018
A. Malcherek, *Gezeiten und Wellen*, https://doi.org/10.1007/978-3-658-19303-4_14

und zum anderen gibt es Beharrungsvermögen, welches das Korn an seinem Ort zu halten versucht. Erst wenn die Belastung größer als das Beharrungsvermögen wird, bewegt sich das Korn.

14.1.1 Die Sohlschubspannung

Die Belastung einer Sedimentsohle wird durch die Sohlschubspannung beschrieben. Eigentlich ist ihre Definition für eine horizontale Sohle ganz einfach:

$$\vec{\tau}_B = \varrho \nu_t(z) \frac{\partial \vec{u}}{\partial z}.$$

Eine Berechnung der Sohlschubspannung nach dieser Definition ist allerdings nicht so leicht, denn dann müsste man für das Gewässer das Geschwindigkeitsprofil und das Profil der turbulenten Viskosität an jedem Ort und zu jeder Zeit eines Tidezyklus oder einer Wellenperiode kennen. Da dies nicht möglich ist, muss man in der Praxis Annahmen über diese Profile machen. So geht der Formel von Nikuradse

$$\frac{\tau_B}{\varrho} = \frac{\kappa^2}{\left(\ln \frac{12h}{k_s^g}\right)^2} \|\bar{u}\|\bar{u} \quad \text{mit} \quad \kappa = 0{,}41$$

ein logarithmisches Geschwindigkeitsprofil voraus [72] und berechnet dann die Sohlschubspannung aus der tiefengemittelten Geschwindigkeit $\bar{u}$, der Wassertiefe h und der äquivalenten Kornrauheit k_s^g.

Diese Formel wird in vielen Modellen standardgemäß angewendet, man halte sich aber vor Augen, dass sie z. B. für Seegangswellen oder für windinduzierte Zirkulationsströmungen nicht gültig ist.

14.1.2 Der Bewegungsbeginn unter Strömungen

Nach Albert Shields beginnen sich Sedimente ab einer Sohlschubspannung τ_c zu bewegen, die man nach der Shields-Formel [98]

$$\tau_c = \theta_c (\varrho_S - \varrho)\, gd \leq \tau_B$$

berechnet und daher auch als Shields-Spannung bezeichnet wird. Darin ist d der repräsentative Korndurchmesser, ϱ_S die Dichte des Sedimentkorns, welche man normalerweise mit $2650\,\text{kg/m}^3$ abschätzt. Der Shields-Parameter berechnet sich als

$$\theta_c = 0{,}24 D_*^{-1} + 0{,}055 \left(1 - 1{,}022 \exp(-0{,}02093 D_*)\right),$$

wobei

$$D_* = \left(\frac{(\varrho_S - \varrho)}{\varrho} \frac{g}{\nu^2}\right)^{1/3} d$$

ist.

14.1.3 Der Bewegungsbeginn unter Wellen

Auch unter Wellen wollen wir annehmen, dass die grundsätzlichen Überlegungen zum Bewegungsbeginn unter Strömungen hier gültig sind. Allerdings sind die auf die Sedimentkörner wirkenden Belastungen wesentlich dynamischer als in einer Tideströmung, die turbulenten Verhältnisse sind selten ausgeglichen.

Zur Beschreibung des Bewegungsbeginns wollen wir wieder die Shields'sche Identität

$$\tau_B = \frac{1}{2} f_w \varrho \|u_B^{wm}\| u_B^{wm} = \frac{1}{2} f_w \varrho \left(A_B \omega\right)^2 \geq \theta_w (\varrho_S - \varrho) g d$$

annehmen, haben nun aber den Bagnold'schen Ausdruck zur Berechnung der Sohlschubspannung unter Wellen verwendet und haben dabei nur deren Maximalwert über die Wellenperiode berücksichtigt.

Auch hier ist A_B wieder die Maximalauslenkung der Orbitalbewegung an der Sohle:

$$A_B = \frac{A}{\sinh kh}.$$

Führt man die sogenannte Mobilitätszahl

$$\Psi_w = \frac{\rho \left(A_B \omega\right)^2}{(\rho_s - \rho)\, g d}$$

ein, dann folgt ein kompakter Zusammenhang zwischen der Wellenrauheit, der Mobilitätszahl und dem Shields-Parameter [79]:

$$\theta_w = \frac{1}{2} f_w \Psi_w,$$

wobei die Wellenrauheit zumeist nach Swart berechnet wird.

Nimmt der Shields-Parameter unter Wellen θ_w dieselben Werte wie unter unidirektionalen stationären Strömungen θ an, dann kann man beide Phänomene mit den gleichen empirischen Ansätzen schließen. Tatsächlich kann man den Shields-Parameter auch unter Wellen nach dem Ansatz von Soulsby berechnen.

Genaue Experimente zeigen aber, dass eine Sohle mit großen Korndurchmessern unter Wellen stabiler als unter einer stationären Strömung zu sein scheint [99], der Shields-Parameter ist unter Wellen also größer. Aber auch unter der Kombination von einer stationären Strömung und darübergelagerten Wellen nimmt der Shields-Parameter den größeren Wert der Welle an: Seegang und Wellen haben also einen stabilisierenden Einfluss auf die Sohle. Dieser zunächst merkwürdig erscheinende Zusammenhang wird verständlich, wenn wir uns den Energiehaushalt einer Strömung nochmals vergegenwärtigen: Unter Wellen- und Seegangseinfluss wird wesentlich mehr Energie in den oberen Schichten der Wassersäule in Turbulenz umgesetzt. Somit hat die Grenzschicht an der Sohle wesentlich weniger an der Energiedissipation mitzuarbeiten, wodurch die dortigen Sedimente vor Bewegung geschützt werden.

14.2 Die Dynamik der Tidebecken und Buchten

Die durch natürliche Kräfte gestaltete Küstenlinie ist nicht geradlinig, sondern weist unregelmäßige Einbuchtungen auf, die durch Landvorsprünge, Halbinseln oder Landzungen voneinander getrennt sind. Im Unterschied zu den Ästuaren sind diese Buchten sehr kurz, die Tidewelle dringt also ungedämpft in sie ein und wird an der Landgrenze vollständig reflektiert. An Flachmeerküsten fallen große Teile dieser Buchten bei Niedrigwasser trocken. Beispiele hierfür sind der Jadebusen oder die Meldorfer Bucht.

Solche Einbuchtungen müssen aus der Sicht der Tidewelle nicht immer an allen drei Seiten geschlossen sein, wenn man sich eine Bucht als rechteckförmig vorstellt. Der Eingang zu einer Quasibucht kann z. B. auf einer Seite durch eine hervorspringende Landzunge und auf der anderen Seite durch eine der Küste vorgelagerte Insel definiert werden. Gibt es zwischen Insel und Festland eine Wattscheide, über die im Verlauf der Tide (näherungsweise) kein Wasserfluss zu verzeichnen ist, dann verhält sich diese als Tidebecken bezeichnete Struktur hydrodynamisch ebenfalls wie eine Bucht.

In diesem Kapitel wollen wir das Werden und Vergehen der Tidebecken verstehen lernen und dabei insbesondere den Jadebusen im Blickfeld behalten. Dazu werden wir uns zunächst der Bühne des Geschehens aus geologischer Sicht zuwenden.

14.2.1 Die Entstehung der Tidebuchten

Bei der Durchsicht der Sturmfluten fällt auf, dass die großen Tidebuchten Jadebusen und Dollart während solcher Ereignisse entstanden sind. Dass diese so großflächige Schäden verursachen konnten, liegt vor allem an der Ausbildung natürlicher Uferwälle oder künstlicher Deiche.

Uferwälle

An den Ufern von Gewässern mit zeitlich variierenden Wasserständen bilden sich Uferwälle, deren Entstehung von Behre [4] für Tideküsten folgendermaßen erklärt wird:

> Ursache für die Ausbildung des Marschreliefs waren die verschiedenen Sedimentationsbedingungen. Sobald sich bei höheren Fluten oder Sturmfluten das Wasser über die MThw-Linie erhebt, überflutete es die angrenzenden Gebiete und verliert dort sehr schnell an Strömungsgeschwindigkeit. Geringere Strömungsgeschwindigkeit bedeutet auch geringere Transportkraft, und so fällt im küstennahen Bereich ein Großteil der mitgeführten Sedimente aus. [...] Als Folge dieser Verhältnisse bildete sich ein Uferwall aus minerogenen Sedimenten, der die Küste und alle großen und kleinen Zuflüsse begleitet. Dieser Uferwall ist an der Küste, etwa bei Cuxhaven, bis über 3 km breit, an den Unterläufen von Weser und Ems sind es um 1 km und an kleineren Wasserläufen erheblich weniger. Selbst kleine Priele haben oft einen schmalen Uferwall.

In Zeiten eines Meeresspiegelanstieges wächst der Uferwall bei jeder Überschwemmung fortwährend mit. Das dahinterliegende Land (auch Sietland genannt) kommt aber umso seltener in den Genuss von Überflutungen und damit verbundenen Sedimentdepositionen, je weiter es vom Uferwall entfernt ist. Hierdurch bildet sich ein Gefälle vom Uferwall zum Geestrand aus (Abb. 14.1 und 14.2).

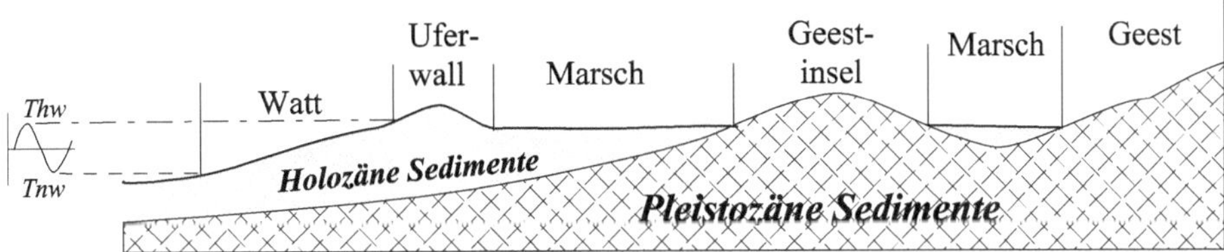

Abb. 14.1 Schematischer Schnitt durch eine norddeutsche Küstenlandschaft mit den beiden Landschaftstypen des Quartärs: Als **Geest** bezeichnet man die höhergelegenen, hügeligen, meist sandigen Altmoränengebiete, die im Pleistozän entstanden sind. Als **Marsch** bezeichnet man die durch die Verlandung von Wattgebieten im Holozän entstandenen, relativ ebenen Landgebiete Das **Holozän** oder Alluvium ist das erdgeschichtliche Jetzt, welches vor ca. 10 000 Jahren begann. Alluvialböden bezeichnen daher sehr wenig entwickelte Böden aus jungen Sedimenten, die man meist in den Niederungen der Flüsse findet. Beispiele hierfür sind Auen-, Glei- und Marschböden. Davor liegt das **Pleistozän,** welches vor ca. 1,5 bis 2 Mio. Jahren begann. Es ist durch starke Klimaschwankungen, d. h. einem Wechsel von Kalt- bzw. Eis- und Warmzeiten, geprägt. In diesem Zeitalter fand also auch ein glazialer Transport statt, wodurch pleistozäne Sedimente gröbere Kornverteilungen aufweisen können und die Schichtgrenzen wegen der sehr unregelmäßigen Transportraten nicht notwendig eben sein müssen. Als **Quartär** bezeichnet man die aus Holozän und Pleistozän zusammengesetzte Erdneuzeit.

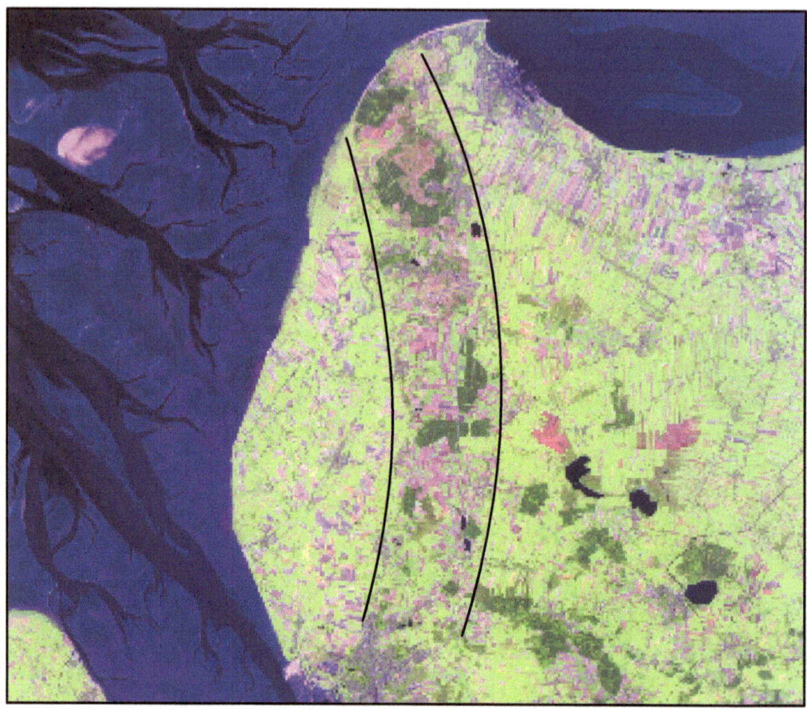

Abb. 14.2 Der ursprüngliche Uferwall im Wurster Land. Geocodiertes IRS-1C LISS III Mosaik vom 12.08.1997, 10.46 Uhr UTC. (Quelle: DLR)

Einbrüche bei Sturmfluten

Kann eine Sturmflut den Uferwall oder einen Deich brechen, dann kann das abgesenkte Hinterland großflächig mit katastrophalen Konsequenzen überflutet werden. So ist der Jadebusen das Ergebnis einer Serie von Meereseinbrüchen in die nacheiszeitlich gebildete Verlandungszone [31]: *„Diese Verwüstungen setzten sich besonders in den nächsten Jahren (d. h. nach 1218) fort, alsdann scheinen sie lange Zeit hindurch nicht vorgekommen zu sein, bis der Busen in der berüchtigten Antoni-Fluth 1511 ungefähr seine jetzige Gestalt annahm und besonders an der westlichen Seite sich ausdehnte.“*

Der Dollart an der Ems ist wahrscheinlich durch Einbrüche im westlichen Marschufer während der Marcellusflut von 1362 entstanden. Die Bucht weitete mit folgenden Sturmfluten immer weiter auf und erreichte ihre größte Ausdehnung nach der Sturmflut im September 1509 [56].

14.2.2 Tidedynamik in Buchten

Schauen wir uns nun die Tidedynamik in einer solchen Bucht einmal genauer an. Sie sollte so ähnlich sein, wie die in einem Ästuar mit Wehr, denn die Gezeitenwelle kann am Ende der Bucht ja nicht weiter propagieren. Im Unterschied zu einem Ästuar gibt es in einer Bucht aber nur einen geringen oder gar keinen Frischwasserzufluss. Somit sollte es zu einer Reflexion der Tidewelle mit einer markanten Erhöhung des Tidehubs kommen.

In Abb. 14.3 ist der Tidehub in der Jade dargestellt, wie ihn die hydrodynamisch-numerische Simulation erbringt. Er steilt sich von See kommend von etwa 2,4 m auf über 3,8 m an. Die Ursachen für dieses Ansteigen ist zunächst einmal die relative Verengung des Querschnittes vor Wilhelmshaven. Im Jadebusen selbst scheint sich der Querschnitt wieder aufzuweiten. Tatsächlich wird der durchflossene Querschnitt aber auch hier kleiner, da die großen Wattflächen nur bei Tidehochwasser überschwemmt werden. Ein weiterer Einfluss kommt dann tatsächlich der Reflektion der Tidewelle an der südlichen Berandung zu.

Die Abb. 14.4 zeigt, wie es zu der Erhöhung des Tidehubs kommt. Sie zeigt das mittlere Tideniedrigwasser synoptisch für den Simulationszeitraum vom 14.06.1990 bis zum 25.06.1990. Man erkennt ein Abfallen desselben in den Jadebusen hinein, während die Tidehochwasserfläche nahezu horizontal ist. Somit sieht die Tidedynamik in einer Bucht mit Reflexion der Tidewelle ganz anders aus als in einem Ästuar, da in letzterem das Tideniedrigwasser normalerweise langsam ansteigt.

14.2.3 Tideprisma und Eintrittsquerschnitt

In einer Tidebucht gibt es keinen Frischwasserzufluss der wie in einem Ästuar dafür sorgen kann, dass eingetragene Sedimente wieder aus dem System herausgespült werden können. Die Frage ist nun also, warum eine Bucht dann eine einigermaßen morphodynamisch stabile Struktur ist, warum sie nicht recht schnell verschlickt oder versandet und es so wieder zu einem ausgeglichenen Längsprofil der Küsten kommt, das frei von irgendwelchen Einschnitten ist.

Dabei ist es zunächst einmal interessant, dass die meisten, durch Sturmfluten erzeugten Buchten recht schnell wieder von der Landkarte verschwinden, aber eben nur manche längerfristig überleben. Die Geometrie dieser stabilen Buchten scheint dabei einem empirischen Gesetz zu folgen, welches 1931 O'Brien [82] vorgeschlagen hat.

Er verwendet den Begriff des Tideprismas P, welches das Wasservolumen bezeichnet, das jenseits des Querschnittes zwischen Tideniedrig- und Tidehochwasser aufgefüllt werden muss, also während einer Tidehalbphase durch den Betrachtungsquerschnitt (bezogen auf das Tidemittelwasser) fließt. Wenn also A_B die Grundfläche eines Ästuars oder einer Tidebucht von irgendeinem seeseitigen Querschnitt bis zur Tidegrenze oder bis zum landseitigen Ufer ist, dann ist

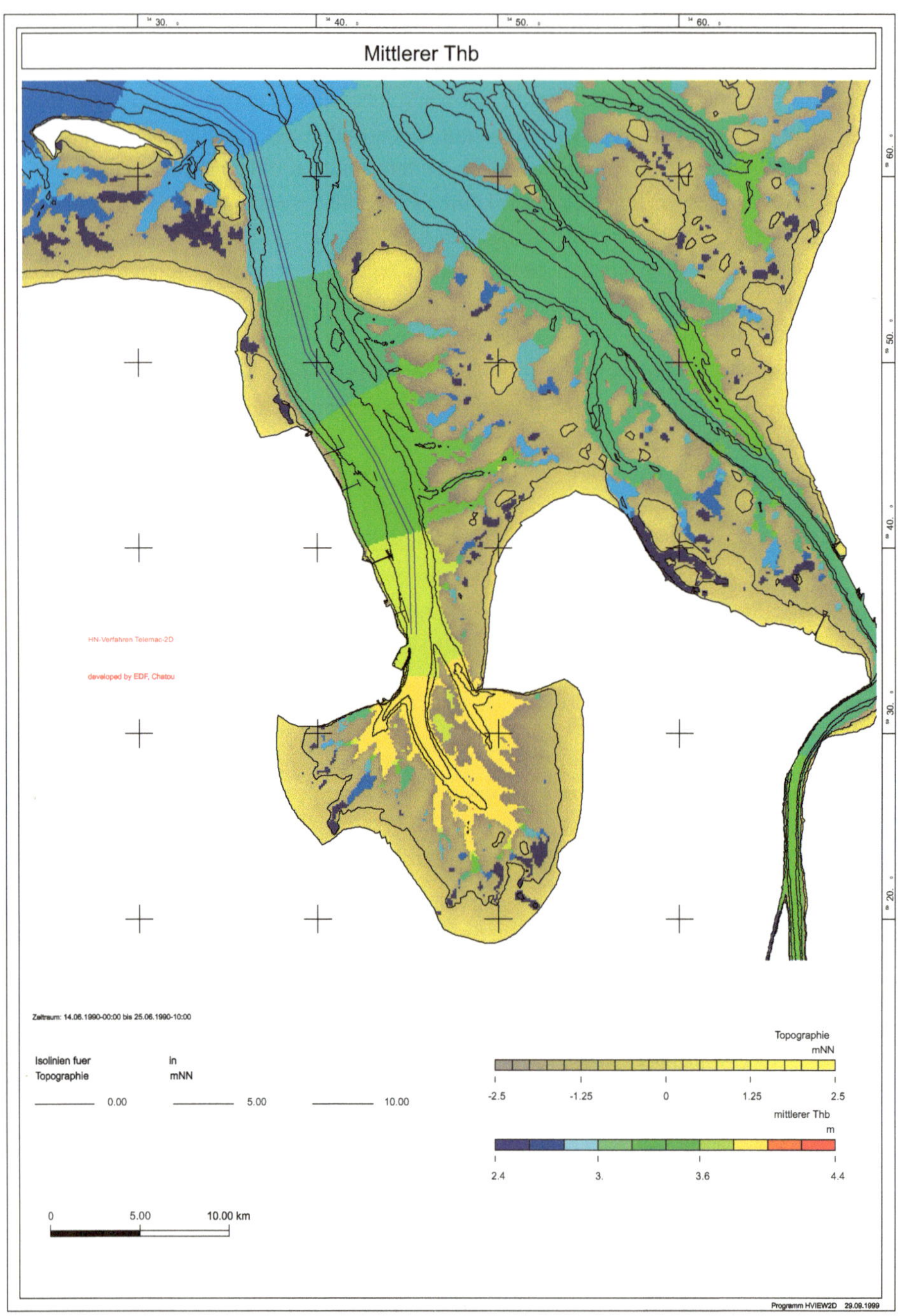

Abb. 14.3 Der mittlere Tidehub in der Jade steigt von See kommend von 2,6 m auf über 4 m im Jadebusen an. Ursächlich hierfür ist die Reflektion der Tidewelle. (Quelle: Bundesanstalt für Wasserbau)

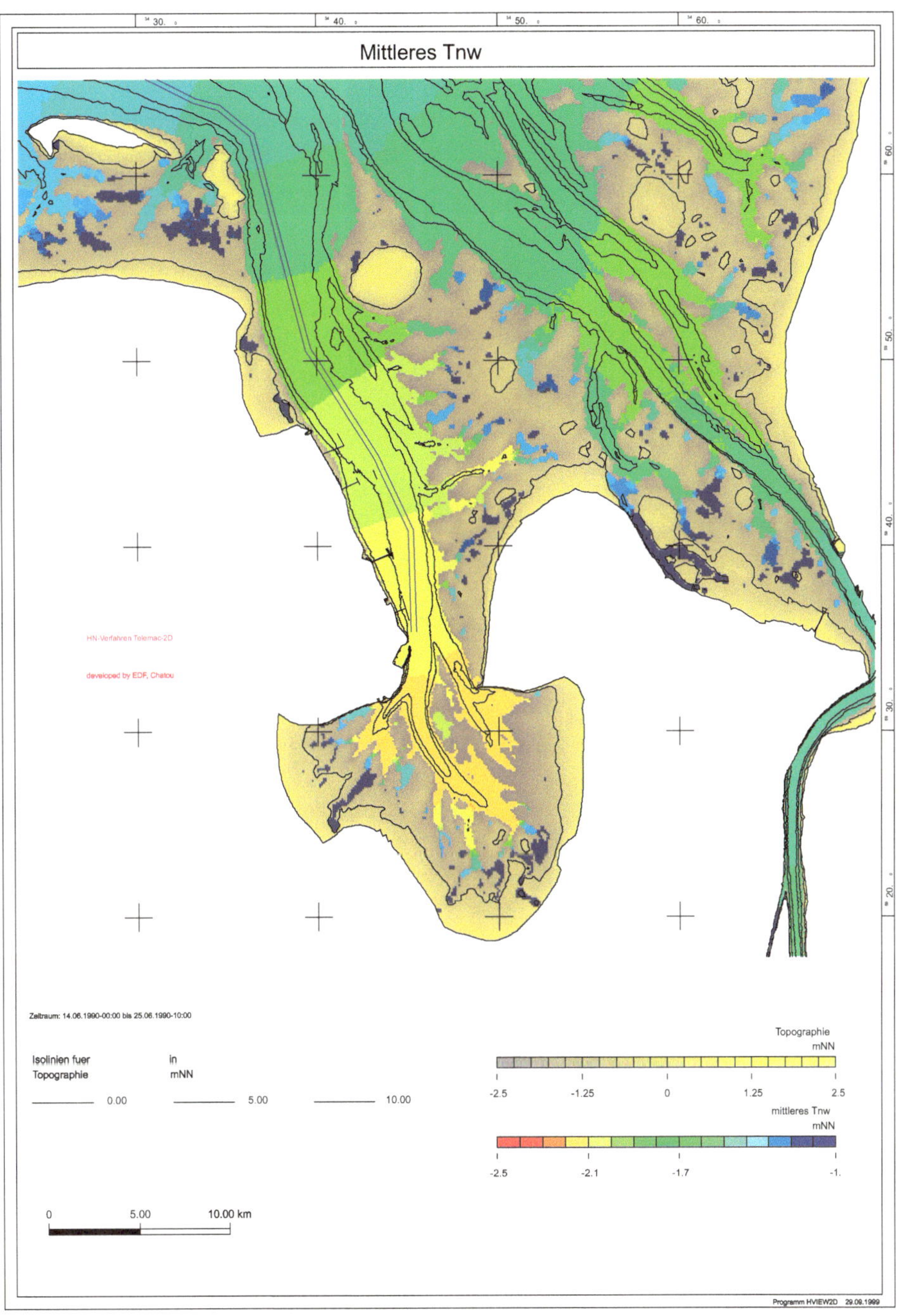

Abb. 14.4   Das mittleres Tideniedrigwasser in der Jade fällt von $-1,4$ m am seeseitigen Rand nördlich von Wangerooge auf $-2,2$ m im Jadebusen. (Quelle: Bundesanstalt für Wasserbau)

$$P = \int_{A_B} (\text{Thw}(x, y) - \text{Tnw}(x, y))\, dx dy$$

das bei einer Flutphase zu füllende Tidevolumen, welches während einer Ebbephase auch wieder durch den Bezugsquerschnitt entweichen muss. Bei einem einigermaßen konstanten Tidehub könnte es durch

$$P \simeq \text{Thb} A_B$$

abgeschätzt werden. Laut O*Brien müssen nun der durchflossene Betrachtungsquerschnitt A_c und das Tideprisma zusammenpassen: Ist ein großes Tideprisma zu füllen, dann muss der Gewässerquerschnitt, durch den dieses geschieht, hinreichend groß sein, es muss also irgendeine Proportionalität zwischen dem Eintrittsquerschnitt A_c und dem Tideprisma P geben. O'Brien setzte dieses als

$$A_c = k P^n$$

an. Die Tab. 14.1 enthält eine Zusammenstellung der empirischen Parameter für verschiedene amerikanische Küstenregionen. Während der Exponent immer in der Nähe von eins liegt, schwankt der Vorfaktor um fast zwei Größenordnungen.

Der Jadebusen als Bucht

Die O'Brien'sche Buchtenformel gilt auch für den Jadebusen, wie man der Abb. 14.5 entnehmen kann. Hier wurden für die Jade die Tideprismen durch Verschneidung der Tidehoch- und der Tideniedrigwasserfläche mithilfe eines digitalen Geländemodells für verschiedene Eintrittsquerschnitte bestimmt.

Dass die Jade dem O'Brien'schen Zusammenhang tatsächlich Genüge leistet, ist bei einem Blick auf die oberflächliche Geometrie des Jadebusens doch erstaunlich, weitet sich diese doch südlich der Innenjade zunächst einmal stark auf. Tatsächlich nimmt aber der durchflossene Querschnitt von Norden nach Süden immer weiter ab, womit Innenjade und Jadebusen gemeinsam eine ganz normale Bucht bilden.

Tab. 14.1 Empirische Parameter des Zusammenhangs zwischen Tideprisma und Eintrittsquerschnitt $A_c = k P^n$

Gewässer bzw. Autor	k	n
US Atlantic Coast [107]	$3{,}039 \cdot 10^{-5}$	1,05
US Gulf Coast [107]	$9{,}311 \cdot 10^{-4}$	0,84
US Pacific Coast [107]	$2{,}833 \cdot 10^{-4}$	0,91
O'Brien [82]	$1{,}05 \cdot 10^{-4}$	0,85
Jadebusen	$6{,}081 \cdot 10^{-5}$	1

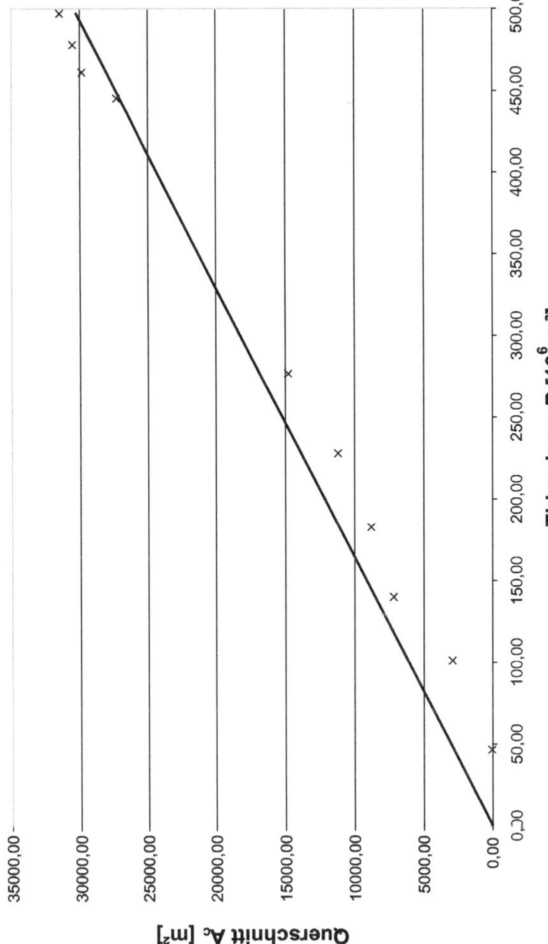

Abb. 14.5 Der Zusammenhang zwischen Buchtquerschnitt und Tideprisma in der Jade. Die Punkte stellen die an verschiedenen Querschnitten bestimmten Beziehungen, die Gerade den Zusammenhang $A_c = 6{,}081 \cdot 10^{-5} P$ dar

14.2.4 Die O'Brien'sche Buchtenformel und der Bewegungsbeginn

Eine Bucht verschwindet durch Verschlickung oder Versandung von der Landkarte. Wenn also der O'Brien'sche Zusammenhang etwas über stabile Buchten erzählt, dann sagt er etwas über die geometrischen Verhältnisse in einer Bucht aus, in die keine oder nur wenige Sedimente eingetragen werden. Da O'Briens empirische Formel vor der Shields-Formel für den Bewegungsbeginn veröffentlicht wurde, konnte er hier keinen Zusammenhang herstellen, was wir nun hier nachholen wollen.

Nimmt man ganz vereinfachend die zeitliche Abhängigkeit des Durchflusses über die Tide als sinusförmig an, dann kann das Tideprisma bei der Kenntnis des maximalen Durchflusses Q_{max} durch zeitliche Integration über die Tidehalbphase $T/2$ gewonnen werden:

$$P \simeq \int_0^{T/2} Q_{max} \sin\left(2\pi\,\frac{t}{T}\right) d\,t = \frac{Q_{max}\,T}{\pi}.$$

In realen Anwendungen sollte das Tideprisma durch Verschneidung der Tidehoch- und der Tideniedrigwasserfläche mit dem Boden in einem digitalen Geländemodell bestimmt werden.

Ich möchte nun versuchen, den Zusammenhang zwischen Eintrittsquerschnitt und Tideprisma sedimentologisch zu begründen und eine Erklärung für die Varianz des Vorfaktors zu finden. Dazu nehmen wir an, dass in der Bucht keine morphologischen Änderungen mehr stattfinden. Dies ist der Fall, wenn

- die kritischen Schubspannungen des Bewegungsbeginns sowohl bei maximaler Flut- als auch Ebbestromgeschwindigkeit gerade unterschritten werden oder
- die durch den Querschnitt transportierten Sedimentmengen während der Ebbe- und der Flutphase gleich groß sind.

Der letztere Fall ist wegen der fast immer vorhandenen Asymmetrie der Tide sehr unwahrscheinlich. Wir analysieren also den ersten Fall. Mit der Formel von Nikuradse gilt für die Schubspannungen im Buchtquerschnitt:

$$\tau_{B,max} = \varrho\,\frac{\kappa^2}{\left(\ln\frac{12h}{k_s}\right)^2}u_{max}^2 \simeq \tau_c.$$

Um die maximale Strömungsgeschwindigkeit in einem Querschnitt abzuschätzen, nehmen wir das Tideprisma zur Hilfe. Damit kann man die mittlere Ebbe- oder Flutstromgeschwindigkeit $\bar{u}$ als den Quotienten aus dem in einer Tidehalbphase durchströmenden Wasservolumen und dem Querschnitt abschätzen:

$$\overline{u} \simeq \frac{2P}{A_c T}.$$

Unter der Vorausetzung einer sinusförmigen Tidewelle ergibt sich die maximale Flut-
oder Ebbestromgeschwindigkeit dann als

$$u_{max} \simeq \frac{\pi P}{A_c T}.$$

Wir bekommen also für die maximale Sohlschubspannung:

$$\varrho \frac{\kappa^2}{\left(\ln \frac{12h}{k_s}\right)^2} \left(\frac{\pi P}{A_c T}\right)^2 \simeq \tau_c.$$

Dabei ist τ_c die kritische Sohlschubspannung, unter der keine Sedimentbewegung mehr
stattfindet. Somit ist die durchflossene Querschnittsfläche A_c proportional zum Tideprisma
P

$$A_c \simeq \sqrt{\frac{\varrho}{\tau_c}} \frac{\kappa \pi}{T \ln \frac{12h}{k_s}} P,$$

wobei für $T = 44\,712\,$s die Periode der M_2-Gezeit angesetzt wird. Der Zusammenhang ist
in Abb. 14.6 graphisch für verschiedene kritische Schubspannungen und für verschiedene
Bedeckungsverhältnisse h/k_s dargestellt. Man sieht, dass letztere relativ wenig Einfluss
auf den Zusammenhang haben, während der Buchtquerschnitt bei leichter beweglichem
Sohlmaterial schneller mit dem Tideprisma wächst.

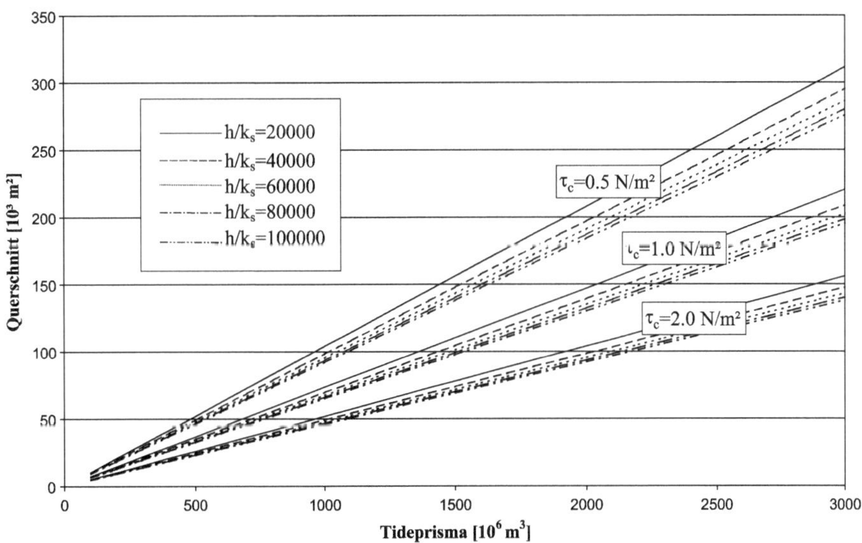

Abb. 14.6 Der Zusammenhang zwischen Buchtquerschnitt und Tideprisma

Zur Verifikation des Zusammenhangs sei das Hörnum Tief betrachtet, welches das aus der Südspitze von Sylt, dem Hindenburgdamm, den Inseln Föhr und Amrum und den dazwischenliegenden Wattwasserscheiden gebildete Tidebecken bewässert. Es hatte im Jahr 1978 zwischen der Südspitze von Sylt und Amrum einen Querschnitt von $38\,981\,\mathrm{m}^2$, das dahinterliegende Tideprisma hatte im Jahr 1974 ein Volumen von $527,5 \cdot 10^6\,\mathrm{m}^3$ [37]. Bezogen auf NN ist die maximale Wassertiefe im Tief 31 m, der Abstand zwischen den beiden Inseln beträgt 5,3 km. Nach Abb. 14.6 wäre das Tief dann stabil, wenn die kritische Schubspannung des Bewegungsbeginns ca. $1\,\mathrm{N/m}^2$ entspräche. Wenn nun aber der Bewegungsbeginn des dortigen Materials kleiner ist, dann muss der Eintrittsquerschnitt in das Tief größer sein, damit dieses morphodynamisch stabil ist.

Natürlich enthält diese einfache Betrachtung nicht alle Wirkungsfaktoren, die für die langfristige morphodynamische Stabilität einer Tidebucht verantwortlich sind. Sie gibt aber die Richtung an, wenn eine Bucht morphodynamisch instabil ist, also wenn sie versandet. In diesem Fall müssen die Querschnitte vom meerseitigen Eintritt aus beginnend erweitert werden. In die Bucht hinein müssen die durchflossenen Querschnitte dann linear entsprechend dem aufzufüllenden Tideprisma langsam kleiner werden.

Ist ein Fließquerschnitt bei Ebbe instabil, dann wird aus ihm so lange Material ausgeräumt, bis die kritische Schubspannung des Bewegungsbeginns unterschritten wird. Wird der Fließquerschnitt bei Flut instabil, dann wird so lange Material in die Bucht transportiert, bis das Tideprisma dort soweit reduziert ist, das die Stabilitätsbedingung erfüllt ist.

14.2.5 Materialakkumulation in Schlickwatten

Mit dem Meerwasser werden auch Schwebstoffe transportiert, bei denen man über den Ansatz des Tideprismas nicht verhindern kann, dass sie in eine Bucht eindringen und dort u. U. auch abgelagert werden. Damit kann auch eine O'Brien'sche Bucht im Laufe des Zeit verlanden.

Da die maximalen Tidestromgeschwindigkeiten vom meer- zum landseitigen Ende der Bucht kontinuierlich abnehmen, gibt es in der Bucht irgendeine Grenze, ab der die kritische Erosionsgeschwindigkeit für eine gewisse Korngröße im Verlauf einer Tide nicht mehr überschritten wird. Wird Sediment als Schwebstoff hinter diese Grenze transportiert und am Boden deponiert, so wird es bei normalen Tideverhältnissen von dort nicht mehr abgetragen.

Jede Materialakkumulation auf den Wattflächen ist aber wiederum mit einer Reduktion des Tideprismas über den Verlauf der gesamten Bucht verbunden. Nach der O'Brien'schen Buchtenformel reduzieren sich hierdurch auch die durchflossenen Querschnitte, bis sich ein neues Gleichgewicht eingestellt hat.

Für eine rechteckförmige Bucht der konstanten Breite B können wir diese Grenze, ab der nur noch Deposition stattfindet, leicht als Funktion des Korndurchmessers und damit der kritischen Schubspannung des Bewegungsbeginns bestimmen. Dazu suchen wir den Buchtquerschnitt, bei dem in Abhängigkeit vom dahinterliegenden Tideprisma für einen gegebenen Korndurchmesser die kritische Shields-Spannung nicht mehr überschritten wird. Bezeichnet man den Abstand zwischen diesem Querschnitt und der Küstenlinie mit L, dann ist das dazugehörige Tideprisma $P = \text{Thb}\, B\, L$. Da der Querschnitt $A_c = B\, h$ ist, können wir unsere Buchtenformel nun zu

$$L \simeq \sqrt{\frac{\tau_c}{\varrho}\, \frac{h\,T}{\kappa\,\pi\,\text{Thb}}}\, \ln \frac{12h}{k_s}$$

umstellen. Der Zusammenhang ist in Abb. 14.7 für eine Bucht dargestellt, deren Sohle bei Tideniedrigwasser trockenfällt. Der Einfachheit halber wird dabei angenommen, dass der über die Tide gemittelte Wasserstand h dem halben Tidehub entspricht.

Wir wollen die sich daraus ergebenden Verhältnisse bei einem Tidehub von 1 m betrachten. Vom Meer kommend werden sehr grobe Sande (d = 1,…,2 mm) in einer Zone von ca. 4 km vor der Uferlinie dort durch eine Normaltide nicht mehr bewegt. Für Schluffe gilt dies für eine Zone von 2 km Uferabstand. Geht man davon aus, dass diese Sedimente in die Bucht eingetragen wurden, so ist die Wahrscheinlichkeit hoch, dass sie am meeresseitigen Ende ihrer Akkumulationszone abgeladen werden und dort auch verbleiben. Es entsteht so eine uferparallele Zonierung, bei der man ausgehend vom Strand eine Zunahme des mittleren Korndurchmessers beobachten kann.

Dabei unterscheidet man drei Arten von Wattböden: **Schlickwatt** besteht im Wesentlichen aus Schluffen und Tonen, man findet es zumeist direkt unterhalb der Tidehochwasserlinie. **Sandwatt** weist einen hohen Sandanteil auf. Es findet sich oberhalb der Tideniedrigwasserlinie. Dazwischen drängelt sich das **Mischwatt,** in dem beide Anteile vorkommen.

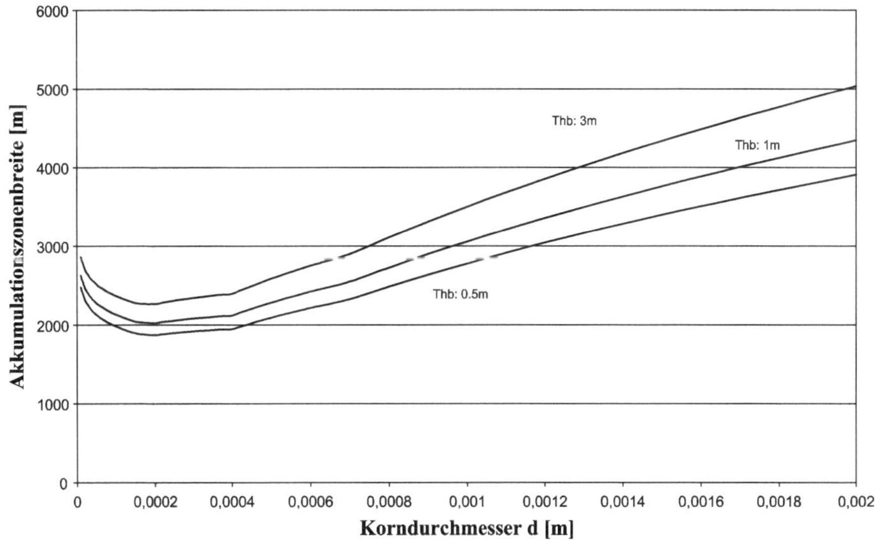

Abb. 14.7   Die Breite der Akkumulationszone in Abhängigkeit vom Korndurchmesser

14.2.6 Der Einfluss des Seegangs

Das bisherige Bild der Morphodynamik der Tidebecken wird durch die kontinuierliche Akkumulation von Sedimenten geprägt, womit alle Buchten auf die Dauer wieder verschwinden sollten. Dabei wurde eine physikalische Variable bisher außer Acht gelassen, die diesen Prozess teilweise verzögern oder gar verhindern kann. Seegang kann sich aus dem offenen Meer in das Tidebecken fortpflanzen und dort Sedimente mobilisieren, die dann durch die Tideströmungen wieder ausgetragen werden.

Um den Einfluss des Seegangs auf die Morphodynamik der Buchten zu verstehen, sind der Abb. 14.8 die Sohländerungen im Jadebusen einerseits unter der Belastung der Tideströmung und andererseits unter der kombinierten Belastung durch Tideströmung und Seegang simuliert. Man kann erkennen, wie entscheidend der Seegang, der aus einem starken Westwindereignis resultiert, die Morphologie des Gebiets prägt [51]. Dieser induziert auch Sohländerungen in den Flachwasserbereichen, während die reine Tideströmung dort nicht hinreichend kräftig ist, das Sohlmaterial zu bewegen. Diese arbeitet dagegen in den tiefen Rinnen.

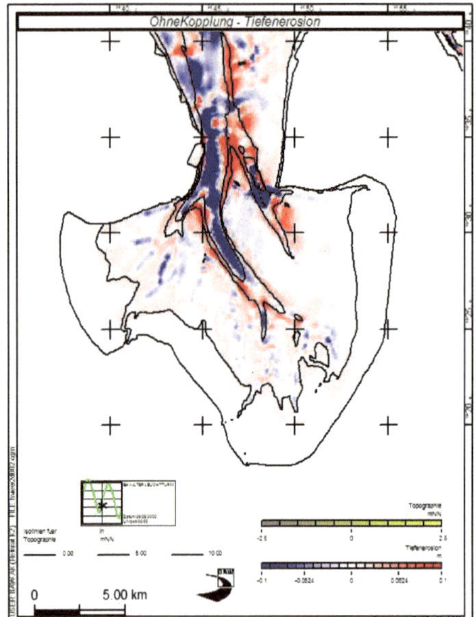

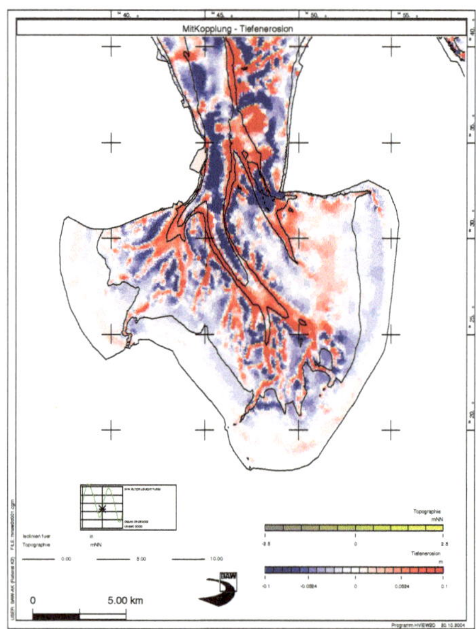

Abb. 14.8 Simulierte Veränderungen der Sohle in der Jade unter Berücksichtigung der Belastungen von Tideströmungen (*links*) und von Tideströmungen und Seegang (*rechts*). In *Rot* sind Depositions-, in *blau* Erosionsbereiche dargestellt. Rechnet man nur mit den Gezeitenströmungen (*links*), dann passiert in den Uferbereichen des Jadebusens nichts. Langfristig würden sich hier aber Schwebstoffe ablagern. Erst wenn man auch den Seegang berücksichtigt, dann gibt es auch eine Morphodynamik in den flachen Bereichen

Bei den in der Nordsee vorherrschenden Westwinden ist der Jadebusen durch seine Nord-Süd-Ausrichtung eigentlich recht geschützt vor Seegang. Er ist allerdings in seiner Ost-West-Ausrichtung so breit, dass die Fetchlänge hinreichend ist, um hier bei Westwind an der Ostseite eine genügend hohe Windsee auszubilden. Dadurch findet man an der Ostseite nur Feinsande und keine Akkumulation von Schlicken [74].

Der großen Bedeutung des Seegangs für die Küstenmorphodynamik steht die Zufälligkeit des Seegangs gegenüber, welche die Morphologie der Küste nur schwer prognostizierbar macht.

14.2.7   Wattgebiete

An der deutschen Nordseeküste gibt es nicht nur im Jadebusen bei Niedrigwasser trockenfallende Flächen, die man als Watt bezeichnet: Dies ist der periodisch von der Tide überspülte und trockenfallende, unbewachsene Küstenraum, der somit räumlich durch die Linien des mittleren Tideniedrig- und -hochwassers begrenzt ist.

Im deutschen Wattenmeer hat man es fast nur mit quartären Sedimenten und deren Transport zu tun, in den höher gelegenen Wattgebieten dabei mit holozänen und an der Sohle der tiefen Rinnen mit pleistozänen Sedimenten. Hieraus sollte allerdings keine Regel abgeleitet werden.

Bedingungen für die Entstehung von Wattgebieten

Große Wattgebiete können also nur da entstehen, wo der Meeresboden flach abfällt, damit der Raum zwischen Tideniedrig- und hochwasser groß ist, also an Flach- oder Schelfmeerküsten. Die Nordsee ist ein solches Flach- oder Schelfmeer, d. h. kein Ozean, sondern ein überfluteter Kontinentalsockel. Ein anderes Beispiel für ein Schelfmeer ist das Gelbe Meer zwischen der koreanischen Halbinsel und China, an dessen Küste ebenfalls große Wattgebiete zu finden sind. Kleinflächig findet man Watten an vielen Küsten hinter Nehrungen, Nehrungsinseln und in Buchten.

Die fluvialen Sedimente werden den Wattgebieten durch küstenparallele Transportprozesse zugeführt. Dabei scheidet der seegangsinduzierte Küstenlängstransport hier aus, da er nur in der Brandungszone mit genügend Energie gespeist wird, dort allerdings mit so viel Energie, dass Schwebstoffe hier keinen Halt finden. Vielmehr ist es hier die Tide, die als Welle ebenfalls einen Küstenlängstransport induziert. Somit muss an einer Flachmeerküste der Tidehub hinreichend groß sein, um die Sedimente aus den Flussmündungen fortzutransportieren und in irgendeiner Form ein Brandungsschutz vorhanden sein. Dabei reichen mesotidale Verhältnisse, wenn die küstenparallelen Konturen sehr flach sind, wohingegen makrotidale Verhältnisse erforderlich sind, wenn küstenparallele Konturhindernisse zu überwinden sind.

Ferner entstehen Watten nur in gemäßigten Klimazonen. In tropischen und subtropischen Klimazonen bewachsen Mangroven die im Tidezyklus freifallenden Flächen, diese sind dort also nicht unbewachsen.

Watten bestehen aus Material, welches feinkörniger als Sand ist. Eine weitere Bedingung für die Wattenentstehung ist das Vorhandensein eines ebenfalls flach ansteigenden Hinterlandes. Die darin eingebetteten Flachlandflüsse sind nicht in der Lage, grobkörniges Material zu transportieren.

Wenn alle diese Bedingungen erfüllt sind, werden in den Wattgebieten fortwährend feinkörnige Sedimente akkumuliert, sodass diese Gebiete irgendwann einmal über das Springtidehochwasserniveau anwachsen und somit keine Überflutungsflächen übrig bleiben. Watten sind auf der langfristigen Skala also nur dann stabil, wenn sich die dortige Küste tektonisch senkt. Für die deutsche Nordseeküste werden etwa 10 cm pro Jahrhundert angenommen. Die aus den Ästuaren eingetragenen und durch den Küstenlängstransport umverteilten Sedimente müssen diese Fehlvolumina wieder auffüllen. Ein exaktes Gleichgewicht zwischen diesen beiden Prozessen ist dabei sehr unwahrscheinlich, daher sind immer Änderungen der Gesamtfläche des Wattenmeeres zu erwarten.

14.3 Zusammenfassung

Tidebuchten entstehen durch Einbrüche des Meeres bei Sturmfluten. Langfristig stellen sie dann eine Sedimentsenke dar und verlanden wieder, wenn der Seegang nicht in der Lage ist, die in den flachen Bereichen der Bucht abgelagerten Sedimente wieder zu mobilisieren.

Im Verlauf dieses Buches haben wir verschiedene Bewegungsarten im Wasserkörper kennengelernt: Die turbulenten Fluktuationen schwanken sehr kurzfristig, sind chaotisch und daher nur statistisch modellierbar. Dabei haben wir die **Theorie der Wirbelviskosität** dazu verwendet, ihre Wirkung, d. h. die erhöhte Durchmischung des Wasserkörpers, zu modellieren.

Die Bewegungen von Seegangswellen sind durch einen Austausch von kinetischer Bewegungs- und potentieller Höhenenergie der Wasseroberfläche gekennzeichnet. Die mit ihnen verbundenen zeitlichen Schwankungen liegen im Sekundenbereich. Das Geschwindigkeitsprofil kann durch die **ideale Wellentheorie** modelliert werden, wobei der reale Seegang allerdings aus einem kontinuierlichen Frequenzspektrum zusammengesetzt ist.

Die Gezeitenströmungen schwanken ebenfalls periodisch, haben im Unterschied zu den Seegangswellen aber ein diskretes Spektrum von Perioden im Stunden- bis Tagesbereich. Ihre Ausbreitung als sehr lange Gezeitenwellen konnte durch die **Saint-Venant-Gleichungen** hinreichend genau erklärt werden. Ihr Geschwindigkeitsprofil zeigt die Charakteristika sowohl einer periodischen als auch einer quasistationären, über die Wassersäule ausgeglichenen Strömung. Es ähnelt dem, welches sich in Flüssen ausbildet, wo die Schwankungen entsprechend den hydrologischen Gegebenheiten im Bereich von Tagen und Wochen liegen. Wir haben das Profil im Rahmen der **Grenzschichttheorie** beschrieben.

Wir wollen in diesem Kapitel die drei Bewegungsarten turbulente Schwankungen, Seegangswellen und mittlere Gezeitenströmungen voneinander trennen, um dann zu sehen, was sie verbindet und wie sie miteinander kommunizieren. In einem ersten Schritt trennen wir im folgenden Abschnitt die kurzfristigen, chaotisch fluktuierenden turbulenten Anteile von der Bewegung. Dies geschieht mit der Reynolds-Mittelung der klassischen Hydrodynamik.

© Springer Fachmedien Wiesbaden GmbH, ein Teil von Springer Nature 2018
A. Malcherek, *Gezeiten und Wellen*, https://doi.org/10.1007/978-3-658-19303-4_15

In einem zweiten Schritt werden die verbleibenden mittleren Strömungen dann in quasistationäre und periodische Anteile zerlegt, wobei die Gezeitenströmungen in diesem Bild als quasistationär betrachtet werden.

15.1 Reynolds-Gleichungen und turbulente Viskosität

Die Erkenntnis von Boussinesq, dass turbulente Strömungen eine höhere Viskosität haben als laminare Strömungen, führt unweigerlich auf die Frage, wie man diese Wirbelviskosität dann in der Praxis berechnet. Hier bedarf es also einer Herleitung, wie man aus den, die vollständige turbulente Strömung beschreibenden Navier-Stokes-Gleichungen ein neues Gleichungsmodell ableitet, welches nur noch die mittleren Strömungen beschreibt. Dies ist Osborne Reynolds 1895 [91] gelungen. Denn natürlich interessiert man sich weder im Flusswasserbau noch im Küsteningenieurwesen für jede chaotische Schwankung der Fließgeschwindigkeit im Bruchteil einer Sekunde, sondern im Wesentlichen für die mittleren Geschwindigkeiten und die statistischen Charakteristika der Schwankungen, d. h. der Abweichungen hiervon.

Die Reynolds-Gleichungen sehen genauso aus, wie die Navier-Stokes-Gleichungen, bloß dass in ihr die zeitlich gemittelten, also turbulenzbefreiten Geschwindigkeiten stehen:

$$\frac{\partial u_i}{\partial t} = g_i - \frac{\partial u_i u_j}{\partial x_j} + \frac{\partial}{\partial x_j}\left(\nu_t \frac{\partial u_i}{\partial x_j}\right) - \frac{1}{\varrho}\frac{\partial p}{\partial x_i}.$$

Ferner findet sich tatsächlich dann die turbulente Wirbelviskosität ν_t, die Größenord-nungen größer als erstere und zudem eine noch zu bestimmende Funktion in Raum und Zeit ist. Für den Normalabfluss in Gerinneströmungen hatten wir sie schon durch das parabolische Wirbelviskositätsprofil bestimmt.

Damit ist man mit den Reynolds-Gleichungen aber der Lösung des Problems, warum der Strömungswiderstand eines Fließgewässers so viel größer ist als die mit der Newton'schen Viskosität berechnete, eine großes Stück näher gekommen: Weil man in einer turbulenten Strömung nicht die kleine molekulare, sondern die große turbulente Viskosität ansetzen muss.

Im folgenden Abschnitt sollen die Reynolds-Gleichungen und das Wirbelviskositätsprinzip kurz hergeleitet werden. Dazu wird ein Turbulenzmodell entwickelt und in unser Vertikalmodell implementiert.

15.1.1 Reynolds-Mittelung und Reynolds-Spannungen

Reynolds zerlegte die tatsächlich gemessene turbulente Geschwindigkeit in einen mittleren, fluktuationsfreien Anteil $\bar{u}_i$ und die fluktuierenden Abweichungen u_i' hiervon:

$$u_i = \overline{u}_i + u_i'.$$

Darin kann der Mittelwert bei diskreten Geschwindigkeitsdaten etwa durch eine gleitende Mittlung der Form

$$\overline{u}_i(t_k) = \frac{1}{2N+1} \sum_{j=k-N}^{k+N} \vec{v}(t_j)$$

gewonnen werden.

Diese Zerlegung in mittlere und fluktuierende Anteile kann man nun in die Navier-Stokes-Gleichungen einsetzen. Da die Mittlung einer Fluktuation immer null ist, $\overline{u_i'} = 0$, kam Reynolds auf die entscheidende Idee, diese Gleichungen selbst zu mitteln, um die Gesetzmäßigkeiten der mittleren Strömung zu gewinnen, in der Hoffnung, dass möglichst viele Fluktuationsterme wegfallen. Nach der Zerlegung und Mittlung aller Terme lautet die Gleichung:

$$\frac{\partial \left(\overline{u}_i + u_i'\right)}{\partial t} = g_i - \frac{\partial \left(\overline{u}_i + u_i'\right)\left(\overline{u}_j + u_j'\right)}{\partial x_j} + \frac{\partial}{\partial x_j}\left(\nu \frac{\partial \left(\overline{u}_i + u_i'\right)}{\partial x_j}\right) - \frac{1}{\varrho}\frac{\partial p}{\partial x_i}.$$

Nach der Anwendung aller Mittlungsregeln verbleiben die Reynolds-Gleichungen:

$$\frac{\partial \overline{u}_i}{\partial t} = g_i - \frac{\partial \overline{u}_i \overline{u}_j}{\partial x_j} - \frac{\partial \overline{u_i' u_j'}}{\partial x_j} + \frac{\partial}{\partial x_j}\left(\nu \frac{\partial \overline{u}_i}{\partial x_j}\right) - \frac{1}{\varrho}\frac{\partial p}{\partial x_i},$$

die bis auf die Korrelationen $\overline{u_i' u_j'}$ nur noch die mittleren Geschwindigkeiten enthalten. Die turbulenten Fluktuationen beeinflussen damit die mittleren Strömungen durch diese Terme, die man auch als Reynolds-Spannungstensor bezeichnet.

15.1.2 Das Prinzip der Wirbelviskosität

Bei der genaueren Betrachtung des Problems kann Verzweiflung aufkommen: Man hat weiterhin zusammen mit der Massenbilanz vier Gleichungen für die vier Unbekannten $\vec{v}$ und den Druck p. Hinzugekommen sind aber sechs weitere Unbekannte $\overline{u'u'}$, $\overline{v'v'}$, $\overline{w'w'}$, $\overline{u'v'}$, $\overline{u'w'}$, $\overline{v'w'}$. Eine erhebliche Vereinfachung der Problematik geht auf Boussinesq [6] zurück: Er ging davon aus, dass die turbulenten Korrelationen direkt proportional zu den Scherungen des mittleren Geschwindigkeitsfeldes sind. Ferner nimmt er an, dass für alle Korrelationsterme dieselbe Proportionalitätskonstante gültig ist. Damit kommt man zu der Ersetzung:

$$\frac{\partial}{\partial x_j}\left(\nu \frac{\partial \overline{u}_i}{\partial x_j} - \overline{u_i' u_j'}\right) = \frac{\partial}{\partial x_j}\left(\nu_t \frac{\partial \overline{u}_i}{\partial x_j}\right).$$

Ersetzt man nun die beiden Terme in den Reynolds-Gleichungen und lässt zukünftig den Mittlungsstrich weg, dann kommt man zu der am Anfang des Abschnitts vorgestellten Form der Reynolds-Gleichungen mit Wirbelviskositätsprinzip.

Die Proportionalitätskonstante ν_t bezeichnet man als turbulente Viskosität. Da die Geschwindigkeitsgradienten an jedem Ort des Geschwindigkeitsfelds unterschiedliche Werte haben können, wird die turbulente Viskosität nun kein konstanter Wert, sondern eine orts- und auch zeitabhängige Funktion sein. Die Bestimmung dieser Funktion ist die Aufgabe der **Turbulenzmodellierung.**

15.1.3 Die turbulenten Geschwindigkeitsschwankungen

Das Schließungsproblem der Turbulenz wäre dann gelöst, wenn wir Bestimmungsgleichungen für die einzelnen turbulenten Geschwindigkeitsschwankungen zur Verfügung hätten. Wir wissen bisher nur, dass sie einer eigenen Kontinuitätsgleichung genügen. Dies ist hilfreich, nützt aber wenig bei der Beantwortung der Frage, warum und wie sie entstehen und sich weiterentwickeln. Wir benötigen also eine Gleichung für die Dynamik der Geschwindigkeitsschwankungen, um dem Wesen der Turbulenz weiter auf den Grund zu gehen.

Dazu betrachten wir nochmals die Navier-Stokes-Gleichung in x-Richtung mit den in mittlere und fluktuierende Anteile zerlegten Größen:

$$\underline{\frac{\partial \overline{u}}{\partial t}} + \frac{\partial u'}{\partial t} + \underline{\overline{u}_j \frac{\partial \overline{u}}{\partial x_j}} + \overline{u}_j \frac{\partial u'}{\partial x_j} + u'_j \frac{\partial \overline{u}}{\partial x_j} + u'_j \frac{\partial u'}{\partial x_j} = -\frac{1}{\varrho}\underline{\frac{\partial \overline{p}}{\partial x}} - \frac{1}{\varrho}\frac{\partial p'}{\partial x} + \nu \underline{\frac{\partial^2 \overline{u}}{\partial x_j \partial x_j}} + \nu \frac{\partial^2 u'}{\partial x_j \partial x_j}.$$

Die Reynolds-Gleichungen bestehen aus den unterstrichenen Termen sowie den Reynolds-Spannungen. Wir können also an dieser Stelle die Differenz aus Navier-Stokes- und Reynolds-Gleichungen bilden und erhalten eine Transportgleichung für die Geschwindigkeitsfluktuationen:

$$\frac{\partial u'}{\partial t} + \overline{u}_j \frac{\partial u'}{\partial x_j} + u'_j \frac{\partial \overline{u}}{\partial x_j} + u'_j \frac{\partial u'}{\partial x_j} = -\frac{1}{\varrho}\frac{\partial p'}{\partial x} + \nu \frac{\partial^2 u'}{\partial x_j \partial x_j} + \frac{\overline{\partial u' u'_j}}{\partial x_j}.$$

Hier lassen sich der zweite und vierte Term der linken Seite durch $u_j = \overline{u_j} + u'_j$ zu einer Advektion der Geschwindigkeitsfluktuation im Gesamtgeschwindigkeitsfeld zusammenfassen:

$$\frac{\partial u'}{\partial t} + \underbrace{u_j \frac{\partial u'}{\partial x_j}}_{\text{Advektion}} + \underbrace{u'_j \frac{\partial \overline{u}}{\partial x_j}}_{\text{Produktion}} = \underbrace{-\frac{1}{\varrho}\frac{\partial p'}{\partial x}}_{\text{Druck}} + \underbrace{\nu \frac{\partial^2 u'}{\partial x_j \partial x_j}}_{\text{Diffusion}} + \underbrace{\frac{\overline{\partial u' u'_j}}{\partial x_j}}_{\text{Reynolds-Spannungen}}.$$

Diese Gleichung ist ein Schlüssel zum Verständnis des Phänomens Turbulenz. Wir wollen sie daher genau lesen. Turbulente Geschwindigkeitsfluktuationen werden im Feld der Gesamtgeschwindigkeit $u = \bar{u} + u'$ advektiv transportiert. Sie werden dabei weder verstärkt noch abgeschwächt, sondern lediglich verschoben.

Die dritte Termgruppe ist durch die besondere Tatsache gekennzeichnet, dass sie als Einzige Informationen über das mittlere Strömungsfeld verwendet. Damit besagt sie: **Der Grad der Turbulenz wird besonders an solchen Orten verändert, an denen die mittlere Strömungsgeschwindigkeit große Gradienten aufweist, also da, wo das Fluid einer starken Scherung ausgesetzt ist.** Man bezeichnet sie daher als Produktionsterme.

Die Diffusionsterme auf der rechten Seite des Gleichungssystems führen zu einem Ausgleich von lokalen Gradienten in den turbulenten Geschwindigkeitsschwankungen. Sind diese an irgendeiner Stelle besonders hoch, so wird Fluktuationsenergie an Bereiche geringerer Turbulenz abgegeben. Dabei wird der mittlere Grad der Turbulenz nicht verändert.

Die nächste Gruppe enthält die Druckfluktuationen. Die Reynolds-Spannungsterme lassen sich wie die Diffusionsterme in Divergenzform darstellen. Damit beschreiben sie einen Fluss von Spannungen, der in der Bilanz jedoch keine Quelle oder Senke für die turbulenten Geschwindigkeitsschwankungen darstellt. Man bezeichnet sie daher manchmal auch als Umverteilungsterme.

15.1.4 Die turbulente kinetische Energie (TKE)

Die turbulente kinetische Energie (TKE) k hatten wir als Maß für den Grad der Turbulenz in einer Strömung kennengelernt. Eine Bestimmungsgleichung für ihr dynamisches Verhalten bekommt man durch die Multiplikation der Gleichungen der turbulenten Schwankungen mit den turbulenten Schwankungen selbst, durch nachfolgende Summation über alle drei Raumrichtungen und schließlich durch eine Mittlung. In der Indexnotation sieht dies sehr kompakt aus:

$$\overline{u_i' \frac{\partial u_i'}{\partial t}} + \overline{u_i' u_j \frac{\partial u_i'}{\partial x_j}} + \overline{u_i' u_j' \frac{\partial \bar{u}_i}{\partial x_j}} = -\overline{\frac{u_i'}{\varrho} \frac{\partial p'}{\partial x_i}} + \overline{\nu u_i' \frac{\partial^2 u_i'}{\partial x_j \partial x_j}} + \overline{u_i' \frac{\partial u_i' u_j'}{\partial x_j}}.$$

Mit der Produktregel

$$\frac{\partial k}{\partial t} = \frac{1}{2} \overline{\frac{\partial u_i' u_i'}{\partial t}} = \overline{u_i' \frac{\partial u_i'}{\partial t}}$$

identifiziert man die Zeitableitung als Ableitung der TKE. Ebenso wird in den anderen Termen vorgegangen und man bekommt:

$$\frac{\partial k}{\partial t} + u_j \frac{\partial k}{\partial x_j} + \overline{u_i' u_j' \frac{\partial \bar{u}_i}{\partial x_j}} = -\overline{\frac{u_i'}{\varrho} \frac{\partial p'}{\partial x_i}} + \overline{\nu u_i' \frac{\partial^2 u_i'}{\partial x_j \partial x_j}} + \overline{u_i' \frac{\partial u_i' u_j'}{\partial x_j}}.$$

Auf den Diffusionsterm (zweiter Term auf der rechten Seite) wird nochmals die Produktregel angewendet:

$$\frac{\partial k}{\partial t} + u_j \frac{\partial k}{\partial x_j} = \underbrace{-\frac{\overline{u_i'}}{\varrho}\frac{\partial p'}{\partial x_i}}_{\text{Druck}} + \underbrace{\nu \frac{\partial^2 k}{\partial x_j \partial x_j}}_{\text{Diffusion}} \underbrace{- \overline{u_i' u_j'}\frac{\partial \overline{u}_i}{\partial x_j}}_{\text{Produktion } P_k} \underbrace{- \nu \overline{\frac{\partial u_i'}{\partial x_j}\frac{\partial u_i'}{\partial x_j}}}_{\text{Dissipation } \epsilon} + \underbrace{\overline{u_i'\frac{\partial \overline{u_i' u_j'}}{\partial x_j}}}_{\text{turbulente Advektion}} \; .$$

Die turbulente Advektion beschreibt den advektiven Transport von TKE mit den Schwankungsgeschwindigkeiten. Da er sich vollständig in Divergenzform darstellen lässt, bewirkt er keine Produktion oder Vernichtung, sondern nur eine Umverteilung turbulenter kinetischer Energie.

Das gleiche gilt für den Druckterm. Er läßt sich recht übersichtlich durch eine entsprechende Erweiterung mit der Kontinuitätsgleichung für die Geschwindigkeitskorrelationen darstellen:

$$\frac{\overline{u_i'}}{\varrho}\frac{\partial p'}{\partial x_i} = \frac{1}{\varrho}\frac{\partial \overline{p' u_i'}}{\partial x_i}.$$

Das Auftauchen des doppelten Index i bedeutet eine Summation über alle drei Ableitungen und somit eine Divergenzbildung. Damit ist diese Termgruppe konservativ, d. h, sie bewirkt weder eine Prouktion noch eine Dissipation, sondern lediglich eine Umverteilung der TKE. Man fasst sie daher in einen Diffusionsterm der Form

$$-\frac{\overline{u_i'}}{\varrho}\frac{\partial p'}{\partial x_i} + \nu \frac{\partial^2 k}{\partial x_j \partial x_j} + \overline{u_i'\frac{\partial \overline{u_i' u_j'}}{\partial x_j}} = \frac{\partial}{\partial x_j}\left(\frac{\nu_t}{\sigma_k}\frac{\partial k}{\partial x_j}\right)$$

zusammen. σ_k wird als Prandtl-Zahl der TKE bezeichnet. Sie wird zu eins angenommen, d. h., die Diffusivität der TKE entspricht der turbulenten Viskosität

$$\frac{\partial k}{\partial t} + u_j \frac{\partial k}{\partial x_j} = \frac{\partial}{\partial x_j}\left(\frac{\nu + \nu_t}{\sigma_k}\frac{\partial k}{\partial x_j}\right) + P_k - \epsilon. \tag{15.1}$$

Die TKE-Gleichung enthält ferner einen immer positiven Term der Dissipation von turbulenter kinetischer Energie ϵ_k

$$\epsilon_k = \nu \left(\overline{\frac{\partial u'}{\partial x}\frac{\partial u'}{\partial x}} + \overline{\frac{\partial u'}{\partial y}\frac{\partial u'}{\partial y}} + \overline{\frac{\partial u'}{\partial z}\frac{\partial u'}{\partial z}} \right. \\ + \overline{\frac{\partial v'}{\partial x}\frac{\partial v'}{\partial x}} + \overline{\frac{\partial v'}{\partial y}\frac{\partial v'}{\partial y}} + \overline{\frac{\partial v'}{\partial z}\frac{\partial v'}{\partial z}} \\ \left. + \overline{\frac{\partial w'}{\partial x}\frac{\partial w'}{\partial x}} + \overline{\frac{\partial w'}{\partial y}\frac{\partial w'}{\partial y}} + \overline{\frac{\partial w'}{\partial z}\frac{\partial w'}{\partial z}} \right), \tag{15.2}$$

welcher turbulente kinetische Energie vernichtet.

15.1.5 Die Produktion von TKE

Auf der rechten Seite der TKE-Gleichung taucht ein Produktionsterm P_k auf, der sowohl positive als auch negative Werte annehmen kann; er steuert aber die Umwandlung von mittlerer in turbulente Strömungsenergie und umgekehrt. Man kann ihn mithilfe des Wirbelviskositäts-prinzips als

$$P_k = -\overline{u_i' u_j'} \frac{\partial \overline{u}_i}{\partial x_j} = \nu_t \left(\frac{\partial \overline{u}_i}{\partial x_j} + \frac{\partial \overline{u}_j}{\partial x_i} \right) \frac{\partial \overline{u}_i}{\partial x_j}$$

modellieren. Ausgeschrieben lautet er:

$$P_k = \nu_t \left[2 \left(\frac{\partial \overline{u}}{\partial x} \right)^2 + 2 \left(\frac{\partial \overline{v}}{\partial y} \right)^2 + 2 \left(\frac{\partial \overline{w}}{\partial z} \right)^2 \right.$$
$$\left. + \left(\frac{\partial \overline{v}}{\partial x} + \frac{\partial \overline{u}}{\partial y} \right)^2 + \left(\frac{\partial \overline{w}}{\partial x} + \frac{\partial \overline{u}}{\partial z} \right)^2 + \left(\frac{\partial \overline{w}}{\partial y} + \frac{\partial \overline{v}}{\partial z} \right)^2 \right]. \tag{15.3}$$

Nach dem Wirbelviskositätsprinzip ist P_k also immer positiv, er pumpt also kinetische Energie vom mittleren in das turbulente Strömungsfeld.

15.1.6 Das k-ϵ-Modell

Zur Lösung der beschriebenen Probleme bietet es sich an, eine zweite Transportgleichung für die Turbulenzlänge L oder eine andere mit L verbundene physikalische Größe zu bestimmen.

Der Ansatz für die turbulente Viskosität des k-Modells

$$\nu_t = c_\mu \frac{k^2}{\epsilon}. \tag{15.4}$$

drängt hier die Energiedissipation ϵ als möglichen Kandidaten geradezu auf.

Analog der k-Gleichung ist es wieder möglich, eine exakte Form für die Energiedissipation herzuleiten. Der Weg führt hierbei über den Vergleich der Rotation der Navier-Stokes- und Reynolds-Gleichungen. Eine Parametrisierung der unbekannten Korrelationen ergibt zusammen mit der Transportgleichung für k

$$\frac{\partial k}{\partial t} + u_j \frac{\partial k}{\partial x_j} = \frac{\partial}{\partial x_j} \left(\frac{\nu + \nu_t}{\sigma_k} \frac{\partial k}{\partial x_j} \right) + P_k - \epsilon,$$

$$\frac{\partial \epsilon}{\partial t} + u_j \frac{\partial \epsilon}{\partial x_j} = \frac{\partial}{\partial x_j} \left(\frac{\nu_t}{\sigma_\epsilon} \frac{\partial \epsilon}{\partial x_j} \right) + \frac{\epsilon}{k} \left(C_{1\epsilon} P_k - C_{2\epsilon} \epsilon \right) \tag{15.5}$$

das vollständige k-ϵ-Modell, welches das bekannteste Zweigleichungsmodell ist und 1974 von Launder und Spaulding [58] vorgestellt wurde. Die Energiedissipation ϵ dämpft dabei die TKE in zweifacher Weise: Zum einen erniedrigt sie als Nenner die TKE-Produktion, zum anderen bewirkt sie als eigenständiger Term die Vernichtung von TKE.

Die Konstanten wurden durch den Vergleich von Modellergebnissen mit einfachen Strömungssituationen gewonnen. Sie sind den Werten nach:

c_μ	$C_{1\epsilon}$	$C_{2\epsilon}$	σ_k	σ_ε
0,09	1,44	1,92	1,0	1,3

Die bodennahe Strömung im k-ϵ-Modell

Wir wollen nun untersuchen, wie sich das k-ϵ-Modell in Bodennähe verhält und welche Randbedingungen für k und ϵ hier angesetzt werden müssen. Da die mittlere Strömung parallel zu einem horizontalen Boden verläuft und sich somit die Turbulenzverhältnisse sowohl entlang einer Bahnlinie als auch in der xy-Ebene nicht ändern, reduzieren sich die k-ϵ-Gleichungen zu (Abb. 15.1):

$$0 = \frac{c_\mu}{\sigma_k} \frac{\partial}{\partial z} \left(\frac{k^2}{\epsilon} \frac{\partial k}{\partial z} \right) + c_\mu \frac{k^2}{\epsilon} \left(\frac{\partial \overline{u}}{\partial z} \right)^2 - \epsilon \, \text{und}$$

$$0 = \frac{c_\mu}{\sigma_\epsilon} \frac{\partial}{\partial z} \left(\frac{k^2}{\epsilon} \frac{\partial \epsilon}{\partial z} \right) + C_{1\epsilon} c_\mu k \left(\frac{\partial \overline{u}}{\partial z} \right)^2 - C_{2\epsilon} \frac{\epsilon^2}{k}.$$

Setzen wir hier das logarithmische Geschwindigkeitsprofil als bekannte Lösung ein, bekommt man für

$$\epsilon(z) = \frac{u_*^3}{\kappa z} \quad \text{und}$$

$$k(z) = \frac{u_*^2}{\sqrt{c_\mu}},$$

wenn die Konstanten die aus der ϵ-Gleichung folgende Bedingung

$$\kappa^2 = \sigma_\epsilon \sqrt{c_\mu} \left(C_{2\epsilon} - C_{1\epsilon} \right)$$

erfüllen. Mit den angegebenen Parametern wird dann $\kappa = 0{,}43$.

Demnach bleibt aber direkt bei $z = 0$ am Boden die TKE auf einem konstanten Wert, was natürlich der Tatsache widerspricht, dass hier die Strömung vollständig ruhen sollte. Die Dissipation divergiert dagegen gegen unendlich, was physikalisch ebenfalls Unsinn ist.

Somit geht man in der Praxis davon aus, dass das k-ϵ-Modell nur bis zu einer gewissen Höhe z' über dem Boden gültig ist. Damit erhält man als **Randbedingungen für das k-ϵ-Modell**

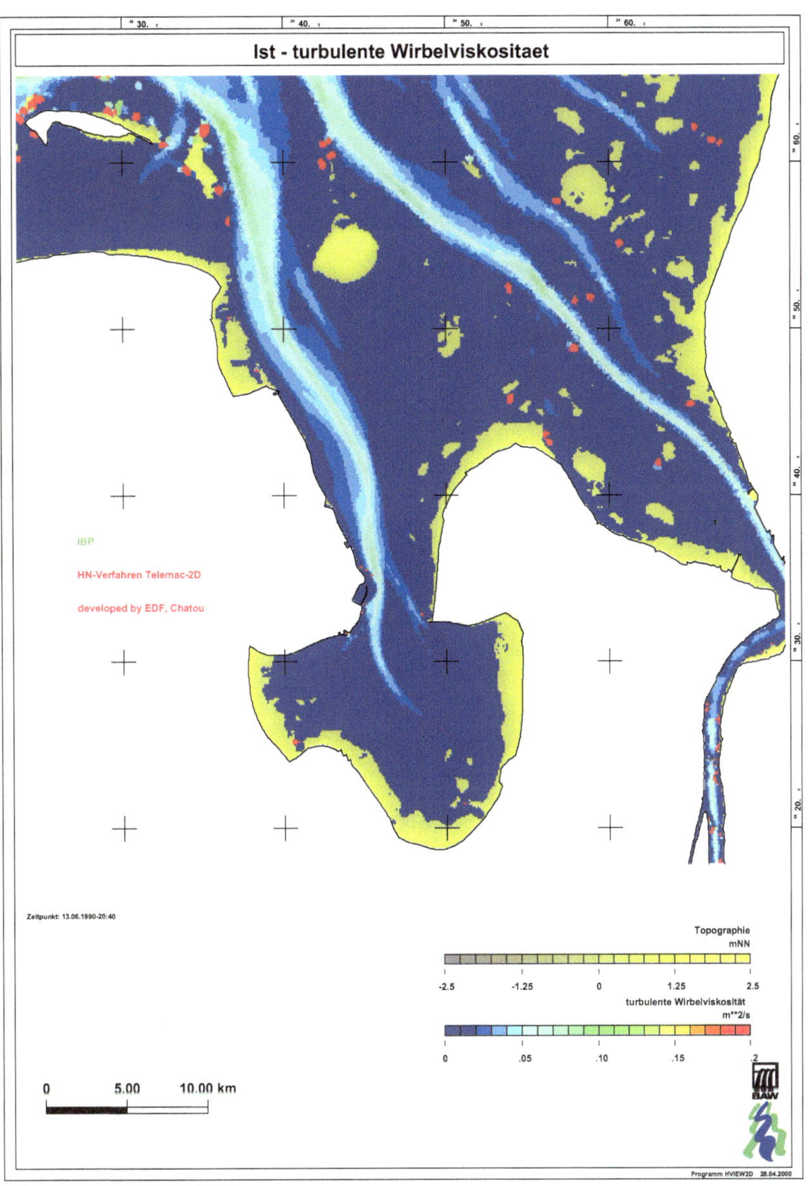

Abb. 15.1 Modellierung der tiefenintegrierten turbulenten Viskosität mit dem tiefenintegrierten k-ϵ-Modell im Mündungsgebiet des Jade-Weser-Ästuars bei ablaufendem Wasser

$$\epsilon_B = \frac{u_*^3}{\kappa z'} \quad \text{und} \quad k_B = \frac{u_*^2}{\sqrt{c_\mu}},$$

wobei man nicht vergessen darf, auch für k den entsprechenden Wert anzusetzen. Dabei kann y' aus Stabilitätsgründen nicht beliebig klein und somit ϵ_{Wand} beliebig groß gewählt werden.

Randbedingungen an der freien Oberfläche

Die Randbedingungen an der freien Oberfläche sind auch nach so vielen Anwendungen dieses Turbulenzmodells mehr oder weniger dubios. Im Gegensatz zu einer Wand bzw. der Sohle ist die turbulente kinetische Energie an der freien Oberfläche nicht null. Dennoch verschwindet hier aber auch die Wirbelviskosität v_t. Dieses Verhalten ist nach $v_t = c_\mu k^2/\epsilon$ nur dadurch zu reproduzieren, dass entweder die kinetische Energiedissipation ϵ beliebig groß wird, oder dass c_μ gegen null geht, also keine Konstante ist. Hiermit wird es zweifelhaft, ob das Standard-k-ϵ-Modell ein physikalisch richtiger Ansatz zur Beschreibung der oberflächennahen Turbulenz ist.

Nimmt man an, dass keine turbulente kinetische Energie mit der Atmosphäre ausgetauscht wird, dann gilt die homogene Neumann'sche Randbedingung:

$$\frac{\partial k}{\partial \vec{n}_S} = 0.$$

Dies ist aber nur dann der Fall, wenn Wasser und Luft sich mit der gleichen Geschwindigkeit in die gleiche Richtung bewegen, wenn also keine Schubspannungen zwischen den beiden Medien wirken.

Für die turbulente Energiedissipation ϵ schlug Rodi [93] ebenfalls eine homogene Neumann'sche Randbedingung vor. Diese führt aber nicht dazu, dass die Wirbelviskosität an der Wasseroberfläche wieder abnimmt, weil die Energiedissipation dort auch nicht ansteigt.

Celik und Rodi [11] setzen daher eine Dirichlet'sche Randbedingung für ϵ in der Form

$$\epsilon_S = \frac{k_S^{3/2}}{0,18\,h}$$

an, um höhere Werte für die Energiedissipation an der freien Oberfläche zu erzielen, als sie die homogene Neumann'sche Randbedingung liefert.

Das k-ϵ-Modell für das vertikale Geschwindigkeitsprofil

Damit haben wir alles zusammengesammelt, um das Vertikalprofil einer Gezeitenströmung mit dem k-ϵ-Modell zu simulieren. Dazu gehen wir von in der Horizontalen homogenen Bedingungen aus. Damit fallen alle Ableitungen in x- und y-Richtung weg. Sei zudem die Vertikalgeschwindigkeit null. Von der Impulsgleichung in Hauptströmungsrichtung x und den Gleichungen des k-ϵ-Modells bleiben dann nur noch:

$$\frac{\partial k}{\partial t} = \frac{\partial}{\partial z}\left(\frac{v_t}{\sigma_k}\frac{\partial k}{\partial z}\right) + v_t\left(\frac{\partial \overline{u}}{\partial z}\right)^2 - \epsilon,$$

$$\frac{\partial \epsilon}{\partial t} = \frac{\partial}{\partial z}\left(\frac{v_t}{\sigma_\epsilon}\frac{\partial \epsilon}{\partial z}\right) + \frac{\epsilon}{k}\left(C_{1\epsilon}v_t\left(\frac{\partial \overline{u}}{\partial z}\right)^2 - C_{2\epsilon}\epsilon\right),$$

$$\frac{\partial u}{\partial t} = \frac{\partial}{\partial z}\left(v_t\frac{\partial u}{\partial z}\right) - g\frac{\partial z_S}{\partial x},$$

wenn man hydrostatische Druckverhältnisse im Gerinne annimmt.

Das folgende MATLAB-Programm löst diese Differentialgleichungen:

```matlab
function ke_instationaer

h=10.;              % Wassertiefe
kappa=0.41;         % Karmankonstante
z0b=0.2;            % Integrationsgrenze am Boden = ks/30 ~ dm/10
cmu=0.09;           % Proportionalitätskonstante für Wirbelviskosität
nu0=1.e-6;          % Molekulare Viskosität
gdzsdx=-1.e-3;      % Gradient der Oberfläche
Tend=2000;          % Simulation time


zmesh = z0b:(h-z0b)/300:h;


% Anfangswerte für k, epsilon und nut, u und du
ustarb=sqrt(-gdzsdx*h);
TKE = ustarb^2/sqrt(cmu)*zmesh./zmesh;
eps=ustarb^3/kappa./zmesh;
u = 0*zmesh;


nof_it=20;
for i=1:nof_it
dt=Tend/nof_it;
t=(i-1)*dt:dt/2:i*dt;
% Erzeugung von Interpolationsfunktionen ppval(...,x)
epsilonpp = griddedInterpolant(zmesh,eps,'linear');
TKEpp = griddedInterpolant(zmesh,TKE,'linear');
upp = griddedInterpolant(zmesh,u,'linear');


% Lösung der instationären, gekoppelten ke-Gleichungen
sol = pdepe(0, @kevPDE,@kevINIT,@kevBC,zmesh,t);
% Extract the first solution component as u.
[TKE,~]=pdeval(0,zmesh,sol(size(sol,1),:,1),zmesh);
% Extract the first solution component as u.
[eps,~]=pdeval(0,zmesh,sol(size(sol,1),:,2),zmesh);
% Extract the first solution component as u.
[u,~]=pdeval(0,zmesh,sol(size(sol,1),:,3),zmesh);
end


% ... Plots ...
```

```matlab
function [c,f,s] = kevPDE(x,~,kev,dkev)
c = [1; 1; 1];
nutakt=nu0+cmu*kev(1)^2/kev(2);
Pk=nutakt.*dkev(3)^2;
f = [nutakt*dkev(1);nutakt/1.3*dkev(2);nutakt*dkev(3)];
s = [Pk-kev(2);kev(2)/kev(1)*(1.44*Pk-1.92*kev(2));-gdzsdx];
end

function kev0 = kevINIT(x)
kev0 = [TKEpp(x);epsilonpp(x);upp(x)];
end

function [pl,ql,pr,qr] = kevBC(~,kevl,~,kevr,~)
% f = nut*dudx: BC: p+q*f=0
% Am Boden: Dirichlet, u = 0
pl = [kevl(1)-ustarb^2/sqrt(cmu);kevl(2)-ustarb^3/kappa/z0b;kevl
    (3)];
ql = [0; 0; 0];
% An der FOF: homogener Neumann für k, Dirichlet für e
pr = [0; kevr(2)-cmu^(3/4)/kappa*kevr(1)^(3/2)/(0.07*h); 0];
qr = [1; 0; 1];
end

end
```

Mit den genannten Randbedingungen ergeben sich die in den Abb. 15.2 und 15.3 dargestellten Profile für die Geschwindigkeit, die turbulente kinetische Energie und deren Dissipation.

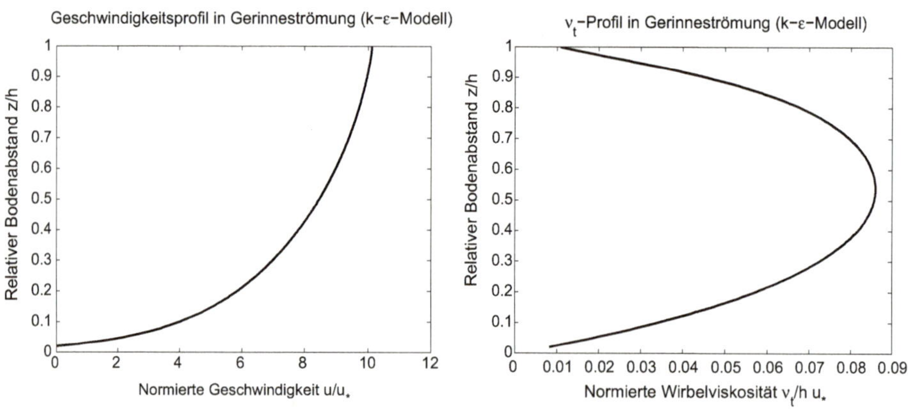

Abb. 15.2 Profile der Geschwindigkeit und der turbulenten Viskosität in einem Gerinne nach dem k-ϵ-Modell

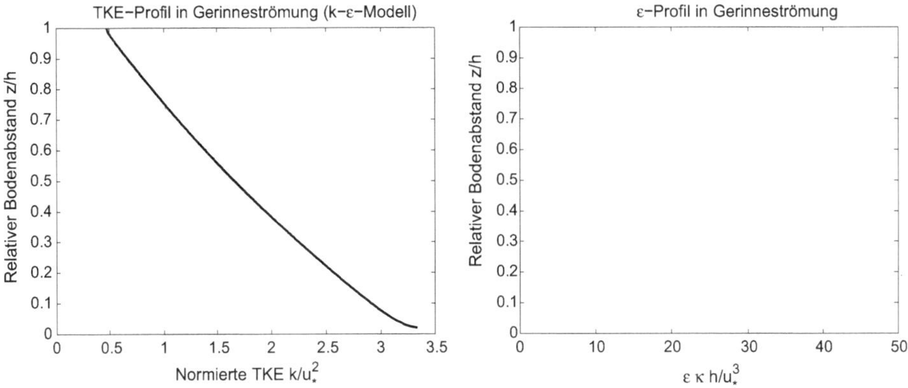

Abb. 15.3   Profile der TKE und ihrer Dissipation in einem Gerinne nach dem k-ϵ-Modell

15.2   Die Zerlegung des Strömungsfeldes in Wellen und mittlere Strömungen

Wir wollen die mittleren, durch die Reynolds-Gleichungen beschriebenen Strömungen u_i noch einmal in periodische und quasistationäre Anteile zerlegen. Als mittlere Strömungsgeschwindigkeit soll dann das zeitliche Mittel der Strömungsgeschwindigkeit $u_i(x, y, z, t)$ über einen Zeitraum Δt verstanden werden, der länger als die Perioden der Wellenbewegungen ist. Dieser Zeitraum liegt also bei normalen Seegangsverhältnissen im Bereich von Minuten:

$$\overline{u_i}(x, y, z, t) = \frac{1}{\Delta t_l} \int\limits_{t}^{t+\Delta t_l} u_i(x, y, z, t)dt.$$

Dieser mittleren Strömungsgeschwindigkeit sind die Orbitalgeschwindigkeiten der Oberflächenwellen überlagert. Wir wollen nun annehmen, dass diese Wellen sich periodisch nach einer Zeit T wiederholen. Damit bekommen wir die reine Wellenbewegung dadurch, dass man zunächst die mittlere von der tatsächlichen Geschwindigkeit abzieht. Das verbleibende Signal enthält noch die Überlagerung von Turbulenz und periodischer Wellenbewegung. Der Turbulenz kann man sich nun dadurch entledigen, dass man das Signal immer zu einer bestimmten Phase der Welle arithmetisch mittelt [79]:

$$u_i^w(x, y, z, t) = \frac{1}{N} \sum_{k=1}^{N} u_i(x, y, z, t+kT) - \overline{u_i}(x, y, z, t) := \widetilde{u}_i(x, y, z, t) - \overline{u_i}(x, y, z, t).$$

Das Prinzip dieser sogenannten **Phasenmittel** ist in Abb. 15.4 verdeutlicht. Als Zeichen für die Phasenmittlung wurde ferner die Tilde als Symbol eingeführt.

In entsprechender Weise ist auch der Druck p aus mittleren und periodischen Anteilen zusammengesetzt.

Abb. 15.4 Bei der Phasenmittlung bildet man das arithmetische Mittel phasengleicher Werte, wenn diese einer Fluktuation unterworfen sind

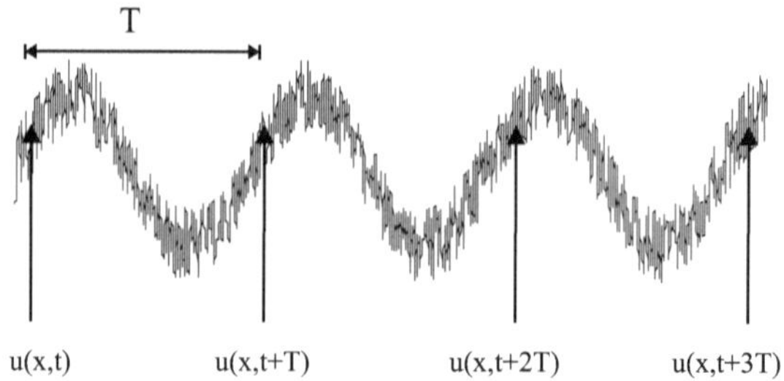

Wir wollen die so erhaltenen Zerlegungen (Abb. 15.5 und 15.6)

$$u_i = \overline{u_i} + u_i^w \text{ und}$$

$$p = \overline{p} + p^w$$

nun in die Reynolds-Gleichungen einsetzen

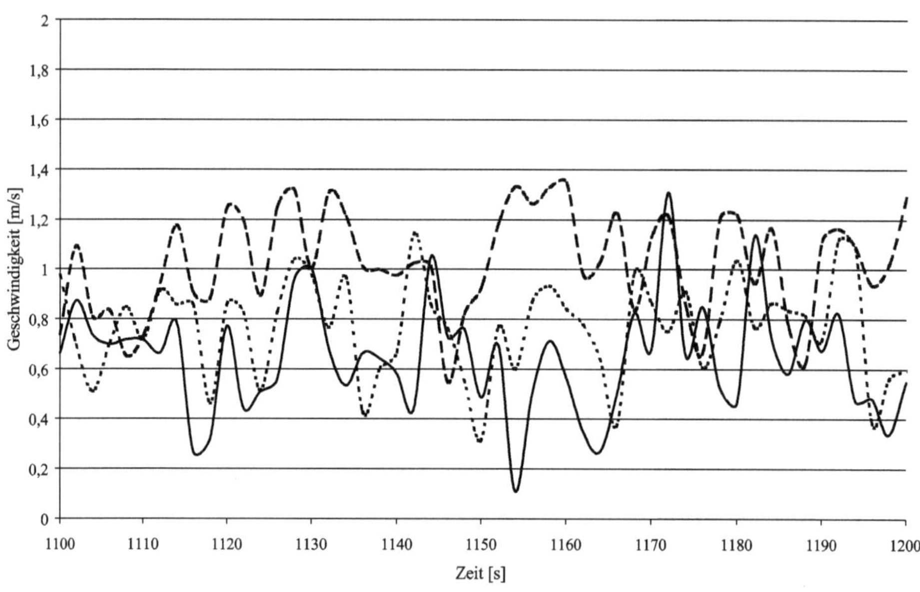

Abb. 15.5 Geschwindigkeit in der Fahrrinne der Weser bei Imsum (*Weser-km* 74,5) 1,6 m (*durchgezogen*), 2,35 m (*gepunktet*) und 5,10 m (*gestrichelt*) über der Sohle. Messintervall 2 s. Das Signal ist von Wellen überlagert, deren Periode grob mit 7 s abgeschätzt werden kann

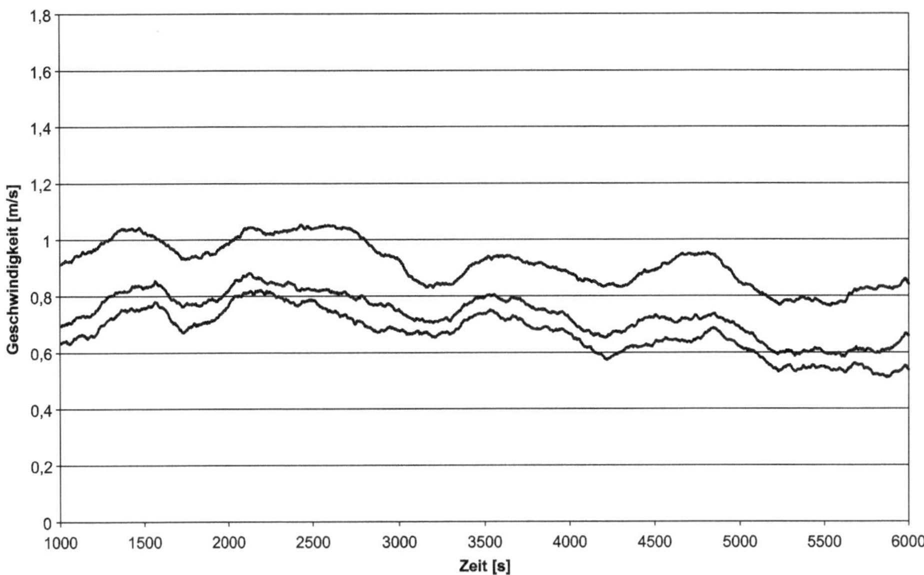

Abb. 15.6 Gleitendes Mittel der Geschwindigkeiten in der Fahrrinne der Weser bei Imsum (*Weser-km* 74,5) 1,6 m (*unten*), 2,35 m (*Mitte*) und 5,10 m (*oben*) über der Sohle. Mittlungsintervall: 6 min

$$\frac{\partial \overline{u_i} + u_i^w}{\partial x_i} = 0,$$

$$\frac{\partial \overline{u_i} + u_i^w}{\partial t} + \frac{\partial (\overline{u_j} + u_j^w)(\overline{u_i} + u_i^w)}{\partial x_j} = -\frac{1}{\varrho} \frac{\partial (\overline{p} + p^w)}{\partial x_i} + \frac{\partial}{\partial x_j} \left(\nu_t \frac{\partial (\overline{u_i} + u_i^w)}{\partial x_j} \right) + g_i \tag{15.6}$$

und versuchen, die beiden Bewegungsarten voneinander zu trennen.

15.2.1 Die Impulsgleichungen des mittleren Geschwindigkeitsfelds

Um eine Impulsgleichung für das mittlere Geschwindigkeitsfeld zu gewinnen, wird nun über die Zeit gemittelt:

$$\overline{\frac{\partial \overline{u_i} + u_i^w}{\partial t}} + \overline{\frac{\partial (\overline{u_j} + u_j^w)(\overline{u_i} + u_i^w)}{\partial x_j}} = -\frac{1}{\varrho} \overline{\frac{\partial \overline{p} + p^w}{\partial x_i}} + \overline{\frac{\partial}{\partial x_j} \left(\nu_t \frac{\partial \overline{u_i} + u_i^w}{\partial x_j} \right)} + g_i.$$

Schauen wir uns die Terme im Einzelnen an. Die Zeitableitung enthält eine Summe von zwei Termen. Hier kann die Mittelwertbildung unter die Ableitung gezogen werden, wobei die Mittelwerte der Wellenorbitalgeschwindigkeit null sind:

$$\overline{\frac{\partial \left(\overline{u_i} + u_i^w \right)}{\partial t}} = \overline{\frac{\partial \overline{u_i}}{\partial t}} + \overline{\frac{\partial u_i^w}{\partial t}} = \frac{\partial \overline{u_i}}{\partial t} + \frac{\partial \overline{u_i^w}}{\partial t} = \frac{\partial \overline{u_i}}{\partial t}.$$

Am Ende bleibt also nur noch die Zeitableitung der mittleren Geschwindigkeit stehen. Genauso kann man mit dem Druckterm verfahren:

$$\overline{\frac{1}{\varrho} \frac{\partial}{\partial x_i} \left(\overline{p} + p^w \right)} = \frac{1}{\varrho} \frac{\partial \overline{p}}{\partial x_i}.$$

Die Mittlung der turbulent-viskosen Spannungen ist eigentlich nicht so einfach, da die turbulente Viskosität ja auch zeitabhängig ist. Hier kann man in guter Näherung davon ausgehen, dass die Wirbelviskosität über eine Wellenperiode konstant ist, womit sie aus der Mittlung herausgenommen wird:

$$\overline{\nu_t \frac{\partial \overline{u_i} + u_i^w}{\partial x_j}} = \nu_t \frac{\partial \overline{u_i}}{\partial x_j}.$$

Interessant wird aber das Produkt der Geschwindigkeiten in den advektiven Termen, die wie folgt gemittelt werden:

$$\overline{\frac{\partial}{\partial x_j} \left(\overline{u}_i + u_i^w \right) \left(\overline{u}_j + u_j^w \right)} = \frac{\partial \overline{u}_i \overline{u}_j}{\partial x_j} + \frac{\partial \overline{u_i^w u_j^w}}{\partial x_j}.$$

Somit bekommen wir die Impulsgleichungen der mittleren Strömung als

$$\frac{\partial \overline{u_i}}{\partial t} + \frac{\partial \overline{u}_i \overline{u}_j}{\partial x_j} = -\frac{1}{\varrho} \frac{\partial \overline{p}}{\partial x_i} + \frac{\partial}{\partial x_j} \left(\nu_t \frac{\partial^2 \overline{u_i}}{\partial x_j} - \overline{u_i^w u_j^w} \right) + g_i. \tag{15.7}$$

Die rechte Seite beschreibt die die mittlere Strömung beschleunigenden Kräfte. Da ist zunächst einmal die Druckkraft, die durch Gradienten im Wasserspiegel verursacht wird. Dann folgen die inneren Reibungen im Fluid, die aus zwei Anteilen bestehen, den wirbelviskosen Spannungen und den Wellenspannungen. Schließlich kommt die Gravitationskraft g_i hinzu, wenn in der Horizontalen Coriolis- und Gezeitenkräfte vernachlässigbar sind.

Der wesentliche Nutzen dieser Impulsgleichungen besteht in der Möglichkeit, den Einfluss von Seegang und Wellen in ein dreidimensionales Strömungsmodell einzubinden. Wir werden später natürlich auch nach Vereinfachungen dieser Gleichung schauen, um ihre Wirkungsmechanismen zu verstehen.

Übung 70

Schreiben Sie den Term

$$\frac{\partial}{\partial x_j} \left(\nu_t \frac{\partial^2 \overline{u_i}}{\partial x_j} - \overline{u_i^w u_j^w} \right)$$

für die y-Impulsgleichung vollständig aus.

15.2.2 Die Impulsgleichungen der Wellenorbitalgeschwindigkeiten

Zuvor soll jedoch eine Impulsbilanz für die Wellenbewegung aufgestellt werden.

Dazu subtrahieren wir die Impulsbilanz der mittleren Strömung in der Form (15.7) von der ursprünglichen Reynolds-Gleichung (15.6) und erhalten die Impulsbilanz der Wellenbewegung[1]:

$$\frac{\partial u_i^w}{\partial t} + \frac{\partial (u_i^w \overline{u_j} + \overline{u_i} u_j^w + u_i^w u_j^w)}{\partial x_j} = -\frac{1}{\varrho}\frac{\partial p^w}{\partial x_i} + \frac{\partial}{\partial x_j}\left(\nu_t \frac{\partial u_i^w}{\partial x_j} + \overline{u_i^w u_j^w}\right). \qquad (15.8)$$

Sie beginnt auf der linken Seite mit der Advektion. Die Orbitalbewegungen werden dabei lediglich mit der mittleren und der ihnen eigenen Geschwindigkeit advektiert. Turbulenz als kleinskaligere Bewegungsform ist nicht in der Lage, die Orbitalwellen zu transportieren. Auf der rechten Seite folgen der Druckterm, der viskose Impulsaustausch sowie die Wechselwirkungen zwischen mittlerer Strömung, Turbulenz und Wellen.

Betrachten wir den Spezialfall einer reinen Wellenbewegung in Abwesenheit einer mittleren Strömung. Gl. 15.8 wird dann zu:

$$\frac{\partial u_i^w}{\partial t} + \frac{\partial u_i^w u_j^w}{\partial x_j} = -\frac{1}{\varrho}\frac{\partial p^w}{\partial x_i} + \frac{\partial}{\partial x_j}\left(\nu_t \frac{\partial u_i^w}{\partial x_j} + \overline{u_i^w u_j^w}\right).$$

Wenn diese Gleichung die Dynamik von Wellen beschreiben soll, dann ist sofort zu fragen, wo denn die Gravitationskraft g_i geblieben ist, die die eigentliche Triebfeder der Schwerewellen enthält? Nun, die Gravitationskraft ist in den Gleichungen für die mittlere Strömung (15.7) verblieben, die in unserem Spezialfall zu

$$\frac{\partial \overline{u_i^w u_j^w}}{\partial x_j} = -\frac{1}{\varrho}\frac{\partial \overline{p}}{\partial x_i} + g_i$$

wird. Setzt man diese in die dynamischen Gleichungen für die Wellen ein, dann bekommt man eine ordentliche Impulsgleichung für die Wellenbewegung.

15.3 Die Wellenwirkung auf die vertikale Strömungsstruktur

Die Wirkung von Seegangswellen auf die mittleren, d.h. die Gezeiten- oder Flussströmungen, wird nun auch durch den Tensor $\overline{u_i^w u_j^w}$ beschrieben. Anders als bei der Turbulenz kennen wir für die auftretenden Korrelationen der Orbitalgeschwindigkeiten in Wellen analytische Lösungen, d.h., wir können die Komponenten für Airy-Wellen schnell als

---

[1] Die Herleitung unterscheidet sich von der von Nielsen [79], da dieser das Phasenmittel der Navier-Stokes-Gleichungen nimmt, während hier die Reynolds-Gleichungen phasengemittelt werden.

$$\overline{u_i^w u_j^w} = \frac{A^2 \omega^2}{2} \begin{pmatrix} \dfrac{k_x^2}{k^2} \dfrac{\cosh^2(kz)}{\sinh^2(kh)} & \dfrac{k_x k_y}{k^2} \dfrac{\cosh^2(kz)}{\sinh^2(kh)} & 0 \\[3ex] \dfrac{k_x k_y}{k^2} \dfrac{\cosh^2(kz)}{\sinh^2(kh)} & \dfrac{k_y^2}{k^2} \dfrac{\cosh^2(kz)}{\sinh^2(kh)} & 0 \\[3ex] 0 & 0 & \dfrac{\sinh^2(kz)}{\sinh^2(kh)} \end{pmatrix}$$

berechnen. Die Struktur dieses Tensors zeigt zunächst keinerlei Kopplung zwischen den horizontalen und den vertikalen Einflüssen auf die Strömung, da $\overline{u^w w^w} = \overline{v^w w^w} = 0$ gilt. Dies ist allerdings nur für ideale Wellen richtig. Für rotationsbehaftete Wellen bekommen auch diese Terme von null verschiedene Werte.

Für die tensorielle Form des Wellenanteils, der die tiefengemittelte Strömung beeinflusst, wurde Anfang der 1960er-Jahre von Longuet-Higgins und Stewart der Begriff Radiation Stress eingeführt (siehe z. B. [64]), der keine deutsche Übersetzung hat. Da der Tensor mit den Komponenten $\overline{u_i^w u_j^w}$ die Wellenwirkung vollständig aufgelöste dreidimensionale Strömung beschreibt, kann man ihn auch als Radiation-Stress-Tensor im Dreidimensionalen bezeichnen.

Übung 71

Wie groß ist $\overline{u^w v^w}$ für eine in y-Richtung laufende Welle?

Übung 72

Bestimmen Sie $\overline{u^w u^w}$ für eine Welle mit 40 cm Amplitude und einer Periode von 5 s in 8 m tiefem Wasser. Sie benötigen zur Lösung der Aufgabe die Dispersionsbeziehung!

15.3.1 Die Wellenwirkung auf die vertikale Druckverteilung

Da die vertikale Verteilung des Drucks und deren Gradienten die wichtigsten Antreiber der mittleren Strömung sind, soll zunächst nach der Wirkung von Wellen auf diese geschaut werden. Dazu betrachten wir zunächst nur die Impulsgleichung für die mittlere vertikale Strömung:

$$\frac{\partial \overline{w}}{\partial t} + \frac{\partial \overline{w u_j}}{\partial x_j} = -\frac{1}{\varrho} \frac{\partial \overline{p}}{\partial z} + \frac{\partial}{\partial x_j} \left(\nu_t \frac{\partial^2 \overline{w}}{\partial x_j} - \overline{w^w u_j^w} \right) + g.$$

Da wir die recht trägen Gezeitenbewegungen der Wasseroberfläche vernachlässigen wollen, sollte $\overline{w} \simeq dz_S/dt \simeq 0$ sein. Damit fällt die linke Seite der vertikalen Gl. 15.7 vollständig weg. Gleiches gilt für die turbulent-viskosen Spannungen. Auf der rechten Seite bleiben nur noch die Druckableitung, die Komponente $\overline{w^w w^w}$ des Radiation-Stress-Tensors und die äußere vertikale Kraft, d. h. die Gravitation:

Abb. 15.7 Welleninduzierter Überdruck $\overline{w^w w^w}$ unter einer 20 m langen Welle in 10 m tiefem Wasser. Die Amplitude fällt von der rechten zur linken Kurve von 1 m über 0,9 m auf 0,8 m

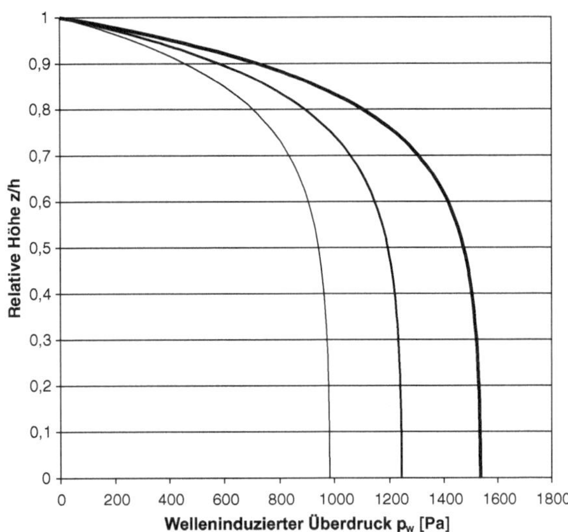

$$0 = -\frac{1}{\varrho}\frac{\partial \overline{p}}{\partial z} - \frac{\partial \overline{w^w w^w}}{\partial z} - g.$$

Gleichung finden sich nur noch Ableitungen nach z, sodass man sie zwischen z und der Wasseroberfläche z_S integrieren kann[2]:

$$\overline{p}(z) = p_S + \varrho g(z_S - z) + \varrho\,\overline{w^w w^w}\big|_S - \varrho\overline{w^w w^w}.$$

Darin sind mit S die Werte des Druckes und der Radiation Stresses an der Wasseroberfläche indiziert. Setzt man nun die entsprechenden Komponenten ein, so folgt:

$$\overline{p}(z) = \varrho g(z_S - z) + \varrho\frac{A^2}{2}\omega^2\left(1 - \frac{\sinh^2(kz)}{\sinh^2(kh)}\right) := \varrho g(z_S - z) + \Delta p^w(z).$$

Damit wirkt unter einer Welle eine zusätzliche vertikale Normalspannung[3]:

$$\Delta p^w(z) = \varrho\frac{A^2}{2}\omega^2\left(1 - \frac{\sinh^2(kz)}{\sinh^2(kh)}\right).$$

Ihre Darstellung in Abb. 15.7 zeigt eine Abnahme in Richtung der abnehmenden Wellenamplitude. Hierdurch wird in den tieferen Schichten des Wasserkörpers ein Druckgefälle in Richtung der abnehmenden Amplitude erzeugt, wodurch das Wasser in diese Richtung beschleunigt wird.

---

[2]In den meisten Darstellungen (z. B. [38]) wird die Randbedingung an der Wasseroberfläche $\varrho\,\overline{w^w w^w}\big|_S$ nicht berücksichtigt.

[3]Die genannte Vernachlässigung führt dazu, dass die Eins in der Klammer nicht auftaucht.

Wie die dadurch induzierten Strömungen aussehen, wollen wir im folgenden Abschnitt studieren.

Übung 73

Bestimmen Sie den welleninduzierten Druck unter Verwendung der Stokes-Theorie 2. Ordnung. Falls Ihnen diese Arbeit keine mathematisch-symbolische Software abnehmen kann, beschreiben Sie nur, was gemacht werden muss.

15.3.2 Das Vertikalprofil der mittleren Strömung unter Wellen

Die Beeinflussung der mittleren Strömung durch Seegangswellen erfolgte bisher über den Umweg der Produktion von Turbulenz und damit über die Veränderung des Profils der turbulenten Viskosität und der scheinbaren Sohlrauheit. Dabei konnte man keine Abhängigkeit von der Laufrichtung der Welle feststellen. Tatsächlich zeigen Messungen aber, dass das Geschwindigkeitsprofil auch von der Laufrichtung der Welle abhängt. Bewegt sich diese in Strömungsrichtung, dann wird die mittlere Geschwindigkeit erhöht, bewegt sich die Welle entgegengesetzt zur Strömungsrichtung, dann wird die mittlere Geschwindigkeit erniedrigt.

Qualitativ lässt sich dieses Phänomen schon mit den Ergebnissen des letzten Abschnitts erklären. Dennoch wollen wir das vertikale Geschwindigkeitsprofil der mittleren Strömung unter Berücksichtigung der welleninduzierten Spannungen analytisch bestimmen. Dieses hat unter stationären Bedingungen eine logarithmische Form. Unter dem Einfluss von Windschubspannungen wird es an der Wasseroberfläche in Windrichtung verzerrt. Wie sieht das Profil nun also bei Anwesenheit von Wellen ohne Wind, d. h. bei Anwesenheit einer Dünung, aus?

Dazu nehmen wir uns ihre Impulsgleichungen (15.7) in der Grenzschichtapproximation mit dem Radiation-Stress-Tensor für Airy-Wellen

$$\frac{\partial \overline{u}}{\partial t} = -\frac{1}{\varrho}\frac{\partial \overline{p}}{\partial x} - \frac{\partial \overline{u^w u^w}}{\partial x} + \frac{\partial}{\partial z}\left(\nu_t \frac{\partial^2 \overline{u}}{\partial z}\right)$$

vor und betrachten eine in x-Richtung laufende Welle über horizontalem Boden (bei $z_B = 0$). Für den Druck setzen wir die unter Wellen gefundene Lösung an. Von der x-Impulsgleichung bleibt dann:

$$\frac{\partial \overline{u}}{\partial t} = -g\frac{\partial z_S}{\partial x} - \frac{\partial}{\partial x}\left(\frac{A^2}{2}\omega^2\left(1 - \frac{\sinh^2 kz}{\sinh^2(kh)} + \frac{\cosh^2 kz}{\sinh^2(kh)}\right)\right) + \frac{\partial}{\partial z}\left(\nu_t \frac{\partial \overline{u}}{\partial z}\right).$$

Der hyperbolische Pythagoras $\cosh^2(kh) - \sinh^2(kh) = 1$ vereinfacht die Gleichung erheblich:

$$\frac{\partial \overline{u}}{\partial t} = -g\frac{\partial z_S}{\partial x} - \frac{\partial}{\partial x}\left(\frac{A^2}{2}\omega^2\left(1 + \frac{1}{\sinh^2(kh)}\right)\right) + \frac{\partial}{\partial z}\left(\nu_t \frac{\partial \overline{u}}{\partial z}\right).$$

Alle Welleneinflüsse stehen unter einer Ableitung in x-Richtung. Wenn also die Welleneigenschaften in Strömungsrichtung konstant sind, dann haben Wellen keinen Einfluss auf die mittlere Strömung. Damit die Wellen nun eine Wirkung auf die Strömung bekommen können, muss sich irgendeine ihrer Eigenschaften in Laufrichtung ändern. Als Kandidaten stehen die Wellenlänge, die Frequenz und die Amplitude zur Verfügung. Da wir von einer ebenen horizontalen Sohle ausgegangen sind, transformieren sich die ersten beiden Eigenschaften nicht. Es bleibt nur eine Veränderung der Amplitude, z. B. durch eine Abnahme der Wellenenergie:

$$\frac{\partial \overline{u}}{\partial t} = -g \frac{\partial z_S}{\partial x} - A\omega^2 \frac{\partial A}{\partial x} \left(1 + \frac{1}{\sinh^2(kh)} \right) + \frac{\partial}{\partial z} \left(\nu_t \frac{\partial \overline{u}}{\partial z} \right).$$

Die Radiation Stresses bewirken also nichts anderes, als eine zusätzliche, über die Vertikale konstante Beschleunigung, die sich zu der des Oberflächengefälles hinzuaddiert. Somit erfährt das Geschwindigkeitsprofil der mittleren Strömung unter dem Einfluss einer sich abschwächenden Dünung eine zusätzliche Beschleunigung. Die Welle scheint also einen Teil ihrer Energie auf die Strömung abzustrahlen. Dies ist der Ursprung des Namens Radiation Stress.

15.4 Turbulenzverhältnisse unter Wellen

Bei der Reynolds'schen Zerlegung sollten die Geschwindigkeitsfluktuationen von der mittleren Strömung getrennt werden. Obwohl der Seegang damit eigentlich den fluktuierenden Anteilen zuzuordnen ist, soll er in der Ozeanographie und im Küsteningenierwesen seine Eigenständigkeit bewahren. Damit wollen wir in diesem Abschnitt untersuchen, welche Turbulenzverhältnisse sich einstellen, wenn man die Wellen als agitierende mittlere Strömung betrachtet.

15.4.1 Das k-ϵ-Modell für Airy-Wellen

Wir wollen also das k-ϵ-Modell heranziehen, um zunächst einmal die Wirbelviskosität unter Airy-Wellen zu bestimmen. Damit ist die Lösung der Impulsgleichungen für die Strömungsgeschwindigkeit hinfällig und man kann die Turbulenzproduktion P_k in der k-Gleichung

$$P_k = \nu_t \left(\frac{\partial u_i^w}{\partial x_j} + \frac{\partial u_j^w}{\partial x_i} \right) \frac{\partial u_i^w}{\partial x_j} = \nu_t \left(2\left(\frac{\partial u^w}{\partial x} \right)^2 + \left(\frac{\partial w^w}{\partial x} + \frac{\partial u^w}{\partial z} \right)^2 + 2\left(\frac{\partial w^w}{\partial z} \right)^2 \right)$$

direkt als

$$P_k = \nu_t 2\omega^2 A^2 k^2 \frac{\cosh(2kz) + \cos(2kx - 2\omega t)}{\sinh^2(kh)}$$

Abb. 15.8 Die turbulente Viskosität unter einer 10 m langen Welle mit $A = 10\,\mathrm{cm}$ in 5 m tiefem Wasser. Die verschiedenen Linien stellen den Verlauf über eine Wellenperiode dar

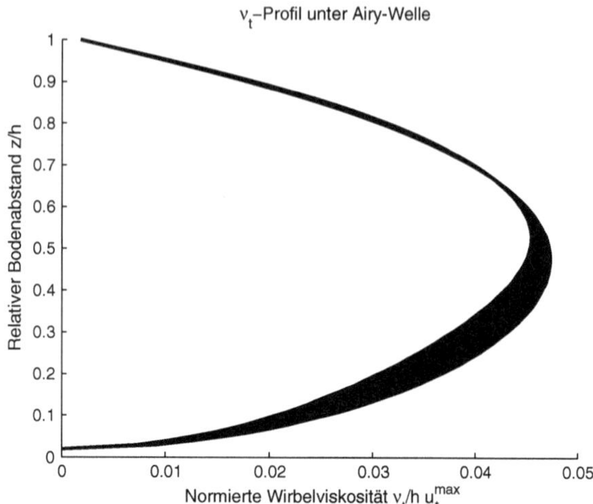

bestimmen.[4] Ansonsten bekommt das k-ϵ-Modell die in Kap. 14 beschriebenen Randbedingungen bei Windstille $u_*^s = 0$.

Die Abb. 15.8 zeigt wieder ein parabolisches Wirbelviskositätsprofil für Wellen, die deutlich Grundberührung haben. Die turbulente Viskosität variiert über die Wellenperiode nur ge-ringfügig. Damit bietet sich die Möglichkeit, das Wirbelviskositätsprofil unter Wellen durch den Ansatz

$$v_t = \kappa_w u_*^{max} z \left(1 - \frac{z}{h} \right)$$

zu approximieren, wobei κ_w geeignet zu bestimmen ist.

15.4.2 Die Dissipation von Wellenenergie

Mit der Produktion von turbulenter kinetischer Energie P_k unter einer Welle ist natürlich der Verlust an Wellenenergie ϵ^w in gleichem Maße verbunden. Mit einer analy- tischen Approximation der turbulenten Viskosität und den Airy-Lösungen für die Wellenorbitalgeschwindigkeiten kann man also versuchen, die Wellenenergiedissipation quantitativ zu ermitteln. Sie taucht in der Wellenenergiegleichung allerdings in der Form [68]

---

[4]Es gibt auch Ansätze, die die TKE-Produktion unter brechenden Wellen durch

$$P_k = \frac{u_{*,S}^3}{\kappa(z_S - z)}$$

ersetzen [9]. Dies dient allerdings lediglich dazu, um die analytische Lösbarkeit der Grenzschichtgleichungen zu gewährleisten.

$$\epsilon^w = \int\limits_{z_B}^{z_S} \nu_t \left(2\left(\frac{\partial u^w}{\partial x}\right)^2 + \left(\frac{\partial w^w}{\partial x} + \frac{\partial u^w}{\partial z}\right)^2 + 2\left(\frac{\partial w^w}{\partial z}\right)^2 \right) dz$$

auf. Diese Funktion lässt sich tatsächlich noch analytisch (mit einer geeigneten Software) integrieren:

$$\epsilon^w = A^2 \omega^2 \kappa_w u_*^{max} \frac{(kh)^3 - 9\cosh(kh)\sinh(kh) + 9kh\cosh^2(kh)}{12kh\sinh^2(kh)}.$$

In der Tiefwasserapproximation $kh \to \infty$ ergibt sich aber das hinreichend kurze Ergebnis:

$$\epsilon^w = 0{,}75 A^2 \omega^2 \kappa_w u_*^{max} = 0{,}75 A^2 \omega^2 \kappa_w \sqrt{\frac{f_w}{2}} u_B^{wm} = 0{,}75 A^3 \omega^3 \kappa_w \sqrt{\frac{f_w}{2}} \frac{1}{\sinh kh}.$$

Die Wellenenergiedissipation ist proportional zur 3. Potenz der Wellenamplitude und damit proportional zur gebrochenen Potenz 3/2 der Wellenenergie. Die Dissipation von Wellenenergie ist somit ein hochgradig nichtlinearer Prozess.

15.4.3 Das Windseespektrum im Tiefwasser bei Gleichgewichtsbedingungen

Zusammen mit dem Energieeintrag durch den Wind und die Dissipation durch Turbulenz hat die Wellenenergiegleichung nun die folgende Gestalt:

$$\frac{\partial e^w}{\partial t} + \mathrm{div}\,\left(\vec{c}_g e^w\right) - \Phi_S - 2f_w \left(\frac{e^w k}{\sinh 2kh}\right)^{1.5} - \epsilon^w.$$

Wir wollen schauen, ob diese Gleichung in der Lage ist, das JONSWAP-Spektrum für Tiefwasserwellen zu prognostizieren.

Im Tiefwasser haben die Wellen keine Grundberührung, der Energiefluss Φ_B durch die Sohle ist also null. Nimmt man einen Ozean ohne mittlere Strömungen an und geht von homogenen und stationären Seegangsbedingungen aus, so bleibt von der Wellenenergiegleichung nur:

$$\Phi_S = \epsilon^w.$$

Setzt man die beiden Beziehungen hierfür ein und verwendet die Dispersionsbeziehung für das Tiefwasser, so erhält man:

$$e^w = F_W^2 g^3 \omega^{-4} \frac{\sinh^2 kh}{4 f_w 0{,}75^2 \kappa_w^2}.$$

Die Umrechnung auf eine spektrale Energiedichte erfolgt nach der Definition durch die Division mit der Gravitationskonstante und der Frequenz:

$$S(v) = \frac{e^w}{g v} = F_W^2 g^2 (2\pi)^{-4} v^{-5} \frac{\sinh^2 kh}{4 f_w 0{,}75^2 \kappa_w^2}.$$

Man erkennt in der umgekehrten Abhängigkeit von der 5. Potenz der Frequenz, dass das Ergebnis für hohe Frequenzen in die Philliips-Funktion übergeht. Ebenfalls wird die Proportionalität zum Quadrat der Gravitationsbeschleunigung bestätigt.

Wir wollen das abgeleitete Spektrum mit dem JONSWAP-Spektrum vergleichen. In dieses geht die Peakfrequenz ein, die das neue Spektrum bei

$$v_P = \frac{15}{13} \frac{1}{28\sqrt{C_D}} \frac{1}{2\pi} \frac{g}{u_{10}} = 0{,}006559 \frac{1}{\sqrt{C_D}} \frac{g}{u_{10}}$$

annimmt.

Der Vergleich in Abb. 15.9 zeigt eine recht gute Übereinstimmung der beiden Spektren im hochfrequenten Bereich, die auch bei anderen Windgeschwindigkeiten bestehen bleibt. Bei kleineren Frequenzen ist die Übereinstimmung allerdings nicht hinreichend. Dies liegt aber an dem scharfen Sprung in der Windeintragsfunktion, die die Böigkeit des Windes nicht berücksichtigt. Günther und Rosenthal [30] haben schon in anderem Zusammenhang gezeigt, dass die Annahme einer Normalverteilung für die Windgeschwindigkeit eine Spektrumsfunktion auch für die kleinen Frequenzen verbessert.

Wie ist das Ergebnis zu bewerten? Im Rahmen der Plausibilisierung der Phillips-Funktion hatten wir untersucht, ob das Wellenbrechen der dominante Mechanismus zur Beschreibung des Wellenenergiespektrums ist. Dies konnte nicht bestätigt werden. Die nun vorgestellte Analyse zeigt, dass die turbulente Dissipation der Wellenenergie hier einen viel wichtigeren Beitrag leistet.

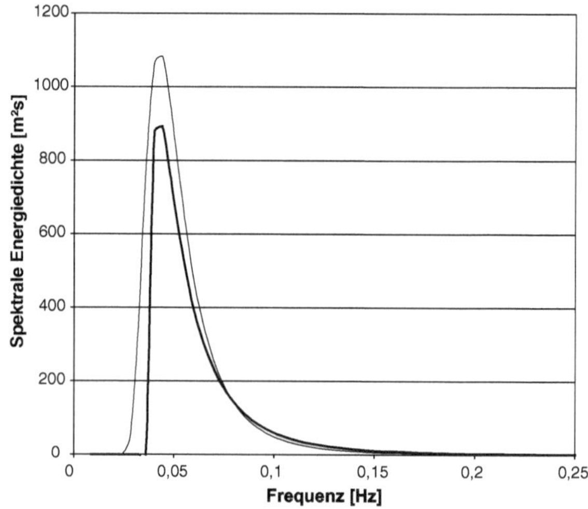

Abb. 15.9 Vergleich der abgeleiteten (*fett*) mit der JONSWAP-Funktion (*dünn*) für die spektrale Energiedichte bei einer Windgeschwindigkeit von 30 m/s

15.5 Die Wellenenergie

Zur Untersuchung der Transformation der Welleneigenschaften hatten wir mit (12.5) schon eine Gleichung aufgeschrieben, die das räumliche und zeitliche Verhalten der Wellenenergie bei veränderlichen Wassertiefen beschreibt.

Diese Wellenenergiegleichung ist aus physikalischer Sicht aber nicht vollständig, denn es fehlt vor allem die Wechselwirkung von Wellen mittlerer Strömung. Daher wollen wir die Wellenenergiegleichung noch einmal herleiten, und dabei hier aber mit der Impulsgleichung der Wellenbewegung starten. Damit wir auf dem verbleibenden Weg dahin das Ziel nicht aus den Augen verlieren, soll zunächst ein Blick auf die Straßenkarte geworfen werden:

1. Wir starten mit der dreidimensionalen Impulsgleichung für die Wellenbewegungen unter Berücksichtigung der Wellenwirbelviskosität.
2. Zunächst wird die Impulsgleichung durch eine kanonische Multiplikation mit der Wellenorbitalgeschwindigkeit in eine Gleichung für die kinetische Energie umgewandelt.
3. Durch die Addition der potentiellen Energie wird dann die mechanische Energie erhalten.
4. Diese Gleichung wird über die Tiefe integriert und damit in eine Wellenenergiegleichung umgewandelt, die nur noch von den horizontalen Koordinaten abhängt.
5. Da Wellenenergie durch den Eintrag aus dem Wind entsteht, muss dieser Prozess als Quelle berücksichtigt werden.
6. Am Höhepunkt angelangt, soll die Leistungsfähigkeit der Theorie untersucht werden: Dazu werden wir das JONSWAP-Spektrum der Windsee im Tiefwasser reproduzieren.
7. Ausklingend wird die Energiedissipation durch die Sohlschubspannung und die Radiation Stresses einbezogen.

15.5.1 Die kinetische Wellenenergie

Impuls und kinetische Energie sind zwei unterschiedliche physikalische Größen, die aber beide ein Maß für die Bewegungsmenge sind. Man kommt von der ersten zur zweiten Größe immer durch die skalare Multiplikation mit der halben Geschwindigkeit.

In der Hydromechanik der Wellen hatten wir dieses Produkt noch über die Wellenperiode gemittelt:

$$k^w = \frac{1}{2}\overline{u_i^w u_i^w}.$$

Diese Definitionsgleichung leitet den Weg zu einer dynamischen Gleichung für die kinetische Wellenenergie: In einem ersten Schritt muss die Impulsgleichung der Wellenbewegung nun skalar mit der Orbitalgeschwindigkeit u_i^w multipliziert werden. Dann müssen möglichst viele Terme durch die kinetische Wellenenergie k^w substituiert werden. So gibt die Zeitableitung nach der Produktregel:

$$u_i^w \frac{\partial u_i^w}{\partial t} = \frac{1}{2} \frac{\partial (u_i^w u_i^w)}{\partial t} = \frac{\partial k^w}{\partial t}.$$

Schließlich muss diese Gleichung über die Wellenperiode gemittelt werden. Das Ergebnis ist:

$$\frac{\partial k^w}{\partial t} + \frac{\partial}{\partial x_j} \left(\overline{u}_j k^w + \overline{u_j^w k^w} + \frac{1}{\varrho} \overline{u_j^w p^w} \right) = \overline{u_i^w v_w \frac{\partial^2 u_i^w}{\partial x_j \partial x_j}} - \overline{u_i^w \frac{\partial}{\partial x_j} \widetilde{u_i u_j^w}}.$$

Der letzte Term kann folgendermaßen umgeformt werden:

$$\overline{u_i^w \frac{\partial}{\partial x_j} \widetilde{u_i u_j^w}} = \overline{u_i^w \frac{\partial}{\partial x_j} \overline{u_i} u_j^w} = \overline{u_i^w u_j^w \frac{\partial \overline{u_i}}{\partial x_j}} = \overline{u_i^w u_j^w} \frac{\partial \overline{u_i}}{\partial x_j}.$$

Damit ist die Gleichung der kinetischen Wellenenergie:

$$\frac{\partial k^w}{\partial t} + \frac{\partial}{\partial x_j} \left(\overline{u}_j k^w + \overline{u_j^w k^w} + \frac{1}{\varrho} \overline{u_j^w p^w} \right) = \overline{u_i^w v_w \frac{\partial^2 u_i^w}{\partial x_j \partial x_j}} - \overline{u_i^w u_j^w} \frac{\partial \overline{u_i}}{\partial x_j}.$$

Sie reicht allerdings nicht, um die Energetik der Wellenbewegung vollständig zu beschreiben.

15.5.2 Die potentielle Wellenenergie

Bei der Bewegung von Wellen wird fortwährend alternierend kinetische in potentielle Energie umgewandelt. Die Summe, d.h. die mechanische Energie, ist dabei proportional zum Quadrat ihrer Amplitude. Wir wollen also zu unserer Bilanzgleichung der kinetischen die potentielle Energie hinzufügen.

Die potentielle Energie eines Teilchens ändert sich immer dann, wenn es sich im Kraftfeld bewegt oder wenn sich das Kraftfeld ändert. Für das unveränderliche Erdgravitationsfeld wird die Änderung der potentiellen Energie eines Teilchens durch die Lagrange'sche Ableitung beschrieben:

$$\frac{De_p}{Dt} = \frac{d}{dt} \int_{z_0}^{z} g dz = wg.$$

Ist seine Vertikalgeschwindigkeit w also positiv, dann nimmt die potentielle Energie des Teilchens zu. Also haben wir:

$$\frac{De_p}{Dt} = \frac{\partial e_p}{\partial t} + u_i \frac{\partial e_p}{\partial x_i} = wg.$$

Aber auch diese Gleichung muss nun über eine Wellenperiode gemittelt werden. Dabei fällt die Geschwindigkeit auf der rechten Seite wieder weg. Da die Summe aus kinetischer und potentieller Energie die mechanische Energie e^m ist, entsteht ihre Bilanzgleichung durch die Addition der potentiellen zur kinetischen Wellenenergiegleichung:

$$\frac{\partial e^m}{\partial t} + \frac{\partial}{\partial x_j} \left(\overline{u}_j e^m + \overline{u_j^w k^w} + \frac{1}{\varrho} \overline{u_j^w p^w} \right) = \overline{u_i^w v_w \frac{\partial^2 u_i^w}{\partial x_j \partial x_j}} - \overline{u_i^w u_j^w} \frac{\partial \overline{u_i}}{\partial x_j}. \tag{15.9}$$

Glücklicherweise sind durch diese Umwandlung keine weiteren Terme hinzugekommen.

15.5.3 Die Wellenenergiegleichung

Das Integral der Wellenenergie über die Wassertiefe ist für Airy-Wellen proportional zum Quadrat der Wellenhöhe bzw. Amplitude:

$$e^w = \int_{z_B}^{z_S} e^m \, dz = \frac{1}{2} g A^2.$$

Damit wird die Wellenenergie zu einer sehr einfach messbaren physikalischen Größe, womit alle Theorien über sie verifizierbar werden.

Eine dynamische Gleichung für diese physikalische Größe erhält man also durch die Integration der Gl. 15.9 über die Wassertiefe:

$$\int_{z_B}^{z_S} \left[\frac{\partial e^m}{\partial t} + \frac{\partial}{\partial x_j} \left(\overline{u}_j e^m + \overline{u_j^w k^w} + \frac{1}{\varrho} \overline{u_j^w p} \right) - \overline{u_i^w v_w \frac{\partial^2 u_i^w}{\partial x_j \partial x_j}} + \overline{u_i^w u_j^w} \frac{\partial \overline{u_i}}{\partial x_j} \right] dz = 0.$$

Im ersten Term kann man Integration und Zeitableitung vertauschen, man bekommt so die zeitliche Änderung der Wellenenergie. Gehen wir zunächst davon aus, dass man im folgenden Divergenzterm diese Vertauschung ebenfalls machen kann. Für den advektiven, ersten Term folgt dann:

$$\int_{z_B}^{z_S} \frac{\partial \overline{u}_j e^m}{\partial x_j} \, dz = \frac{\partial}{\partial x_j} \int_{z_B}^{z_S} \overline{u}_j e^m \, dz \simeq \frac{\partial}{\partial x_j} \overline{u}_j \int_{z_B}^{z_S} e^m \, dz = \frac{\partial}{\partial x_j} \overline{u}_j e^w.$$

Die zweite Gleichsetzung ist natürlich eine Näherung, sie nimmt vereinfachend an, dass die Strömungsgeschwindigkeit über die Wassertiefe konstant ist. Diese Vereinfachung muss dann verbessert werden, wenn man den Einfluss der mittleren Strömung auf die Ausbreitung von Wellen genauer analysieren will.

Dann können wir die Beziehung für die Gruppengeschwindigkeit

$$\int\limits_{z_B}^{z_S} \left(\overline{u_j^w k^w} + \frac{1}{\varrho}\overline{u_j^w p^w} \right) dz = c_{g,j} e^w$$

anwenden. Das Integrationsproblem ist nun schon erheblich übersichtlicher geworden,

$$\frac{\partial e^w}{\partial t} + \frac{\partial}{\partial x_j}\left(\overline{u}_j e^w + c_{g,j} e^w \right) = \int\limits_{z_B}^{z_S} \overline{u_i^w v_w \frac{\partial^2 u_i^w}{\partial x_j \partial x_j}} dz + \Phi_{\overline{u}},$$

wobei

$$\Phi_{\overline{u}} = -\int\limits_{z_B}^{z_S} \overline{u_i^w u_j^w} \frac{\partial \overline{u}_i}{\partial x_j} dz$$

eine noch zu untersuchende Wechselwirkung mit Gradienten im mittleren Geschwindigkeitsfeld beschreibt.

Die Wellenenergie wird also in einem virtuellen Geschwindigkeitsfeld advektiert, welches sich aus der mittleren Strömung und der Gruppengeschwindigkeit zusammensetzt.

Durch die Integration über die Wassertiefe müssen in dieser Gleichung auch die Wellenener-gieeinflüsse an der Wasseroberfläche und an der Sohle berücksichtigt werden [67]. Dies sei durch die Addition derselben bewerkstelligt:

$$\frac{\partial e^w}{\partial t} + \frac{\partial}{\partial x_j}\left(\overline{u}_j e^w + c_{g,j} e^w \right) = \int\limits_{z_B}^{z_S} \overline{u_i^w v_w \frac{\partial^2 u_i^w}{\partial x_j \partial x_j}} dz + \Phi_{\overline{u}} + \Phi_S - \Phi_B.$$

Hierin sind Φ_S und Φ_B die Wellenenergieflüsse durch die freie Oberfläche und die Sohle. Sie werden im Folgenden benötigt, um den Energieeintrag durch den Wind und den Energieverlust durch Sohlreibung zu modellieren.

Die letzten beiden Terme auf der linken Seite beschreiben die turbulente Dissipation von Wellenenergie und deren Ausstrahlung an die mittlere Strömung.

Man beachte, dass diese Gleichung nun zweidimensional ist, die Summenbildung über doppelte Indizes sich also nur über die horizontalen Koordinaten x und y erstreckt.

In der Literatur gibt es auch andere Herleitungen für die Wellenenergiegleichung. Sie wird üblicherweise aus dem Gesetz von der Erhaltung der Wellengipfel (Gl. 12.6) [110] hergeleitet. Auf diesem Wege kommt man aber nicht zu exakten Formulierungen für die Quellen und Senken der Wellenenergie. Diese werden dort einfach in die Gleichungen eingeführt, ohne dass es eine exakte Herleitung für dieselben gibt. Ferner existieren Wellenenergietransportgleichungen, die den Energieverlust durch Wellenbrechen parametrisch berücksichtigen [75].

15.5.4 Turbulente Diffusion und Dissipation von Wellenenergie

Wellen sind sehr langlebig. Der Brecher, den wir an irgendeinem Urlaubsstrand beobachten, ist vielleicht durch einen Sturm in hunderten von Kilometern Entfernung entstanden und verkündet dieses Ereignis nahezu ohne Energieverlust. Somit scheint die innere Reibung bzw. Viskosität des Fluides auf die wesentlichen Wellenphänomene wenig Einfluss zu haben. Um diese Beobachtung auch theoretisch zu bestätigen, wollen wir uns nun an die explizite Berechnung der Dissipation von Wellenenergie durch Turbulenz machen.

Dazu wenden wir zunächst den Laplace-Operator, d. h. die Summe der 2. Ableitungen, auf die Wellenenergie an, resubstituieren die Definitionen zur Wellenenergie und benutzen die Produktregel zweimal:

$$\frac{\partial^2 e^w}{\partial x_j \partial x_j} = \frac{1}{2} \int\limits_{z_B}^{z_S} \overline{\frac{\partial^2 u_i^w u_i^w}{\partial x_j \partial x_j}} dz = \int\limits_{z_B}^{z_S} \overline{u_i^w \frac{\partial^2 u_i^w}{\partial x_j \partial x_j}} dz + \int\limits_{z_B}^{z_S} \overline{\frac{\partial u_i^w}{\partial x_j} \frac{\partial u_i^w}{\partial x_j}} dz.$$

Der vorletzte Term taucht, multipliziert mit der Wellenviskosität, in der Wellenenergiegleichung auf. Der letzte Term ist durch die in ihm enthaltenen Quadrate grundsätzlich positiv. Multipliziert mit der Wellenviskosität beschreibt er die Dissipation der Wellenenergie ϵ^w.

Damit bekommt die Wellenenergiegleichung nun die schon recht übersichtliche Form:

$$\frac{\partial e^w}{\partial t} + \frac{\partial}{\partial x_j} \left(\overline{u}_j e^w + c_{g,j} e^w \right) = v_w \frac{\partial^2 e^w}{\partial x_j \partial x_j} - \epsilon^w + \Phi_{\overline{u}} + \Phi_S - \Phi_B.$$

Zusammenfassend behauptet diese Gleichung, dass die Wellenenergie ebenfalls der turbulenten Diffusion unterliegt und dass die turbulente Dissipation die Wellenenergie signifikant dämpfen kann. Dieser Prozess spielt insbesondere im Tiefwasser eine wichtige Rolle, da hier die Wellen keine Grundberührung haben und somit nicht durch die Sohlreibung gedämpft werden.

15.5.5 Die tiefenintegrierten Radiation Stresses

Als letzter verbleibender Term ist die Wechselwirkung mit der mittleren Strömung

$$-\Phi_{\overline{u}} = \int\limits_{z_B}^{z_S} \overline{u_i^w u_j^w} \frac{\partial \overline{u}_i}{\partial x_j} dz$$

$$= \int\limits_{z_B}^{z_S} S_{xx} \frac{\partial u}{\partial x} + S_{yy} \frac{\partial v}{\partial y} + S_{zz} \frac{\partial w}{\partial z} + S_{xy} \left(\frac{\partial u}{\partial y} + \frac{\partial v}{\partial x} \right) dz$$

zu modellieren, wobei gleich davon ausgegangen wurde, dass $S_{xy} = S_{yz} = 0$ ist.

Zur Vereinfachung des Integrals gehen wir wieder davon aus, dass die horizontalen Geschwindigkeitsgradienten über die Vertikale konstant sind, man kann sie somit vor das Integral ziehen.

Das Tiefenintegral der Horizontalkomponenten des Radiation-Stress-Tensor gewinnt man mithilfe der Integrationsformel (12.2)

$$\int_{z_B}^{z_S} S_{ij}\,dz = -\frac{1}{2}gA^2\frac{k_i k_j}{k^2}\frac{c_g}{c} = -\varrho e^w \frac{k_i k_j}{k^2}\frac{c_g}{c},$$

womit wir für den Radiation-Stress-Term den Ausdruck

$$\ldots = -e^w \frac{c_g}{c}\left(\frac{k_x k_x}{k^2}\frac{\partial u}{\partial x} + \frac{k_x k_y}{k^2}\frac{\partial u}{\partial y} + \frac{k_y k_x}{k^2}\frac{\partial v}{\partial x} + \frac{k_y k_y}{k^2}\frac{\partial v}{\partial y}\right) + \int_{z_B}^{z_S}\frac{\partial w}{\partial z}S_{zz}\,dz = \ldots$$

gewinnen. Im Vertikalterm approximieren wir das Profil der Vertikalgeschwindigkeit durch ein lineares, welches an der (horizontalen) Sohle den Wert null und an der Oberfläche den Wert w_S annimmt:

$$\frac{\partial w}{\partial z} = \frac{w_S}{h} \simeq \frac{1}{h}\frac{\partial \overline{z_S}}{\partial t}.$$

Da die mittlere Bewegung der freien Oberfläche gegenüber der der Wellen sehr träge ist, wollen wir den Vertikalterm vernachlässigen. Somit gilt:

$$\sum_{i,j}\int_{z_B}^{z_S}\frac{\partial u_i}{\partial x_j}S_{ij}\,dz = -e^w\frac{c_g}{c}\sum_{i,j=1}^{2}\frac{k_i k_j}{k^2}\frac{\partial u_i}{\partial x_j}.$$

Dieser Term beschreibt die Änderung der Wellenenergie durch Geschwindigkeitsgradienten des Strömungsfeldes. Wir wollen ihn in einem einfachen Beispiel anwenden:

Läuft eine Tiefwasserwelle in Richtung einer lokal beschleunigenden Meeresströmung, dann wird ihre Energiedichte und damit ihre Amplitude reduziert. Im entgegengesetzten Fall steilt sich die Tiefwasserwelle auf. Wir wollen dieses Verhalten mit der gewonnenen Gleichung für die Wellenenergie analysieren. Dazu betrachten wir eine in x-Richtung laufende Tiefwasserwelle, die kaum Grundberührung hat und auch nicht durch Winde weiter angefacht wird. Wir vernachlässigen ferner die Diffusion und die Dissipation der Wellenenergie:

$$\frac{\partial e^w}{\partial t} + \frac{\partial}{\partial x}\left((\overline{u} + c_g)e^w\right) = -\frac{1}{2}e^w\frac{\partial u}{\partial x}.$$

In Gebieten mit lokalen Beschleunigungen in Wellenrichtung wird die Wellenenergiedichte auseinandergezogen, die Wellenlänge vergrößert und die Amplitude damit reduziert. In Gebieten, in denen die Strömung gegen die Wellenausbreitungsrichtung beschleunigt wird, erhöht sich die Amplitude.

Wenn wir die Wechselwirkungen mit der Strömung nun einfach in unsere Wellenenergiegleichung (12.5) einbeziehen, dann bekommt diese die sehr lange Form:

$$\frac{\partial e^w}{\partial t} + \frac{\partial}{\partial x_j}\left(\overline{u}_j e^w + c_{g,j} e^w\right) = -2f_w \left(\frac{e^w k}{\sinh 2\,kh}\right)^{1.5} - e^w \frac{c_g}{c} \frac{k_i k_j}{k^2} \frac{\partial u_i}{\partial x_j} + F_W \omega e^w - \frac{1}{T} \int_0^h \int_0^T \epsilon\, dt\, dz.$$

$$(15.10)$$

Wir erkennen, dass es sehr viel Modellierungsarbeit bedarf, um die Prozesse des Seegangs vollständig zu erfassen.

15.6 Zusammenfassung

1. Die über die turbulenten Fluktuationen gemittelte Geschwindigkeit lässt sich noch einmal über gleiche Phasen einer überlagerten Welle mitteln. Für die Zerlegung der Gesamtgeschwindigkeit in mittlere Strömung und Orbitalgeschwindigkeit der Wellenbewegung können für alle drei Komponenten Bestimmungsgleichungen hergeleitet werden.
2. Wie bei der Reynolds-Mittelung erscheinen die Wirkungen der Wellen auf die mittlere Strömung als Zusatzspanunngen, die man als Radiation Stresses bezeichnet. Eine Parametrisierung der hiermit verbundenen unbekannten Korrelationen erhält man aus den analytischen Lösungen für Airy-Wellen.
3. Wellen beeinflussen die mittlere Strömung immer dann, wenn sich ihre Amplitude oder Wellenlänge ändert. Die ideale Wellentheorie sagt dabei eine über die Vertikale konstante Zusatzbeschleunigung (oder -verzögerung) voraus, die ähnliche Strömungen induziert, wie eine zusätzliche Neigung der Wasseroberfläche.

Literatur

1. Andersen, O.H., Fredsøe, J.: Transport of suspended sediment along the coast. Progress Report 59, Institute of Hydrodynamics and Hydraulic Engineering, ISVA, Technical University Denmark (1983)
2. Bartels, J.: Gezeitenkräfte. In: Flügge, S. (Hrsg.) Handbuch der Physik, Bd. Geophysik II. Springer, Berlin (1957)
3. Battjes, J.A.: Computation of set-up, longshore currents, run-up and overtopping due to wind-generated waves. Tech. Report 74-2, Department of Civil Engineering, Delft University (1974)
4. Behre, K.-E.: Küstenvegetation und Landschaftsentwicklung bis zum Deichbau. In: Lozán, J.L., Rachor, E., Reise, K., Westernhagen, H. v., Lenz, W. (Hrsg.) Warnsignale aus dem Wattenmeer. Blackwell, Berlin (1994)
5. Berkhoff, J.C.W.: Computation of combined diffraction-refraction. In: Proceedings of the 13th Conference on Coastal Engineering, ASCE, S. 471–490 (1972)
6. Boussinesq, J.: Essai sur la Théorie des Eaux couranates. Imprimerie Nationale, Paris (1897)
7. Brevik, I.: Oscillatory rough turbulent boundary layers. J. Waterw. Port Coast. Ocean Div. **107**(WW3), 175–188 (1981)
8. Bundesamt für Seeschifffahrt und Hydrographie: Tafeln der Astronomischen Argumente $V_0 + v$ und der Korrektionen j, v zum Gebrauch bei der harmonischen Analyse und Vorausberechnung der Gezeiten für die Jahre 1900 bis 1999. Technical report, Hamburg (1967)
9. Burchard, H.: Simulating the wave-enhanced layer under breaking surface waves with two-equation turbulence modells. J. Phys. Oceanogr. **31**, 3133–3145 (2001)
10. Cartwright, D.E.: Tides – A Scientific History. Cambridge University Press, Cambridge (1999)
11. Celik, I., Rodi, W.: Simulation of free-surface effects in turbulent channel flows. Physicochem. Hydrodyn. **5**, 217–227 (1984)
12. Charnock, H.: Wind stress on a water surface. Quart. J. Royal Met. Soc. **81**, 639–640 (1955)
13. Cole, J.D.: On a quasi-linear parabolic equation occurring in aerodynamics. Quart. Appl. Math. **9**, 225–236 (1951)
14. Colebrook, C.F.: Turbulent flow in pipes, with particular reference to the transition region between smooth and rough pipe laws. J. ICE **11**, 133–156 (1939)
15. Dietrich, G., Kalle, K., Krauss, W., Siedler, G.: Allgemeine Meereskunde. Gebrüder Bornträger, Berlin (1975)

© Springer Fachmedien Wiesbaden GmbH, ein Teil von Springer Nature 2018

A. Malcherek, *Gezeiten und Wellen*, https://doi.org/10.1007/978-3-658-19303-4

16. Dittrich, A.: Wechselwirkung Morphologie/Strömung naturnaher Fliessgewässer. Heft 198, Institut für Wasserwirtschaft und Kulturtechnik der Universität Karlsruhe, Karlsruhe (1998)
17. Buat, P.L.G. du: Principes d'Hydraulique, Tome I. Imprimerie de Monsieur, Paris (1786)
18. Einstein, H.A.: Formulas for the transportation of bed load. Trans. Am. Soc. Civ. Eng. **107**, 561–597 (1942)
19. Elder, J.W.: The dispersion of marked fluid in turbulent shear flow. J. Fluid Mech. **5**, 544–560 (1959)
20. Engelund, F., Hansen, E.: A Monograph on Sediment Transport in Alluvial Streams. Copenhagen, Denmark (1967)
21. Euler, L.: Principes Généraux du Mouvement des Fluides. Memoires de l'Academie de sciences de Berlin **11**, 274–315 (1755)
22. Flather, R.A.: Results from surge prediction model of the North-West European continental shelf for april, november and december 1973. Report 24, Institute of Oceanographic Sciences (1976)
23. Franzius, L.: Die Korrektion der Unterweser – Nachdruck von 1888. Die Küste **51**, 39–73 (1991)
24. Fredsøe, J., Deigaard, J.: Mechanics of Coastal Sediment Transport. World Scientific, Singapore (1992)
25. Galvin Jr., C.J.: Wave breaking in shallow water. In: Meyer, R.E. (Hrsg.) Waves on Beaches and Resulting Sediment Transport. Academic, New York (1972)
26. Garbrecht, G.: Abflußberechnung für Flüsse und Kanäle. Wasserwirtschaft **51**(40–55), 72–77 (1961)
27. Godin, G.: Tides, Anadyomene Edition. Ottawa, Ontario (1988)
28. Grant, W.D., Madsen, O.S.: Combined wave and current interaction with a rough bottom. J. Geophys. Res. **84**(C4), 1797–1808 (1979)
29. Grant, W.D., Madsen, O.S.: Movable bed roughness in unsteady oscillatory flow. J. Geophys. Res. **87**, 469–481 (1982)
30. Günther, H., Rosenthal, W.: A wave model with a non-linear dissipation source function. In: Proc. 4th Int. Workshop Wave Hindcasting and Forecasting, Banff, Alberta (1995)
31. Hagen, G.: Über die Fluth- und Boden-Verhältnisse des Preußischen Jade-Gebietes (Auszug aus dem Monatsbericht der Königl. Akademie der Wissenschaften zu Berlin, 1856). Die Küste **51**, 75–82 (1856)
32. Harleman, D.R.F., Abraham, G.: One-dimensional analysis of salinity intrusion in the rotterdam waterway. Technical Report Delft Hydraulics Laboratory Publication 44, Delft Hydraulics Laboratory, Delft, October (1966)
33. Hasselmann, K., Barnett, T.P., Bouws, E., Carlson, H., Cartwright, D.E., Enke, K., Ewing, J.A., Gienapp. H., Hasselmann, D.E., Kruseman, P., Meerburg, A., Müller, P., Olbers, D.J., Richter, K., Sell, W., Walden, H.: Measurements of wind-wave growth and swell during the Joint North Sea Wave Project (JONSWAP). Dt. Hydrogr. Z., Suppl. A **8**(12), 1–95 (1973)
34. Helmholtz, H.: Ueber discontinuierliche Flüssigkeitsbewegungen. Monatsberichte d. königl. Akad. d. Wiss. zu Berlin, S. 215–228 (1868)
35. Hey, R.D.: Flow resistance in gravel-bed rivers. J. Hydr. Div. **105**(HY4), 365–379 (1979)
36. Heyer, H., Schrottke, K.: Aufbau von integrierten Modellsystemen zur Analyse der langfristigen Morphodynamik in der Deutschen Bucht -AufMod. Gemeinsamer abschlussbericht für das gesamtprojket mit beiträgen aus allen 7 teilprojketen, Verbundprojekt AufMod, Hamburg (2013)
37. Hofstede, J.L.A., Spitta, V.: Morphogenede und -dynamik im Seegat und Ebb-Delta des Hörnum Tiefs. Die Küste **62**, 141–157 (2000)
38. Holthuijsen, L.H.: Waves in Oceanic and Coastal Waters. Cambridge University Press, Cambridge (2007)

39. Horn, W.: Über die Darstellung der Gezeiten als Funktion der Zeit. Deut. Hydrogr. Z. **1**, 124–140 (1948)
40. Hunt, J.N.: Direct solution of wave dispersion equation. J. Waterw. Port Coast. Ocean Div. **105** (4), 457–459 (1979)
41. Ippen, A.S.: Estuary and Coastline Hydrodynamics. McGraw-Hill, New York (1966)
42. Jankowski, J.A.: A non-hydrostatic model for free surface flows. Bericht Nr. 56, Institut für Strömungsmechanik und Elektron. Rechnen im Bauwesen der Universität Hannover, Hannover (1999)
43. Jonsson, I.G., Lundgren, H.: Derivation of Formulae for Phenomena in the Turbulent Wave Boundary Layer. Progress Report No. 9, Technical University of Denmark, Copenhagen (1964)
44. Kajiura, K.: A model of the bottom boundary layer in water waves. Bull. Earthq. Res. Inst. **46**, 75–123 (1968)
45. Kamphuis, J.W.: Determination of sand roughness for fixed beds. J. Hydr. Res. **12**(2), 193–203 (1974)
46. Kamphuis, J.W.: Friction factor under oscillatory waves. J. Waterw. Habors Coast. Eng. Div. **101**(WW2), 135–144 (1975)
47. Kamphuis, J.W.: Introduction to Coastal Engineering and Management. World Scientific, Singapore (2000)
48. Kirchhoff, G.: Zur Theorie freier Flüssigkeitsstrahlen. J. reine angew. Math. **70**, 289–298 (1869)
49. Kitaigorodskii, S.A., Krasitskii, V.P., Zaslavskii, M.M.: On Phillips' theory of equilibrium range in the spectra of wind-generated gravity waves. J. Phys. Oceanogr. **5**, 410–420 (1975)
50. Knight, D.W.: Review of oscillatory boundary layer flow. J. Hydr. Div. **104**(HY6), 839–855 (1978)
51. Knoch, D.: Die Kopplung von Seegang und Sedimenttransport in morphodynamischen Modellen und Anwendung auf das Jade-Weser-Ästuar. Diplomarbeit, Arbeitsbereich Wasserbau, Technische Universität Hamburg, Harburg (2004)
52. Komen, G.J., Cavaleri, L., Donelan, M., Hasselmann, K., Hasselmann, S., Janssen, P.A.E.M.: Dynamics and Modelling of Ocean Waves. Cambridge University Press, Cambridge (1994)
53. Kuratorium für Forschung im Küsteningenieurwesen (Hrsg.): Empfehlungen für die Ausführung von Küstenbauwerken EAK 1993. Die Küste **55** (1993)
54. Kuratorium für Forschung im Küsteningenieurwesen (Hrsg.): Empfehlungen für die Ausführung von Küstenbauwerken EAK 2002. Die Küste **55** (2002)
55. Lamb, H.: Hydrodynamics, 6 Aufl. Cambridge University Press, New York (1932)
56. Lang, A.W.: Untersuchung zum Gestaltwandel des Emsmündungstrichters von der Mitte des 16. Jahrhunderts bis zum Beginn des 20. Jahrhunderts. WSA Emden, Abteilung Emsmessung, Planarchiv C/68 (1954)
57. Lang, G.: Zur Schwebstoffdynamik von Trubungszonen in Ästuarien. Bericht Nr. 26, Institut für Strömungsmechanik und Elektron. Rechnen im Bauwesen der Universität Hannover, Hannover (1990)
58. Launder, B.E., Spalding, D.B.: The numerical computation of turbulent flows. Comp. Meth. Appl. Mech. Eng. **3**, 269–289 (1974)
59. Le Méhauté, B.: An Introduction to Hydrodynamics and Water Waves. Springer, Berlin (1976)
60. Lecher, K., Lühr, H.-P., Zanke, U.C.E. (Hrsg.). Taschenbuch der Wasserwirtschaft. Parey Buchverlag, Berlin (2001)
61. Lehfeldt, R.: Ein algebraisches Turbulenzmodell für Ästuare. Bericht Nr. 30, Institut für Strömungsmechanik und Elektron. Rechnen im Bauwesen der Universität Hannover, Hannover (1991)
62. Lesny, K.: Gründung von Offshore-Windenergieanlagen – Entscheidungshilfen für Entwurf und Bemessung. Bautechnik **85**(8), 503–511 (2008)

63. Longuet-Higgins, M.S.: Mass transport in water waves. Phil. Trans. A. **245**, 535–581 (1953)

64. Longuet-Higgins, M.S.: Recent progress in the study of longshore currents. In: Meyer, R.E. (Hrsg.) Waves on Beaches and Resulting Sediment Transport. Academic, New York (1972)

65. Malcherek, A.: History of the Torricelli principle and a new outflow theory. J. Hydraul. Eng. **142**(11), 02516004 (2016)

66. Malcherek, A.: Mathematische Modellierung von Strömungen und Stofftransportprozessen in Ästuaren. Bericht Nr. 44, Institut für Strömungsmechanik und Elektron. Rechnen im Bauwesen der Universität Hannover, Universität Hannover, Hannover (1995)

67. Malcherek, A.: Hydromechanik der Fließgewässer. Bericht Nr. 61, Institut für Strömungsmechanik und Elektron. Rechnen im Bauwesen der Universität Hannover, Universität Hannover, Hannover (2001)

68. Malcherek, A.: A consistent derivation of the wave-energy equation from basic hydrodynamic principles. Ocean Dyn. **53**(3), 302–308 (2003)

69. Malcherek, A.: On the prediction of dunes in estuarine morphological models. J. Coast. Res. **SI39**, 493–497 (2006)

70. Malcherek, A.: Numerische Methoden der Strömungsmechanik. bookboon.com, ISBN: 978-87-403-0736-8 (2014)

71. Malcherek, A.: Die irrtümliche Herleitung der Torricelli-Formel aus der Bernoulli-Gleichung. Wasserwirtschaft **2016**(2/3), 75–80 (2016)

72. Malcherek, A.: Gerinnehydraulik und Flusswasserbau. Amazon-Kindle (2016)

73. Malcherek, A.: A new approach to hydraulics based on the momentum balance: sharped edged outflows and sluices. In: Proceedings of the 37th IAHR World Congress, volume Flow Interaction with Hydraulic Structures, S. 1515–1521. IAHR, Kuala Lumpur (2017)

74. Malcherek, A., Knoch, D.: The influence of waves on the sediment composition in a tidal bay. In: Spaulding, M.L. (Hrsg.) Estuarine and Coastal Modelling – Proceedings of the 9th International Conference. ASCE, New York (2005)

75. Milbradt, P.: Zur mathematischen Modellierung großräumiger Wellen- und Strömungsvorgänge. Veröffentlichung 1/95, Institut für Bauinformatik der Universität Hannover, Universität Hannover, Hannover (1995)

76. Morison, J.R., O'Brien, M.P., Schaaf, S.A., Johnson, J.W.: The force exerted by surface waves on piles. Pet. Trans. AIME **189**, 149–157 (1950)

77. Newton, I.: Mathematische Principien der Naturlehre von Isaac Newton übersetzt von Jakob Philipp Wolfers. Oppenheim, Berlin (1872)

78. Nezu, I., Nakagawa, H.: Turbulence in Open-channel Flows. IAHR Monograph, Rotterdam (1993)

79. Nielsen, P.: Coastal Bottom Boundary Layers and Sediment Transport. World Scientific, Singapore (1992)

80. Nikuradse, J.: Gesetzmäßigkeit der turbulenten Strömung in glatten Rohren. Forsch. Ing-Wes. **4**(VDI-Forschungsheft 356), 44 (1932)

81. Nikuradse, J.: Strömungsgesetze in rauen Rohren. Forsch. Ing-Wes. **4**(VDI-Forschungsheft 361), 1–22 (1933)

82. O'Brien, M.P.: Estuary tidal prisms related to entrance areas. Civ. Eng. **1**, 738–739 (1931)

83. Ott, J.: Meereskunde. Eugen Ulmer, Stuttgart (1988)

84. Perrels, P.A.J., Karelse, M.: Saltintrusion in estuaries. In: Fischer, H.B. (Hrsg.) Transport Models for Inland and Coastal Waters, S. 483–537. Academic, New York (1981)

85. Phillips, O.M.: The equilibrium range in the spectrum of wind-generated waves. J. Fluid Mech. **4**, 426–434 (1958)

86. Phillips, O.M.: The Dynamics of Upper Ocean. Cambridge University Press, Cambridge (1966)

87. Pierson, W.J., Moskowitz, L.: A proposed spectral form for fully developed wind seas based on the similiarity theory of S.A. Kitaigorodskii. J. Geophys. Res. **69**(24), 5181–5190 (1964)

88. Plüß, A.: Das Nordseemodell der BAW zur Simulation der Tide in der Deutschen Bucht. Die Küste **67**, 83–127 (2003)

89. Plate, E.J., Goodwin, C.R.: The influence of wind in open channel flow. In: ASCE (Hrsg.) Coastal Engineering – Proceedings Santa Barbara Speciality Conference. Hydraulic Engineering Reports, New York (1965)

90. Poleni, G.: De motu aquaa mixto libri duo. Typis Iosephi Comini, Padova (1717)

91. Reynolds, O.: On the dynamical theory of incompressible viscous fluids and the determination of the criterion. Phil. Trans. Roy. Soc., A **186**, 123–164 (1895)

92. Rijn, L.C. van: Principles of Sediment Transport in Rivers. Estuaries and Coastal Seas. Aqua, Amsterdam (1993)

93. Rodi, W.: Turbulence models and their application in hydraulics – a state of the art review. PhD thesis, Institut für Hydromechanik der Universität Karlsruhe, Karlsruhe (1984)

94. Salomon, J.-C., Allen, G.-P.: Rôle sédimentologique dans les estuaires à fort marnage. Compagnie Francaise des Pétroles, Notes & Mémoires **18**, 35–44 (1983)

95. Schlichting, H., Gersten, K.: Grenzschicht-Theorie, 9 Aufl. Springer, Berlin (1997)

96. Schröter, A.: Nichtlineare zeitdiskrete Seegangssimulation im flachen und tieferen Wasser. Bericht Nr. 42, Institut für Strömungsmechanik und Elektron. Rechnen im Bauwesen der Universität Hannover, Hannover (1995)

97. Sendzik, W.: Fraktionierung von Geschiebetransportraten in morphodynamisch-numerischen Modellen. Master's thesis, Technische Universität Hamburg, Harburg (2003)

98. Shields, A.F.: Anwendung der Ähnlichkeitsmechanik und der Turbulenzforschung auf die Geschiebebewegung. Mitteilungen der Preußischen Versuchsanstalt für Wasserbau und Schiffbau Heft 26. Technische Hochschule Berlin, Berlin (1936)

99. Soulsby, R.L.: Dynamics of Marine Sand. Thomas Telford, London (1997)

100. Stokes, G.G.: On the theory of oscillatory waves. Trans. Camb. Phil. Soc. **8**, 441–455 (1847)

101. Swart, D.H.: Offshore sediment transport and equilibrium beach profiles. Publ. 131, Delft Hydraulics, Delft (1974)

102. The EurOtop Team: Wave overtopping of sea defences and related structures: assessment manual. Die Küste **73** (2007)

103. The Open University Course Team: Ocean Circulations. Butterworth Heinemann, Oxford (2004)

104. The Open University Course Team: Waves. Tides and Shallow Water Processes. Butterworth Heinemann, Oxford (2005)

105. Torricelli, E.: Opera Geometrica. Amatoris Masse & Laurentij de Landis, Florenz (1644)

106. UNESCO: International Oceanographic Tables, Bd. 4. UNESCO Technical Papers in Marine Science, No. 40, UNESCO (1987)

107. U.S. Army Corps of Engineers: Coastal engineering manual. Technical Report 1110-2-1100, U.S. Army Corps of Engineers, Washington, D.C. (2001)

108. Viollet, P.L.: On the numerical modelling of stratified flows. In: Dronkers, J., Leussen, W. van (Hrsg.) Physical Processes in Estuaries, S. 257–277. Springer, Berlin (1988)

109. Weisbach, J.: Die Experimental-Hydraulik. J.G. Engelhardt, Freiberg (1855)

110. Willebrand, J.: Energy transport in a nonlinear and inhomogeneous random gravity field. J. Fluid Mech. **70**, 113–126 (1975)

111. Winkel, N.: Modellierung von Seegang in extremem Flachwasser. PhD thesis, Fachbereich Geowissenschaften der Universität Hamburg, Hamburg (1994)

112. Wu, J.: Wind stress coefficients over sea surface from breeze to hurricane. J. Geophy. Res. **87**, 9704–9706 (1982)

Sachverzeichnis

© Springer Fachmedien Wiesbaden GmbH, ein Teil von Springer Nature 2018
A. Malcherek, *Gezeiten und Wellen*, https://doi.org/10.1007/978-3-658-19303-4